普通高等学校"十四五"规划机械类专业精品教材

画法几何及机械制图

（第三版）

主　编　吴彦红　林　双　许良元
副主编　文建萍　樊十全　李素青

华中科技大学出版社
中国·武汉

内 容 简 介

本书遵循教育部高等学校工程图学教学指导委员会2010年制订的“普通高等学校工程图学课程教学基本要求”，在认真总结多年教学经验的基础上，结合编者所在高校课程的教学改革成果，并吸收其他优秀教材的精髓编写而成。

全书共分9章，内容包括：制图的基本知识与技能，投影的基本知识及点、直线、平面的投影，立体，组合体，轴测图，机件常用的表达方法，标准件与常用件，零件图，装配图等。

本书主要作为高等院校机械类、近机械类各专业的教材，也可作为其他工科院校相近专业的教学用书，以及相关专业技术人员的参考书。

与本书配套的《画法几何及机械制图习题集》同期出版。另外，本书以二维码的形式给出了电子资源，包括第1～9章的PPT课件（二维码放在各章开始处）、配套习题集的参考答案（二维码放在本书最后一页）。

图书在版编目(CIP)数据

画法几何及机械制图/吴彦红，林双，许良元主编. —3版. —武汉：华中科技大学出版社，2022.5（2023.8 重印）
ISBN 978-7-5680-8116-0

Ⅰ.①画… Ⅱ.①吴… ②林… ③许… Ⅲ.①画法几何 ②机械制图 Ⅳ.①TH126

中国版本图书馆CIP数据核字(2022)第077535号

画法几何及机械制图(第三版)　　吴彦红　林　双　许良元　主编
Huafa Jihe ji Jixie Zhitu(Di-san Ban)

策划编辑：俞道凯　胡周昊
责任编辑：吴　晗
封面设计：原色设计
责任监印：周治超
出版发行：华中科技大学出版社（中国·武汉）　电话：(027)81321913
武汉市东湖新技术开发区华工科技园　邮编：430223
录　排：武汉三月禾文化传播有限公司
印　刷：武汉科源印刷设计有限公司
开　本：787mm×1092mm　1/16
印　张：21.25
字　数：546千字
版　次：2023年8月第3版第2次印刷
定　价：53.80元

第三版前言

本书是根据教育部高等学校工程图学教学指导委员会2010年制订的“普通高等学校工程图学课程教学基本要求”，在认真总结多年教学经验的基础上，结合编者所在高校课程的教学改革成果，并吸收其他优秀教材的精髓，在2016年第二版的基础上修订而成的。

本次修订保持了上版教材的特色，同时我们根据教学需要对教材的内容体系进行了完善和补充，具体修订内容如下。

(1)第1章制图的基本知识与技能：在“尺寸注法”部分增加了国家标准有关简化注法的介绍；“平面图形尺寸标注”增加了标注示例，以强化学生尺寸标注的规范性。

(2)第4章组合体：进一步完善“读组合体视图”部分线面分析法的内容体系，通过增加图文分析、举例，形成了一套切实可行的看图方法，有效解决切割型形体看图难的问题。

(3)第7章标准件与常用件：完善了“螺纹的标记”介绍；充实了“键连接的画法”中尺寸标注的表达；增加了“花键连接”。

(4)第8章零件图：“典型零件的表达方法”中对四类典型零件的结构特点、视图表达、尺寸标注和技术要求进行列表归纳分析，与后续内容相呼应，增强了章节的整体性。“合理标注尺寸的方法和步骤”更新了应用举例，使之更符合教学要求。

(5)第9章装配图：为提高学生读、画装配图的能力，增加“装配图应用举例”一节，并对测绘实习训练进行指导。

(6)采用近年新修订的相关国家标准，更新相关内容和图例。

为了更好地服务教学，方便学生自主学习，完成配套的电子课件和电子习题答案的制作，与本书配套的《画法几何及机械制图习题集》同期修订出版。本书为高等学校机械类、近机械类各专业的教材，也可供其他相近专业使用。

本书以党的二十大精神为指引，在保持学科基础性、图形性、工程性三个特点的基础上，教学目的从专业教育向培养能力和素质的基础教育转变；从技能培养向创新能力培养转变。结合新时代人才强国战略，立足培养读者精益求精的工匠精神和勇于探索的科学精神，激发读者奋发图强的学习热情，不断坚定中国特色社会主义自信，为读者成长提供正确的价值引领。

本书由江西农业大学吴彦红、福建农林大学林双、安徽农业大学许良元担任主编；江西农业大学文建萍、樊十全，福建农林大学李素青担任副主编。参加修订工作的有：李红(第1章)，文建萍(第2章)，林双、李素青(第3章)，吴彦红(第4章、第9章)，肖怀国(第5章)，许良元、杨洋(第6章)，樊十全(第7章)，吴彦红、黄桂芬(第8章)，段武茂(附录及书中有关插图)。

在本书修订过程中，得到了多所高校同仁的关心和支持，并参考了部分同类教材，在此表示真诚感谢。

由于编者水平有限，书中错误在所难免，敬请各位专家、学者不吝赐教，欢迎读者批评指正。

编　者

2021年11月

第二版前言

本书是在 2013 年第一版的基础上，根据教育部高等学校工程图学教学指导委员会 2010 年制订的“普通高等院校工程图学课程教学基本要求”、兄弟学校使用第一版的意见、当前机械制图最新国家标准，以及本课程教学改革的发展趋势，并参考国内同类优秀教材修订而成。

本书基本保持了第一版的编写特点，同时根据教学需要对教材的内容体系进行了增减和改进，在内容的广度上有所拓宽。主要体现在以下几个方面。

(1) 根据教学基本要求，重新整合了教学内容和教学资源，如线、面投影部分，将形体的投影与线、面的投影结合在一起，使学生提前建立“形体”的概念；增加了相交、垂直问题的深度和难度，以适应不同专业的需求；组合体部分，将读图的方法与平面的投影特性相结合，增强了内容的理论性，有利于读者掌握看图方法、提高看图能力。

(2) 工程物体的表达仍是本书的重点，在机件表达方法部分，增加了实际零件表达方法的综合运用例题，强化物体视图表达的训练。

(3) 采用最新颁布实施的国家标准。如 8.4 节“零件图中的技术要求”中的“表面结构的表示法”、“极限与配合” 等内容按相应的国家标准作了全面修改。

为满足教学需要，与本书配套的《画法几何及机械制图习题集》将同期修订出版。

本书为高等学校机械类、近机械类各专业的教材，也可供其他相近专业使用。

本书由江西农业大学吴彦红、福建农林大学林双担任主编，安徽农业大学许良元、吉林农业大学郭颖杰担任副主编。参加修订工作的有：郭颖杰（第 1 章），文建萍（第 2 章），林双（第 3 章），吴彦红（第 4 章、第 8 章），肖怀国（第 5 章），许良元（第 6 章），樊十全（第 7 章），胡晓丽（第 9 章），段武茂（附录及书中有关插图）。

在本书修订过程中，得到了多所高校同仁的关心和支持，同时我们还参考了部分同类教材，在此表示真诚的感谢。

由于编者水平有限，书中错误在所难免，敬请各位专家、学者不吝赐教，欢迎读者批评指正。

编　者

2016-3-31

第一版前言

本书遵循教育部高等学校工程图学教学指导委员会2010年制订的《普通高等学校工程图学课程教学基本要求》，在认真总结多年教学经验的基础上，结合编者所在高校课程的教学改革成果，并吸收其他优秀教材的精髓编写而成。

本书以培养学生工程素质和创新能力为出发点，加强基础，注重实践。在编写过程中力求在思路、方法和形式上有所创新，具有以下特色。

（1）凝练内容，侧重方法。采用"方法式"编写方法，根据相关模块的内容提炼出一条规律性的主线，总结成一种方法，有的以"口诀"的形式表达，简单明了，易学易懂，学生可轻松掌握所学知识。这一做法已在教学实践中取得明显效果，如"积聚性法"在所有相交问题上的应用等。

（2）加强组合体读图与机件的表达。组合体与机件的表达是本课程的教学重点。教材强化了组合体读图方法介绍和机件表达方法分析，以提高学生读图能力与机件表达能力。

（3）强化实践性环节。分别在零件图和装配图中编排了零件测绘和部件测绘内容，突出了草图绘制方法的介绍，以加强学生应用能力的锻炼。

（4）全书贯彻了最新的技术制图与机械制图国家标准及其他有关标准。

（5）本书内容由浅入深，图文并茂。

为满足教学需要，与本书配套的《画法几何及机械制图习题集》将同期出版。

本书主要作为高等院校机械类、近机械类各专业的教材，教学中可根据专业和学时的不同酌量取舍。也可作为其他工科院校相近专业的教学用书，以及相关专业技术人员的参考书。

本书由江西农业大学吴彦红、福建农林大学林双担任主编，安徽农业大学许良元、吉林农业大学郭颖杰担任副主编。参加编写工作的有：郭颖杰（第1章），文建萍（第2章），林双（第3章），吴彦红（第4章、第8章部分内容），肖怀国（第5章），许良元（第6章），樊十全（第7章），江庆（第8章部分内容），胡晓丽（第9章），段武茂（附录及书中有关插图）。

在本书编写过程中，得到了多所高校同仁的关心和支持，同时我们还参考了部分同类教材，在此表示真诚感谢。

由于编者水平有限，书中错误在所难免，敬请各位专家、学者不吝赐教，欢迎读者批评指正。

编　者

2013-4-20

目　录

绪 论

1. 本课程的性质和地位

在现代工业生产中，无论是零件的设计、制造，还是机器、设备的装配，都离不开工程图样；在使用和维修机器、设备时，也常常通过阅读工程图样来了解它们的结构和性能。所谓"工程图样"是指按照一定的投影方法、国家制图标准和其他相关规定，在图纸上表示工程中物体的形状结构、大小和技术要求。因此，工程图样是工程与产品信息的载体，它能准确而详尽地表达物体的形状结构、大小和技术要求，是语言或文字所无法描述清楚的，它是表达和交流设计思想、指导生产实践的重要工具，是生产中的重要技术文件，被喻为"工程界的语言"。因此，每一名工程技术人员都必须掌握这门"语言"，才能从事专业领域的技术工作。

本课程是关于绘制和阅读机械图样的理论、方法和技术的一门专业基础课，也是工科相关专业必修的一门重要的专业基础课。它包含投影基础、制图基础和专业制图三个部分，具体内容有：点、直线和平面的投影；立体的投影；制图的基本知识和基本技能；组合体；轴测图；机件的常用表达方法；标准件与常用件；零件图和装配图等。本课程的学习目的是：培养学生阅读和绘制机械图样的能力以及空间构思能力和创造性思维能力；通过本课程的学习，为后续专业课的学习、课程设计、毕业设计及今后的工作奠定基础。

学习本课程的主要任务如下。

(1) 学习投影法(主要是正投影法)的基本理论及其应用。

(2) 培养空间形体的图示表达能力。

(3) 培养对空间形体的形象思维能力。

(4) 培养绘制和阅读机械图样的基本能力。

(5) 培养自学能力、分析问题和解决问题的能力，培养认真负责的工作态度和严谨、细致、一丝不苟的工作作风。

2. 本课程的学习方法

(1) 坚持理论联系实际。由于本课程具有很强的实践性，因此应在牢固掌握基本概念和基本原理的基础上注重联系实际。要认真完成习题和作业，通过多看、多画、多想，由浅入深地反复实践，消化总结，不断提高绘图和读图能力。制图作业力求：投影正确，方法恰当，遵循标准，图线准确，标注齐全，字体工整，图面整洁。

(2) 注重培养空间形象思维能力及图示能力，不断地由物到图、由图到物，分析和想象空间几何形体和图样中平面图形之间的关系，不断提高读图和制图的能力。

(3) 掌握仪器绘图和徒手绘图技能，按照正确的绘图方法和步骤作图，提高作图质量。

(4) 培养工程意识，自觉贯彻、执行相关制图的国家标准和技术标准。

第 1 章　制图的基本知识与技能

本章课件

“工程图样”被喻为工程界通用的“技术语言”，是表达设计思想、进行技术交流和组织生产的重要资料。为了使图样统一，便于绘制、阅读、管理和交流，国家标准对图样上的相关内容作出了统一规定，制定出《技术制图》、《机械制图》和《房屋建筑制图统一标准》等国家标准。国家标准（简称“国标”）代号为 GB，如《技术制图　图线》（GB/T 17450—1998）、《机械制图　尺寸注法》（GB/T 4458.4—2003）等。其中，代号“GB/T”为推荐性国标，代号后面的第一组数字表示标准的编号，第二组数字表示标准发布的年份。制图国家标准是绘制和阅读技术图样的准则和依据，每一个工程技术人员都必须严格遵守。

本章摘要介绍《技术制图》和《机械制图》国家标准中对图纸幅面和格式、比例、字体、图线和尺寸标注的基本规定，介绍常见的绘图方式和几何作图方法。

1.1　制图国家标准的基本规定

1.1.1　图纸幅面和格式、标题栏

1. 图纸幅面和格式（GB/T 14689—2008）

为了便于图样的管理与交流，绘制图样时应优先采用表 1-1 中规定的基本幅面。基本幅面代号为 A0、A1、A2、A3、A4 五种，必要时允许按 GB/T 14689 的规定加长幅面。在图纸上必须用粗实线画出图框，图框格式分留装订边和不留装订边两种，可以横放（X 型）或竖放（Y 型）。如图 1-1、图 1-2 所示。同一产品的图样只能采用同一种图框格式。

表 1-1　图纸基本幅面及图框尺寸　（mm）

幅面代号	A0	A1	A2	A3	A4
$B\times L$	841×1189	594×841	420×594	297×420	210×297
a	25				
c	10			5	
e	20		10		

2. 标题栏（GB/T 10609.1—2008）

标题栏的位置应放在图纸的右下角，长边置于水平方向，其右边和底边均与图框线重合，如图 1-1、图 1-2 所示。标题栏中文字方向为看图方向。标题栏的格式、内容和尺寸在GB/T 10609.1—2008 中有规定，如图 1-3 所示。学生的制图作业中可使用简化的标题栏格式，如图 1-4 所示。

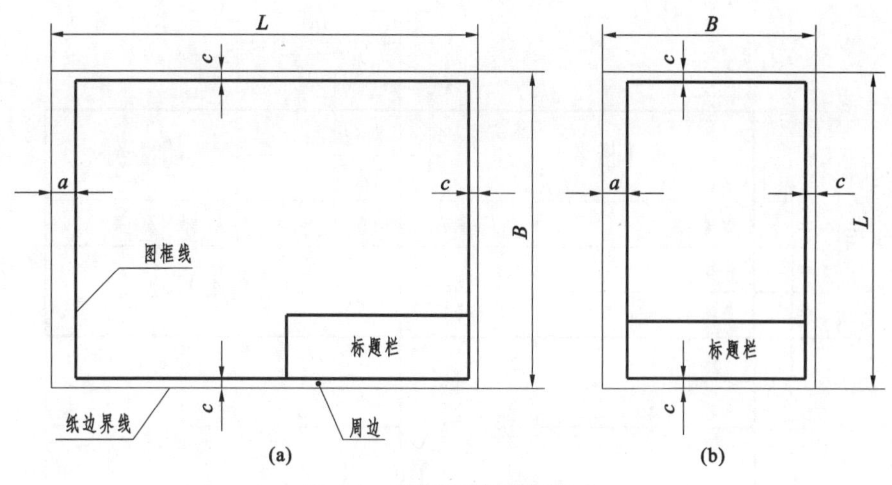

图 1-1　留装订边的图框格式

(a)X 型　(b)Y 型

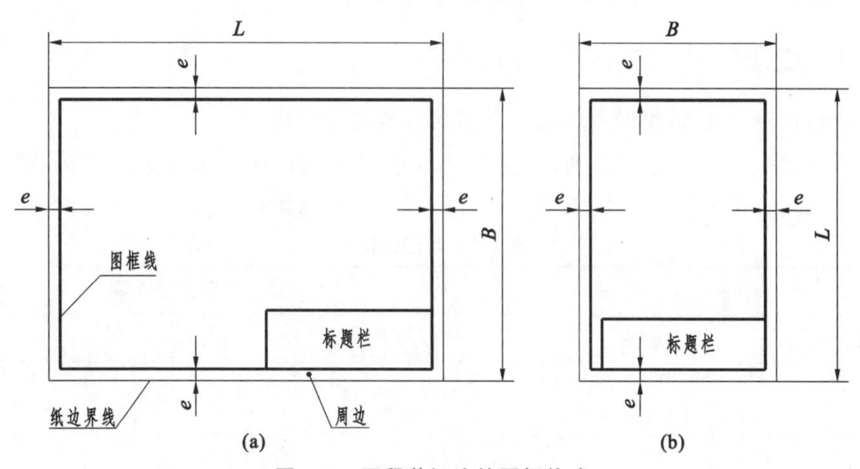

图 1-2　不留装订边的图框格式

(a) X 型　(b)Y 型

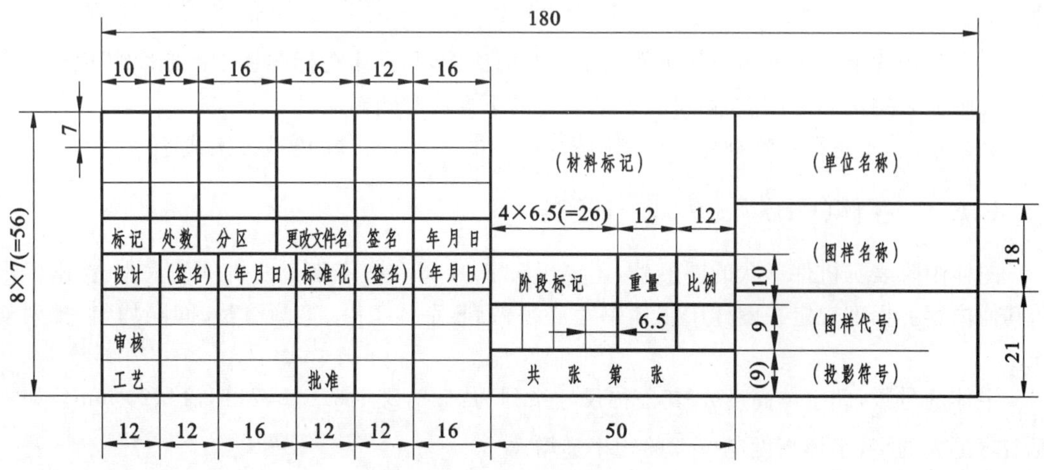

图 1-3　标准标题栏

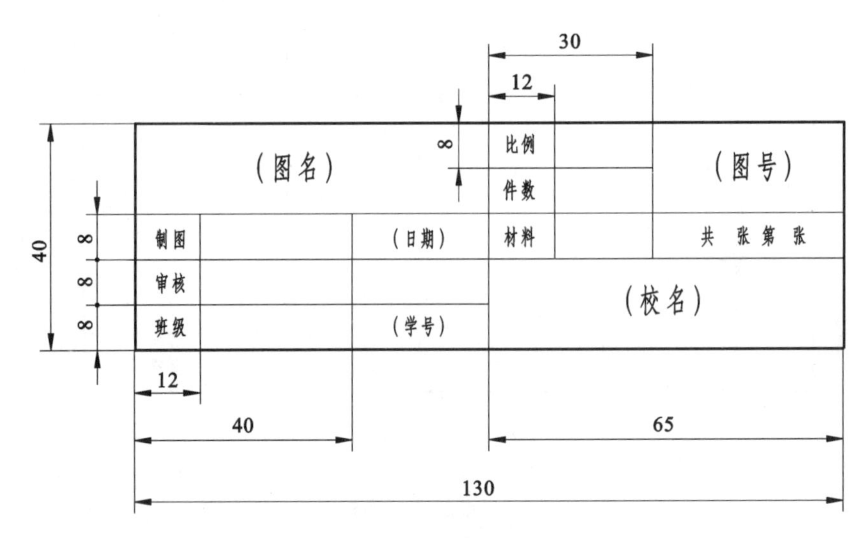

图 1-4　简化标题栏

1.1.2　比例(GB/T 14690—1993)

比例是指图样中图形与其实物相应要素的线性尺寸之比。

绘图时应按表 1-2 规定的系列，在其中选取适当比例。优先选择第一系列，必要时也允许选取第二系列。绘图时应尽量采用 1∶1 的比例，以便从图样上直接看出机件的真实大小。

表 1-2　绘图的比例

种类	第一系列	第二系列
原值比例	1∶1	
缩小比例	1∶2　1∶5　1∶10 $1:1\times10^n$　$1:2\times10^n$　$1:5\times10^n$	1∶1.5　1∶2.5　1∶3　1∶4　1∶6　$1:1.5\times10^n$ $1:2.5\times10^n$　$1:3\times10^n$　$1:4\times10^n$　$1:6\times10^n$
放大比例	2∶1　5∶1　$1\times10^n:1$ $2\times10^n:1$　$5\times10^n:1$	4∶1　2.5∶1 $4\times10^n:1$　$2.5\times10^n:1$

注：n 为正整数。

同一张图样上的各视图应尽可能采用相同的比例，并标注在标题栏中的"比例"栏内。当某个视图需采用不同的比例时，可在视图名称的下方或右侧标注。

必须指出，不论采用哪种比例绘制图样，其尺寸一律按机件的实际大小标注。

1.1.3　字体(GB/T 14691—1993)

图样中除表示机件形状的图形外，还要用汉字、字母和数字来说明机件的大小、技术要求和其他内容。标准规定在图样中字体书写必须做到：字体工整、笔画清楚、间隔均匀、排列整齐。

字体的号数，即字体高度 h，其公称尺寸系列为：1.8，2.5，3.5，5，7，10，14，20 mm。如需要书写更大的字，字体高度应按$\sqrt{2}$的比率递增。

1. 汉字

汉字应写成长仿宋体，并应采用国家正式公布推行的简化字。汉字的高度不应小于 3.5 mm，其字宽一般为 $h/\sqrt{2}$(h 为字高)。汉字不分直体或斜体。

汉字示例如图 1-5(a)所示；汉字常由几个部分组成，为了使所写的汉字结构匀称，书写时应恰当分配各组成部分的比例，如图 1-5(b)所示。

汉字的基本笔画有点、横、竖、撇、捺、挑、折、勾。每一笔画要一笔写成，不宜勾描，其笔法可参阅表 1-3。

10号字

计算机绘图　徒手绘图

7号字

横平竖直 注意起落 结构均匀 填满方格

5号字

工程图样是表达设计意图的重要工具

培养学生绘制和阅读工程图样的能力

3.5号字

工程图样是表达设计意图的重要工具

培养学生绘制和阅读工程图样的能力

(a)

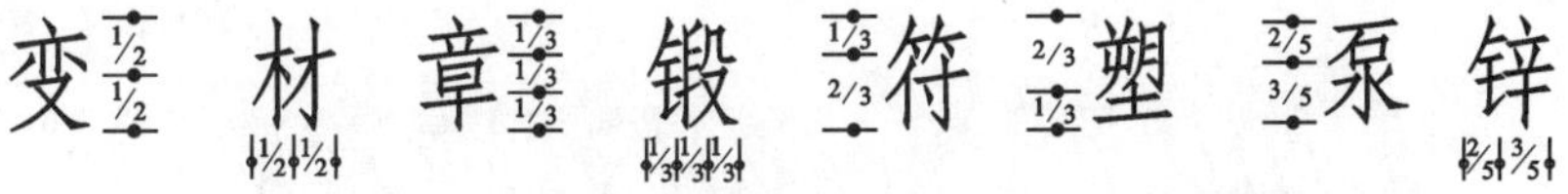

变 1/2 1/2　材 1/2 1/2　章 1/3 1/3 1/3　锻 1/3 1/3 1/3　符 1/3 2/3　塑 2/3 1/3　泵 2/5 3/5　锌 2/5 3/5

(b)

图 1-5　汉字及其结构分析示例

(a) 长仿宋体汉字示例　(b) 汉字的结构分析示例

表 1-3　汉字的基本笔法

名称	点	横	竖	撇	捺	挑	折	勾
基本笔画及运笔法	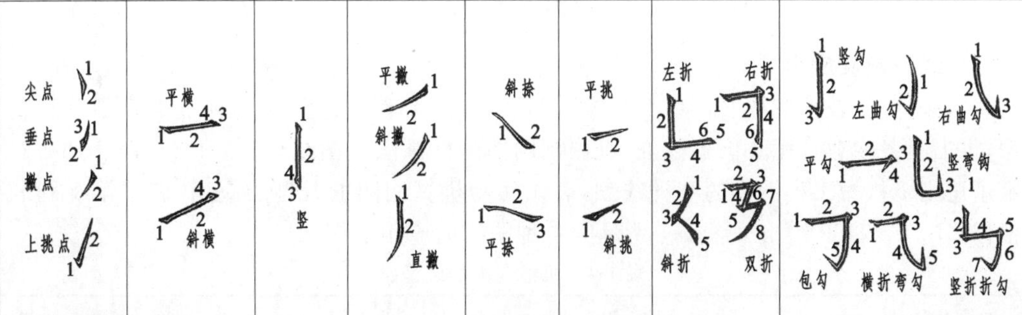 尖点 垂点 撇点 上挑点	平横 斜横	竖	平撇 斜撇 直撇	斜捺 平捺	平挑 斜挑	左折 右折 斜折 双折	竖勾 左曲勾 右曲勾 平勾 竖弯钩 包勾 横折弯勾 竖折折勾

2. 数字和字母

数字和字母分为 A 型和 B 型。A 型字体的笔画宽度 d 为字高 h 的 1/14；B 型字体的笔画宽度 d 为字高 h 的 1/10。同一图样上，只允许选用一种形式的字体。

数字和字母分为斜体和直体两种。斜体字的字头向右倾斜，与水平基准线约成 75°。

用作指数、分数、极限偏差、注脚等的数字和字母，一般应采用小一号字体。图样中的数学符号、物理量符号、计量单位符号以及其他符号、代号应分别符合国家有关法令和标准的规定。数字和字母的书写形式和综合运用示例见图 1-6。

图 1-6　字母和数字示例

(a) A 型斜体阿拉伯数字及其书写笔序　(b) A 型斜体大写拉丁字母

(c) A 型斜体小写拉丁字母　(d) A 型斜体罗马数字

1.1.4　图线(GB/T 17450—1998,GB/T 4457.4—2002)

1. 线型及其应用

国家标准《技术制图　图线》(GB/T 17450—1998)中规定了 15 种基本线型及其变形线型，供工程各专业选用。国家标准《机械制图　图样画法　图线》(GB/T 4457.4—2002)中规定了适用于机械工程图样的 9 种线型，表 1-4 为机械制图的线型及应用，表中第 1 列的代码根据 GB/T 17450 给出。图 1-7 所示为各种图线的应用示例。

表 1-4　机械制图的线型及应用

图线名称	线型	线宽	主要用途
粗实线		d	可见轮廓线、剖切符号用线
细实线		$0.5d$	尺寸线、尺寸界线、过渡线、剖面线、指引线和基准线等

续表

图线名称	线型	线宽	主要用途
波浪线		0.5d	断裂处的边界线；视图与剖视图的分界线
双折线			
细虚线	12d 3d	0.5d	不可见轮廓线
粗虚线		d	允许表面处理的表示线
细点画线	24d 3d 0.5d	0.5d	轴线、对称中心线、剖切线
粗点画线		d	限定范围表示线
细双点画线		0.5d	相邻辅助零件的轮廓线、可动零件的极限位置的轮廓线、轨迹线、中断线

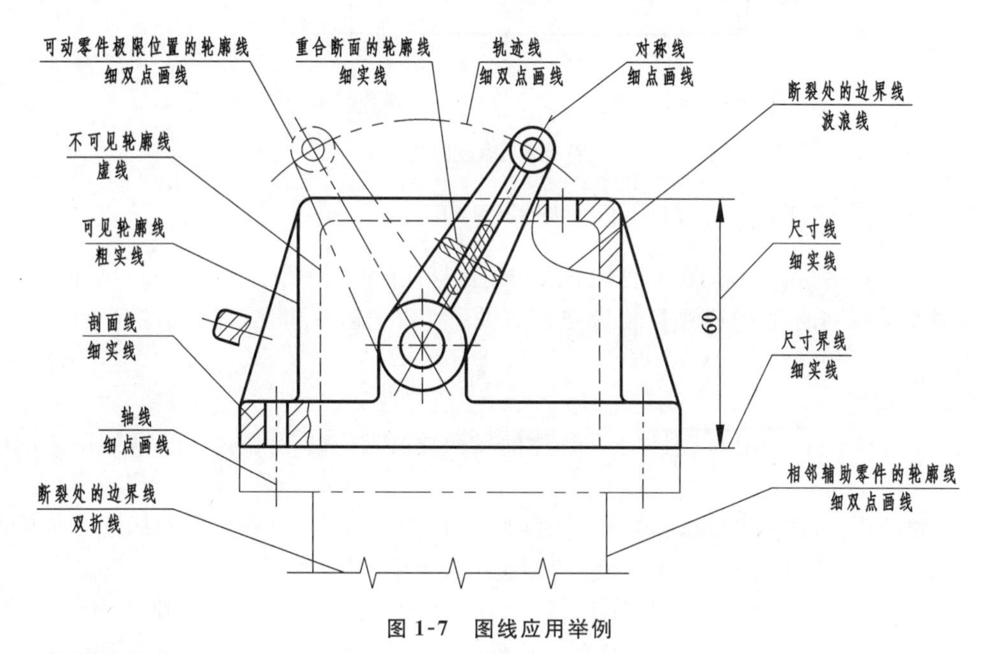

图 1-7　图线应用举例

2. 图线的宽度

机械图样通常采用粗、细两种线宽，它们之间的比例为 2∶1。粗线宽度 d 应根据图幅的大小和图样的复杂程度在下列数系中选择：0.13 mm、0.18 mm、0.25 mm、0.35 mm、0.5 mm、0.7 mm、1 mm、1.4 mm、2 mm，此数系的公比为$\sqrt{2}$($\approx$1.4)。

此外，制图标准对构成不连续性线条的各线素（点、短间隔、短画等）的长度也有规定，如表 1-4 所示。

3. 图线的画法

画图线时应注意以下几点（见图 1-8）。

(1) 同一图样上，同类型的图线宽度应基本一致。虚线、点画线及双点画线的短画、长画的长度和间隔应各自大小相等。

(2) 图线相交时，应在长画、短画处相交，不应在间隔或点处相交。

(3) 点画线和双点画线的首尾两端应为长画，不能画成点。

(4) 在较小的图形上绘制细点画线、细双点画线有困难时,可用细实线代替。

(5) 轴线、对称中心线、双折线和作为中断线的细双点画线,应超出轮廓线 2～5 mm。

(6) 当虚线为粗实线的延长线时,粗实线应画到分界点,而虚线应留有间隔。

(7) 当各种线型重合时,绘制图线的优先顺序为粗实线、虚线、点画线。

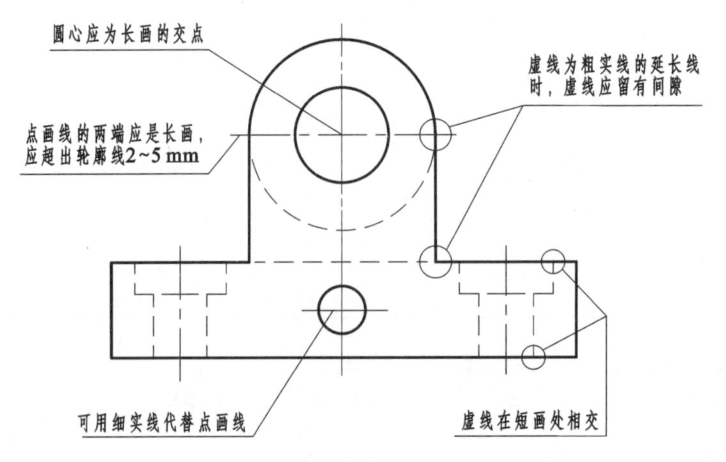

图 1-8　图线画法

1.1.5　尺寸注法(GB/T 4458.4—2003)

图形只能表达机件的形状,而机件的大小则由标注的尺寸确定。国标中对尺寸标注的基本方法做了一系列的规定,必须严格遵守。如果尺寸有遗漏或错误,都会给生产带来不必要的损失。

1. 基本规则

(1) 机件的真实大小应以图样上所标注的尺寸数值为依据,与图形大小及绘图的准确度无关。

(2) 图样中(包括技术要求和其他说明)的尺寸,以 mm 为单位时,不需标注计量单位的代号或名称;如采用其他单位,则必须注明相应计量单位的代号或名称。

(3) 机件的每一个尺寸,一般只标注一次,并应标注在反映该结构最清晰的图形上。

(4) 图样上所标注尺寸,为该图样所示机件的最后完工尺寸,否则应另加说明。

2. 尺寸的组成

一个完整的尺寸一般应包括尺寸界线、尺寸线、尺寸终端和尺寸数字,如图 1-9 所示。

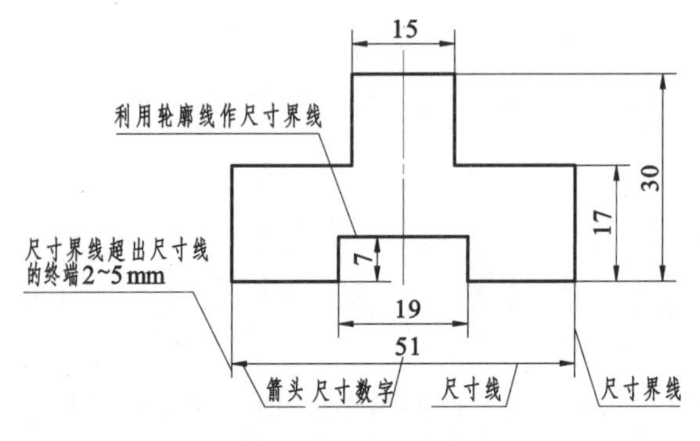

图 1-9　尺寸的组成

1）尺寸界线

尺寸界线表示所注尺寸的范围，用细实线绘制，并应由图形的轮廓线、轴线或对称中心线处引出，也可以利用轮廓线、轴线或对称中心线作尺寸界线。尺寸界线一般应与尺寸线垂直，并超出尺寸线 2～5 mm 左右，必要时也允许倾斜（参见表 1-6）。

2）尺寸线

尺寸线用细实线绘制，不能用其他图线代替，也不能与其他图线重合或画在其他图线的延长线上。标注线性尺寸时，尺寸线必须与所标注的线段平行；当有几条互相平行的尺寸线时，其间隔要均匀，间隔应大于 5 mm，以便注写尺寸数字和有关符号；大尺寸应注在小尺寸外面，以免尺寸线与尺寸界线相交。

3）尺寸线终端

尺寸线终端有两种形式，箭头或斜线，见图 1-10。箭头适用于各种类型的图样，图中的 d 为粗实线的宽度，箭头尖端要与尺寸界线接触，不能超出或分离。斜线用细实线绘制，图中的 h 为字体高度。当采用斜线形式时，尺寸线与尺寸界线必须相互垂直。圆的直径、圆弧半径及角度的尺寸线的终端应画成箭头。

同一图样中只能采用一种尺寸线终端形式。机械图样中一般采用箭头作为尺寸线的终端。

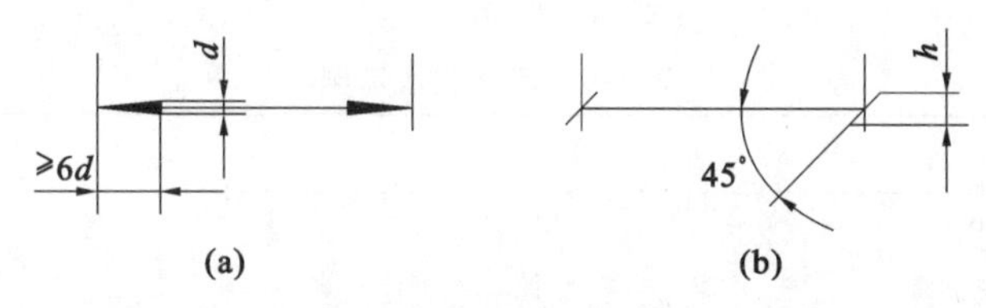

图 1-10　尺寸线终端

（a）箭头　（b）斜线（细实线，尺寸线与尺寸界线垂直时可采用）

4）尺寸数字

线性尺寸的数字一般注写在尺寸线上方，也允许注写在尺寸线的中断处。同一图样中尺寸数字的字号大小应一致，位置不够时可引出标注。尺寸数字不允许被任何图线通过，无法避免时必须将尺寸数字处的图线断开（参见表 1-6）。在注写尺寸数字时，常用符号和缩写词的意义如表 1-5 所示。

表 1-5　常用符号和缩写词

名　称	符号或缩写词	名　称	符号或缩写词
直径	ϕ	弧度	⌒
半径	R	厚度	t
球直径	$S\phi$	埋头孔	∨
球半径	SR	沉孔或锪平	⊔
均布	EQS	深度	↧
45°倒角	C	正方形	□
斜度	∠	锥度	▷

3. 尺寸注法示例

图 1-11 所示为用正误对比的方法，列出了尺寸标注的常见错误，请读者辨析。

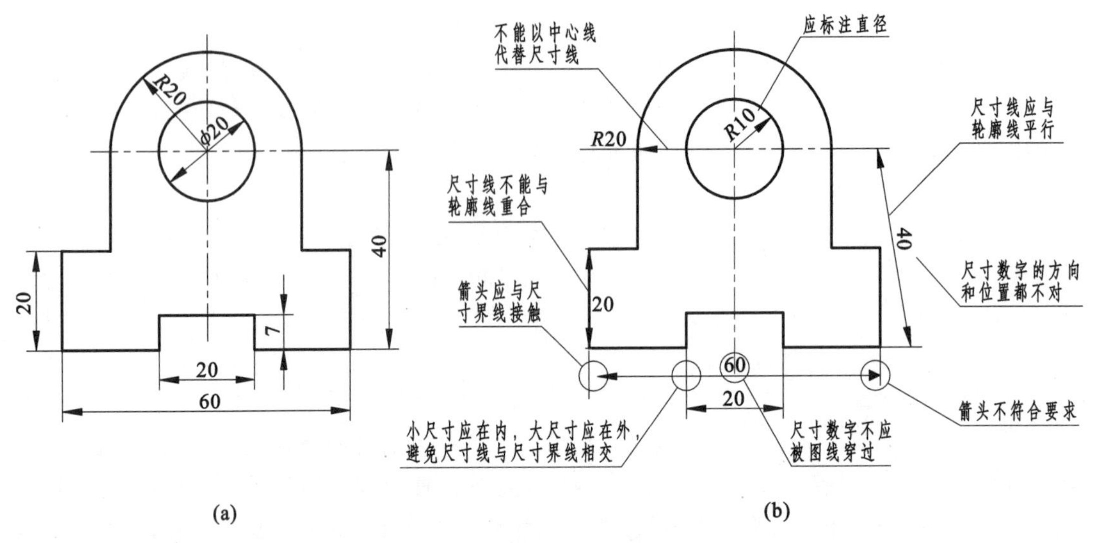

图 1-11　尺寸标注的正误对比示例

(a)正确　(b)错误

表 1-6 中列出了 GB/T 4458.4—2003 规定的一些尺寸注法示例，未详尽处请查阅该标准。

表 1-6　尺寸注法示例

标注内容	示　　例	说　　明
线性尺寸数字的方向		线性尺寸数字的方向有两种注写方法，一般采用方法 1 注写；在不引起误解时，也允许采用方法 2。但在一张图样中，应尽可能采用同一种方法。 方法 1：尺寸数字应按左上图所示方向注写，并尽可能避免在图示 30°范围内标注尺寸。当无法避免时，可如右上图左起第一图所示的方向标注；也可如第二、三图所示，引出标注。 方法 2：对于非水平方向的尺寸，其数字可水平地注写在尺寸线的中断处
圆的直径		圆的直径尺寸一般应按这三个例图标注

续表

标注内容	示　　例	说　　明
圆弧的半径	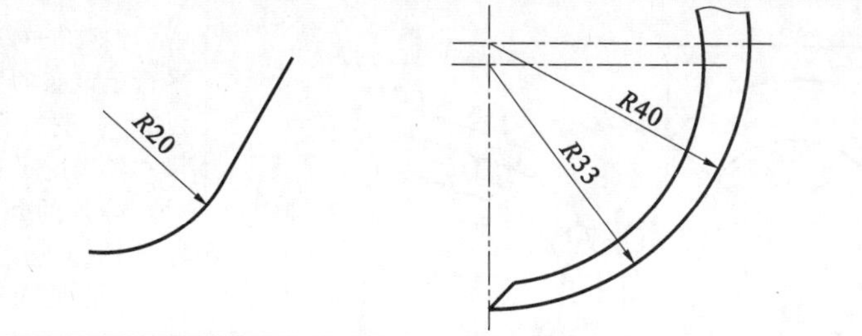	圆弧的半径尺寸一般应按这两个例图标注。尺寸线或其延长线应通过圆心
	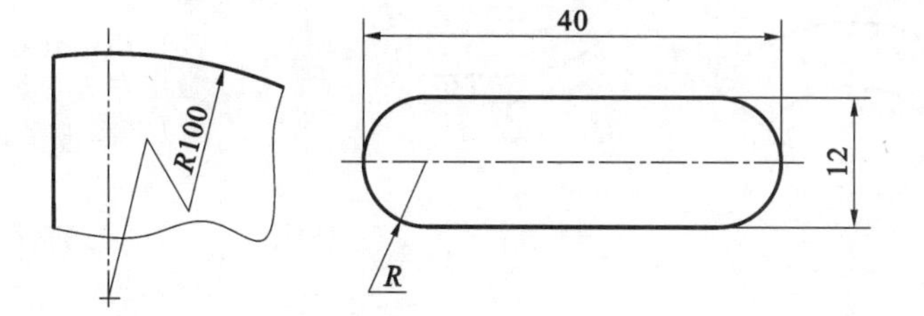	当圆弧的半径过大，在图纸范围内无法标出圆心位置时，可按左图标注；当需要指明半径尺寸是由其他尺寸所确定时，应用尺寸线和符号“R”标出，但不要注写尺寸数字
球面	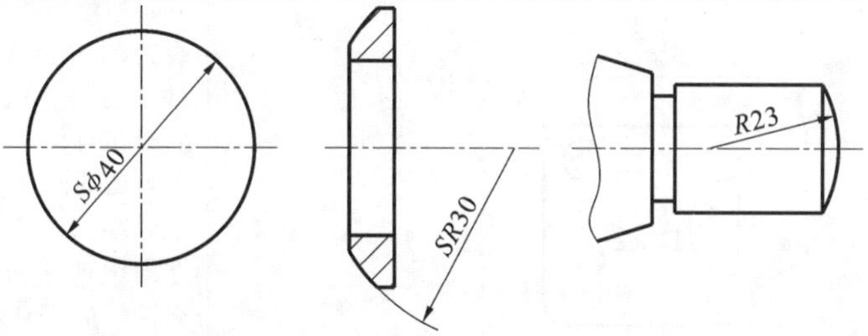	标注球面的尺寸，如左侧两图所示，应在 ϕ 或 R 前加注“S”；不引起误解时，则可省略符号“S”，如右图中的右端球面
角度	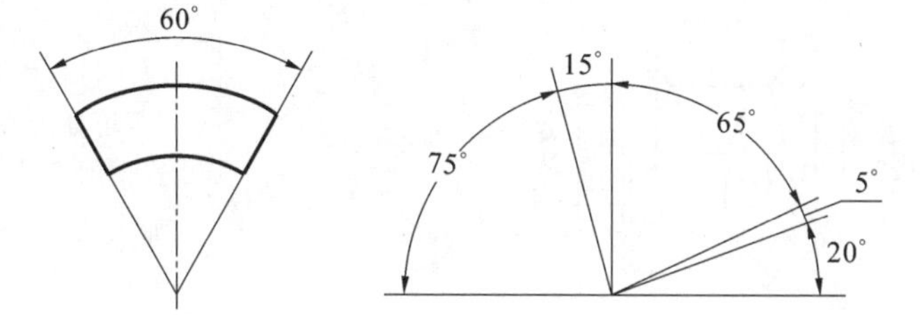	尺寸界线应沿径向引出，尺寸线画成圆弧，圆心是该角的顶点。尺寸数字一律水平书写，一般注写在尺寸线的中断处，必要时也可如右图所示标注在尺寸线的外侧或上方，也可引出标注
小尺寸	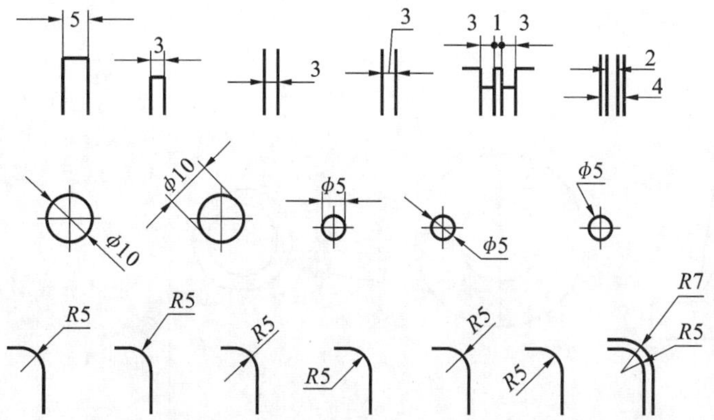	如第一行例图所示，当尺寸界线之间没有足够位置画箭头及写数字时，箭头可画在外面，或用小圆点或斜线代替两个箭头；尺寸数字也可写在外面或引出标注。小尺寸的圆和圆弧，可按下两行例图标注

续表

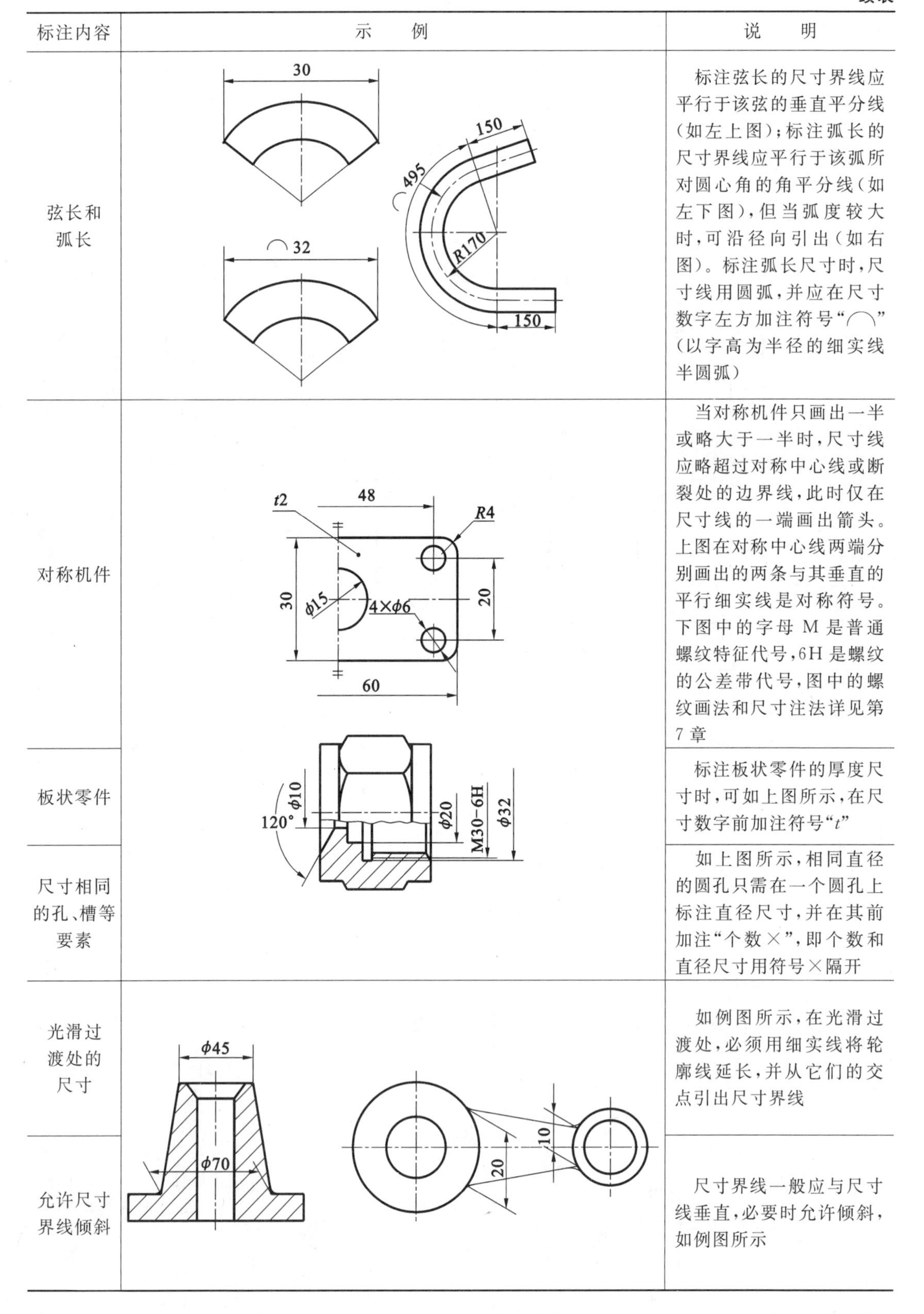

标注内容	示　　例	说　　明
弦长和弧长		标注弦长的尺寸界线应平行于该弦的垂直平分线(如左上图);标注弧长的尺寸界线应平行于该弧所对圆心角的角平分线(如左下图),但当弧度较大时,可沿径向引出(如右图)。标注弧长尺寸时,尺寸线用圆弧,并应在尺寸数字左方加注符号“⌒”(以字高为半径的细实线半圆弧)
对称机件		当对称机件只画出一半或略大于一半时,尺寸线应略超过对称中心线或断裂处的边界线,此时仅在尺寸线的一端画出箭头。上图在对称中心线两端分别画出的两条与其垂直的平行细实线是对称符号。下图中的字母 M 是普通螺纹特征代号,6H 是螺纹的公差带代号,图中的螺纹画法和尺寸注法详见第 7 章
板状零件		标注板状零件的厚度尺寸时,可如上图所示,在尺寸数字前加注符号“t”
尺寸相同的孔、槽等要素		如上图所示,相同直径的圆孔只需在一个圆孔上标注直径尺寸,并在其前加注“个数×”,即个数和直径尺寸用符号×隔开
光滑过渡处的尺寸		如例图所示,在光滑过渡处,必须用细实线将轮廓线延长,并从它们的交点引出尺寸界线
允许尺寸界线倾斜		尺寸界线一般应与尺寸线垂直,必要时允许倾斜,如例图所示

续表

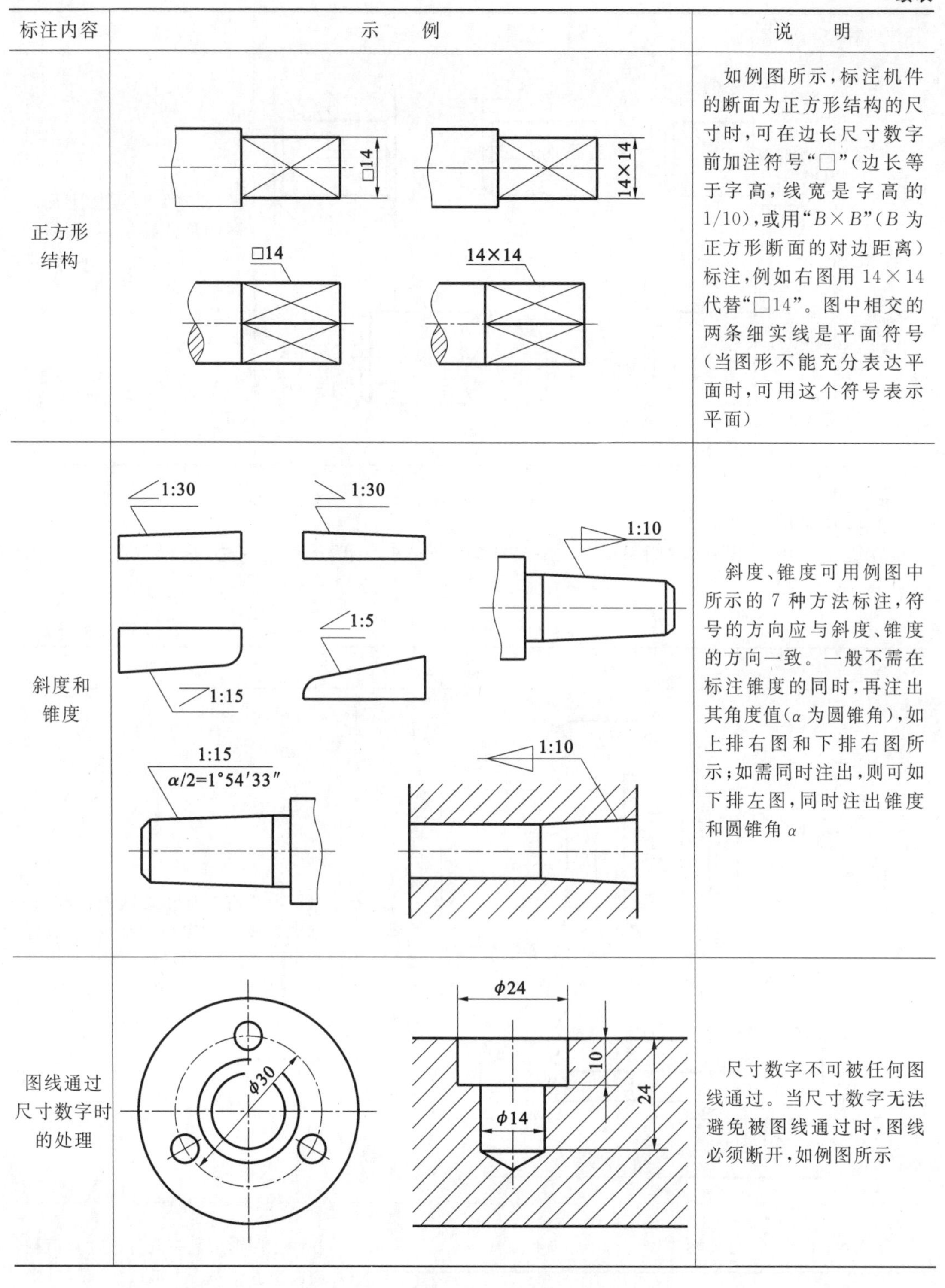

标注内容	示　例	说　明
正方形结构		如例图所示，标注机件的断面为正方形结构的尺寸时，可在边长尺寸数字前加注符号“□”(边长等于字高，线宽是字高的1/10)，或用“$B\times B$”(B 为正方形断面的对边距离)标注，例如右图用 14×14 代替“□14”。图中相交的两条细实线是平面符号(当图形不能充分表达平面时，可用这个符号表示平面)
斜度和锥度		斜度、锥度可用例图中所示的 7 种方法标注，符号的方向应与斜度、锥度的方向一致。一般不需在标注锥度的同时，再注出其角度值(α 为圆锥角)，如上排右图和下排右图所示；如需同时注出，则可如下排左图，同时注出锥度和圆锥角 α
图线通过尺寸数字时的处理		尺寸数字不可被任何图线通过。当尺寸数字无法避免被图线通过时，图线必须断开，如例图所示

续表

标注内容	示　例	说　明
倒角	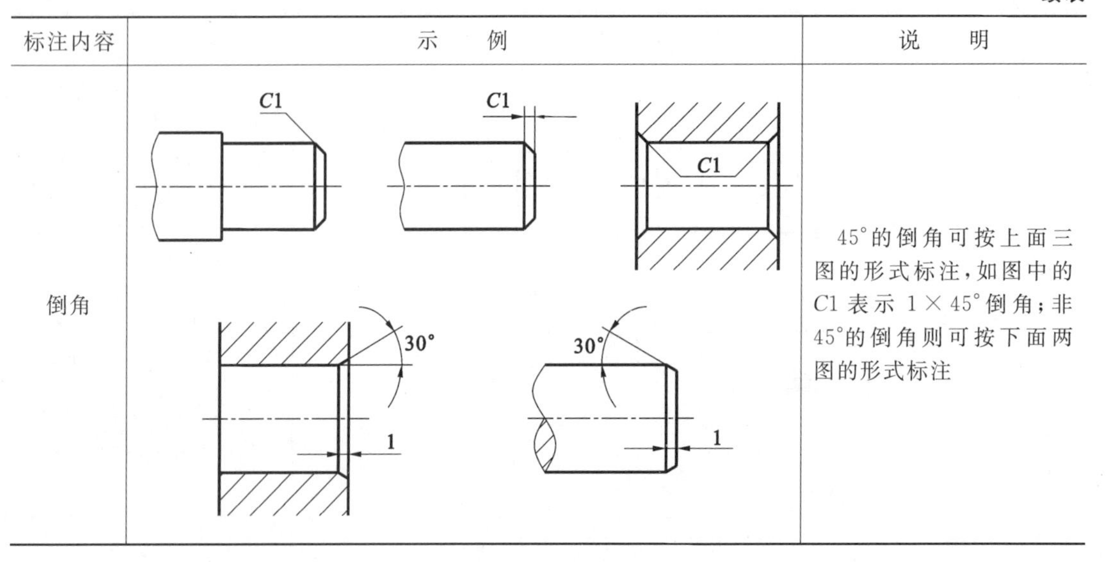	45°的倒角可按上面三图的形式标注,如图中的 C1 表示 1×45°倒角;非45°的倒角则可按下面两图的形式标注

4. 简化注法

在表 1-7 中列举了 GB/T 16675.2—2012 中所述的一部分简化注法,未详尽处请查阅该标准。

表 1-7　简化注法示例

示　例	说　明
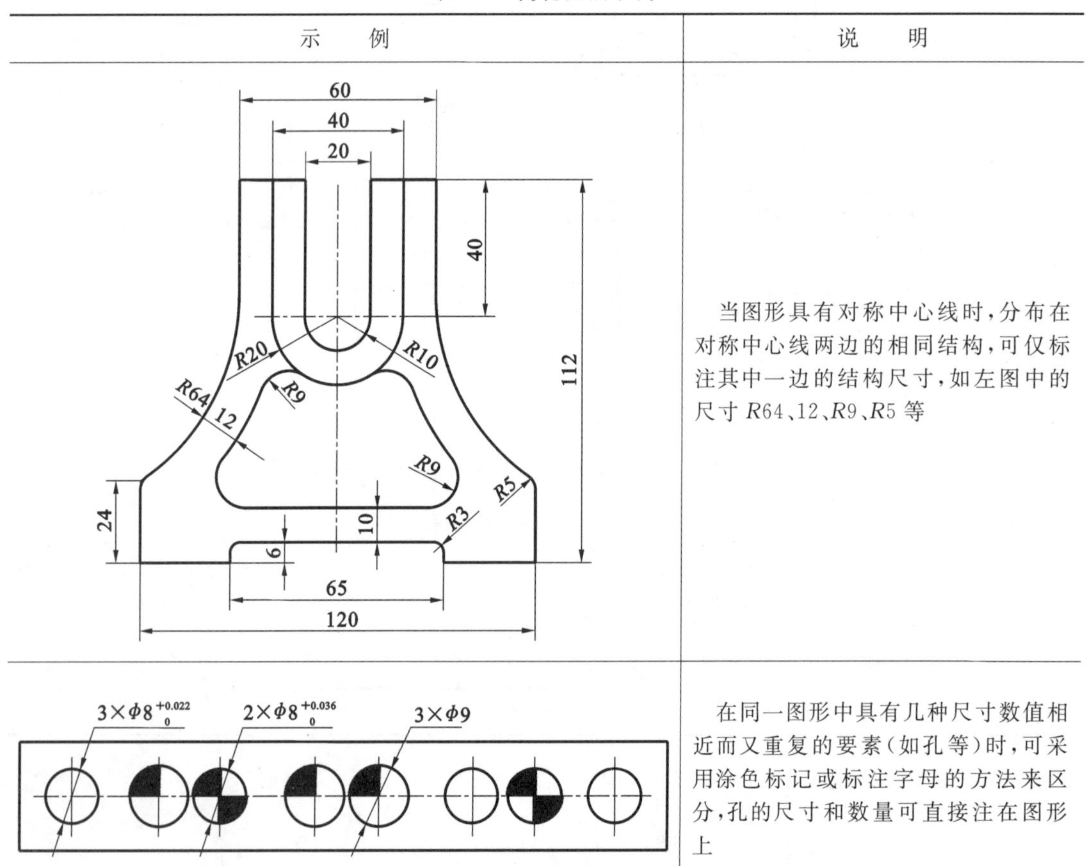	当图形具有对称中心线时,分布在对称中心线两边的相同结构,可仅标注其中一边的结构尺寸,如左图中的尺寸 $R64$、12、$R9$、$R5$ 等
	在同一图形中具有几种尺寸数值相近而又重复的要素(如孔等)时,可采用涂色标记或标注字母的方法来区分,孔的尺寸和数量可直接注在图形上

续表

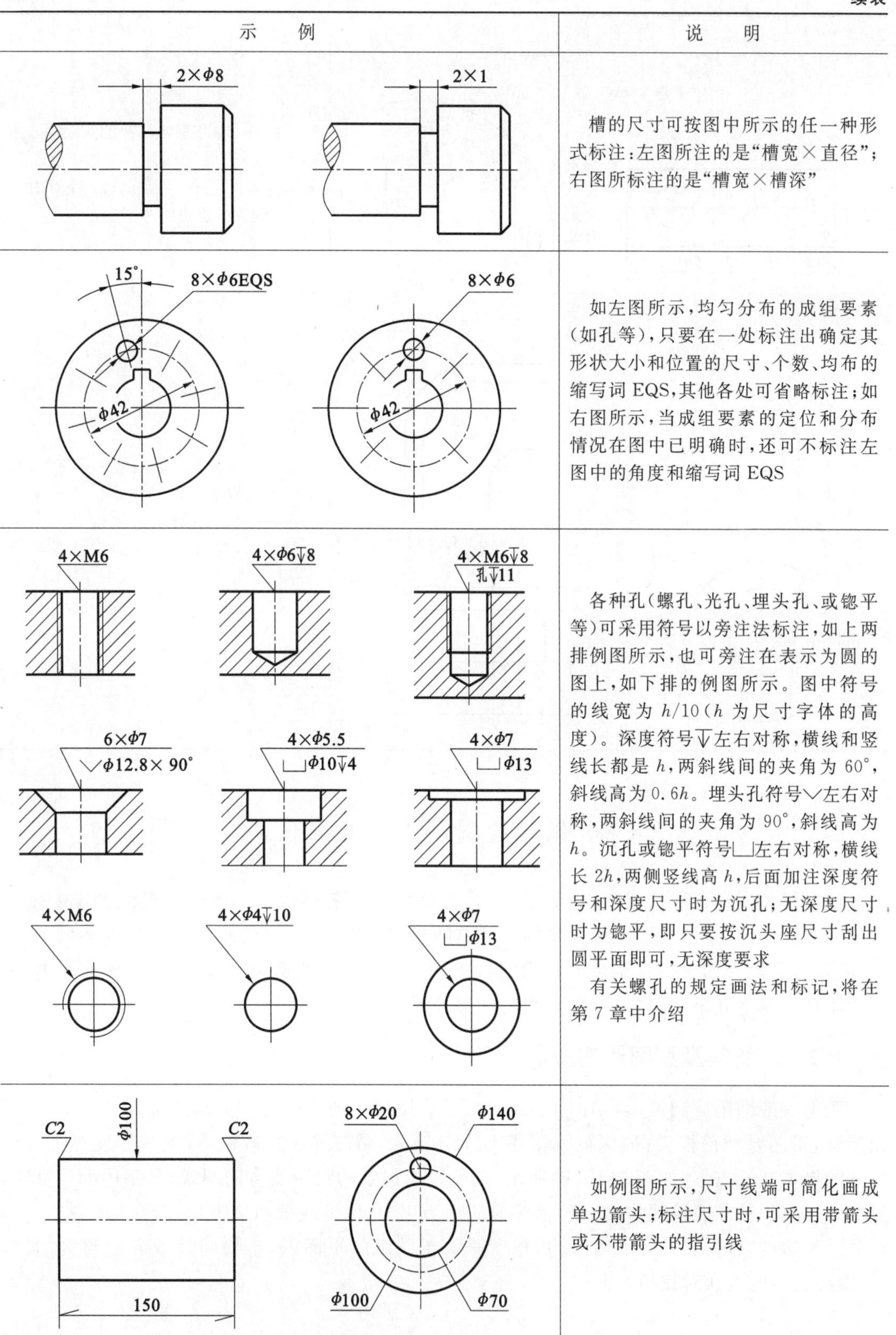

示　　例	说　　明
	槽的尺寸可按图中所示的任一种形式标注：左图所注的是“槽宽×直径”；右图所标注的是“槽宽×槽深”
	如左图所示，均匀分布的成组要素（如孔等），只要在一处标注出确定其形状大小和位置的尺寸、个数、均布的缩写词 EQS，其他各处可省略标注；如右图所示，当成组要素的定位和分布情况在图中已明确时，还可不标注左图中的角度和缩写词 EQS
	各种孔（螺孔、光孔、埋头孔、或锪平等）可采用符号以旁注法标注，如上两排例图所示，也可旁注在表示为圆的图上，如下排的例图所示。图中符号的线宽为 $h/10$（h 为尺寸字体的高度）。深度符号↧左右对称，横线和竖线长都是 h，两斜线间的夹角为 60°，斜线高为 $0.6h$。埋头孔符号⌵左右对称，两斜线间的夹角为 90°，斜线高为 h。沉孔或锪平符号⌴左右对称，横线长 $2h$，两侧竖线高 h，后面加注深度符号和深度尺寸时为沉孔；无深度尺寸时为锪平，即只要按沉头座尺寸刮出圆平面即可，无深度要求 有关螺孔的规定画法和标记，将在第 7 章中介绍
	如例图所示，尺寸线端可简化画成单边箭头；标注尺寸时，可采用带箭头或不带箭头的指引线

续表

示　例	说　明
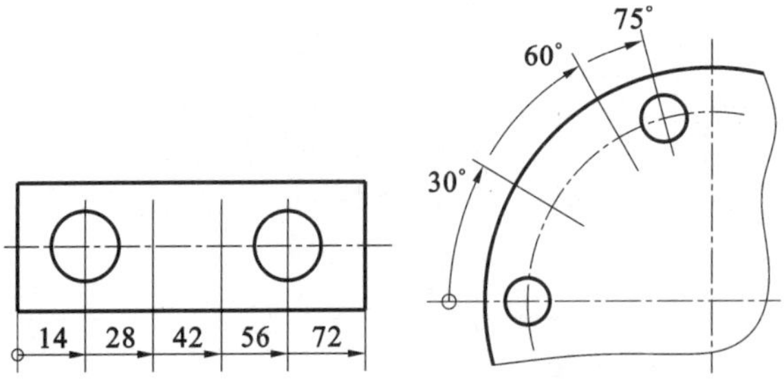 14　28　42　56　72 75°　60°　30°	从同一尺寸基准出发的尺寸，可按例图所示的形式标注，除由基准出发的第一段尺寸线应画全外，后面的尺寸线可连续，也可不连续
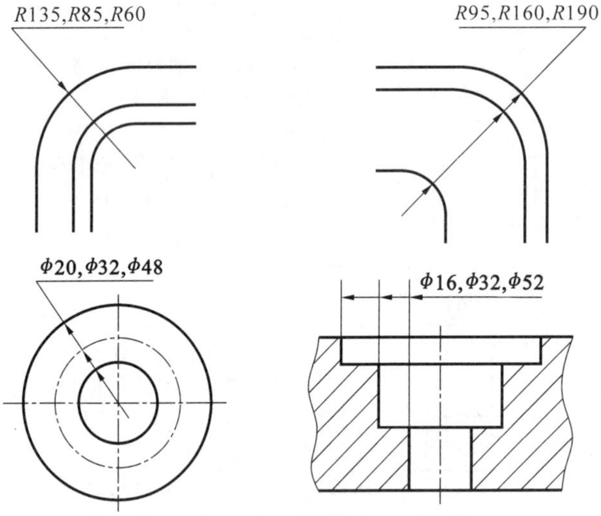 *R*135,*R*85,*R*60　*R*95,*R*160,*R*190 Φ20,Φ32,Φ48　Φ16,Φ32,Φ52	如例图所示，一组同心圆弧或圆心位于一条直线上的多个不同心圆弧的尺寸，一组同心圆或尺寸较多的台阶孔的尺寸，都可用共同的尺寸线和箭头依次表示

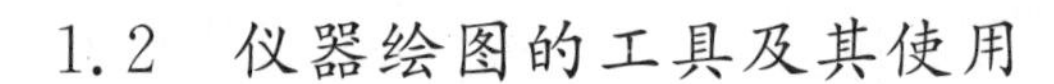

1.2　仪器绘图的工具及其使用

绘制机械图样可用仪器绘图、徒手绘图、计算机绘图三种方法。由于仪器绘图需要依靠绘图仪器和制图工具作图，而最主要的仪器是圆规和分规，最主要的制图工具是丁字尺、三角板和直尺，所以人们常将仪器绘图称为尺规绘图。本节只介绍仪器绘图的工具及其使用，徒手绘图在1.5节介绍，计算机绘图有专门课程介绍。

1.2.1　铅笔及其画线的方法

铅笔一般磨削成圆锥形，如图1-12(a)所示。图样中的底稿线和描深的细线，用2H或H铅笔画，铅芯要磨得很尖；描深粗线则用B、HB铅笔，铅芯要磨得较钝，或磨成厚度等于粗线线宽的楔形或长方形，如图1-12(b)所示，使能画出选定的粗线线宽的图线；写字用HB铅笔，铅芯要磨得稍钝。底稿线应细、淡；描深时应适当用力，使细线细而清晰，粗线则粗而浓。

沿尺边画线时，铅芯要靠着尺边，位于垂直于图纸的平面内，不要向外或向内倾斜，如图1-12(c)、(d)的正误对比所示。

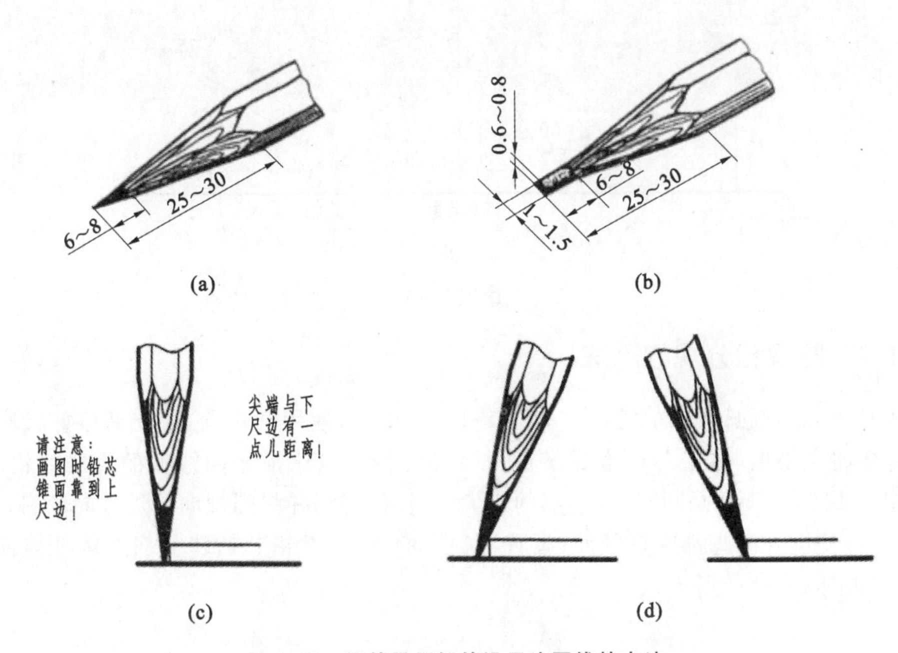

图 1-12　铅笔及用铅笔沿尺边画线的方法

(a)铅笔圆锥形磨削方式　(b)铅笔楔形磨削方式

(c)铅笔沿尺边画线的正确位置　(d)铅笔沿尺边画线的错误位置

1.2.2　图板、丁字尺、三角板及其画线的方法

如图 1-13(a)、(b)所示，将图纸用胶带纸固定在图板上；画图时，丁字尺头部要靠紧图板左边，按需在图板和图纸上作上下移动。用丁字尺画水平线的方法见图 1-13(a)，应从左向右画；用丁字尺、三角板画铅垂线的方法见图 1-13(b)，应从下向上画。

用丁字尺、三角板画与水平线成 15°、45°、60°、30°、75°斜线的方法见图 1-13(c)，应从左向右画。同理，若将三角板放置成与图 1-13(c)左右对称的位置，就可画另一方向的与水平线成 15°、45°、60°、30°、75°的斜线。

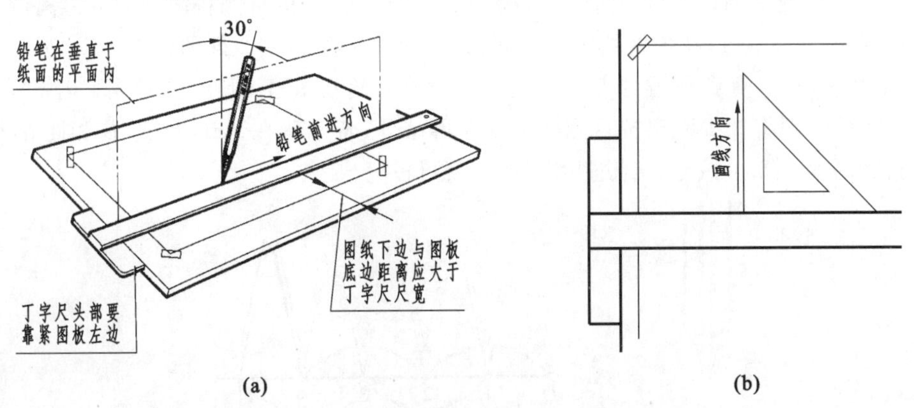

图 1-13　图板、丁字尺、三角板及其画线方法

(a)在图板上固定图纸和画水平线的方法　(b)画竖直线的方法

(c)画与水平线成 15°、30°、45°、60°、75°斜线的方法

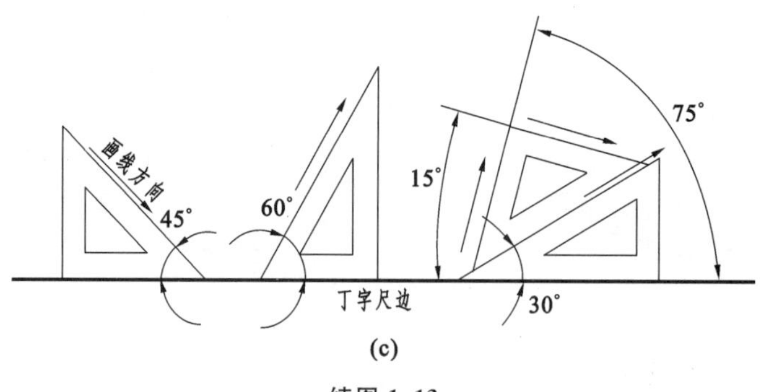

(c)

续图 1-13

1.2.3 圆规和分规的用法

圆规是用来画圆弧或圆的工具。如图 1-14(a)所示,使用圆规前,应先调整好针脚,使圆心脚的针尖略长于铅芯,铅芯可磨成铲形;描深时,铅芯应比描相同线型的直线的铅芯软一号。如图 1-14(b)所示,画圆时,圆心脚的针尖应垂直纸面,并将圆规向前进方向倾斜;画直径较大的圆,应使圆规两脚都垂直纸面;画直径很大的圆,应在铅芯插腿上部加装延伸杆(也称加长杆),如图 1-14(c)所示。

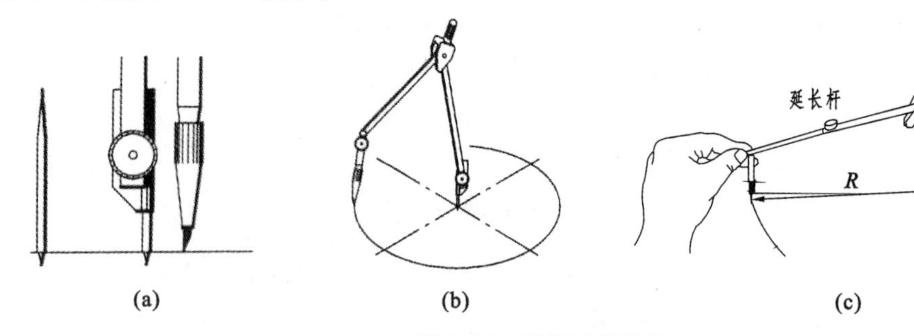

(a) (b) (c)

图 1-14 圆规及其用法

(a)磨好铅芯,调好针脚 (b)画较大的圆时,两脚应垂直纸面 (c)画很大的圆时,加装延长杆

分规常用于以试分法等分线段和圆周或圆弧。用几何作图等分线段在中学已学过,不再介绍。分规的两个脚都是针尖脚,两脚的针尖在并拢后应能对齐,如图 1-15(a)所示。

今以五等分线段 AB 为例,作图过程如图 1-15(b)所示:按目测将两针尖的距离调整到大致为 $AB/5$,从 A 量得 1;在 1 处的针尖不动,另一针脚移至 2;在 2 处的针尖不动,另一针脚移至 3;依此继续进行,直到获得分点 5 为止。若 5 恰好落在 B 上,则试分完成。若 5 落在 AB 内,与 B 相距 b,则将针尖距离按目测增加 $b/5$ 再试分;若 5 落在 AB 外,与 B 相距 b,则针尖距离按目测减少 $b/5$ 再试分。经过几次试分,就可以完成。

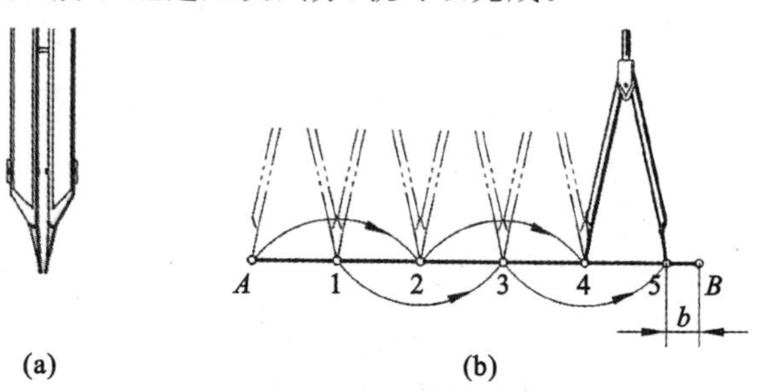

(a) (b)

图 1-15 分规及其用法

(a)针尖应对齐 (b)以试分法等分线段示例

同样，也可用试分法等分圆周或圆弧。

1.2.4　比例尺及其用法

比例尺是刻有不同比例的直尺，供绘制不同比例的图样时量取尺寸用，常见形式如图1-16所示。这种比例尺上刻有六种不同的比例：1∶100、1∶200、1∶300、1∶400、1∶500、1∶600，且每一种刻度常可用作几种不同的比例。如图1-17所示，对于标明1∶100刻度的比例尺，它的每20小格(真实长度为20 mm)代表20 mm时，是1∶1的比例；若代表2 m时，是1∶100的比例；若代表2 mm时，是10∶1的比例。对于标明1∶200刻度的比例尺，它的每10小格(真实长度为10 mm)代表2 m时，是1∶200的比例。

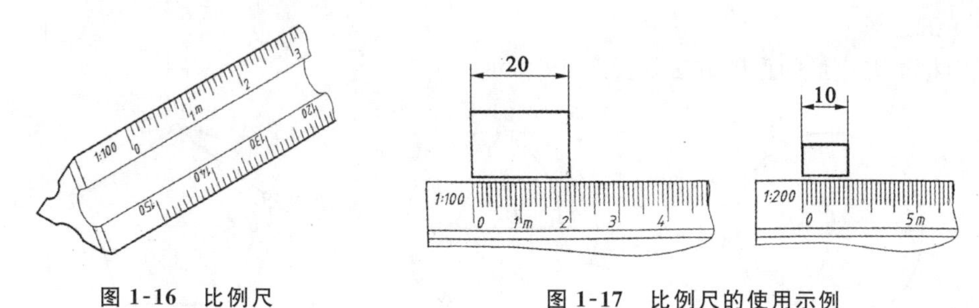

图1-16　比例尺　　　　图1-17　比例尺的使用示例

1.2.5　曲线板的用法

曲线板用于画非圆曲线。已知曲线上的离散点愈密，曲线的准确度愈高。用曲线板将这些离散点连成光滑曲线的画法如图1-18所示。

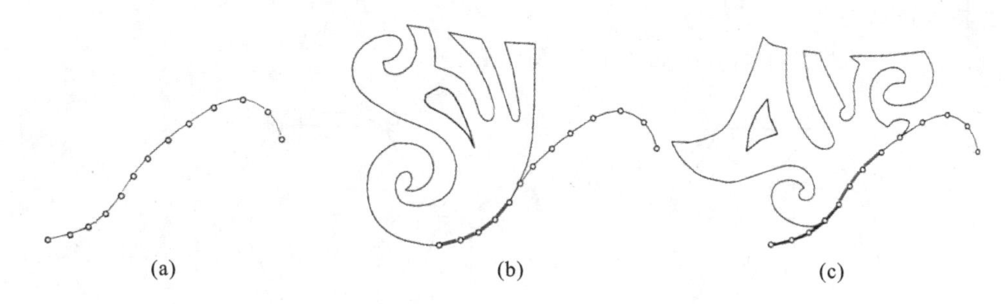

图1-18　曲线板的用法

(a)将全部离散点徒手连成曲线　(b)从一端开始，描第一段曲线　(c)继续描曲线，直至完成

(1) 如图1-18(a)所示，先徒手将离散点轻轻地用细实线连成曲线。

(2) 如图1-18(b)所示，从一端开始，找出曲线板上与所画曲线吻合的一段，需通过四点或四点以上，通过的点愈多愈好，沿吻合的曲线板边连接这些点，但最后两点间不画连线。图中有六点吻合，只能由第一点连到第五点，第五至第六点不连，见图中的粗实线。

(3) 如图1-18(c)所示，第四点开始，再继续找出曲线板上与后面的曲线相吻合的一段，同样需通过四点或四点以上，仍是通过的愈多愈好，图中是从第四点吻合到第九点，于是就可继续用粗实线沿板边从第五点连到第八点。

(4) 再继续这样进行下去，同样，后段曲线的前两点间的曲线要与前段曲线的后两点间的曲线重复，最后两点不连。继续凑到最后一段，前面仍要通过上段的最后两点，后段则直接连到终点。

1.3 几何作图

机件的形状虽然多种多样,但都是由各种几何形体组合而成,它们的图形也是由一些基本的几何图形组成。因此,熟练掌握这些几何图形的画法,是绘制好机械图的基础。下面介绍常用的几何作图方法。

1.3.1 正多边形

正多边形一般采用等分其外接圆,连各等分点的方法作图。

1. 正五边形

圆内接正五边形的作图方法如图 1-19 所示。

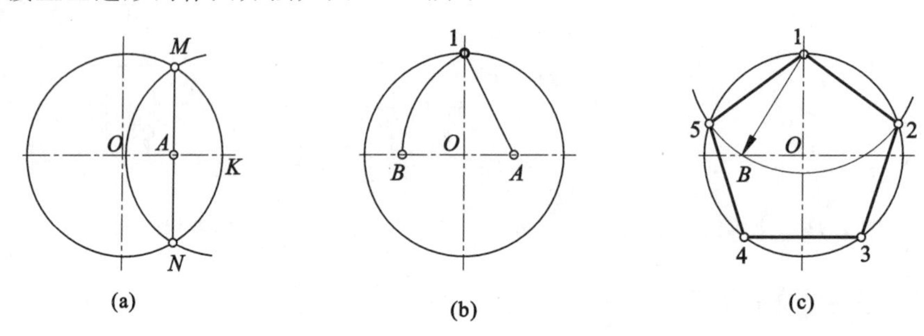

图 1-19　正五边形的画法

(a)平分半径 OK 得 A　(b)以 A 为圆心,$A1$ 为半径画圆弧得交点 B

(c)以 $1B$ 为边长,在圆周上截取各等分点并连接,完成五边形

2. 正六边形

圆内接正六边形的作图方法如图 1-20 所示。

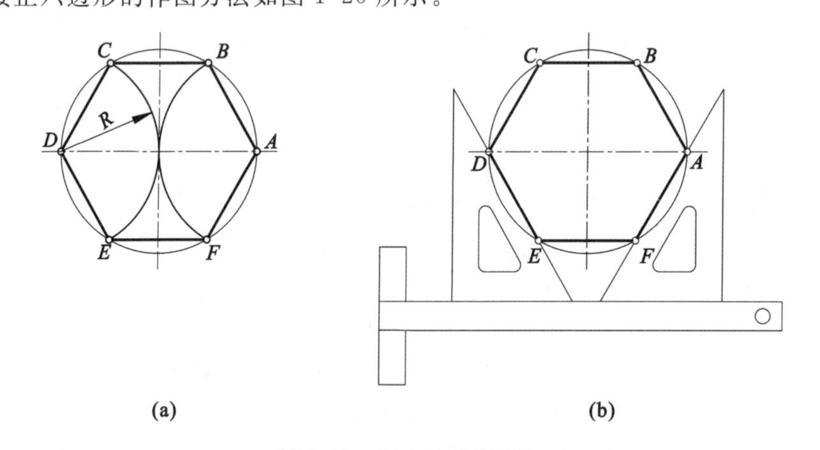

图 1-20　正六边形的画法

(a)利用外接圆半径作图　(b)利用三角板配合丁字尺作图

3. 正 n 边形

以正七边形为例,作图方法如图 1-21 所示。正 n 边形只要将直径 n 等分即可。

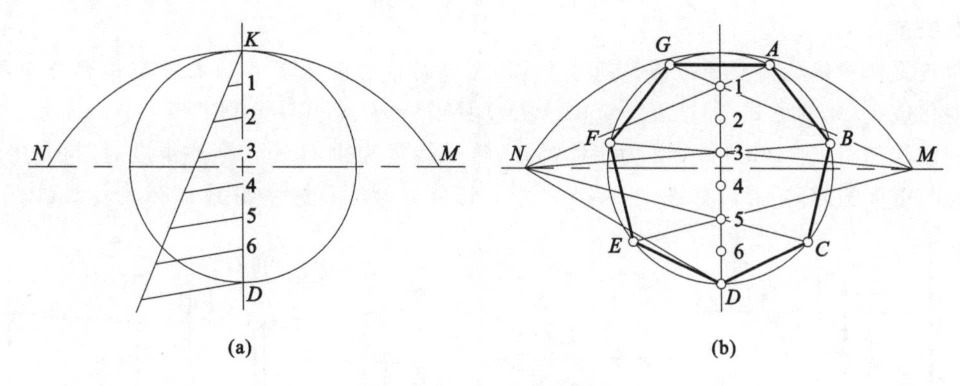

图 1-21　正 n 边形的画法

(a)将直径 KD 七等分,以 D 为圆心,DK 为半径画圆弧交水平直径的延长线于点 M 和 N

(b)自 M、N 与 DK 上奇数点(或偶数点)连线,延长至圆周即得各等分点,依次连接得正七边形

1.3.2　斜度和锥度

1. 斜度

斜度是指一直线或平面相对另一直线或平面的倾斜程度。斜度大小通常用两直线或平面间夹角的正切来表示,并将此值化成 1∶n 的形式,即斜度 $=\tan\alpha=H/L=1:n$,如图 1-22(a)所示。斜度符号的画法如图 1-22(b)所示(h 为字体高度,符号线宽为 $1/10h$)。标注斜度时,符号的斜线方向应与斜度的方向一致,如图 1-22(c)所示。已知斜度作斜线的方法如图 1-23 所示。

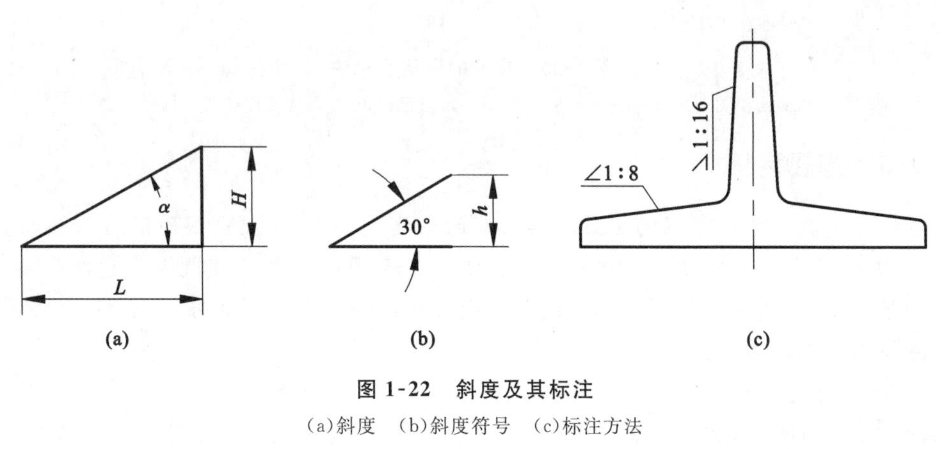

图 1-22　斜度及其标注

(a)斜度　(b)斜度符号　(c)标注方法

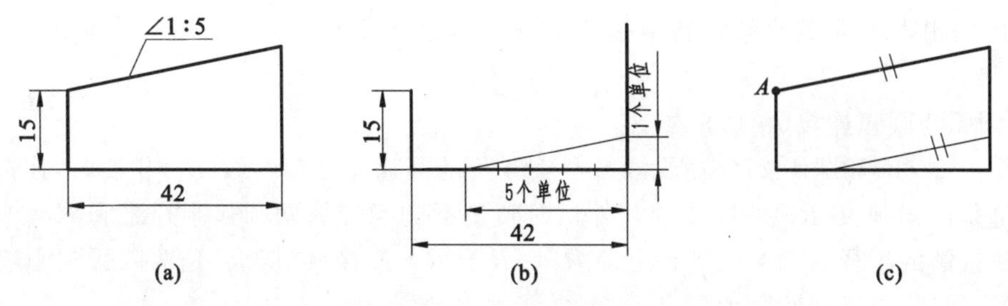

图 1-23　斜度的作图方法

(a)给出图形　(b)作 1∶5 的斜度线　(c)过已知点 A 作斜度线的平行线

2. 锥度

锥度是正圆锥底圆直径与圆锥高度之比,或正圆锥台两底圆直径之差与锥台高度之比。将此值化成 1∶n 的形式,即锥度$=2\tan\alpha=D/L=(D-d)/l=1:n$,如图 1-24(a)所示。锥度符号的画法如图 1-24(b)所示(h 为字体高度,符号线宽为 $1/10h$)。标注锥度时,符号的斜线方向应与锥度的方向一致,如图 1-24(c)所示。锥度的画法及标注如图 1-25 所示。

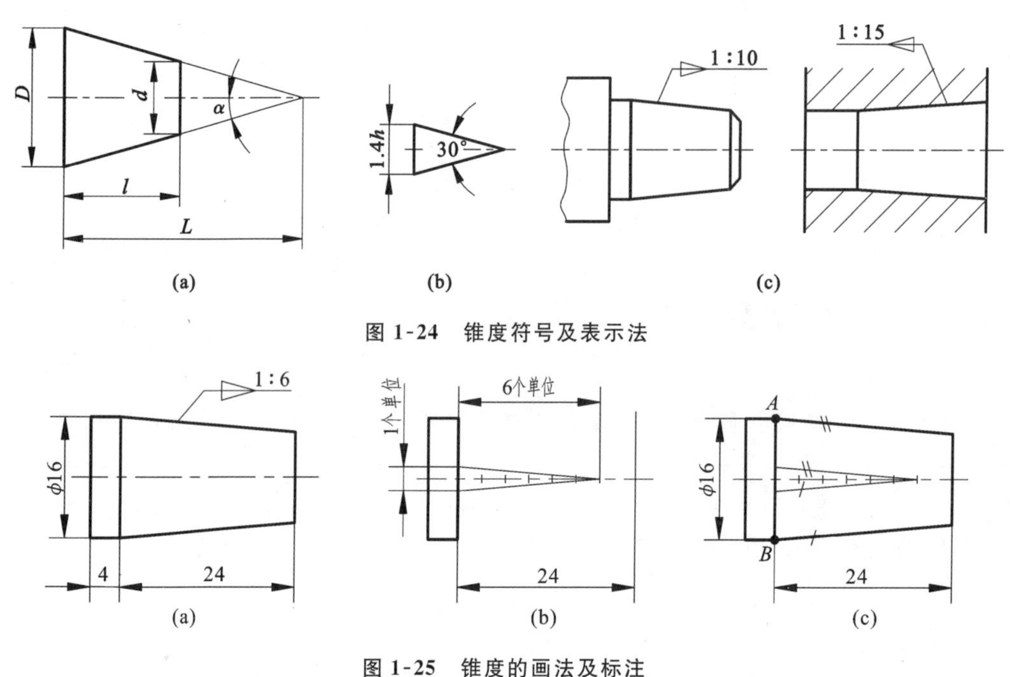

图 1-24　锥度符号及表示法

图 1-25　锥度的画法及标注

(a)给出图形　(b)作 1∶6 的锥度线　(c)过已知点 A、B 作锥度线的平行线

1.3.3　圆弧连接

圆弧连接是指用已知半径的圆弧连接已知的直线或圆弧,也就是用圆弧与已知的直线或圆弧光滑相切。如图 1-26 所示,图中的 $R26$、$R20$、$R15$、$R14$ 均为连接圆弧。圆弧连接的作图方法可归结为:求连接圆弧的圆心和找出连接点即切点的位置。下面分别介绍其作图方法。

1. 圆弧连接的基本原理

1) 圆弧与直线连接(相切)

如图 1-27(a)所示,当半径为 R 的圆弧与一已知直线相切时,其圆心的轨迹是与已知直线平行且相距为 R 的直线。自连接弧的圆心作已知直线的垂线,其垂足就是连接点(切点)。

2) 圆弧与圆弧连接(相切)

如图 1-27(b)和图 1-27(c)所示,当半径为 R 的圆弧与已知圆弧(R_1)相切时,连接圆弧圆心的轨迹是已知圆弧(R_1)的同心圆。外切时轨迹圆的半径为两圆弧半径之和 $R_0=R_1+R$,内切时轨迹圆的半径为两圆弧半径之差 $R_0=R_1-R$。连接点(切点)是两圆弧圆心连线或圆心连线的延长线与已知圆弧的交点。

2. 圆弧连接的作图方法

(1) 用半径为 R 的圆弧连接两已知直线,如图 1-28 所示。

作图步骤:① 求圆心:分别作与两已知直线相距为 R 的平行线,得交点 O 为连接弧圆心;

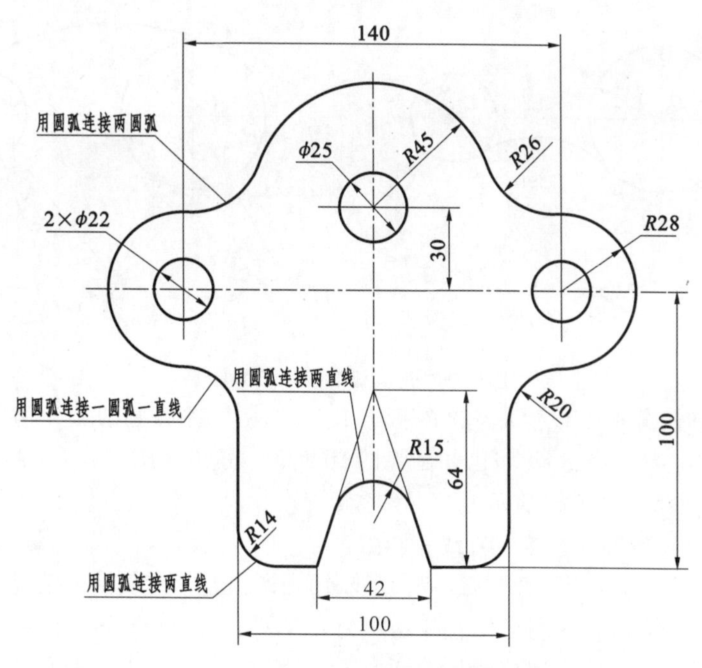

图 1-26　圆弧连接示例

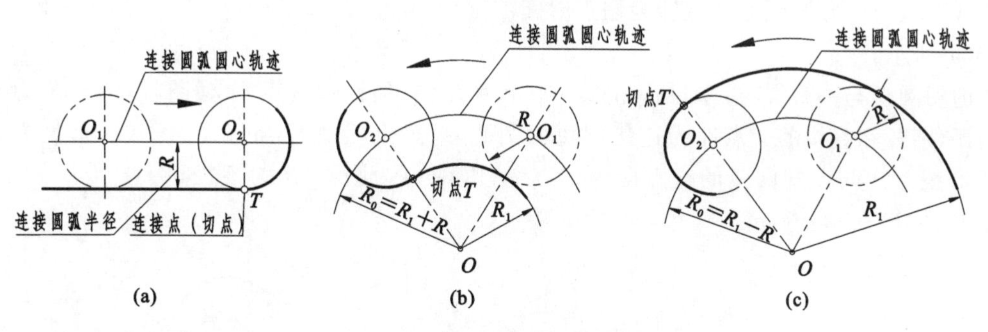

图 1-27　圆弧连接的作图原理

② 求切点：自点 O 向已知两直线分别作垂线，垂足即为切点 A、B；

③ 画连接弧：以 O 为圆心，R 为半径，从 A 到 B 画圆弧。

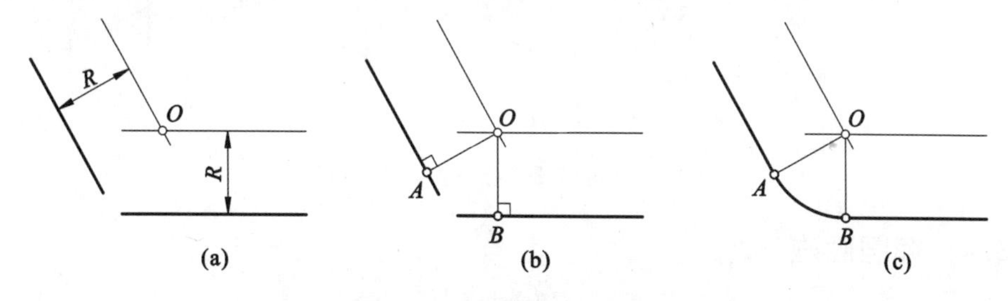

图 1-28　用圆弧连接两直线

(2) 用半径为 R 的圆弧连接两已知圆弧。

可分为与两圆外切和内切两种情况，如图 1-29 所示。

与两圆外切时：分别以 O_1、O_2 为圆心，$R+R_1$、$R+R_2$ 为半径画圆弧，两圆弧交点即为连接圆弧的圆心 O，连心线 OO_1、OO_2 与已知圆弧的交点即为切点 A、B，以 O 为圆心，R 为半径，从 A 到 B 画圆弧。如图 1-29(a)所示。

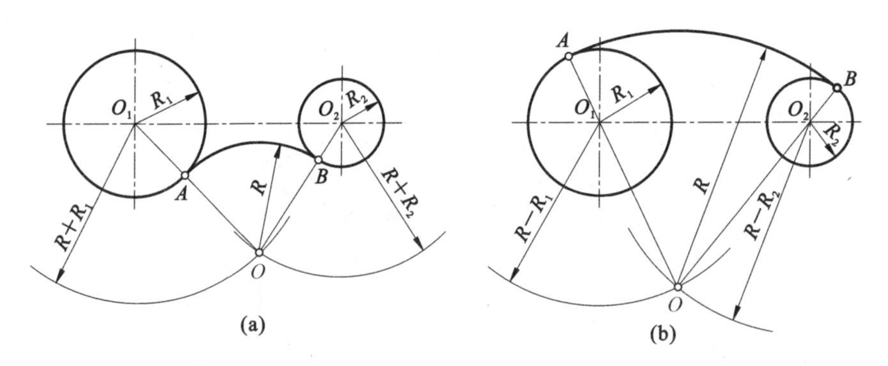

图 1-29　用圆弧连接两已知圆弧

与两圆内切时：分别以 O_1、O_2 为圆心，$R-R_1$、$R-R_2$ 为半径画圆弧，两圆弧交点即为连接圆弧的圆心 O，连心线 OO_1、OO_2 与已知圆弧的交点即为切点 A、B，以 O 为圆心，R 为半径，从 A 到 B 画圆弧。如图 1-29(b)所示。

(3)用半径为 R 的圆弧连接一直线一圆弧。

如图 1-30 所示，可分为外切圆弧与一直线、内切圆弧与一直线两种情况。

外切圆弧与一直线时：作与已知直线相距为 R 的平行线，以点 O_1 为圆心，$R+R_1$ 为半径画圆弧，圆弧和直线的交点即为连接圆弧的圆心 O；过点 O 作已知直线的垂线，垂足为切点 A，连心线 OO_1 与已知圆弧的交点即为切点 B；以点 O 为圆心，R 为半径，从 A 到 B 画圆弧。如图 1-30(a)所示。

内切圆弧与一直线时：作与已知直线相距为 R 的平行线，以点 O_1 为圆心，R_1-R 为半径画圆弧，圆弧和直线的交点即为连接圆弧的圆心 O；过点 O 作已知直线的垂线，垂足为切点 B，连心线 OO_1 与已知圆弧的交点即为切点 A；以点 O 为圆心，R 为半径，从 A 到 B 画圆弧。如图 1-30(b)所示。

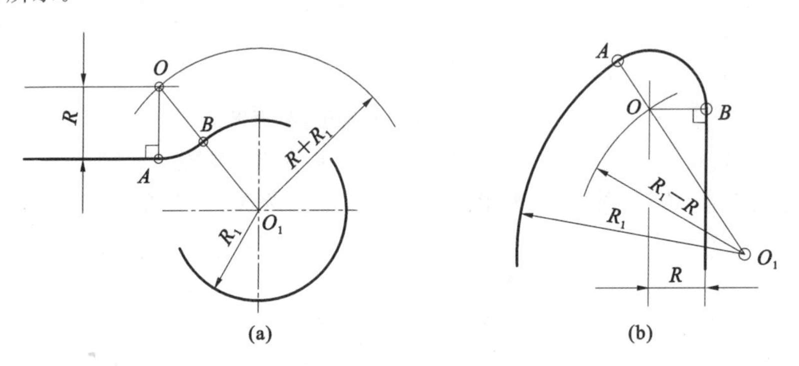

图 1-30　用圆弧连接一直线和一圆弧

1.3.4　椭圆画法

图 1-31 是已知长、短轴 AB、CD 作椭圆和近似椭圆的作图方法。

图 1-31(a)是用同心圆法作椭圆：以 O 为圆心、长半轴 OA 和短半轴 OC 为半径分别作圆。由点 O 作若干射线，与两圆相交，再由各交点分别作长、短轴的平行线，即可相应地交得椭圆上的各点。最后，用曲线板将这些点连成椭圆。因为这种方法是用两个同心圆作出的，所以称为同心圆法。

图 1-31(b)是用四心圆法作椭圆：这是机械制图中用得较多的一种椭圆的近似作法，连

长、短轴的端点 A、C，取 $CE=CF=OA-OC$。作 AF 的中垂线，与两轴交得点1、2，再取对称点3、4。分别以1、2、3、4为圆心，$1A$、$2C$、$3B$、$4D$ 为半径作圆弧，拼成近似椭圆，由于近似椭圆是由圆心在长轴和短轴延长线上的四段圆弧拼成，习惯上称为四心圆法。

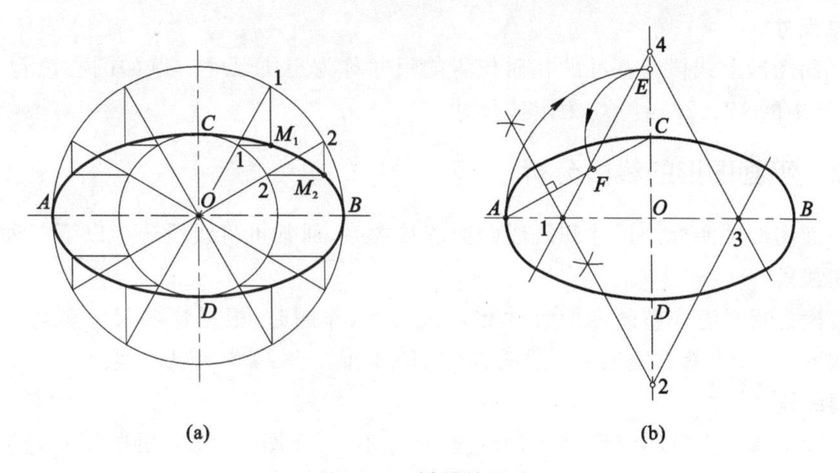

图 1-31 椭圆的画法

(a)同心圆法 (b)四心圆法

1.4 平面图形的分析及画法

平面图形是由若干直线段或曲线段按其相应的尺寸逐步绘制出来的。因此，在画图前要对平面图形进行尺寸分析和线段分析，从而确定正确的画图步骤。

下面以图1-32所示的手柄为例，介绍平面图形的分析及画法。

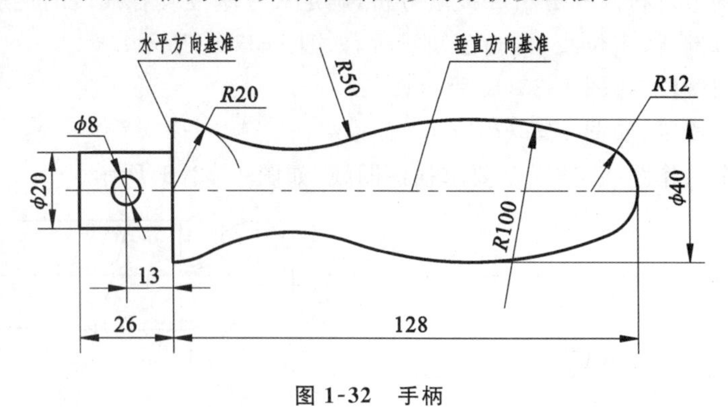

图 1-32 手柄

1.4.1 平面图形的尺寸分析

尺寸用来确定平面图形的形状和大小，是平面图形中不可或缺的重要部分。

1. 尺寸基准

标注尺寸的起点称为基准。平面图形应该有水平和垂直两个方向的尺寸基准，通常将对称图形的对称线、较大圆的中心线、主要的轮廓线作为尺寸基准。图1-32所示的手柄是以较长的竖直线和水平的对称线(轴线)作为竖直方向和水平方向的尺寸基准。

2. 定形尺寸

确定平面图形上线段形状、大小的尺寸称为定形尺寸,例如直线的长度、圆及圆弧的直径或半径、角度大小等。图 1-32 中的 $\phi20$、$\phi8$、$R20$、$R50$、$R100$、$R12$、26 均为定形尺寸。

3. 定位尺寸

确定平面图形上线段与基准的相对位置的尺寸称为定位尺寸。例如圆心位置、直线位置等。图 1-32 中的 13、128、$\phi40$ 均为定位尺寸。

1.4.2 平面图形的线段分析

根据平面图形中所标注尺寸和线段间的连接关系,通常可将线段分为以下三种:

1. 已知线段

已知线段是指具有完整的定形尺寸和定位尺寸,作图时,根据这些尺寸就可以直接画出的线段。如图 1-32 中的直线段 26、圆弧 $R20$ 、$R12$ 和圆 $\phi8$ 等均为已知线段。

2. 中间线段

中间线段是指有完整的定形尺寸,但定位尺寸不全,作图时,需要根据部分定位尺寸以及与相邻线段的连接关系画出的线段。如图 1-32 中的圆弧 $R100$。

3. 连接线段

连接线段通常有(或无)定形尺寸,没有定位尺寸,作图时,应根据与相邻线段的连接关系画出的线段。如图 1-32 中的圆弧 $R50$。

1.4.3 平面图形的画图步骤

现以图 1-32 手柄为例,介绍平面图形的画图步骤:

(1) 对平面图形进行尺寸分析和线段分析,确定尺寸基准及各线段的性质;

(2) 先画出基准线、定位线,再画已知线段,如图 1-33(a)所示;

(3) 画出中间线段,如图 1-33(b)所示;

(4) 画出连接线段,如图 1-33(c)所示;

(5) 擦去多余的作图线,按线型要求描深图线,如图 1-33(d)所示。

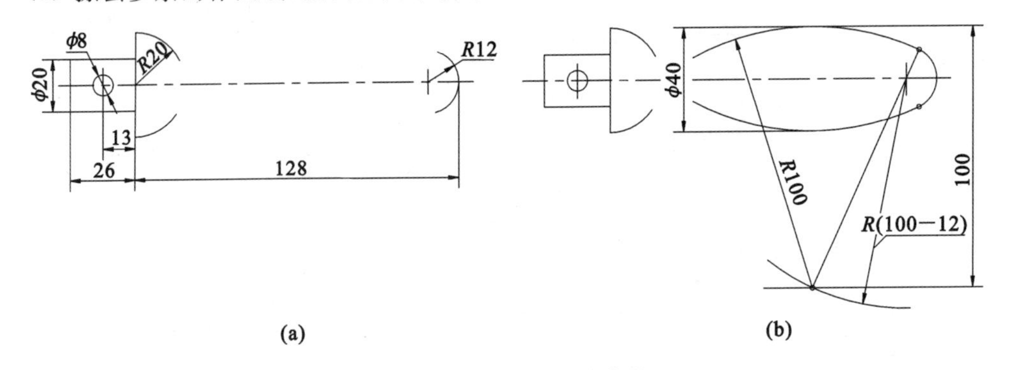

图 1-33 画平面图形的步骤

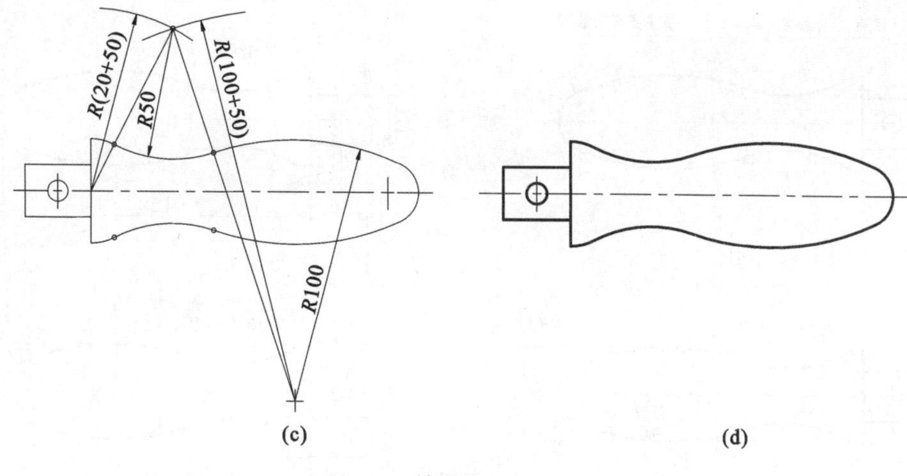

续图 1-33

1.4.4　平面图形的尺寸标注

平面图形中所标注的尺寸，必须能唯一确定平面图形的形状、大小和位置。尺寸标注要求正确、完整、清晰、合理。正确是指尺寸标注应符合国家标准的规定；完整是指标注的尺寸不重复，不遗漏，必须能唯一确定图形的形状和大小；清晰是指标注的尺寸应布局整齐、清晰；合理是指标注的尺寸应符合加工、测量等的要求。

1. 平面图形的尺寸标注步骤

现以图 1-32 手柄为例，介绍平面图形的尺寸标注步骤：

(1) 分析图形，选择尺寸基准，确定已知线段、中间线段和连接线段，如图 1-34(a)所示。

(2) 标注已知线段的定形尺寸和定位尺寸，如图 1-34(b)所示。

(3) 标注中间线段的定形尺寸和部分定位尺寸，如图 1-34(c)所示。

(4) 标注连接线段的定形尺寸，如图 1-34(d)所示。

(5) 检查尺寸是否正确、完整、清晰，完成标注。

2. 平面图形的尺寸标注示例

图 1-35 所示为机件上常见的几种平面图形及其尺寸标注示例，平面图形在标注尺寸时，应注意以下几点：

(1) 对称图形中，应以对称中心线为基准按对称形式标注其总的尺寸，如图 1-35(a)中的长度尺寸 64、44，宽度尺寸 48、30，图 1-35(c)中的尺寸 50、10、44 等。

(2) 图形上对称或均匀分布的圆角或长槽，一般只要标注其中一个的尺寸即可，也不必标注其数量，如图 1-35(a)、(b)中的 $R10$，图(c)中的槽宽 10 和图(f)中 $R9$、$R7$ 等。但对于对称或均匀分布的圆孔，为例考虑钻孔时的方便，一般应标注圆孔的数量，如图 1-35(a)和(b)中的 4×ϕ10、2×ϕ10 等。

(3) 当某一方向端部具有圆弧(回转面)结构，该方向一般不直接标注总体尺寸。如图 1-35(b)、(d)、(f)所示。

(4) 分布在圆周上的圆(孔)，应标注其圆心所在的圆的直径并将作为其定位尺寸之一，如图 1-35(e)、(f)中的 ϕ50、ϕ52。注意：分布圆的对称中心线为过其圆心且指向定位圆圆心的一条直线。

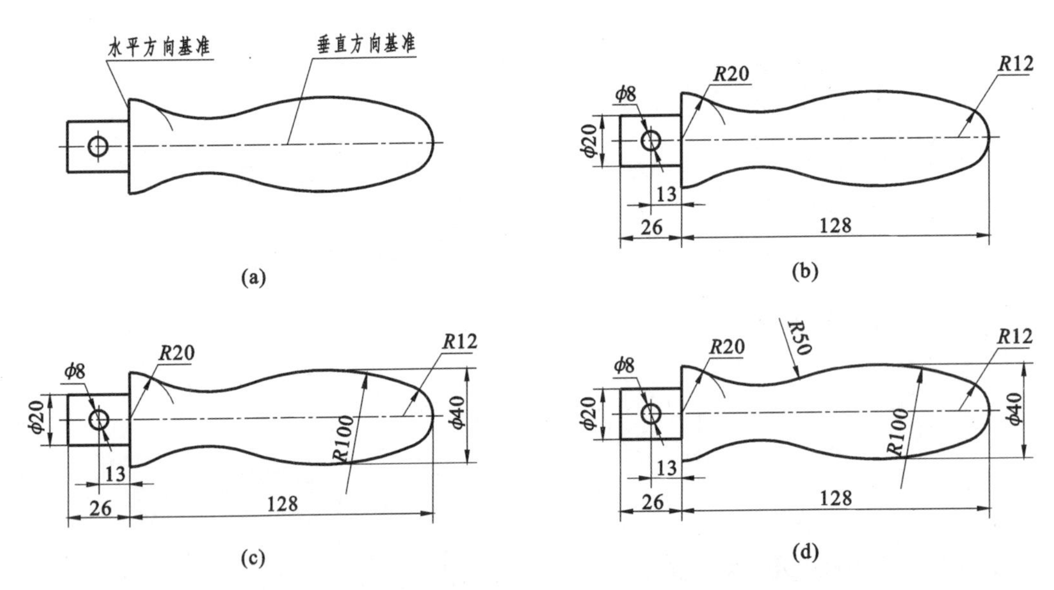

图 1-34 平面图形的尺寸标注

(a)分析图形,选择尺寸基准 (b)标注已知线段的定形尺寸和定位尺寸

(c)标注中间线段的定形尺寸和部分定位尺寸 (d)标注连接线段的定形尺寸,检查,完成标注

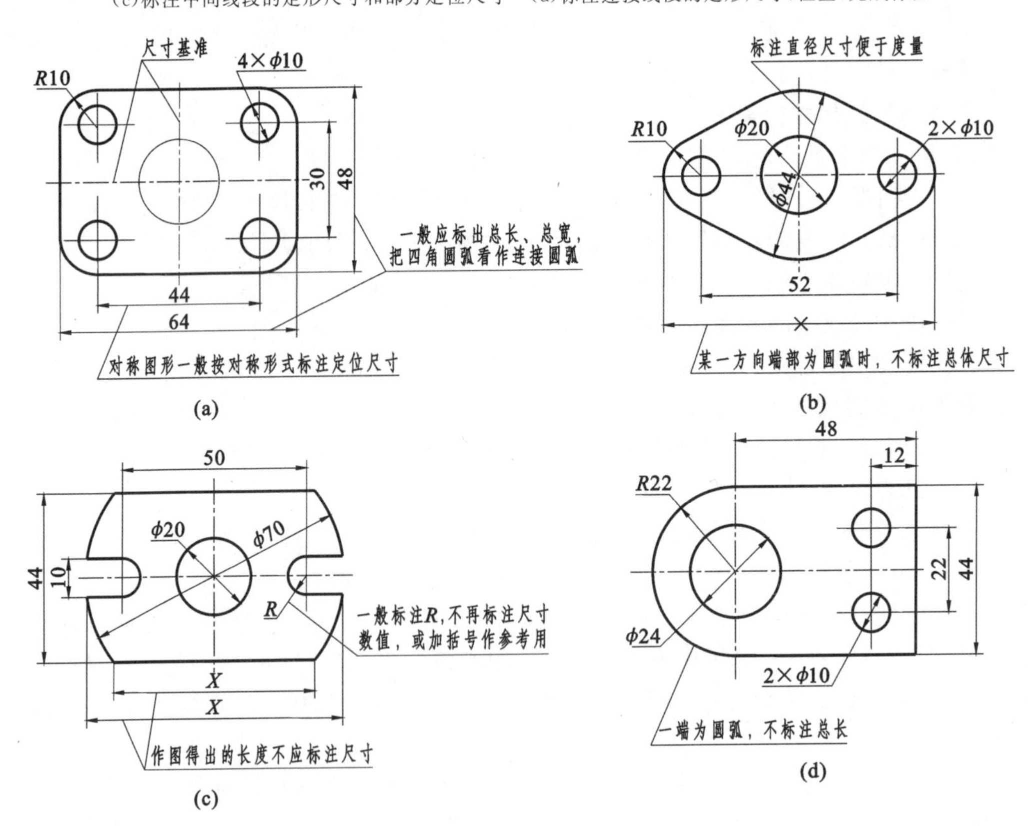

图 1-35 机件上常见的几种平面图形及其尺寸标注

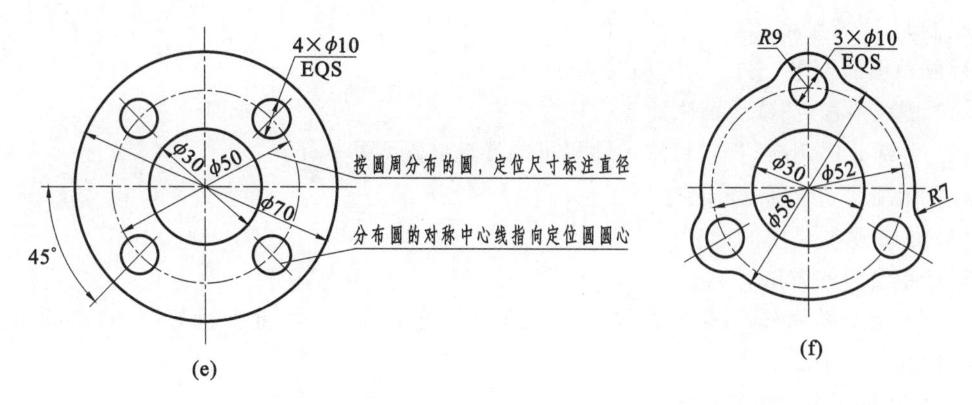

续图 1-35

1.5　绘图的方法和步骤

1.5.1　仪器绘图

1. 绘图前的准备工作

(1) 准备好必要的绘图工具和仪器。

(2) 根据图形大小和复杂程度，确定绘图比例和图纸幅面。

(3) 固定图纸：图纸一般固定在图板的左下方（见图1-36）。

(4) 画图框和标题栏。按国标的规定，画出图框线和标题栏。

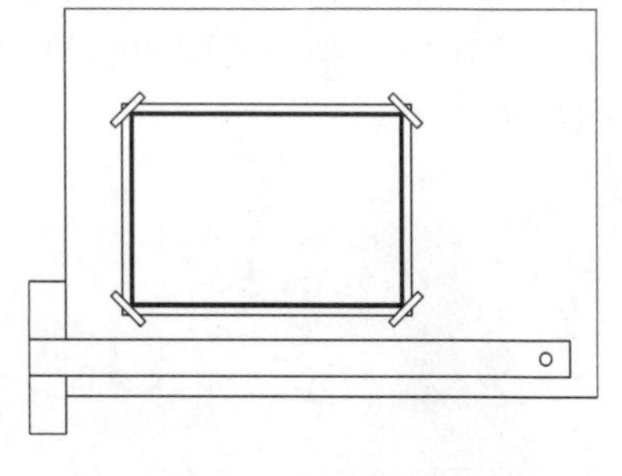

图 1-36　固定图纸

2. 按照正确的步骤进行画图

(1) 图形布局。图形在图纸上的布局应匀称、美观，并考虑到标题栏及尺寸的占位，画出图形的基准线、定位线。

(2) 轻画底稿。一般采用较硬的铅笔（如 H 或 2H），轻、细、准地画出底稿线。“轻”是指画图时用力要轻；“细”是指不论何种图线，均按细线的线宽画出；“准”是指线型画法要正确，图样尺寸要准确。作图时，先画主要轮廓，再画细节。底稿完成后应仔细检查，清理多余作图线。

(3) 加深图线。一般采用较软的铅笔（如 B 或 2B），按下述方法加深图形：先曲线后直线，从上到下，从左到右，同一类型、同样粗细的图线同时加深。做到线型正确、粗细分明、浓淡一致、连接光滑、图面整洁。

(4) 标注尺寸。先画尺寸界线、尺寸线、箭头，再填写尺寸数字。

(5) 全面检查，填写标题栏和其他必要的说明，完成图样。

1.5.2　徒手绘图

徒手图又称草图，它是以目测估计图形与实物的比例，按一定画法要求徒手（或部分使用绘图仪器）绘制的图形。在仪器测绘、讨论设计方案、技术交流、现场参观，或受现场条件或时间的限制时,经常绘制草图。

1. 画草图的要求

(1) 画线要稳,图线要清晰;

(2) 各部分比例应匀称,目测尺寸尽可能接近实物大小;

(3) 标注尺寸准确、齐全,字体工整;

(4) 绘图速度要快。

2. 徒手绘图的方法

图形无论怎样复杂,总是由直线、圆、圆弧和曲线所组成。因此要画好草图,必须掌握徒手画各种线条的手法。

1) 握笔的方法

画草图时选用的铅笔芯一般稍软些(HB 或 B),并削成圆锥状。手握笔的位置要比尺规作图高些,以利于运笔和观察画线方向,笔杆与纸面应倾斜,执笔稳而有力。

2) 直线的画法

画直线时,眼睛目视图线的终点,小手指紧靠纸面,笔向终点方向运动,以保证线条画得直。徒手绘图时,图纸不必固定,因此可以随时转动图纸,使需画的直线正好是顺手方向。画垂直线时,自上而下运笔;画水平线时,从左向右运笔。画倾斜线时可将图纸旋转适当角度后画线,如图 1-37 所示。画 30°、45°、60°的斜线时,可参照图 1-38,按直角边的近似比例定出端点后,连成直线。

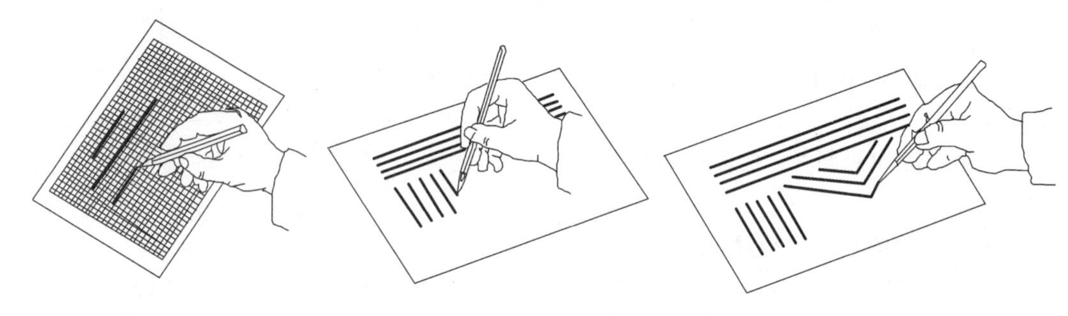

图 1-37　徒手画直线的方法

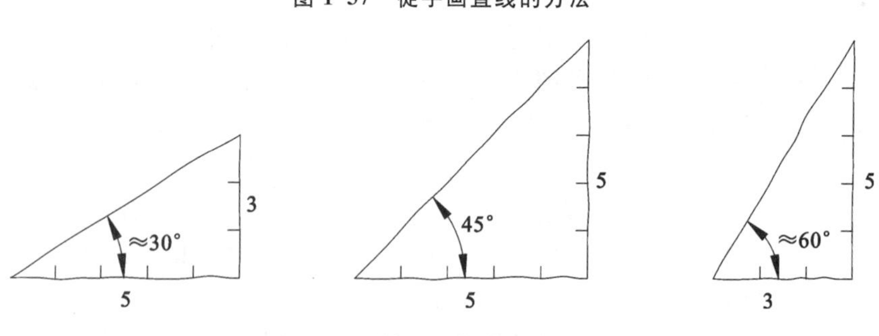

图 1-38　徒手画角度线的方法

3) 圆及圆弧的画法

徒手画圆时,应先定圆心,画出中心线,用目测估计半径的大小,在中心线上截得四点,然后过这四点画圆,如图 1-39(a)所示。当圆的直径较大时,可过圆心增画两条 45°的斜线,在线上再定四个点,然后过这八个点画圆,如图 1-39(b)所示。

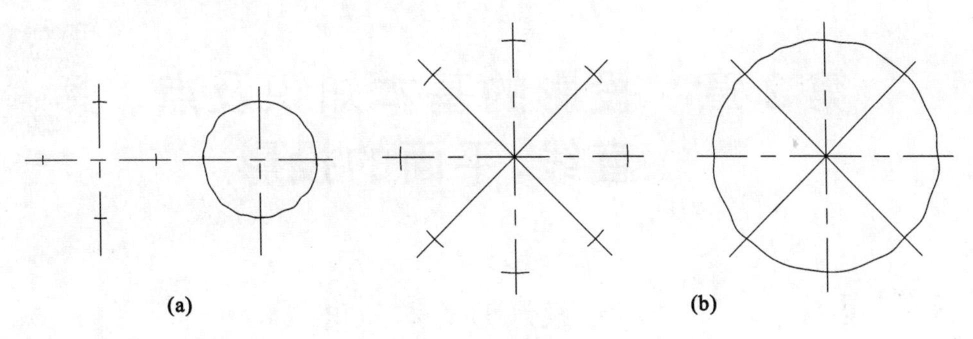

图1-39　徒手画圆的方法

4）椭圆的画法

按画圆的方法先画出椭圆的长短轴，并目测定出其端点位置，过四点画一矩形，再与矩形相切画椭圆，如图1-40(a)所示；也可先画适当的外切菱形，再根据此菱形画四段相切圆弧构成椭圆，如图1-40(b)所示。

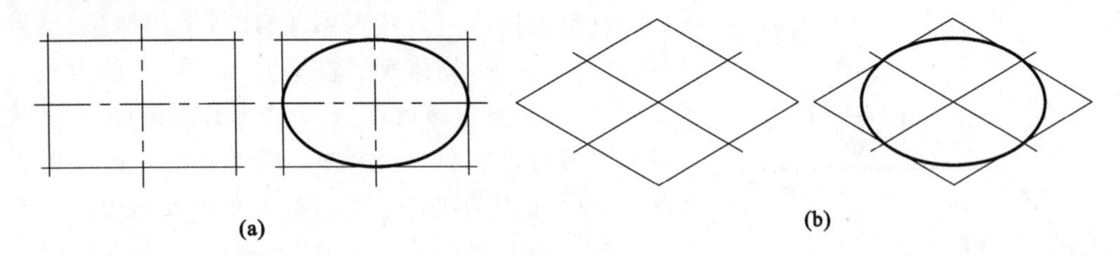

图1-40　徒手画椭圆的方法

第2章　投影的基本知识及点、直线、平面的投影

本章课件

2.1　投影的基本知识

2.1.1　投影法

1. 投影法的基本概念

在日常生活中，当光线照射物体时，地面或墙面会产生物体的影子，这是一种投影现象。

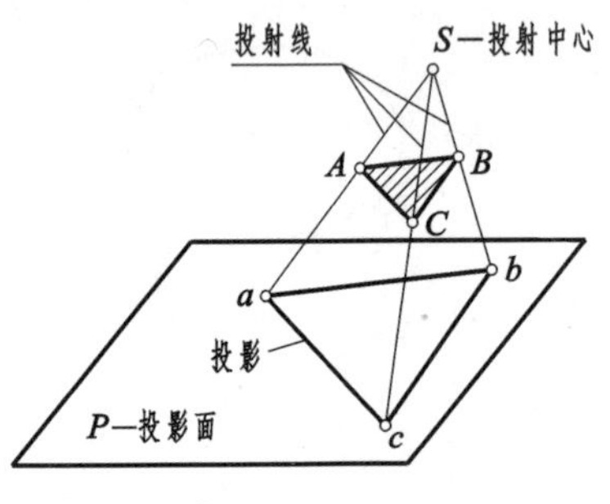

图2-1　中心投影法

投影法就是根据这一自然现象，经过科学的抽象，得到的一种将空间(三维)物体表示在平面(二维)上的方法。如图2-1所示，投射线通过物体，向选定的面投射，并在该面上得到图形的方法称为投影法。所有投射线的起源点称为投射中心，如图中点S。发自投射中心且通过被表示物体上的各点的直线称为投射线，如图中直线SA、SB等。根据投影法所得到的图形称为投影或投影图，如图中的$\triangle abc$。在投影法中得到投影的面称为投影面，如图中平面P。

2. 投影法的分类

投影法分为两类：中心投影法和平行投影法。

1）中心投影法

如图2-1所示，当投射中心位于有限远处，投射线交汇于一点的投影法，称为中心投影法，所得的投影称为透视投影、透视图或透视。

2）平行投影法

如图2-2所示，当投射中心位于无限远处，投射线按照给定的投射方向平行地投射下来，这种投射线都互相平行的投影法，称为平行投影法，所得的投影称为平行投影。

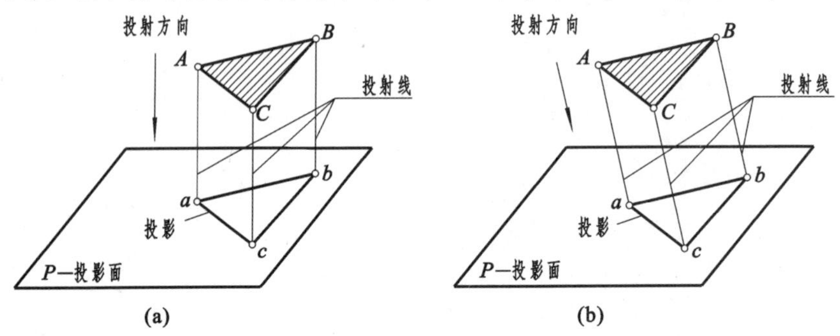

图2-2　平行投影法

(a) 正投影法　(b) 斜投影法

平行投影法又分为正投影法和斜投影法。

(1) 正投影法是投射线垂直于投影面的平行投影法,所得的投影称为正投影或正投影图,如图 2-2(a)所示。

(2) 斜投影法是投射线与投影面相倾斜的平行投影法,所得的投影称为斜投影或斜投影图,如图 2-2(b)所示。

3. 工程上常见的投影法

不同投影法有不同的特点,适用于不同的工程图样,工程中常用的投影图有以下几种。

1) 多面正投影图

多面正投影图采用平行投影法中的正投影法绘制,它是将物体放置在一个由多个投影面组成的投影面体系中,从几个不同方向对物体进行正投影所得到的图形。它能完整、准确地表达物体各部位的形状和结构,度量性好,便于指导生产实践,因此多面正投影图被广泛应用于工程图样的绘制,但它立体感差,需要具备一定的专业知识才能读图,如图 2-3(a)所示。

2) 轴测图

轴测图采用平行投影法绘制,具有一定的立体感,但度量性不理想,常用于产品说明书中机器外观图的绘制及计算机辅助造型设计,如图 2-3(b)所示。

3) 透视图

透视图采用中心投影法绘制,这种投影图与人的视觉相符,形象逼真,具有较好的立体感,但度量性差,作图难度高,常用于建筑物外观图的绘制、工业产品的外观设计及计算机仿真技术,如图 2-3(c)所示。

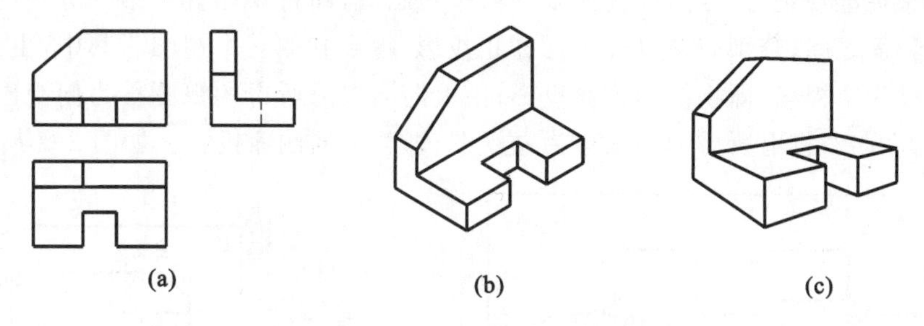

图 2-3　同一物体的三种投影图

(a)多面正投影图　(b)轴测图　(c)透视图

国家标准规定,技术图样应采用正投影法,物体的多面正投影也称为视图。本书将“正投影”简称为“投影”。直观图中空间点一般用大写字母表示,它的投影采用相应的小写字母表示。

2.1.2　三视图的形成及其投影特性

1. 投影面体系

1) 两投影面体系

如图 2-4 所示,两投影面体系由两个互相垂直的投影面组成。它们分别是:正立投影面(简称正面,用字母 V 表示)和水平投影面(简称水平面,用字母 H 表示);两投影面的交线称为投影轴,V 面与 H 面的交线为 OX 轴;两投影面体系将空间分成四个部分,称为四个分角:①、②、③、④。

2）三投影面体系

如图 2-5 所示，三投影面体系由三个互相垂直的投影面组成，它是在两投影面体系的基础上，增加了一个侧立投影面（简称侧面，用字母 W 表示），H 面与 W 面的交线为 OY 轴，V 面与 W 面的交线为 OZ 轴，三条投影轴相互垂直，相交于一点，称为原点，用字母 O 表示。三投影面体系将空间分成八个分角：①、②、③、④……

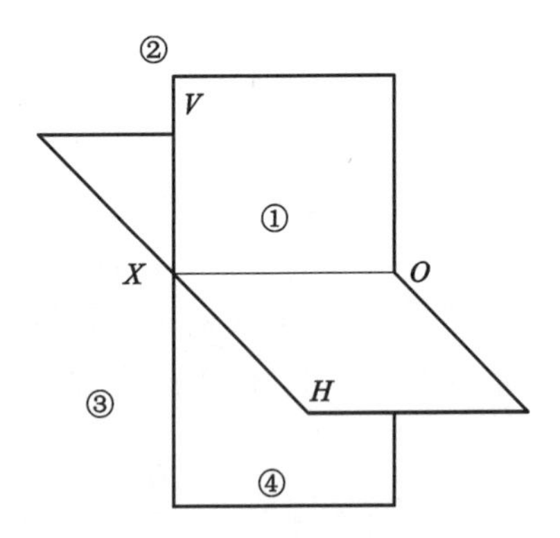

图 2-4　两投影面体系

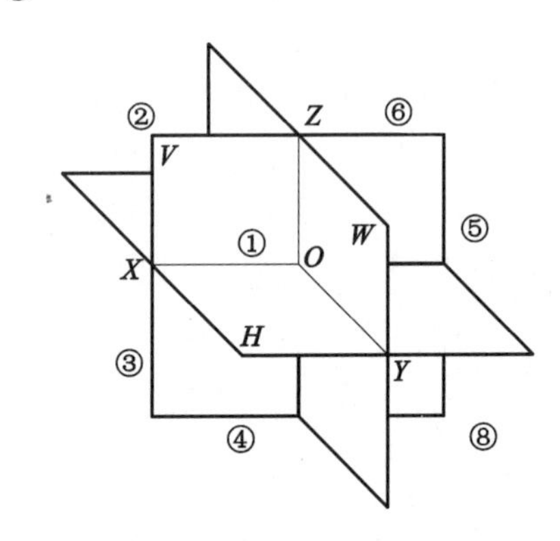

图 2-5　三投影面体系

2. 三视图的形成

将物体向某个投影面作正投影，能够得到唯一的投影，但不能由该投影唯一地确定它的空间形状，物体的两面投影一般也不能唯一地确定其空间形状。如图 2-6 所示，三个物体的两面投影都相同，但它们的形状却各异，为此，通常需要物体的三面投影来唯一地确定它的空间形状。国家标准规定，技术图样优先采用第一角画法，即将物体置于第一分角内，使其处于观察者与投影面之间，分别向 V、H、W 面作正投影，得到它的三个视图。其中，由前向后投射所得的视图称为主视图，即物体的正面投影；由上向下投射所得的视图称为俯视图，即物体的水平投影；由左向右投射所得的视图称为左视图，即物体的侧面投影。如图 2-7 所示。

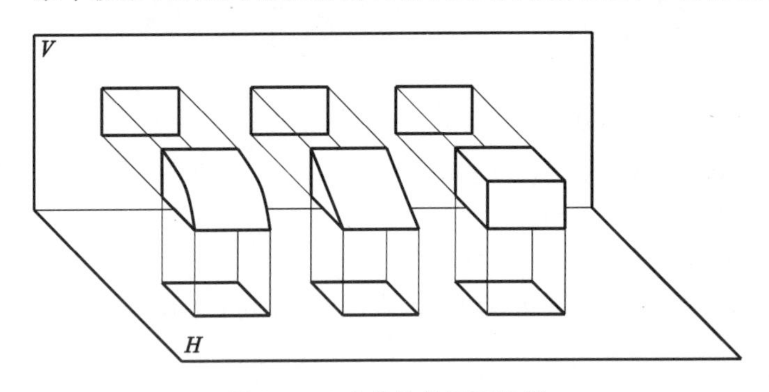

图 2-6　三个物体的两面投影

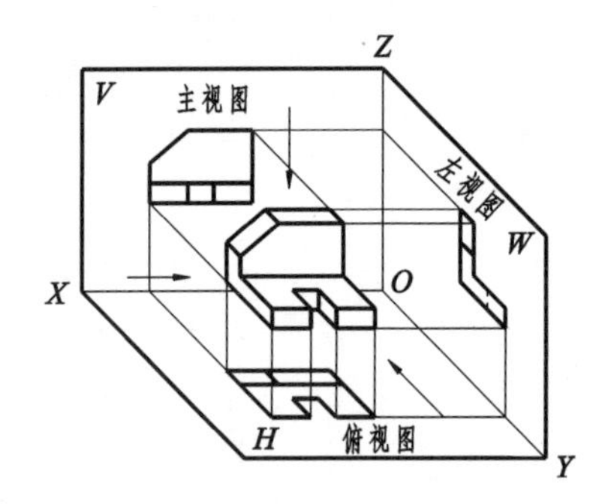

图 2-7　物体三视图的形成

为使三视图能表示在一张平面图纸上，国家标准规定：V 面保持不动，沿 OY 轴将 H 面和 W 面分开，H 面绕 OX 轴向下旋转 90°，W 面绕 OZ 轴向右旋转 90°，将投影面展开，使三个视图位于同一平面上，如图 2-8 所示。注意，OY 轴分别随 H 面和 W 面旋转而分为 OY_H 轴和 OY_W 轴。

为简化作图，不画投影面和投影轴，视图之间的距离可根据需要调整，但它们的相对位置应保持相应的投影关系，即以主视图为基准，正下方为俯视图，正右方为左视图，并省略视图名称，如图 2-9 所示。

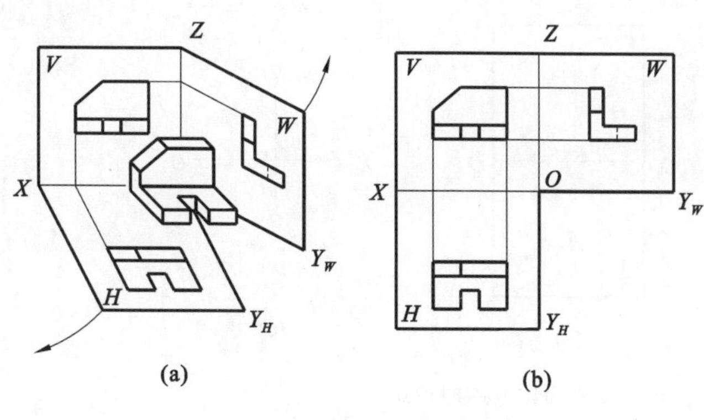

图 2-8 三视图的展开过程

(a)直观图 (b)投影面展开后

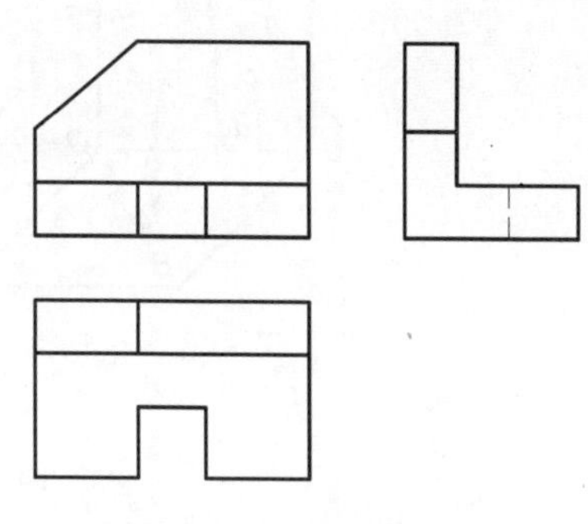

图 2-9 物体的三视图

3. 三视图的投影特性

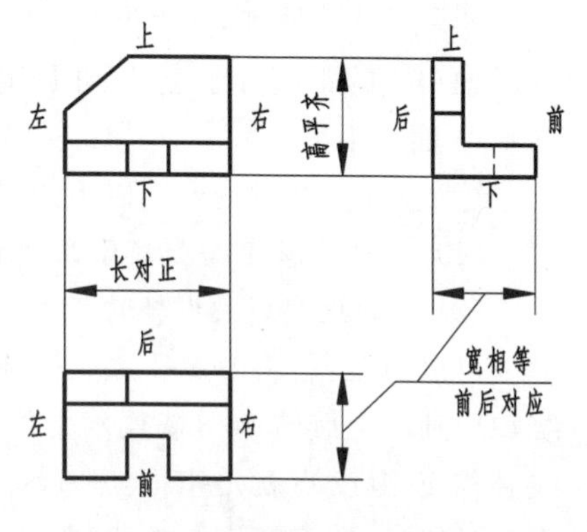

图 2-10 三视图的投影特性

物体有长、宽、高三个方向的尺寸。通常规定，物体的左右为长度方向（OX 轴方向），前后为宽度方向（OY 轴方向），上下为高度方向（OZ 轴方向）。从图 2-10 可以看出，一个视图只能反映物体两个方向的尺寸，即主视图反映物体的长度和高度；俯视图反映物体的长度和宽度；左视图反映物体的宽度和高度。由此可归纳得出以下三视图的投影特性。

（1）主、俯视图长对正。

（2）主、左视图高平齐。

（3）俯、左视图宽相等，前后对应。

这个规律不仅适用于整个物体的投影，也适用于物体局部结构的投影。注意俯、左视图之间的前后对应关系：俯视图和左视图中，靠近主视图的一侧表示物体的后面，远离主视图的一侧表示物体的前面。所以，物体的俯、左视图之间除了宽相等以外，还应保持前后位置的对应。

2.2 点的投影

2.2.1 点在两投影面体系第一分角中的投影

1. 点的两面投影图

如图 2-11(a)所示，由空间第一分角中的点 A 作垂直于 V 面和 H 面的投射线，分别与 V 面和 H 面相交，得到点 A 的正面（V 面）投影 a' 和水平（H 面）投影 a。

由于投射线 Aa' 和 Aa 组成的平面与 V 面、H 面垂直相交，三面相交于点 a_X，且三条交线互相垂直，即 $OX \perp a'a_X \perp aa_X$，所以平面 $Aa'a_Xa$ 为矩形。

移去空间点 A，保持 V 面不动，将 H 面绕 OX 轴向下旋转 90°，展开至与 V 面平齐，得到图 2-11(b)。此时，a'、a_X、a 共线，且 $a'a \perp OX$ 轴。这时，通常将 $a'a$ 称为投影连线，它是点的两面投影在投影面展开至同一平面后的连线，采用细实线绘制。因为投影面大小可根据需要调整，所以不必画出投影面的边框，从而得到点 A 的两面投影图，如图 2-11(c)所示。

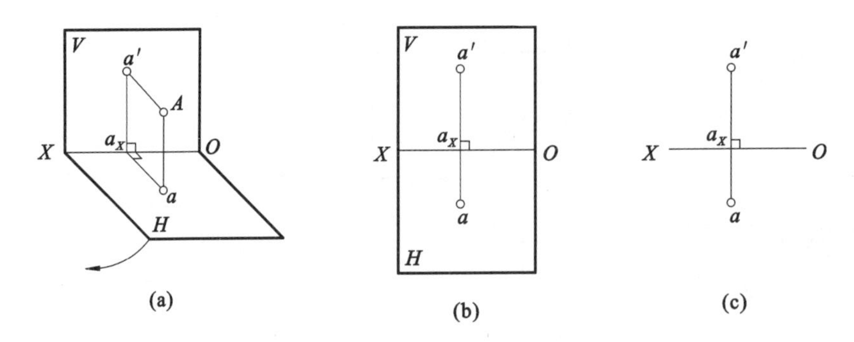

图 2-11　点在两面投影面体系中的投影

(a)直观图　(b)投影面展开后　(c)投影图

2. 点的两面投影特性

如图 2-11(a)所示,在矩形 $Aa'a_Xa$ 中,$Aa'=aa_X$,$Aa=a'a_X$,因此,点 A 的正面投影 a' 到投影轴 OX 的距离等于点 A 到 H 面的距离;点 A 的水平投影 a 到投影轴 OX 的距离等于点 A 到 V 面的距离。

综上所述,可归纳得出以下点的两面投影特性。

(1) 点的投影连线垂直于投影轴,即 $aa'\perp OX$ 轴。

(2) 点的投影到投影轴的距离反映空间点到相邻投影面的距离,即 $a'a_X=Aa$,$aa_X=Aa'$。

可以想象:若将图 2-11(c)中的 OX 轴之上的 V 面保持正立位置,将 OX 轴以下的 H 面绕 OX 轴向上旋转 90°,恢复水平位置,然后分别由 a' 和 a 作垂直于 V 面和 H 面的投射线,两线必相交,其交点就是空间点 A,即确定了该点唯一的空间位置。因此,已知一点的两面投影,就能唯一地确定该点的空间位置。

2.2.2　点在三投影面体系第一分角中的投影

1. 点的三面投影图

如图 2-12(a)所示,由空间点 A 分别作垂直于 V 面、H 面和 W 面的投射线,并与投影面相交,得到点 A 的正面投影 a'、水平投影 a 和侧面(W 面)投影 a''。与两面体系相同,每两条投射线分别确定一个平面,且分别与三个投影面相交,构成一个长方体 $Aa''a_Za'a_Xaa_YO$。

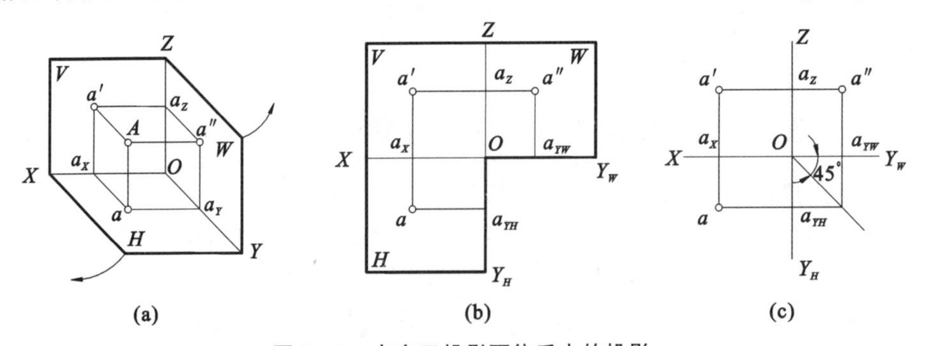

图 2-12　点在三投影面体系中的投影

(a)直观图　(b)投影面展开后　(c)投影图

移去空间点 A,V 面保持不动,将 H 面、W 面沿 OY 轴分开,分别绕相应的投影轴旋转 90°,使三个投影面展开至一个平面,得到图 2-12(b)(注意:点 a_Y 分为 H 面上的点 a_{YH} 和 W 面上的点 a_{YW}。)。同理,不必画出投影面的边框。为了作图方便,可将 $a''a_{YW}$ 和 aa_{YH} 延长,与

过原点 O 所作的 45°辅助线相交于一点，得到点的三面投影图，如图 2-12(c)所示。

2. 点的投影与坐标

如图 2-13(a)所示，若将三投影面体系看成直角坐标系，则投影轴、投影面、原点 O 分别是坐标轴、坐标面和原点 O。由于长方体 $Aa''a_Za'a_Xaa_YO$ 的每组平行边分别相等，所以，点 A 的绝对坐标(x_A，y_A，z_A)(即点 A 到三个坐标面的距离)与点 A 的三面投影 a、a'、a''的关系如图 2-13(b)所示，即

$x_A=Oa_X=a_Za'=a_{YH}a=Aa''$(点 A 到 W 面的距离)；

$y_A=Oa_{YH}=Oa_{YW}=a_Xa=a_Za''=Aa'$(点 A 到 V 面的距离)；

$z_A=Oa_Z=a_Xa'=a_{YW}a''=Aa$(点 A 到 H 面的距离)。

由此可见：水平投影 a 由点 A 的 x_A、y_A 两坐标值确定；正面投影 a' 由点 A 的 x_A、z_A 两坐标值确定，侧面投影 a'' 由 y_A、z_A 两坐标值确定，如图 2-13(b)所示。故已知点的任意两面投影，就能得到它的三个坐标值，确定它的空间位置。所以，一个空间点在三投影面体系中有唯一的一组投影；反之，如果已知点的两个投影，即可确定该点在空间的坐标。

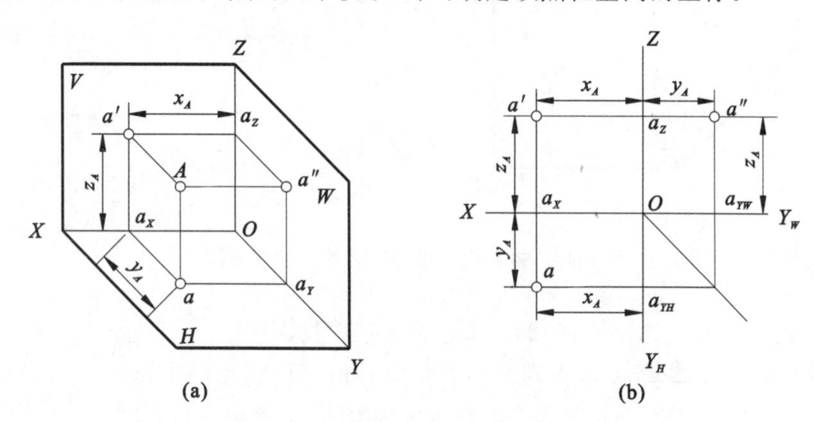

图 2-13　点的三面投影与直角坐标系的关系

(a)直观图　(b)投影图

3. 点的三面投影特性

由点 A 的三面投影，可归纳得出以下点的三面投影特性。

(1) 点的正面投影和水平投影的连线垂直于 OX 轴，且两个投影都反映空间点的 x 坐标值，即

$$a'a \perp OX \text{ 轴}$$

$$a'a_Z = aa_{YH} = Aa'' = x_A$$

(2) 点的正面投影和侧面投影的连线垂直于 OZ 轴，且两个投影都反映空间点的 z 坐标值，即

$$a'a'' \perp OZ \text{ 轴}$$

$$a'a_X = a''a_{YW} = Aa = z_A$$

(3) 点的水平投影到 OX 轴的距离等于侧面投影到 OZ 轴的距离，且两个投影都反映空间点的 y 坐标值，即

$$aa_X = a''a_Z = Aa' = y_A$$

根据点的三面投影特性，可由点的三个坐标值画出其三面投影图，也可根据点的两面投影作出其第三面投影。

2.2.3 投影面和投影轴上的点的投影特性

在图 2-14(a)中,点 A 在 H 面上,点 B 在 V 面上,点 C 在 OZ 轴上,它们的三面投影如图 2-14(b)所示,其投影特性如下。

(1) 投影面上的点,有一个坐标值为零;点在该投影面上的投影与该点的空间位置重合,其余两面投影分别在相应的投影轴上。注意,点 A 的侧面投影 a''应画在 OY_W 轴上,不能画在 OY_H 轴上。

(2) 投影轴上的点,有两个坐标值为零;在包含这条投影轴的两个投影面上的投影与该点的空间位置重合,它的第三面投影与原点 O 重合。

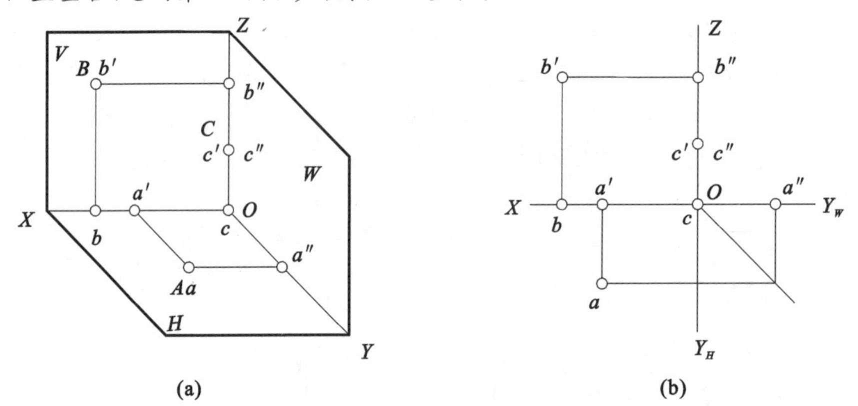

图 2-14 投影面和投影轴上的点的投影图

(a)直观图 (b)投影图

例 2-1 已知空间点 $A(15,12,20)$,求作它的三面投影图。

分析 根据点的投影图可以得到它的直角坐标值,反之,也能由点的直角坐标值作出它的投影图。作图过程如图 2-15 所示。本题有多种解法,请读者自行思考。

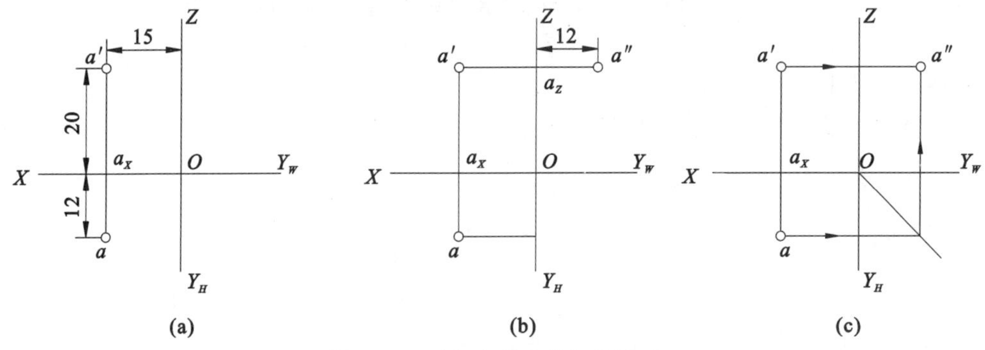

图 2-15 已知点的坐标作投影图

(a)求作投影 a 和 a' (b)求作投影 a''方法一 (c)求作投影 a''方法二

作图 (1) 求作水平投影 a 和正面投影 a'。以适当长度绘制投影轴,自原点 O 沿 OX 轴向左量取 15 mm,得到点 a_X;过 a_X 作垂直于 OX 轴的投影连线;在该线上,由 a_X 向下量取 12 mm,得到点 A 的水平投影 a,由 a_X 向上量取 20 mm,得到点 A 的正面投影 a',如图 2-15(a)所示。

(2) 求作侧面投影 a''。

方法一:由 a'作垂直于 OZ 轴的投影连线,交 OZ 轴于点 a_Z,在该线上,由 a_Z 向右量取 12 mm,即得到 A 的侧面投影 a'',如图 2-15(b)所示。

方法二:过原点 O 作 45°辅助线;由 a 作垂直于 OY_H 轴的投影连线,与辅助线相交后,再向上作垂直于 OY_W 轴的投影连线,与由 a'作垂直于 OZ 轴的投影连线相交,交点即为点 A 的侧面投影 a'',如图 2-15(c)所示。

例 2-2　如图 2-16(a)所示,已知点 B 的正面投影 b'和侧面投影 b'',试求其水平投影 b。

分析　根据点的三面投影特性,b 与 b'的投影连线垂直于 OX 轴,且 b 至 OX 轴的距离等于 b''至 OZ 轴的距离,即 $b_Xb=b_Zb''$,作图过程如图 2-16(b)所示。

作图　(1) 过原点 O 作 45°辅助线。

(2) 由 b''向下作投影连线,交辅助线后向左作投影连线,与由 b'向下的投影连线的交点,即为水平投影 b。

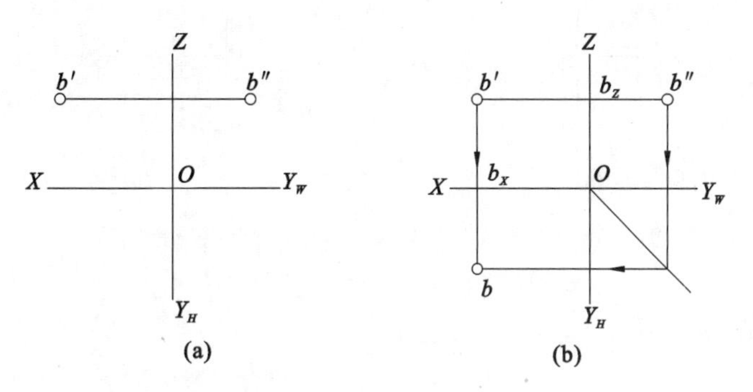

图 2-16　求点 B 的第三面投影

(a)已知条件　(b)求点 B 的第三面投影

2.2.4　两点的相对位置

如图 2-17 所示,A、B 两点的投影分别沿左右、前后和上下三个方向所反映的坐标差 Δx、Δy、Δz(即为这两个点对投影面 W、V、H 的距离差),能确定两点的相对位置。若 $x_A-x_B>0$,则 A 在 B 之左,反之,A 在 B 之右;若 $y_A-y_B>0$,则 A 在 B 之前,反之,A 在 B 之后;若 $z_A-z_B>0$,则 A 在 B 之上,反之,A 在 B 之下。由图 2-17(b)可知,点 A 在点 B 的左方、前方和下方。所以,已知两点的相对位置和其中的一个点的投影,也能作出另一点的投影。

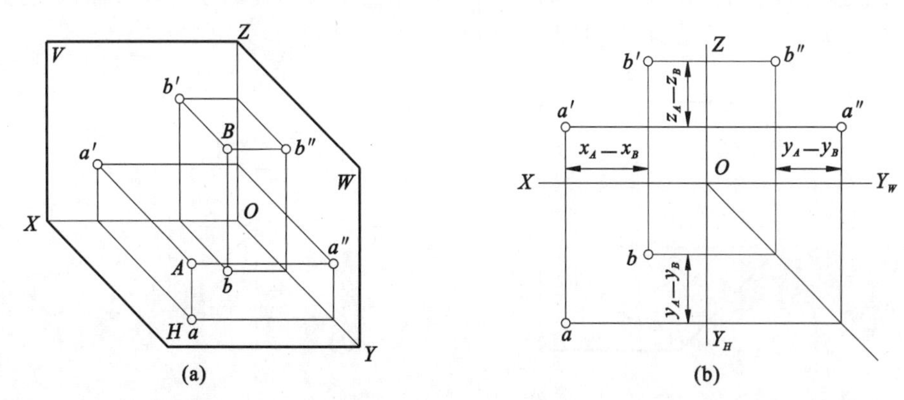

图 2-17　两点的相对位置

(a)直观图　(b)投影图

例 2-3　如图 2-18(a)所示,已知点 A 的三面投影,点 B 在点 A 的左方 10 mm、前方 7 mm、上方 5 mm。求作点 B 的三面投影。

作图 (1) 求作 b'。由 a'向上量取 5 mm、向左量取 10 mm,分别作水平横线和竖直线,两线相交,交点即为 b'。

(2) 求作 b。由 a 向前量取 7 mm,作水平横线,与过 b'的投影连线相交,交点即为 b。

(3) 求作 b''。由 b 和 b'分别作投影连线,交点即为 b''。如图 2-18(b)所示。

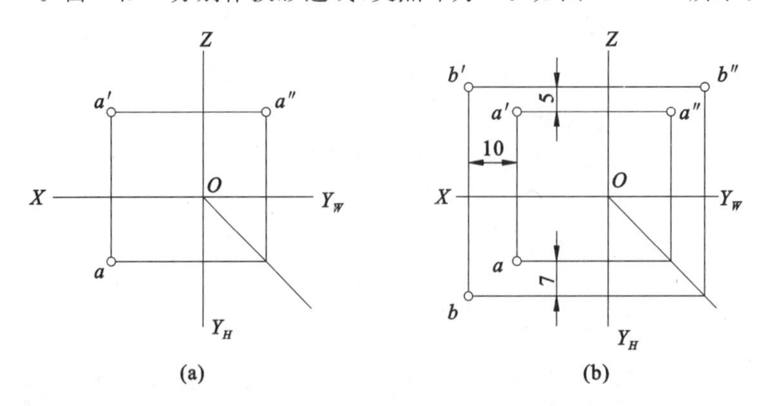

图 2-18 由点 A 的投影及两点的相对位置确定点 B

(a)已知条件 (b)求点 B 的三面投影

2.2.5 重影点

当两点或两个以上的点的某两个坐标值相同时,它们处于同一投射线上,因而在某一投影面上的投影重合,我们将这些点称为对该投影面的重影点。如图 2-19(a)中的点 A 和点 B,由于 $x_A=x_B$,$y_A=y_B$,$z_A>z_B$,因此,点 A 位于点 B 的正上方,它们处于同一条 H 面的投射线上,其水平投影 a、b 重合,我们称点 A、B 为对 H 面的重影点。

当点重影时,由于它们处于同一投射线上,因此总有点会被“遮挡”,故有“可见”与“不可见”之分。如图 2-19 所示,由于点 A 在点 B 正上方($z_A>z_B$),它们在 H 面上重影,当我们沿 H 面投射线向下观察 A、B 两点时,点 B 被点 A 所遮挡,为此,点 B 的投影应加括号以示区别,它们的水平投影表示为 $a(b)$。同理,在 V 面上的重影点,y 坐标值大的点其投影可见;在 W 面上的重影点,x 坐标值大的点其投影可见。根据三个投影面的投射线方向,可得到对 H 面、V 面和 W 面重影点投影的可见性判别规律:上遮下,前遮后,左遮右。

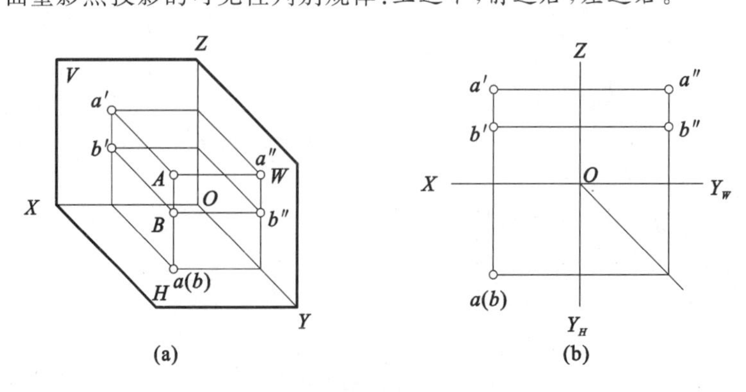

图 2-19 重影点

(a)直观图 (b)投影图

2.3　直线的投影

2.3.1　直线的投影图

空间一直线的投影可由直线上两点(通常取线段两个端点)的同面投影来确定。如图 2-20所示的直线 AB,可分别作出两端点 A 和 B 的三面投影,即(a,a',a'')和(b,b',b''),然后连接其同面投影,得到直线 AB 的三面投影,即(ab,$a'b'$,$a''b''$)。

直线与投影面的夹角称为直线对投影面的倾角。直线对 H 面、V 面、W 面的倾角分别用 α、β、γ 表示,如图 2-20(a)所示。

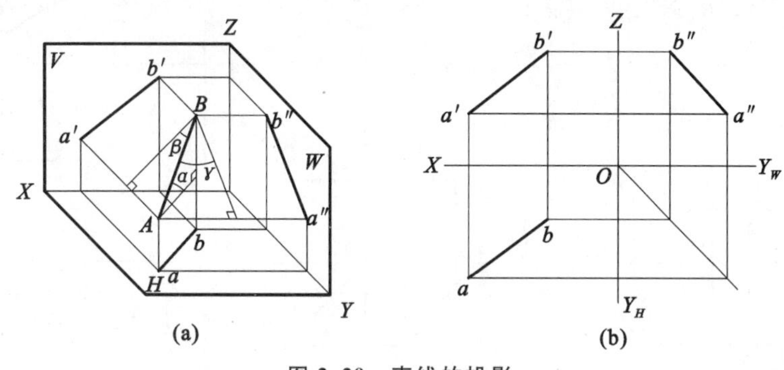

图 2-20　直线的投影

(a)直观图　(b)投影图

2.3.2　直线的分类及各类直线的投影特性

根据直线与投影面相对位置的不同,将直线分为以下三类。其中,后面两类直线称为特殊位置直线。

直线
- 一般位置直线:与 V、H、W 面都倾斜
- 投影面平行线:只平行于一个投影面,与另外两个投影面倾斜
  - 正平线:$/\!/V$ 面,与 H、W 面倾斜
  - 水平线:$/\!/H$ 面,与 V、W 面倾斜
  - 侧平线:$/\!/W$ 面,与 H、V 面倾斜
- 投影面垂直线:垂直于一个投影面,与另外两个投影面平行
  - 正垂线:$\perp V$ 面,$/\!/H$ 面,$/\!/W$ 面
  - 铅垂线:$\perp H$ 面,$/\!/V$ 面,$/\!/W$ 面
  - 侧垂线:$\perp W$ 面,$/\!/H$ 面,$/\!/V$ 面

1. 一般位置直线

一般位置直线与 V、H、W 面均倾斜,如图 2-20 中直线 AB。由于 $ab=AB\cos\alpha$,$a'b'=AB\cos\beta$,$a''b''=AB\cos\gamma$,因此,它的三面投影均不能反映实长,且投影与投影轴的夹角不能反映其倾角。

由此可得以下一般位置直线的投影特性。

(1) 三面投影均与投影轴倾斜,投影与投影轴的夹角不反映其对投影面的倾角。

(2) 三面投影的长度均小于直线的实长。

2. 投影面平行线

表 2-1 列出了三种投影面平行线的投影及其投影特性。

表 2-1　投影面平行线的投影及其投影特性

名称	正平线 (//V 面,与 H、W 面倾斜)	水平线 (// H 面,与 V、W 面倾斜)	侧平线 (//W 面,与 V、H 面倾斜)
直观图	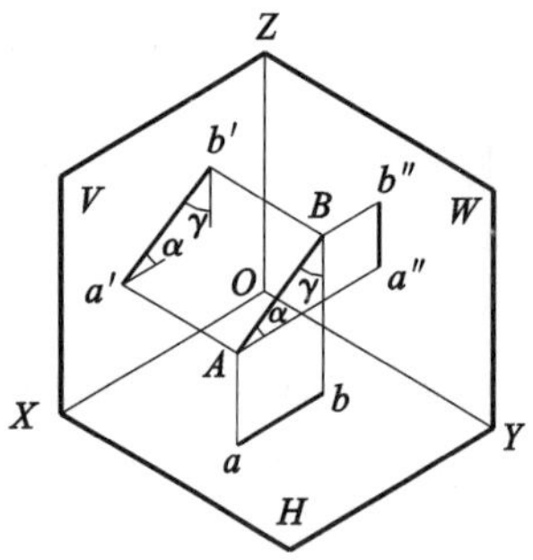	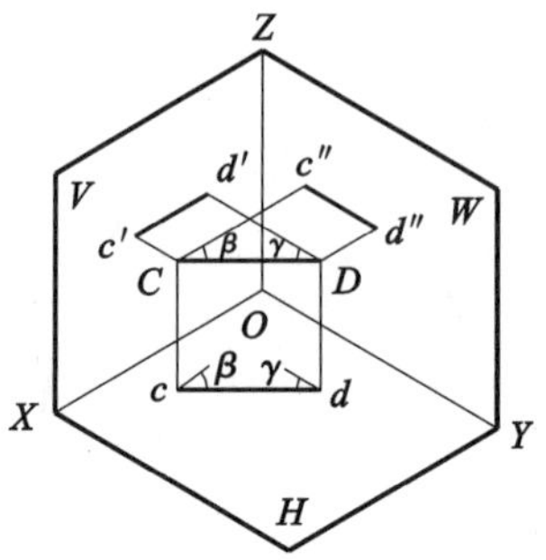	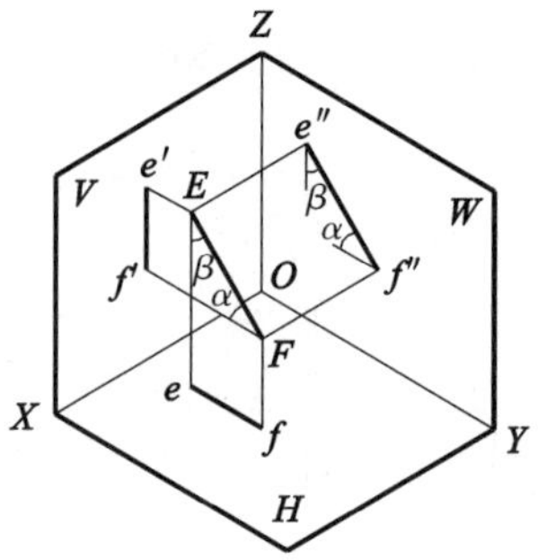
投影图	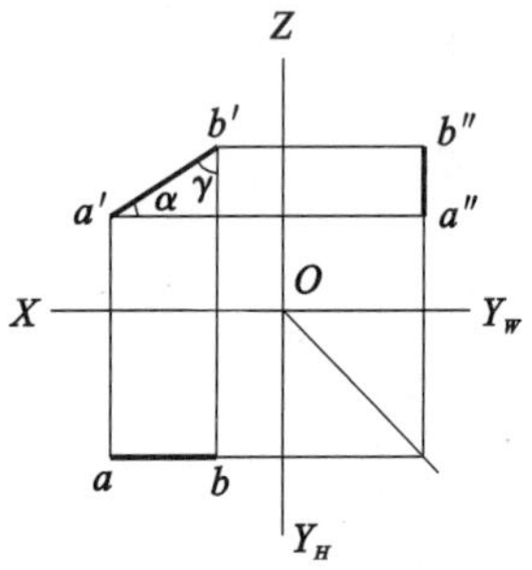	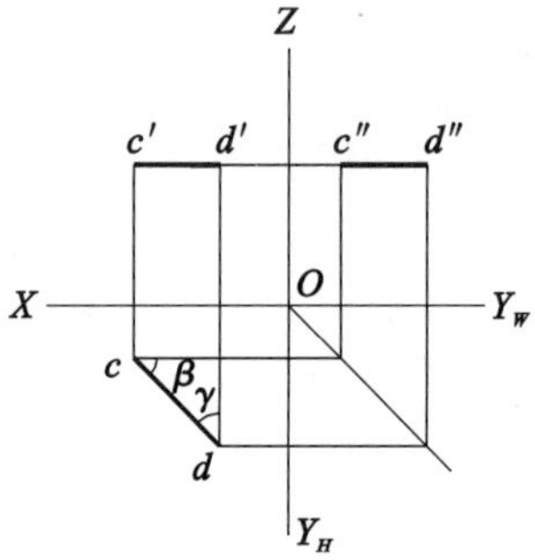	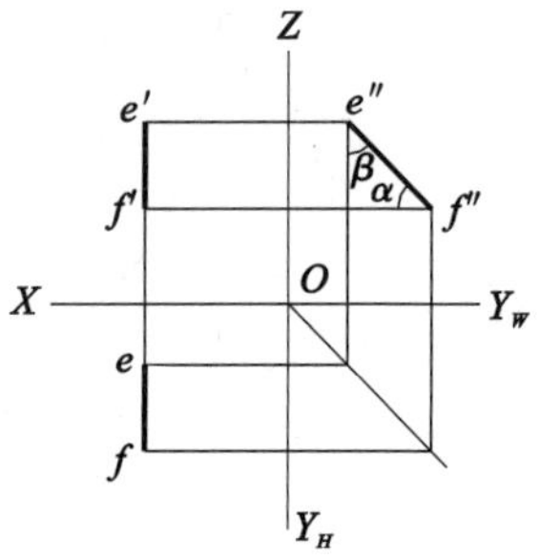
实例	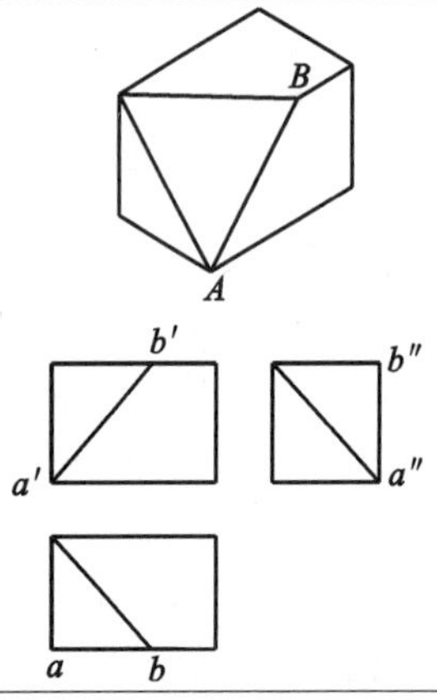	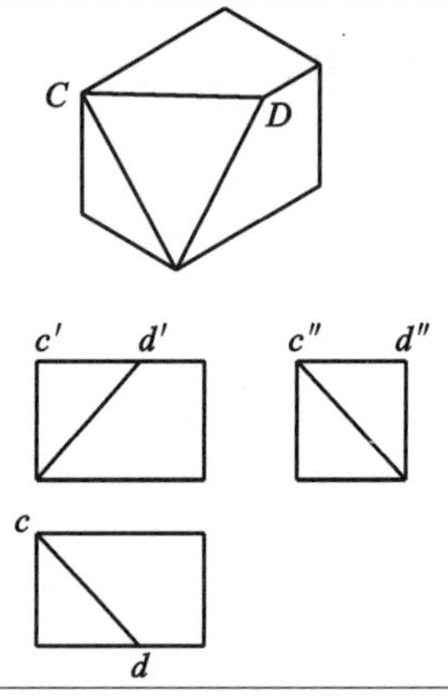	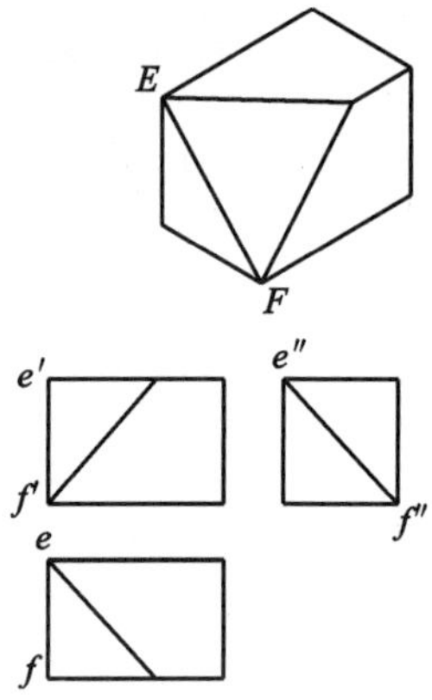
投影特性	(1) $a'b'$ 反映实长和倾角 α、γ; (2) ab // OX,$a''b''$ // OZ,投影长度小于实长	(1) cd 反映实长和倾角 β、γ; (2) $c'd'$ // OX,$c''d''$ // OY_W,投影长度小于实长	(1) $e''f''$ 反映实长和倾角 α、β; (2) ef // OY_H,$e'f'$ // OZ,投影长度小于实长

由表 2-1 可得以下投影面平行线的投影特性。

(1) 在平行的投影面上的投影,反映直线实长;它与投影轴的夹角分别反映直线对另两投影面的倾角。

(2) 其余两面投影,平行于相应的投影轴,投影长度均小于直线的实长。

3. 投影面垂直线

表 2-2 列出了三种投影面垂直线的投影及其投影特性。

表 2-2　投影面垂直线的投影及其投影特性

名称	正垂线 （$\perp V$ 面，$// H$ 面，$// W$ 面）	铅垂线 （$\perp H$ 面，$// V$ 面，$// W$ 面）	侧垂线 （$\perp W$ 面，$// V$ 面，$// H$ 面）
直观图	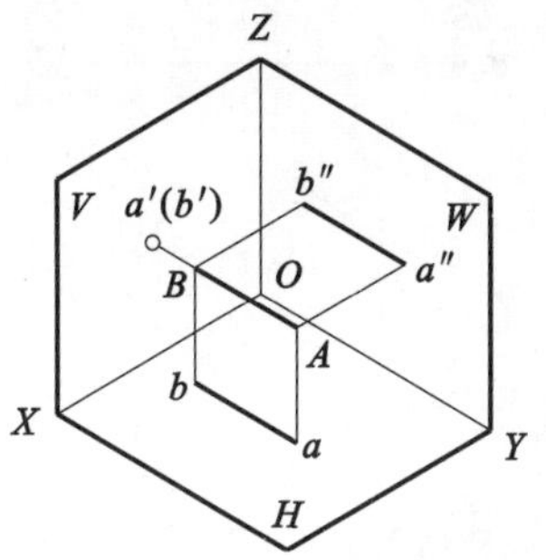 Z V $a'(b')$ b'' W a'' B O A b a X Y H	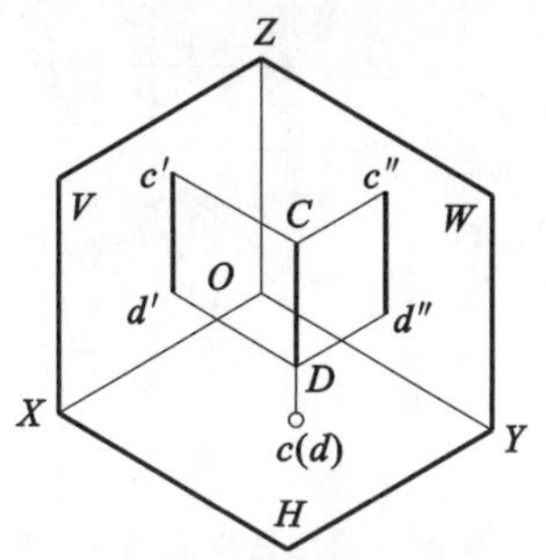 Z V c' c'' C W O d' d'' D $c(d)$ X Y H	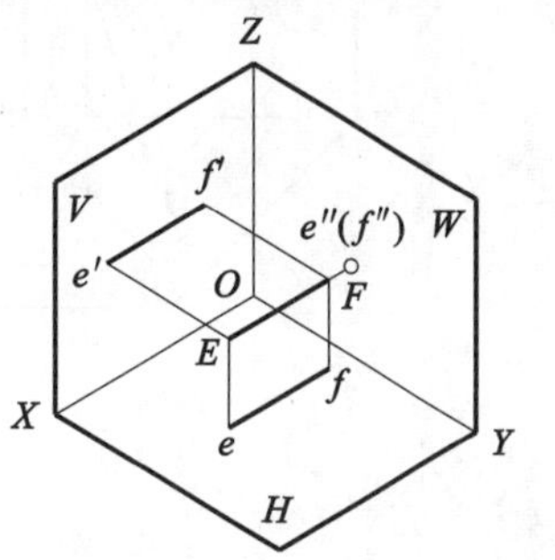 Z V f' $e''(f'')$ W e' O F E f e X Y H
投影图	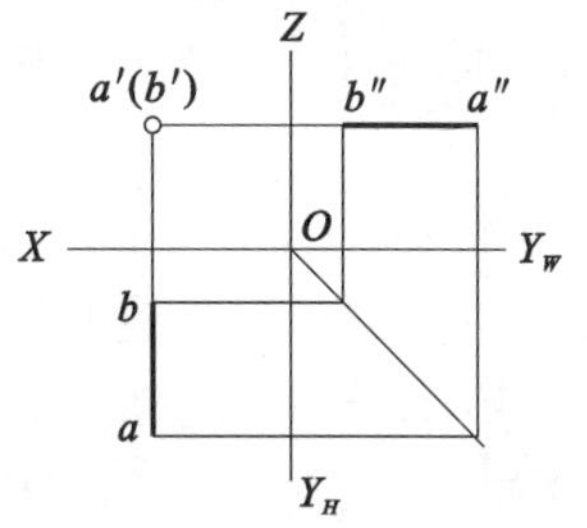 Z $a'(b')$ b'' a'' X O Y_W b a Y_H	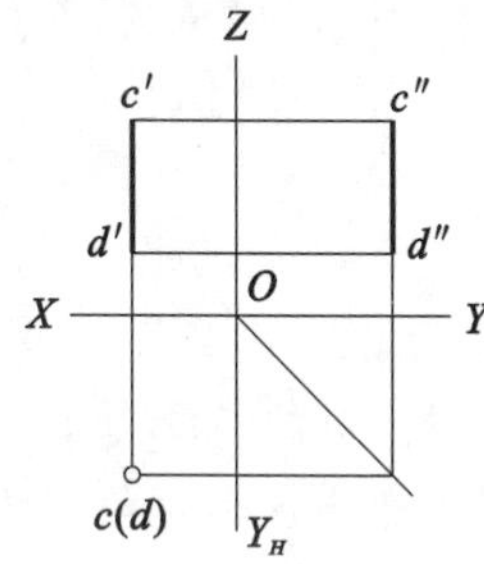 Z c' c'' d' d'' X O Y_W $c(d)$ Y_H	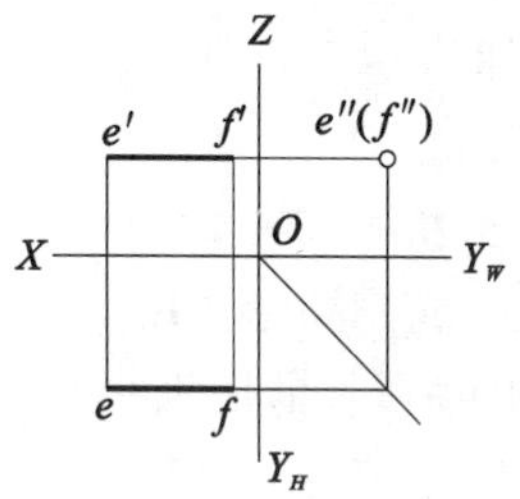 Z e' f' $e''(f'')$ X O Y_W e f Y_H
实例	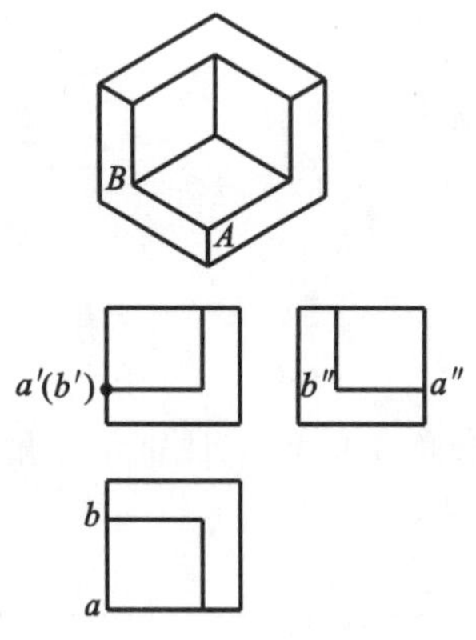 B A $a'(b')$ b'' a'' b a	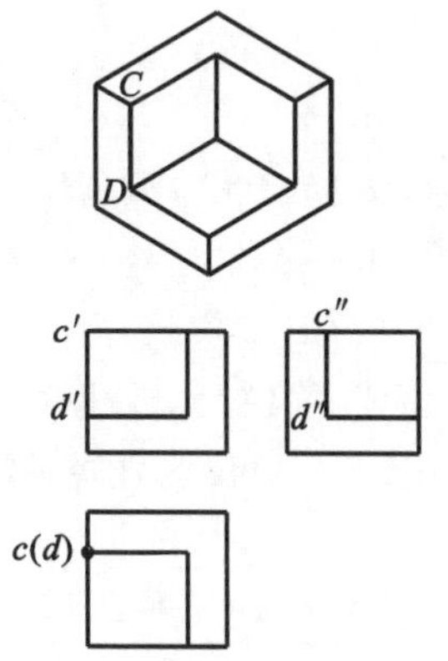 C D c' c'' d' d'' $c(d)$	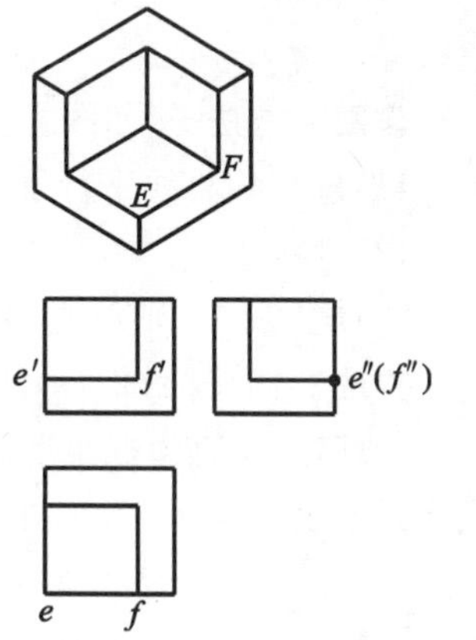 E F e' f' $e''(f'')$ e f
投影特性	（1）$a'b'$积聚为一点； （2）$ab // OY_H$，$a''b'' // OY_W$，投影反映实长	（1）cd 积聚为一点； （2）$c'd' // OZ$，$c''d'' // OZ$，投影反映实长	（1）$e''f''$积聚为一点； （2）$ef // OX$，$e'f' // OX$，投影反映实长

由表 2-2 可得以下投影面垂直线的投影特性。

（1）在垂直的投影面上的投影积聚为一点。

（2）其余两面投影，同时平行于某一投影轴，投影均反映直线的实长。

2.3.3　求一般位置直线的实长及倾角

特殊位置直线在三面投影图中能反映其实长和对投影面的倾角，而一般位置直线则不能直接反映出来。下面以图 2-21 中一般位置直线 AB 为例，介绍利用直角三角形法求作一般位置直线的实长和倾角。

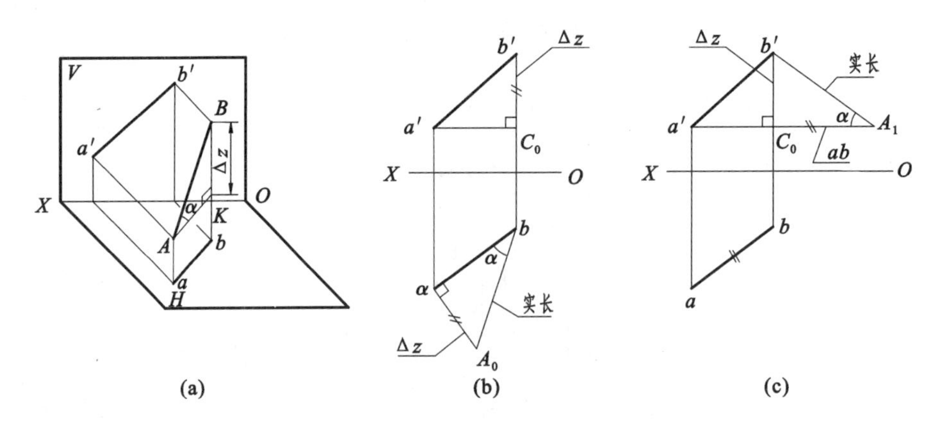

图 2-21 用直角三角形法求直线 AB 的实长和倾角 α

(a)直观图 (b)方法一 (c)方法二

例 2-4 如图 2-21(b)所示,已知一般位置直线 AB 的两面投影,求 AB 的实长及对 H 面的倾角 α。

分析 如图 2-21(a)所示,在垂直于 H 面的平面 $ABba$ 内,作 $AK /\!/ ab$,与 Bb 交于点 K,得到直角三角形 AKB。在这个直角三角形中,$AK=ab$;$BK= Bb- Aa$,即直线两端点到 H 面的距离差,也是两端点的 z 坐标值差;斜边 AB 为实长;AB 与 AK 的夹角就是直线 AB 对 H 面的倾角 α。因此,只要在投影图中作出这个直角三角形,便可确定直线 AB 的实长及倾角 α。这种利用直线与投影面几何关系求解一般位置直线实长及倾角的方法,称为直角三角形法。

作图 **方法一**:如图 2-21(b)所示。

(1)过 a' 作直线平行于 OX 轴,交 bb' 于 C_0,则 $b'C_0$ 为端点 A、B 的 z 坐标值之差 Δz。

(2)过 a 作 aA_0 垂直于 ab,取 $aA_0=\Delta z$。

(3)连接 bA_0,则斜边 bA_0 为直线 AB 的实长,$\angle abA_0$ 为倾角 α。

方法二:如图 2-21(c)所示。请读者自行分析理解。

同理,运用直角三角形法也能求出一般位置直线 AB 的倾角 β 和 γ,三种直角三角形的组成要素如表 2-3 所示。

表 2-3 直角三角形法中各种直角三角形的组成要素

直线的倾角 直角三角形的组成	α	β	γ
直角三角形底边(直线投影长)	ab	$a'b'$	$a''b''$
直角三角形高(直线两端点坐标值差)	Δz_{AB}	Δy_{AB}	Δx_{AB}
斜边(实长)	AB		
倾角(斜边与底边的夹角)	α	β	γ
图例	AB, Δz_{AB}, α, ab	AB, Δy_{AB}, β, $a'b'$	AB, Δx_{AB}, γ, $a''b''$

综上所述,可归纳得出直角三角形法求一般位置直线实长与倾角的方法。

以直线在某一投影面上的投影长为直角三角形底边,直线两端点与该投影面的距离差为直角三角形高，形成直角三角形，它的斜边即为直线的实长，斜边与底边的夹角是直线对这个投影面的倾角。

例 2-5　如图 2-22(a)所示，已知直线 AB 的正面投影 $a'b'$ 和 a，点 B 在点 A 的后方，且 AB=25 mm，试补全直线 AB 的水平投影。

分析　要补全 AB 的水平投影，应求出直线 AB 两端点的 y 坐标值差或 ab 的长度。本题已知 AB 的实长和正面投影 $a'b'$，这就确定了直角三角形中的斜边和底边，可求出直角三角形的高，从而得到直线两端点的 y 坐标值差。作图过程如图 2-22(b)所示。

作图　(1) 以 b' 为圆心，实长 25 mm 为半径作圆弧，与过 a' 且垂直于 $a'b'$ 的直线相交于 A_0，则 $a'A_0=\Delta y$。

(2) 在 $a'a$ 上量取 $aB_0=\Delta y$，过 B_0 作直线平行于 OX 轴，与过 b' 作的投影连线相交，得交点 b。

(3) 连接 ab，结果如图 2-22(b)所示。

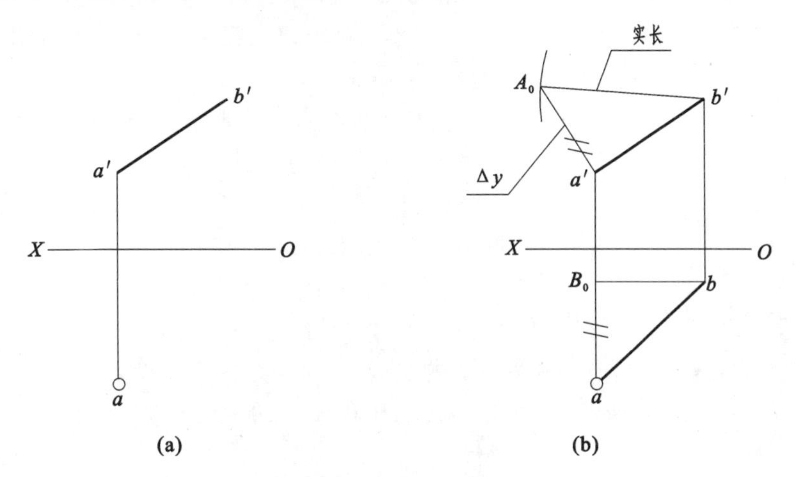

图 2-22　补全直线 AB 的投影(直角三角形法)

(a) 已知条件　(b) 作图过程

2.3.4　直线上的点

如图 2-23 所示，点 C 在直线 AB 上，则投射线 Cc 必位于平面 $AabB$ 上，Cc 与 H 面的交点 c 也必位于平面 $AabB$ 与 H 面的交线 ab 上；因为 $Aa/\!/Cc/\!/Bb$，所以，$AC:CB=ac:cb$，同理可知，$AC:CB=a'c':c'b'=a''c'':c''b''$。

综上所述，直线上的点有以下投影特性。

(1)从属性　点在直线上，则点的各个投影必定在该直线的同面投影上；反之，如果点的各个投影在直线的同面投影上，则该点一定在直线上。

(2)定比性　直线上的点分割线段之比，在投影后保持不变。即线段的空间长度之比等于各同面投影长度之比。如图 2-23 所示，点 C 在直线 AB 上，则 $AC:CB=ac:cb=a'c':c'b'=a''c'':c''b''$。

注意，当直线为投影面垂直线时，由于投影有积聚性，直线上点的投影不反映定比性，如图 2-23 中的铅垂线 DE 上的点 F。

在图 2-24 中，直线 AB 是一般位置直线，判断点 K、L 是否在直线 AB 上。由于 k 和 k' 分别在直线 AB 的同面投影上，而点 L 只有 l 在 ab 上，l' 不在 $a'b'$ 上，因此，点 K 在直线 AB 上，点 L 不在直线 AB 上。想一想，对于一般位置直线，为何只要知道点的两个投影在直线上，就可判断该点在直线上?

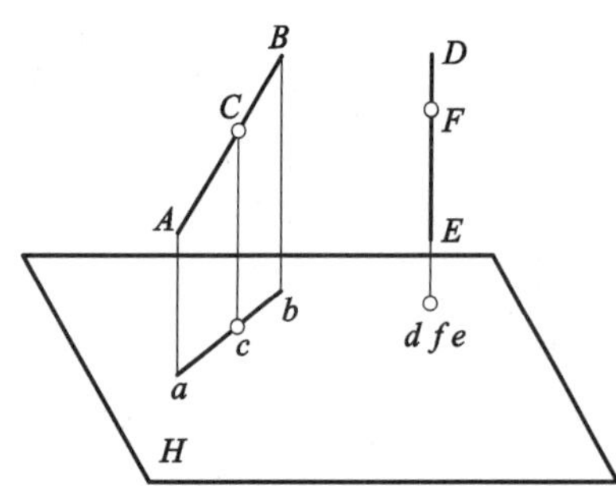

图 2-23 直线上的点的投影特性

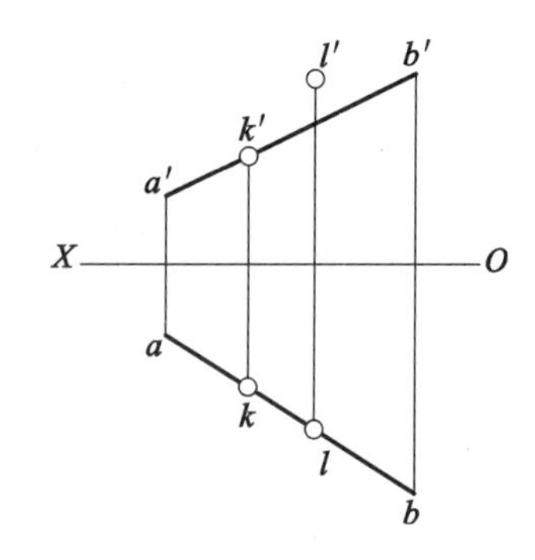

图 2-24 判断点 K、L 是否在直线 AB 上

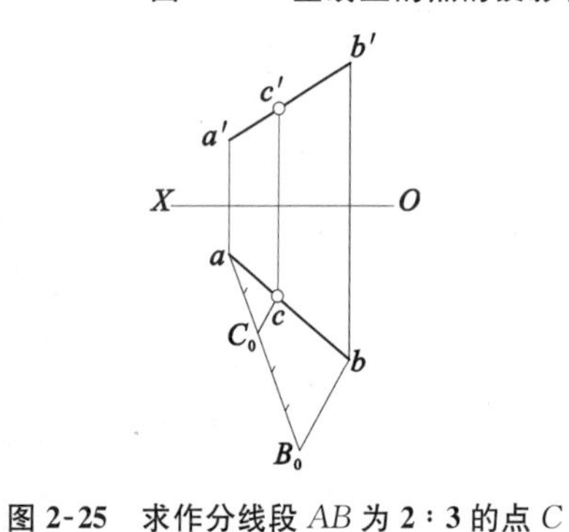

图 2-25 求作分线段 AB 为 2∶3 的点 C

例 2-6 如图 2-25 所示,已知直线 AB 的两面投影,点 C 在 AB 上,且 AC∶CB=2∶3,求作点 C 的两面投影。

分析 根据直线上点的投影特性,利用其定比性和从属性确定点 C 的投影。

作图 (1) 由点 a 任作一条辅助线,取任意五等分,得到点 B_0,连接 bB_0。

(2) 过辅助线上距点 a 为二等分的点 C_0 作 bB_0 的平行线,它与 ab 的交点,即为点 C 的水平投影 c。

(3) 过点 c 作投影连线,它与投影 $a'b'$ 的交点,即为点 C 的正面投影 c'。

例 2-7 如图 2-26(a)所示,已知侧平线 AB 和点 C 的两面投影,判断点 C 是否在直线 AB 上。

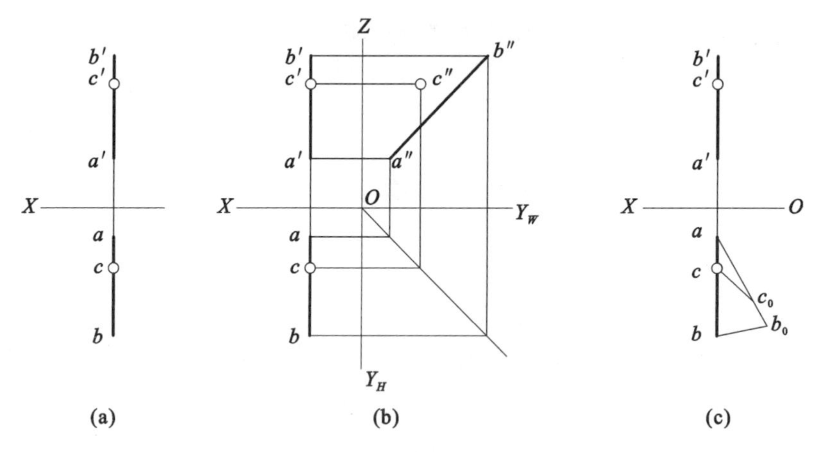

图 2-26 判断点 C 是否在侧平线 AB 上

(a)已知条件 (b)方法一 (c)方法二

分析 点 C 的两面投影 c'、c 均在直线 AB 的同面投影上,但由于 AB 是侧平线,满足这一条件的点有很多,不能仅此判断点 C 在直线 AB 上,需作图进行判断。

作图 **方法一**:从属性法。如图 2-26(b)所示,作出直线 AB 和点 C 的侧面投影。由于 c'' 不在 $a''b''$ 上,所以,点 C 不在直线 AB 上。

方法二:定比性法。如图 2-26(c)所示,若 $a'c'$∶$c'b'$=ac∶cb,则点 C 在直线 AB 上,反

之，点 C 不在直线 AB 上。

(1) 由 a 作任意辅助线，在辅助线上量取 $ac_0 = a'c'$，$c_0b_0 = c'b'$。

(2) 连接 bb_0 和 cc_0。由于 bb_0 与 cc_0 不平行，故 $a'c' : c'b' \neq ac : cb$，点 C 不在直线 AB 上。

2.3.5　两直线的相对位置

空间两直线的相对位置有三种情况：平行、相交和交叉，其中：平行或相交的两直线位于同一平面内，称为共面直线；交叉两直线不在同一平面内，称为异面直线。下面分别讨论它们的投影特性。

1. 平行两直线

(1) 如果空间两直线平行，则其同面投影必相互平行。如图 2-27 所示，若 $AB /\!/ CD$，则 $ab /\!/ cd$。同理，$a'b' /\!/ c'd'$，$a''b'' /\!/ c''d''$。

反之，如果两直线的各个同面投影都相互平行，则两直线在空间也必互相平行。

(2) 空间两平行直线段之比等于其同面投影之比。如图 2-27 所示，若 $AB /\!/ CD$，则 $AB : CD = ab : cd$。同理，$AB : CD = a'b' : c'd' = a''b'' : c''d''$。

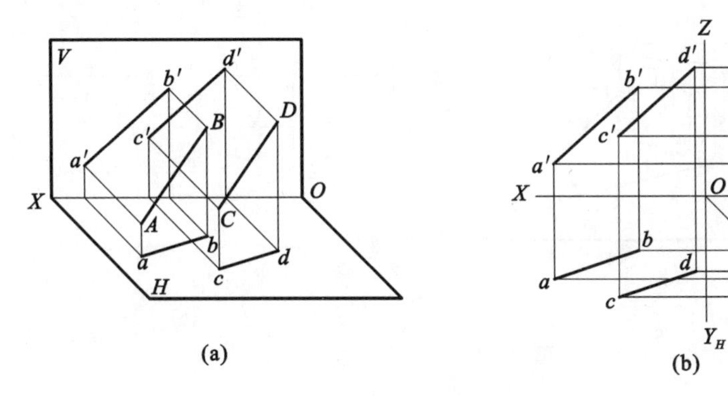

图 2-27　平行两直线

(a)直观图　(b)投影图

2. 相交两直线

空间两相交直线的各组同面投影必相交，且投影的交点符合空间一点的投影特性，即两直线各组同面投影的交点就是空间交点的各面投影。如图 2-28 所示，直线 AB 和 CD 相交于点 E，则 ab 与 cd、$a'b'$ 与 $c'd'$、$a''b''$ 与 $c''d''$ 必分别相交于点 E 的三面投影 e、e'、e''。

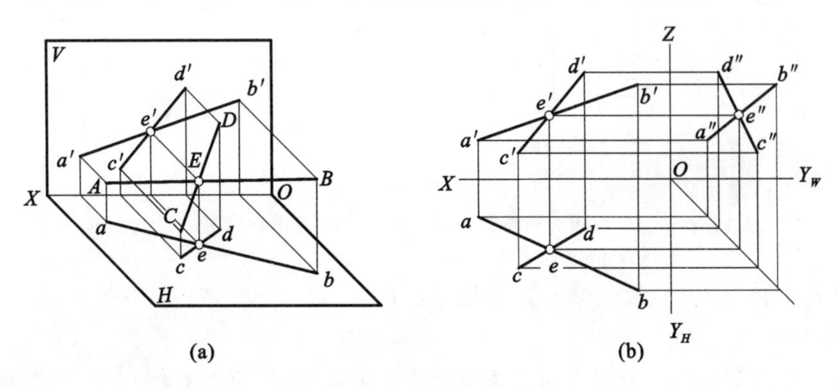

图 2-28　相交两直线

(a)直观图　(b)投影图

反之,如果两直线的三组同面投影都相交,且各组投影的交点符合空间一点的投影特性,则两直线在空间必相交。

3. 交叉两直线

既不平行又不相交的两直线称为交叉两直线。交叉两直线的投影可能会有一组或两组互相平行,但决不会三组同面投影都互相平行;交叉两直线的投影亦可以是相交的,但它们投影的交点一定不符合空间一点的投影特性。交叉两直线的判断通常采用排除法,即判断两直线非平行或相交情况后,就确定为两交叉直线。

在图 2-29 中,两交叉直线 AB 和 CD 的水平投影相交,但交点分别是直线 CD 和 AB 上的点Ⅰ和Ⅱ水平投影的重影点,由于点Ⅰ在点Ⅱ之上,因此,点 1 可见,点 2 不可见,表示为 1(2)。同理,它们的正面投影相交,交点分别是直线 AB 和 CD 上的点Ⅲ和Ⅳ正面投影的重影点,由于点Ⅲ在点Ⅳ之前,因此,3′可见,4′不可见,表示为 3′(4′)。

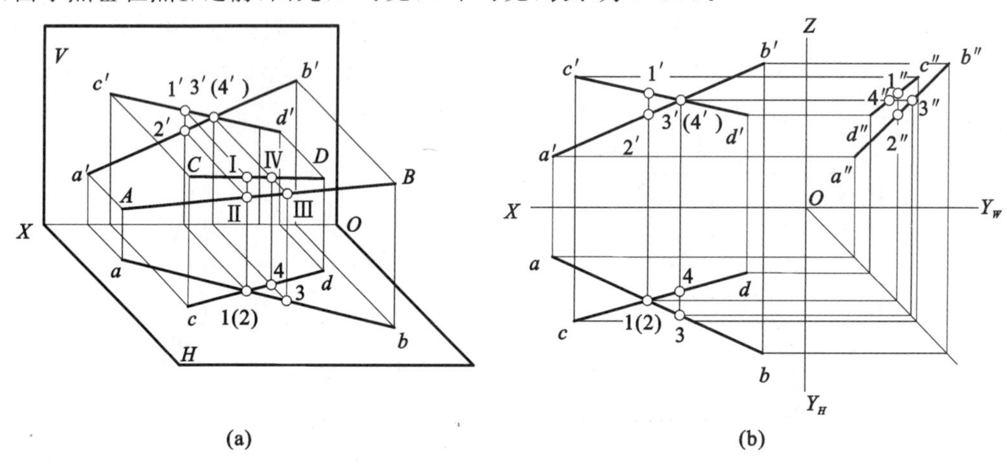

图 2-29　交叉两直线

(a)直观图　(b)投影图

例 2-8　如图 2-30(a)所示,判断两条侧平线 AB 和 CD 的相对位置。

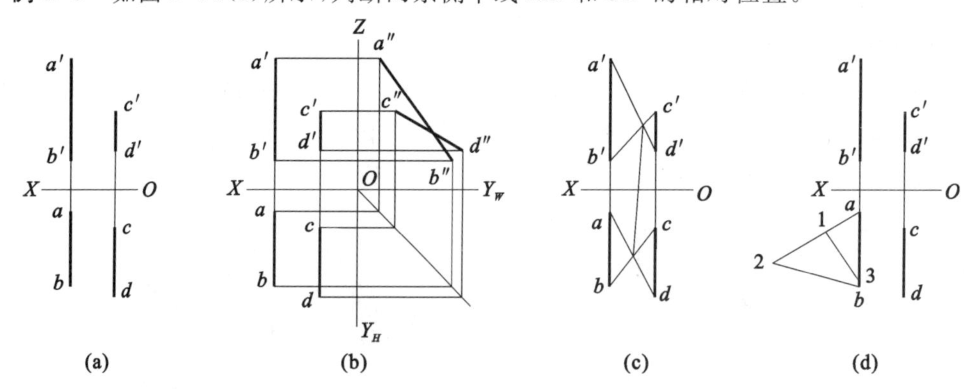

图 2-30　判断侧平线 AB 和 CD 的相对位置

(a)已知条件　(b)方法一　(c)方法二　(d)方法三

分析　根据侧平线的投影特性,两条侧平线的 V、H 面投影分别平行,所以,它们不可能相交,只能是平行或交叉。

首先可判断两侧平线是否同方向。若两直线的方向相反,则两直线交叉;若两直线的方向相同,因还有可能与 H、V 面倾角不同而形成交叉,故需通过作图来判断。此例中,由于点 A 在

点 B 的上、后方，点 C 也在点 D 的上、后方，两直线的方向相同，故可采用以下三种方法来判断。

作图　方法一：求出两直线的第三面投影。如图 2-30(b)所示，由于 $a''b''$ 和 $c''d''$ 不平行，所以，侧平线 AB 和 CD 是交叉直线。

方法二：如两侧平线为平行两直线，则它们可确定一平面。点 A、B、C、D 应在同一平面内，直线 AD 和 BC 必相交。

如图 2-30(c)所示，连接直线 AD 和 BC，可以看出，两直线投影交点的连线不垂直于 X 轴，故直线 AD 和 BC 不相交，点 A、B、C、D 不共面，所以，侧平线 AB 和 CD 是交叉直线。

方法三：根据两平行直线投影的等比关系判断(两直线方向相同时)。由前所述，若 $AB /\!/ CD$，则 $ab : cd = a'b' : c'd$。

如图 2-30(d)所示，由 a 任作一条辅助线，分别量取 $a1 = c'd'$，$a2 = a'b'$，在 ab 上量取 $a3 = cd$，连接 13 和 $2b$，由于 13 和 $2b$ 不平行，则 $ab : cd \neq a'b' : c'd'$，所以，侧平线 AB 和 CD 是交叉直线。

2.3.6　直角投影定理

空间两直线夹角的投影有以下三种情况。

(1) 当两直线都平行于同一投影面时，在该投影面上投影的夹角反映两直线的实际夹角。

(2) 当两直线都不平行于同一投影面时，在该投影面上投影的夹角不反映两直线的实际夹角。

(3) 当两直线中有一条平行于某一投影面，且两直线夹角为直角时，在该投影面上投影的夹角仍为直角，这种情况称为直角投影定理，如图 2-31 所示。

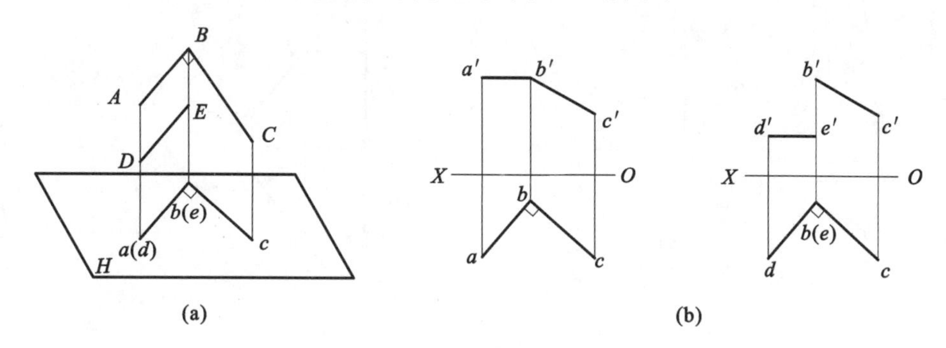

图 2-31　直角投影定理

(a)直观图　(b)投影图

在图 2-31(a)中，已知直线 $AB /\!/ H$ 面，且 $AB \perp BC$，则 $AB \perp Bb$，$AB \perp BbcC$ 平面，由于 $ab /\!/ AB$，所以，$ab \perp BbcC$ 平面，故 $ab \perp bc$。

若将直线 AB 垂直向下平移至直线 DE 处，则直线 DE 与 BC 是一对交叉直线，且 $de \perp bc$，如图 2-31(b)所示。由此可见，直角投影定理适用于相交垂直或交叉垂直的直线。

例 2-9　如图 2-32(a)所示，已知点 A 和正平线 BC 的两面投影，求点 A 到直线 BC 的距离。

分析　点到直线的距离，就是过该点作直线的垂线，其垂足与点的距离即为所求。

作图　(1) 求垂足 D。如图 2-32(b)所示，由于 $BC /\!/ V$ 面，根据直角投影定理，正平线 BC 和它的垂线 AD 的正面投影仍然垂直，即 $a'd' \perp b'c'$。因此，过 a' 作 $b'c'$ 的垂线，所得垂足即为点 d'，过点 d' 作投影连线，与 bc 相交，所得交点即为 d，连接 ad。

(2)求垂线 AD 的实长。如图 2-32(c)所示。利用直角三角形法，由 a 作 ad 的垂线，量取 aA_0 等于 A、D 两点的 z 坐标值差，连接 A_0d 得 AD 的实长，即为点 A 到 BC 的距离。

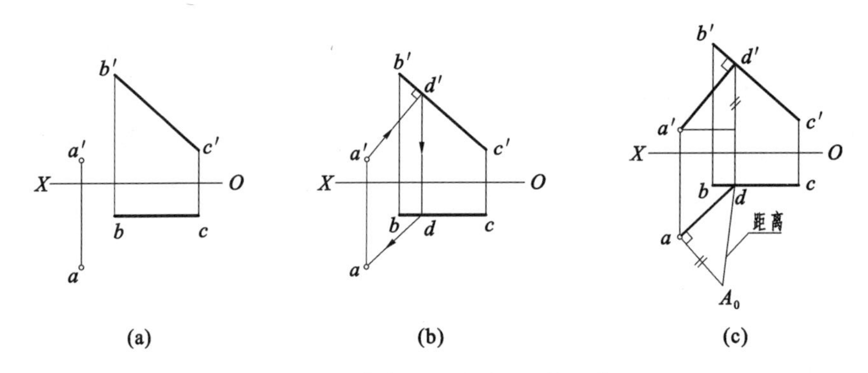

图 2-32　求点 A 到直线 BC 的距离

(a)已知条件　(b)求垂足 D　(c)求垂线 AD 的实长

例 2-10　如图 2-33(a)所示,求交叉两直线 AB 和 EF 间的距离。

分析　两交叉两直线间的距离即为它们之间公垂线的长度。设直线 AB 和 EF 的公垂线为 CD,则 $CD \perp AB$、$CD \perp EF$。因为 AB 是铅垂线,所以公垂线 CD 是水平线;由于 $CD \perp EF$,根据直角投影定理,则 $c'd' /\!/ OX$ 轴,$cd \perp ef$。作图过程如图 2-33(b)所示。

作图　(1) 因为直线 AB 的 H 面投影有积聚性,所以公垂线的一个垂足 c 与 ab 重合。

(2) 过 c 作 ef 的垂线,所得垂足即为 d。

(3) 过 d 作投影连线,与 $e'f'$ 相交,所得交点即为 d';过 d' 作 OX 轴的平行线交 $a'b'$ 于 c'。由于 CD 是水平线,cd 反映公垂线 CD 的实长,即直线 AB 与 EF 之间的距离。

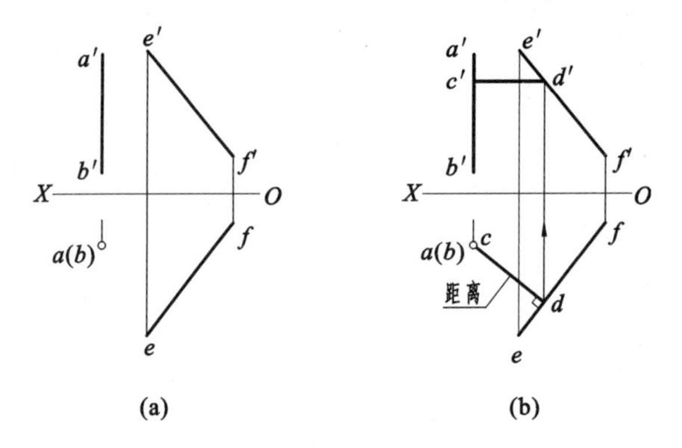

图 2-33　求两直线 AB、EF 的公垂线

(a)已知条件　(b)解题过程

2.4　平面的投影

2.4.1　平面的几何元素表示法

如图 2-34 所示,平面可由下列几何元素组确定:图(a)所示为不在同一直线上的三个点;图(b)所示为直线和线外一点;图(c)所示为相交两直线;图(d)所示为平行两直线;图(e)所示为任意平面图形。

通常用上述几何元素组的投影来表示平面的投影,这种表示法称为几何元素表示法。

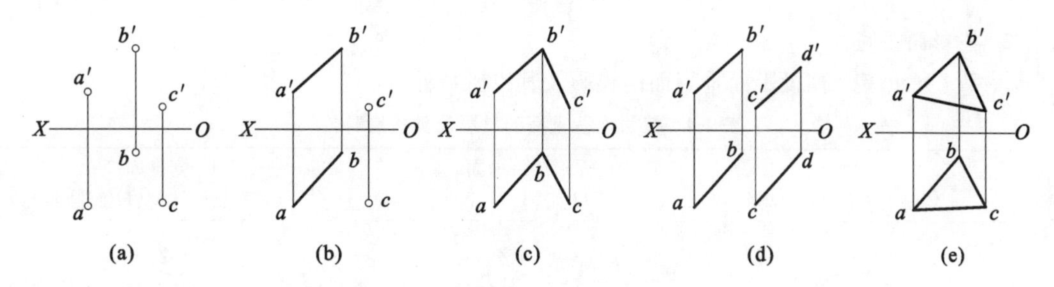

图 2-34　平面的几何元素表示法

2.4.2　平面的分类及各类平面的投影特性

根据平面在投影面体系中与投影面相对位置的不同，将平面分为以下三类。其中，后两类平面称为特殊位置平面。

平面
- 一般位置平面：与 V、H、W 面都倾斜
- 投影面垂直面：只垂直于一个投影面，与另外两个投影面倾斜
  - 正垂面：$\perp V$ 面，与 H、W 面倾斜
  - 铅垂面：$\perp H$ 面，与 V、W 面倾斜
  - 侧垂面：$\perp W$ 面，与 H、V 面倾斜
- 投影面平行面：平行于一个投影面，与另外两个投影面垂直
  - 正平面：$/\!/ V$ 面，$\perp H$ 面，$\perp W$ 面
  - 水平面：$/\!/ H$ 面，$\perp V$ 面，$\perp W$ 面
  - 侧平面：$/\!/ W$ 面，$\perp H$ 面，$\perp V$ 面

平面与投影面的夹角称为平面对投影面的倾角。平面对 H 面、V 面、W 面的倾角分别用 α、β、γ 表示。

1. 一般位置平面

与三个投影面都倾斜的平面称为一般位置平面。如图 2-35 所示，$\triangle ABC$ 与三个投影面都倾斜，因此，它的三面投影 $\triangle abc$、$\triangle a'b'c'$、$\triangle a''b''c''$ 均为该平面的类似形，不能反映 $\triangle ABC$ 的实形，且面积缩小，也不能反映它对投影面的倾角。

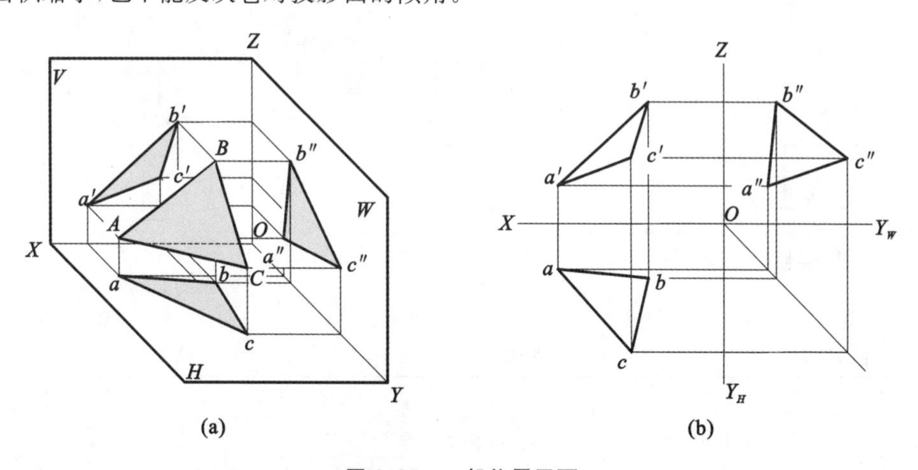

图 2-35　一般位置平面

(a)直观图　(b)投影图

由此可得以下一般位置平面的投影特性。

(1) 三面投影都是平面图形，反映为实形的类似形。

(2) 三面投影的面积小于其实际面积，不能反映对投影面的倾角。

2. 投影面垂直面

表 2-4 列出了三种投影面垂直面的投影及其投影特性。

表 2-4 投影面垂直面的投影及其投影特性

名称	正垂面 (⊥V 面,与 H、W 面倾斜)	铅垂面 (⊥H 面,与 V、W 面倾斜)	侧垂面 (⊥W 面,与 V、H 面倾斜)
直观图	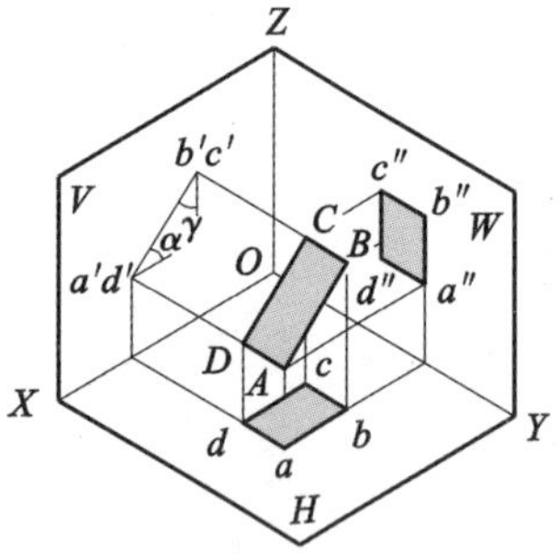 Z $b'c'$ c'' b'' V W C B α γ $a'd'$ O d'' a'' D A c X Y d a b H	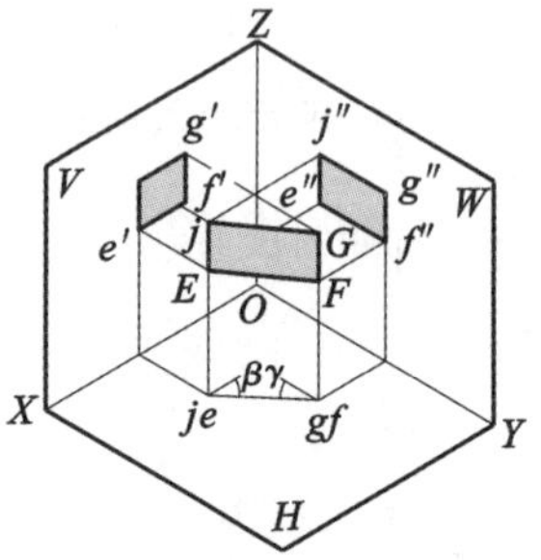 Z g' j'' V f' e'' g'' W e' j G f'' E O F $\beta\gamma$ X je gf Y H	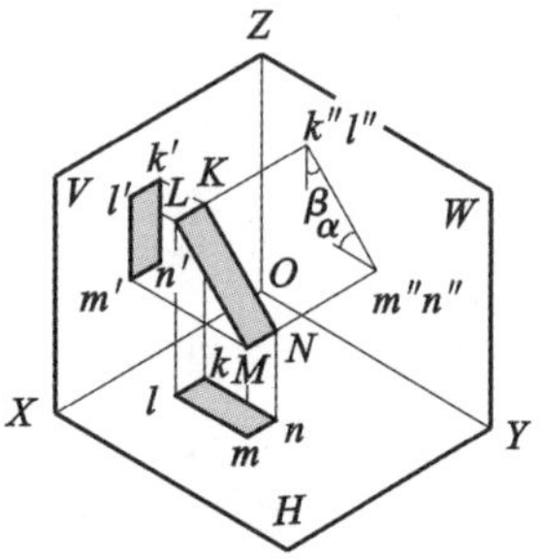 Z $k''l''$ k' K V l' L β α W n' O m' $m''n''$ kM N X l n m Y H
投影图	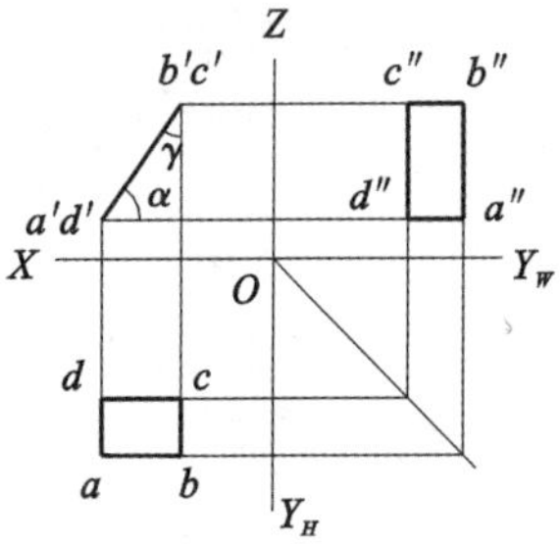 Z $b'c'$ c'' b'' γ α d'' $a'd'$ a'' X Y_W O d c a b Y_H	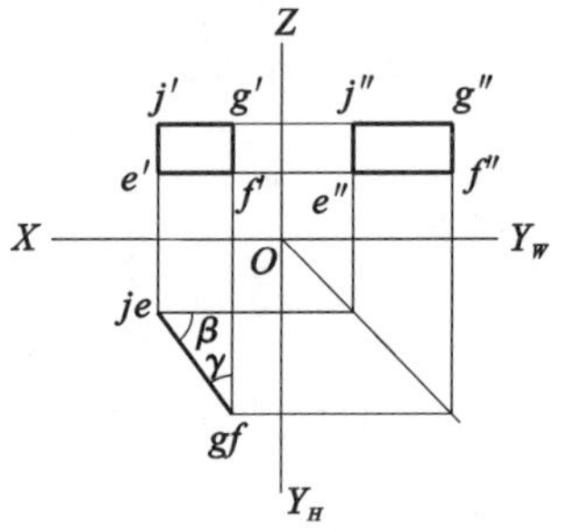 Z j' g' j'' g'' e' f' e'' f'' X Y_W O je β γ gf Y_H	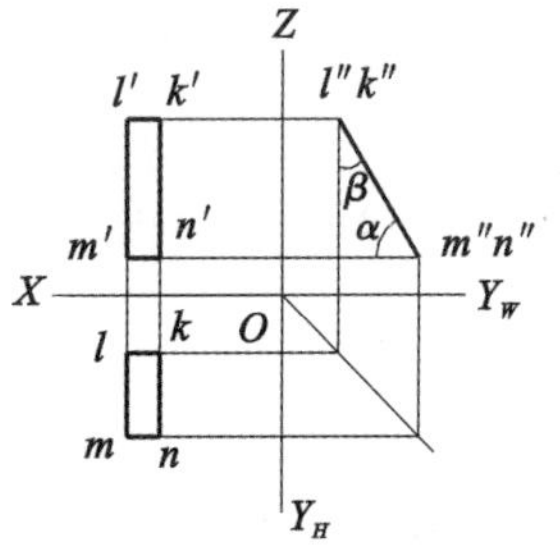 Z l' k' $l''k''$ n' β α m' $m''n''$ X k O Y_W l m n Y_H
实例	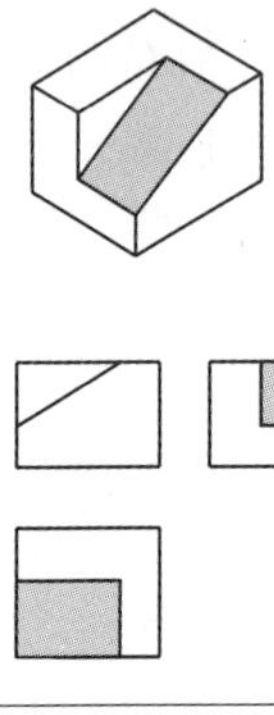	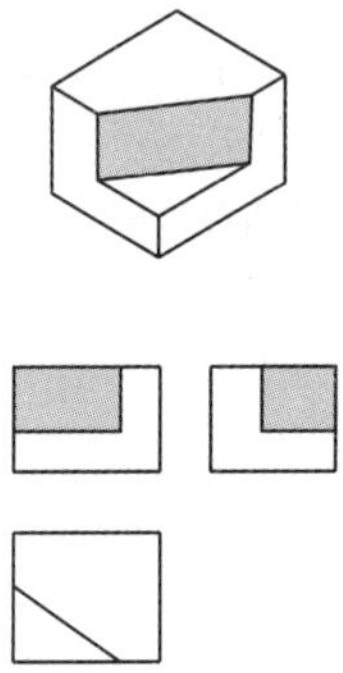	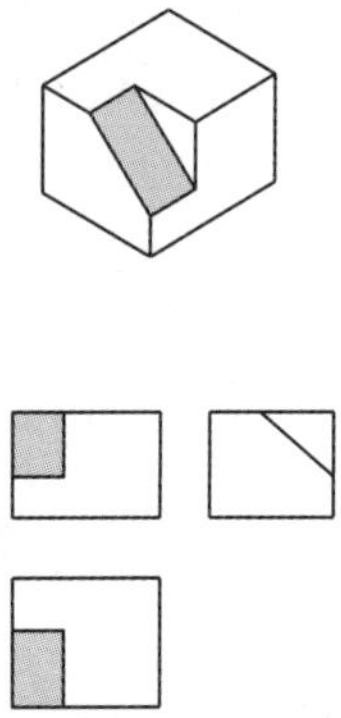
投影特性	(1) 正面投影积聚为直线,并反映倾角 α 和 γ; (2) 水平投影和侧面投影为实形的类似形,面积缩小	(1) 水平投影积聚为直线,并反映倾角 β 和 γ; (2) 正面投影和侧面投影为实形的类似形,面积缩小	(1) 侧面投影积聚为直线,并反映倾角 α 和 β; (2) 水平投影和正面投影为实形的类似形,面积缩小

由表 2-4 可得以下投影面垂直面的投影特性。

(1) 在垂直的投影面上的投影积聚为直线,它与投影轴的夹角分别反映平面对另两投影面的倾角。

(2) 在另两个投影面上的投影均为实形的类似形,面积缩小。

3. 投影面平行面

表 2-5 列出了三种投影面平行面的投影及其投影特性。

表 2-5　投影面平行面的投影及其投影特性

名称	正平面 （//V 面，⊥H 面，⊥W 面）	水平面 （//H 面，⊥V 面，⊥W 面）	侧平面 （//W 面，⊥H 面，⊥V 面）
直观图	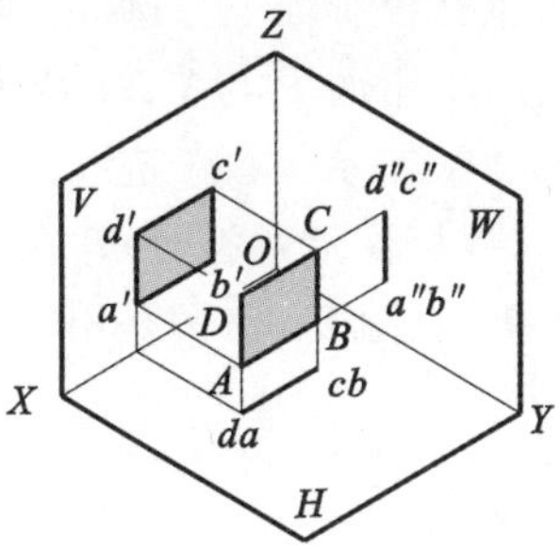	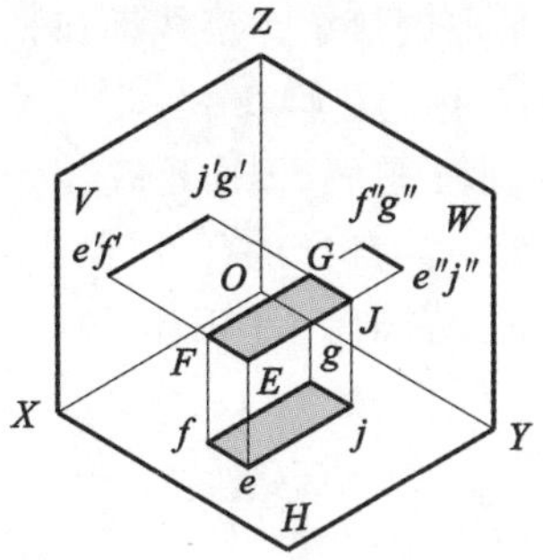	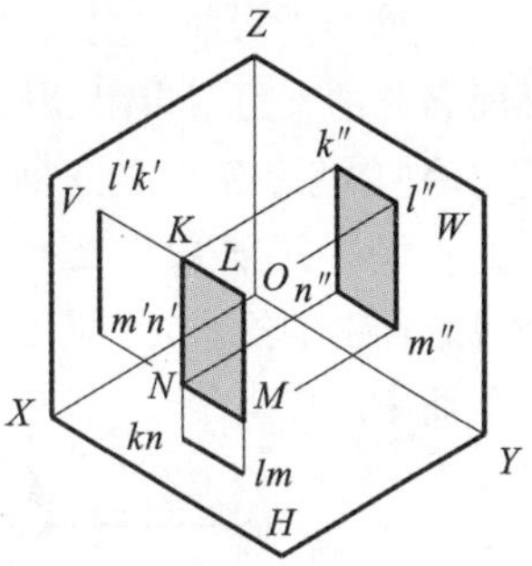
投影图	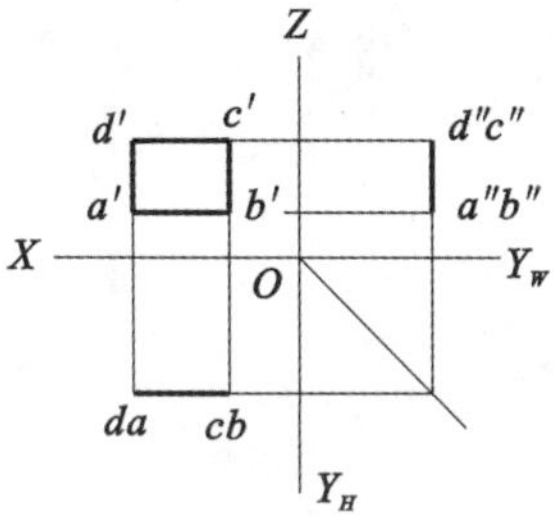	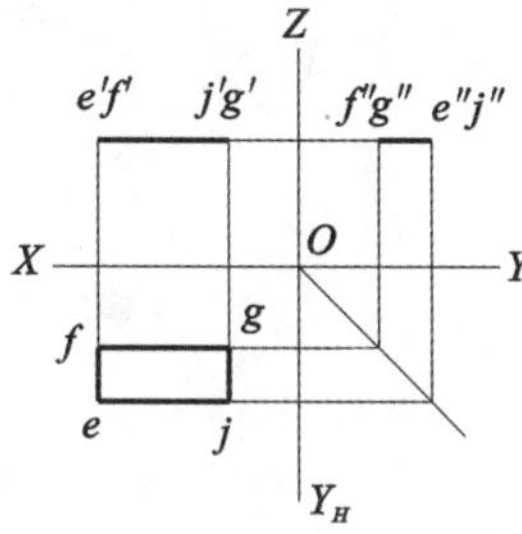	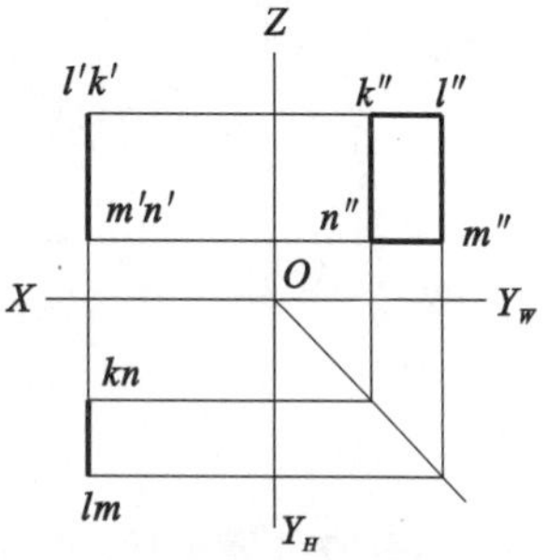
实例	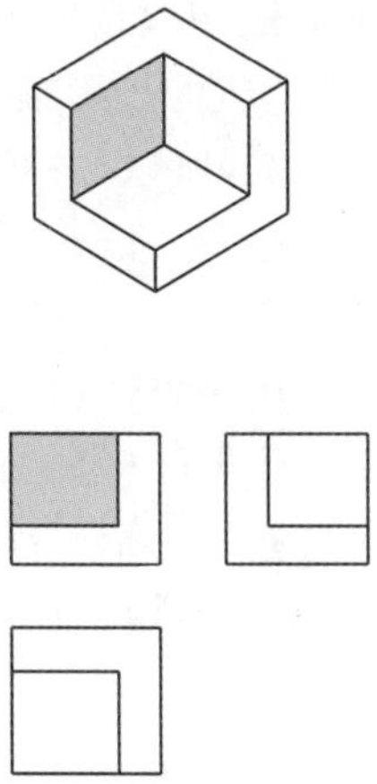	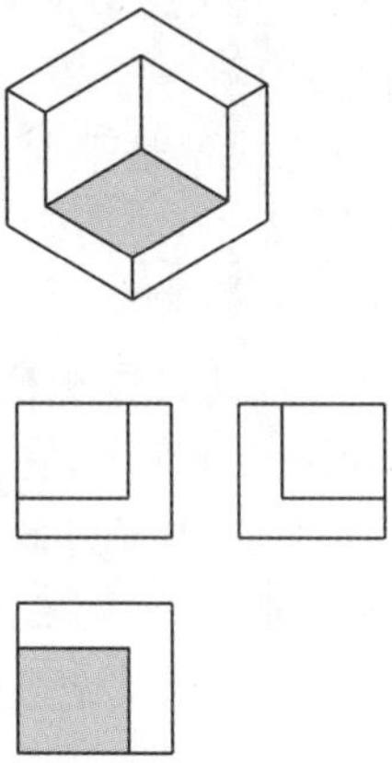	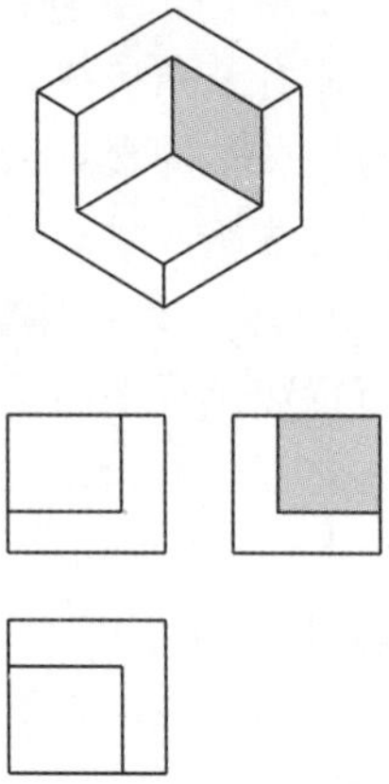
投影特性	（1）正面投影反映实形； （2）水平和侧面投影均积聚成直线，并分别平行于 OX、OZ 轴	（1）水平投影反映实形； （2）正面和侧面投影均积聚成直线，并分别平行于 OX、OY_W 轴	（1）侧面投影反映实形； （2）正面和水平投影均积聚成直线，并分别平行于 OZ、OY_H 轴

由表 2-5 可得以下投影面平行面的投影特性。

（1）在平行的投影面上的投影反映平面实形。

（2）在另两个投影面上的投影积聚为直线，且平行于相应的投影轴。

为便于记忆，各类位置平面的三面投影图特点可这样描述：一般位置平面为“三类似”；投影面垂直面为“一积聚，两类似”；投影面平行面为“一实形，两积聚”。

2.4.3　平面的迹线表示法

平面主要用几何元素表示,也可用迹线表示。

平面与投影面的交线,称为平面的迹线。迹线即在平面上,也在投影面上。迹线的符号用平面名称的大写字母附加投影面名称的注脚表示,如图 2-36(a)所示,平面 P 与 V、H、W 面的交线,分别称为平面 P 的正面迹线、水平迹线、侧面迹线,以 P_V、P_H、P_W 表示。由于迹线是投影面上的直线,它在该投影面上的投影与其自身重合,用粗实线表示,并标注上述符号;它在另外两个投影面上的投影,分别在相应的投影轴上,不需作任何表示和标注。图 2-36(b)是用迹线表示的平面 P。

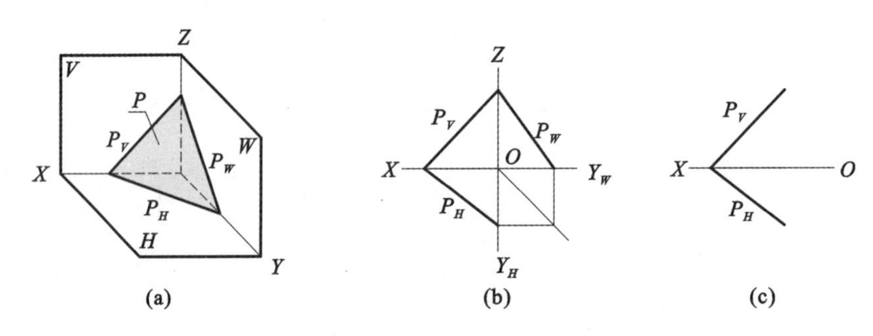

图 2-36　用迹线表示平面

(a)直观图　(b)投影图　(c)简化投影图

1. 一般位置平面的迹线表示法

由于图 2-36(a)所示的平面 P 对三个投影面都倾斜,所以平面 P 是一般位置平面。一般位置平面有三条迹线,它们都与投影轴倾斜,每两条迹线分别相交于相应的投影轴上,交点即平面与投影轴的交点。由于任意两条迹线都是平面上的一组相交直线,所以,一般位置平面可由任意两条迹线的投影来表示,如图 2-36(c)所示。

2. 特殊位置平面的迹线表示法

当特殊位置平面垂直于某个投影面,其投影积聚为一直线,平面在该投影面上的迹线也重合在此直线上。如图 2-37(a)所示的正垂面 P,它的正面迹线 P_V 重合在它 V 面有积聚性的直线上,图 2-37(b)为该平面的投影图。由于过此正面迹线 P_V 只能作一个平面垂直于该投影面,为简化作图,可用 P_V 表示该正垂面,如图 2-37(c)所示。因此,特殊位置平面可以用一条与其积聚性投影重合的迹线来表示,不画其余迹线。

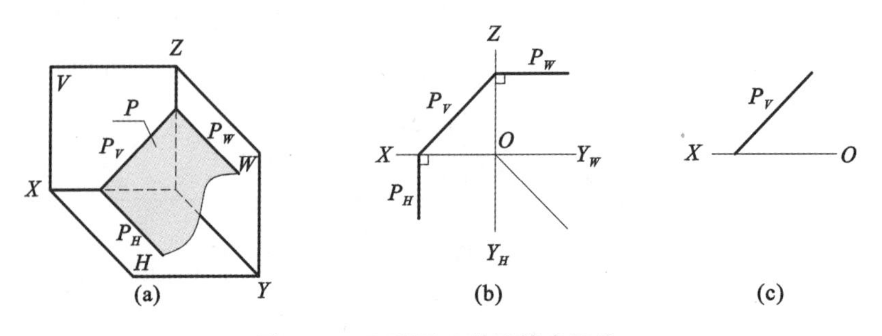

图 2-37　正垂面 P 的迹线表示法

(a)直观图　(b)投影图　(c)简化投影图

图 2-38 所示的是两投影面体系中其他几种特殊位置平面的迹线表示法。这种用有积聚

性的迹线表示特殊位置平面的方法在解题中经常使用。

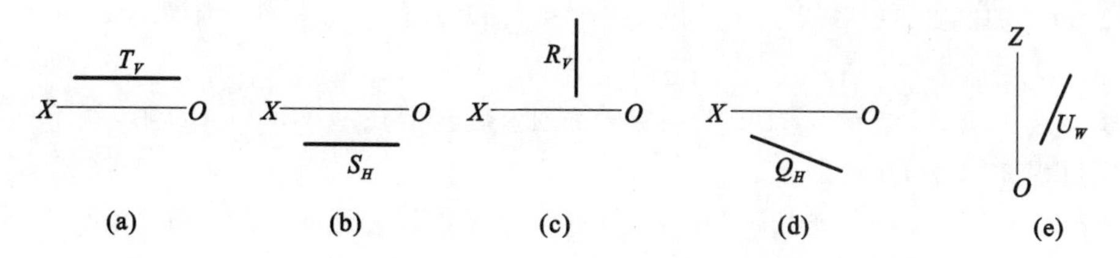

图 2-38　特殊位置平面的迹线表示法

(a)水平面 T　(b)正平面 S　(c)侧平面 R　(d)铅垂面 Q　(e)侧垂面 U

2.4.4　平面上的点和直线

1. 点和直线属于平面的几何条件

(1) 平面上的点必在平面的一条直线上。

(2) 平面上的直线必须经过平面上的两个点，或经过平面上的一个点，且平行于平面上的一条直线。

在图 2-39 中，因为点 D 在平面 ABC 的边 AB 上，故点 D 在平面 ABC 上；又因为点 E 在平面 ABC 的边 BC 上，而直线 $DF /\!/ BC$，所以，直线 DE 和 DF 在平面 ABC 上。

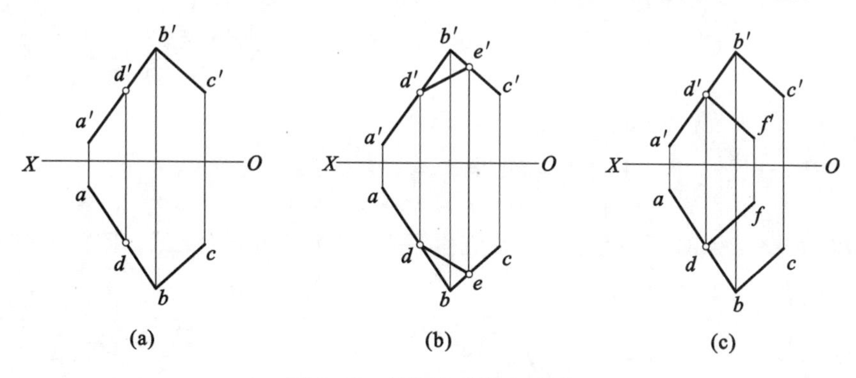

图 2-39　平面上的点和直线

(a)平面 ABC 上的点 D　(b)平面 ABC 上的直线 DE　(c)平面 ABC 上的直线 DF

2. 平面上的投影面平行线

平面上有无数条直线，其中有一些直线与投影面平行，这些直线称为平面上的投影面平行线。它们既在平面上，又符合投影面平行线的投影特性。如平面上的正平线、平面上的水平线等。

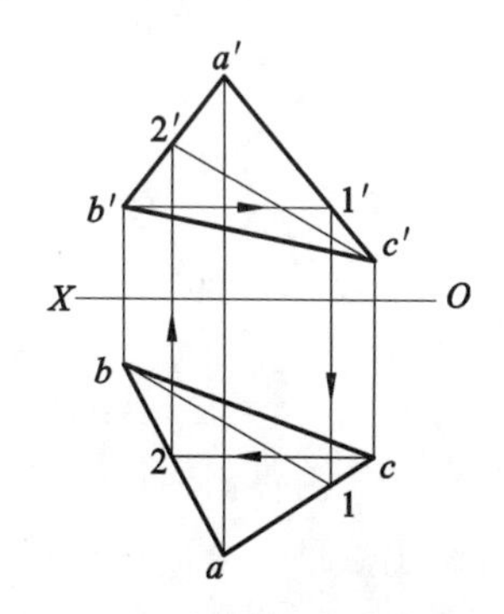

图 2-40　平面上的投影面平行线

如图 2-40 所示，在△ABC 上求作水平线和正平线。

(1) 过点 B 在平面上作一水平线 BⅠ：过 b' 作 $b'1' /\!/ OX$ 轴，与 $a'c'$ 交于 $1'$，再求出其水平投影 $b1$。

(2) 过点 C 在平面上作一正平线 CⅡ：过 c 作 $c2 /\!/ OX$ 轴，与 ab 交于 2，再求出其正面投影 $c'2'$。

注意：当平面的位置确定后，平面上的某个投影面平行线的方向是一定的，均相互平行。如图中△ABC 上的所有水平线均与 BⅠ平行，所有正平线均与 CⅡ平行。

3. 平面上的点和直线作图举例

例 2-11　如图 2-41(a)所示,已知△ABC 和点 D、E 的两面投影,判断点 D 和 E 是否在△ABC 上。

分析　若点 D、E 位于△ABC 的一条直线上,则它们在△ABC 上;否则,就不在△ABC 上。作图过程如图 2-41(b)所示。

作图　(1) 连接 $a'd'$ 并延长,交 $b'c'$ 于点 $1'$。过 $1'$ 作投影连线,与 bc 相交于点 1,连接 $a1$。因为 d 不在 $a1$ 上,所以点 D 不在直线 A Ⅰ 上,也不在△ABC 上。

(2) 连接 $a'e'$ 交 $b'c'$ 于点 $2'$,过 $2'$ 作投影连线,与 bc 相交于点 2,连接 $a2$ 并延长,由于 e 在 $a2$ 上,所以点 E 在 A Ⅱ 线上,故点 E 在△ABC 上。

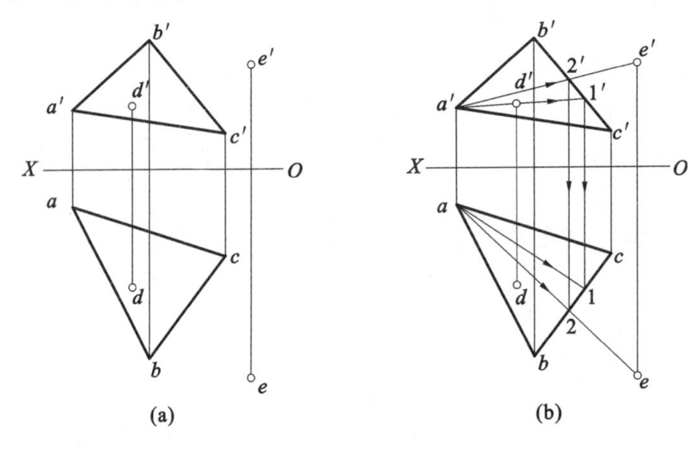

图 2-41　判断点 D、E 是否在△ABC 上

(a)已知条件　(b)解题过程

例 2-12　如图 2-42(a)所示,已知平面五边形的正面投影和水平投影,求作它的侧面投影。

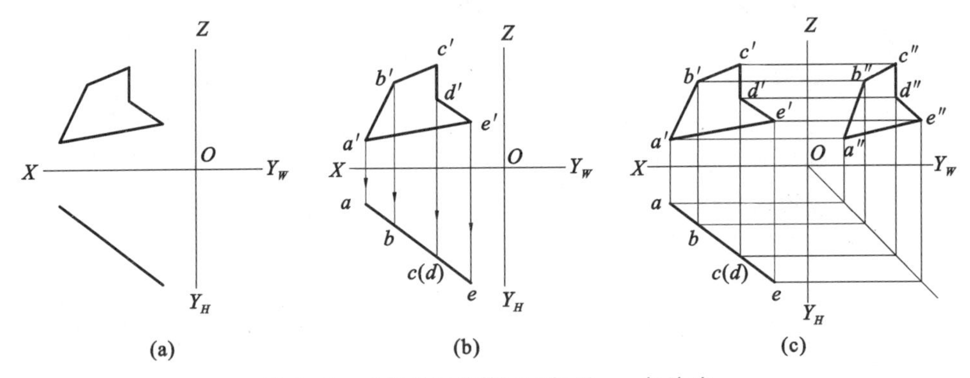

图 2-42　求作平面的第三面投影——标注法

(a)已知条件　(b)标注平面各顶点的两面投影　(c)求作平面的第三面投影

分析　由投影图可知,平面五边形是一个铅垂面,其投影图为"一积聚,两类似",它的侧面投影仍然是一个形状与正面投影相类似的五边形。

已知平面的两面投影,求其第三面投影,可简称为平面的"二补三"。由于平面多边形是由多个顶点连线而成的封闭线框,若能求出这些顶点的第三面投影,则按顺序连线后即为平面的第三面投影。基于这种思路,介绍一种作图方法——标注法,其步骤如下。

作图　(1) 在平面投影为封闭线框的投影面上,标注出线框各顶点。

如图 2-42(b)所示,五边形各个顶点的正面投影依次标注为 a'、b'、c'、d' 和 e'。

(2)根据点的投影特性,找出各顶点的另一投影。

如图2-42(b)所示,五边形的水平投影积聚为直线,所以各顶点的水平投影 a、b、c、d、e 均在此直线上。

(3)求作各顶点的第三面投影,并依次连接。

根据各顶点的两面投影,分别求出其侧面投影 a''、b''、c''、d''、e'',并依次连接,得到平面五边形的侧面投影,结果如图2-42(c)所示。

标注法将平面的"二补三"转换为点的"二求三",是一种行之有效的作图方法,在后续学习中经常用到,请读者理解并掌握。想一想:一般位置平面可否用此方法"二补三"?

例2-13　如图2-43(a)所示,补全带缺口 $EFGH$ 的平行四边形 $ABCD$ 的水平投影。

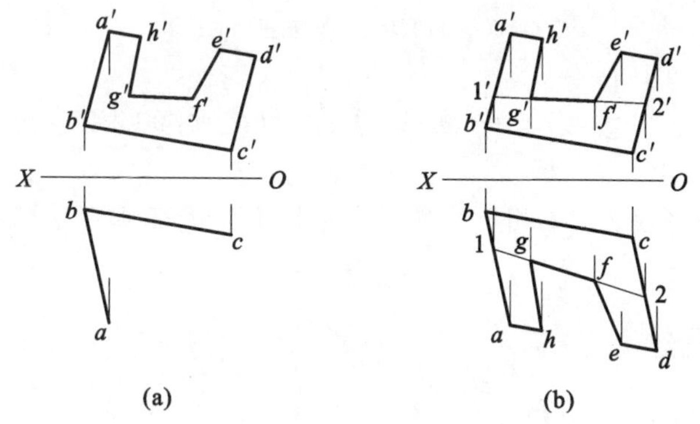

图2-43　补全带缺口的平行四边形 ABCD 的水平投影

(a)已知条件　(b)解题过程

分析　运用点、直线和平面的几何从属条件及两直线平行和相交的投影特性进行作图,作图过程如图2-43(b)所示。

作图　(1) 根据平行两直线的投影特性,作出平行四边形的水平投影 $abcd$,并在 ad 上求作 e、h。

(2) 延长 $f'g'$,分别交 $a'b'$ 于 $1'$,交 $c'd'$ 于 $2'$;在 ab 上求出点1,在 cd 上求出点2,连接1、2,并在12上求作 f、g。

(3) 连接各顶点,即得带缺口的平行四边形的水平投影。

2.4.5　圆的投影

根据圆与投影面的相对位置不同,其投影图有以下三种情况。

(1) 在与圆平面平行的投影面上的投影反映实形。

(2) 在与圆平面垂直的投影面上的投影积聚为一直线,长度等于圆的直径。

(3) 在与圆平面倾斜的投影面上的投影是椭圆。椭圆的长轴是圆上平行于该投影面的直径的投影,短轴是圆上与该直径垂直的直径的投影。

如图2-44(a)所示,圆心为 E 的水平圆,水平投影为圆的实形,正面投影和侧面投影积聚为直线,长度等于圆的直径,分别平行于 OX、OY_W 轴。

如图2-44(b)所示,圆心为 F 的正垂圆,其正面投影积聚为直线,长度等于圆的直径,与投影轴倾斜;其水平投影为椭圆,椭圆的长轴是圆上正垂位置的直径 AB 的水平投影,长度等于直径,短轴是圆上正平位置的直径 CD 的水平投影。作图时,可根据椭圆的长、短轴,利用四心圆法作近似椭圆。

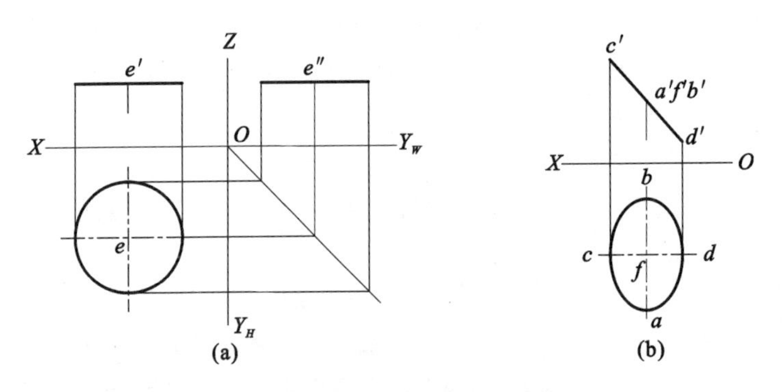

图 2-44 不同位置圆的投影图

(a)水平圆的投影 (b)正垂圆的投影

2.5 直线与平面及两平面之间的相对位置

直线与平面及两平面之间的相对位置可分为平行和相交,垂直是相交的特殊情况。本节分三个问题来讨论。

2.5.1 平行问题

1. 直线与平面平行

由几何定理可知:若一直线平行于平面上的某一直线,则该直线与平面平行。如图 2-45 所示,直线 $AB/\!/CD$,则 $AB/\!/\triangle CDE$。

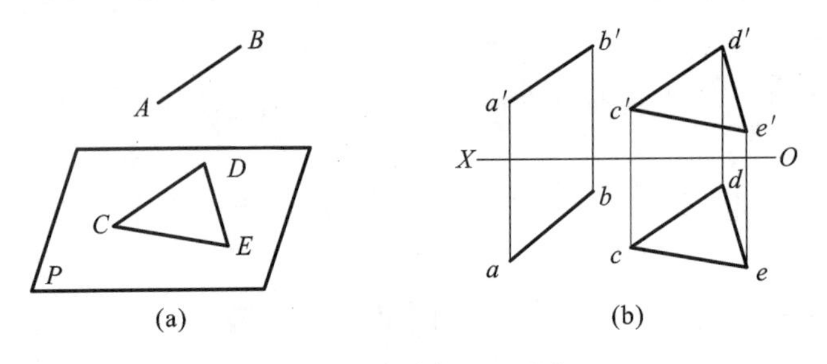

图 2-45 直线与平面平行

(a)直观图 (b)投影图

当直线与投影面垂直面平行,有以下两种情况。

(1) 直线也是同一投影面的垂直线,在这个投影面上的投影有积聚性。如图 2-46(a)所示,铅垂线 AB 平行于铅垂面 $MNKL$。

(2) 垂直面具有积聚性的投影必与直线的同面投影平行;反之,若投影面垂直面有积聚性的投影与直线的同面投影平行,则直线与平面平行。如图 2-46 所示,直线 CD 的水平投影 cd 平行于铅垂面 $MNKL$ 的水平投影 $mnkl$,则它们在空间相互平行。因为在这种情况下,总可以在 $m'n'k'l'$ 内作出一条直线与 $c'd'$ 平行。

例 2-14 如图 2-47(a)所示,已知直线 MN 的正面投影 $m'n'$ 和 m 及 $\triangle ABC$ 的两面投影,且 $MN/\!/\triangle ABC$,试补全直线 MN 的水平投影。

分析 因为直线 $MN/\!/\triangle ABC$,所以,$\triangle ABC$ 上必有一条直线与 MN 平行。作图过程如图 2-47(b)所示。

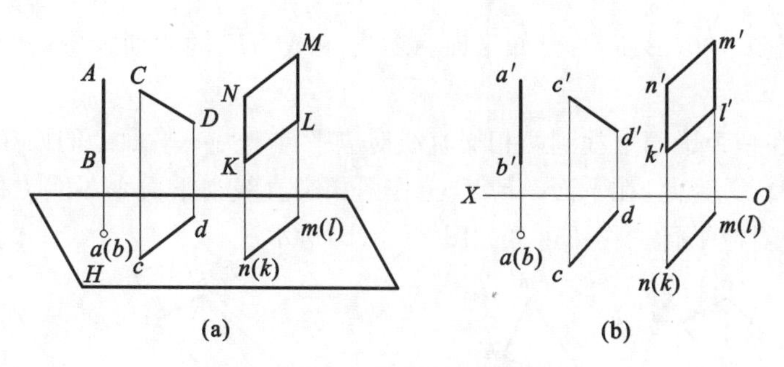

图 2-46　直线与投影面垂直面平行

(a)直观图　(b)投影图

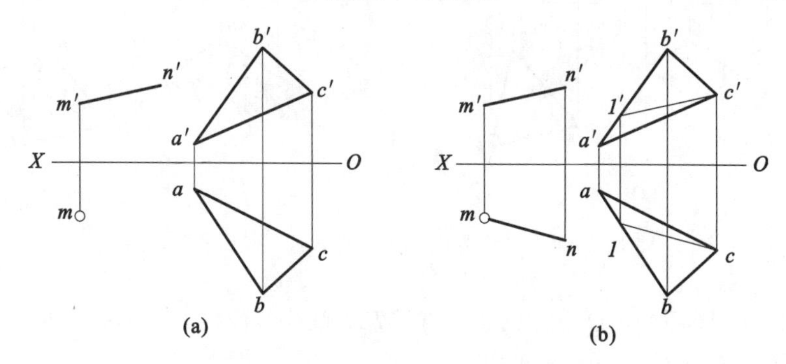

图 2-47　已知直线 $MN /\!/ \triangle ABC$，补全直线 MN 的投影

(a)已知条件　(b)解题过程

作图　(1)过 c' 作直线平行于 $m'n'$，交于 $a'b'$ 于 $1'$；过 $1'$ 作投影连线，交 ab 于 1，连接 $c1$。(2)过 m 作 $c1$ 的平行线，与过 n' 的投影连线交于 n，连接 mn 即为所求。

2. 两平面平行

由几何定理可知：若一平面上的两相交直线，对应地平行于另一平面上的两相交直线，则两平面平行。

如图 2-48 所示，两相交直线 AB、CD 和 MN、KL 分别组成平面 P 和 Q；因为直线 $AB /\!/ MN$，$CD /\!/ KL$，则平面 $P /\!/$ 平面 Q。

当两个相互平行的平面同时垂直于某一投影面时，它们在该投影面上有积聚性的投影也相互平行。如图 2-49 所示，两个铅垂面 ABC 和 DEF 相互平行，则它们的水平投影 abc 和 def 相互平行；反之，若两个平面有积聚性的同面投影相互平行，则这两个平面相互平行。

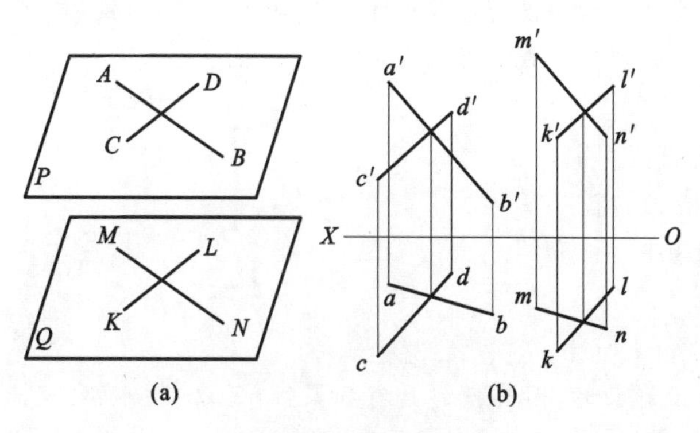

图 2-48　两平面平行

(a)直观图　(b)投影图

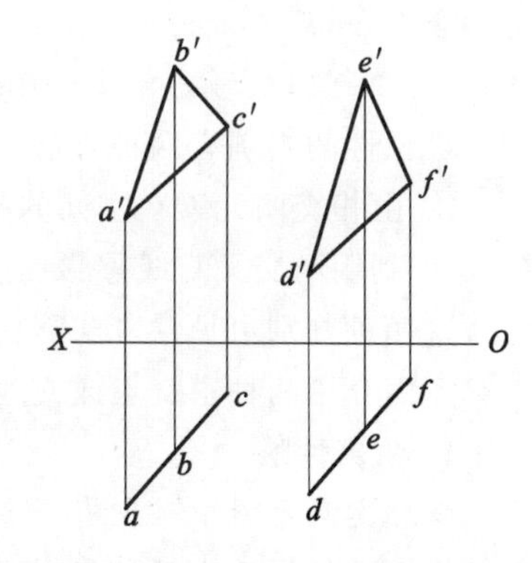

图 2-49　两铅垂面互相平行

例 2-15　如图 2-50(a)所示,已知平面 $ABCD$ 和 MNK 的两面投影,试判别两平面是否平行。

分析　若能在一个平面上找到两相交直线对应平行于另一平面上的两相交直线,则两平面平行,否则不平行。为此,在平面 $ABCD$ 上作两相交直线与平面 MNK 上的两相交直线去判别,看它们是否对应平行。作图过程如图 2-50(b)所示。

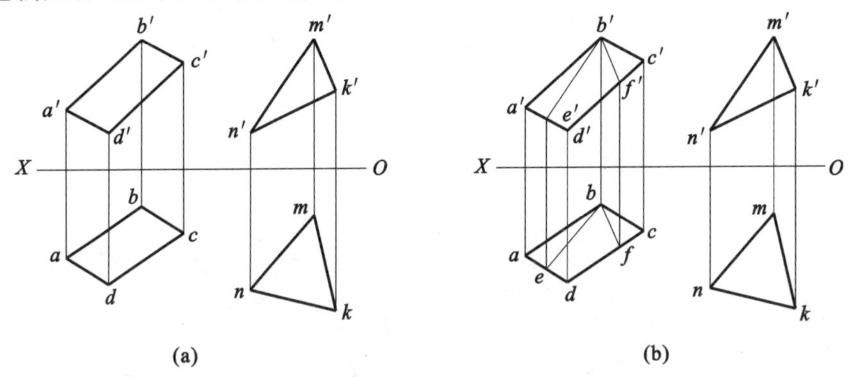

图 2-50　判断平面 $ABCD$ 与 KMN 是否平行

(a)已知条件　(b)解题过程

作图　(1) 在平面 $ABCD$ 上作两相交直线 BE 和 BF,使得 $b'e' /\!/ m'n'$,$b'f' /\!/ m'k'$。

(2) 分别作投影连线,求得 be 和 bf。

(3) 由于 $be /\!/ mn$,而 bf 不平行 mk,可知直线 $BE /\!/ MN$,BF 不平行 MK,所以 BE、BF 与 MN、MK 这两组相交直线不对应平行,故两平面不平行。

2.5.2　相交问题

若直线与平面不平行,则必相交,交点是直线与平面的共有点,既在直线上,也在平面上。

若两平面不平行,也必相交,交线是两平面的共有线,既在甲平面上,也在乙平面上。由于两平面的交线为一直线,因此,可以通过求出交线上的两个点后连线而得。

在投影图中,两元素相交需要解决以下两个问题。

(1) 求出交点或交线的投影。

(2) 判别相交两元素投影重合处的可见性。

注意:当相交两元素(或其之一)在某个投影面上有积聚性时,则在该投影面上它们的投影不会重合,故不必判别可见性;而在相交两元素都没有积聚性的投影面上,它们的投影会重合,则需要判别投影重合处的可见性,可见性以交点或交线为分界。

可见性的判别有两种方法。

① 由相交两元素在空间的相对位置直接判别。

② 利用两交叉直线重影点的可见性去判别。

这两种判别可见性方法将在下述例题中具体介绍。

下面介绍两种求交点或交线的方法。

1. 积聚性法

当相交两元素中至少有一个垂直于投影面时,因其投影具有积聚性,可以直接确定交点或交线在该投影面上的投影,再利用直线上取点或平面上取点、取线的作图方法,求出交点或交线的其他投影。

1）一般位置直线与投影面垂直面相交

例 2-16　如图 2-51(b)所示，求作一般位置直线 AB 和铅垂面 $STUV$ 的交点，并判别可见性。

分析　如图 2-51(a)所示，由于相交两元素中平面是铅垂面，可利用积聚性法求交点，然后判别可见性。作图过程如图 2-51(c)所示。

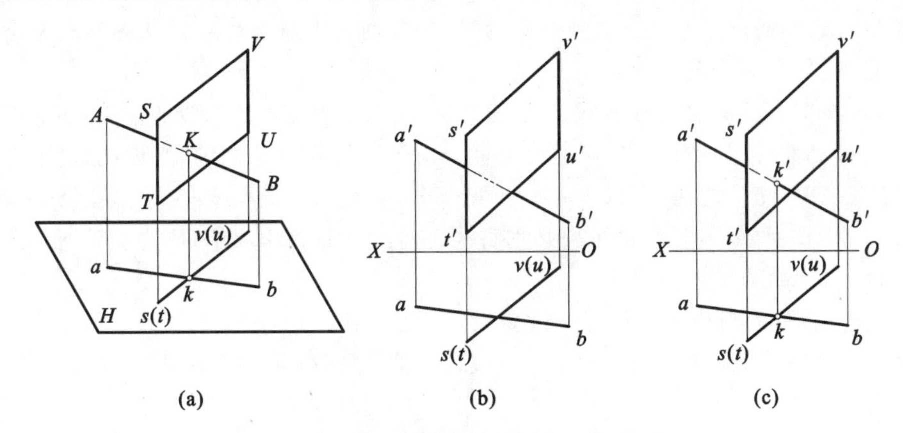

图 2-51　一般位置直线与投影面垂直面相交

(a)直观图　(b)已知条件　(c)解题过程

作图　(1) 求交点 K 的投影。因为铅垂面的水平投影有积聚性，则交点的水平投影既在平面积聚为直线的水平投影上，又在直线 ab 上，即为 ab 与 $stuv$ 的交点 k，再利用直线上取点求其正面投影 k'。

(2) 判别可见性。由前所述，本例只需判别正面投影重合处的可见性。由于水平投影可反映相交两元素在空间的前后相对位置，因此可直接进行判别。以交点 K 为分界，直线 AB 右方 BK 段在铅垂面 $STUV$ 之前，因此，$k'b'$ 为可见部分，直线另一侧与 $s't'u'v'$ 重合部分为不可见。作图结果如图 2-51(c)所示。

2）投影面垂直线与一般位置平面相交

例 2-17　如图 2-52(b)所示，求作铅垂线 MN 和一般位置平面 ABC 的交点，并判别可见性。

分析　如图 2-52(a)所示，由于相交两元素中直线是铅垂线，可利用积聚性法求交点，然后判别可见性。作图过程如图 2-52(c)所示。

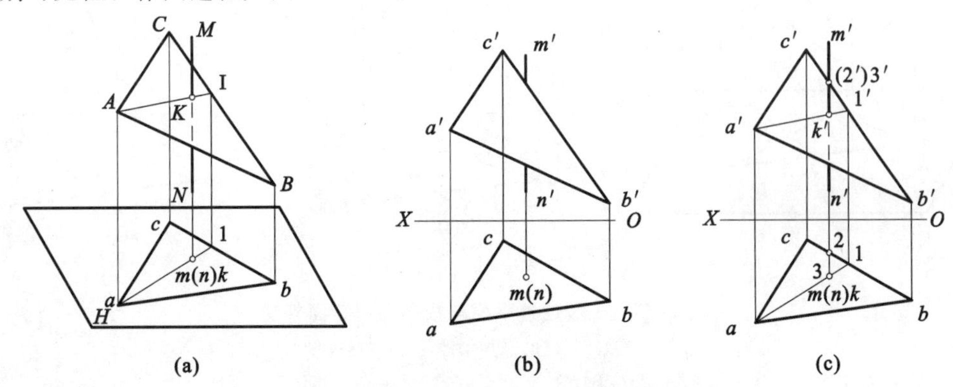

图 2-52　投影面垂直线与一般位置平面相交

(a)直观图　(b)已知条件　(c)解题过程

作图　(1) 求交点 K 的投影。铅垂线的水平投影有积聚性，交点的水平投影 k 与 $m(n)$

重合,然后利用平面上取点求其正面投影 k'。

(2) 判别可见性。本例水平投影不必判别可见性,但正面投影的可见性难以由它们在空间的相对位置直接判别,可利用重影点的可见性去判别。方法如下:

若要判别某个投影面上相交两元素投影重合处的可见性,对于线面相交,可在该投影面上选择直线与平面上某条边交叉所形成的重影点;对于面面相交,可在该投影面上选择甲平面上某条边与乙平面上某条边交叉所形成的重影点,利用重影点的可见性去判别整个投影重合处的可见性。

为此,可在 V 面上选择直线 MN 与平面 ABC 的 BC 边交叉所形成的重影点Ⅲ和Ⅱ,通过判别它们的可见性,来判别正面投影的可见性。由于点Ⅲ在点Ⅱ之前,则说明以交点 K 为分界点,KM 在平面 ABC 之前,所以 $k'm'$ 为可见部分,直线另一侧与 $a'b'c'$ 重合部分为不可见。结果如图 2-52(c)所示。当然,也可去判别直线 MN 与平面 ABC 的 AB 边交叉所形成的重影点的可见性,得到的结果是相同的。

3) 一般位置平面与投影面垂直面相交

例 2-18 如图 2-53(b)所示,求作一般位置平面 ABC 和铅垂面 $STUV$ 的交线,并判别可见性。

分析 如图 2-53(a)所示,由于相交两平面中有一个是铅垂面,可利用积聚性法求交线,然后判别可见性。作图过程如图 2-53(c)所示。

作图 (1) 求交线 KL 的投影。由于铅垂面的水平投影有积聚性,可先确定交线的水平投影 kl,点 k 和 l 即为平面 ABC 上直线 AB 和 BC 与铅垂面 $STUV$ 交点的水平投影,再利用直线上取点求其正面投影 $k'l'$。

(2) 判别可见性:本例只需判别正面投影重合处的可见性。由于从水平投影可反映相交两元素在空间的前后相对位置,因此可直接进行判别,以交线 KL 为分界,平面 ABC 中 KBL 部分在平面 $STUV$ 之前,则正面投影中 $k'b'l'$ 部分为可见,平面 $STUV$ 的相应部分为不可见,交线另一侧情况则相反。结果如图 2-53(c)所示。

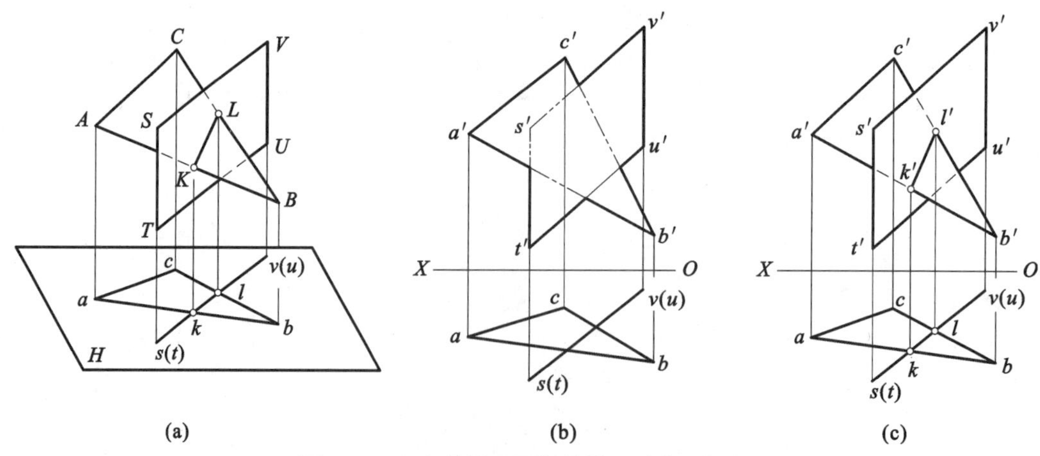

图 2-53 一般位置平面与投影面垂直面相交

(a)直观图 (b)已知条件 (c)解题过程

4) 垂直于同一投影面的两平面相交

若两个相交平面同时垂直于同一投影面,则交线必是这个投影面的垂直线。

例 2-19 如图 2-54(b)所示,求作两铅垂面 ABC 和 DEF 的交线,并判别可见性。

分析　如图2-54(a)所示,由于相交两平面都是铅垂面,可利用积聚性法求交线,然后判别可见性。作图过程如图2-54(c)所示。

作图　(1) 求交线 KL 的投影。如图2-54(a)所示,两铅垂面的交线 KL 为铅垂线。在图2-54(c)中,两铅垂面水平投影有积聚性,它们的水平投影相交于一点,即为交线 KL 的水平投影。根据铅垂线的投影特性,求出其正面投影 $k'l'$。

(2) 判别可见性:本例只需判别正面投影重合处的可见性。从水平投影可知,以交线 KL 为分界,平面 DEF 中的 DKL 部分在平面 ABC 之前,则正面投影中 $d'k'l'$ 部分为可见,其余结果以此类推。结果如图2-54(c)所示。

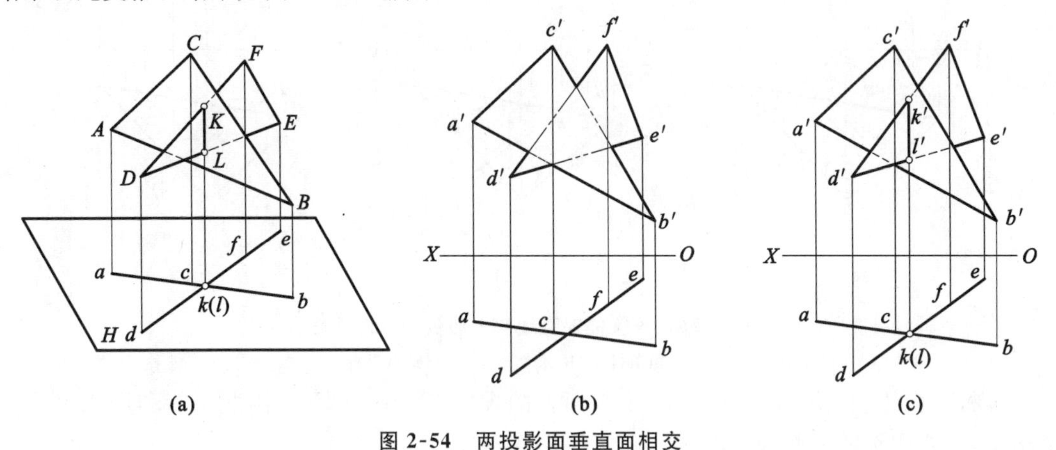

图2-54　两投影面垂直面相交

(a)直观图　(b)已知条件　(c)解题过程

由此可见,判别相交两元素在某个投影面上投影重合处的可见性时,若它们的空间相对位置明显,则直接判别;否则可利用重影点的可见性来判别,其结果是一样的。

2. 辅助平面法

当相交两元素在投影面上都没有积聚性时,则不能用积聚性法求交点或交线。这时,可利用辅助平面法进行求解。即可以增加一个有积聚性的辅助平面,完成两一般位置元素相交时交点或交线的求作。

如图2-55所示,一般位置直线 DE 与一般位置平面 ABC 相交,交点为 K,过点 K 可在平面 ABC 上可作无数条直线(MN 为其中的一条直线),而这些直线都能与直线 DE 构成一平面,该平面称为辅助平面,如图由 DE 与 MN 构成的辅助 P 平面。辅助平面 P 与已知平面 ABC 的交线即为 MN,该交线 MN 与 DE 的交点即为点 K。

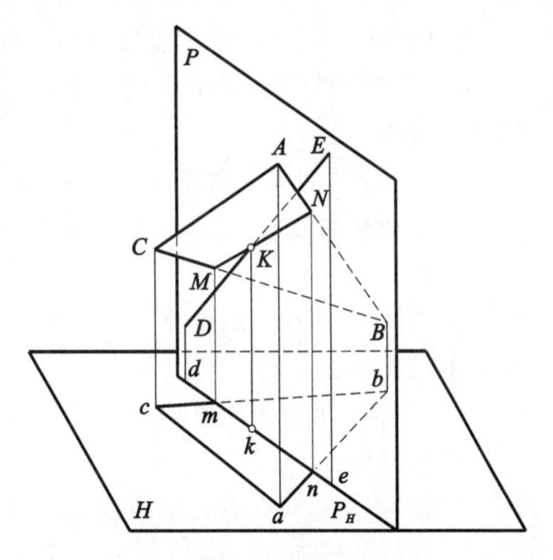

图2-55　用辅助平面法求交点

综上所述,可归纳出求作一般位置直线与一般位置平面交点的三个步骤。

(1) 包含已知直线作一辅助平面。为作图方便,一般作辅助平面垂直于某一投影面,并采用迹线表示法表示(如包含 DE 作一铅垂的辅助平面 P,以 P_H 表示)。

(2) 求出该辅助平面与已知平面的交线(如求出 P 面与平面 ABC 的交线 MN)。

(3) 求出该交线与已知直线的交点,即为已知直线与已知平面的交点(如求出 DE 与 MN

的交点 K,即为 DE 与平面 ABC 的交点)。

1) 一般位置直线与一般位置平面相交

例 2-20　如图 2-56(a)所示,求作一般位置直线 AB 和△ABC 的交点,并判别可见性。

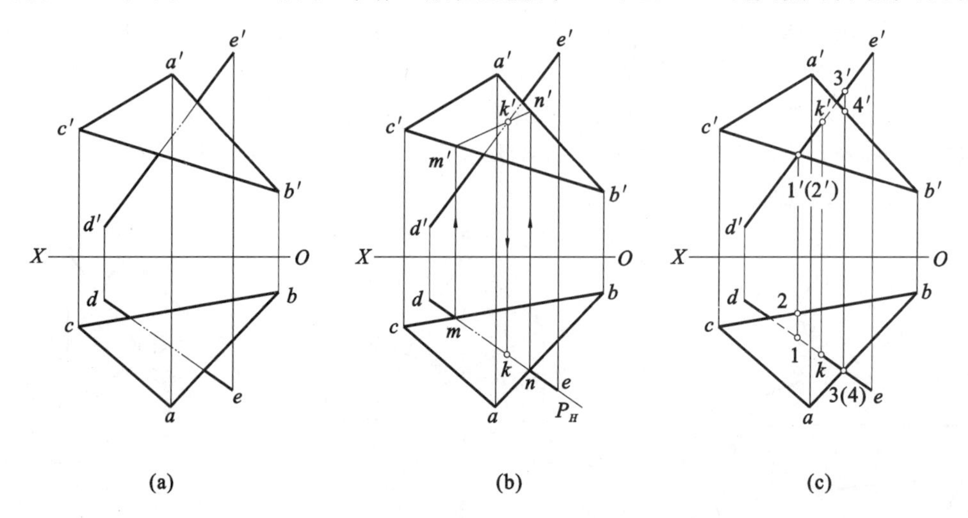

图 2-56　一般位置直线与一般位置平面相交

(a)已知条件　(b)求交点　(c)判别可见性

分析　由于相交两元素在 V、H 投影面上的投影都没有积聚性,因此不能利用积聚性法求交点,需要用辅助平面法去求作。

作图　(1) 求交点 K 的投影。如图 2-56(b)所示。

① 包含已知直线 DE 作辅助铅垂面 P,P_H与 de 重合。

② 求作△ABC 与铅垂面 P 的交线 MN。由于铅垂面的水平投影有积聚性,利用积聚性法,先确定交线 MN 的水平投影 mn,再作投影连线求出 $m'n'$。

③ 求作直线 MN 与 DE 的交点 K。首先在 V 面上求出 $m'n'$与 $d'e'$的交点 k',再作投影连线求得 k。

(2) 判别可见性。如图 2-56(c)所示。

由于相交两元素在 V、H 投影面上都没有积聚性,故要分别判别正面投影和水平面投影的可见性。

① 判别正面投影的可见性。在 V 面上找出重影点Ⅰ、Ⅱ,通过重影点的可见性来判别正面投影可见性。

② 判别水平投影的可见性。在 H 面上找出重影点Ⅲ、Ⅳ,通过重影点的可见性来判别水平投影可见性。

注意:本题也可包含已知直线 DE 作辅助正垂面(假设为 Q),使 Q_V与 $d'e'$重合,作图过程请读者自行分析理解,得到的作图结果是一样的。

2) 两个一般位置平面相交

例 2-21　如图 2-57(a)所示,求作两个一般位置平面△ABC 与四边形 $DEFG$ 的交线,并判别可见性。

分析　选取四边形 $DEFG$ 的两条边 DE 和 FG,分别作出它们与△ABC 的交点,连接后即为所求的交线。

作图　(1) 求交线 KL 的投影,如图 2-57(b)所示。

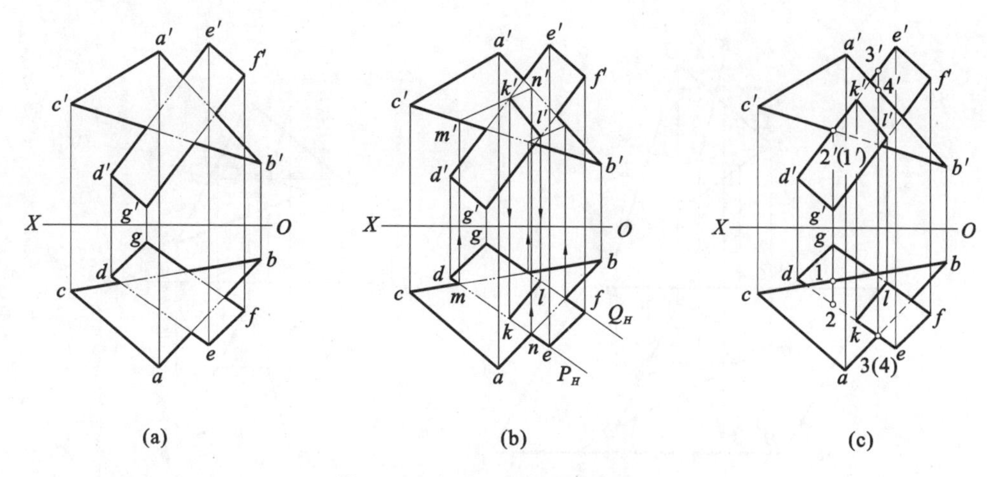

图 2-57　两个一般位置平面相交

(a)已知条件　(b)求交线　(c)判别可见性

① 包含四边形 $DEFG$ 的两条边 DE 和 FG 分别作辅助铅垂面 P 和 Q，P_H 与 de 重合，Q_H 与 fg 重合。

② 利用辅助平面法分别求出直线 DE、FG 与 $\triangle ABC$ 的交点 $K(k',k)$ 和 $L(l',l)$。

③ 连线 kl 和 $k'l'$ 即为所求交线 KL 的两面投影。

(2) 判别可见性，如图 2-57(c)所示，由于两个一般位置平面在 V、H 投影面上都没有积聚性，故要分别判别正面投影和水平投影的可见性。方法同例 2-20。

同理，本题也可包含已知直线 DE 和 FG 作辅助正垂面(假设为 R 和 S)，使 R_V 与 $d'e'$ 重合，S_V 与 $f'g'$ 重合，作图过程请读者自行分析理解，得到的作图结果是一样的。

2.5.3　垂直问题

本节讨论直线与平面以及两平面垂直的问题。

1. 直线与平面垂直

由几何定理可知：直线与平面垂直，则直线垂直于平面上所有直线(过垂足或不过垂足)。反之，直线与平面上的任意两条相交直线垂直，则直线与该平面垂直。

如图 2-58 所示，AB、CD 为平面 P 上两条相交直线，交点为 L，若直线 $KL\perp$平面 P(垂足为 L)，则 KL 垂直于平面 P 上的任意直线，包括过垂足 L 的直线 AB、CD 和不过垂足的直线 EF。反之，若 KL 垂直于平面 P 上两条相交直线 AB 和 CD，则 $KL\perp$平面 P。

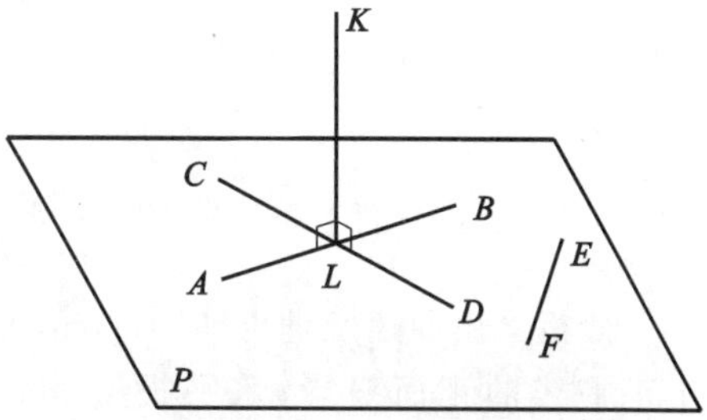

图 2-58　直线与平面垂直的几何条件

在图 2-59 中，直线 KL 垂直于$\triangle ABC$，垂足为 L，则直线 KL 垂直于该平面内的所有直线，其中包括平面内的投影面平行线。如在$\triangle ABC$ 上过 L 点作水平线 AD 和正平线 EF，则 KL 分别垂直于 AD 和 EF，由直角投影定理可知，$kl\perp ad$，$k'l'\perp e'f'$。

由上述分析可归纳出下面的定理。

若一直线垂直于一平面，则该直线的正面投影必垂直于该平面上正平线的正面投影；直线的水平投影必垂直于该平面上水平线的水平投影。反之，若直线的正面投影、水平投影分

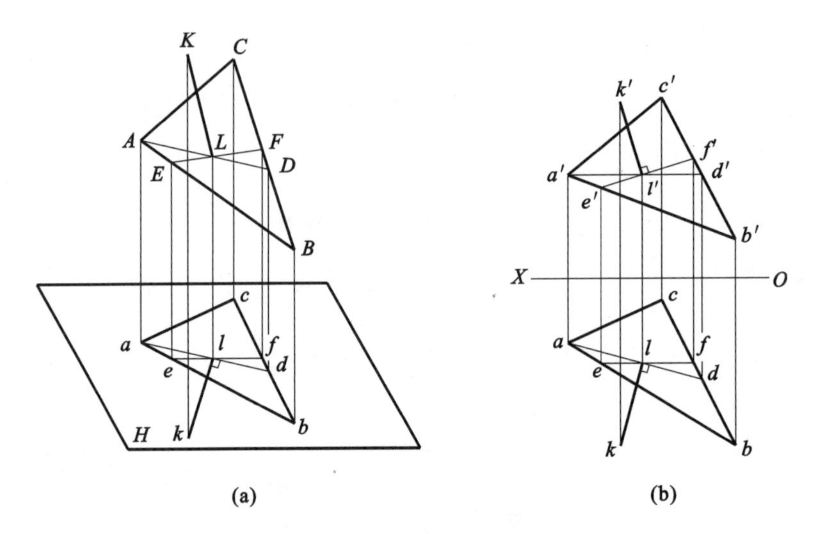

图 2-59　直线与平面垂直

(a)直观图　(b)投影图

别垂直于平面上正平线的正面投影和水平线的水平投影，则直线必垂直于该平面。

1）直线与一般位置平面垂直

例 2-22　如图 2-60(a)所示，试过点 M 作直线 MN 垂直于△ABC。

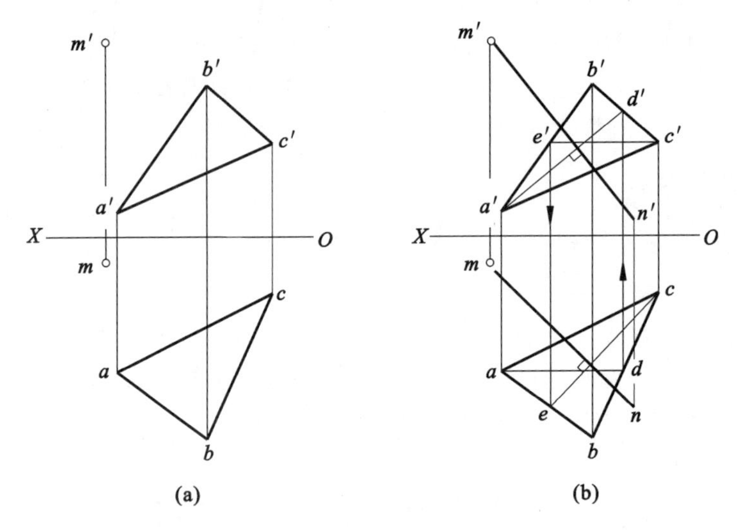

图 2-60　求作过点 M 垂直于△ABC 的直线 MN

(a)已知条件　(b)解题过程

分析　由前述定理可知，直线 MN 垂直于△ABC，则 MN 的正面投影 $m'n'$ 垂直于△ABC 上正平线的正面投影；水平投影 mn 垂直于△ABC 上水平线的水平投影。为此，先作出△ABC 上的正平线和水平线，就可以确定垂线 MN 的正面投影和水平投影的方向。作图过程如图 2-60(b)所示。

作图　(1) 作△ABC 上的正平线 AD。

过点 a 作直线平行于 OX 轴，交 bc 于 d，由点 d 作投影连线交 $b'c'$ 于 d'，连接 $a'd'$。

(2) 作△ABC 上的水平线 CE。

过点 c' 作直线平行于 OX 轴，交 $a'b'$ 于 e'，由点 e' 作投影连线交 ab 于 e，连接 ce。

(3)过m'作$m'n'$垂直于$a'd'$,过m作mn垂直于ce,即得MN的两面投影(N点的位置自定)。

注意,$m'n'\perp a'd'$,$mn\perp ce$都只是确定$m'n'$和mn的方向。一般情况下,空间直线MN并不与直线AD或CE相交。此时若要求M点到$\triangle ABC$的距离,则还需求出MN与$\triangle ABC$的交点(即垂足,假设为点K),再求出MK的实长即可。

2) 直线与投影面垂直面垂直

例2-23 如图2-61(a)所示,求点A到铅垂面$\triangle DEF$的距离。

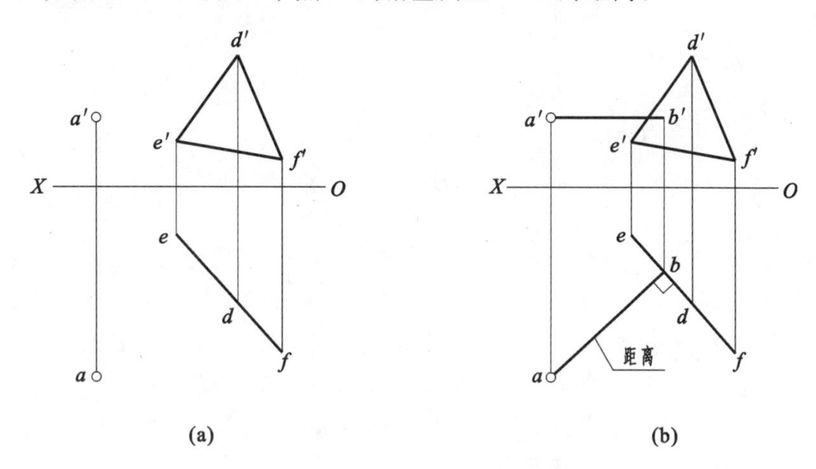

图2-61 求点A到$\triangle DEF$的距离

(a)已知条件 (b)解题过程

分析 从点A作$\triangle DEF$的垂线,求出垂足B,则AB的实长即为点A到$\triangle DEF$的距离。因为$\triangle DEF$是铅垂面,所以它的垂线AB为水平线,且两者的水平投影相互垂直,即$ab\perp edf$。作图过程如图2-61(b)所示。

作图 (1)过a向edf作垂线,交edf于b。由于edf有积聚性,故点B即为垂足,b为垂足B的水平投影。

(2)由b作投影连线,由a'作直线平行于OX轴,两线交点即为b'。

因为垂线AB为水平线,所以ab反映AB的实长,即为点A到$\triangle DEF$的距离。

由此可知,当直线与某个投影面的垂直面垂直时,则此直线为该投影面的平行线,且直线在这个投影面上的投影垂直于投影面垂直面有积聚性的同面投影。

2. 两平面垂直

由几何定理可知:如直线垂直一平面,则包含这条直线的所有平面都垂直于该平面。反之,如两平面垂直,则从甲平面的任一点向乙平面所作的垂线,必在甲平面内。

如图2-62所示,直线AE垂直于P面,则包含AE的Q面和R面都垂直P面。如在Q面上取一点B向P面作垂线BF,则BF必定在Q面内。

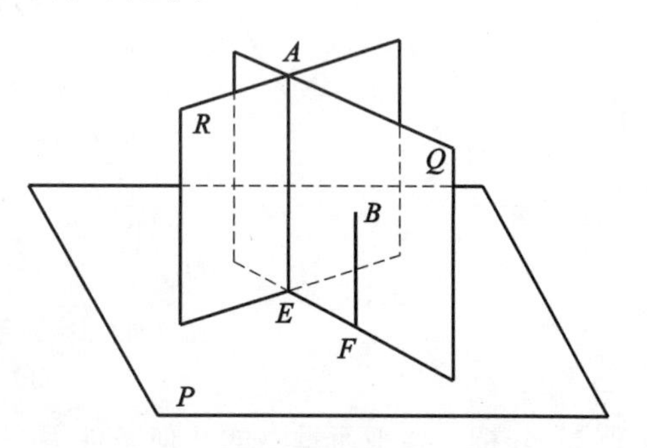

图2-62 两平面垂直的几何条件

1) 两个一般位置平面的垂直

例2-24 如图2-63(a)所示,已知一般位置平面$\triangle DEF$和$\triangle ABC$的两面投影,判断$\triangle DEF$是否垂直于$\triangle ABC$。

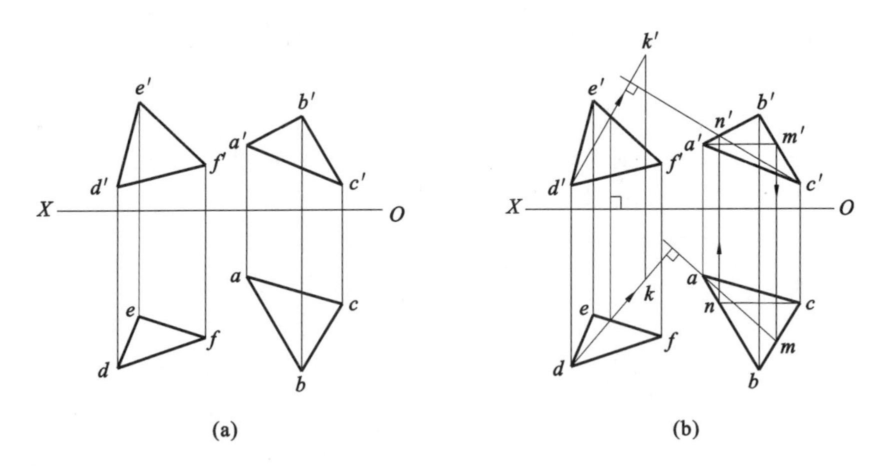

图 2-63 判断△DEF 是否垂直于△ABC

(a)已知条件 (b)解题过程

分析 根据两平面垂直的判定条件可知,如果△DEF 上包含一条△ABC 的垂线,则两平面垂直。所以,两平面垂直的判定实质上是直线与平面垂直的判定。为此,在△DEF 上过某个点作一条△ABC 的垂线,然后看此垂线是否在△DEF 上。作图过程如图 2-63(b)所示。

作图 (1)在△ABC 上分别作一条水平线 AM 和一条正平线 CN。

(2)过△DEF 上的点 D 作△ABC 的垂线 DK,即使 $d'k' \perp c'n'$,$dk \perp am$。

(3)判断垂线 DK 是否在△DEF 上。

因为垂线 DK 的两面投影分别与 ef 和 $e'f'$ 相交,且两交点的投影连线垂直于 OX 轴,所以,垂线 DK 在△DEF 上,故△$DEF \perp$△ABC。

2) 一般位置平面与投影面垂直面的垂直

例 2-25 如图 2-64(a)所示,已知一般位置平面 ABC 和铅垂面 DEF 的两面投影,判断两平面是否垂直。

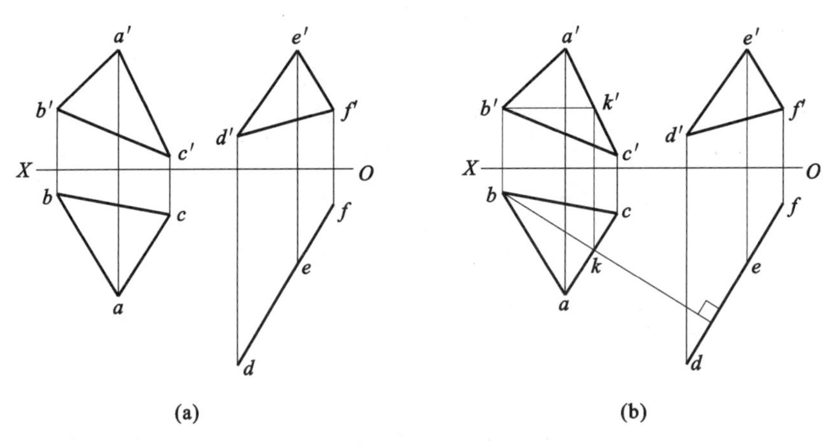

图 2-64 判断平面 ABC 是否垂直于平面 DEF

(a)已知条件 (b) 解题过程

分析 两平面垂直的几何条件为:一个平面包含另一个平面的垂线。与铅垂面垂直的直线是水平线。如果平面 ABC 上的水平线与平面 DEF 垂直,则两平面垂直,否则不垂直。作图过程如图 2-64(b)所示。

作图 (1) 在平面 ABC 上过点 B 作水平线 BK 的两面投影 $b'k'$ 和 bk。

(2) 延长 bk 与 def 相交，测量它们的夹角为直角，即 $bk \perp def$，所以直线 $BK \perp$ 平面 DEF。由于平面 ABC 内有一条直线 BK 垂直于平面 DEF，所以两平面垂直。

3) 两个特殊位置平面的垂直

当垂直于同一投影面的两平面互相垂直时，它们的有积聚性的同面投影也互相垂直。反之，亦成立。

如图 2-65 所示，两铅垂面 ABC 与 EDF 在水平面上的积聚性投影互相垂直，所以平面 ABC 与平面 EDF 垂直。

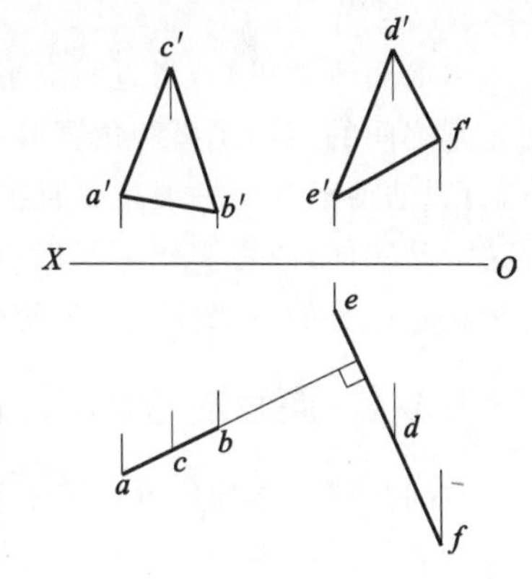

图 2-65　两铅垂面垂直

例 2-26　如图 2-66(a)所示，求点 C 到直线 AB 的距离。

分析　从点 C 作直线 AB 的垂线，并求出垂足 D，则 CD 的实长即为点 C 到直线 AB 的距离。为了求出点 D，可过点 C 作一平面垂直于直线 AB，求出该平面与直线 AB 的交点，即为垂足 D。最后，求出 CD 的实长。作图过程如图 2-66(b)所示。

作图　(1) 过点 C 作一平面垂直于直线 AB。

分别过点 C 作正平线 CM 和水平线 CN，使得 $c'm' \perp a'b'$，$cn \perp ab$。则平面 MCN 垂直于直线 AB。

(2) 求平面 MCN 与直线 AB 的交点 D。

利用辅助平面法，包含直线 AB 作辅助铅垂面 P（P_H 与 ab 重合），求出直线 AB 与平面 MCN 的交点，即为垂足 D。

(3) 求 CD 的实长。

连接 cd 和 $c'd'$，得到 CD 的两面投影。由于 CD 为一般位置直线，利用直角三角形法，求出 CD 的实长，即为点 C 到直线 AB 的距离。

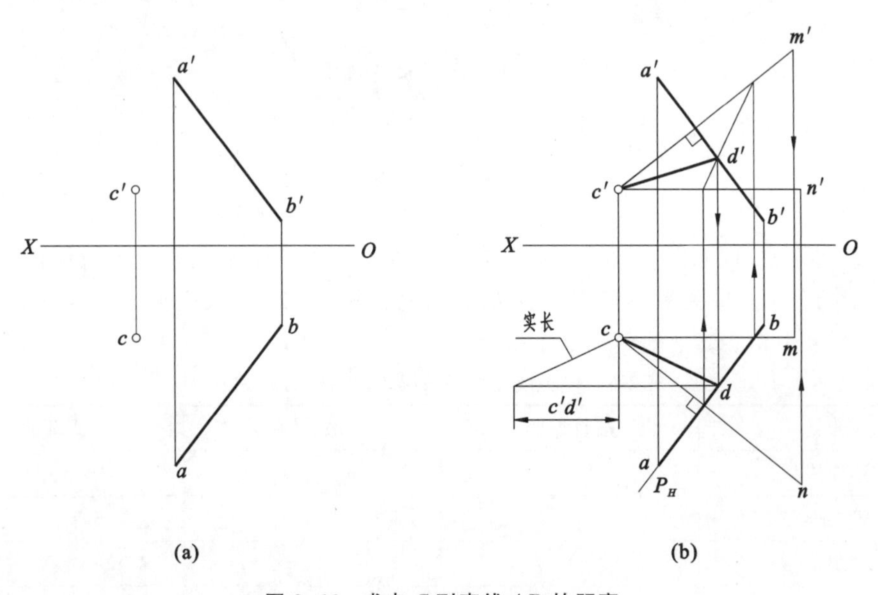

图 2-66　求点 C 到直线 AB 的距离

(a)已知条件　(b) 解题过程

2.6　投影变换

由前面所学可知,当直线或平面处于一般位置时,投影既不反映其实际形状,也不能反映两元素之间的实际距离和角度等,因此,当几何元素在投影面体系中处于不利于解题的位置时,可设法使已知的一般位置直线或平面,变换成某种特殊位置的直线或平面,以便于更好地表达空间物体,或者简化某些定位和度量问题,这种将几何元素与投影面的相对位置变换成有利解题位置的方法称为投影变换。下面介绍一种最常用的投影变换——换面法。

2.6.1　换面法的基本知识

空间几何元素的位置保持不变,用一个新的投影面替换原来的某个投影面,使几何元素在新投影面体系中处于有利于解题的位置,然后求出其在新投影面上的投影。这种投影变换方法称为变换投影面法,简称换面法。

如图 2-67 所示,在 V/H 投影面体系中,一般位置直线 AB 的投影不反映实长和倾角。现以 V_1 面替换 V 面(V_1 面 $\perp H$ 面,$V_1 /\!/ AB$),则 V_1/H 称为新投影面体系,V_1 面与 H 面的交线 X_1 称为新投影轴。在新投影面体系中,因为 AB 平行于 V_1 面,则 AB 在 V_1 面的新投影 $a_1'b_1'$ 直接反映直线 AB 的实长和对 H 面的倾角 α。

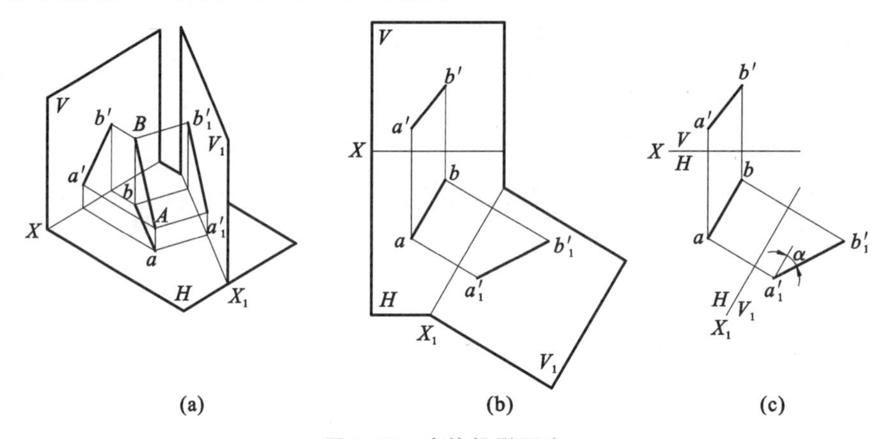

图 2-67　变换投影面法

(a)直观图　(b)投影面展开后　(c)投影图

为了叙述方便,现以图 2-67 为例,将新投影面体系 V_1/H 和被替换的投影面体系 V/H 中相关要素的名称对应关系在表 2-6 中列出。注意,若以 H_1 面替换 H 面,形成 V/H_1 新投影面体系,则表中相关要素的名称要作相应改变。

表 2-6　一次换面中相关要素的名称对应关系

项目	被替换的	保留的	新的
投影面体系	V/H	—	V_1/H
投影面	V	H	V_1
投影轴	X	—	X_1
投影	$a'b'$	ab	$a_1'b_1'$

注:一次换面时,新投影面、新投影轴和新投影应表示为被替换部分的对应字母加下标“1”;二次换面时则加下标“2”,以此类推。

显然，新的投影面选择应符合以下两个条件。

(1) 新投影面必须垂直于保留的投影面，并与它组成一个新的两投影面体系。

(2) 几何元素在新投影面体系中必须处于有利于解题的特殊位置。

2.6.2　点的换面

1. 点的一次变换

点是最基本的几何元素，因此，首先从点的换面来研究换面法的投影规律。下面以变换 V 面为例，变换 H 面的情况请读者自行分析。

在图 2-68(a)中，已知空间点 A 在 V/H 投影面体系中的投影 a' 和 a，现以 V_1 面替换 V 面，$V_1 \perp H$，则在新投影面体系 V_1/H 中，点 A 的两面投影分别为 V_1 面的投影 a_1'（新投影）和 H 面的投影 a（保留投影）。将 V_1 面绕 X_1 轴（新投影轴）旋转，展开至与 H 面共面，得到点 A 新的两面投影图，如图 2-68(b)所示。

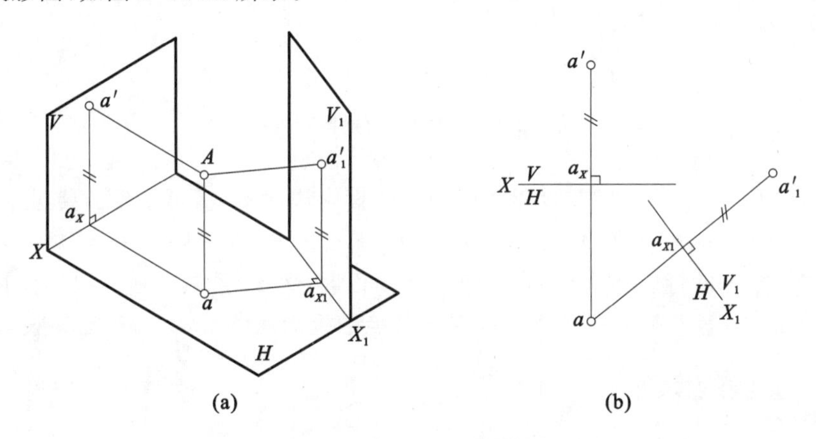

图 2-68　点的一次投影变换

(a)直观图　(b)点的一次变换

由正投影原理可知，$a_1'a \perp X_1$；且新的和被替换的两投影面体系具有公共的水平面 H，因此，空间点在这两个投影面体系中到 H 面的距离（z 坐标值）不变，即 $a'a_X = Aa = a_1'a_{X1}$。

综上所述，可得出以下点的换面法的基本规律。

(1) 新投影与保留投影的连线垂直于新投影轴。

(2) 新投影到新投影轴的距离等于被替换的投影到被替换的投影轴的距离。

根据以上投影规律，点的一次变换（V_1 面替换 V 面），作图过程如图 2-68(b)所示。

(1) 在适当位置作新投影轴 X_1。

(2) 过 a 作新投影轴 X_1 的垂线，得交点 a_{X1}。

(3) 在垂线 aa_{X1} 的延长线上截取 $a_1'a_{X1} = a'a_X$，即得点 A 在 V_1 面上的新投影 a_1'。

2. 点的二次变换

运用换面法解决实际问题时，有时通过一次变换不能解决问题，需要变换二次或多次才能得到解答。二次或多次换面的作图方法与一次换面完全类同，但换面必须交替进行。如图 2-69所示为点 A 的二次变换，是在一次变换的基础上再进行一次变换：第一次变换以 V_1 面替换 V 面形成 V_1/H 新投影面体系；第二次变换是以 H_2 面替换 H 面形成 V_1/H_2 新投影面体系。作图过程如图 2-69(b)所示。

(1) 第一次换面，以 V_1 面替换 V 面，组成新体系 V_1/H，作出新投影 a_1'。

(2) 第二次换面，以 H_2 面替换 H 面，组成新体系 V_1/H_2，求出新投影 a_2。

① 在适当位置作新投影轴 X_2。

② 过 a_1' 作新投影轴 X_2 的垂线，得交点 a_{X2}。

③ 在垂线 $a_1'a_{X2}$ 的延长线上截取 $a_2a_{X2}=aa_{X1}$，即得点 A 在 H_2 面上的新投影 a_2。

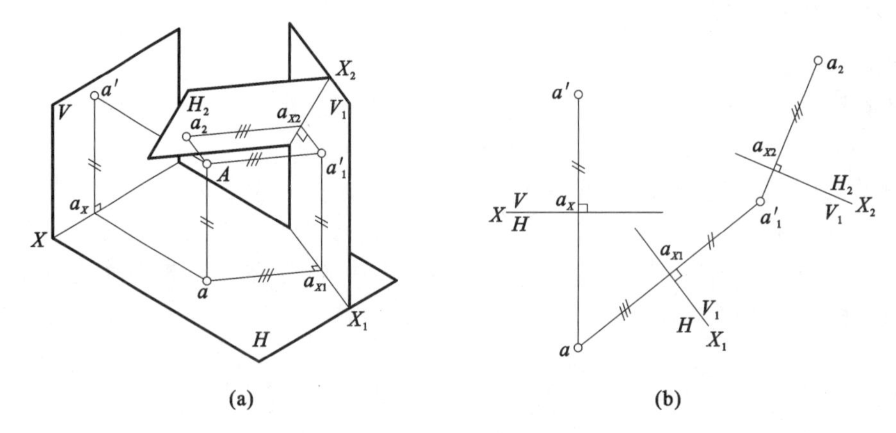

(a)　(b)

图 2-69　点的二次投影变换

(a)直观图　(b)点的二次变换

无论替换 V 面或 H 面，点在投影面体系中的投影规律不变，可根据需要进行连续变换。注意，在连续换面时，被替换的投影面体系和新投影面体系随着换面顺序在变化，在图 2-69(b)中，点 A 进行了两次换面，在第一次换面时，V/H 是被替换的投影面体系，V_1/H 是新投影面体系；在第二次换面时，V_1/H 是被替换的投影面体系，V_1/H_2 是新投影面体系。

2.6.3　直线的换面

1. 一般位置直线变换成投影面平行线(一次变换)

由前述可知，图 2-70(a)中的一般位置直线 AB 经过一次变换，成为 V_1/H 体系的平行线。作图过程如图 2-70(b)所示。

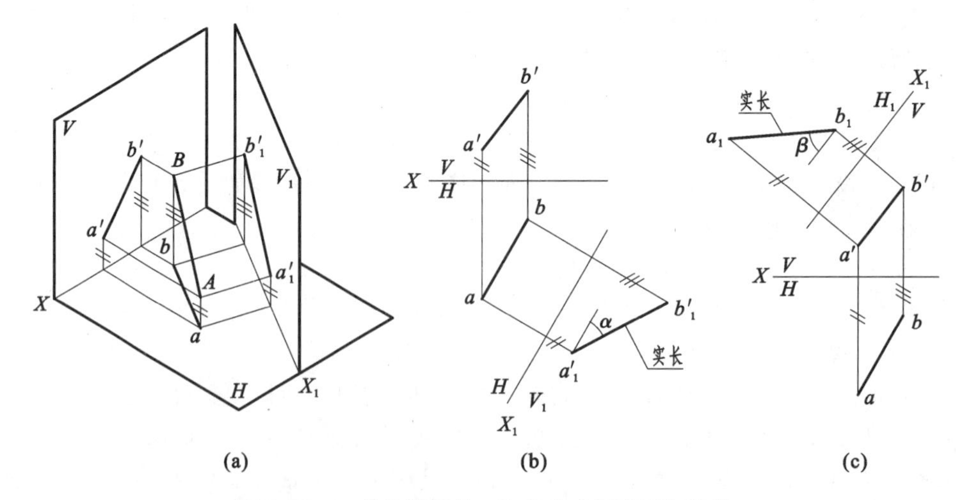

(a)　(b)　(c)

图 2-70　一般位置直线一次变换成投影面平行线

(a)直观图　(b)作图过程(替换 V 面)　(c)作图过程(替换 H 面)

(1) 在适当位置作轴 $X_1/\!/ab$。

(2) 按照点的换面法基本规律，分别作出端点 A 和 B 的新投影 a_1' 和 b_1'，连接 $a_1'b_1'$，即为 AB 在 V_1 面上的新投影。$a_1'b_1'$ 反映 AB 实长，$a_1'b_1'$ 与 X_1 轴的夹角反映直线 AB 对 H 面的倾角 α。

同理，如果用 H_1 面替换 H 面($H_1 \perp V, H_1 /\!/ AB$)，则直线 AB 成为 V/H_1 体系的平行线，其新投影 a_1b_1 反映 AB 实长，a_1b_1 与 X_1 轴的夹角反映直线 AB 对 V 面的倾角 β，如图 2-70(c)所示。

综上所述，一般位置直线可一次换面为投影面平行线，新投影轴 X_1 应平行于直线保留的投影。

2. 投影面平行线变换成投影面垂直线(一次变换)

如图 2-71(a)所示，直线 AB 为一正平线，要变换为投影面垂直线。根据投影面垂直线的投影特性，反映实长的投影必定为保留的投影，因此，必须以 H_1 面替换 H 面，使新投影面 H_1 垂直于 AB，则 AB 成为新投影体系 V/H_1 中 H_1 面的垂直线。作图过程如图 2-71(b)所示。

(1) 在适当的位置作轴 $X_1 \perp a'b'$。

(2) 按照点的换面法的基本规律，求出直线 AB 的新投影 $a_1(b_1)$，a_1b_1 积聚为一点。

同理，也可以将水平线一次换面成为 V_1 面的垂直线，请读者自行分析。

综上所述，投影面平行线可一次换面为投影面垂直线，新投影轴 X_1 应垂直于直线反映实长的投影。

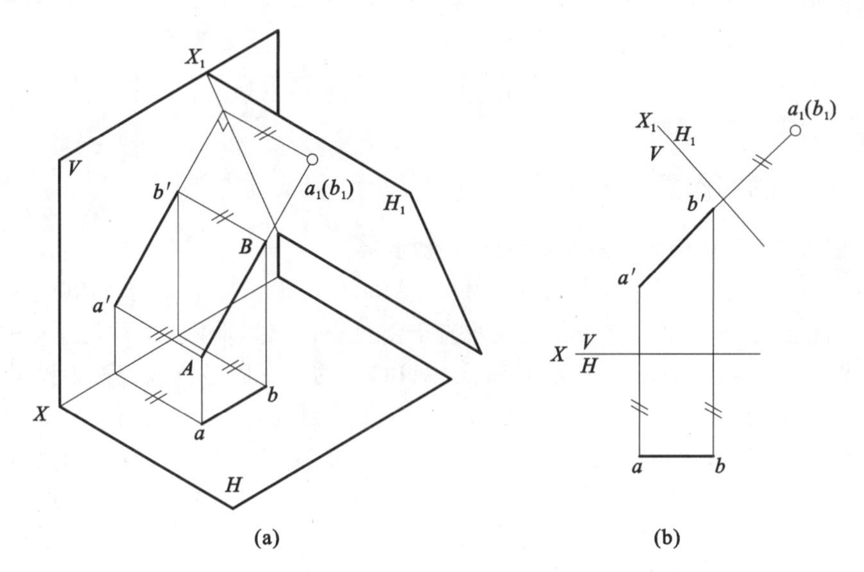

图 2-71　投影面平行线一次变换成投影面垂直线

(a)直观图　(b)作图过程

3. 一般位置直线变换成投影面垂直线(二次变换)

如图 2-72(a)所示，在 V/H 投影体系中，直线 AB 为一般位置直线，要使直线 AB 成为投影面垂直线，新投影面应垂直于 AB，但这个新投影面与 V、H 面都不垂直，所以，一次换面不能达到这个要求。为此，可将前述两个问题结合在一起，即采用二次换面：第一次换面将一般位置直线变换为投影面平行线，继续进行第二次换面，将这条投影面平行线变换为投影面垂直线，作图过程如图 2-72(b)所示。

(1) 第一次换面，以 V_1 面替换 V 面，将 AB 变换为新体系 V_1/H 中 V_1 面的平行线。

① 在适当位置作新轴 $X_1 /\!/ ab$。

② 在 V_1/H 投影体系中求作直线 AB 的新投影 $a_1'b_1'$。

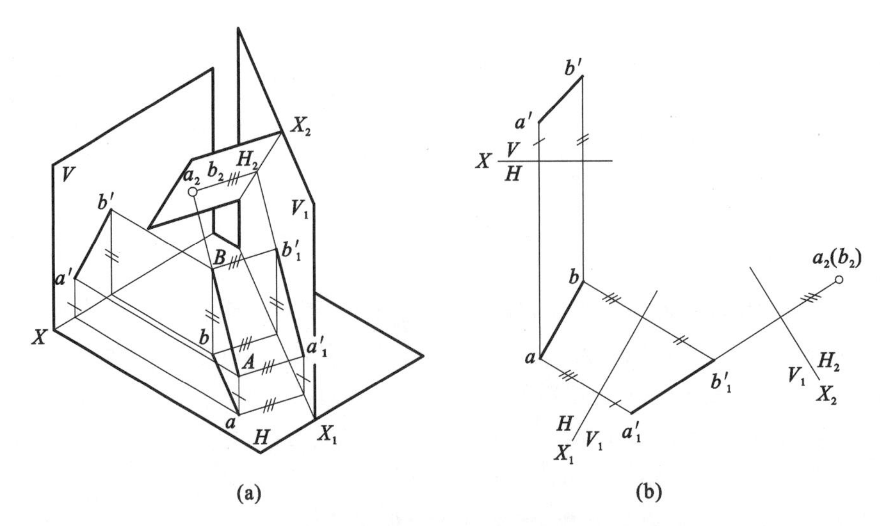

图 2-72　一般位置直线二次变换成投影面垂直线

(a)直观图　(b)作图过程

(2) 第二次换面,以 H_2 面替换 H 面,将 AB 变换为新体系 V_1/H_2 中 H_2 面的垂直线。

① 作新轴 $X_2 \perp a_1'b_1'$。

② 在 V_1/H_2 投影面体系中求作直线 AB 的新投影 $a_2(b_2)$,a_2b_2 积聚为一点。

同理,也可第一次以 H_1 面替换 H 面,第二次以 V_2 面替换 V 面,使直线 AB 垂直于 V_2 面,作图过程请读者自行分析。

2.6.4　平面的换面

1. 一般位置平面变换成投影面垂直面(一次变换)

如图 2-73(a)所示,在 V/H 投影体系中,△ABC 为一般位置平面,要将其变换为投影面垂直面,只需使属于该平面的任一条直线垂直于新投影面。如果将△ABC 上的一般位置直线变换为投影面垂直线,必须两次换面,而将△ABC 上的投影面平行线变换为投影面垂直线只需一次换面。因此,可在△ABC 上取一条投影面平行线进行作图。如图 2-73 所示,以 V_1 面替换 V 面,在△ABC 上取一条水平线 CD,使 CD 一次变换成为 V_1 面的垂直线,则△ABC ⊥V_1 面,它在新投影面 V_1 上的新投影 $a_1'c_1'b_1'$ 有积聚性,且新投影与 X_1 轴的夹角反映△ABC 对 H 面的倾角 α,作图过程如图 2-73(b)所示。

(1) 在△ABC 上取一条水平线 CD。

(2) 在适当的位置作新投影轴 $X_1 \perp cd$。

(3) 求作点 A、B、C 的新投影 a_1'、b_1'、c_1'。

(4) 连接 a_1'、c_1'、b_1',它们必在一条直线上,即为△ABC 在 V_1 面上的积聚性投影。新投影 $a_1'c_1'b_1'$ 与 X_1 的夹角即为△ABC 对 H 面的倾角 α。

同理,也可用 H_1 面替换 H 面,使△$ABC \perp H_1$ 面,该平面在 H_1 面上的投影积聚为一直线,它与 X_1 的夹角即为△ABC 对 V 面的倾角 β。作图过程请读者自行分析。

综上所述,一般位置平面一次换面为投影面垂直面,新投影面应垂直于平面上的某一条投影面平行线,新投影轴 X_1 垂直于这条平行线反映实长的投影。

2. 投影面垂直面变换成投影面平行面(一次变换)

如图 2-74 所示,在 V/H 投影体系中,△ABC 为铅垂面,要求变换成为投影面平行面。

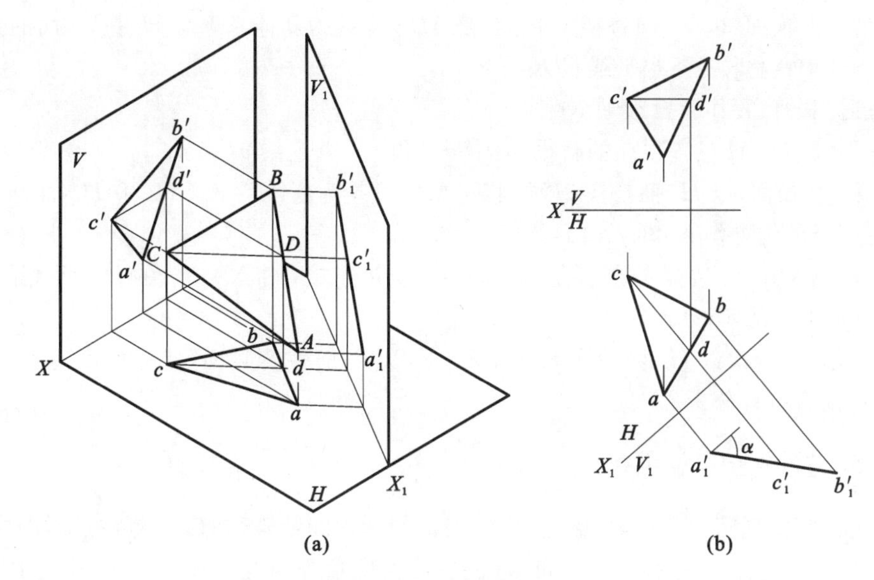

图 2-73 一般位置平面一次变换成投影面垂直面

(a)直观图 (b)作图过程

根据投影面平行面的投影特性，积聚为一直线的投影必定为保留的投影，因此，必须以 V_1 面替换 V 面，使新投影面 V_1 平行△ABC。作新投影轴 $X_1 /\!/ cab$，则△ABC 在 V_1 面上的新投影△$a_1'b_1'c_1'$反映△ABC 的实形，作图过程如图 2-74 所示。

(1) 在适当的位置作 X_1 轴 $/\!/ cab$。

(2) 求出△ABC 各顶点在 V_1 面上的新投影 a_1'、b_1'和 c_1'，连接各点，即为△ABC 的新投影△$a_1'b_1'c_1'$，它反映△ABC 的实形。

综上所述，投影面垂直面可一次换面为投影面平行面，新投影轴 X_1 应平行于平面有积聚性的投影。

3. 一般位置平面变换成投影面平行面(二次变换)

如图 2-75 所示，在 V/H 投影体系中，△ABC 为一般位置平面，要使△ABC 成为投影面平行面，新投影面应平行于△ABC，但这个新投影面与 V、H 面都不垂直，所以，一次换面不能达到这个要求。为此，可将前述两个问题结合在一起，即采用二次换面：第一次换面将一般位置平面变换为投影面垂直面，继续进行第二次换面，将这个投影面垂直面变换为投影面平行面。作图过程如图 2-75 所示。

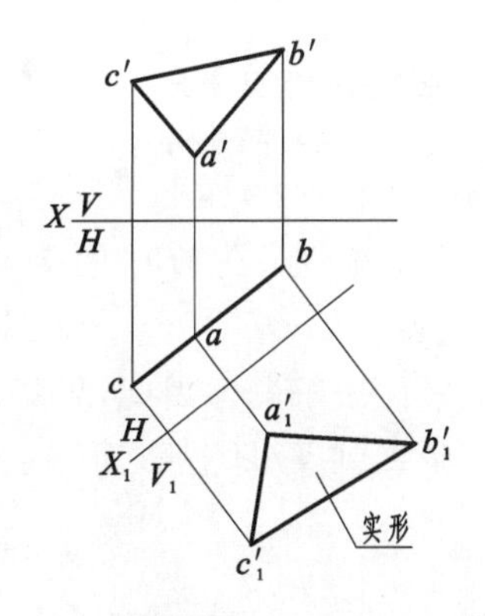

图 2-74 投影面垂直面一次变换成投影面平行面

图 2-75 一般位置平面二次变换成投影面平行面

(1) 第一次换面,以 V_1 面替换 V 面,将△ABC 变换为新体系 V_1/H 中 V_1 面的垂直面。

① 在△ABC 上取一条水平线 CD。

② 在适当的位置作新投影轴 $X_1 \perp cd$。

③ 分别求作△ABC 各顶点的新投影 a_1'、b_1' 和 c_1',并连线 $a_1'c_1'b_1'$。

(2) 第二次换面,以 H_2 面替换 H 面,将△ABC 变换为新体系 V_1/H_2 中 H_2 面的平行面。

① 在适当的位置作 X_2 轴 $/\!/ a_1'c_1'b_1'$。

② 求作△ABC 各顶点的新投影 a_2、b_2 和 c_2 并连接,则△ABC 在 H_2 面上的新投影△$a_2b_2c_2$ 反映平面的实形。

同理,也可第一次以 H_1 面替换 H 面,第二次以 V_2 面替换 V 面,使△ABC 平行于 V_2 面,作图过程请读者自行分析。

2.6.5　换面法的应用举例

换面法能够实现将一般位置几何元素变换成投影面的特殊位置,从而在投影图中简捷地图解空间几何元素点、直线和平面之间的位置、几何度量等问题。在图 2-76 中,列举了一些特殊位置几何元素在投影图中直接反映它们之间距离和夹角的情况,供读者参考。

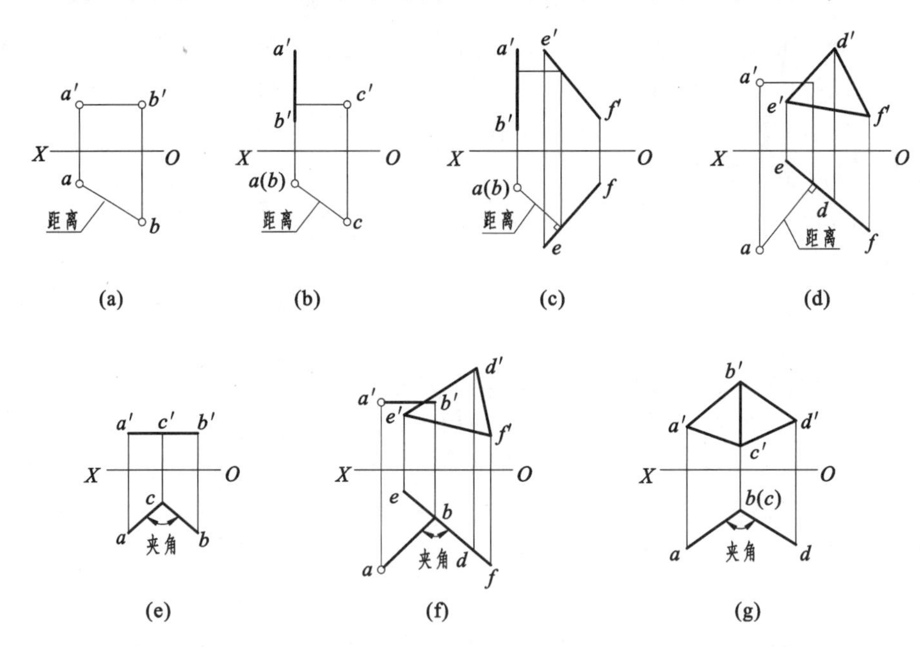

图 2-76　能直接在投影图中反映几何元素之间距离或夹角的常见情况

(a)两点之间的距离　(b)点到直线的距离　(c)两直线之间的距离　(d)点到平面的距离

(e)两直线之间的夹角　(f)直线与平面之间的夹角　(g)两平面之间的夹角

例 2-27　如图 2-77 所示,求作一般位置直线 DE 和一般位置平面△ABC 的交点,并判别可见性。

分析　由于相交两元素均为一般位置,不能直接利用积聚性法解题。因此,可将△ABC 一次变换为投影面垂直面,在新投影面体系中求出交点,然后返回到 V/H 投影面体系。作图过程如图 2-77 所示。

作图　(1) 在△ABC 上取水平线 CF。

(2) 在适当的位置作新投影轴 $X_1 \perp cf$,使△ABC 垂直于 V_1 面。

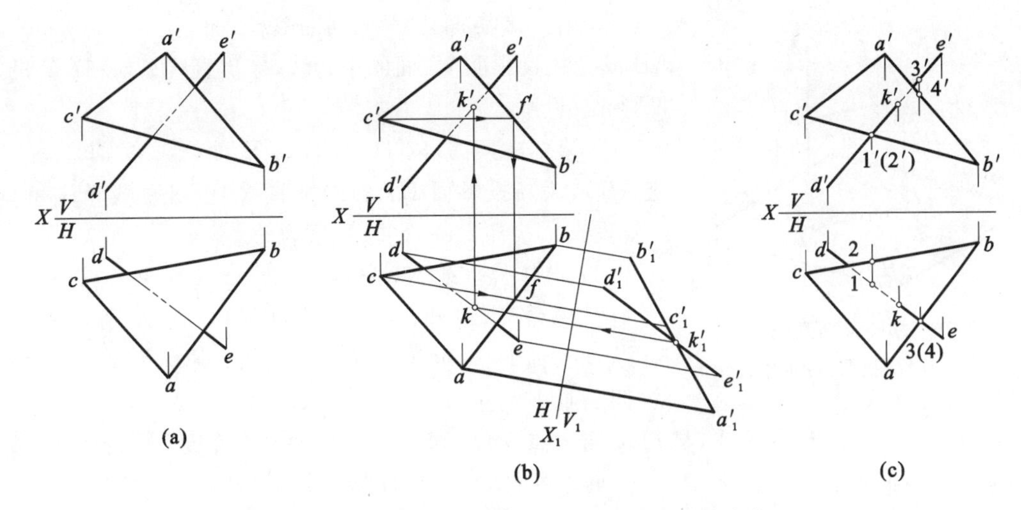

图 2-77　求一般位置直线与一般位置平面的交点

(a)已知条件　(b)求交点　(c)判别可见性

(3) 根据换面法的基本规律，分别求作△ABC 和直线 DE 的新投影 $a_1'c_1'b_1'$ 和 $d_1'e_1'$。$a_1'c_1'b_1'$ 和 $d_1'e_1'$ 的交点 k_1' 即为△ABC 和直线 DE 的交点 K 在 V_1 面上的投影。

(4) 由 k_1' 作 X_1 轴投影连线，交 de 于 k，由 k 作 X 轴投影连线，交 $d'e'$ 于 k'，求得交点 K 的两面投影，如图 2-77(b)所示。

(5) 判别可见性。由于几何元素在 V/H 投影面体系中都没有积聚性，所以在 V、H 面上都要判别可见性。可利用直线 DE 与△ABC 上 BC 边的正面重影点Ⅰ、Ⅱ以及直线 DE 与△ABC 上 AB 边的水平重影点Ⅲ、Ⅳ进行可见性判别。结果如图 2-77(c)所示。

例 2-28　如图 2-78(a)所示，求交叉两直线 AB 和 CD 间的距离。

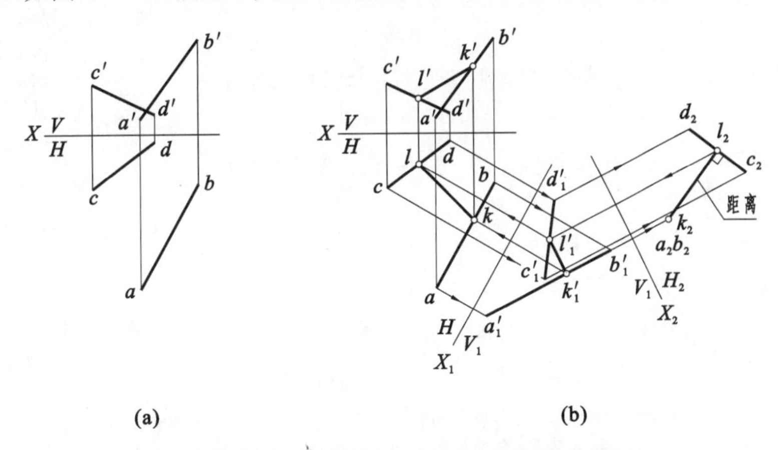

图 2-78　求两交叉直线 AB 和 CD 间的距离

(a)已知条件　(b)作图过程

分析　两交叉直线间的距离即为它们之间公垂线的长度。

由于直线 AB 和 CD 是一般位置直线，它们的公垂线也是一般位置直线。若将两交叉直线之一(如 AB)变换成投影面垂直线，如图 2-79 所示，则公垂线 KL 为新投影面的平行线，在该投影面上的投影能反映实长，而且与另一直线在新投影面上的投影互相垂直。作图过程如图 2-78(b)所示。

作图　(1) 将直线 AB 经过两次变换成为投影面垂直线，直线 CD 也随之变换。

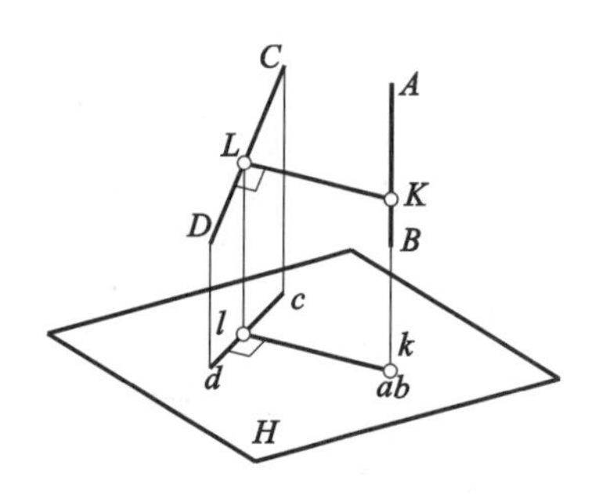

图 2-79 求交叉两直线距离直观图(特殊位置)

① 第一次换面,以 V_1 面替换 V 面,作 X_1 轴 $/\!/ ab$,使 AB 成为新投影面 V_1 面的平行线,作出直线 AB 和 CD 的新投影 $a_1'b_1'$ 和 $c_1'd_1'$。

② 第二次换面,以 H_2 面替换 H 面,作 X_2 轴 $\perp a_1'b_1'$,使 AB 成为新投影面 H_2 面的垂直线,作出直线 AB 和 CD 的新投影 a_2b_2 和 c_2d_2,a_2b_2 积聚为一点。

(2) 求作公垂线 KL 的投影和实长。

由以上作图可知,AB 是 H_2 面的垂直线,所以公垂线 KL 是 H_2 面的平行线,在 H_2 面上的投影 k_2l_2 反映公垂线的实长,且 $k_2l_2 \perp c_2d_2$,$k_1'l_1' /\!/ X_2$。

① 由 a_2b_2 作 c_2d_2 的垂线,与 c_2d_2 交于点 l_2,l_2 即为公垂线的一个垂足,另一垂足 k_2 与 a_2b_2 重合,由此得到公垂线 KL 在 H_2 面上的投影 k_2l_2,即为直线 AB 和 CD 间距离的实长。

② 由 l_2 作 X_2轴投影连线,与 $c_1'd_1'$交于 l_1';作 $l_1'k_1' /\!/ X_2$,与 $a_1'b_1'$交于 k_1'。$k_1'l_1'$即为公垂线在 V_1 面上的投影。

③ 由 k_1'、l_1'分别作 X_1轴的投影连线,与 ab 交于 k,与 cd 交于 l;再由 k、l 分别作 X 轴的投影连线,与 $a'b'$交于 k',与 $c'd'$交于 l'。连接 $k'l'$ 和 kl,即为公垂线 KL 的正面投影和水平投影。

例 2-29 如图 2-80 所示,已知一般位置平面 ABC 和 BCD 的两面投影,求作它们之间的夹角。

分析 由于两平面均为一般位置,不能直接在投影图中反映它们的夹角,因此,可将它们变换为同一投影面的垂直面,在新投影面体系中,两平面有积聚性的投影的夹角即为两平面的夹角。本例将平面 ABC 和 BCD 的交线 BC 经二次换面为投影面的垂直线即可达到解题目的,作图过程如图 2-80 所示。

作图 (1) 第一次换面,将直线 BC 变换成为投影面平行线。

以 V_1 面替换 V 面,作新投影轴 $X_1 /\!/ bc$,使直线 BC 平行于新投影面 V_1,求作两平面的新投影$\triangle a_1'b_1'c_1'$和$\triangle b_1'c_1'd_1'$。

(2) 第二次换面,将直线 BC 变换成为投影面垂直线。

以 H_2 面替换 H 面,作新投影轴 $X_2 \perp b_1'c_1'$,使直线 BC 垂直于新投影面 H_2,求作两平面有积聚性的新投影 $a_2b_2c_2$ 和 $b_2c_2d_2$。

(3) $a_2b_2c_2$ 和 $b_2c_2d_2$ 的夹角 θ,即为$\triangle ABC$ 和$\triangle BCD$ 的夹角。

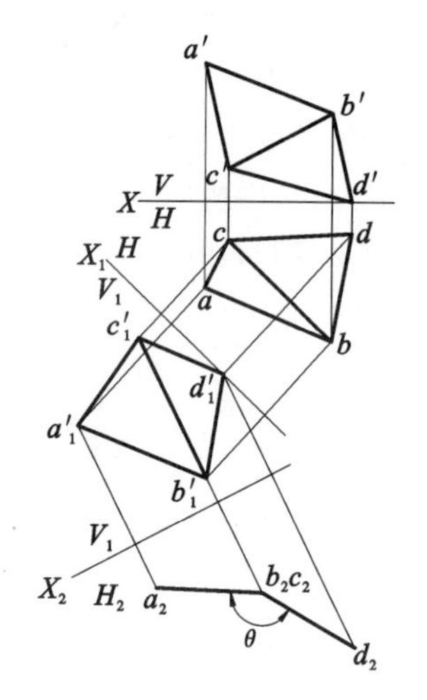

图 2-80 求两个一般位置平面的夹角 θ

第3章 立 体

3.1 立体及其表面上点的投影

立体是由表面围成的实体。表面都为平面的立体称为平面立体，如棱柱、棱锥等，如图 3-1所示。表面为曲面或曲面与平面的立体称为曲面立体，常见的曲面立体为回转体，如圆柱、圆锥、球和环等，如图 3-2 所示。

图 3-1 平面立体

图 3-2 曲面立体

3.1.1 平面立体

绘制平面立体的投影，实质上就是绘制平面立体表面上所有平面多边形的投影。

1. 棱柱及其表面取点

1）棱柱的投影

棱柱是由两个互相平行的底面和若干个侧面围成的立体。相邻侧面的交线称为棱线，各棱线互相平行且相等。棱线与底面垂直的称为直棱柱，棱线与底面倾斜的称为斜棱柱。

现以图 3-3 所示的五棱柱为例来说明棱柱三视图的画法。

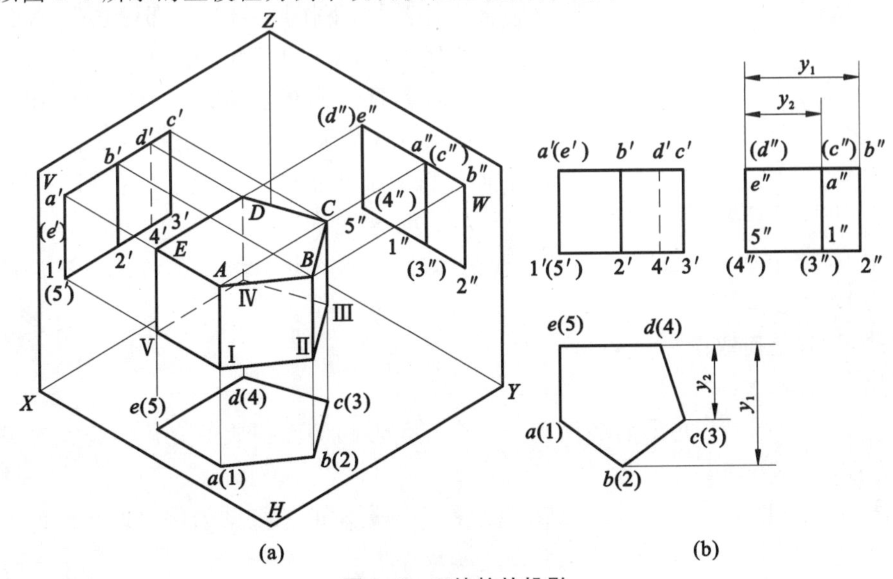

图 3-3 五棱柱的投影

(a)直观图 (b)三视图

空间及投影分析　如图 3-3(a)所示,五棱柱由两个五边形的底面和五个侧面围成。

(1) 底面。两个底面是水平面,水平投影反映真形,正面和侧面投影分别积聚为一条直线。注意:水平投影中上、下底面重合,上底面可见,下底面不可见。

(2) 侧面。前左右侧面 ABⅡⅠ、BCⅢⅡ和右侧面 CDⅣⅢ均为铅垂面,水平投影均积聚为一条直线,正面和侧面投影呈类似形。后侧面 EⅤⅣD 为正平面,左侧面 AEⅤⅠ为侧平面,其投影读者自行分析。

(3) 棱线。五条棱线都为铅垂线,水平投影积聚为五个点,正面和侧面投影反映真长。

作图　画三视图的步骤如图 3-3(b)所示。

(1) 画五棱柱两个底面的水平投影。

(2) 根据三视图"长对正,高平齐,宽相等"的投影规律,画出五棱柱两底面的正面和侧面投影。

(3) 画五条棱线的三面投影,并判别可见性,其中 $d'4'$ 为不可见,用细虚线表示。

注意:画水平投影和侧面投影时必须符合宽相等的原则和前后的对应关系,如图 3-3(b)中 y_1(前棱线与后侧面之间的宽度)和 y_2(左、右棱线与后侧面之间的宽度)。

2) 棱柱表面取点

由于棱柱的表面都是平面多边形,所以在棱柱表面上取点可根据平面上取点的方法和原理来作图。作图的关键是找出该点所在的平面以及该平面的三面投影。

例 3-1　如图 3-4 所示,已知五棱柱表面上的点 M 和 N 的正面投影(m')和 n',求作它们的水平投影和侧面投影。

分析　由(m')不可见及其位置可以判断,点 M 位于后侧面 EⅤⅣD(正平面)上。同理可知,点 N 在前右侧面 BⅡⅢC(铅垂面)上。

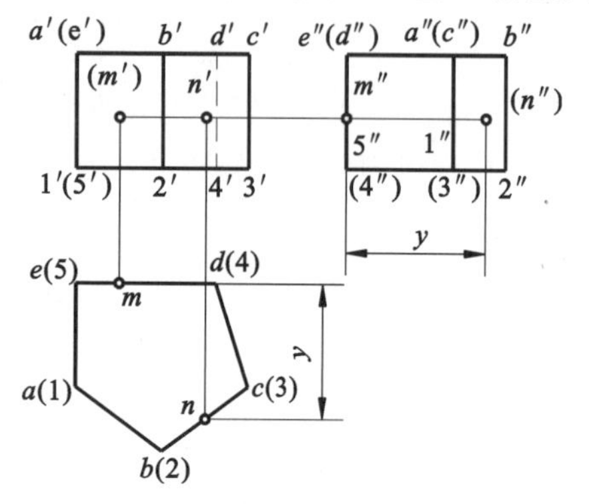

图 3-4　五棱柱表面取点

作图　(1) 求作 m 和 m''。后侧面 EⅤⅣD 的水平和侧面投影都积聚为直线,由(m')分别向下和向右作投影连线,与后侧面的积聚性投影相交即得 m 和 m''。

(2) 求作 n 和 n''。前右侧面 BⅡⅢC 的水平投影积聚为直线,由 n' 向下作投影连线,即可求出 n;由 n' 向右作投影连线,根据宽相等(如图中的 y),求出 n''。

可见性判别　立体表面上点的投影的可见性是由点所在的面或线的可见性来确定的。如本例中的点 N,其在前右侧面 BⅡⅢC 上,该侧面的侧面投影为不可见,所以(n'')不可见。

注意:当点所在的面或线的投影具有积聚性时,则点在该投影面上的投影不必判别可见性。如本例中的 m、m'' 和 n。

2. 棱锥及其表面取点

1) 棱锥的投影

棱锥是由一个平面多边形的底面和若干个三角形的侧面围成的立体。棱锥的棱线交于一点,称为锥顶。

绘制棱锥三视图的方法与棱柱相似,现以图 3-5 所示的三棱锥为例来说明棱锥三视图的画法。

空间及投影分析　如图 3-5(a)所示,三棱锥由底面和三个侧面围成。

(1) 底面。底面是水平面,水平投影反映真形,正面和侧面投影均积聚为直线。

(2) 侧面。由于边 BC 放置成正垂线，所以侧面 SBC 为正垂面，其正面投影积聚为直线，水平和侧面投影呈类似形；侧面 SAB 和 SAC 为一般位置平面，三面投影都呈类似形。

(3) 棱线。三条棱线都为一般位置直线，其三面投影为小于真长的直线，如图 3-5(b)所示。

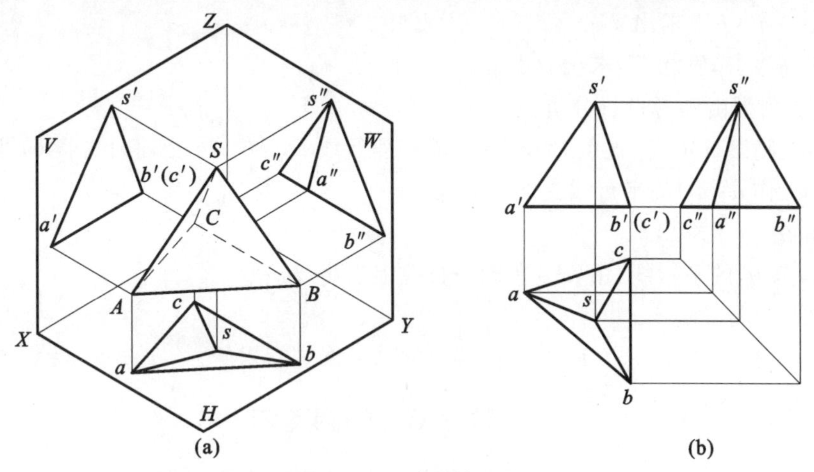

图 3-5 三棱锥的投影

(a)直观图 (b)三视图

作图 画三视图的步骤如图 3-5(b)所示。

(1) 先画三棱锥底面的水平投影(真形)，再画正面和侧面投影。

(2) 在水平投影上确定锥顶的投影 s，根据投影规律和三棱锥的高，作出锥顶的正面投影 s'和侧面投影 s''。注意：画锥顶的侧面投影时，除利用 45°线外，还可以底面某个顶点为宽相等的作图基准作图。

(3) 画三条棱线的三面投影，并判别可见性。

2) 棱锥表面取点

例 3-2 如图 3-6 所示，已知三棱锥表面上的点 D 的正面投影(d')，求作其水平投影和侧面投影。

分析 由(d')不可见以及位置可以判断点 D 应在侧面 SAC 上。由于侧面 SAC 的三面投影都没有积聚性，所以要在其上取点必须先在该面上做辅助线。以下介绍两种作辅助线的方法。

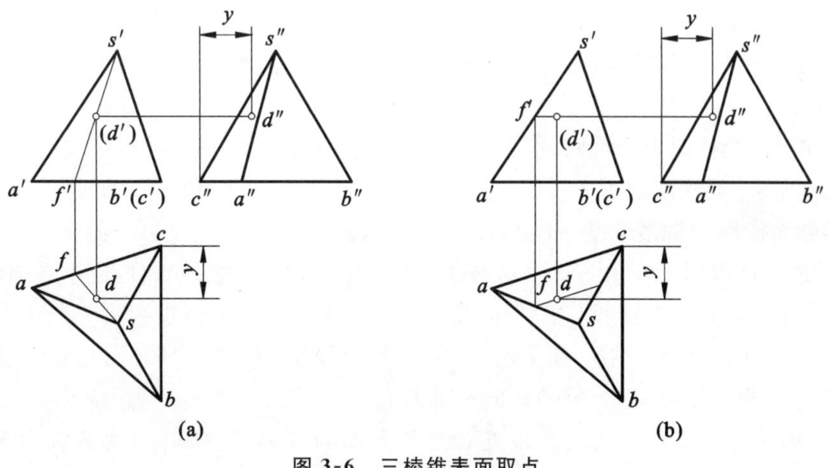

图 3-6 三棱锥表面取点

(a)求 d 和 d''的方法一 (b)求 d 和 d''的方法二

作图　方法一:以 SD 的连线作为辅助线求解,见图 3-6(a)。

① 连接 s' 和 (d') 并延长,与底边 $a'(c')$ 交于 f'。

② 根据长对正,在 ac 上求出 f,并连接 sf。

③ 由 (d') 在 sf 上求出 d。

④ 根据高平齐,宽相等,求出 d''。

可见性的判别由读者自行分析。

方法二:在侧面 SAC 上,过点 D 作底边 AC 的平行线 DF,以 DF 为辅助线求解,见图 3-6(b)。

① 过 (d') 作 $a'(c')$ 的平行线交 $s'a'$ 于 f'。

② 由 f' 在 sa 上求出 f。

③ 过 f 作 ac 的平行线,由 (d') 在该平行线上求出 d。

求 d'' 的方法同方法一。

当然,还可以在侧面 SAC 上过 D 作其他的辅助线进行求解。

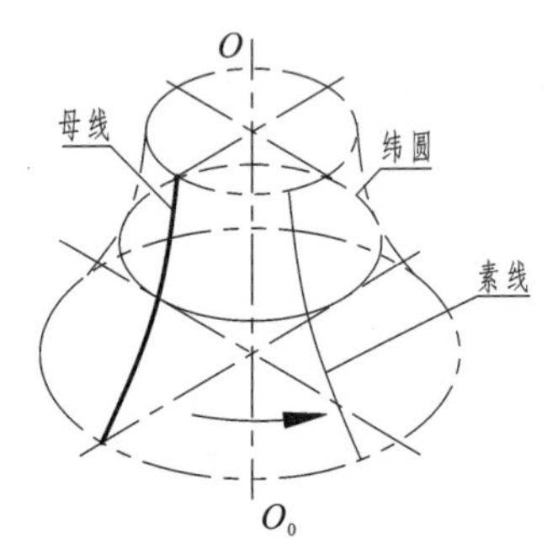

图 3-7　回转面的形成

3.1.2　常见的回转体

回转体的表面是回转面或回转面和平面。回转面可看作由一条线(直线或曲线)绕一轴线回转而成,如图 3-7 所示。这条运动的线称为母线,回转面上任一位置的母线称为素线,母线上任一点绕轴线旋转的轨迹为垂直于轴线的圆称为纬圆。

机械零件中最常用的回转体是圆柱、圆锥和球,有时也用到圆环和具有环面的回转体,本节重点讲述这些常见的回转体。

1. 圆柱及其表面取点

圆柱是由上、下底面和圆柱面围成的立体。

1) 圆柱面的形成

如图 3-8(a)所示,圆柱面是由一条直母线 AA_0 绕与之平行的轴线 OO_0 旋转而成。

2) 圆柱的投影

空间及投影分析　如图 3-8(b)所示,圆柱的轴线为铅垂线。

(1) 底面(圆)。上、下底面(圆)都是水平面,水平投影反映真形(圆平面),正面和侧面投影分别积聚为一直线。

(2) 轴线。轴线为铅垂线,水平投影积聚为一点,不必画出;正面和侧面投影都为一直线,用细点画线表示。

(3) 圆柱面。圆柱面为铅垂面,水平投影积聚为一个圆(圆柱面上的点和线的水平投影都重合在这个圆周上)。圆柱面的正面投影应画出最左、最右素线 AA_0 和 CC_0 的投影 $a'a_0'$ 和 $c'c_0'$(这两条素线的侧面投影与轴线重合,不必画出);同理,圆柱面的侧面投影应画出最前、最后素线 BB_0 和 DD_0 的侧面投影 $b''b_0''$ 和 $d''d_0''$(这两条素线的正面投影与轴线重合,也不必画出)。

AA_0 和 CC_0 是决定正面投影的外形轮廓线,也是圆柱面正面投影可见与不可见的分界线,称之为正面转向轮廓线;BB_0 和 DD_0 是决定侧面投影的外形轮廓线,也是圆柱面侧面投影可见与不可见的分界线,称为侧面转向轮廓线。

由此可见,回转体上的转向轮廓线是相对投影面而言的,是回转面向某投影面投影时可见与不可见的分界线,作图时只在该投影面上画出其投影。

作图　画三视图的步骤如图 3-8(c)所示。

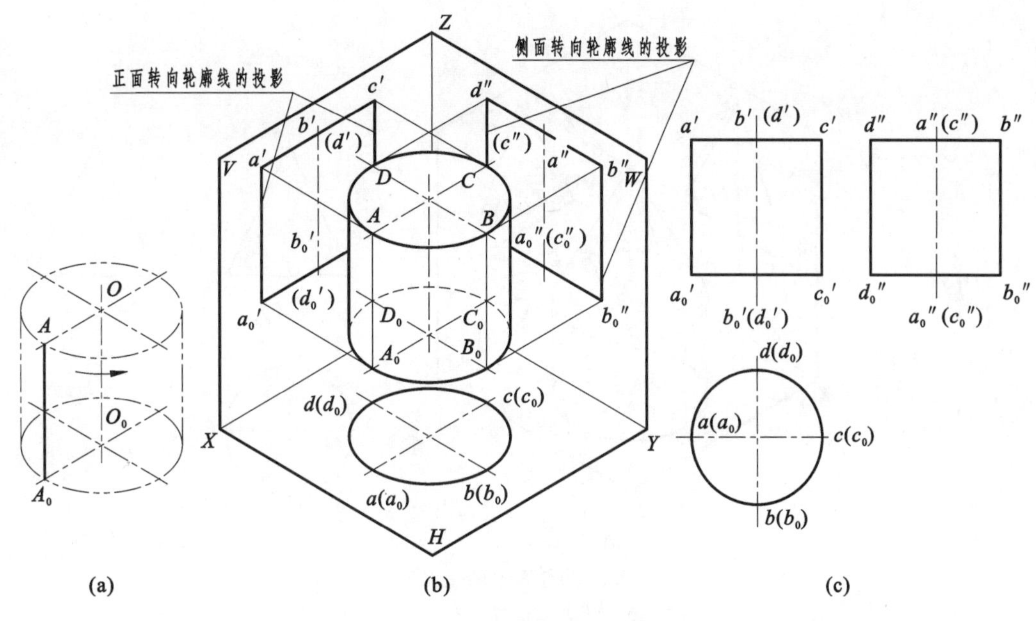

图 3-8　圆柱的投影

(a)圆柱面的形成　(b)直观图　(c)三视图

(1) 画圆的对称中心线和轴线的正面和侧面投影。

(2) 先画上、下底圆的水平投影，再根据投影规律画出它们的正面投影和侧面投影。

(3) 画正面和侧面转向轮廓线的投影 $a'a_0'$、$c'c_0'$和 $b''b_0''$、$d''d_0''$。

3) 圆柱表面取点

例 3-3　如图 3-9 所示，已知圆柱面上的点 A、B 和 C 的投影 a'、(b')和 c，求作它们的另外两面投影。

分析　由 a'可见、(b')不可见，从图中可以看出，点 A 在前左圆柱面上，点 B 在后右圆柱面上。同理可知，点 C 在上底圆上。作图时，可利用圆柱面和上底面的积聚性投影求作。

作图　求点 A 的正面投影和侧面投影。

(1) 由 a'向下作投影连线，在前左圆周上作出 a。

(2) 由 a'向右作投影连线，根据 a 按宽相等(见图中 y_1)在前半个圆柱面上作出 a''。

(3) 判别可见性。由于点 A 在左半个圆柱面上，所以 a''可见。点 B 和点 C 的作图步骤与点 A 相似，读者可根据图示自行分析。

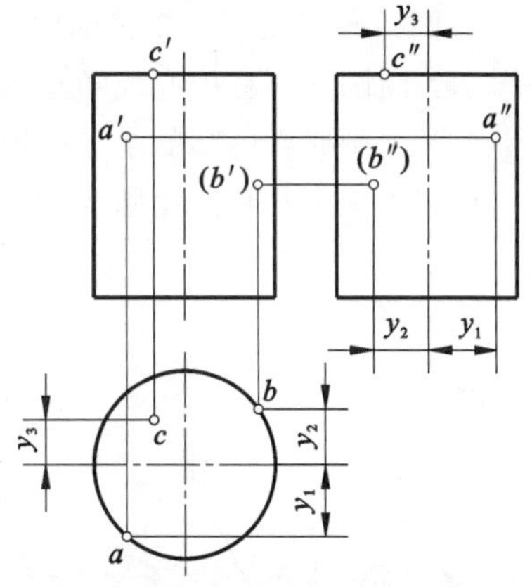

图 3-9　圆柱表面取点

2. 圆锥及其表面取点

圆锥是由圆锥面和底面围成的立体。

1) 圆锥面的形成

如图 3-10(a)所示，圆锥面是由一条直母线 SA 绕与之相交的轴线 OO_0 旋转而成。

2) 圆锥的投影

空间及投影分析　如图 3-10(b)所示，圆锥的轴线为铅垂线。

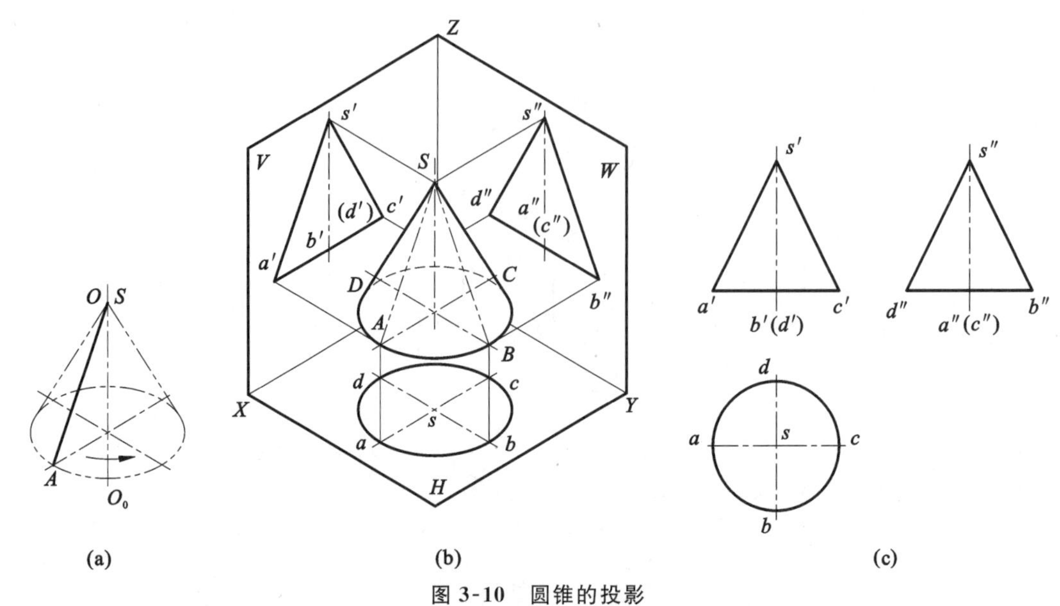

图 3-10　圆锥的投影

(a)圆锥面的形成　(b)直观图　(c)三视图

(1) 底面(圆)。底面为水平面,它的水平投影反映真形(圆平面),正面和侧面投影分别积聚为一直线。

(2) 轴线。轴线为铅垂线,水平投影积聚为一点,不必画出;正面和侧面投影都为一直线,用细点画线画出。

(3) 圆锥面。圆锥面的水平投影为一个圆平面(与底面的水平投影重合);正面和侧面投影与圆柱面类似,正面投影应画出正面转向轮廓线 SA 和 SC 的投影 $s'a'$ 和 $s'c'$,侧面投影应画出侧面转向轮廓线 SB 和 SD 的侧面投影 $s''b''$ 和 $s''d''$。

作图　画三视图的步骤如图 3-10(c)所示。

(1) 画圆的对称中心线和轴线的正面和侧面投影。

(2) 先画底面(圆)的水平投影(圆),再根据投影规律画出它的正面和侧面投影。

(3) 画顶点和转向轮廓线的投影 $s'a'$、$s'c'$ 和 $s''b''$、$s''d''$。

3) 圆锥表面取点

例 3-4　如图 3-11 所示,已知圆锥的三面投影及圆锥面上点 A 的正面投影 a',求作其水平投影和侧面投影。

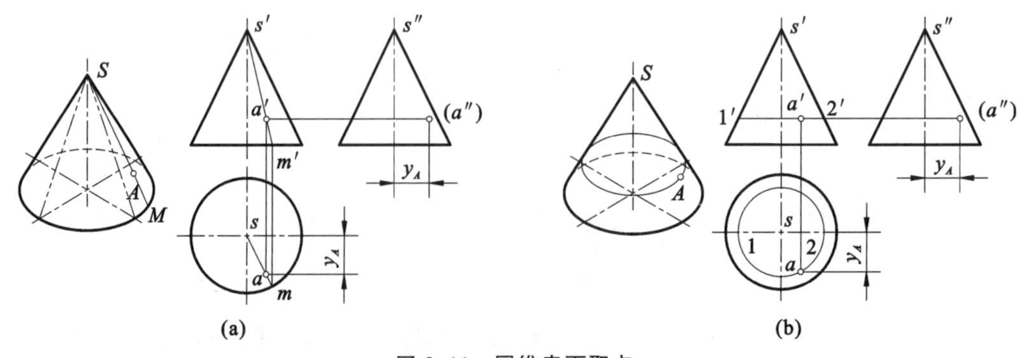

图 3-11　圆锥表面取点

(a)辅助素线法　(b)辅助纬圆法

分析　根据a'可见及其位置可知，点A在前右圆锥面上。由于圆锥面的投影没有积聚性，所以要在圆锥面上求作点的投影，必须先在圆锥面上通过已知点作一条辅助线，利用辅助线的投影来求解。为了作图方便，应选取素线或纬圆（与某一投影面平行）作为辅助线。

作图　辅助素线法：如图3-11(a)立体图所示，连接S和A并延长，使它与底圆相交于点M，SM即为辅助素线，点A的投影必在SM的同面投影上。作图过程见图3-11(a)三视图。

(1) 连接s'和a'并延长，与圆锥底面（圆）的正面投影相交于m'。

(2) 由m'向下作投影连线，在水平投影上求得m，连接sm。

(3) 由a'向下作投影连线，在sm上求得a。因圆锥面的水平投影可见，所以a可见。

(4) 过a'向右作投影连线，由a按宽相等和前后对应关系（见图中y_A）求出a''。由于点A在右半圆锥面上，所以(a'')不可见。

辅助纬圆法：如图3-11(b)立体图所示，通过点A在圆锥面上作辅助纬圆，该辅助纬圆为水平圆，点A的投影必在该纬圆的同面投影上。作图过程见图3-11(b)三视图。

(1) 过a'作垂直于轴线的直线$1'2'$（$1'2'$即为辅助纬圆的正面投影）。

(2) 在水平投影上，以s为圆心，$1'2'$的长度为直径作圆（该圆即为辅助纬圆的水平投影，反映真形）。

(3) 由a'向下作投影连线，在水平投影上求出a。

求a''和可见性判别与"辅助素线法"相同，不再重复。

3. 球及其表面取点

球是由球面围成的立体。

1) 球面的形成

如图3-12(a)所示，球面是由圆母线A绕其直径OO_0为轴线旋转而成的。

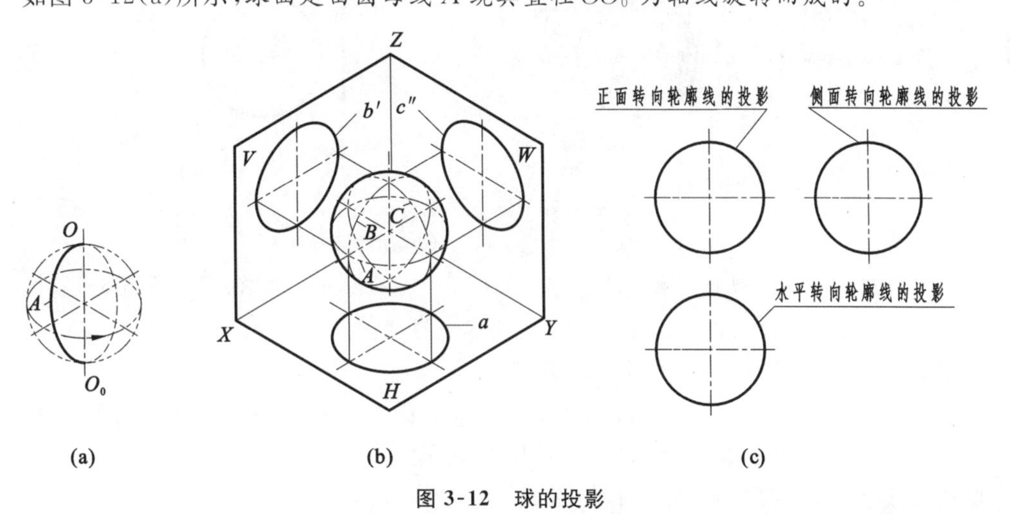

图3-12　球的投影

(a)球面的形成　(b)直观图　(c)三视图

2) 球的投影

空间及投影分析　如图3-12(b)所示，球的三面投影都是圆，圆的直径与球的直径相等。

(1) 球的正面投影。为球面上正面转向轮廓线B（球面上平行于V面的最大纬圆，也是前后半球面的分界线）的正面投影b'。

(2) 球的水平投影。为球面上水平转向轮廓线A（球面上平行于H面的最大纬圆，也是上下半球面的分界线）的水平投影a。

(3) 球的侧面投影。为球面上侧面转向轮廓线 C(球面上平行于 W 面的最大纬圆,也是左右半球面的分界线)的侧面投影 c''。

注意:水平转向轮廓线 A 的正面投影 a' 和侧面投影 a'' 分别与水平方向的中心线重合,不必画出,B 和 C 的投影读者自行分析。

作图　画三视图的步骤如图 3-12(c)所示。

(1) 画三面投影的对称中心线。注意:圆心应符合“长对正、高平齐”的投影规律。

(2) 以对称中心线的交点为圆心,以球的直径画圆。

3) 球表面取点

例 3-5　如图 3-13 所示,已知球面上点 M 和 N 的正面投影 m' 和(n'),求作它们的水平投影和侧面投影。

(1) 求点 M 的水平投影和侧面投影。

分析　由 m' 可见及其位置可知,点 M 在上前左球面上。因为球面的三面投影都没有积聚性,所以要在球面上求作点的投影,必须先在球面上通过已知点作辅助线,利用辅助线的投影来求解。为了作图方便,应选取平行于投影面的纬圆作为辅助线,可作三个,分别为辅助水平纬圆、辅助正平纬圆和辅助侧平纬圆。下面分别以辅助水平纬圆和辅助正平纬圆为例来说明。

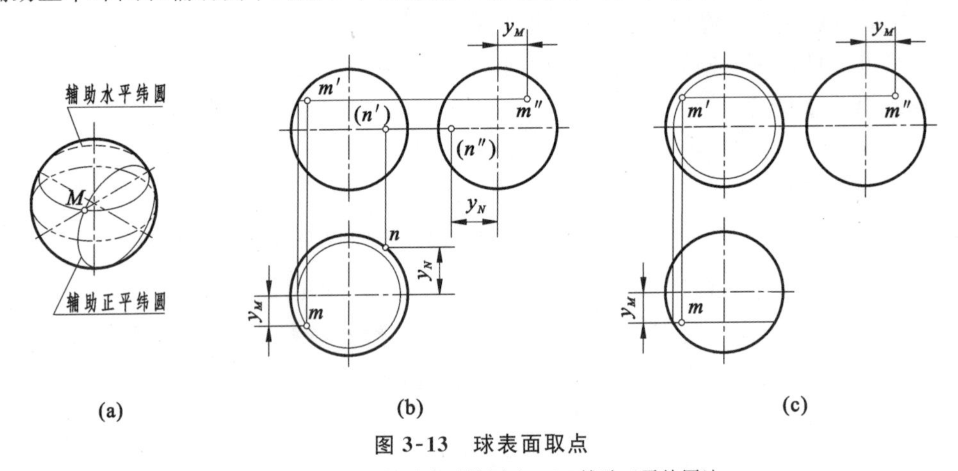

图 3-13　球表面取点

(a)直观图　(b)辅助水平纬圆法　(c)辅助正平纬圆法

作图　**方法一**:过点 M 作辅助水平纬圆,如图 3-13(a)所示。作图过程见图 3-13(b)。

① 过 m' 作水平纬圆的正面投影(为过 m' 的水平直线段)。

② 作出水平纬圆的水平投影(反映其真形的圆)。

③ 过 m' 向下作投影连线,在上述圆周上求出 m。由点 M 在上半个球面上可知 m 可见。

④ 由 m 和 m',根据投影规律求出 m''。由 M 在左半个球面上可知 m'' 可见。

方法二:过点 M 作辅助正平纬圆,如图 3-13(a)所示,作图过程见图 3-13(c)。

① 过 m' 作辅助正平纬圆的正面投影(一个过 m' 的圆)。

② 作出正平纬圆的水平投影(一条长度为纬圆直径的直线段)。

③ 过 m' 向下作投影连线,在上述直线段上求出 m,m 可见。

④ 求 m''(与方法一相同)。

(2) 求点 N 的水平投影和侧面投影。

分析　由于(n')不可见,其又在水平中心线上,所以点 N 应在球面水平转向轮廓线的右后上。

作图　见图 3-13(b)。

① 由(n')向下作投影连线，在水平转向轮廓线的水平投影上求出 n，n 可见。

② 由 n 和 n'，根据投影规律求出 n''。由点 N 在右半个球面上可知(n'')不可见。

4. 圆环及其表面取点

圆环是由圆环面围成的立体，如图 3-14(a)所示。

1) 圆环面的形成

如图 3-14(b)所示，圆环面是由圆母线 $ACBD$ 绕与圆母线共面但不通过圆心的直线 OO_0 为轴线旋转而成。

2) 圆环的投影

空间及投影分析　如图 3-14 所示，其轴线为铅垂线。

(1) 轴线。轴线的正面投影为一直线段，用细点画线表示，水平投影不必画出。

(2) 圆环面。母线圆上点 A、B 的旋转轨迹是圆环面上最大和最小的水平纬圆，称为水平转向轮廓线，把圆环面分为上、下环面；母线圆上点 C、D 的旋转轨迹分别是圆环面上最上和最下的水平纬圆，把圆环面分为内、外环面；圆环面上最左素线圆 $ACBD$ 和最右素线圆是圆环面的正面转向轮廓线，把圆环面分为前、后环面；母线圆的圆心轨迹为一水平圆。

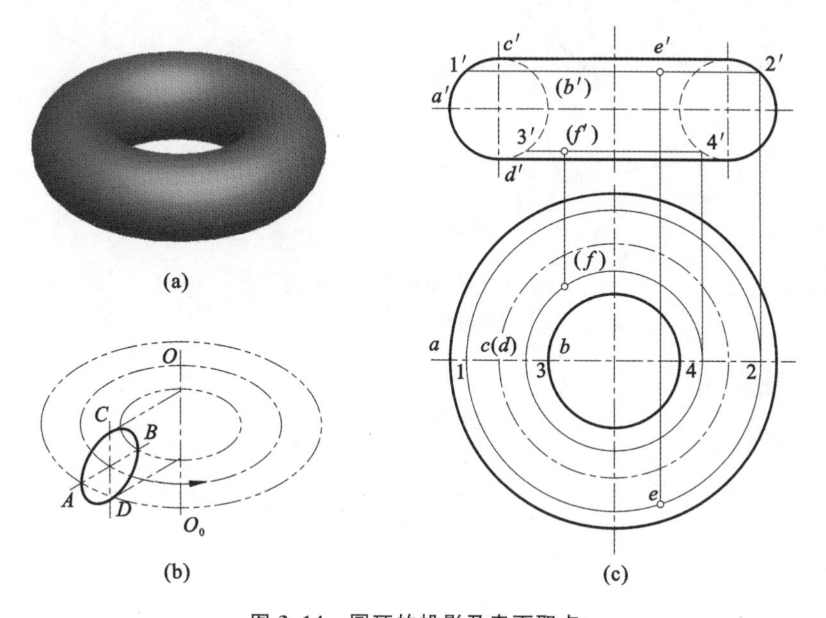

图 3-14　圆环的投影及表面取点

(a)直观图　(b)圆环面的形成　(c)两视图

作图　画两视图的步骤如图 3-14(c)所示。

(1) 画轴线及正面转向轮廓线(最左和最右素线圆)的正面投影。

(2) 画最上和最下水平纬圆的正面投影(与素线圆公切)。

(3) 根据长对正，画母线圆心轨迹的水平投影及其中心线。

(4) 画水平转向轮廓线(最大和最小水平纬圆)的水平投影。

3) 圆环表面取点

例 3-6　如图 3-14(c)所示，已知圆环面上点 E 的正面投影 e' 和点 F 的水平投影(f)，求作点 E 的水平投影和点 F 的正面投影。

分析　根据 e' 和(f)的位置和可见性可以判断，点 E 在上外前环面上，点 F 在下内后环面上,可利用过点 E、F 作辅助水平纬圆的方法求解。下面介绍求作 e 的作图步骤,f' 请读者对照图示自行分析。

作图　见图 3-14(b)。

(1) 过 e' 作一水平线,与两小圆的粗实线相交于 $1'2'$(辅助水平纬圆的正面投影)。

(2) 在水平投影上,以 $1'2'$ 为直径画圆(辅助水平纬圆的水平投影)。

(3) 过 e' 向下作投影连线,在 12 圆上求出 e。因点 E 在上环面,所以 e 可见。

3.2　平面与立体表面相交

平面与立体相交,可以看做是用平面截切立体。该平面称为截平面,它与立体表面的交线称为截交线,由截交线围成的平面图形称为截断面,立体被截切后所余的部分称为截断体,如图 3-15 所示。本节主要介绍截交线的求作方法,进而完成截断体的投影。

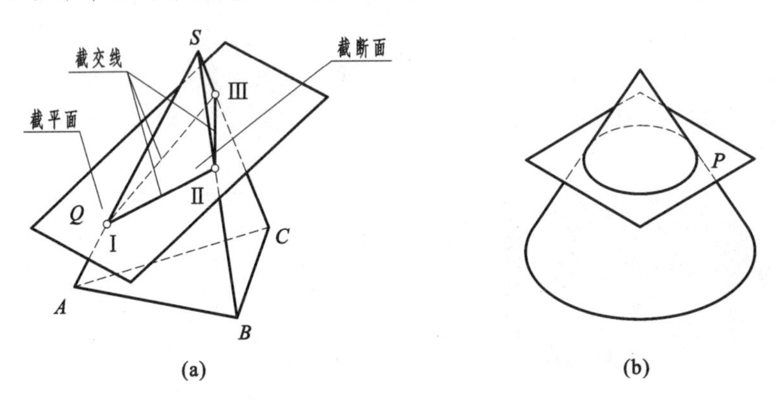

图 3-15　平面与立体相交

(a)平面与三棱锥相交　(b)平面与圆锥相交

3.2.1　截交线

1. 截交线的性质

(1) 截交线是截平面和立体表面的共有线,它既在截平面上,又在立体表面上。截交线上的点是截平面和立体表面的共有点。

(2) 立体表面是封闭的,截交线是封闭的平面图形。

(3) 截交线的形状取决于立体表面的形状以及截平面与立体的相对位置。

2. 截交线的作图方法——积聚性法

由于截交线既在截平面上,又在立体表面上,当截平面或立体表面在某些投影面上有积聚性时,则截交线在这些投影面上的投影与积聚性投影重合,可直接得出(即截交线的这些投影为已知,不必求作),然后在已知的截交线投影上取一些点或线,利用立体表面取点或取线完成截交线的其他投影。

积聚性法解题的条件是:截平面和立体表面至少有一个在某个投影面上有积聚性。注:本书及习题中的截平面均为特殊位置平面,所以都可运用积聚性法解题。

3.2.2　平面与平面立体相交

平面立体的截交线是一个平面多边形,例如图 3-15(a)所示的三角形ⅠⅡⅢ。平面多边形的顶点是平面立体的棱线或底边与截平面的交点,它的边是截平面与平面立体表面的交线。

例3-7 如图3-16所示,已知三棱锥 $SABC$ 被正垂面 Q 截切,完成其投影。

空间分析 见图3-17(a),截平面 Q 与三棱锥的三个侧面均相交,截交线是三角形ⅠⅡⅢ(Ⅰ、Ⅱ、Ⅲ也是三条棱线与 Q 的交点)。

投影分析 见图3-17(b),由于截平面 Q 是正垂面,在 V 面上有积聚性。根据积聚性法,截交线的 V 面投影已知(即与 q' 重合),利用棱锥表面取点的方法求作截交线的另两个投影,进而完成棱锥截断体的投影。

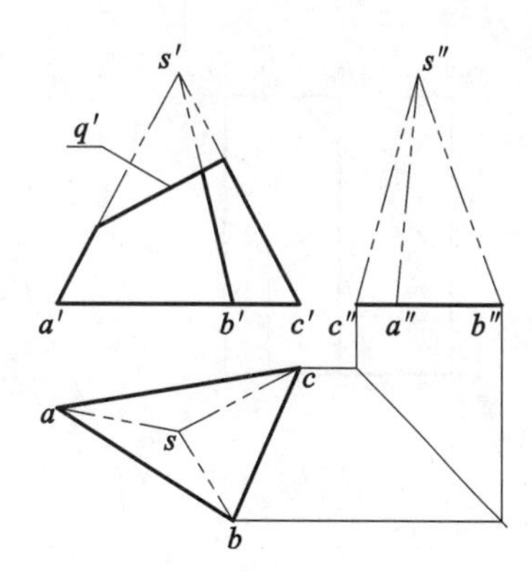

图3-16 三棱锥被截切的已知条件

作图 见图3-17(b)。

(1) 在正面投影上,找出 q' 与棱线 $s'a'$、$s'b'$、$s'c'$ 的交点1′、2′、3′。

(2) 由1′、2′、3′向下作投影连线,分别交 sa 于1、交 sb 于2、交 sc 于3。

(3) 由1′、2′、3′向右作投影连线,分别交 $s''a''$ 于1″、交 $s''b''$ 于2″、交 $s''c''$ 于3″。

(4) 连接1、2、3和1″、2″、3″并判别可见性(可见,如图3-17(b)所示)。

(5)补全棱线的投影 $1a$、$2b$、$3c$ 和 $1''a''$、$2''b''$、$3''c''$。

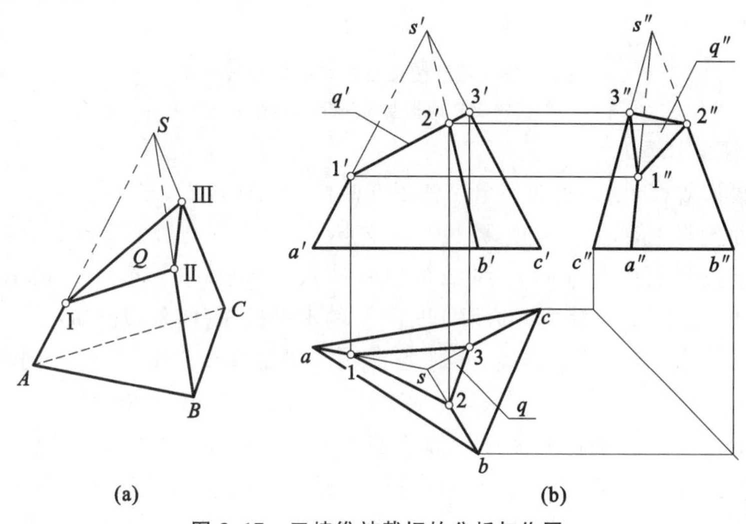

图3-17 三棱锥被截切的分析与作图

(a)空间分析 (b)作图过程

总结 积聚性法求截交线的作图步骤如下。

步骤1 分析截平面和立体的相对位置,了解截交线的空间形状。

步骤2 分析截平面和立体表面与投影面的相对位置,在有积聚性的投影上,找出截交线的已知投影。

步骤3 利用立体表面取点、取线,完成截交线的其他投影。

步骤4 补全轮廓线,判别可见性,完成截断体的投影。

例3-8 如图3-18(a)所示,已知正五棱柱被正垂面 P 截切,完成其水平投影并求侧面投影。

空间分析 如图3-18(b)所示,截平面 P 与正五棱柱的上底面和四个侧面均相交,截交线为五边形,五边形的顶点分别为截平面 P 与三条棱线及边的交点Ⅰ、Ⅱ、Ⅲ、Ⅳ、Ⅴ。

投影分析　见图 3-18(c)，截平面 P 是正垂面，在 V 面上有积聚性，故截交线的 V 面投影已知(即与 p' 重合)；五棱柱的五个侧面在 H 面上有积聚性，故截交线的 H 投影部分已知。可先利用棱柱表面取点的方法求作截交线的其他投影，然后补全正五棱柱截断体的投影。

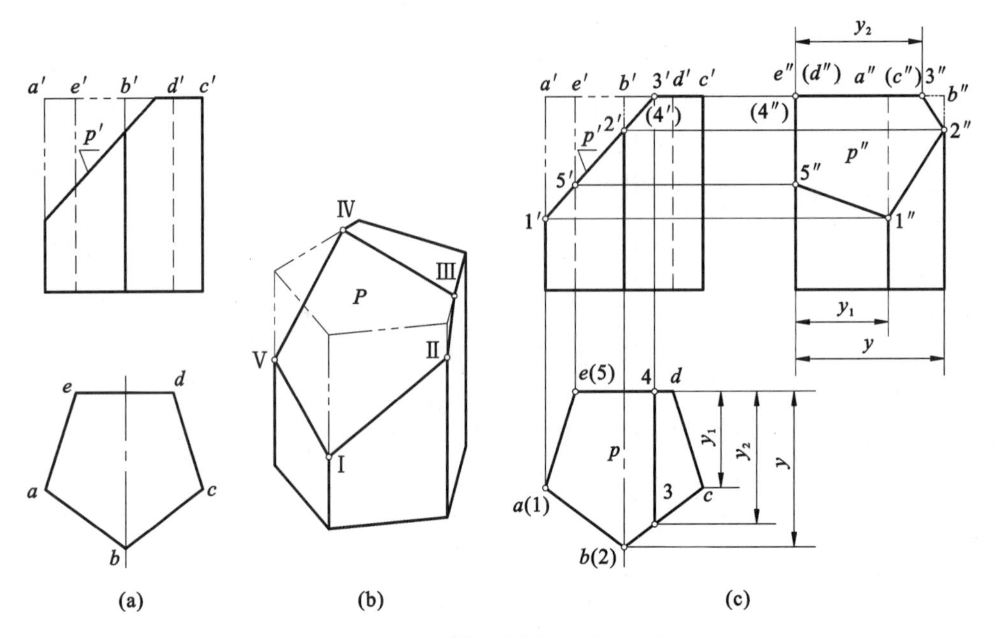

图 3-18　正五棱柱被截切的分析与作图

(a)已知条件　(b)空间分析　(c)作图过程

作图　见图 3-18(c)。

(1) 根据投影规律，用细实线作出完整正五棱柱的侧面投影。

(2) 在正面投影上，找出 p' 与三条棱线的交点 1′、2′、5′及与边的交点 3′、(4′)。

(3) 在水平投影上找出与 a、b、e 重合的(1)、(2)、(5)。由 3′、(4′)向下作投影连线，分别交 bc、de 于 3、4。连接 3、4，完成五边形ⅠⅡⅢⅣⅤ的水平投影(四条边已知)。

(4) 由 1′、2′、5′向右作投影连线，分别交 a''、b''、e''处的棱线于 1″、2″、5″。同理，根据投影规律求出 3″、(4″)。连接 1″、2″、3″、(4″)、5″完成五边形ⅠⅡⅢⅣⅤ的侧面投影。

(5) 在侧面投影上判别正五棱柱轮廓线的可见性，并按线型加深。其中 C 棱线为不可见，所以 1″(c'')为虚线。2″以上和 3″以前部分被切掉，用细双点画线表示或不画。

例 3-9　如图 3-19(a)所示，已知一个带切口的三棱锥，完成其水平投影和侧面投影。

空间分析　见图 3-19(b)，带切口的三棱锥可以看作三棱锥被水平面 Q 和正垂面 P 截切所得。其截交线可以看作是由 Q 平面截切后的截交线与由 P 平面截切后的截交线的组合，即△DEF 和△GEF。

投影分析　见图 3-19(c)，截平面 Q 是水平面，P 是正垂面，它们的正面投影都具有积聚性，所以截交线△DEF 和△GEF 的正面投影已知，即分别与 p' 和 q' 重合。利用棱锥表面取点的方法求作截交线的其他投影，最后补全三棱锥截断体的投影。

作图　见图 3-19(c)。

(1) 在正面投影上，找出截交线△DEF 和△GEF 的已知投影 d'、$e'(f')$、g'。

(2) 由 d'向下作投影连线，交 sa 于 d，过 d 分别作 ab 和 ac 的平行线，与由 $e'(f')$向下作的投影连线相交于 e、f。

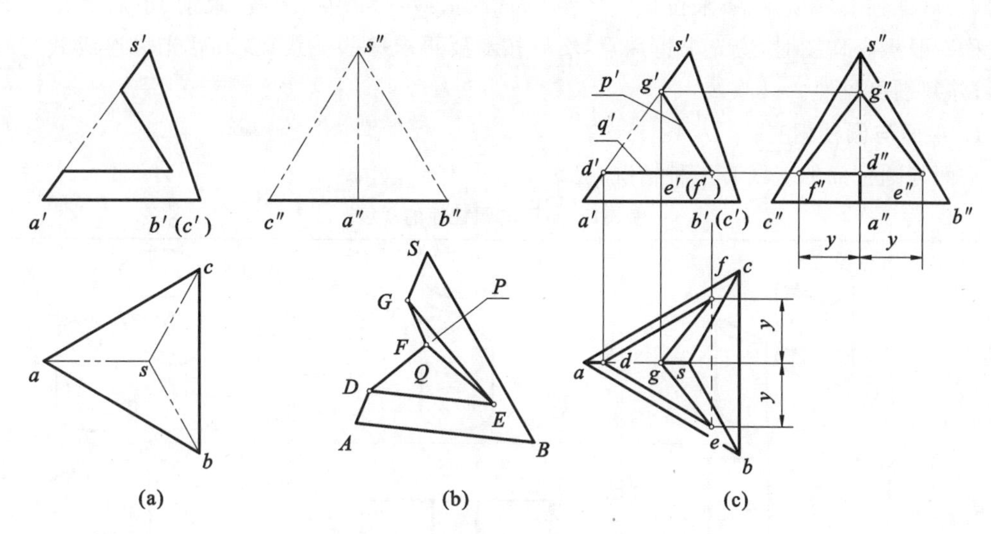

图 3-19　三棱锥切口的分析和作图

(a)已知条件　(b)空间分析　(c)作图过程

(3) 由 d' 向右作投影连线，交 $s''a''$ 于 d''；由 $e'(f')$ 向右作投影连线，由 e、f 按宽相等的原则，求出 e''、f''。

(4) 同理，由 g' 在 sa 和 $s''a''$ 上求出 g 和 g''。

(5) 连接△def、△gef 和 $f''d''e''$、△$g''e''f''$ 并判别可见性，其中 ef 不可见，用虚线表示，其他的均为可见。

(6) 补全棱锥的投影，完成作图(其中 DG 段被切掉，所以 dg 和 $d''g''$ 用细双点画线表示或不画)。

3.2.3　平面与常见的回转体相交

在工程上，常常见到平面与回转体表面相交的实例，如图 3-20(a)所示触头的端部和图 3-20(b)所示接头的槽口和凸榫。

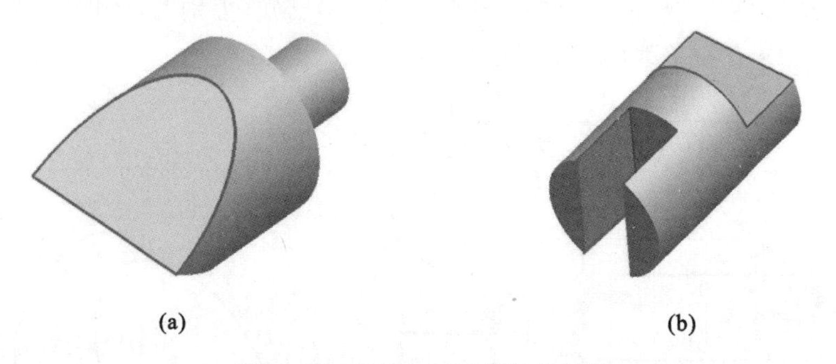

(a)　　　　(b)

图 3-20　平面与回转体相交示例

(a)触头　(b)接头

由前所述，截交线一般是封闭的平面图形。对回转体而言，通常是一条封闭的平面曲线，也可能是由曲线和直线所围成的平面图形或平面多边形。

当截交线的投影为非圆曲线时，应求出曲线上的若干个点，然后光滑连成曲线。这些点中，有一些能确定截交线的形状和范围的点，称为特殊点，包括截交线在回转面的转向轮廓线上的点、对称轴上的顶点、极限位置上的点(如最高、最低、最左、最右、最前、最后等点),其他的点称一般点。作图时,应先求特殊点,然后按需要再求一些一般点,最后光滑连成截交线的投影,并判别可见性。

1. 平面与圆柱相交

平面与圆柱面的交线有三种情况,见表 3-1。

表 3-1　平面与圆柱面的交线

立体图	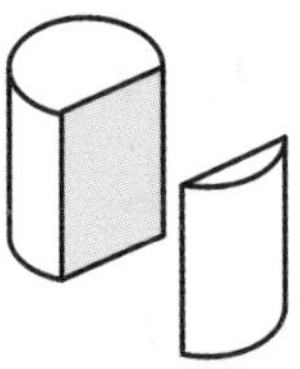	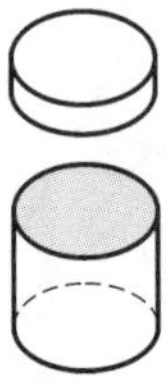	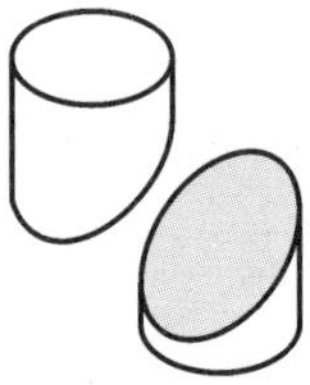
投影图	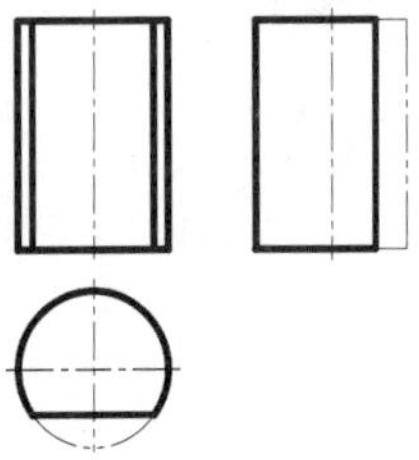	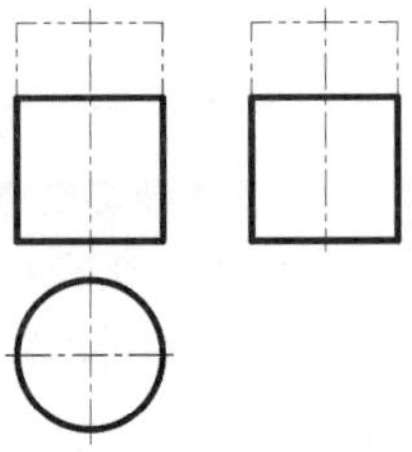	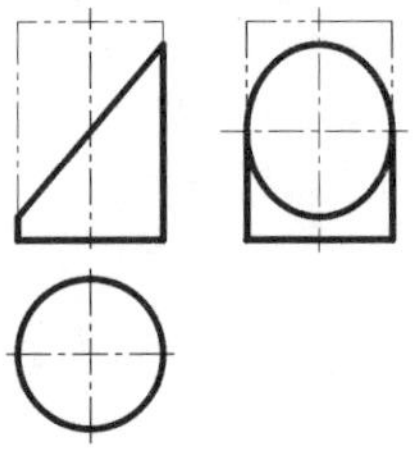
交线情况	截平面平行轴线,交线为平行于轴线的两条直线	截平面垂直于轴线,交线为圆	截平面倾斜于轴线,交线为椭圆

从表 3-1 可以看出:截平面与圆柱(体)相交时,当截平面平行于轴线,其截交线为一矩形;当截平面垂直于轴线,截交线为垂直于轴线的圆;当截平面倾斜于轴线,截交线为椭圆或由直线段和椭圆段围成(截平面同时与顶面、底面和圆柱面相交时)。

例 3-10　如图 3-21(a)所示,补全圆柱被正垂面 Q 截切后的水平投影。

空间分析　见图 3-21(b),截平面 Q 与圆柱轴线倾斜,截交线为一椭圆。

投影分析　见图 3-21(a),截平面 Q 是正垂面,正面投影有积聚性(q'),圆柱面的侧面投影也有积聚性(圆),故截交线的正面投影和侧面投影均已知(分别与 q' 和圆重合),可利用圆柱表面取点的方法求作截交线的水平面投影。

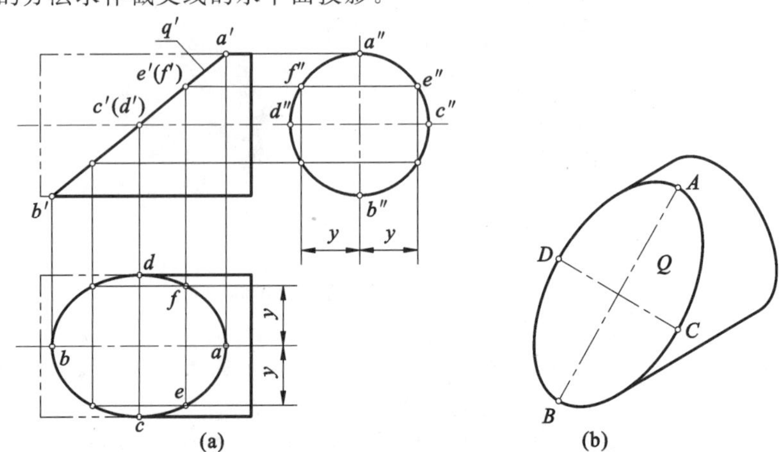

图 3-21　平面与圆柱相交

(a)已知条件和作图过程　(b)空间分析

作图 见图3-21。

(1) 求特殊点的投影 在截交线的正面和侧面投影(已知)上找出最高(最右)点A、最低(最左)点B、最前点C和最后点D的投影a'、a''、b'、b''、c'、c''、d'、d'',按投影规律求出它们的水平投影a、b、c、d。注意:A、B、C、D不仅是截交线上的极限位置点,也是圆柱转向轮廓线上的点,还是椭圆长、短轴上的端点。

(2) 求一般点的投影 在截交线的已知投影上定出一般点的投影$e'(f')$;根据高平齐,在侧面圆周上作出e''、f'',再由$e'(f')$和e''、f''求出e、f。同理,可再作出一些一般点,请读者自行分析。

(3) 在水平投影上光滑连接各点并判别可见性(本例可见)。

(4) 补全水平转向轮廓线的投影。由于c、d以左部分被切掉,所以水平转向轮廓线画到c和d为止。

例3-11 如图3-22(a)所示,补全圆柱上部槽口的侧面投影。

空间分析 见图3-22(b),圆柱上部的槽口可看作是由两个平行于圆柱轴线的侧平面P、Q和一个垂直于圆柱轴线的水平面R切割圆柱而形成的。截平面P与圆柱表面的交线均为直线,如图3-22(b)中的AB、CD和AC;截平面R与圆柱表面的交线为前后两段圆弧,前段为$\overset{\frown}{BE}$,后段与之相同;P和R的交线为直线BD。截平面Q的情况与P的相同。

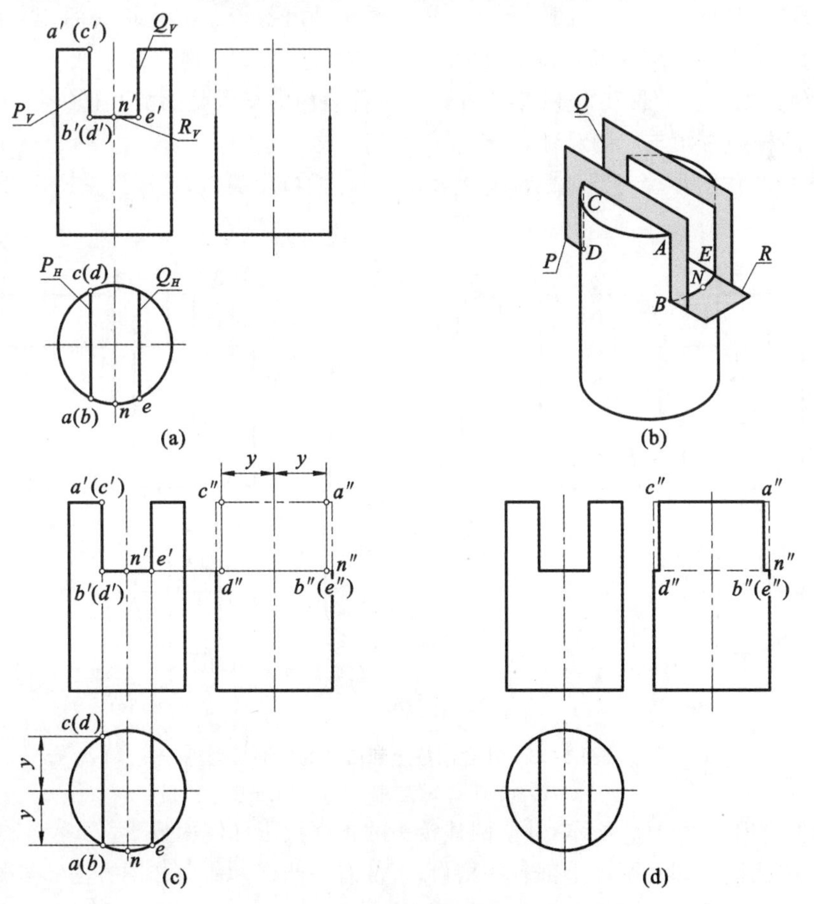

图3-22 补全圆柱被开槽后的侧面投影

(a)已知条件和初步分析 (b)空间分析 (c)作图过程 (d)完成投影

投影分析　如图 3-22(a)、(b)所示，截平面 P、Q 是侧平面，在 V、H 面上都有积聚性，其截交线在 V、H 面上都可知，与 P_V、Q_V 和 P_H、Q_H 重合；截平面 R 是水平面，在 V 面上有积聚性，圆柱面在 H 面上有积聚性，其截交线在 V、H 面上也可知，与 R_V 和前段圆弧 $\overset{\frown}{(b)ne}$ 及其对称的后段圆弧重合。利用圆柱表面取点、取线的方法可求作截交线的侧面投影。

作图　见图 3-22(c)、(d)。

(1) 在 V 和 H 面上标出截平面 P 与圆柱的截交线 AB、CD 和 AC 的已知投影 $a'b'$、$(c')(d')$ 和 $a(b)$、$c(d)$。

(2) 由 $a'b'$ 和 $a(b)$ 求出 $a''b''$；由 $(c')(d')$ 和 $c(d)$ 求出 $c''d''$。

(3) 在 V 和 H 面上标出截平面 R 与圆柱的截交线 $\overset{\frown}{BNE}$ 的已知投影 $b'n'e'$ 和 $\overset{\frown}{(b)ne}$(后段与之相同)。

(4) 由 $b'n'e'$ 和 $\overset{\frown}{(b)ne}$ 求出 $b''n''(e'')$。

(5) 连线即得截交线的侧面投影。

注意：$b''d''$ 不可见，应画成虚线；从 b'' 到 n'' 再到 (e'') 直线段为圆弧 $\overset{\frown}{BNE}$ 的投影；由于槽口前后对称，所以 d'' 后面的画法与 $b''n''(e'')$ 处相同；槽口处的侧面转向轮廓线被切割掉，所以侧面投影用细双点画线表示或不画。

例 3-12　如图 3-23(a)所示，补全圆柱上部凸榫的侧面投影。

空间分析　见图 3-23(b)，圆柱上部凸榫可看作是由平行于圆柱轴线的侧平面和垂直于圆柱轴线的水平面切割圆柱而形成的，如图凸榫左侧的 P、Q 平面。截平面 P 与圆柱表面的交线均为直线，如ⅠⅡ、ⅢⅣ和ⅠⅢ；截平面 Q 与圆柱表面的交线是圆弧 $\overset{\frown}{ⅡⅣ}$；P 和 Q 的交线为直线ⅡⅣ。凸榫的右侧与左侧对称，截交线与左侧一样。

投影分析和作图步骤　圆柱凸榫与例 3-11 圆柱槽口相类似，请读者按图 3-23(c)自行阅读分析。

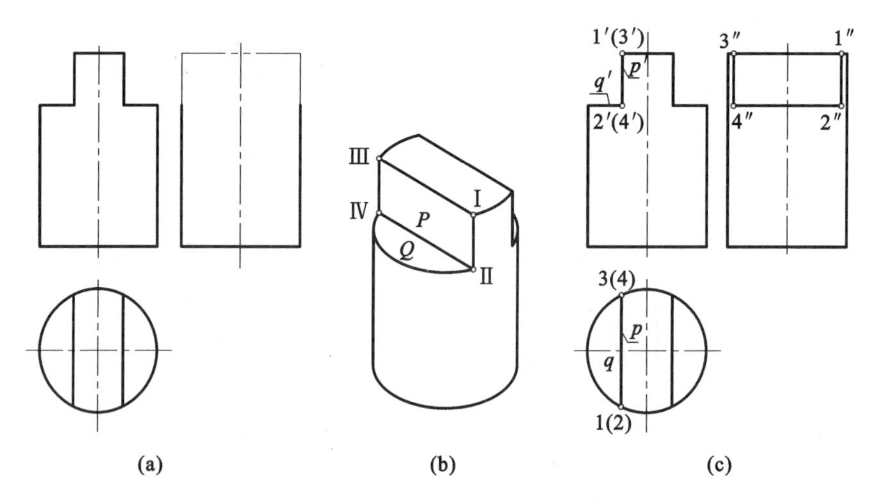

图 3-23　补全圆柱上部凸榫的侧面投影

(a)已知条件　(b)直观图　(c)完成投影

例 3-13　如图 3-24(a)所示，补全圆柱接头的正面投影和侧面投影。

分析　圆柱接头即在圆柱上部有一槽口，下部有一凸榫。所以作图方法和步骤与例 3-11 和例 3-12 相同，请读者按图 3-24 自行分析。

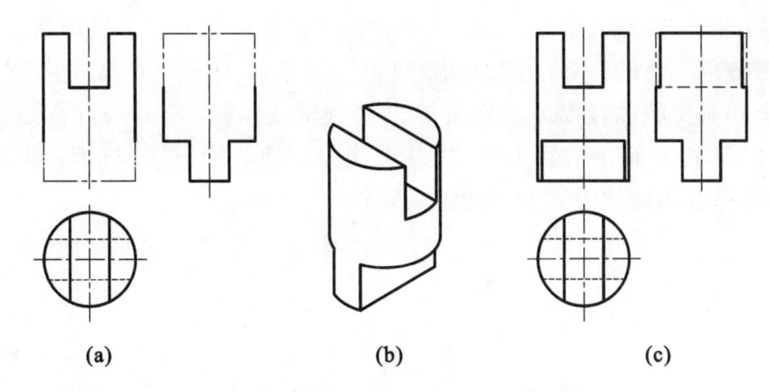

图 3-24 补全圆柱接头的正面和侧面投影

(a)已知条件 (b)直观图 (c)完成投影

2. 平面与圆锥相交

平面与圆锥面的交线有五种情况，见表 3-2。下面具体分析平面与圆锥体的交线。

(1) 截平面垂直于轴线，截交线为垂直于轴线的圆。

(2) 截平面倾斜于轴线，且 $\theta>\varphi$，未截到底圆时截交线为椭圆，截到底圆时截交线为椭圆弧和直线。

(3) 截平面倾斜于轴线，且 $\theta=\varphi$，截交线为抛物线段和直线段。

(4) 截平面倾斜于轴线，且 $\theta<\varphi$，截交线为双曲线段和直线段。

(5) 截平面通过锥顶，截交线为三角形。

表 3-2 平面与圆锥面的交线

立体图	P	P	P	P	P
投影图	φ P_V θ	φ P_V θ	φ P_V θ	P_V φ θ	P_V
交线情况	截平面垂直于轴线($\theta=90°$)，交线为圆	截平面倾斜于轴线，且 $\theta>\varphi$，交线为椭圆	截平面倾斜于轴线，且 $\theta=\varphi$，交线为抛物线	截平面倾斜于轴线，且 $\theta<\varphi$，或平行于轴线($\theta=0°$)，交线为双曲线	截平面通过锥顶，交线为通过锥顶的两条相交直线

例 3-14 如图 3-25(a)所示，补全圆锥被正垂面 P 截切后的水平投影和侧面投影。

空间及投影分析 从图 3-25 可以看出，要求作圆锥被正垂面 P 截切后的水平投影和侧面投影必须先求作截交线的投影。截平面 P 与圆锥轴线倾斜，且 $\theta>\varphi$，截交线是椭圆。由于截平面 P 是正垂面，在 V 面上有积聚性，故截交线的正面投影已知，与 P_V 重合，水平投影和侧面投影仍为椭圆，利用圆锥表面取点的方法求作。

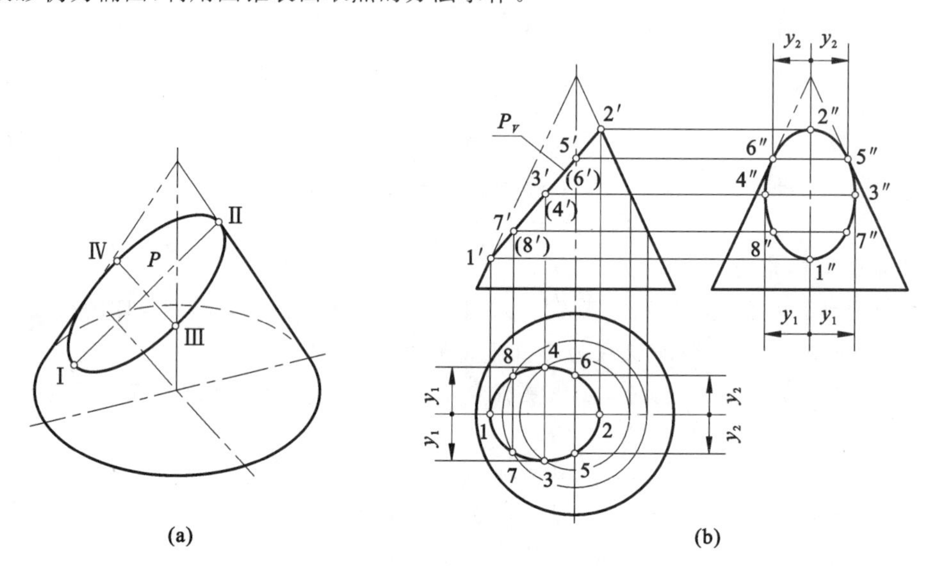

图 3-25 平面与圆锥相交(一)

(a)空间分析 (b)已知条件和作图过程

作图 见图 3-25。

(1) 求特殊点的投影。

① 求极限位置(椭圆长轴)上的点Ⅰ、Ⅱ。在正面投影上，找出截交线的最低(最左)点Ⅰ和最高(最右)点Ⅱ的投影 1′、2′，由 1′、2′直接求出 1、2 和 1″2″。Ⅰ、Ⅱ也是正面转向轮廓线上的点。

② 求极限位置(椭圆短轴)上的点Ⅲ、Ⅳ。由椭圆的长、短轴互相垂直平分可得 1′2′的中点即为椭圆短轴Ⅲ、Ⅳ的正面投影 3′、(4′)，采用辅助纬圆法，由 3′、(4′)求出 3、4 和 3″、4″。Ⅲ、Ⅳ也是截交线上的最前和最后点。

③ 求截交线在侧面转向轮廓线上的点Ⅴ、Ⅵ：在正面投影上，作出截交线与侧面转向轮廓线的交点Ⅴ、Ⅵ的投影 5′、(6′)，由 5′、(6′)先求出 5″、6″，再根据长对正、宽相等，求出 5、6。

(2) 求一般点的投影。

在截交线的正面投影上定出一般点Ⅶ、Ⅷ的投影 7′(8′)，采用辅助纬圆法，由 7′(8′)求出 7、8，再根据高平齐、宽相等，求出 7″、8″。

(3) 在水平投影和侧面投影上，按顺序光滑连接各点，并判别可见性(都为可见)，即得截交线的两面投影。

(4) 补全轮廓线的投影。侧面转向轮廓线应画到 5″、6″为止，以上部分被切割掉。

例 3-15 如图 3-26(a)所示，已知圆锥被正平面 P 截切，完成其截交线的投影。图 3-26(c)所示为这种截交线的应用实例——螺母倒角处的曲线。

空间及投影分析 见图 3-26(a)、(b)，截平面 P 与圆锥的轴线平行，截交线是由一叶双曲线和直线组成的。由于截平面 P 是正平面，在 H 面上有积聚性，故截交线在 H 面上的投影已知，与 P_H 重合。利用圆锥表面取点的方法可求作截交线的正面投影。

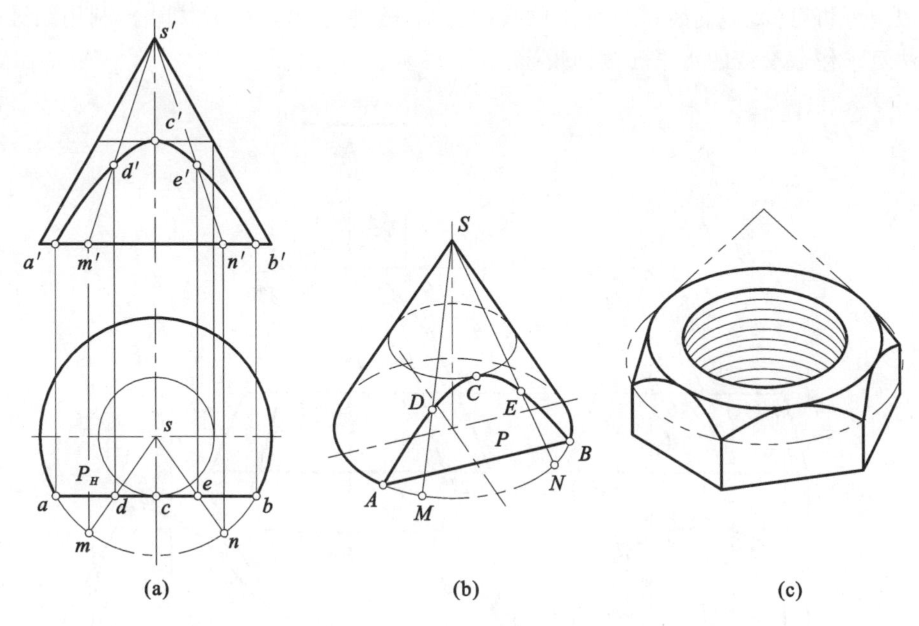

图 3-26 平面与圆锥相交(二)

(a)已知条件和作图过程 (b)空间分析 (c)应用实例

作图 见图 3-26(a)。

(1) 求特殊点的投影。

① 求截交线上的最低点 A、B(也是底圆上的点)的投影。在水平投影上,找出截交线与底圆的交点 A、B 的投影 a、b;由 a、b 在底圆的正面投影上求出 a'、b'。

② 求截交线上的最高点 C(双曲线对称轴上的顶点)的投影。在线段 ab 的中点作出最高点 C 的水平投影 c;由 c 采用辅助纬圆法(辅助水平纬圆)求出 c'。

(2) 求一般点的投影。

在截交线的水平投影上(适当的位置)定出两个一般点 D、E 的投影 d、e;由 d、e 采用辅助素线法(过点 D、E 作辅助素线 SM、SN)求出 d'、e'。

(3) 在正面投影上,按顺序光滑连接各点,并判别可见性(可见)。

例 3-16 如图 3-27 所示,圆锥被正垂面 P、水平面 Q、正垂面 R 截去左上部,补全圆锥被切割后的水平投影,并求作其侧面投影。

空间及投影分析 从图 3-27 可以看出,本例应先求作截交线的投影,再补全轮廓线的投影。

(1) 截平面 P 与圆锥的交线。从正面投影可以看出,截平面 P 通过锥顶,故它与圆锥面的交线是两条直线段ⅠⅢ和ⅡⅣ,与底面的交线是直线ⅠⅡ。由于截平面 P 是正垂面,在 V 面上有积聚性,所以截交线在 V 面的投影已知,与 P_V 重合。

(2) 截平面 Q 与圆锥的交线。截平面 Q 是与圆锥轴线垂直的水平面,截交线是两段圆弧 $\overset{\frown}{\text{ⅢⅤ}}$ 和 $\overset{\frown}{\text{ⅣⅥ}}$。同理,截交线在 V 面上的投影已知,与 Q_V 重合。

(3) 截平面 R 与圆锥的交线。截平面 R 平行于圆锥面最左的素线,截交线是抛物线ⅤⅦⅥ(Ⅶ为抛物线的顶点)。同理,截交线在 V 面上的投影已知,与 R_V 重合。

(4) 截平面 P、Q、R 之间的交线。P 与 Q 的交线ⅢⅣ,Q 与 R 的交线ⅤⅥ,均为正垂线,正面投影积聚成点。

由以上分析可知，截交线在 V 面上的投影已知，分别与 P_V、Q_V、R_V 重合，利用圆锥表面取点的方法可求作截交线的水平和侧面投影。

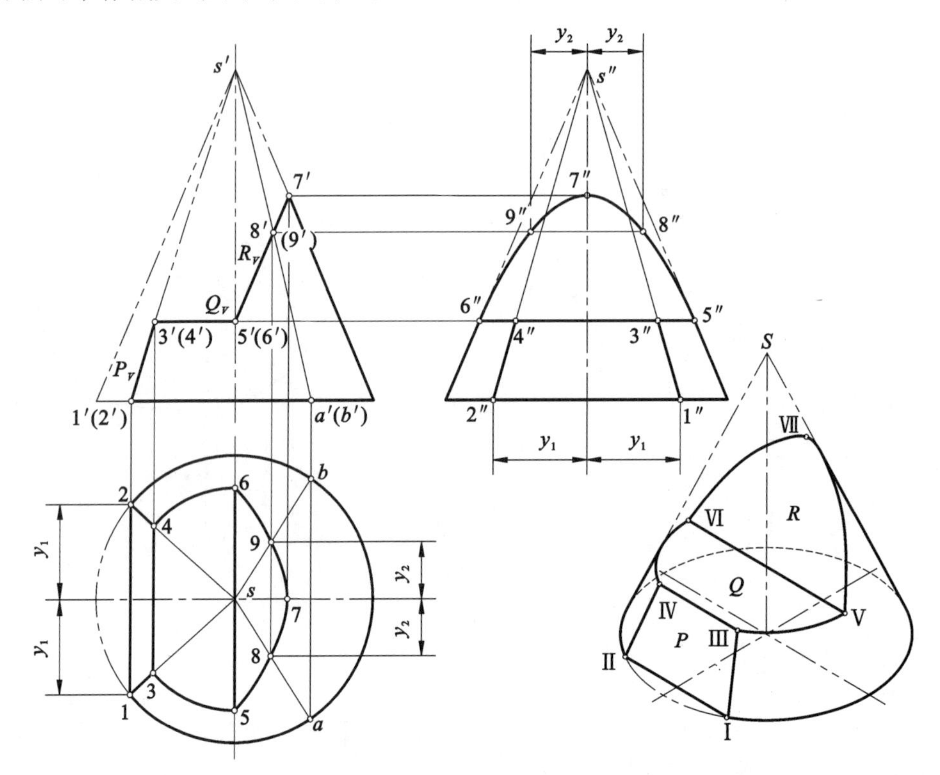

图 3-27　补全圆锥被切割后的水平投影，并求作侧面投影

作图　见图 3-27。

(1) 用细实线作出圆锥未被切割的侧面投影。

(2) 求截平面 P 与圆锥截交线的投影。

在 V 面上找出截交线ⅠⅢ和ⅡⅣ的投影 $1'3'$ 和 $(2')(4')$；由 $1'(2')$ 在水平投影的圆周上求出 1、2，由 $3'(4')$ 在水平投影的 $s1$ 和 $s2$ 上求出 3、4，根据高平齐、宽相等的投影关系，求出 $1''$、$2''$ 和 $3''$、$4''$。

(3) 求截平面 Q 与圆锥截交线的投影。

在 V 面上找出截交线($\widehat{\text{ⅢⅤ}}$ 和 $\widehat{\text{ⅣⅥ}}$)的已知投影 $3'5'$ 和 $(4')(6')$，由 $5'(6')$ 求出 $5''$、$6''$ 和 5、6。

(4) 求截平面 R 与圆锥截交线的投影。

① 求特殊点。在 V 面上找出截交线(抛物线)的最低点Ⅴ、Ⅵ和顶点Ⅶ的已知投影 $5'(6')$ 和 $7'$；由 $7'$ 求出 7、$7''$。

② 求一般点。在 $5'(6')$ 和 $7'$ 之间定出一般点Ⅷ、Ⅸ的投影 $8'(9')$，采用辅助素线法(过Ⅷ、Ⅸ作辅助素线 SA 和 SB)求出 8、9，再按投影关系求出 $8''$、$9''$。

(5) 按顺序连接各段截交线的投影，并判别可见性(见图 3-27)。

(6) 补全轮廓线的投影。在侧面投影上补全底圆和侧面转向轮廓线的投影，其中侧面转向轮廓线应画到 $5''$、$6''$ 为止。

3. 平面与球相交

平面与球面的截交线为圆。截平面与投影面的相对位置不同，截交线的投影也不一样。

当截平面平行于投影面时，截交线在该投影面上的投影为反映真形的圆；当截平面垂直于投影面时，截交线在该投影面上的投影为直线，长度等于截交圆的直径，如图 3-28 所示。当截平面倾斜于投影面时，截交线在该投影面上的投影为椭圆。

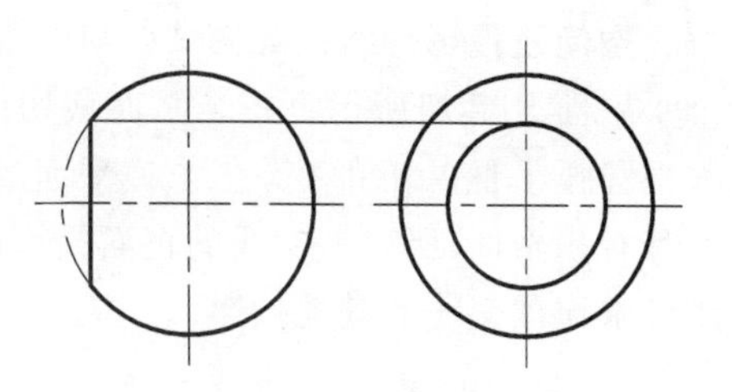

图 3-28　平面与球相交(一)

例 3-17　如图 3-29(a)所示，补全球被正垂面 Q 截切后的水平投影和侧面投影。

空间及投影分析　从图 3-29(a)可以看出，截平面 Q 与球的截交线为一正垂圆。由于截平面 Q 是正垂面，故截交线在 V 面上的投影已知，与 Q_V 重合。截交线的其他投影为椭圆，可利用球面上取点的方法求作。

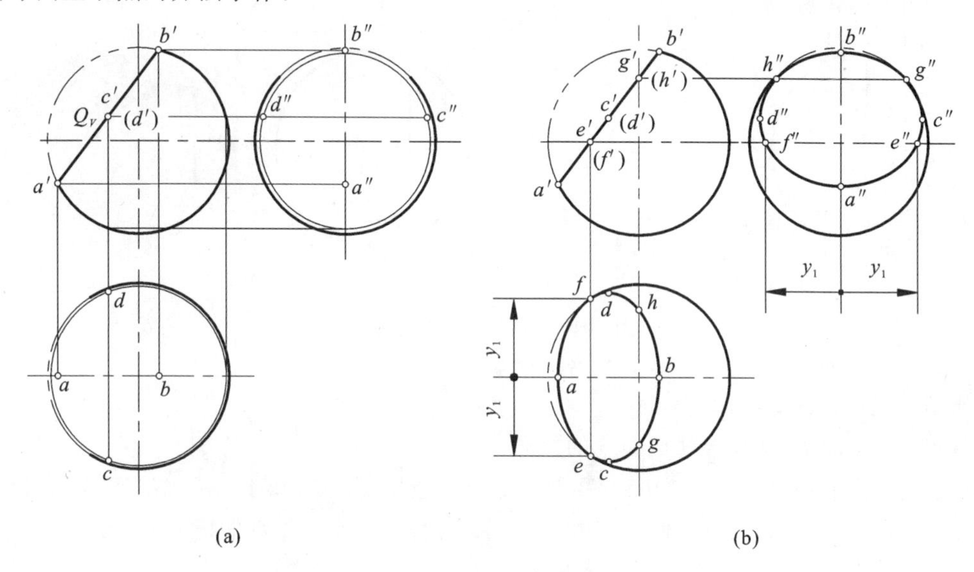

图 3-29　平面与球相交(二)

(a)已知条件和求作特殊点 A、B、C、D　(b)求作特殊点 E、F、G、H

作图　见图 3-29。

(1) 求特殊点的投影。

① 求最低(最左)点 A 和点最高(最右)B 的投影。

在正面投影上找出 a'、b'，由 a'、b'按投影关系求出水平投影 a、b 和侧面投影 a''、b''。

② 求最前点 C 和最后点 D 的投影。

在 $a'b'$的中点找出 C、D 的投影 $c'(d')$，由 $c'(d')$采用辅助纬圆法求出 c、d 和 c''、d''。

③ 求作截交线与水平转向轮廓线的交点 E、F 的投影。

在 $a'b'$与水平中心线的相交处找出 $e'(f')$，由 $e'(f')$按投影关系求出 e、fe''、f''。

④ 求截交线与侧面转向轮廓线的交点 G、H 的投影。求解方法同本例③，请读者自行分析。

(2) 求一般点的投影。

在上述特殊点之间再求一些一般点。由于本例特殊点较多，一般点可省略。

(3) 按顺序光滑连接曲线，并判别可见性(本例都可见)。

(4) 补全转向轮廓线的投影。水平转向轮廓线画到 e、f 为止，e、f 以左部分被切割掉，用细双点画线表示或不画。同理，侧面转向轮廓线画到 g''、h''为止，以上部分被切掉。

例 3-18　如图 3-30(a)所示，已知半球上部切一凹槽，补全其水平投影和侧面投影。

空间及投影分析　如图 3-30 所示,半球上部的凹槽可以看做是被两个侧平面 P、Q 和一个水平面 S 截切所得。三个平面截切所得的截交线都是圆弧,分别为侧平圆弧 $\widehat{\text{I II}}$、$\widehat{\text{IV V}}$ 和水平圆弧 $\widehat{\text{I III IV}}$ 和 $\widehat{\text{II V}}$。三个截平面的交线是直线段Ⅰ Ⅱ和Ⅳ Ⅴ。由于三个截平面在 V 面上都有积聚性,所以截交线的正面投影已知,分别与 p'、q'、s'重合,利用球面上取点、取线的方法可求作截交线的其他投影。

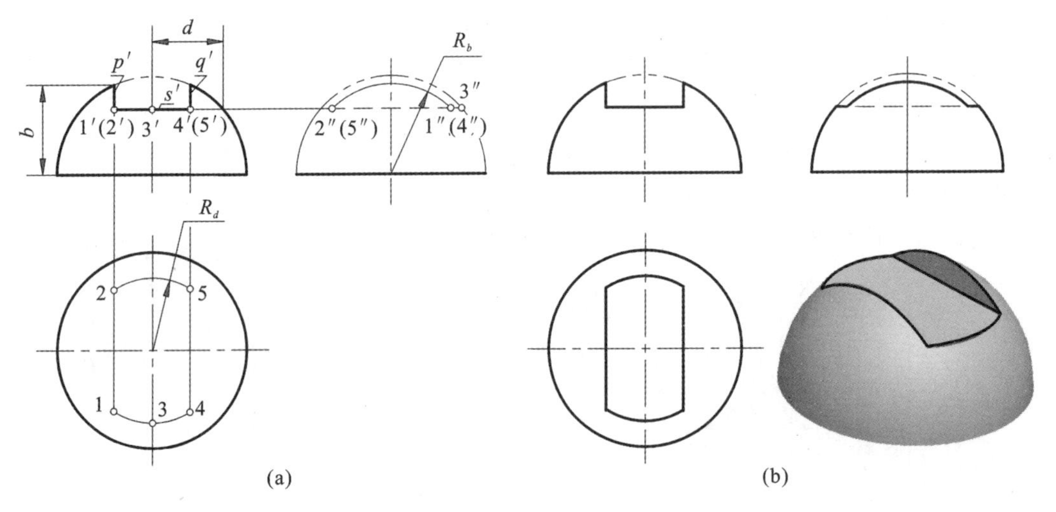

图 3-30　平面与球相交(三)

(a)已知条件和作图过程　(b)作图结果

作图　见图 3-30。

(1) 求截平面 P、Q 与半球截交线的投影。

在正面投影上找出侧平圆弧 $\widehat{\text{III}}$ 和 $\widehat{\text{IV V}}$ 端点的已知投影 1′、(2′)和 4′、(5′),在 W 面上,以尺寸 b 为半径画圆弧得侧面投影,即圆弧 $\widehat{1''2''}$ 和 $\widehat{(4'')(5'')}$,按投影关系求作水平投影 12 和 45。

(2) 求截平面 S 与半球截交线的投影。

求解方法与步骤(1) 相同,请读者根据图 3-30(a)自行分析。请注意分析侧面投影。

(3) 求三个截平面交线的投影。

两条交线Ⅰ Ⅱ和Ⅳ Ⅴ的正面投影积聚为点 1′(2′)和 4′(5′),按投影关系求作侧面投影 1″2″和(4″)(5″)(不可见,用虚线表示)和水平投影 12 和 45。

(4) 整理加粗并补全轮廓线的投影,见图 3-30(b)。

4. 平面与组合回转体相交

组合回转体是由若干个基本回转体组合而成的,零件上也有平面截切组合回转体产生的截交线,如图 3-31 所示的连杆头。求作组合回转体表面的截交线的方法:首先应分析该组合回转体是由哪些基本回转体组成的,找出各基本回转体的范围,然后逐个对基本回转体进行分析并绘制其截交线。

例 3-19　如图 3-31 所示的连杆头,补全其正面投影。

空间及投影分析　连杆头是由球、圆锥和圆柱组合后被两个正平面截切再穿孔而成的,应补全截交线的正面投影。由于两个截平面前后对称,所以截交线的正面投影重合,下面仅分析前截平面 Q 截切后所产生的截交线。从侧面投影可以看出,截平面截切到球和圆锥,没有截切到圆柱。截平面与球面的截交线是圆弧,与圆锥面的截交线是双曲线,圆弧与双曲线的分界点在球面和圆锥面的分界线(圆)上。截平面 Q 是正平面,在 W 面上有积聚性,故截交线的侧面投影已知，与 Q_W 重合。利用圆锥面和球面上取点、取线的方法求作截交线的正面投影。

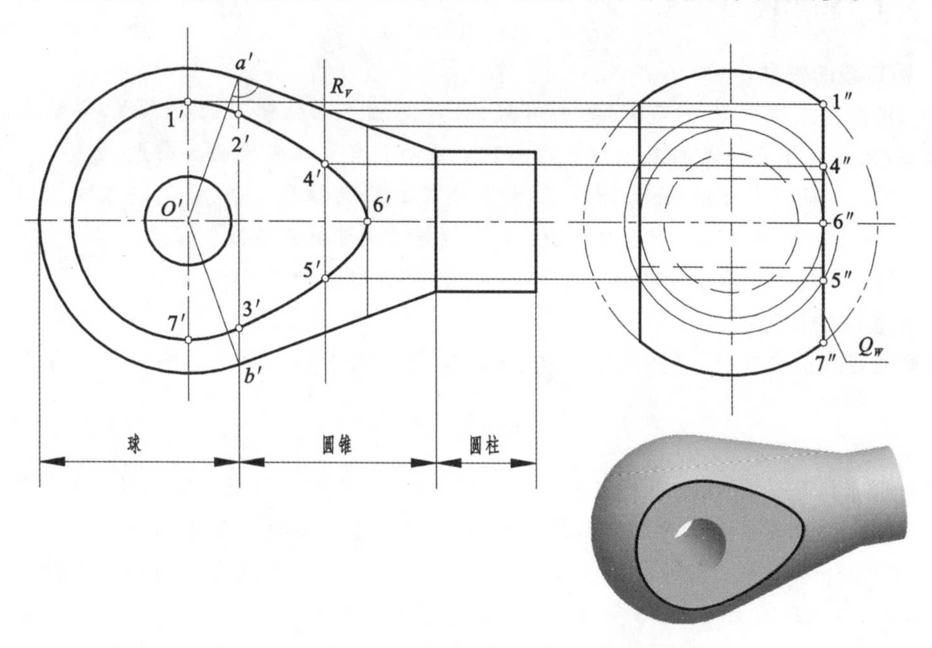

图 3-31　平面与组合回转体相交

作图　见图 3-31。

(1) 求球面和圆锥面分界线(圆)的正面投影。过 O' 作圆锥面正面转向轮廓线的垂线，得垂足 a'、b'，直线 $a'b'$ 即为球面和圆锥面分界圆的正面投影。

(2) 求截平面与球面的截交线。该截交线的正面投影是一段圆弧，以 O' 为圆心，以 $1''6''$ 为半径画圆弧，交 $a'b'$ 得 $2'$、$3'$。

(3) 求截平面与圆锥面的截交线。该截交线的正面投影是一双曲线，双曲线的最左点在球面和圆锥面的分界圆上，正面投影即 $2'$、$3'$；在 $1''7''$ 的中点标出双曲线顶点的侧面投影 $6''$，由 $6''$ 采用辅助纬圆法求出 $6'$；在适当的位置求作一般点 $4'$、$5'$，最后按顺序光滑连接并判别可见性。

3.3　立体与立体相交

在比较复杂的零件上，通常会出现立体与立体相交的情况，如图 3-32 所示。两个或多个相交的立体称为相贯体，两立体表面的交线称为相贯线。本节主要介绍求作相贯线的方法，进而完成相贯体的投影。

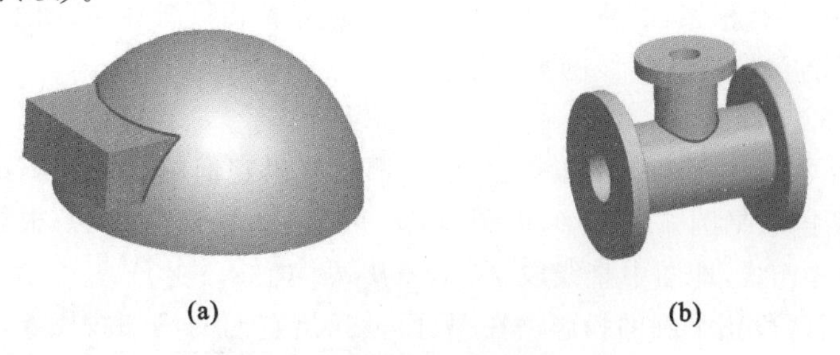

图 3-32　立体与立体相交示例

(a)平面立体与回转体相交　(b)两回转体相交

3.3.1 相贯线

1. 相贯线的性质

(1) 相贯线是两相交立体表面的共有线,也是两相交立体表面的分界线,它既在立体Ⅰ的表面上,又在立体Ⅱ的表面上。相贯线上的点是两相交立体表面的共有点。

(2) 立体表面是封闭的,一般情况下,相贯线是封闭的空间线条(空间折线或空间曲线),如图3-32所示。特殊情况下可能不封闭,也可能是平面曲线或直线。

(3) 相贯线的形状取决于两相交立体的形状、大小和相对位置。

2. 相贯线的作图方法

求作相贯线的方法有三种:积聚性法、辅助平面法和辅助球面法。本书主要介绍前两种方法。

1) 积聚性法

作图原理和方法:由于相贯线既在立体Ⅰ的表面上,又在立体Ⅱ的表面上,当其中一个或两个立体的表面在某些投影面上有积聚性时,则相贯线在这些投影面上的投影与积聚性投影重合,可直接得出(即相贯线的这些投影为已知,不必求作),然后在已知的相贯线投影上取一些点或线,利用立体表面取点、取线的方法完成相贯线的其他投影。

积聚性法解题的条件是:两个立体的表面至少有一个在某个投影面上有积聚性。

2) 辅助平面法

辅助平面法求相贯线是利用"三面共点"的原理求出相贯线上的一系列点,然后光滑连接并判别可见性。

作图原理和方法见后述。

3.3.2 平面立体与回转体相交

平面立体与回转体相交时,其表面的相贯线通常是由若干段平面曲线(特殊时为直线)围成的封闭的空间线条,如图3-32(a)所示。每段平面曲线或直线是平面立体上的某棱面或底面与回转体表面的截交线。两段截交线的交点是平面立体的棱线或底边与回转体表面的交点。所以求作平面立体与回转体的相贯线可归结为求作平面与回转体的截交线的问题。

例3-20 如图3-33(a)所示,已知四棱柱与半球相交,补全相贯线的投影。

空间及投影分析 从图3-33(a)可知,四棱柱与半球相交的相贯线可以看作是由四棱柱的四个棱面截切半球所得的四段截交线(上下两段水平圆弧,前后两段正平圆弧)围成的。由于四棱柱的侧面投影有积聚性,所以利用积聚性法解题。相贯线在W面上的投影已知,利用球面取点、取线的方法完成相贯线的另两个投影。

作图 见图3-33(b)。

(1) 求作上下两段水平圆弧的投影。在W面上找出它们的已知投影$a''b''c''$和$d''e''f''$;在H面上,画出这两段水平圆弧的投影,即圆弧$\overset{\frown}{abc}$(可见)和$\overset{\frown}{def}$(不可见);根据投影关系找出这些点的V面投影并连线,即图中直线段$a'b'(c')$及$d'e'(f')$。

(2) 求作前后两段正平圆的投影。在W面上找出它们的已知投影$a''d''$和$c''f''$;在V面上,画出这两段正平圆(前后对称)的投影,即圆弧$\overset{\frown}{a'd'}$和$\overset{\frown}{(c')(f')}$;根据投影关系求出这些点的$H$面投影并连线,见图中直线段$ad$和$cf$。

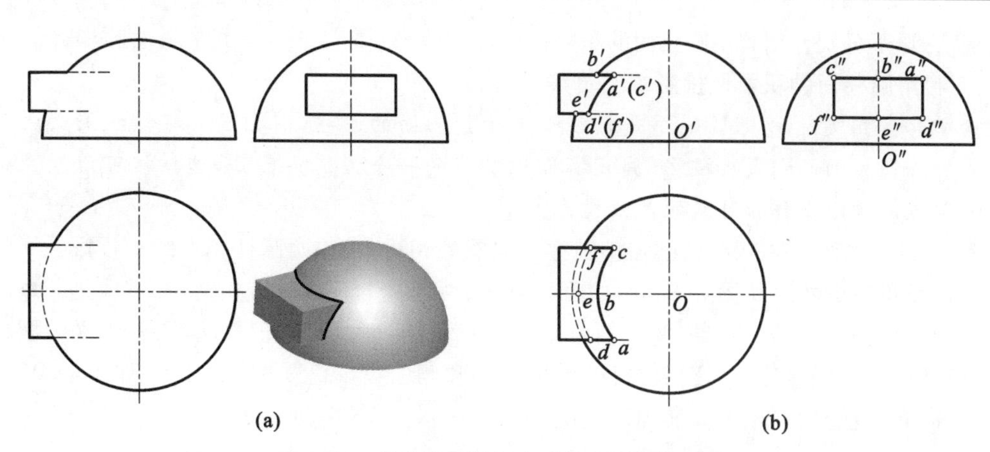

图 3-33　求作四棱柱与半球的相贯线的投影

(a)已知条件和立体图　(b)作图过程

(3) 补全相贯体的投影。正面投影和侧面投影都已完整，在水平投影中，由于四棱柱在$\overset{\frown}{AD}$之左的前棱面和$\overset{\frown}{CF}$之左的后棱面都是存在的，所以应画出这两个棱面可见的水平投影，如图 3-33 所示。

总结　积聚性法求相贯线的作图步骤如下。

步骤 1　分析两个立体的形状、大小和相对位置，了解相贯线的空间形状。

步骤 2　分析两个立体表面与投影面的相对位置，在有积聚性的投影上，找出相贯线的已知投影。

步骤 3　利用立体表面取点、取线，完成相贯线的其他投影。

步骤 4　补全轮廓线，判别可见性，完成相贯体的投影。

3.3.3　两回转体相交

两回转体相交，其相贯线一般情况下是光滑的、闭合的空间曲线，特殊情况下可能不闭合，也可能是平面曲线或直线，如图 3-34 所示。由于相贯线是两个立体表面的共有线，所以相贯线上的每一点都是立体表面的共有点。当相贯线的投影为非圆曲线时，求作相贯线的实质就是求两回转体表面一系列的共有点，然后依次光滑连接，并判别可见性。

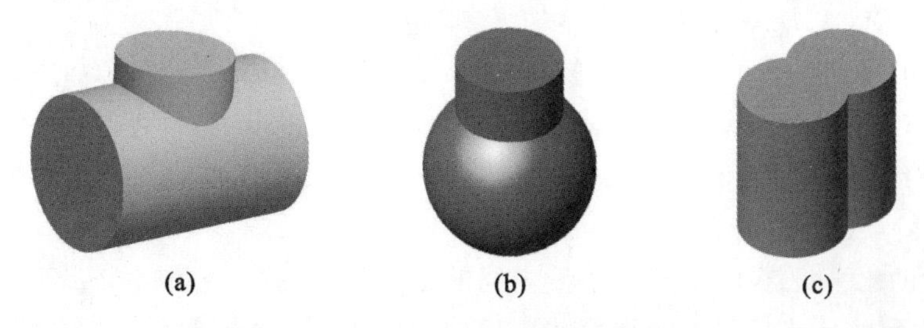

图 3-34　两回转体相交的相贯线形状

(a)相贯线为空间曲线　(b)相贯线为平面曲线　(c)相贯线为直线

判别相贯线可见性的原则是：当相贯线同时位于两回转体的可见表面时，这段相贯线的投影才是可见的，否则就不可见。

求两回转体表面一系列的共有点时，应先求作相贯线上能够确定相贯线形状和范围的点，即特殊点(包括转向轮廓线上的点、相贯线对称平面上的点及极限位置上的点)，然后按需要再求作相贯线上其他的一些点，即一般点。求作这些点的方法如前述：积聚性法、辅助平面法和辅助球面法,以下分别介绍利用圆柱面的积聚性投影和辅助平面法求相贯线的方法和步骤。

1. 利用圆柱面的积聚性投影求相贯线

两回转体相交时,如果有一个是轴线垂直于投影面的圆柱,则相贯线在该投影面上的投影就重合在圆柱面的积聚性投影(圆)上,即相贯线的一个投影为已知,这样就可以利用回转体表面取点的方法求作相贯线的其他投影。

例 3-21　如图 3-35 所示,已知小圆柱与大圆柱相贯,求作两圆柱相贯线的投影。

空间及投影分析　从图 3-35(b)中可以看出,两圆柱的轴线垂直相交,相贯线是一条闭合的空间曲线,且前后和左右都对称。直立小圆柱面的 H 面投影有积聚性(圆),水平大圆柱面的 W 面投影有积聚性(圆),故相贯线的水平投影和侧面投影已知(H 面上与圆重合,W 面上与上部分圆弧重合),利用圆柱表面取点的方法求作相贯线的正面投影。

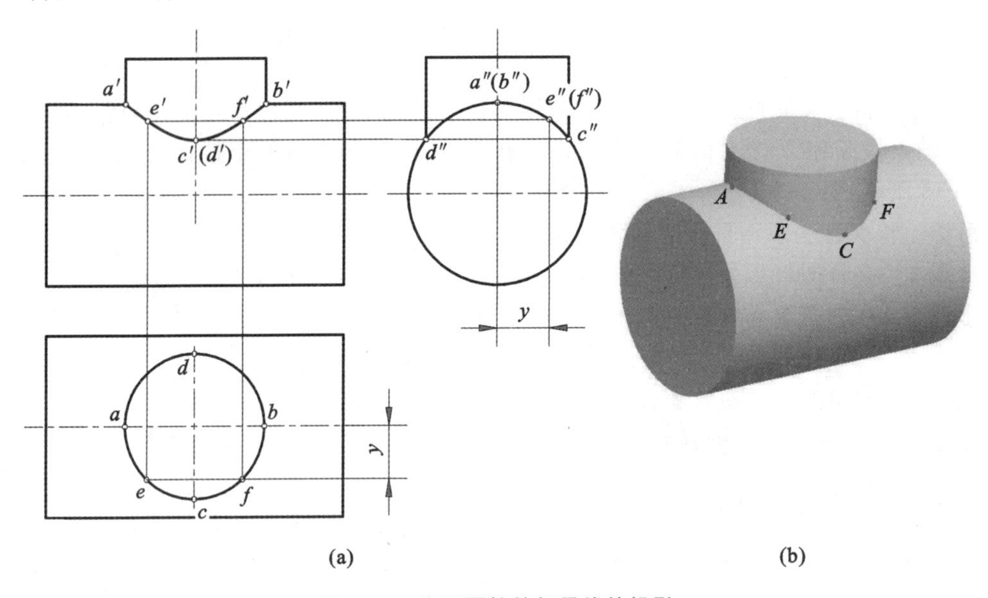

图 3-35　作两圆柱的相贯线的投影

(a)已知条件和作图过程　(b)立体图

作图　见图 3-35。

(1) 求特殊点(A、B、C、D)的投影。

在相贯线的已知投影上(水平和侧面投影),找出最左、最右、最前、最后点的投影 a、b、c、d 和 a''、b''、c''、d'';根据长对正、宽相等,求出 a'、b'、c'、(d')。由图 3-35(a)可以看出,点 A、B 和 C、D 也是相贯线上的最高和最低点,同时也是转向轮廓线上的点。

(2) 求一般点(E、F)的投影。

在相贯线的水平投影上,处于 a、c、b 之间的适当位置,找出一般点的投影 e、f(由于前后对称,a、d、b 之间的从略),根据宽相等(图 3-35(a)中的 y),在侧面投影上找出 e''、(f'');由 e、f 和 e''、(f'')求出 e'、f'。

(3) 光滑连线并判别可见性。

在正面投影上,按水平投影的顺序光滑连接各点。其中曲线 $a'e'c'f'b'$ 可见(在两个圆柱的前半个可见的圆柱面上),曲线 $a'(d')b'$ 不可见(在两圆柱的后半个不可见的圆柱面上),由于对称,前后重合。

两轴线垂直相交的圆柱,在零件上是最常见的,它们的相贯线一般有图 3-36 所示的三种形式。

图 3-36(a)所示为两实心圆柱相交(实实相交),直立的小,水平的大,相贯线是上下对称的两条闭合的空间曲线。

图 3-36(b)表示实心的大圆柱与小的圆柱孔相交(实虚相交),相贯线也是上下对称的两条闭合的空间曲线。

图 3-36(c)所示的相贯线是长方体内部的两个大小不等的圆柱孔的孔壁的交线(虚虚相交),同样是上下对称的两条闭合的空间曲线。

实际上,这三种形式的相贯线具有相同的形状,其求法也是一样的。

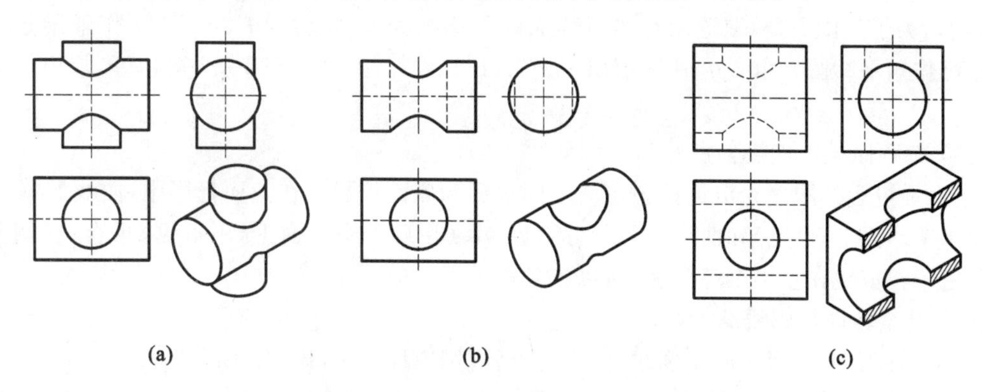

图 3-36　两圆柱相贯线的常见情况

(a)两实心圆柱相交　(b)实心圆柱与圆柱孔相交　(c)两圆柱孔相交

例 3-22　如图 3-37(a)所示,已知在半球上穿通一个圆柱孔,补全穿孔后半球的正面投影和侧面投影。

空间及投影分析　从图 3-37(a)中可以看出,半球被冲通一个圆柱孔后,球面与圆柱孔表面相交形成一条相贯线,是一条前后对称的空间曲线。圆柱孔表面在 H 面上有积聚性(圆)。故相贯线的水平投影已知(与圆重合),可先利用球面取点的方法完成相贯线的正面投影和侧面投影,再补全转向轮廓线的投影即可。

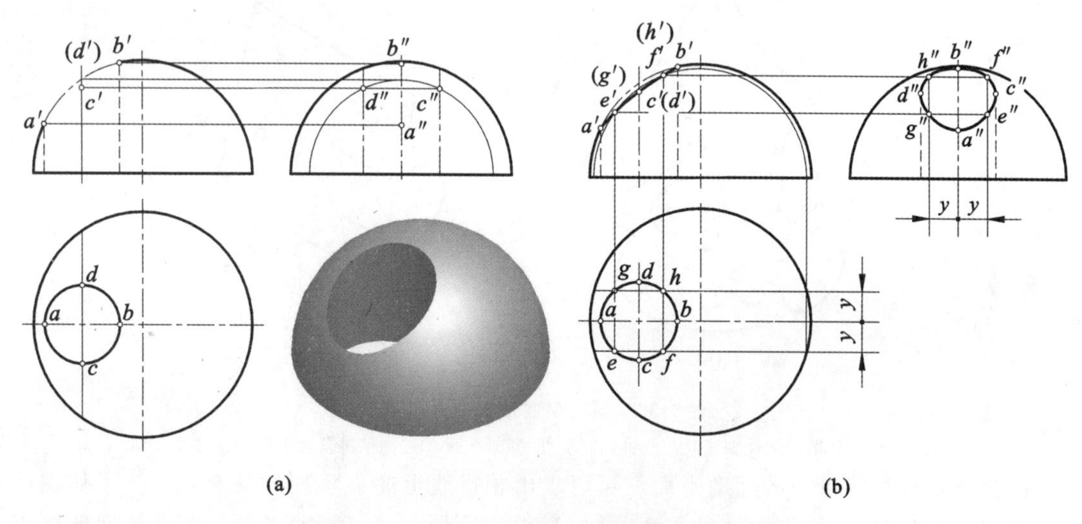

图 3-37　补全穿孔后半球的正面投影和侧面投影

(a)已知条件,分析并求作特殊点　(b)求作一般点并完成作图

作图　见图 3-37。

(1) 求特殊点(A、B、C、D)的投影。

见图 3-37(a),在相贯线的已知投影上(水平投影),找出相贯线的最左、最右、最前、最后点的投影 a、b、c、d;由 a、b 先求出正面投影 a'、b',再根据高平齐,求出侧面投影 a''、b'';过 C、D 作辅助侧平纬圆(也可作正平纬圆),由 c、d 求出 c''、d'',再根据长对正、高平齐,求出 c'、(d')。由图可知,A、B 也是最低和最高点。

(2) 求一般点(E、F、G、H)的投影。

见图 3-37(b),在相贯线的水平投影上,处于特殊点之间的适当位置,找出一般点的投影 e、f、g、h,为了作图方便,取这四点离对称面的距离都为 y;分别过 E、F、G、H 作辅助正平纬圆(也可作侧平纬圆),由 e、f、g、h 求出 e'、f'、(g')、(h'),再根据高平齐、宽相等,求出侧面投影 e''、f''、g''、h''。

(3) 按顺序光滑连接各点并判别可见性。

按水平投影的顺序光滑连接各点的正面投影和侧面投影。在正面投影中,曲线 $a'e'c'f'b'$(在前半个球面上,可见)和曲线 $a'(g')(d')(h')b'$(在后半个球面上,不可见)重合;在侧面投影上,由于相贯线在左半个球面上,所以整条都是可见的。

(4) 补全转向轮廓线的投影。

补画圆柱孔的侧面转向轮廓线,因不可见,故用虚线表示,画至 c''、d''为止。

2. 采用辅助平面法求相贯线

辅助平面法求相贯线是利用"三面共点"的原理求出相贯线上的一系列点,然后光滑连接并判别可见性。"三面共点"即为两回转体表面和辅助平面的共有点,如图 3-38 所示。作图的具体步骤如下。

步骤 1　用辅助平面(如 P 和 T 平面)截切两已知回转体。

步骤 2　求作辅助平面与两已知回转体表面的交线。

步骤 3　求作两截交线的交点,即为两已知回转体表面的共有点,也是相贯线上的点。

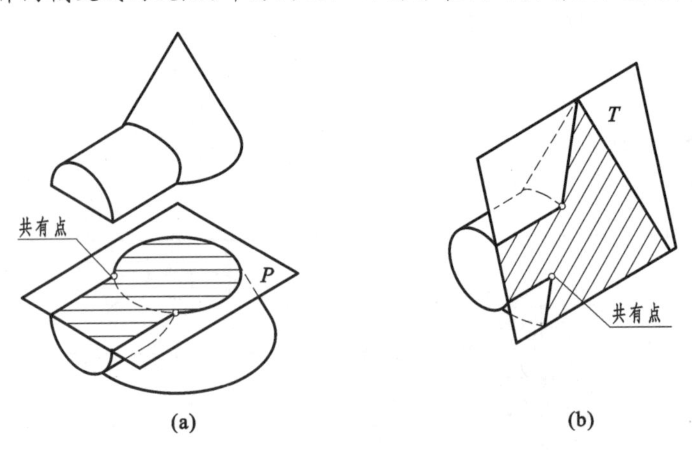

图 3-38　辅助平面法求作共有点

(a)平面 P 平行圆柱轴线且与圆锥轴线垂直　(b)平面 T 过圆锥锥顶且平行圆柱轴线

按上述步骤作一系列的辅助平面就可以求出相贯线上的一系列的共有点。为了作图简便,宜选用特殊位置平面作为辅助平面,并应遵循以下原则:① 辅助平面与两已知回转体表面交线的投影是简单易画的直线或圆;② 辅助平面应在两立体相交的区域内截切。如

图 3-38(a)所示，辅助平面 P 是平行于圆柱轴线，且与圆锥轴线垂直的水平面，它与圆柱面的交线是直线，与圆锥面的交线是水平圆，它们的水平投影也是直线和圆；又如图 3-38(b)所示，辅助平面 T 是过圆锥的锥顶且与圆柱轴线平行的侧垂面，它与圆柱面和圆锥面的交线都是直线，其正面和水平投影也都是直线。

例 3-23 如图 3-39(a)所示，已知圆柱和圆锥相贯，补全它们的水平投影和正面投影。

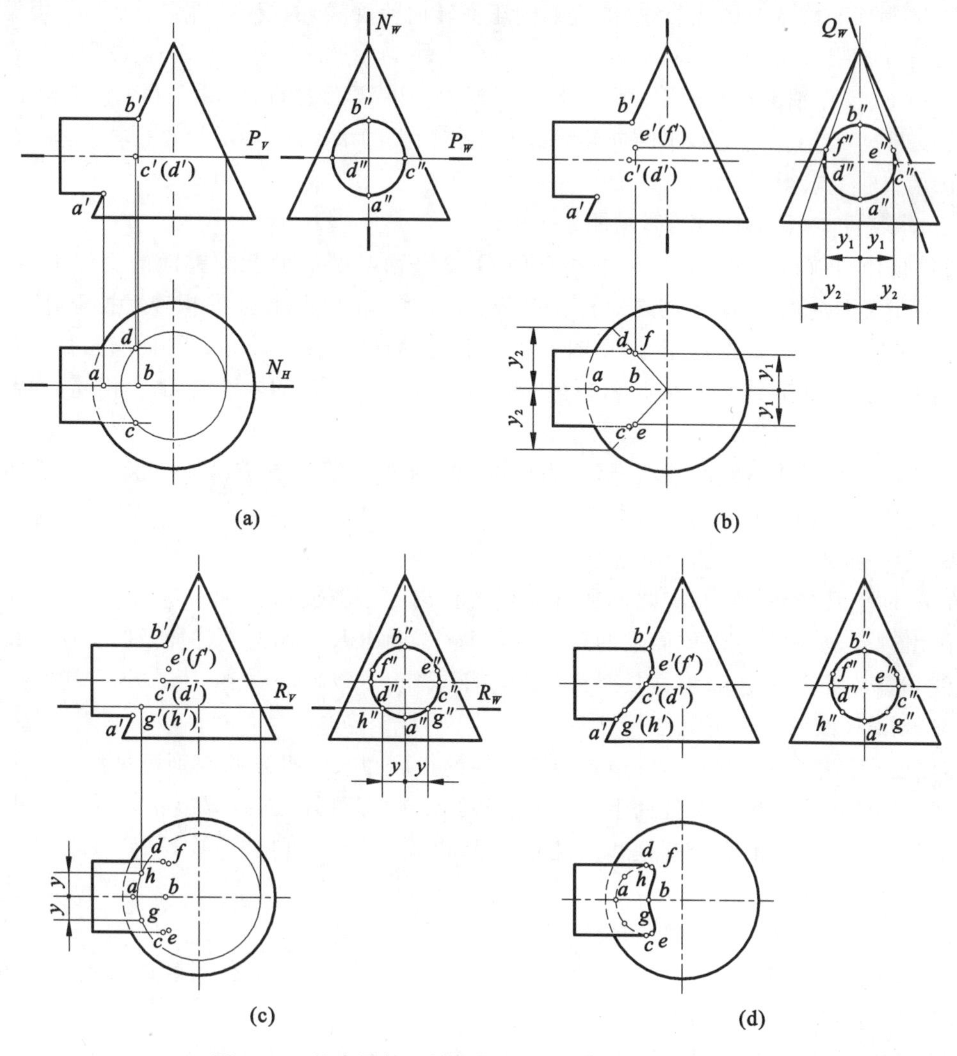

图 3-39 补全圆柱和圆锥相贯的水平投影和正面投影

(a)已知条件，求特殊点 A、B、C、D (b)求特殊点 E、F (c)求一般点 G、H (d)完成作图

空间及投影分析 从已知条件可以看出，圆柱和圆锥的轴线垂直相交，它们具有公共的前后对称面，所以相贯线是一条前后对称的、闭合的空间曲线。相贯线的形状和应用实例如图 3-40 所示。由于圆柱在 W 面上有积聚性(圆)，故相贯线的侧面投影已知(与圆重合)，可利用辅助平面法(本题也可以采用积聚性法)完成相贯线的正面投影和侧面投影，再补全转向轮廓线的投影。

图 3-40 相贯线的形状和实例

作图 本例采用辅助平面法求作相贯线的投影。

(1) 求特殊点(A、B、C、D)的投影,见图 3-39(a)。

① 在相贯线的已知投影上(侧面投影),找出最低点 A、最高点 B、最前点 C、最后点 D 的侧面投影 a''、b''、c''、d''。

② 过 A、B 作辅助正平面 N(过锥顶),画出过 a''、b''的 N_W 和 H 面上的 N_H;在 V 面上分别找出 N 平面与圆锥及圆柱交线(即它们的正面转向轮廓线)的投影,得交点 a'、b';根据长对正,在 N_H 上求得 a、b。

③ 过 C、D 作辅助水平面 P,画出过 c''、d''的 P_W 和 V 面上的 P_V,在 H 面上画出 P 平面与圆柱及圆锥交线(圆柱的水平转向轮廓线和圆锥面上的水平纬圆)的投影,得交点 c、d;根据长对正,在 P_V 上求得 c'、(d')。

(2) 求特殊点(E、F)的投影,见图 3-39(b)。

过锥顶作与前圆柱面相切的辅助侧垂面 Q,Q 平面与圆柱面及圆锥面的交线都是直线,两直线的交点即为点 E,点 F 与之对称。在 W 面上,画 Q_W 与圆柱面的积聚性投影(圆)相切,得切点 e'';在 H 面上,根据宽相等(见图 y_1、y_2)和前后对应关系,画出 Q 平面与圆柱面及圆锥面交线的投影(两条直线),得交点 e,再由 e 和 e''求出 e'。点 F 的求法与点 E 相同,读者自行分析。

点 E 和 F 也是相贯线的最右点,因为相贯线只能位于通过点 E、F 的两条素线之间的左锥面上,之右的锥面上就不可能有相贯线。

(3) 求一般点(G、H)的投影,见图 3-39(c)。

在 W 面上,位于圆弧$\widehat{c''a''d''}$之间的适当位置作出 g''、h''(前后对称);过 G、H 作辅助水平面 R,画出过 g''、h''的 R_W 和 V 面上的 R_V;在 H 面上,画出 R 平面与圆柱面及圆锥面交线的投影(直线和圆),得交点 g、h;根据长对正,在 R_V 上求作 g'、(h')。

(4) 光滑连线并判别可见性。

按侧面投影中各点的顺序,光滑连接相贯线的正面和水平投影并判别可见性。水平投影中,曲线 $CEBFD$ 在上半个圆柱面上,故 $cebfd$ 可见;同理可知,曲线 $dhagc$ 不可见。正面投影中,曲线 $BECGA$ 在前半个圆柱和圆锥面上,所以 $b'e'c'g'a'$可见;曲线 $b'(f')(d')(h')a'$不可见,但与 $b'e'c'g'a'$重合。

(5) 检查并补全转向轮廓线的投影。

在正面投影中,圆锥左侧的转向轮廓线被圆柱贯断,所以 $a'b'$之间的轮廓线不存在了。水平投影中,圆柱的轮廓线应画到点 c、d 为止。

例 3-24 如图 3-41(a)所示,求作圆台与球相交的相贯线,并补全相贯体转向轮廓线的侧面投影。

空间及投影分析 从图 3-41(a)中可以看出,圆台贯穿球面,圆台的轴线不通过球心,但圆台和球有公共的前后对称面,因此相贯线是一条前后对称的闭合的空间曲线,其大致形状如图 3-41(a)所示的立体图。由于圆台面和球面都没有积聚性投影,所以相贯线没有已知的投影,这是本例的难点所在,可用辅助平面法求作。

辅助平面的选择 为了使辅助平面与圆台和球的交线都为直线或平行于投影面的圆,辅助平面可选以下两种:

(1) 通过圆台轴线的正平面或侧平面;

(2) 垂直于圆台轴线的水平面,见图 3-41(c)的立体图。

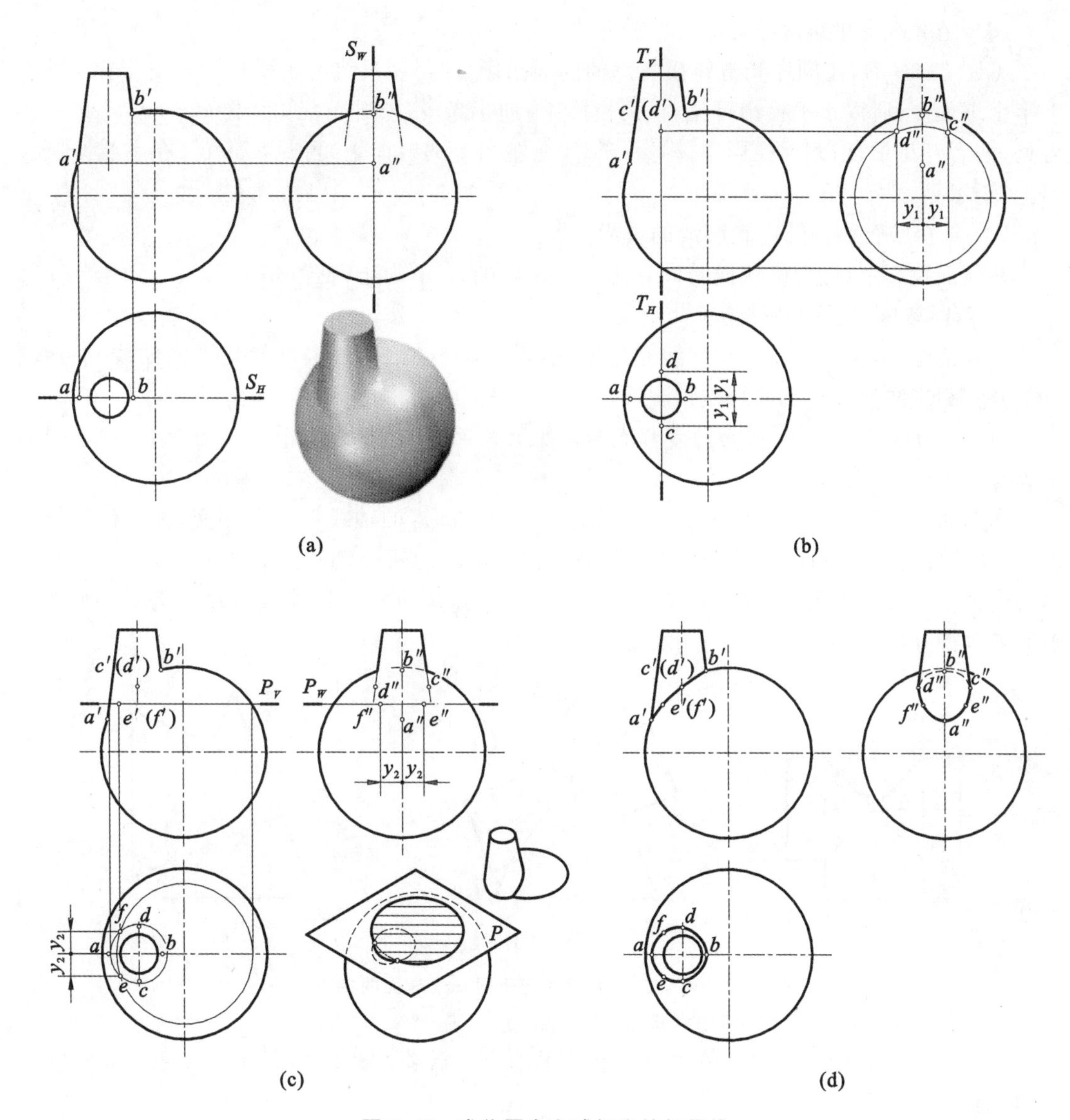

图 3-41 求作圆台和球相交的相贯线

(a)已知条件和求作相贯线在正面转向轮廓线上的点 A、B (b)求作相贯线在侧面转向轮廓线上的点 C、D

(c)求作相贯线上的一般点 E、F (d)连线并完成作图

作图 (1) 求特殊点(A、B、C、D)的投影。

由于相贯线没有已知的投影,所以不能像前几例那样,在已知的投影上找出特殊点,但可以通过包含转向轮廓线作辅助平面来求作相贯线在转向轮廓线上的点。如图 3-41(a)所示,过圆台的轴线作辅助正平面 S,画出 S_W 和 S_H,利用辅助平面法的原理求得 a'、b',再由 a'、b' 在 S_H 上求出 a、b,在 S_W 上求出 a''、b'';同理,如图 3-41(b)所示,过圆台的轴线作辅助侧平面 T,求得 c''、d'',再由 c''、d''求出 c'、(d')和 c、d。

(2) 求一般点(E、F)的投影。

见图 3-41(c),在点 A 和 C、D 之间的适当位置作辅助水平面 P,平面 P 与圆台面和球面的交线都是水平圆,在 H 面上求得两圆的交点 e、f,由 e、f 在 P_V 上求出 e'、(f'),再根据宽相等,求出 e''、f''。

(3) 光滑连线并判别可见性。

见图 3-41(d),按顺序光滑连接各点的同面投影,即得相贯线的三面投影。由于相贯线在上半个球面上,所以水平投影可见;正面投影中,前半条 $a'e'c'b'$ 可见,后半条 $a'(f')(d')b'$ 不可见,两者互相重合;侧面投影中,$c''e''a''f''d''$(在左半个圆台面上)可见,$d''b''c''$(在右半个圆台面上)不可见。

(4) 补全圆台侧面转向轮廓线的投影。

在侧面投影上,圆台的侧面转向轮廓线分别画到 c''、d'' 为止,见图 3-41(d)。

3. 两回转体相贯的特殊情况

一般情况下,两回转体的相贯线是空间曲线,在特殊情况下,也可能是平面曲线或直线。以下介绍相贯线比较常见的特殊情况。

(1) 若两个二次曲面(曲面的方程式为二次的曲面)公切于第三个二次曲面时,则它们的交线为平面曲线(蒙若定理)。

如图 3-42 所示,圆柱与圆柱、圆柱与圆锥、圆锥与圆锥的轴线都分别相交,并且都平行于正面,而且公切一个球面,因此,相贯线都是垂直于正面的两个椭圆。在正面投影上,这两个椭圆的投影都为直线段,直线段的端点分别是两回转体正面转向轮廓线投影的交点。水平投影读者自行分析。

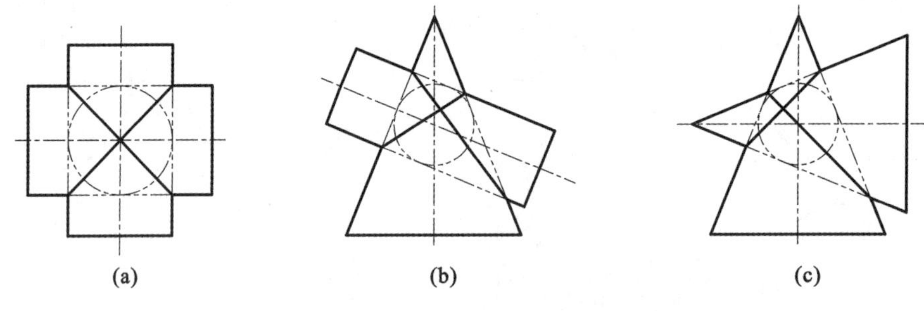

图 3-42　两个二次曲面共切于同一个球面的相贯线

(a)圆柱与圆柱　(b)圆柱与圆锥　(c)圆锥与圆锥

(2) 两个同轴回转体(轴线在同一直线上的两个回转体)相交,相贯线是垂直于该轴线的圆,如图 3-43 所示。

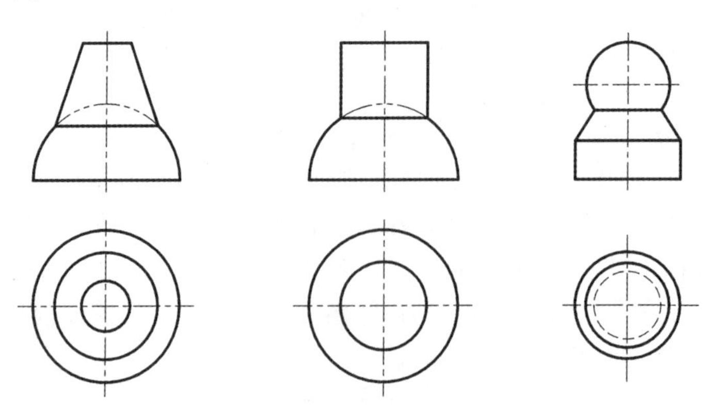

图 3-43　两个同轴回转体的相贯线

(3) 两共锥顶的圆锥以及两轴线互相平行的圆柱相交时,在锥面和柱面上的相贯线是直线,如图 3-44 和图 3-45 所示。

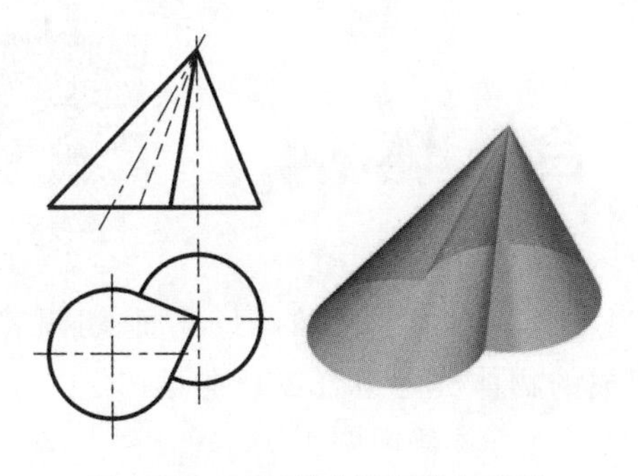

图 3-44　两圆锥共锥顶的相贯线

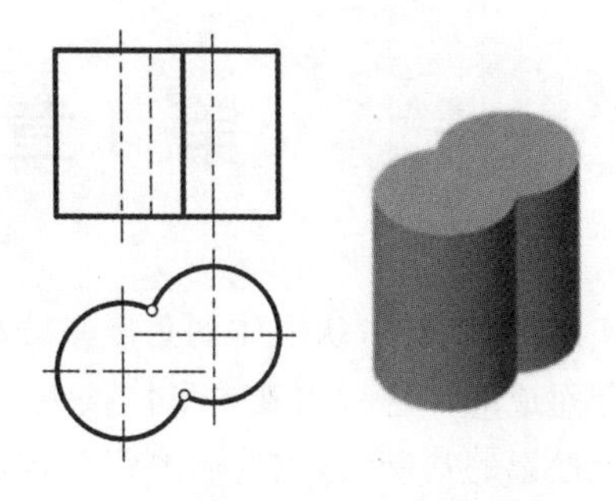

图 3-45　两圆柱轴线平行的相贯线

4. 组合相贯线

三个或三个以上的立体相交，其表面形成的交线的总和称为组合相贯线。工程上有时会遇到具有组合相贯线的零件。组合相贯线的各段相贯线分别是两个立体表面的交线，而两段相贯线的连接点必定是相贯体上的三个表面的共有点。所以，求作组合相贯线时，首先必须分析哪两个立体相交并作出它们的相贯线，然后确定每两段相贯线之间的连接点——三个表面的共有点。

例 3-25　如图 3-46 所示，求作半球与两个圆柱的组合相贯线。

空间及投影分析　从图 3-46 的已知条件可以看出，相贯体的右侧是半球与直立圆柱相切，相贯体的左侧是一个水平圆柱，它的上半部与半球相交，下半部与直立圆柱相交。以下分析它们的相贯线。

(1) 半球与直立圆柱。由于相切，相切处光滑过渡，所以没有交线。

(2) 半球与水平圆柱(上半部)。它们具有共同的轴线，属于特殊情况的相贯线，相贯线是垂直于公共轴线(侧垂线)的侧平半圆。在 W 面上水平圆柱有积聚性，故相贯线的侧面投影已知(上半圆)，利用侧平上半圆的投影特性完成相贯线的正面投影和水平投影(均为直线)。

(3) 水平圆柱(下半部)与直立圆柱。两圆柱轴线垂直相交，相贯线是一段空间曲线。由于水平圆柱在 W 面上有积聚性，直立圆柱在 H 面上有积聚性，故相贯线的侧面投影(下半圆)和水平投影(左部分圆弧)已知，利用圆柱表面取点的方法完成相贯线的正面投影。

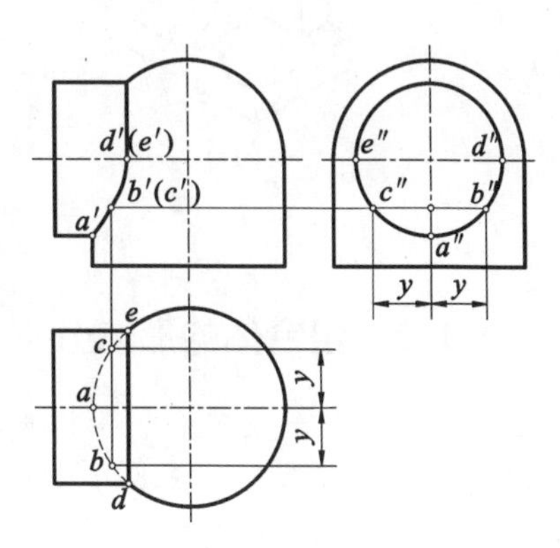

图 3-46　求作半球与两个圆柱的组合相贯线

上述两条相贯线的连接点 D、E 是半球面、直立圆柱面、水平圆柱面的三面共有点。

作图　(1) 求半球与水平圆柱(上半部)相贯线的投影。

由于相贯线属特殊情况，所以不必求点，可直接画出。在 H 面上，过两水平转向轮廓线投影的交点 e、d 画直线，得相贯线的水平投影；在 V 面上，过两正面转向轮廓线投影的交点画两公共轴线的垂线，并与轴线相交于 d'、(e')，得相贯线的正面投影。

(2) 求水平圆柱(下半部)与直立圆柱相贯线的投影。

在相贯线的已知投影上(水平投影和侧面投影)找出特殊点的投影 a、d、e 和 a''、d''、e''，进而求出 a'、$d'(e')$；一般点 B、C 的求解请读者按图示自行分析。

(3) 光滑连线并判别可见性，见图 3-46。

第4章　组　合　体

本章课件

任何机械零件，从形体的角度来分析，都可以看成是由一些基本形体经过叠加、切割等方式组合而成的。这种由基本形体按一定方式组合而成的物体称为组合体。本章在学习了基本立体投影的基础上，主要研究组合体的画图、读图及尺寸标注等问题。

4.1　组合体及其分析法

4.1.1　组合体的组合形式

组合体按其形成方式，通常分为叠加型、切割型和综合型。叠加型就是若干基本体如同搭积木一样“加”在一起，切割型则是从一个基本体中“减”去另一些小基本体，综合型则既有叠加又有切割。组合体的组合方式如图 4-1 所示。

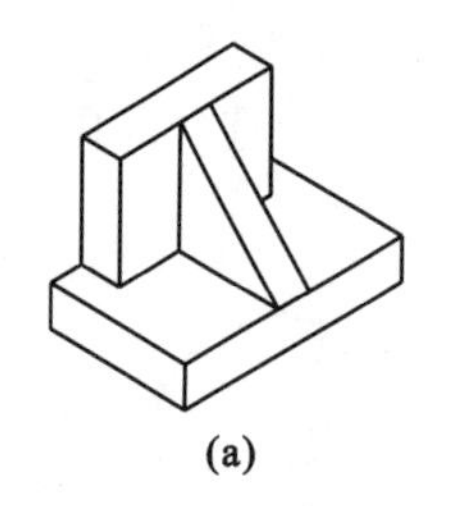

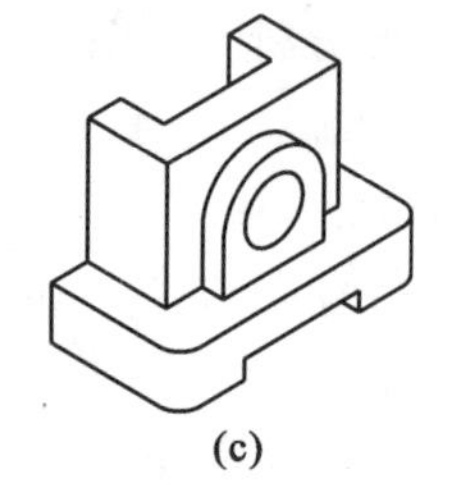

图 4-1　组合体的组合方式

(a)叠加型　(b)切割型　(c)综合型

4.1.2　组合体的形体分析

将组合体分解成若干个基本体的叠加或切割，并分析这些基本体的形状和相对位置，这种思维方法称为形体分析法，它是学习组合体画图、读图和尺寸标注的一种最基本、最重要的方法。如图 4-2(a)所示的支架，可以看成由底板、直立圆柱、肋板、凸台和搭子叠加而成。如图 4-2(b)所示的垫块，可以看成由长方体切去三棱柱Ⅱ和梯形块Ⅰ、Ⅲ而成。

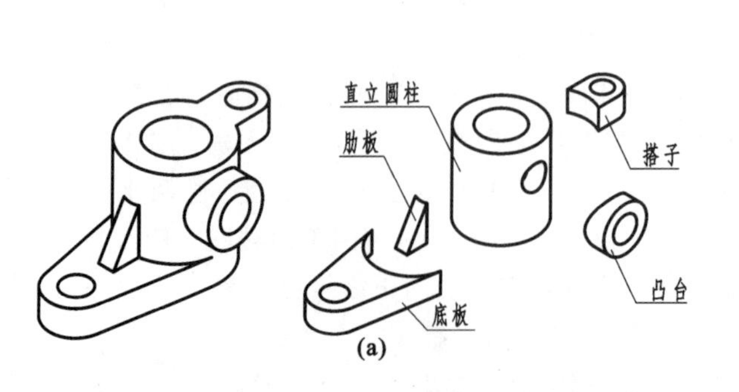

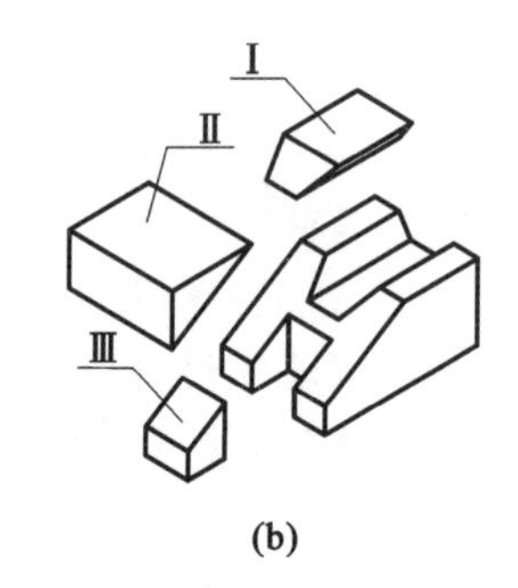

图 4-2　组合体的形体分析

(a)支架　(b)垫块

4.1.3 组合体的线面分析

在绘制和阅读组合体的视图时，较复杂的组合体在运用形体分析法的基础上，对较难表达和不易读懂的局部，还要结合线、面的投影分析，如分析组合体上表面的形状、面与面的相对位置和相邻表面之间的连接关系等，来帮助表达和读懂这些局部的形状。这种对组合体表面的形状、相对位置和连接关系等进行分析的方法称为线面分析法。这里主要介绍组合体上相邻表面之间的连接关系，其他问题将在后续章节介绍。

1. 组合体相邻两表面之间的连接关系

组合体按相邻两表面之间的连接方式的不同，可分为表面共面、表面相切、表面相交三种连接关系。

1）表面共面

表面共面是指两表面共面，它们之间不存在分界线，即"共面时无线"，如图 4-3(a)所示。若它们不共面(错位)时，则有分界线，如图 4-3(b)所示。

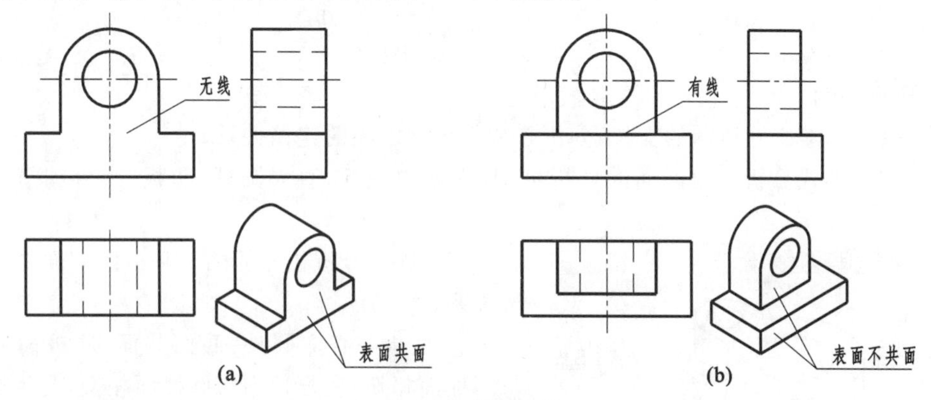

图 4-3 表面平齐

(a)表面共面 (b)表面不共面

2）表面相切

表面相切是指两表面光滑过渡，相切处不存在轮廓线，故不应画分界线，即"相切处无线"。图 4-4(a)所示为平面与曲面相切，图 4-4(b)所示为曲面与曲面相切。

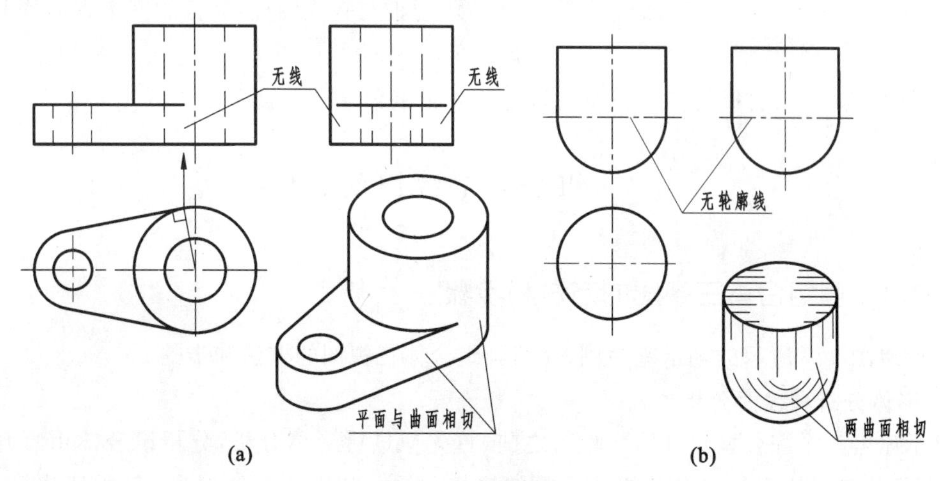

图 4-4 表面相切

(a) 平面与曲面相切 (b) 曲面与曲面相切

3) 表面相交

表面相交是指相邻两表面相交,基本体在叠加或挖切的过程中,表面会形成交线,应画出交线的投影,即“相交处有交线”。这时可能出现平面与平面相交,如图 4-5(a)所示;平面与曲面相交、曲面与曲面相交,如图 4-5(b)所示。

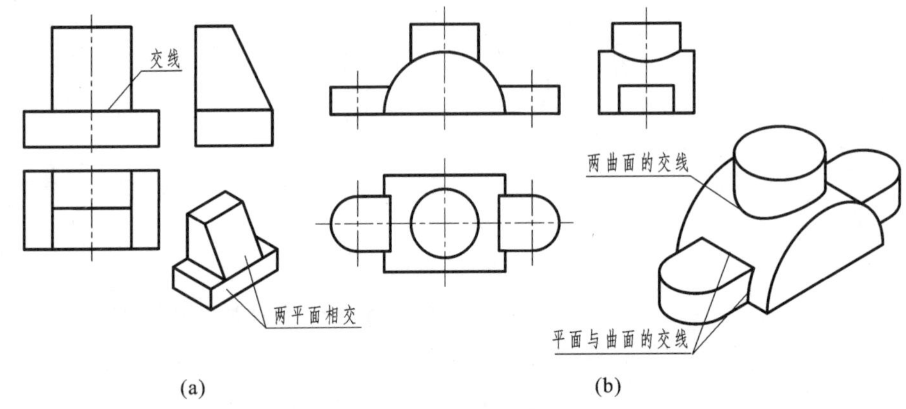

图 4-5 表面相交

2. 应用举例

例 4-1 如图 4-6 所示的支架,分析其相邻表面之间的连接关系。

(1) 组合形式分析。由前面的分析可知,支架由底板、直立圆柱、肋板、凸台和搭子叠加而成。

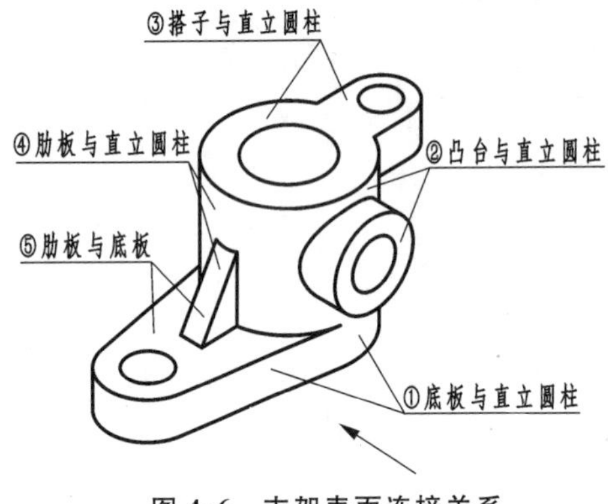

图 4-6 支架表面连接关系

(2) 逐个分析相邻的两个基本体表面之间的连接关系。

① 底板与直立圆柱:底面共面;底板前后侧面与圆柱面相切;底板顶面与圆柱面相交,产生交线。

② 凸台与直立圆柱:两圆柱外表面相交、两圆孔内表面相交,分别产生相贯线。

③ 搭子与直立圆柱:顶面共面;搭子前后侧面及底面与圆柱面相交,产生交线。

④ 肋板与直立圆柱:肋板的三个表面均与圆柱面相交,产生交线。

⑤ 肋板与底板:肋板的三个表面均与底板顶面相交,产生交线。

4.2 组合体三视图的画法

4.2.1 画组合体三视图的方法和步骤

下面以图 4-7 所示的轴承座为例,介绍画组合体三视图的方法和步骤。

1. 形体分析和线面分析

轴承座是一个综合型组合体。画图之前,首先应进行形体分析,分析组合体由哪几部分组成,各部分之间的相对位置及相邻表面的连接关系。如图 4-7(a)所示,轴承座由凸台、轴承、支承板、肋板及底板组成。凸台与轴承是两个垂直相交的空心圆柱体,在外表面和内表面

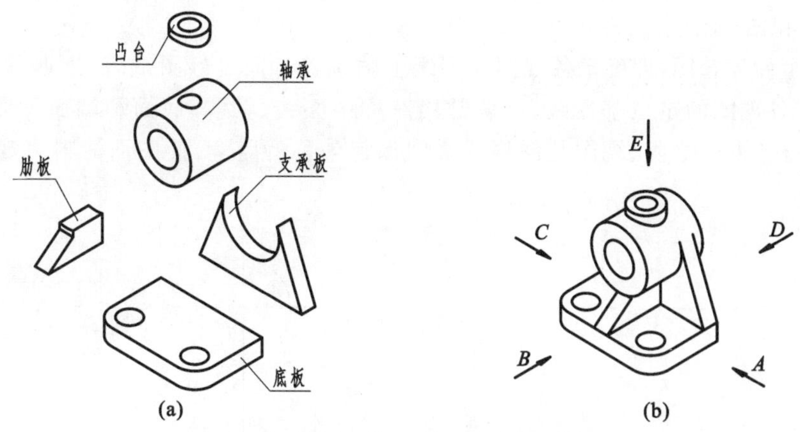

图 4-7　轴承座的形体分析与视图选择

(a)形体分析　(b)视图选择

上都有相贯线；底板、支承板和肋板左右对称叠加在一起，支承板与底板后面共面；支承板的左右侧面与轴承的外圆柱面相切，支承板的前后面及肋板的外表面均与轴承的外圆柱面相交，均产生交线。

2. 选择主视图

在三视图中，主视图是最主要的视图。选择主视图的原则如下。

(1) 将组合体自然放正，使之较为平稳。通常使其上的主要平面(或主要轴线)平行或垂直于投影面。

(2) 主视图应最能反映组合体结构形状特征，即主视图要能够清楚地表达组成该组合体的各基本体的形状及它们的相对位置。

(3) 尽量减少各视图中的虚线。

因此，在选择主视图时，有必要多考虑几个方案，并通过比较选出最佳方案。如图 4-7(b)所示，轴承座自然放正后，对由箭头所示的 A、B、C、D 四个方向投射所得的视图进行比较，确定主视图。如图 4-8 所示，若以 D 向作为主视图，虚线较多，显然没有 B 向清楚；C 向与 A 向视图虽然虚实线的情况相同，但如以 C 向作为主视图，则左视图上会出现较多的虚线，没有 A 向好；再比较 B 向与 A 向视图可知，B 向更能反映轴承座各部分的形状特征，所以确定以 B 向作为主视图的投射方向。

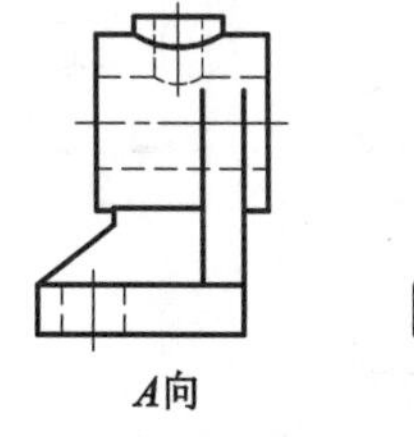

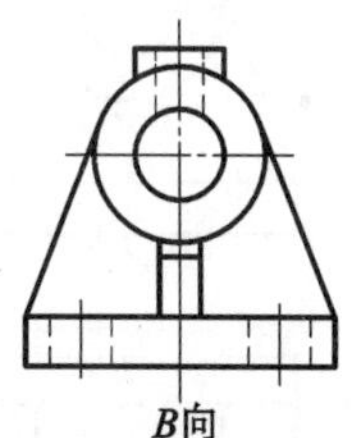

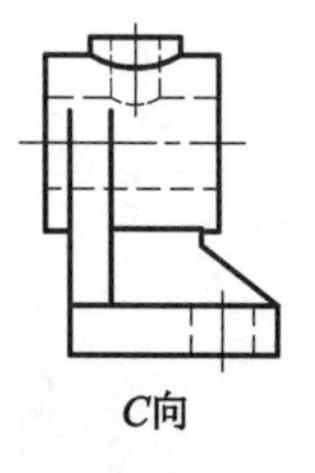

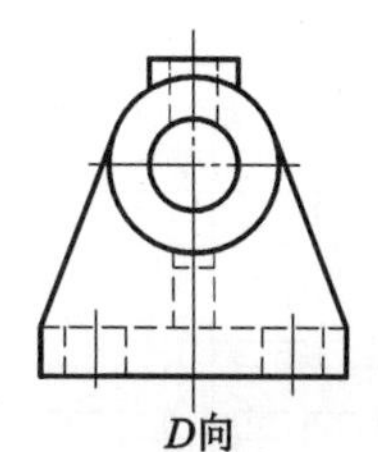

图 4-8　分析主视图的投影方向

主视图确定后，俯视图和左视图的投射方向也就确定了，即图 4-7(b)中的 E 向和 C 向。

3. 画三视图

1) 确定比例及图幅

根据组合体的大小和复杂程度选定比例，并根据视图、尺寸和标题栏等所占的位置，确定所需的图纸幅面。

2) 布置视图,画出作图基准线

此步骤也称为布图,即确定各视图在图纸上的位置。固定好图纸后,根据各视图的大小和位置,画出各视图的定位基准线,一般常用对称中心线、轴线、底面和端面等作为基准线。布图时要注意各视图之间、视图与图框线之间保持匀称的距离,使图面清晰美观。如图 4-9(a)所示。

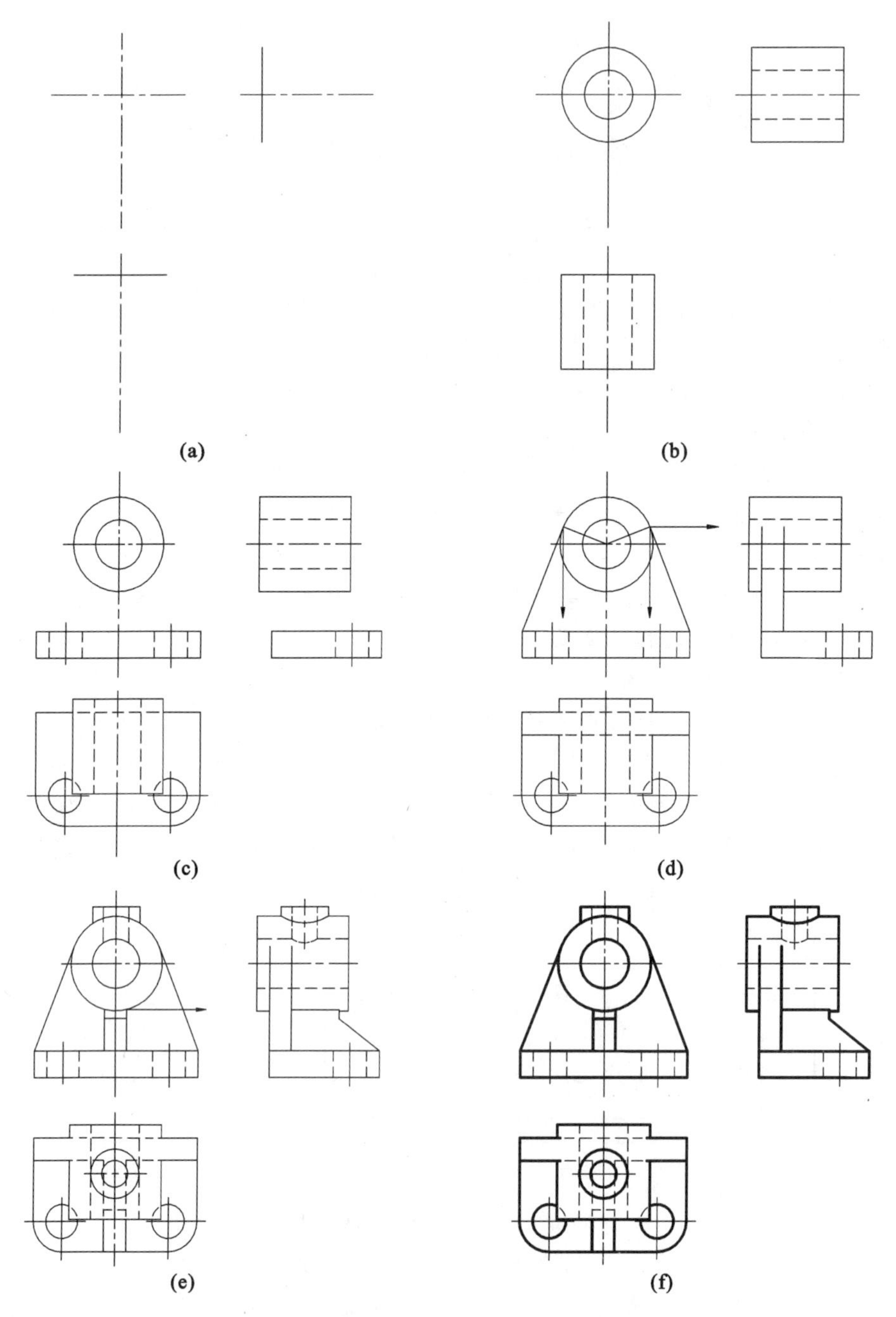

图 4-9　轴承座三视图的作图过程

(a)画出各视图基准线　(b)画轴承的三视图　(c)画底板的三视图　(d)画支承板的三视图
(e)画凸台和肋板的三视图　(f)校核,加深

3）绘制底稿

手工绘制底稿要做到"轻、细、准"。"轻"——用力要轻，便于修改；"细"——所有线型的线宽按 $d/2$(细线)画出；"准"——线型要标准，特别是对于点画线、虚线等非连续线型。

(1) 运用形体分析法，逐个画出各基本体。同一基本体的三视图应按投影关系同时画出，而不是先画完组合体的一个完整的视图后，再画另一个视图。这样既能保证各基本体之间的相对位置和投影关系，又能提高绘图速度。

(2) 先画主要基本体，后画次要基本体；先画主要轮廓，后画细节；先画实线，后画虚线。

(3) 画每一个基本体时，应先画特征视图，再按投影规律画其他视图。例如轴承和支承板在主视图上反映其形状特征，宜先画主视图，再画俯、左视图。

轴承座的作图过程如图 4-9(b)、(c)、(d)、(e)所示。

4）检查描深

底稿完成后，必须仔细检查，纠正错误，擦去多余图线，按规定线型加深。如图 4-9(f)所示。

4.2.2　应用举例

下面以图 4-10 所示的滑块为例，介绍画切割型组合体三视图的方法和步骤。

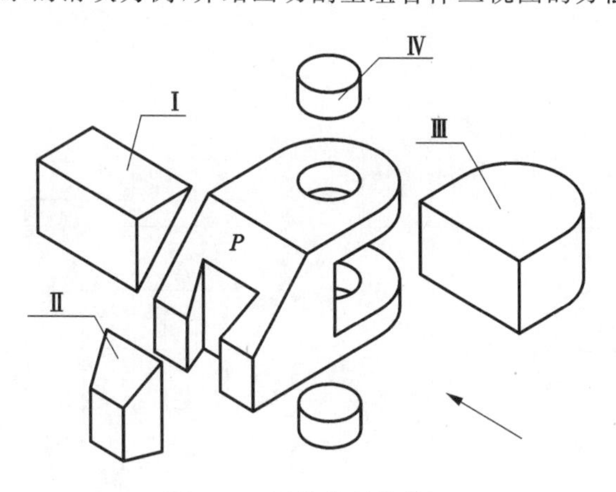

图 4-10　滑块的形体分析

1. 形体分析和线面分析

图 4-10 所示为切割型组合体。画图之前，首先应进行形体分析。分析组合体原来是什么形体，经过了哪些挖切，切去了哪些基本体，切割后表面产生了哪些交线；分析组合体各表面的形状、位置及各表面之间的相对位置关系。

如图 4-10 所示，滑块可看成是右端为圆柱面的长方体左上角切去三棱柱Ⅰ，再挖去梯形块Ⅱ，然后在右端挖去带圆柱面的长方块Ⅲ和两个相同的圆柱体Ⅳ后形成的。滑块上有一形状较复杂的面 P，画图时应注意分析它的投影。

2. 选择主视图

按自然位置安放好滑块后，选定图 4-10 中箭头所示方向为主视图的投射方向。

3. 画三视图

(1) 确定比例及图幅。

(2) 布置视图，画出作图基准线。

(3) 绘制底稿。

① 首先画出切割前完整的基本形体的投影,然后逐一画出被切去的形体。

② 对于每一个被切割的部位应从具有积聚性的、反映其形状特征的投影画起,再根据切平面与立体表面相交的情况画出其他视图。如梯形块Ⅱ在俯视图上有积聚性,且反映其形状特征,宜先画俯视图,再画主、左视图。

③ 如果切平面为投影面垂直面,则该面的另两个投影应为其类似形。如滑块上的正垂面 P。

④ 校核、描深。滑块的作图过程如图 4-11 所示。

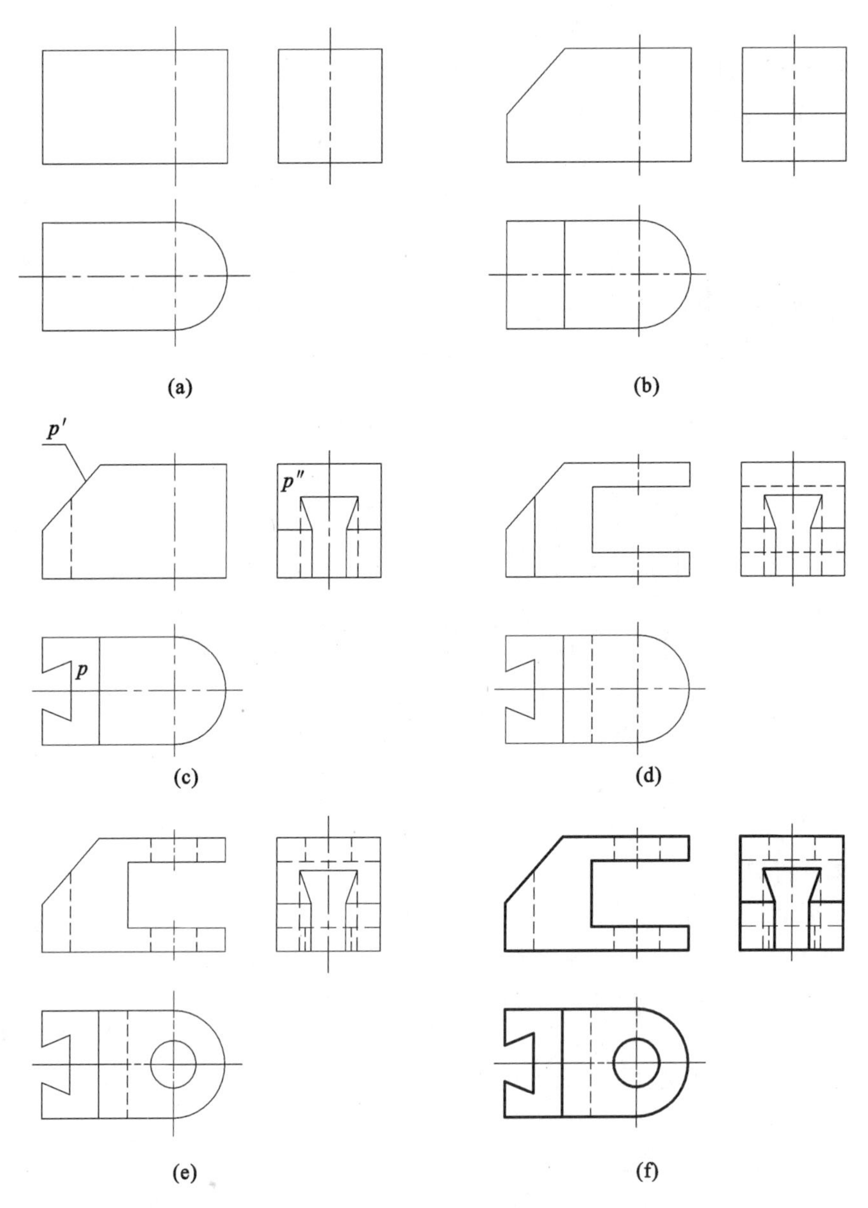

图 4-11　滑块三视图的作图过程

(a)画出带圆柱面的长方体(先画水平投影)　(b)切去左上角三棱柱Ⅰ(先画正面投影)

(c)切去左端的梯形槽Ⅱ(先画水平投影)　(d)挖去右端带圆柱面的长方块Ⅲ(先画正面投影)

(e)挖去两圆柱孔(先画水平投影)　(f)校核,加深

4.3　组合体的尺寸标注

视图只能表达组合体的形状和结构，而组合体各部分的大小及其相对位置则要通过标注尺寸来确定。

组合体尺寸标注的基本要求如下。

(1) 正确　标注尺寸应符合国家标准的有关规定。

(2) 完整　标注尺寸必须齐全，不遗漏也不重复。

(3) 清晰　尺寸布置要整齐、清晰、明了，便于看图。

4.3.1　基本体的尺寸标注

1. 基本体的尺寸标注

要掌握组合体的尺寸标注，必须先了解基本体的尺寸标注方法。在标注基本体的尺寸时，一般要注出长、宽、高三个方向的尺寸。基本体的尺寸标注示例如图 4-12 所示。对于圆柱、圆台、环等回转体，其直径尺寸一般注在非圆的视图上，当尺寸标注完整后，只用一个视图就能确定其形状和大小，其他视图可省略不画。

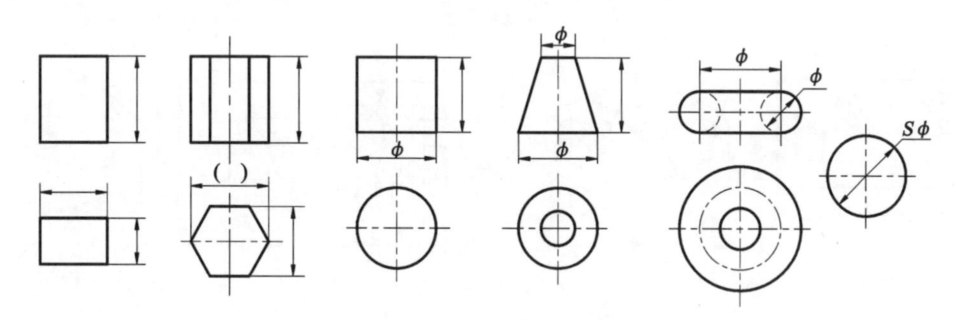

图 4-12　基本体的尺寸标注示例

2. 切割体和相贯体的尺寸标注

标注基本体被切割、开槽后的尺寸时，首先应标注出未切割前完整基本体的尺寸，再标注截平面的定位尺寸，如图 4-13 所示。注意不要在截交线上标注尺寸，因为根据上述尺寸，截交线会自然形成，因此图中打"×"的尺寸不应标出。

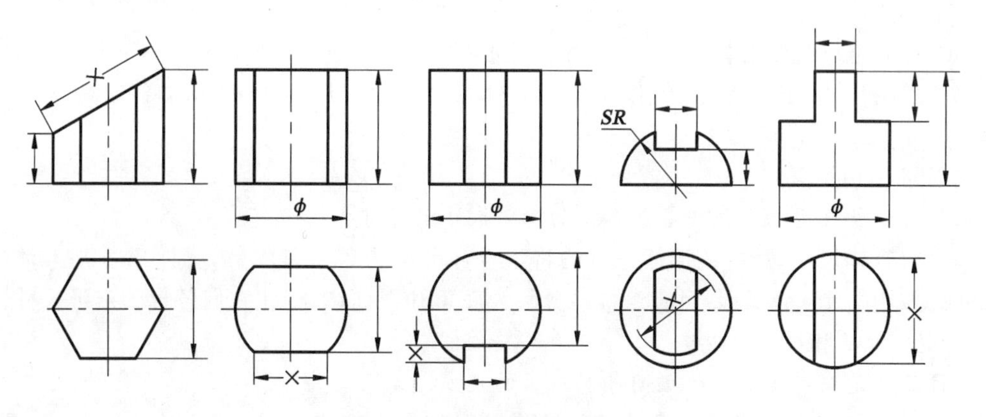

图 4-13　切割体的尺寸标注

两基本体相贯时，应标注两基本体的定形尺寸和表示相对位置的定位尺寸，如图 4-14 所示。注意不要在相贯线上标注尺寸，因为根据上述尺寸，相贯线会自然形成，因此图中打“×”的尺寸不应标出。

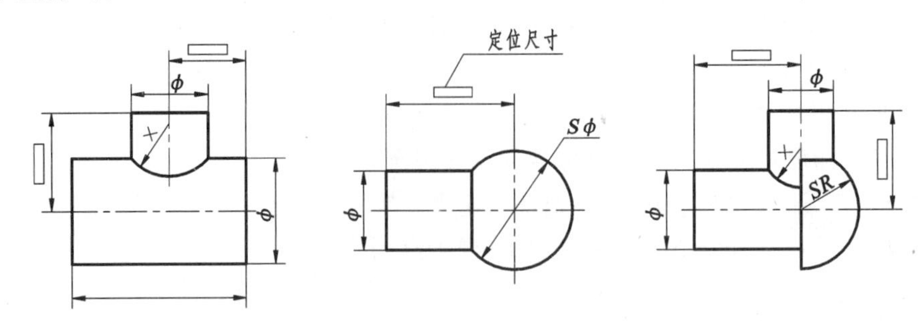

图 4-14　相贯体的尺寸标注

3. 常见底板的尺寸标注

图 4-15 列出了常见的几种底板的尺寸标注示例。其中图 4-15(a)为对称结构底板的标注示例，图 4-15(b)、(c)、(d)为不注底板总长的标注示例。后三类底板在某一方向具有回转面的结构，由于已经标注了这些结构的定形尺寸和定位尺寸，所以该方向的总体尺寸一般不再标注，图中打“×”号的尺寸都是不应该标注的。

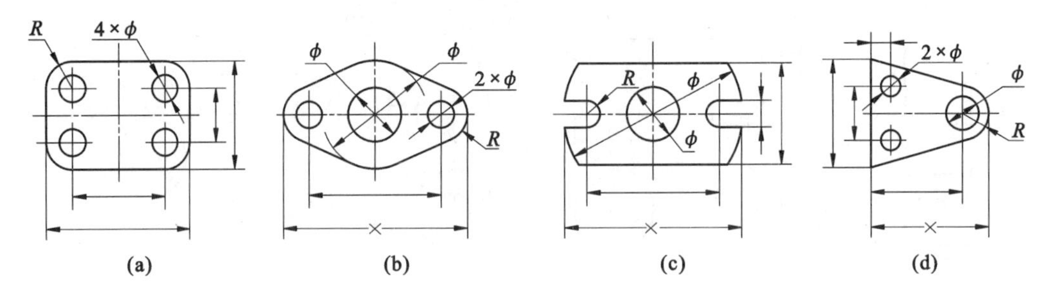

图 4-15　常见底板的尺寸标注

4.3.2　组合体的尺寸标注

1. 尺寸标注要正确

标注尺寸应符合“机械制图”和“技术制图”相关国家标准中有关尺寸注法的基本规定。

2. 标注尺寸要完整

为了准确地反映组合体的大小，尺寸标注必须齐全，不遗漏，不重复。一般情况下，图样上要标注三类尺寸：定形尺寸、定位尺寸和总体尺寸。现以图 4-16 所示的组合体为例进行说明。

1) 定形尺寸

定形尺寸是确定组合体中各基本体的形状大小的尺寸。

标注组合体尺寸时，应按形体分析法将组合体分解为若干基本体，标注出各基本体的定形尺寸。如图 4-16(a)所示，可将组合体分解为底板和圆柱体，标注它们各自的定形尺寸。

2) 定位尺寸和尺寸基准

定位尺寸是确定各基本体之间相对位置的尺寸。

*标注定位尺寸的参考要素称为尺寸基准。*标注组合体定位尺寸时，必须先在长、宽、高三个方向上各确定一个主要的尺寸基准，以便确定各基本体之间的相对位置。通常，以组

合体的对称面、较大或较重要的底面、端面，以及主要回转体的轴线作为主要的基准面或基准线。

如图 4-16(b)所示，选择左右对称面为长度方向的基准；前后对称面为宽度方向的基准；底板的底面为高度方向的基准。基准确定后，标注各基本体的定位尺寸。

3）总体尺寸

总体尺寸是确定组合体的总长、总宽和总高的尺寸。

如图 4-16(c)所示，该组合体的总体尺寸为总长 40、总宽 24、总高 25。需要注意的是：已经完整标注了组合体各基本体的定形、定位尺寸，再标注总体尺寸后，如果出现多余尺寸或重复尺寸，这时就要对已标注的尺寸进行调整。如图 4-16(c)中主视图的高度尺寸，若标注总高尺寸 25，则应减去一个同方向的定形尺寸（图中减去了圆柱体高度尺寸 18）。当组合体在某一方向具有回转面结构时，该方向上的总体尺寸一般不再标注。

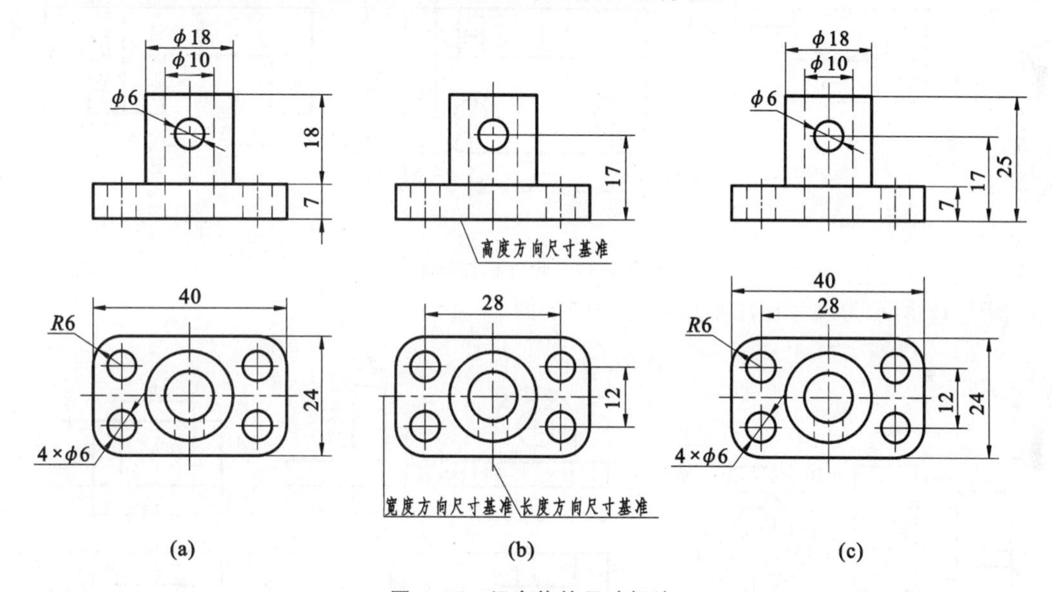

图 4-16　组合体的尺寸标注

(a)标注定形尺寸　(b)选择基准，标注定位尺寸　(c)标注总体尺寸及调整尺寸

3. 尺寸标注要清晰

要使尺寸标注清晰，应注意以下几个方面。

1）突出特征

定形尺寸尽量标注在形状特征明显的视图上，尽量不在虚线上标注尺寸。

(1) 同轴回转体的直径尺寸尽量标注在反映轴线的视图上，如图 4-17(a)所示。

(2) 半径尺寸要标注在投影为圆弧的视图上，如图 4-17(b)所示。

(3) 缺口的尺寸应标注在反映缺口实形的视图上，如图 4-17(c)所示。

2）相对集中

同一基本体的定形与定位尺寸应尽量集中标注，便于读图时查找。

如图 4-17(b)所示的组合体，底板的多数定形、定位尺寸集中标注在俯视图上；竖板的多数定形、定位尺寸集中标注在主视图上。

3）布局整齐

同方向的平行尺寸，应使小尺寸在内，大尺寸在外，尺寸线之间间隔应相等，避免尺寸线与尺寸界线相交。同方向的串联尺寸应排列在一条直线上,既整齐又便于画图,如图 4-17(a)所示。

4) 配置合理

尺寸尽量标注在视图的外部,并配置在两视图之间,不仅能保持图形清晰,且便于读图。

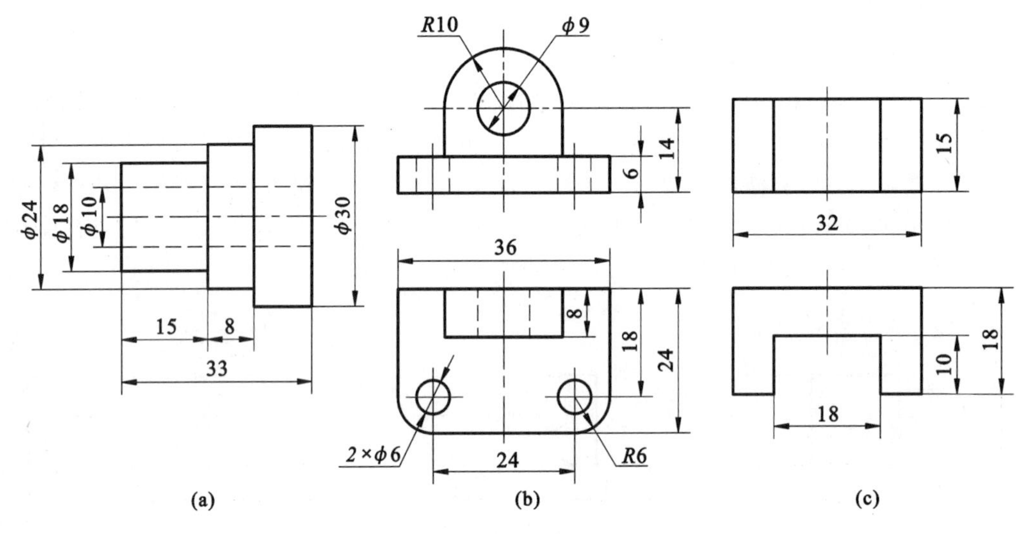

图 4-17 尺寸标注清晰

图 4-18 所示为尺寸标注不清晰的一些示例。

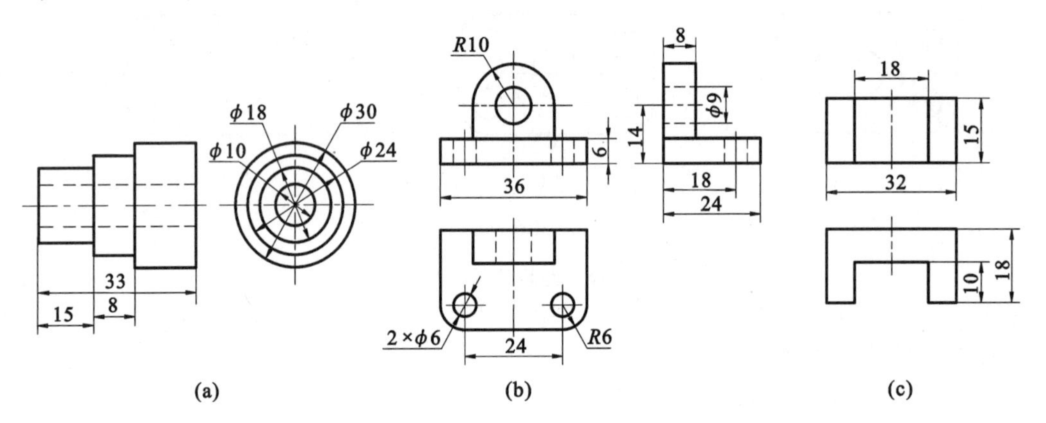

图 4-18 尺寸标注不清晰

(a)尺寸布局不整齐,直径标注不合理 (b)尺寸没有集中标注 (c)缺口标注不合理

4. 标注组合体尺寸的方法与步骤

标注组合体尺寸时,一般先对组合体进行形体分析,选定长、宽、高三个方向的尺寸基准,标注出各形体的定形尺寸和定位尺寸,再标注总体尺寸和调整尺寸,最后检查并校核。

在标注形体的定形尺寸和定位尺寸时,可以有两种不同的顺序。

顺序一:逐个标出形体的定形尺寸和确定其位置的定位尺寸。

顺序二:先逐个标出所有形体的定形尺寸后,再逐个标出所有形体的定位尺寸。

下面分别以两个组合体为例,说明标注组合体尺寸的方法与步骤。

例 4-2 标注图 4-19 所示轴承座的尺寸(采用顺序一)。

(1) 形体分析,初步考虑各基本体的定形尺寸。

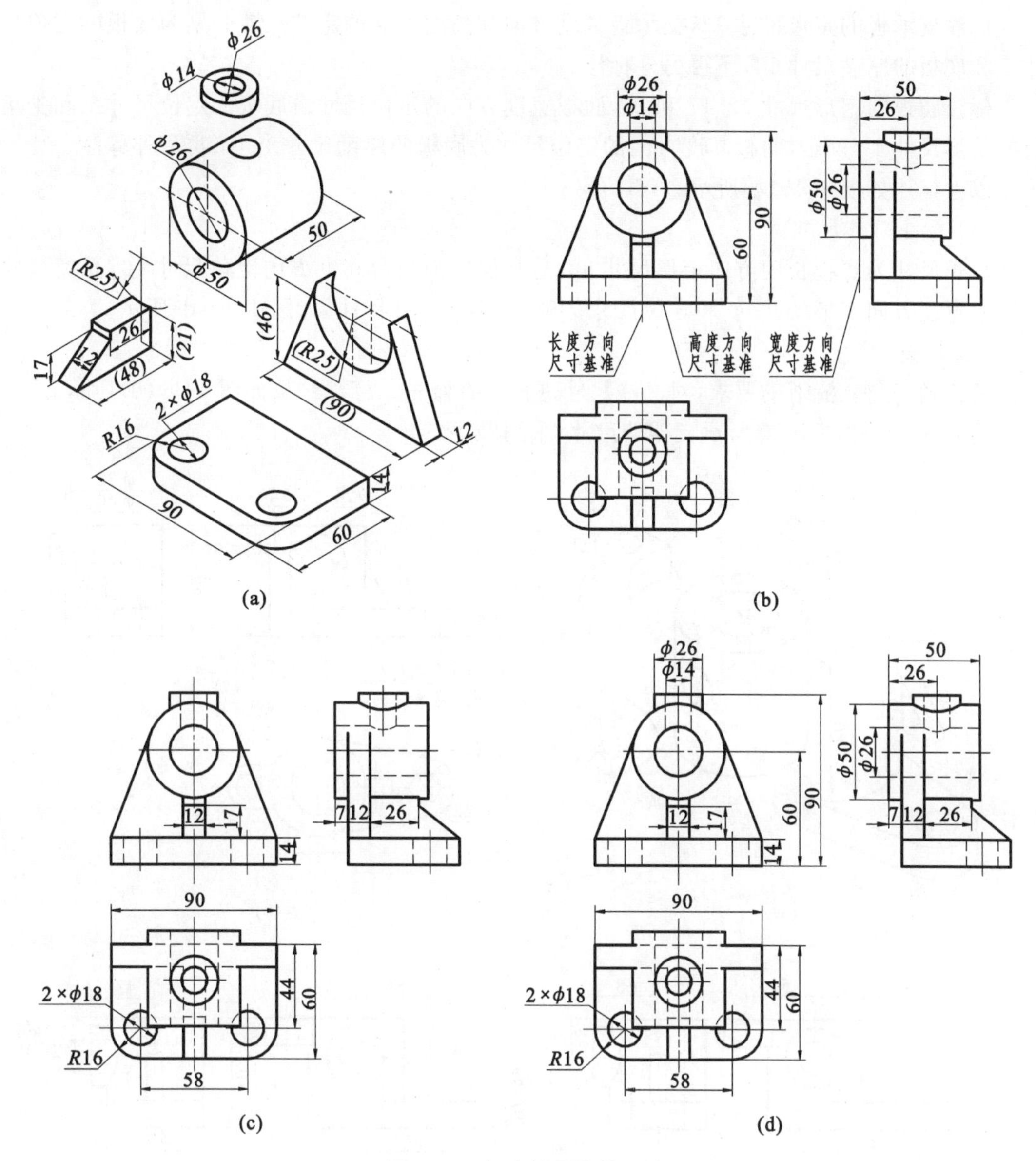

图 4-19 标注轴承座的尺寸

(a)形体分析,考虑各基本体的定形尺寸 (b)确定尺寸基准,标注轴承和凸台的尺寸

(c)标注底板、支承板、肋板的尺寸 (d)考虑总体尺寸,调整、检查、校核

轴承座由底板、支承板、轴承、肋板和凸台组成,各基本体的定形尺寸如图 4-19(a)所示。

(2) 选定尺寸基准。

如图 4-19(b)所示,选择轴承座的左右对称面作为长度方向的尺寸基准;轴承的后端面作为宽度方向的尺寸基准;底板的底面作为高度方向的尺寸基准。

(3) 逐个标注各基本体的定形尺寸和定位尺寸。

① 轴承和凸台。标注轴承的定形尺寸 $\phi50$、$\phi26$ 和 50,轴承的定位尺寸 60。标注凸台的定形尺寸 $\phi26$ 和 $\phi14$,凸台的定位尺寸 90 和 26,如图 4-19(b)所示。

② 底板、支承板和肋板。标注底板的定形尺寸 90、60、14 与底板上孔及圆角的定形尺寸 $2\times\phi18$ 和 $R16$,底板的定位尺寸 7 与底板上孔及圆角的定位尺寸 58 和 44。

标注支承板的定形尺寸 12,支承板宽度方向和高度方向的定位尺寸分别为底板的定位尺寸 7 和底板的厚度尺寸 14,不再另外标注。

标注肋板的定形尺寸 12、17 和 26,肋板宽度方向的定位尺寸由底板的定位尺寸 7 和支承板的定形尺寸 12 确定,肋板高度方向的定位尺寸为底板的厚度尺寸 14,不再另外标注。

以上标注如图 4-19(c)所示。

(4) 标注总体尺寸。

总长尺寸为底板长度方向定形尺寸 90;总高尺寸为凸台高度方向定位尺寸 90;总宽尺寸由底板宽度方向定形尺寸 60 和定位尺寸 7 确定,不再另外标注,如图 4-19(d)所示。

(5) 检查、校核。

按正确、完整、清晰的要求,对已注尺寸进行检查修正。标注结果如图 4-19(d)所示。

例 4-3 标注图 4-20 所示支架的尺寸(采用顺序二)。

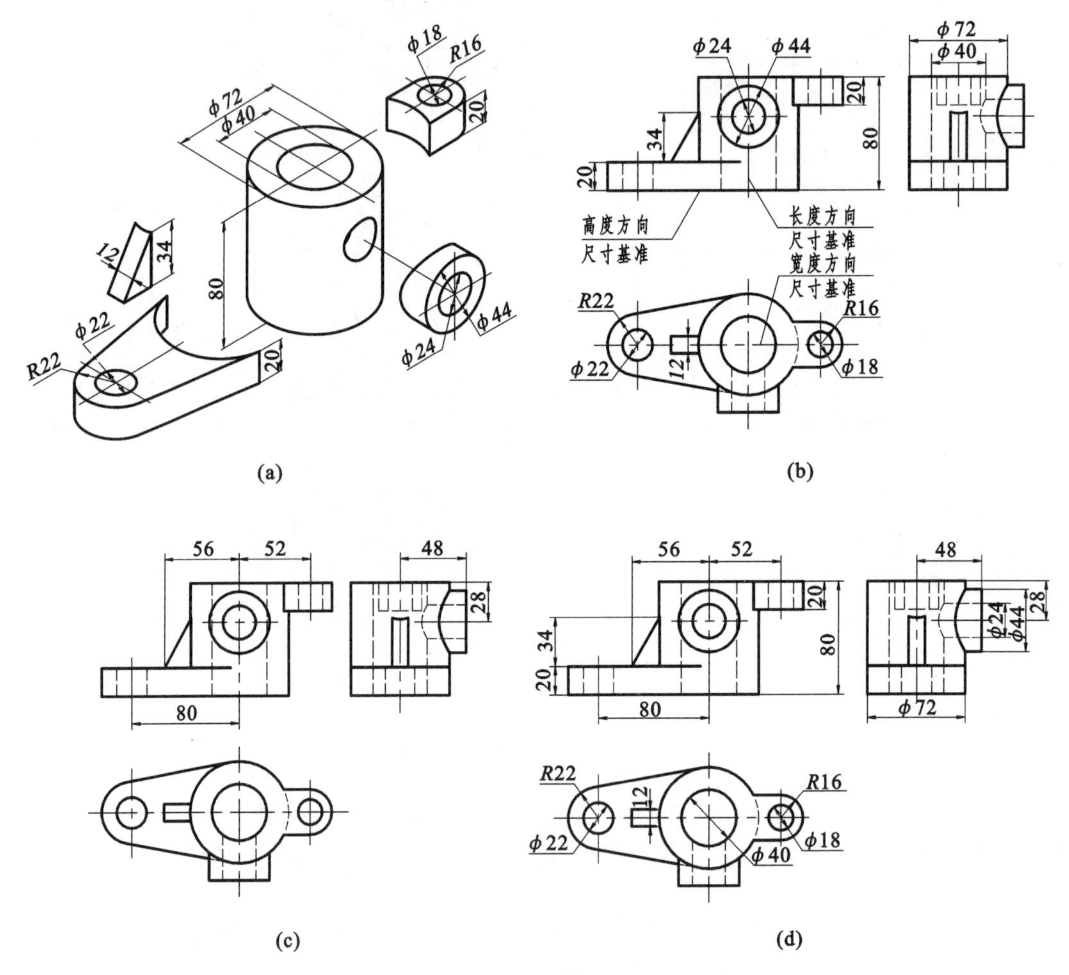

图 4-20　标注支架的尺寸

(a)形体分析,考虑各基本体的定形尺寸　(b)确定尺寸基准,标注各基本体的定形尺寸

(c)标注各基本体的定位尺寸　(d)考虑总体尺寸,调整、检查、校核

(1) 形体分析和初步考虑各基本体的定形尺寸。

由形体分析可知,支架由底板、直立圆柱、肋板、凸台和搭子五个部分组成。各基本体的定形尺寸如图 4-20(a)所示。

(2) 选定尺寸基准。

如图 4-20(b)所示，选择直立圆柱的轴线作为长度方向的主要尺寸基准；前后对称面作为宽度方向的主要尺寸基准；底板的底面作为高度方向的主要尺寸基准。

(3) 逐个标注各基本体的定形尺寸。

标注底板的定形尺寸 $R22$、$\phi22$、20；直立圆柱的定形尺寸 $\phi72$、$\phi40$、80；肋板的定形尺寸 34、12；凸台的定形尺寸 $\phi44$、$\phi24$；搭子的定形尺寸 $R16$、$\phi18$、20。如图 4-20(b)所示。

(4) 标注出确定各基本体之间相对位置的定位尺寸。

图 4-20(c)中表示了这些基本体之间的五个定位尺寸，直立圆柱与底板孔、肋、搭子孔之间左右方向的定位尺寸 80、56、52；凸台与直立圆柱在上下及前后方向的定位尺寸 28 和 48。

(5) 考虑总体尺寸，检查、校核。

总高尺寸为圆柱的高度方向定形尺寸 80。由于支架的长度方向和宽度方向都具有回转面结构，所以长宽方向的总体尺寸不再标注。最后按正确、完整、清晰的要求进行检查并布置尺寸，结果如图 4-20(d)所示。

4.4　读组合体的视图

画图和读图是本课程的两个主要环节。画图是将物体按一定的投影方法表达在图纸上，是由“物”画“图”的过程；而读图则是画图的逆过程，是根据已经绘制好的视图，通过形体分析和线面的投影分析，想象出物体的空间形状和结构，是由“图”想“物”的过程。为了正确、迅速地读懂视图，必须掌握读图的基本要领和基本方法。

4.4.1　读图的基本要领

1. 将几个视图联系起来读图

物体的形状一般是通过几个视图来表达的，每个视图只能反映物体一个方向的形状，仅由一个或两个视图不一定能唯一确定物体的形状，因此，读图时要将几个视图联系起来分析。

图 4-21 所示的五组视图，它们的主视图都相同，但所表达的是五种不同形状的物体。

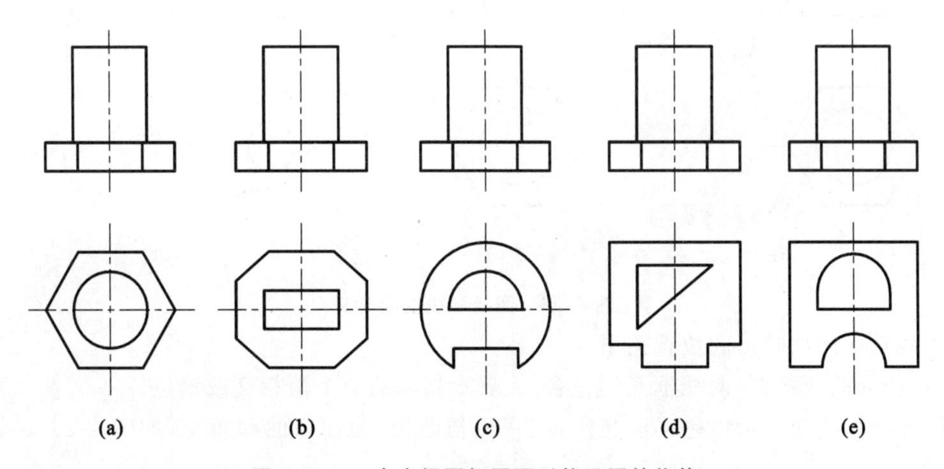

图 4-21　一个主视图相同而形状不同的物体

图 4-22 所示的四组视图，它们的主、俯视图都相同，但也表示了四种不同形状的物体。

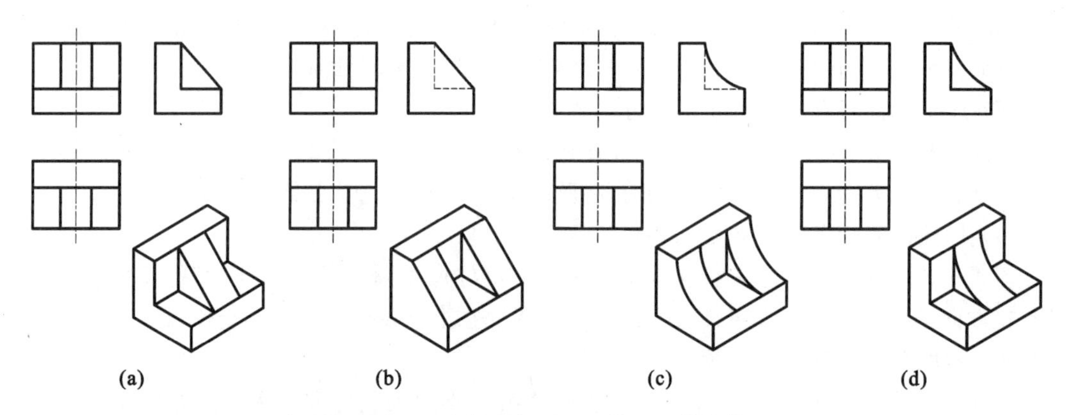

图 4-22 两个视图相同而形状不同的物体

2. 明确视图中图线和线框的含义

1) 图线的含义

如图 4-23(a)所示，视图中的每一条线(直线或曲线)可以是物体上下列要素的投影。

(1) 面与面交线的投影：可以是平面与平面、平面与曲面、曲面与曲面的交线。

(2) 垂直于投影面的平面或曲面的投影。

(3) 回转体的转向轮廓线的投影。

2) 线框的含义

如图 4-23(b)、(c)所示，视图中的每个封闭线框可以是物体上下列要素的投影。

(1) 平面的投影。

(2) 曲面的投影。

(3) 曲面及其切平面的投影。

(4) 孔的投影。

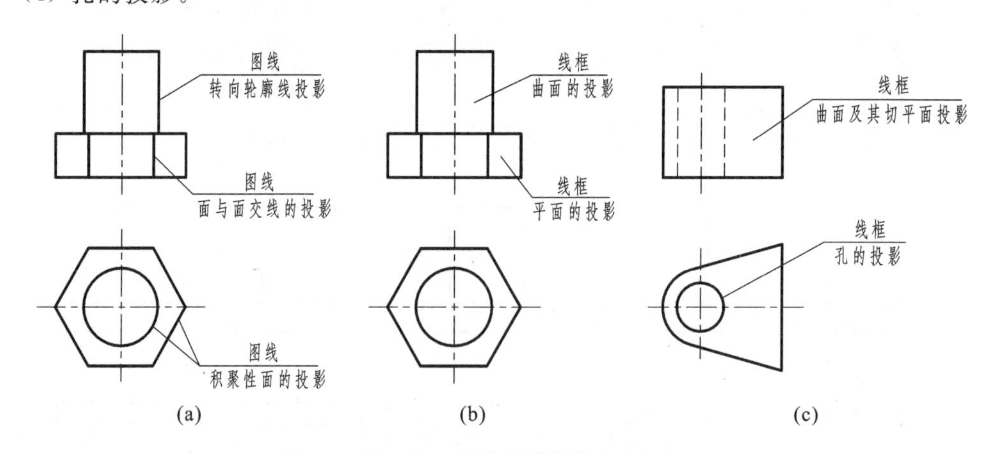

图 4-23 图线和线框的含义

3) 线框之间反映出的位置关系

(1) 相邻的两线框(两线框互不包含)。表示相邻的两个面相交或错位。

① 两个面相交。可以是平面与平面、平面与曲面、曲面与曲面相交，如图 4-24(a)、(b)、(c)所示。

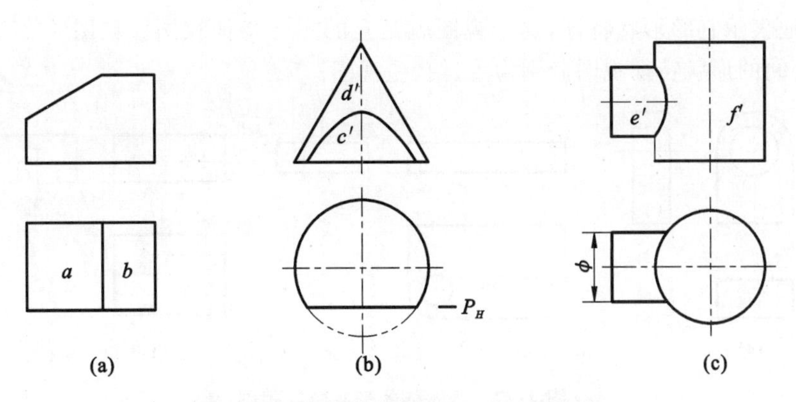

图 4-24　相邻的两线框——两个面相交

(a)两平面相交　(b)平面与曲面相交　(c)两曲面相交

② 两个面错位。此时两个面前后错位会在主视图上形成两个相邻线框；上下错位会在俯视图上形成两个相邻线框；左右错位会在左视图上形成两个相邻线框，如图 4-25 所示。

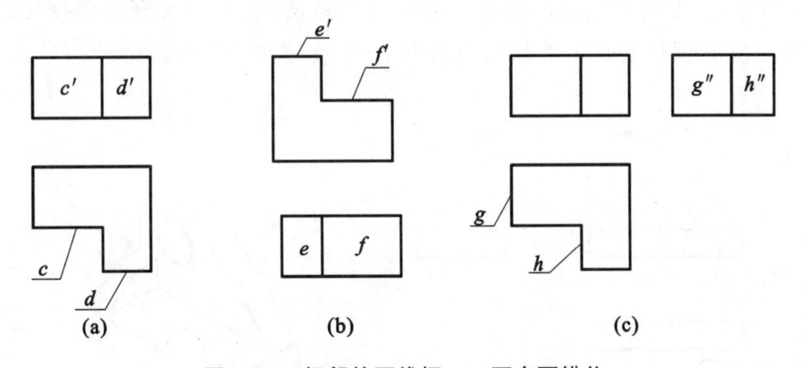

图 4-25　相邻的两线框——两个面错位

(a)前后错位　(b)上下错位　(c)左右错位

(2) 大线框套小线框(大线框内包含小线框)。表示大线框对应的实体表面有凸起或凹进(或通孔)，如图 4-26 所示。

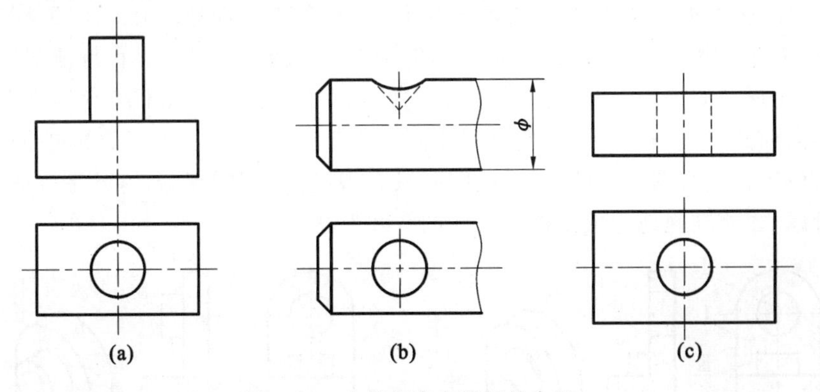

图 4-26　大线框套小线框的含义

(a)凸起　(b)凹进　(c)通孔

3. 从反映形体特征的视图入手

形体特征是指形状特征和位置特征。

(1) 能清楚表达物体形状特征的视图称为形状特征视图。对形体的视图而言，总有一个视图能清楚地表示它的形状特征,这个视图就是它的形状特征视图。如图 4-27 所示的三个基本形体,它们的形状特征视图分别为主、俯、左视图。

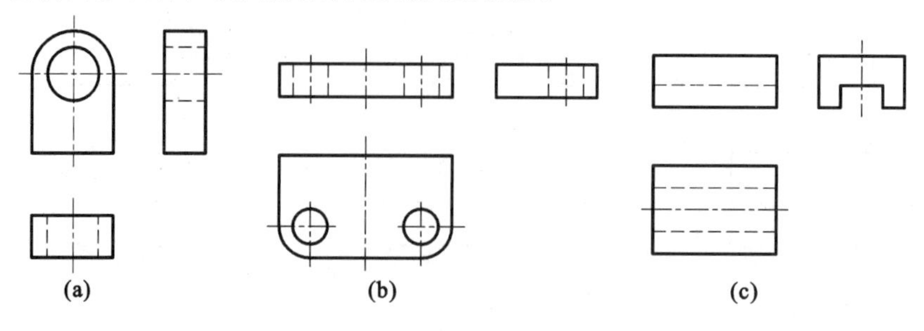

图 4-27　基本体的形状特征视图

对组合体而言,通常主视图能较多地反映物体整体的形体特征,所以读图时常从主视图入手。但组合体中各基本体的形状特征不一定都集中在主视图上,图 4-28 所示的组合体由三部分叠加而成,形体Ⅰ的形状特征为线框 1′;形体Ⅱ的形状特征为线框 2″;形体Ⅲ的形状特征为线框 3。因此,读图时若先找出各基本体的形状特征视图,再配合其他视图,就能逐个读懂这些基本体。然后按各基本体的相对位置拼合起来,就能迅速、正确地想象出该组合体的空间形状。

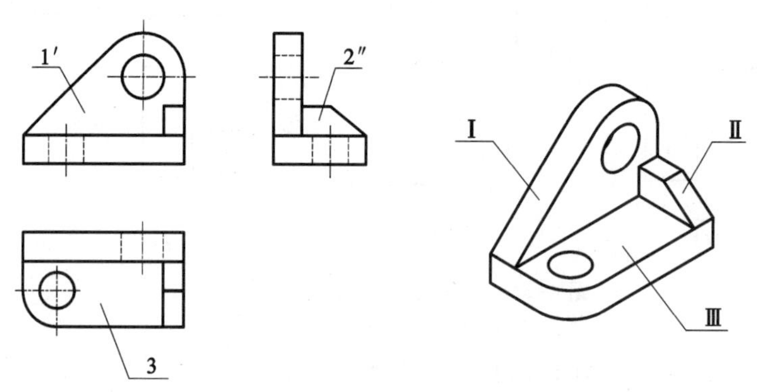

图 4-28　抓住形状特征视图分析物体

(2) 能清楚表达组合体中各基本体之间相互位置关系的视图称为位置特征视图。如图 4-29所示的两个物体,主视图中线框Ⅰ内的小线框Ⅱ、Ⅲ,它们的形状特征很明显,一个是圆形,一个是矩形。如果仅对照俯视图,则它们的相对位置不清楚,不能确定哪个形体是孔,哪个形体是向前凸出,只有对照主、左视图才能确定。因此,图 4-29(a)、(b)中的左视图就是凸块和孔的位置特征视图。由此可见,读图时只有将组合体中各形体的形状特征和位置特征结合起来考虑,才能准确地想象出该组合体的空间形状。

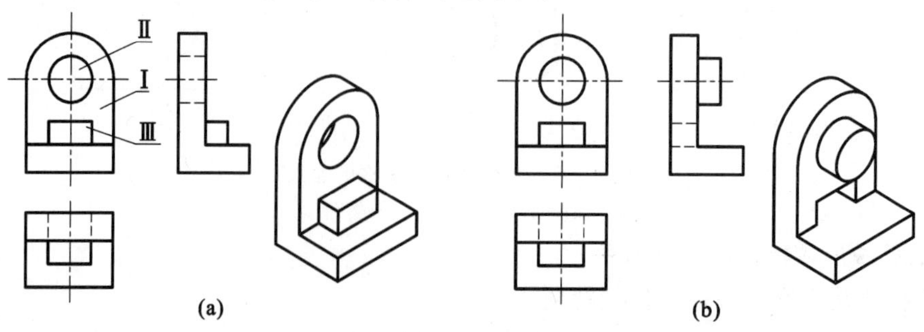

图 4-29　组合体中基本体的位置特征分析

4.4.2　读图的基本方法

1. 形体分析法

形体分析法是看组合体视图的最基本方法。一般从最能反映物体主要形体特征的主视图着手，划分线框，将组合体划分成几个部分，即几个基本体；然后按投影规律分别找到各线框的其他投影，从而确定各基本体的形状及位置；最后综合起来想象组合体的整体形状。这种读图方法称为形体分析法。

现以图 4-30 所示的组合体三视图为例，说明运用形体分析法读图的方法与步骤。

1）看视图，分线框，分出基本体

将主视图分为四个线框，每个线框各代表一个基本体。如图 4-30(a)所示。

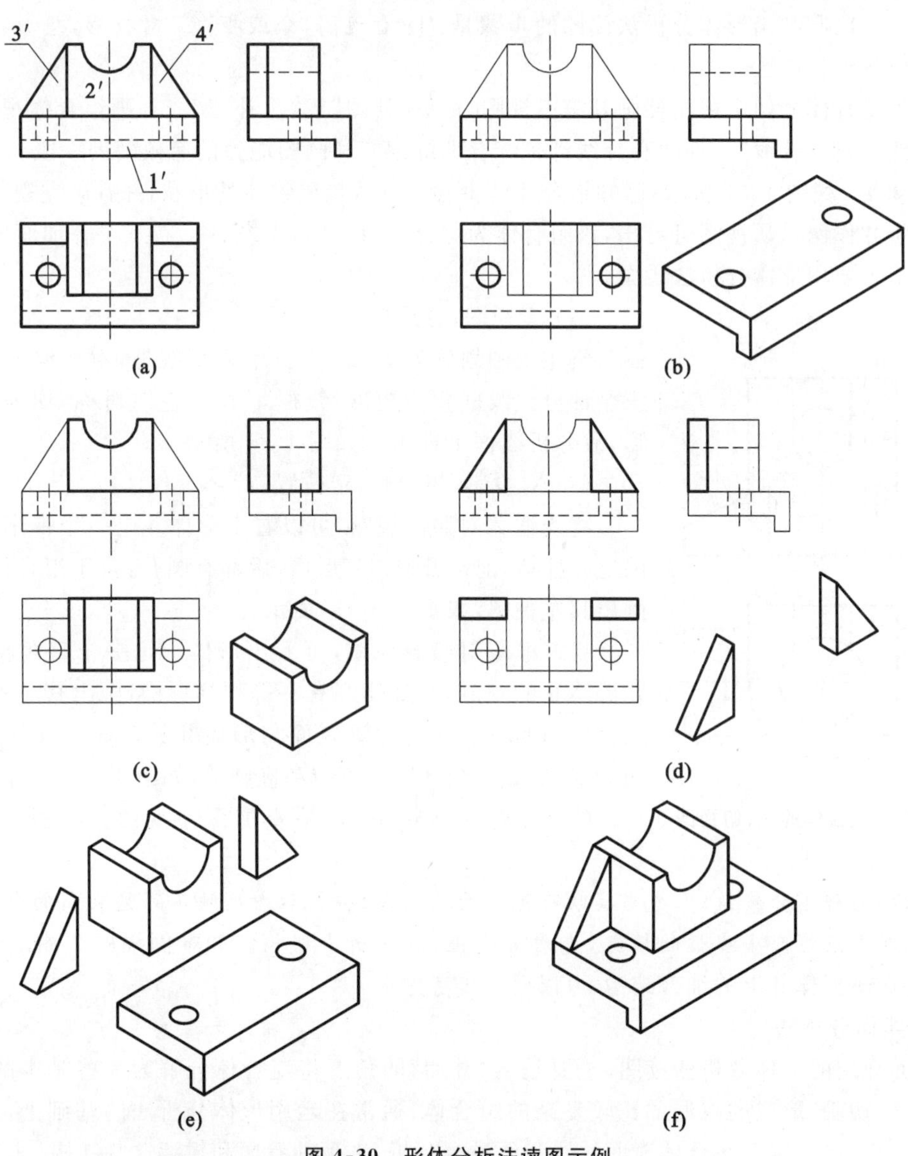

图 4-30　形体分析法读图示例

(a)看视图，分线框　(b)对投影，想形体Ⅰ　(c)对投影，想形体Ⅱ

(d)对投影，想形体Ⅲ、Ⅳ　(e)想象各形体相对位置　(f)综合想象整体形状

2) 按线框对投影,确定各基本体的形状和位置

如图 4-30(b)所示,线框 1 的主、俯两视图是矩形,左视图是 L 形,可以想象形体 1 是一块带孔的直角弯板,位于组合体的下方。

如图 4-30(c)所示,线框 2 的俯视图是一个“四”字形矩形,左视图的矩形中间有条虚线,结合主视图可知它是一个带半圆槽的长方体,位于形体 1 的上方。

如图 4-30(d)所示,线框 3、4 是两个相同的三角形,它们的俯、左两视图都是矩形。因此,这是两块三角形肋板对称地分布在组合体的左、右两侧。

3) 综合起来想整体形状

根据各部分的形状和它们的相对位置想象出组合体的整体形状。如图 4-30(e)、(f)所示。

由此可以归纳出形体分析法读图的步骤是:① 看视图,分线框;② 对投影,想形状,定位置;③ 综合起来想整体。

根据组合体的两个视图补画其第三视图,俗称“补图”或“二补三”。补画组合体视图中所缺的图线,俗称“补线”。补图和补线都是综合训练读图和画图能力的有效辅助手段。

例 4-4 如图 4-31 所示,已知组合体的主、俯视图,想象物体的形状,并补画左视图。

分析并作图 从视图可看出,该组合体为综合型组合体,由左、中、右三块叠加而成,且左右对称。主要用形体分析法看图。

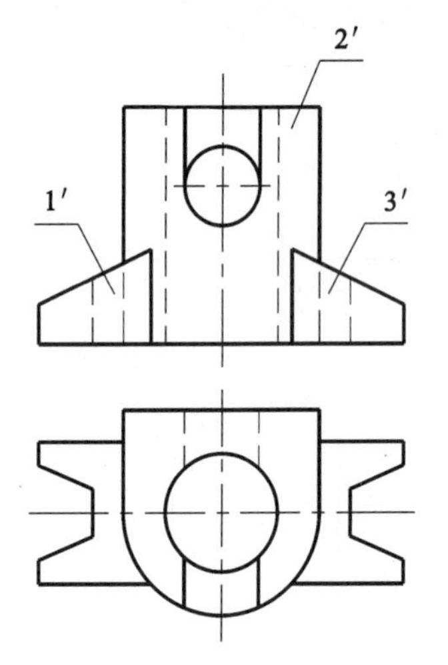

图 4-31 组合体的主、俯视图

(1) 看视图,分线框。

将主视图划分为 1′、2′、3′三个封闭线框,看作组成物体的三个部分。线框 2′为矩形;线框 1′和 3′左右对称,均为直角梯形,故分析线框 1′即可。如图 4-31 所示。

(2) 对投影,想形状,定位置。

将线框 2′对照俯视图,可以看出形体Ⅱ是一个带半圆柱面的空心柱体,前部开有“U”形槽,后部有圆孔,位于组合体中部,画出其左视图,如图 4-32(a)所示。

将线框 1′对照俯视图,可看出形体Ⅰ是一个直角梯形块,在形体Ⅱ的左侧,其外侧开有一等腰梯形槽,画出其左视图,注意直角梯形块上部的正垂斜面与形体Ⅱ的平面和圆柱面均相交,产生的截交线分别是直线和椭圆弧,如图 4-32(b)所示。

(3) 综合起来想整体,检查加深左视图。如图 4-32(c)所示。

提示:看视图分线框时,先看反映可见表面的粗实线框,后看反映不可见表面的含有虚线的线框;对大线框套小线框的情况,先看大线框,后分析小线框。如本例线框 2′中套了小线框,它是属于形体Ⅱ上的细部结构,可以后一步考虑。

2. 线面分析法

前面介绍的形体分析法读图,主要是从“叠加”的角度将组合体分解为一些基本的立体。但是对于“切割”形成的或局部比较复杂的组合体,通常在运用形体分析法的基础上,对不易看懂的局部,还要结合组合体表面的线和面进行分析,来帮助看懂和想清这些结构。

从已知视图的线框入手,分析物体上面的形状和位置,面与面的相对位置,面与面的交线,综合起来想象物体的整体形状,这种读图方法称为线面分析法。

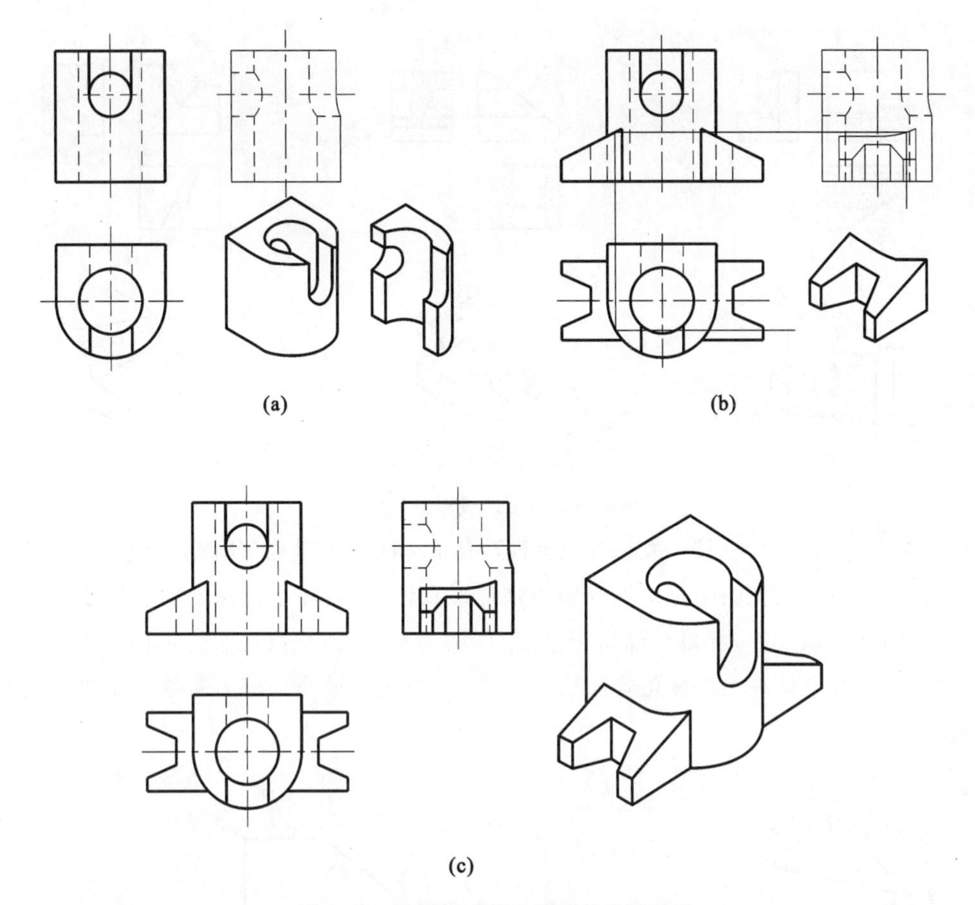

图 4-32 补画组合体左视图的作图过程

(a)想象和画出形体Ⅱ (b)想象和画出形体Ⅰ (c)综合想象整体形状,检查并加深左视图

线面分析法读图的步骤:①看视图,分线框,了解面的形状;②按线框,对投影,确定面的位置和性质;③综合起来想整体。

1) 分析面的投影,确定面的形状、位置和性质

如前所述,根据各类平面的投影特性,平面的三面投影可描述为:一般位置平面为“三类似”(即三线框);投影面垂直面为“一积聚,两类似”(即一线两框);投影面平行面为“两积聚,一实形”(即两线一框)。也就是说,一个平面在投影面上的投影“非框即线”,没有第三种可能。而且,线框不仅表示一个面的投影,还可以反映这个面的形状(类似形或实形)。

如图 4-33 所示,A、C 面为投影面垂直面,投影为“一积聚,两类似(一线两框)”;B 面为投影面平行面,投影为“两积聚,一实形(两线一框)”;D 面为一般位置平面,投影为“三类似(三框)”。

由此可见,视图上一个封闭线框所表示的平面,它的其他投影要么是一个边数相同的类似形线框,要么是一条具有积聚性的直线。如图 4-34 所示,已知△ABC 的正面投影△$a'b'c'$,则它的水平(或侧面)投影要么是一个类似形,要么积聚成直线。综上所述,若将视图中的某个线框去对投影,则:“若无类似形,必有积聚性”。

利用这一结论对组合体视图进行线面分析,就能正确找出物体上相应面的各个投影,并确定这些面的性质、形状和位置,从而进一步想象出物体的形状。

例如,图 4-35 所示压块的主、俯视图,主视图的 a'、b' 框分别为四边形和五边形,往俯视

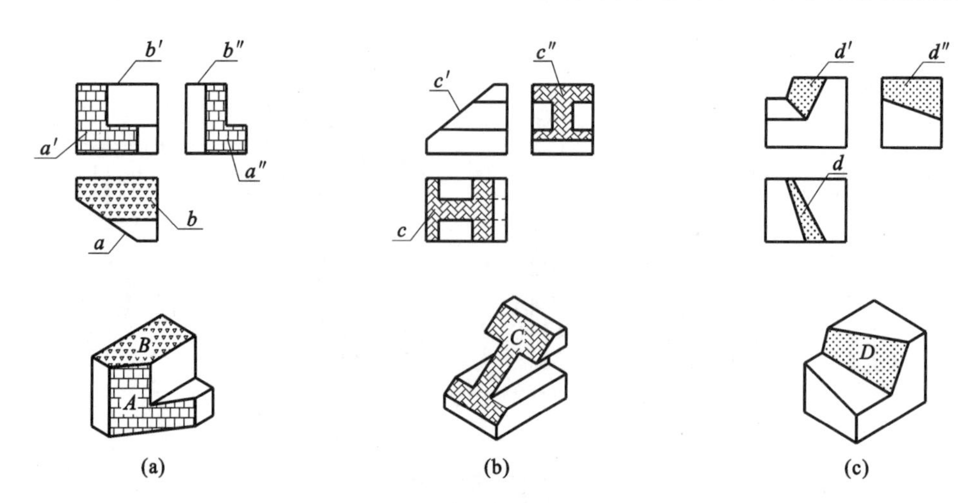

图 4-33　平面的投影分析(一)

图上对投影没有相应的类似形，故必有积聚性，可知 A 面为铅垂面，B 面为正平面，位置在组合体的前面。同理，俯视图的 c、d 框分别为六边形和四边形，往主视图上对投影也没有相应的类似形，则必有积聚性，可知 C 面为正垂面，D 面为水平面，位置在组合体的上方。由此可知，压块是一个长方体左上角被正垂面切去一块后，左侧又被两个前后对称的铅垂面各切去一块后形成的。

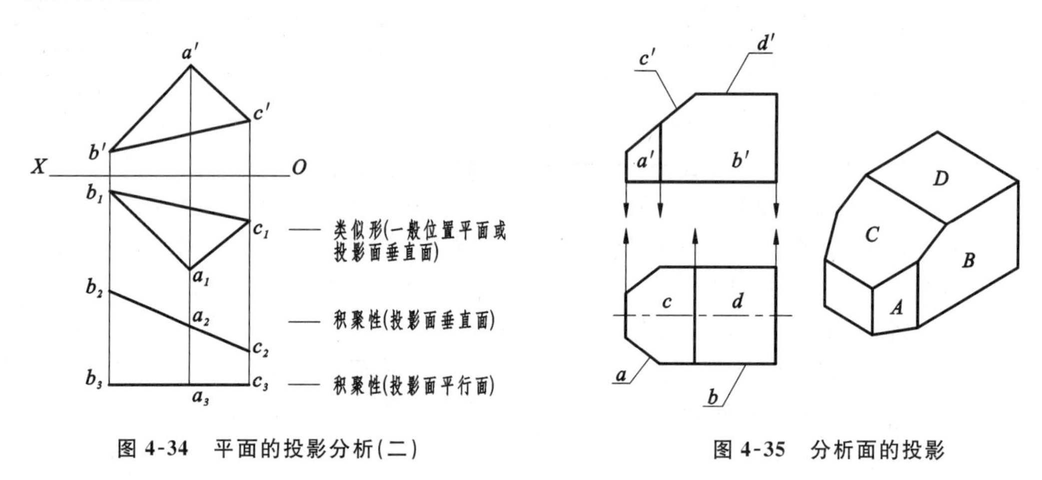

图 4-34　平面的投影分析(二)　　　　图 4-35　分析面的投影

以上是平面的情况，若线框所表示的面是曲面或包含曲面，或者是孔等情况请读者自行分析。

注意：将线框对投影应按投影规律“长对正，高平齐，宽相等”进行，类似形或积聚性的直线均在此范围产生，不可能超出。

掌握了面的分析方法，对于“切割”形成的或局部比较复杂的组合体，在由两个视图补画其第三视图的过程中，结合“面的二补三”就可以方便实现“体的二补三”。

特别强调的是，“标注法”对平面进行“二补三”是非常有效的，请读者理解掌握。例如对于物体上的投影面垂直面，若找到它有积聚性直线的投影，则可利用“标注法”求作该面的第三面投影：① 对已知线框顺次标注；② 找出各点在直线上的投影；③ 作出点的第三面投影后顺次连线。图 4-36(a)为已知压板上正垂面 C 的 c'、c，积聚性利用“标注法”补画 c'' 的过程，

（“一积聚，两类似”）。同理，铅垂面 A 的 a'' 也可按此法作出，见图 4-36(b)。当然，其他位置平面也可用“标注法”完成“二补三”作图，这里不再赘述。

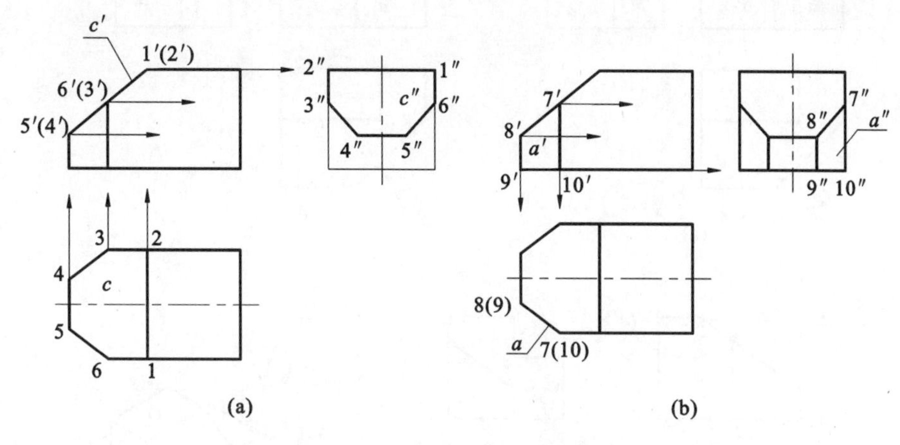

图 4-36　投影面垂直面的投影

例 4-5　如图 4-37 所示，已知组合体的三视图，运用线面分析法想象物体的形状。

分析　从组合体三个视图外围轮廓线看，均为不完整矩形，由此可见组合体的基本形体是一个长方体，经多次切割后形成的一个切割式组合体，宜在形体分析的基础上用线面分析法来读图。

(1) 看视图，分线框，了解面的形状。

这一步骤可以在各个视图中进行，因为物体上的表面相对投影面位置不同，可以在不同投影面上产生线框。主视图分成 a'、b' 两个线框，分别为四边形和五边形；俯视图分成 c、d、e 三个线框，c 为七边形，d、e 为四边形；同理，可分析左视图 a''、c''、f'' 三个线框的形状，如图 4-37(a)所示。

(2) 按线框，对投影，确定面的位置和性质。

主视图的 a'、b' 两个线框“长对正”往俯视图上对投影，没有类似形，产生积聚性，可知 A 面为铅垂面，B 面为正平面。A 面在左前侧，B 面在正前面，两面相交。读者也可“高平齐”找出两个线框在左视图上的投影。如图 4-37(b)所示。

俯视图的 c、d、e 三个线框“长对正”往主视图上对投影，没有类似形，产生积聚性，可知 C 面为正垂面，D、E 面为水平面。C 面在左上方，D 面在最上方，两面相交；E 面在后方。同理，读者也可根据“宽相等”分析 c、d、e 三个线框在左视图上的投影。

左视图的 f'' 线框往主、俯视图上对投影，都没有类似形，产生积聚性，可知 F 面为侧平面，在最左侧。找一找，左视图的 a''、c'' 线框在主、俯视图上的投影。

以上分析如图 4-37(c)所示。

(3) 综合起来想整体。

由分析可知组合体的形成过程：长方体左上部被正垂面 C 切去一个角，左前方被铅垂面 A 切去一个角，后上方被一个正平面和水平面 E 切去一块。整体形状如图 4-37(d)所示。

2) 分析面与面的相对位置

视图上任何相邻的封闭线框，通常是物体上相交的或错位的两个面的投影。如何确定这两个面的相对位置，必须通过其他视图来分析。

如图 4-38(a)和(b)所示的组合体，它们的主视图相同，有四个相邻线框，但由于俯、左视

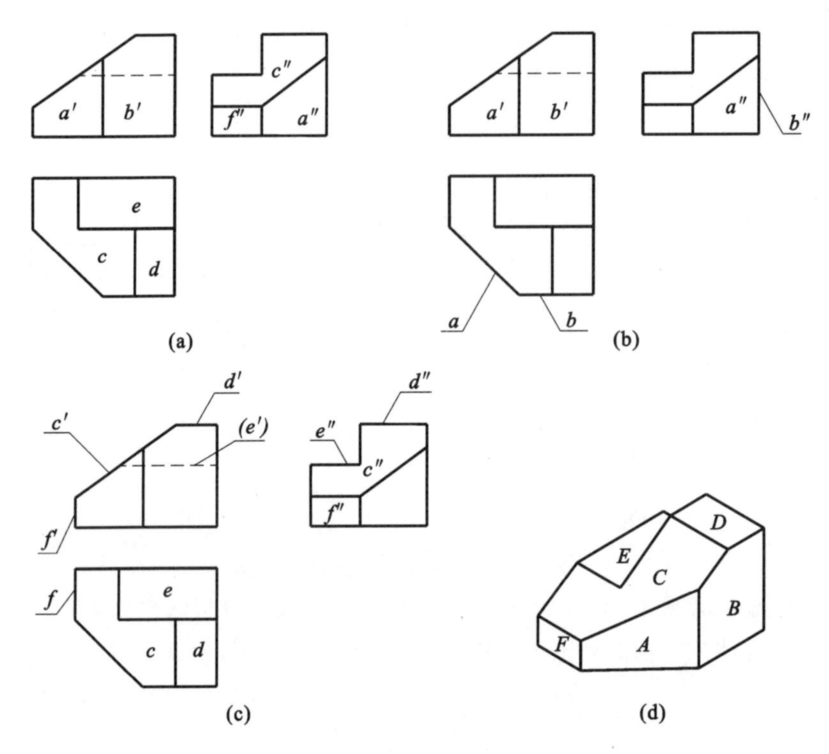

图 4-37 线面分析法读图示例

(a) 看视图,分线框 (b) 分析主视图线框 a'、b'

(c) 分析俯视图线框 c、d、e 及左视图线框 f'' (d) 综合起来想整体

图不同,说明 A、B、C、D 四个面的相对位置不同,请读者自行分析。

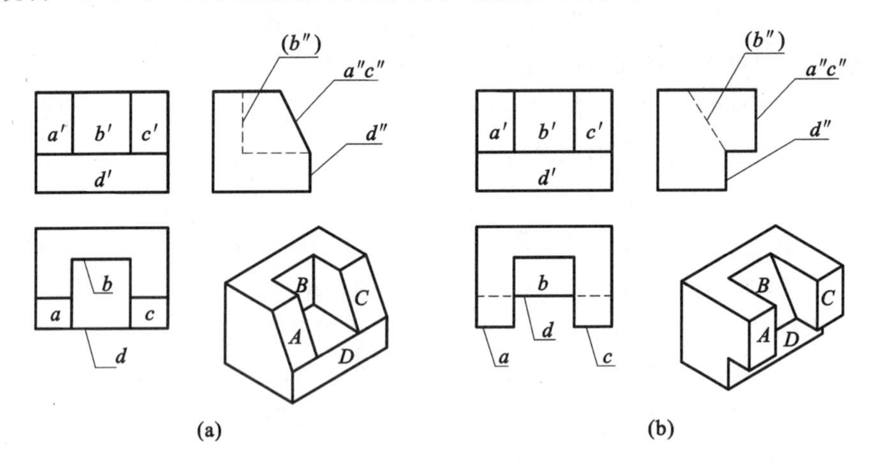

图 4-38 分析面的相对位置(一)

如图 4-39 所示的组合体,A、B、C 三个面前后错位,在 V 面上形成 a'、b'、c' 三个相邻线框;E、F 两个面上下错位,在 H 面上形成 e、f 两个相邻线框;M、N 两个面左右错位,在 W 面上形成 m''、n'' 两个相邻线框;这些面的另外两个投影请读者自行分析。

例 4-6 如图 4-40 所示,已知架体的主、俯视图,补画左视图。

分析 对照主、俯视图可知,架体可看成由长方体切割后形成,可在形体分析的基础上用线面分析法来读图。

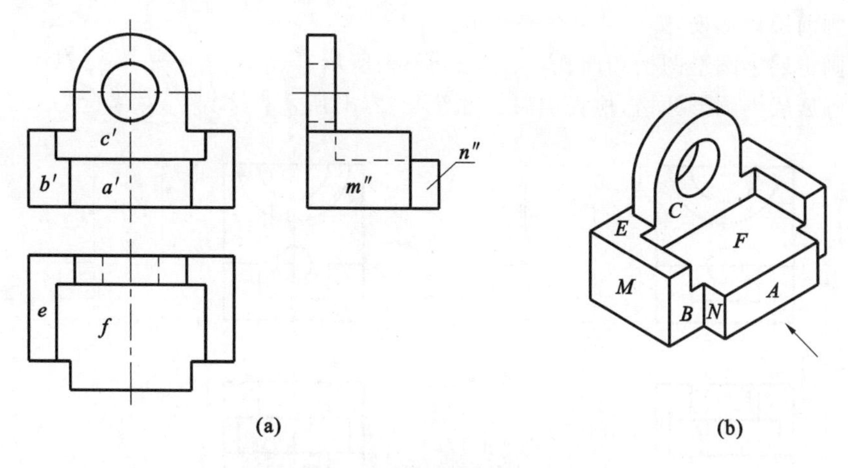

图 4-39　分析面的相对位置(二)

(1) 看视图,分线框,了解面的形状;按线框,对投影,确定面的位置;综合起来想整体。

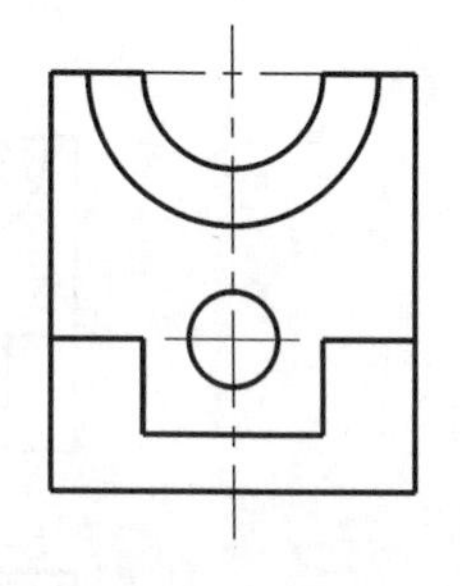

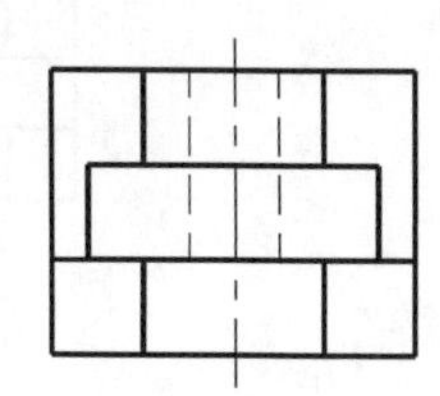

图 4-40　架体的主、俯视图

主视图线框分析:见图 4-41(a),主视图有三个封闭的线框 a'、b'、c',它们表示 A、B、C 三个面的投影。对照俯视图,都没有相应的类似形对应,因此,它们在俯视图中对应的投影可能是 a、b、c 三条正平线中的一条。又由于有一通孔从后面穿到 B 面,所以 B 面在中间,那么 A、C 两面的相对位置如何确定呢?

俯视图线框分析:见图 4-41(b),俯视图中有三个可见的封闭线框 d、e、f,其中,在主视图中与 e 对应的投影为 e',它是一个圆柱面;另外两个对应的投影为一个在 e'之上,一个在 e'之下,由于俯视图中的三个面的投影都可见,因此,必是位于最后的面在上,最前的面在下,即 F 面最高,它是一个圆柱面;D 面在 E 面之下,它是一个水平面。由此也可以得出 A 面在前,C 面在后。于是最后可想象出架体的整体形状如图 4-41(c)所示。

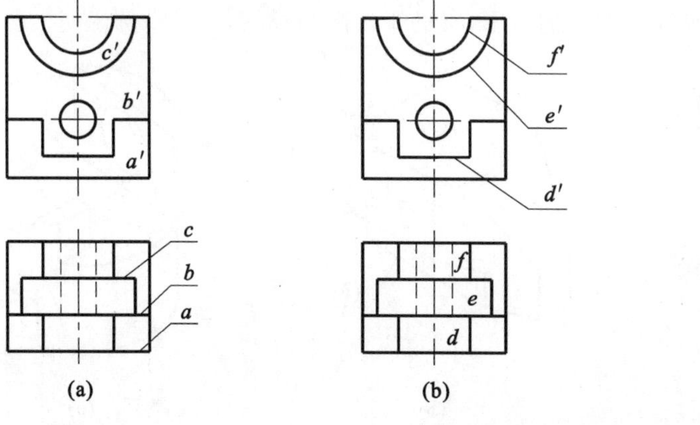

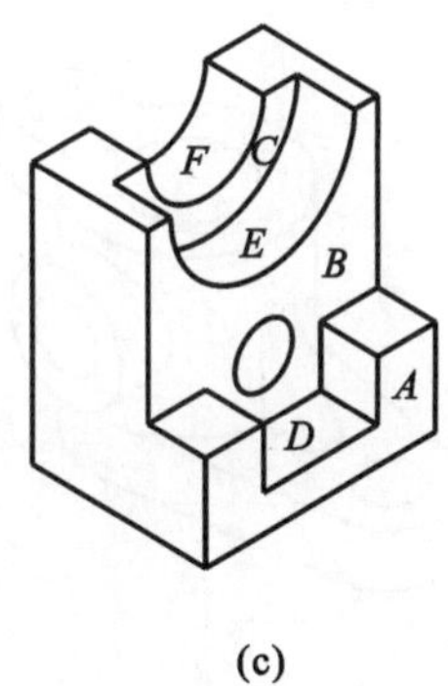

图 4-41　架体的线面分析

(a) 主视图线框分析　(b) 俯视图线框分析　(c) 综合起来想整体

(2) 补画左视图。

① 作左视图的外轮廓线,如图 4-42(a)所示。

② 补画前层矩形槽,如图 4-42(b)所示。

③ 补画中层半圆形凹槽和通孔，如图 4-42(c)所示。

④ 补画后层半圆形凹槽,检查加深，如图 4-42(d)所示。

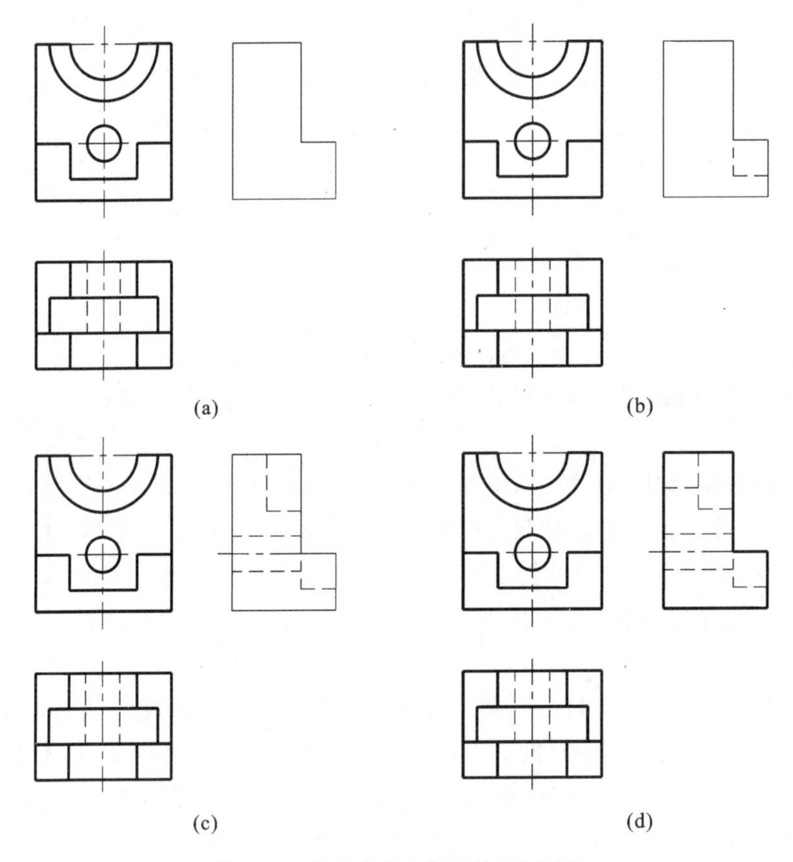

图 4-42　补画架体左视图的作图过程

3）分析面与面的交线

如图 4-43 所示,在叠加或切割形成的组合体中,有许多面与面的交线(截交线或相贯线),分析这些交线的形成、性质及它们的投影,有助于读图和补图,以下举例说明。

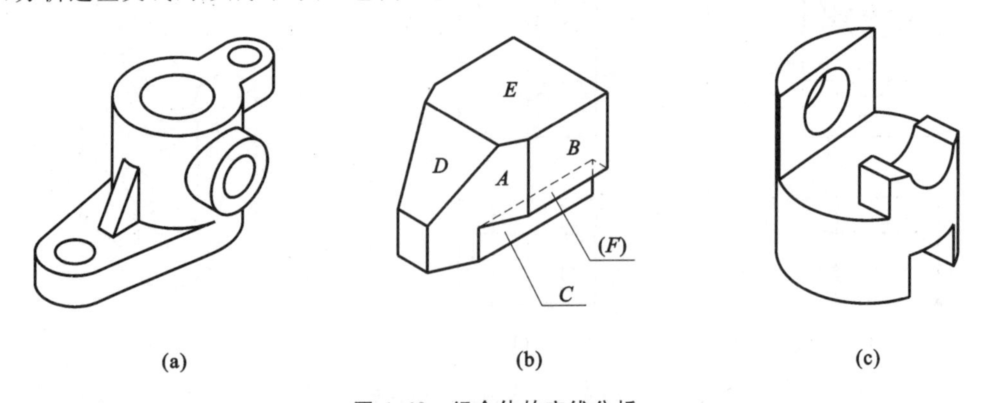

图 4-43　组合体的交线分析

(a)叠加型组合体　(b)平面体切割　(c)曲面体切割

例 4-7 如图 4-44 所示，已知组合体的主视图和俯视图，想象物体的形状，并补画左视图。

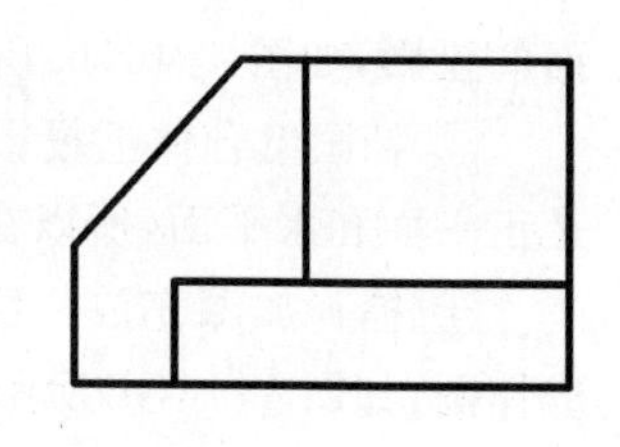

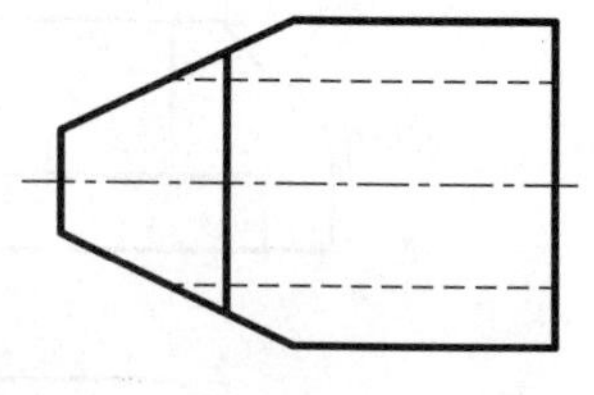

图 4-44 组合体的主、俯视图

分析 该组合体很明显为切割式组合体，可在形体分析的基础上用线面分析法来读图。从两个视图的外轮廓线看，均是有缺角的矩形，可初步认定该物体是由长方体切割而成，且前后对称。

(1) 看视图，分线框，了解面的形状。

主视图分成 a'、b'、c' 三个线框。俯视图分成 d、e、f 三个线框。各线框所表示的面的形状如图 4-45(a)所示。

关于投影图上表面的可见性：粗实线框为可见表面；粗实线与虚线、虚线与虚线形成的线框为不可见表面。如上述俯视图中 f 线框为不可见。

(2) 按线框，对投影，确定面的位置和性质。

将主视图 a'、b'、c' 三个线框对投影可知，A 为铅垂面，B、C 均为正平面。A 面在左前侧，与 B 面相交；C 面与 B 面前后错位。将俯视图 d、e、f 三个线框对投影可知，D 为正垂面，E、F 均为水平面。D 面在左上方，与 E 面相交。F 面在 E 面之下，不可见。如图4-45(b)所示。

(3) 综合起来想整体。

由分析可知组合体的形成过程：长方体左上角被一个正垂面 D 切去一个角，左边被前后对称的两个铅垂面分别切去一个角，在前、后的下方又被一个水平面和一个正平面对称的各切去一块。整体形状如图 4-45(c)所示。

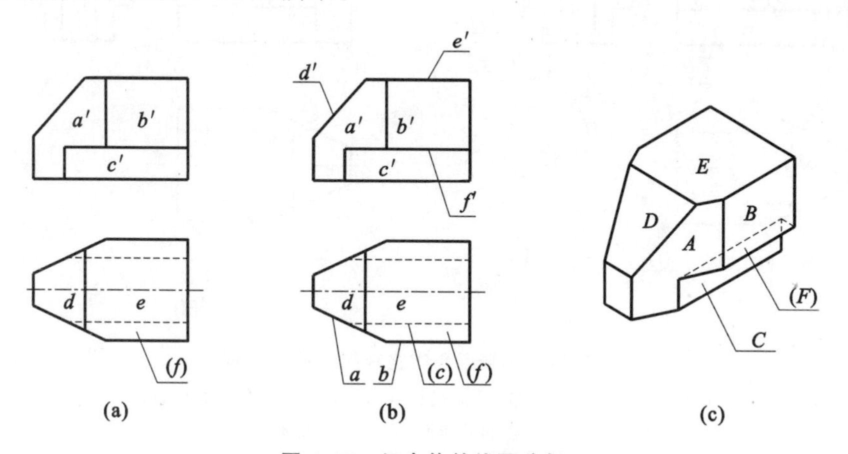

图 4-45 组合体的线面分析

(a) 分线框，知面形 (b) 对投影，定位置 (c) 综合想整体

(4) 补画左视图。

对切割形成的组合体，补画第三视图一般按下面步骤进行：

① 用细实线画出切割前完整形体的投影。见图 4-46(a)左视图的矩形。

② 从组合体上投影面垂直面入手，进行面的“二补三”。

(a) 求作 D 面的侧面投影：利用“标注法”在俯视图上对 d 框顺次进行标注，找出各点在主视图积聚性直线上的投影，根据点的投影规律补出 D 面的 W 投影(一线两框)。如图 4-46(a)所示。

(b) 求作 A 面的侧面投影：同理，在主视图上对 a' 框顺次进行标注，再找出各点在俯视图积聚性直线上的投影，根据点的投影规律补出 A 面的 W 投影(一线两框)，同时作出 A 的对称面的投影,如图 4-46(b)所示。

③ 补画组合体上投影面平行面的投影。完成平面 B、C、E、F 的侧面投影:由于它们分别是正平面和水平面,所以在 W 面上都积聚为一直线(两线一框),如图 4-46(c)所示。

④ 检查加深完成作图。检查投影是否正确,补画必要的轮廓线,擦去多余图线,加深完成作图,如图 4-46(d)所示。

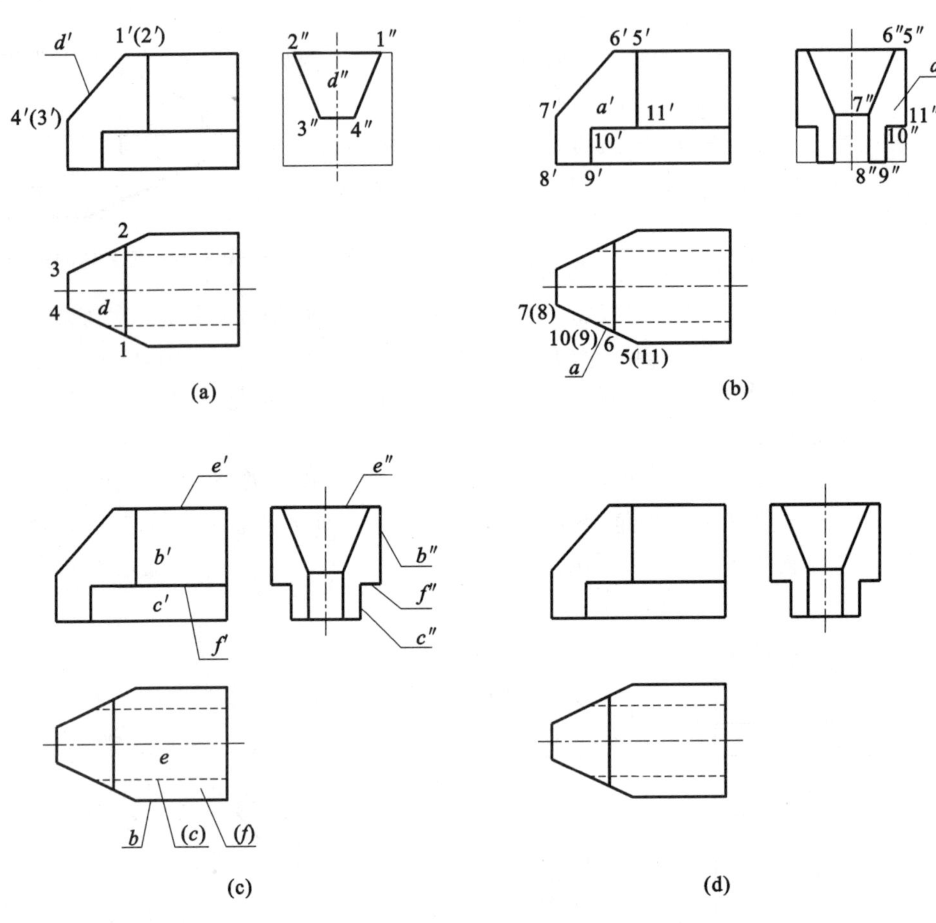

图 4-46 补画组合体左视图的作图过程

(a) 画出切割前形状,求作 D 面投影 (b) 求作 A 面及其对称面投影

(c) 找 B、C、E、F 面的另两投影 (d) 检查加深完成作图

小结:

① 组合体上的面(即封闭线框)的分析是重点。因为这些面的边往往是组合体上面与面的交线,因此,对封闭线框进行分析和求作,可以直接解决交线的投影求作问题。

② 切割型平面体的作图要领:进行补图时,应先画出切割前完整形体的投影,然后从形状复杂、边数较多的投影面垂直面入手,进行面的“二补三”,这样往往能使后续的作图迎刃而解。

3. 综合应用

例 4-8 如图 4-47(a)所示,补画夹铁视图中的缺线。

分析 由夹铁的视图可知,它是一个由长方体切割而成的切割式组合体,前后左右对称。可在形体分析的基础上用线面分析法来读图。

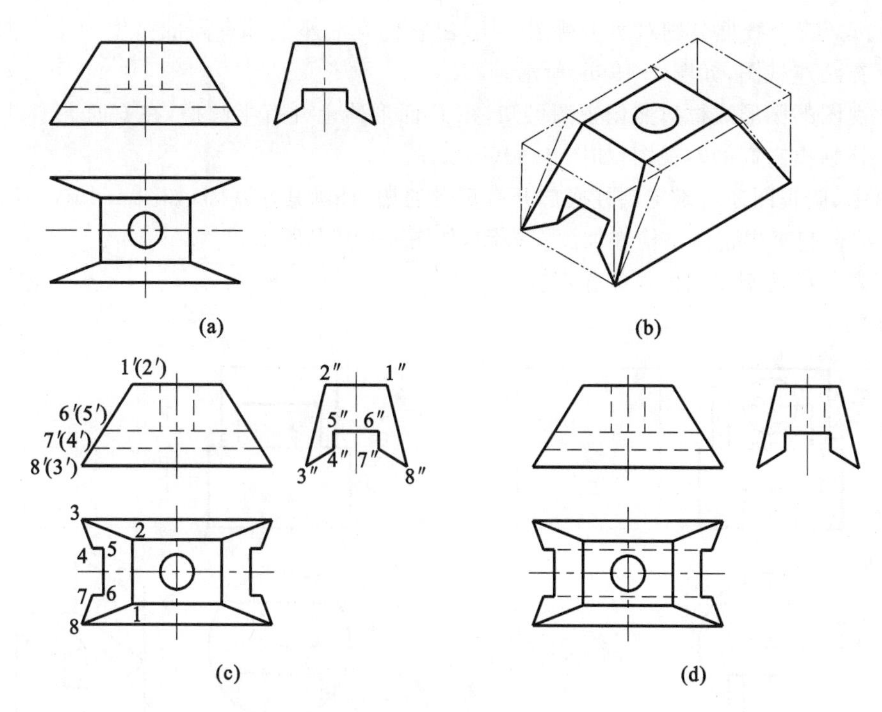

图 4-47　补画夹铁视图中缺线的作图过程

(1) 分线框，了解面的形状；对投影，确定面的位置。

主视图只有一个梯形实线框，对投影可知，它是位于夹铁前面的一个侧垂面。

左视图只有一个八边形线框，对投影可知，它是位于夹铁左侧的一个正垂面。由于该面的水平投影不完整，需要补画缺线。

俯视图的线框读者可自行分析。

(2) 综合起来想整体。

由分析可知，夹铁是长方体被左右两个正垂面、前后两个侧垂面对称切割后，底部左右方向开了一个燕尾形通槽后形成的，中部自上而下有个圆柱形通孔。如图 4-47(b)所示。

(3) 补缺线。

① 补画八边形正垂面水平投影的缺线。利用“标注法”作图。如图 4-47(c)所示。

② 补画燕尾槽在俯视图中的缺线及圆柱孔在左视图中的缺线，检查加深完成作图。如图 4-47(d)所示。

例 4-9　如图 4-48 所示，已知底座的主、俯视图，想象其形状，并补画左视图。

分析　对照主、俯视图可知，底座由一个圆柱体经切割后形成，属切割型组合体，可在形体分析的基础上用线面分析法来读图。

(1) 看视图，分线框，了解面的形状。

先画出完整圆柱的投影。将俯视图分成 a、b、c 三个线框，各线框的形状如图 4-49(a)所示。主视图的线框请读者自行分析。

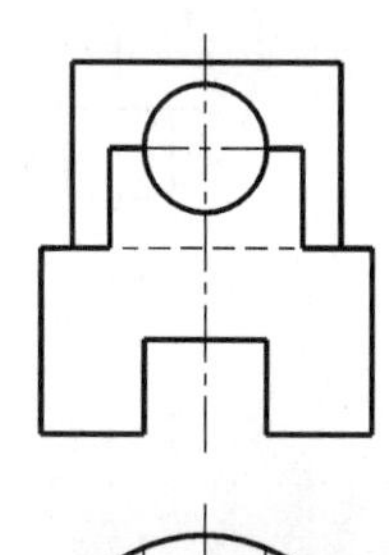

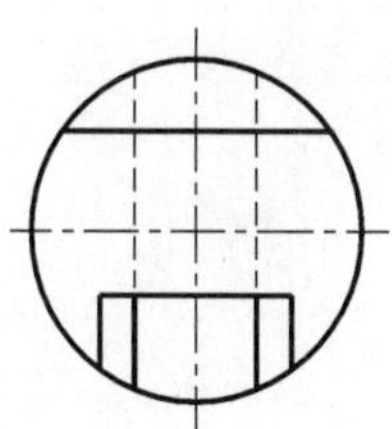

图 4-48　底座的主、俯视图

(2) 按线框，对投影，确定面的位置。

将 a、b、c 三个线框分别对照主视图,可看出它们是底座上部有高低错位的三个面。想象切割情况补画左视图,如图 4-49(b)所示。

将主视图的圆形线框对照俯视图可知,在 B 面形体上开有半圆槽,在 C 面形体上开有圆形通孔。补画出它们的左视图,如图 4-49(c)所示。

对照主、俯视图还可确定圆柱底部开有矩形通槽,补画其左视图,如图 4-49(d)所示。

(3) 综合起来想整体。检查加深左视图,如图 4-49(d)所示。

请读者总结切割型曲面体的作图要领。

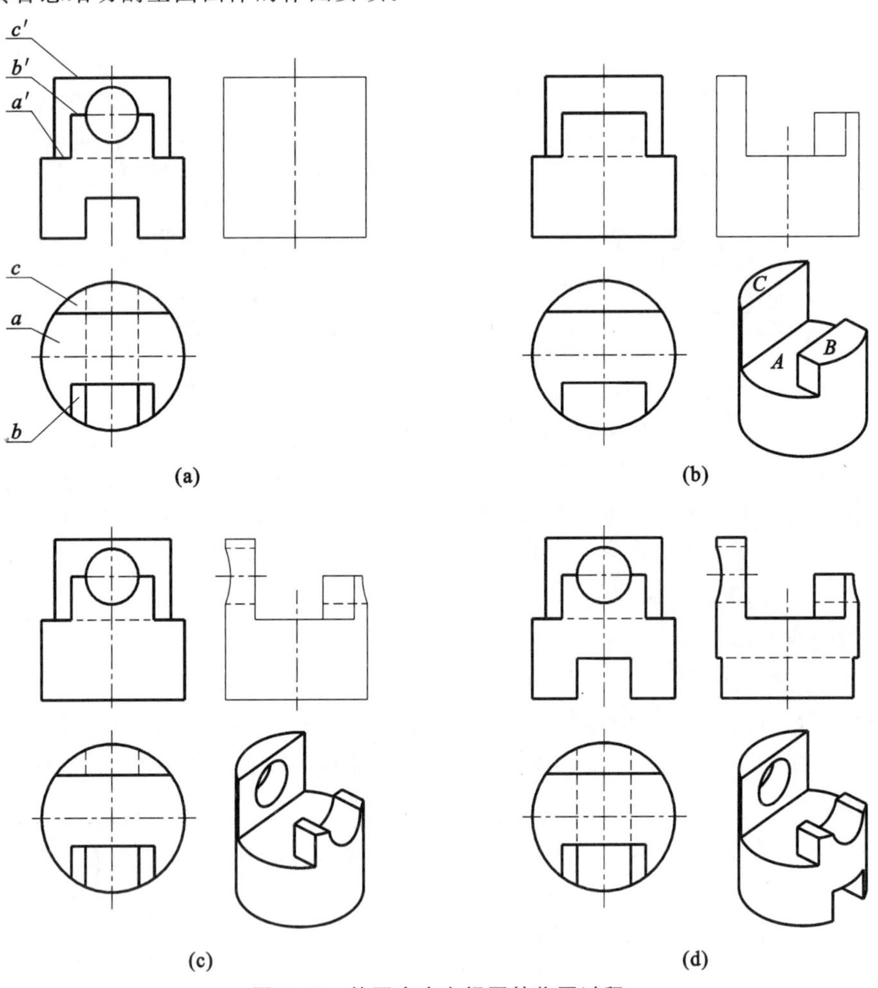

图 4-49　补画底座左视图的作图过程

第5章 轴 测 图

前面介绍的多面正投影图(三视图)可以准确、完整地表达出物体的真实形状和大小，它作图简便，度量性好，因此在工程中得到广泛应用，如图5-1(a)所示。但三视图立体感差，于缺乏读图知识的人难以看懂。轴测投影图(简称轴测图)是用平行投影法形成的单面投影图，它能在一个投影上同时反映出物体三个面的形状，富有立体感，直观性强，但这种图不能表示物体的真实形状，度量性也较差，常用它作为工程上的辅助图样，如图5-1(b)所示。本章主要介绍轴测图的基本知识和画法。

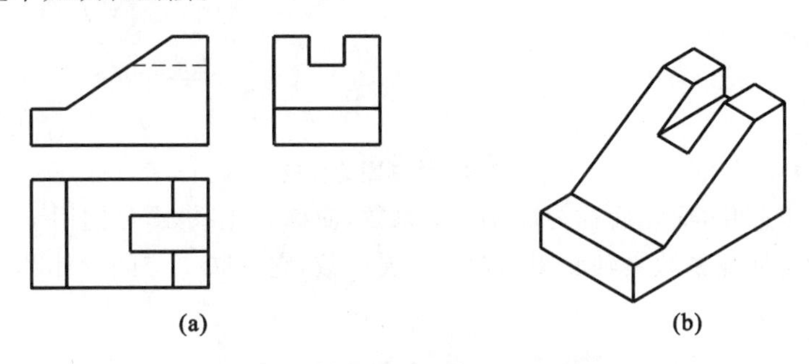

图5-1 多面正投影与轴测投影的比较

(a)多面正投影图 (b)轴测投影图

5.1 轴测图的基本知识

5.1.1 轴测图的形成

轴测投影图是指将物体连同其上的参考直角坐标系，沿不平行于任一坐标面的方向，用平行投影法将其投射在单一投影面上所得的具有立体感的图形，轴测投影图也称轴测投影或轴测图，如图5-2所示。生成轴测图的投影面 P 称为轴测投影面，空间坐标轴 OX、OY、OZ 在轴测投影面上的投影 O_1X_1、O_1Y_1、O_1Z_1 称为轴测投影轴，简称轴测轴，分别简称 X_1 轴、Y_1 轴、Z_1 轴。

5.1.2 轴间角和轴向伸缩系数

如图5-2所示，在轴测图中，两根轴测轴之间的夹角 $\angle X_1O_1Y_1$、$\angle X_1O_1Z_1$、$\angle Y_1O_1Z_1$ 称为轴间角；轴测轴上的单位长度与相应坐标轴上的单位长度的比值称为轴向伸缩系数，简称伸缩系数。X_1、Y_1、Z_1 轴上的伸缩系数分别用 p_1、q_1、r_1 表示，则有

$$p_1 = \frac{O_1A_1}{OA}$$

$$q_1 = \frac{O_1B_1}{OB}$$

$$r_1 = \frac{O_1C_1}{OC}$$

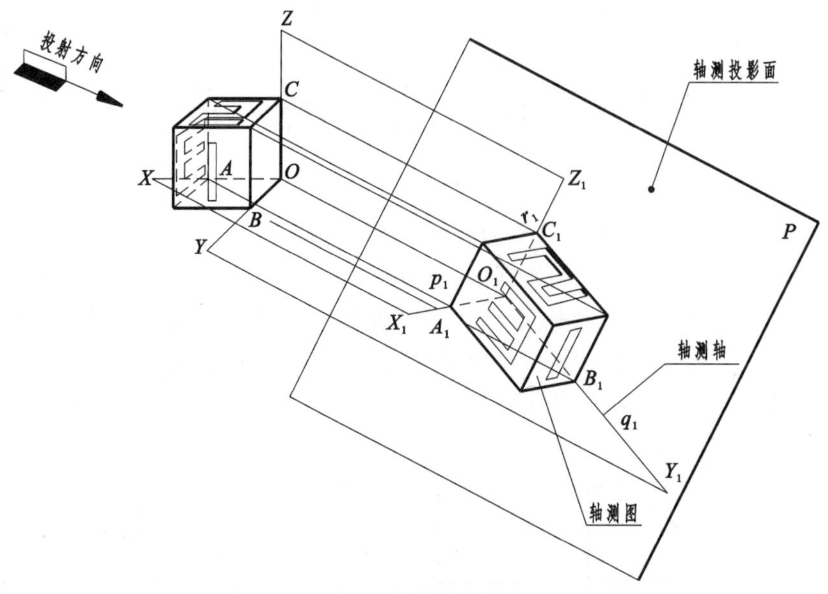

图 5-2　轴测图的形成

伸缩系数可以简化,简化后称为简化伸缩系数,简称简化系数,分别用 p、q、r 表示。

轴间角和轴向伸缩系数是轴测图的两个重要参数,它反映了空间物体和轴测投影之间的长度比例和方向的关系。

5.1.3　轴测图的投影特性

由于轴测图是用平行投影法绘制的,所以具有以下平行投影的特性。

(1) 空间互相平行的线段,它们的轴测投影仍然互相平行。

(2) 空间相互平行的两线段的长度之比,等于它们轴测投影的长度之比。

由以上特性可知:物体上凡与空间坐标轴平行的线段,在轴测图中也必定平行于相应的轴测轴,且具有和相应轴测轴相同的轴向伸缩系数。因此,画轴测图时,只能沿着轴测轴或平行于轴测轴的方向,利用轴向伸缩系数进行作图(线段的轴测投影长=线段空间长度×轴向伸缩系数),所以这种投影称为轴测投影。

5.1.4　轴测图的分类和选用

1. 投射方向

根据投射方向与轴测投影面所成的角度不同,轴测图可以分为以下两大类。

(1) 正轴测图　投射方向与轴测投影面垂直(由正投影法得到的轴测投影)。

(2) 斜轴测图　投射方向与轴测投影面不垂直(由斜投影法得到的轴测投影)。

2. 轴向伸缩系数

根据轴向伸缩系数是否相同,这两类轴测图又可分为下列三种。

(1) 正(或斜)等轴测图($p_1=q_1=r_1$)。

(2) 正(或斜)二轴测图($p_1=r_1\neq q_1$　$p_1=q_1\neq r_1$　$q_1=r_1\neq p_1$)。

(3) 正(或斜)三轴测图($p_1\neq q_1\neq r_1$)。

“机械制图”相关国家标准推荐使用正等轴测图、正二轴测图($p_1=r_1=2q_1$)和斜二轴测图($p_1=r_1=2q_1$)。机械工程中也常用这三种轴测图。本章仅介绍正等轴测图和斜二轴测图的画法。图 5-3 所示为同一物体的三种轴测图。

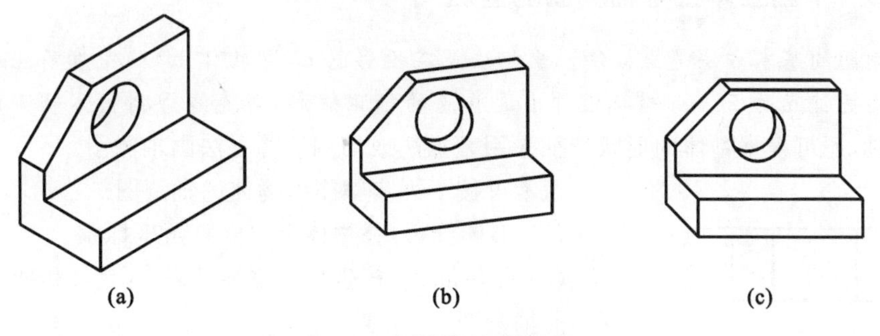

图 5-3　物体的三种轴测图

(a)正等轴测图　(b)正二轴测图　(c)斜二轴测图

5.2　正等轴测图

如图 5-4(a)所示，使三个直角坐标轴对轴测投影面处于倾斜位置，且倾角都相等，也就是将图中立方体的对角线 AO 放成垂直于轴测投影面的位置，并以 AO 的方向作为投射方向，所得到的轴测图就是正等轴测图，简称正等测。

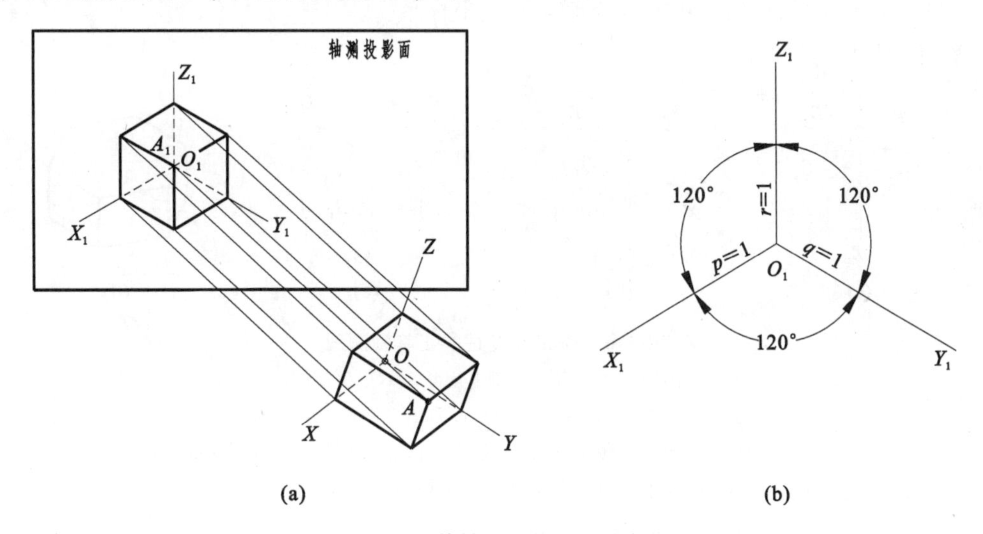

图 5-4　正等轴测图的形成及参数

(a)正等轴测图的形成　(b)轴间角和轴向简化伸缩系数

5.2.1　轴间角和轴向伸缩系数

如图 5-4(b)所示，在正等轴测图中，由于物体上的三根直角坐标轴与轴测投影面的倾角相等，因此，与之相对应的轴与轴之间的夹角也相等，即$\angle X_1O_1Y_1=\angle X_1O_1Z_1=\angle Y_1O_1Z_1=120°$。各轴向伸缩系数都相等，即 $p_1=q_1=r_1\approx0.82$。为了作图简便起见，国家标准《机械制图　轴测图》(GB/T 4458.4—2003)中规定采用简化系数，即 $p=q=r=1$。不难看出，采用简化系数作图时，沿各轴向的所有尺寸都用真实长度量取，简捷方便，但画出的图形沿各轴向的长度都分别放大了约 $1/0.82\approx1.22$ 倍，这与用各轴向伸缩系数 0.82 画出的轴测图是相似图形，对看懂物体的形状没有影响。

5.2.2　平面立体正等轴测图的画法

画轴测图的基本方法是坐标法。坐标法是在投影图上(即物体上)确定直角坐标系,按照物体上某些关键点的 x、y、z 坐标值作出这些点的轴测投影,再连线得到物体轴测图的方法。具体作图时,还可根据物体的形状特征采用叠加法或切割法等方法画轴测图。

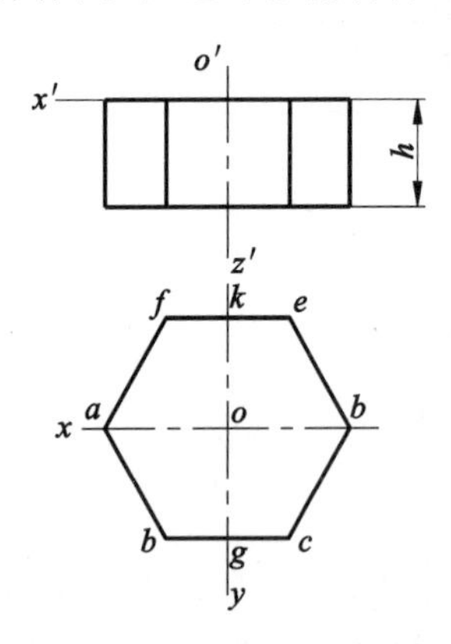

图 5-5　正六棱柱的两视图

通常可按下列步骤作出物体的轴测图。

(1) 形体分析,在物体上建立直角坐标系。

(2) 作轴测轴,按坐标关系画出物体上点和线,从而连成物体的轴测图。

注意:在确定坐标轴和具体作图时,要考虑作图简便,有利于按坐标关系定位和度量,并尽可能减少作图线。画图时,应按从前往后、从上往下、从左往右的顺序作图。轴测图中的虚线一般省略不画。

例 5-1　作出图 5-5 所示的正六棱柱的正等轴测图。

(1) 形体分析,在物体上建立直角坐标系。

如图 5-5 所示,正六棱柱的顶面和底面都是水平面,顶面在轴测图中可见,故取顶面的中心 o 为原点建立坐标系。

(2) 作图过程见图 5-6。

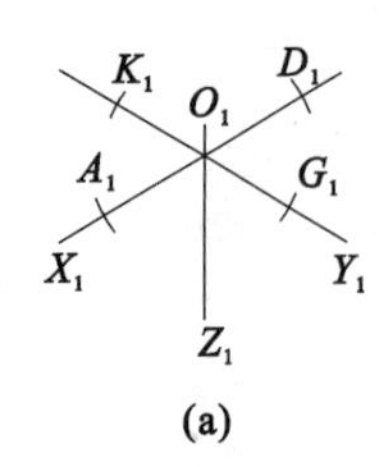

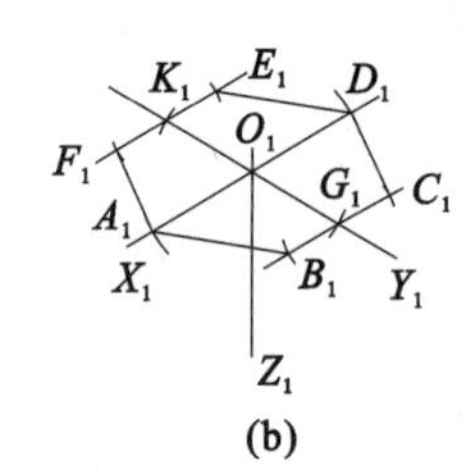

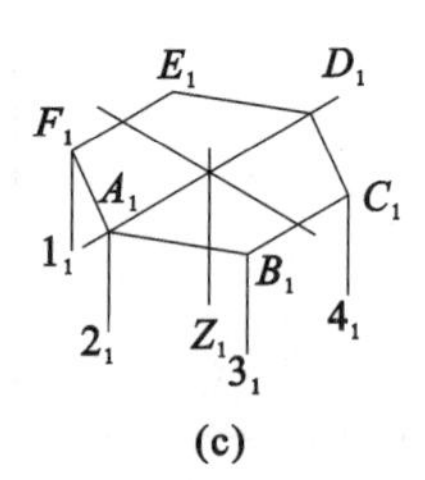

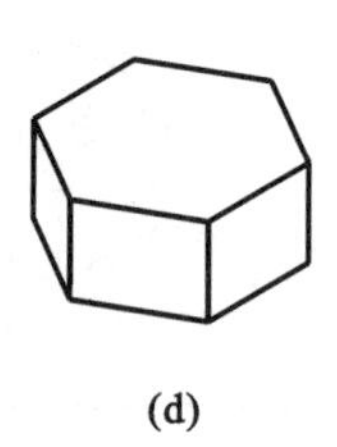

图 5-6　作正六棱柱的正等轴测图

(a)作轴测轴,并在 X_1、Y_1 轴上量得 A_1、D_1 和 G_1、K_1

(b)通过 G_1、K_1 作 X_1 轴的平行线,量得 B_1、C_1 和 E_1、F_1,连成顶面

(c)由所示各点沿 Z_1 轴向下量取 H 得 1_1、2_1、3_1、4_1　(d)连接各点并加深,完成全图

例 5-2　作出如图 5-7 所示的垫块的正等轴测图。

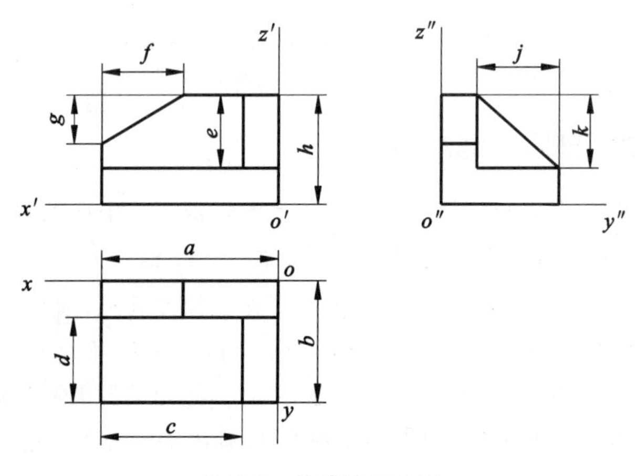

图 5-7　垫块的三视图

（1）形体分析，在物体上建立直角坐标系。

如图 5-7 所示，垫块是长方体经切割后形成。作图时可先画出完整长方体的轴测图，然后逐块地进行切除，即可得到垫块的轴测图。这种方法称为切割法。建立的坐标系如图 5-7 所示。

（2）作图过程见图 5-8。

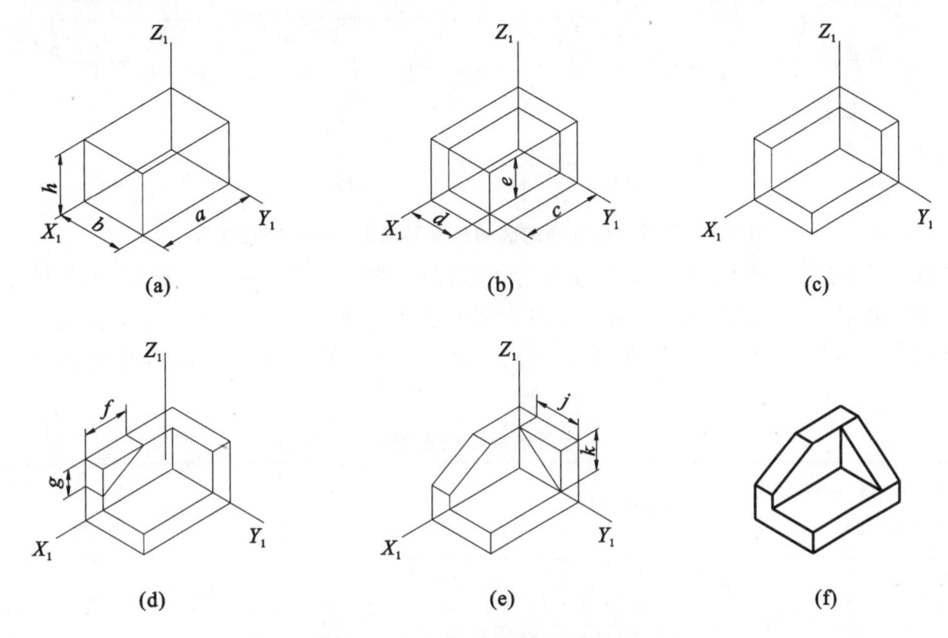

图 5-8　作垫块的正等轴测图

(a)作轴测轴，按尺寸画出完整长方体的正等轴测图　(b)根据尺寸 c、d 和 e 画出左上角被切割掉的小长方体的正等轴测图　(c)切去小长方体后剩余部分的正等轴测图　(d)根据三视图中尺寸 g 和 f，画出左上角被切割后的正等轴测图　(e)根据三视图中尺寸 j 和 k，画出右侧被切割后的正等轴测图　(f)加深，完成全图

5.2.3　曲面立体正等轴测图的画法

绘制曲面立体的正等轴测图，关键是要掌握圆的正等轴测图的画法。

1. 平行于坐标面的圆的正等轴测图

由于正等轴测图中各坐标面与轴测投影面均倾斜，所以平行于坐标面的圆的正等轴测图均为椭圆。下面以平行于水平坐标面 xoy 的圆的正等轴测图为例，介绍一种画椭圆的方法——四心圆法。

这是一种近似画法，它用四段圆弧光滑地连接起来，代替椭圆曲线，具体作图步骤如下。

（1）确定坐标轴和坐标原点，并作圆的外切正方形，切点 1、2、3、4，如图 5-9(a)所示。

（2）作出轴测轴和切点 1_1、2_1、3_1、4_1，通过这些点作外切正方形的轴测图（菱形），并作对角线，如图 5-9(b)所示。

（3）将菱形钝角的顶点 A_1、B_1 分别与对边中点 1_1、2_1 和 3_1、4_1 连线得交点 C_1、D_1，A_1、B_1 即为画椭圆的四个圆心。如图 5-9(c)所示。

（4）分别以 A_1、B_1 为圆心，$A_1 1_1$、$B_1 3_1$ 为半径作大圆弧 $1_1 2_1$ 和 $3_1 4_1$；以 C_1、D_1 为圆心，$C_1 1_1$、$D_1 3_1$ 为半径，作小圆弧 $1_1 4_1$ 和 $2_1 3_1$，连成近似椭圆。如图 5-9(d)所示。

由作图可知，平行于坐标面 xoy 的圆，其正等轴测椭圆的长轴垂直于 Z_1 轴，短轴则平行

于 Z_1 轴。

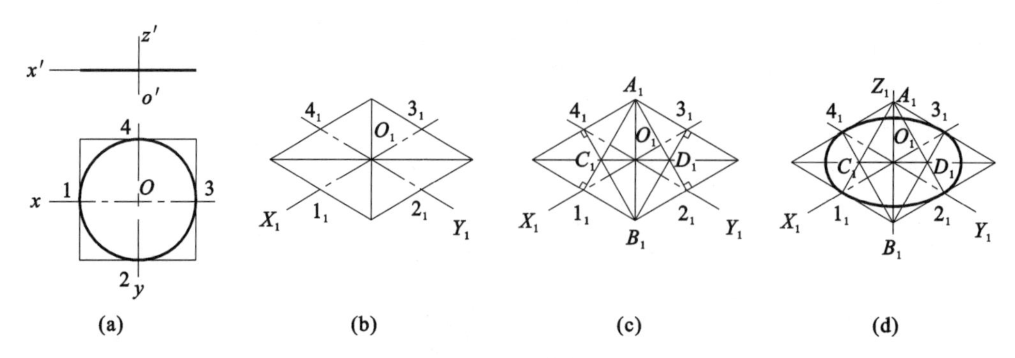

图 5-9　平行于坐标面的圆的正等轴测图——椭圆的作法

当圆所在的平面平行于 xoz 和 yoz 坐标面时,其正等轴测图——椭圆的作图方法与图 5-9的方法相似,只是椭圆长短轴的方向不同。表 5-1 列出了平行于三个坐标面的圆的正等轴测图——椭圆的画法及长、短轴的方向。图 5-10 为平行于三个坐标面的圆的正等轴测图。

表 5-1　平行于坐标面的圆的正等轴测图

所平行的坐标面(椭圆的长、短轴)	圆的两视图	圆的正等轴测图
// xoy 坐标面(椭圆长轴 ⊥ Z_1;短轴 // Z_1)	z′ x′ o′ x o y	O_1 X_1 Y_1 O_1 X_1 Y_1 Z_1 O_1 X_1 Y_1
// xoz 坐标面(椭圆长轴 ⊥ Y_1;短轴 // Y_1)	z′ x′ o′ o x y	Z_1 O_1 X_1 Z_1 O_1 X_1 Z_1 O_1 X_1 Y_1
// yoz 坐标面(椭圆长轴 ⊥ X_1;短轴 // X_1)	z′ o′ x′ z″ o″ y″	Z_1 O_1 Y_1 Z_1 O_1 Y_1 X_1 Z_1 O_1 Y_1

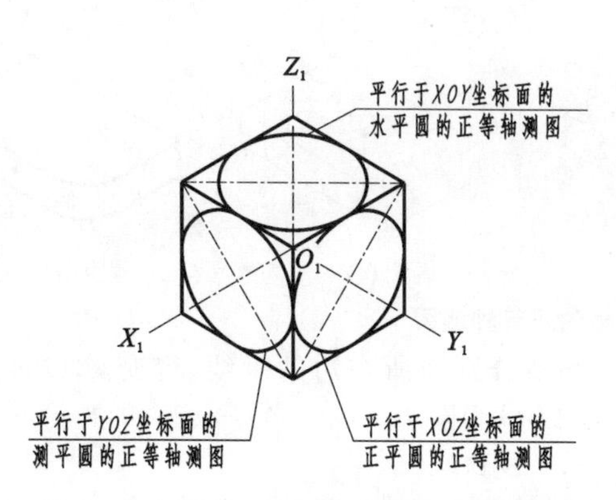

图 5-10　平行于坐标面的圆的正等轴测图

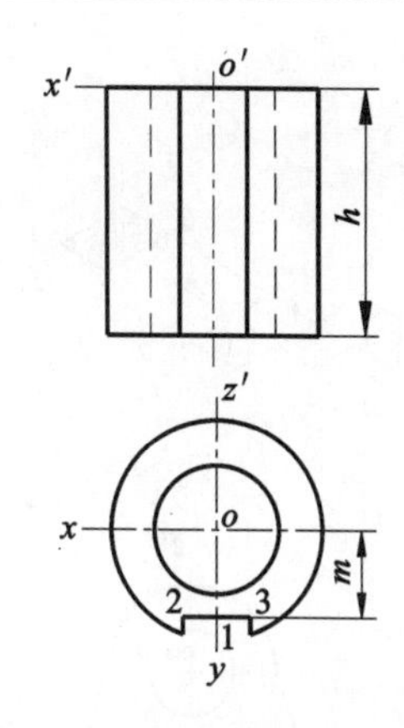

图 5-11　轴套的两视图

2. 画法举例

例 5-3　作出图 5-11 所示的轴套的正等轴测图。

(1) 形体分析，在物体上建立直角坐标系。

如图 5-11 所示，轴套由圆柱穿孔和开槽而形成，宜采用切割法，先画出完整圆柱的正等轴测图，再进行切割。取圆柱顶圆的圆心为坐标原点建立坐标系。画圆柱时可先作出顶圆的正等轴测图，再用移心法作底圆的正等轴测图及公切线。

(2) 作图过程见图 5-12。

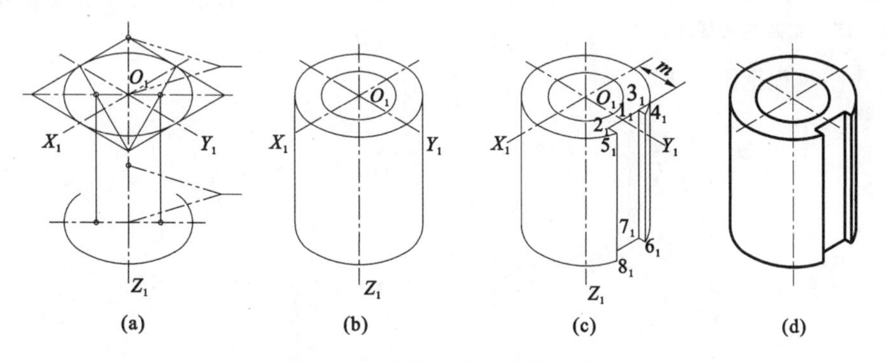

图 5-12　作轴套的正等轴测图

(a)作轴测轴，画圆柱顶面的近似椭圆，用移心法把三段圆弧的圆心向下移 h，作底面近似椭圆的可见部分　(b)作两个椭圆的公切线及轴孔　(c)由 m 定出 1_1，由 1_1 定 2_1、3_1；由 2_1、3_1 定 4_1、5_1，再作平行于轴测轴的诸轮廓线，定出 6_1、7_1、8_1，画全键槽　(d)整理，加深

例 5-4　作出图 5-13 所示的带圆角的长方形底板的正等轴测图。

(1) 形体分析，在物体上建立直角坐标系。

如图 5-13 所示，底板左、右各有一个圆角，作图时可先画出长方形底板，再画出圆角的正等轴测图。圆角是1/4圆柱，半径为 R 的圆弧可根据四心圆法作椭圆的原理作图。建立的坐标系如图所示。

(2) 作图步骤如下。

① 画出轴测轴，作长方形板的正等轴测图，由圆角半径 R 找出点 1 和 2。见图 5-14(a)。

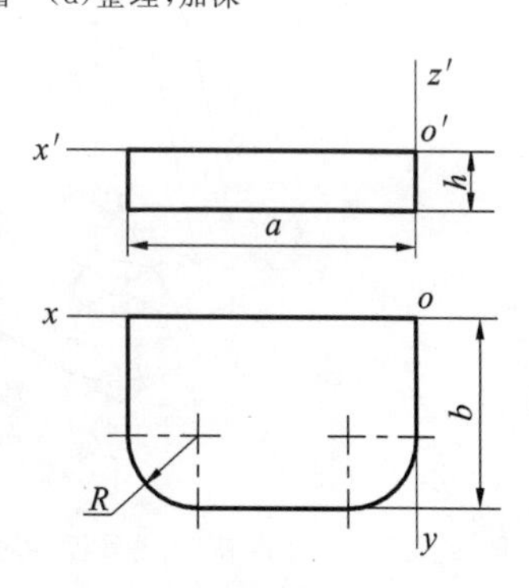

图 5-13　底板的两视图

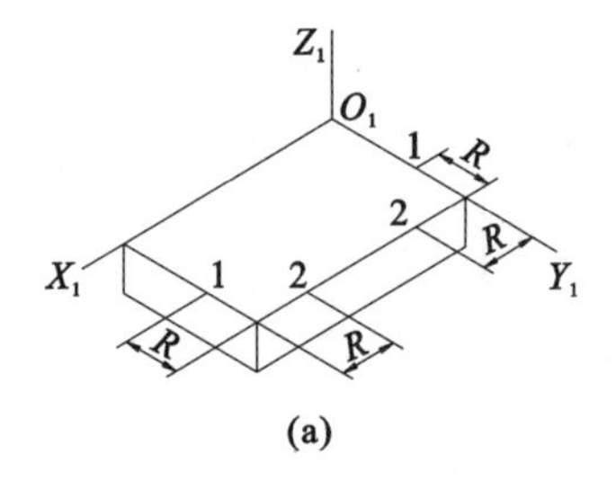

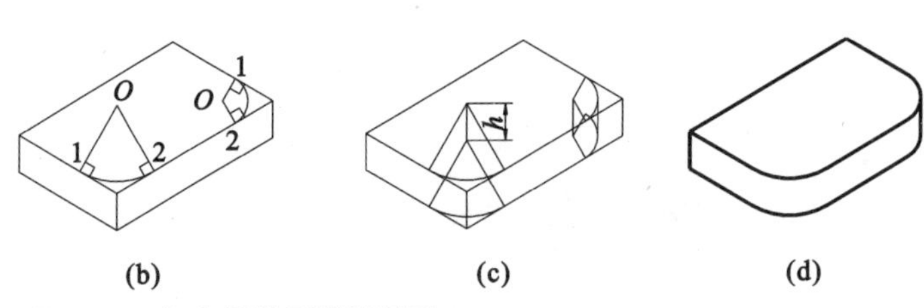

图 5-14　作底板的正等轴测图

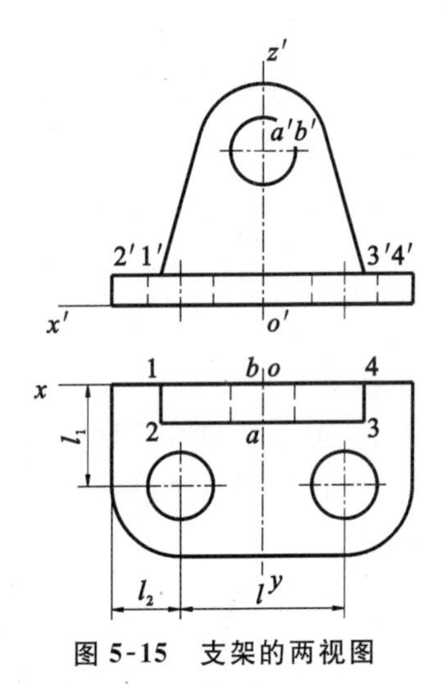

图 5-15　支架的两视图

② 过点 1 和 2 分别作所在边的垂线，得交点 O 即为所求圆弧的圆心。以 O 为圆心，O_1 为半径作弧，即得圆角顶面的轴测图。见图 5-14(b)。

③ 用移心法画出底面圆角的轴测图及右侧公切线。见图 5-14(c)。

④ 擦掉多余作图线，加深图形。见图 5-14(d)。

例 5-5　作出图 5-15 所示的支架的正等轴测图。

(1) 形体分析，在物体上建立直角坐标系。

如图 5-15 所示的支架由上、下两块板组成。上面竖板是一块上部带有圆柱面和圆柱孔的平板，下面底板是一块带圆角和圆柱孔的长方形底板。作图时可采用叠加法，先画底板，再画竖板。因支架左右对称，取支架后底边的中点为原点，建立的坐标系如图 5-15 所示。

(2) 作图过程见图 5-16。

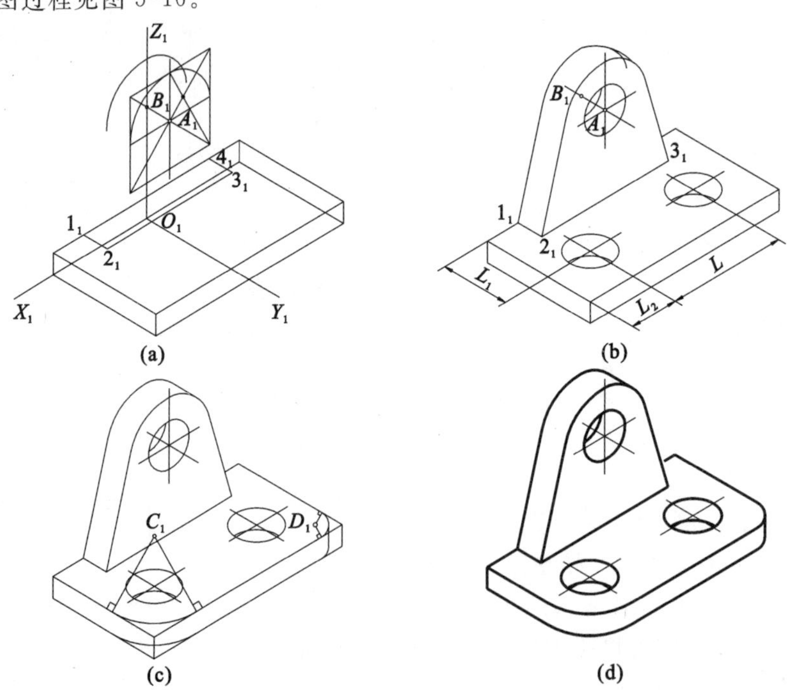

图 5-16　作支架的正等轴测图

(a)作轴测轴，先画底板，再由 B_1 定出前孔口的圆心 A_1，画出竖板顶部圆柱面的正等轴测图

(b)作出竖板两侧切线及顶部圆柱面的公切线，再作出竖板及底板上圆柱孔的正等轴测图

(c)作底板上两个圆角的正等轴侧图　(d)擦去作图线，加深，完成作图

5.3　斜二轴测图

斜轴测图是指投射方向与轴测投影面倾斜的轴测投影。如图 5-17(a)所示，在斜轴测投影中将物体放正，使 XOZ 坐标面与轴测投影面平行，所得的轴测图称为正面斜二轴测图，简称斜二测。

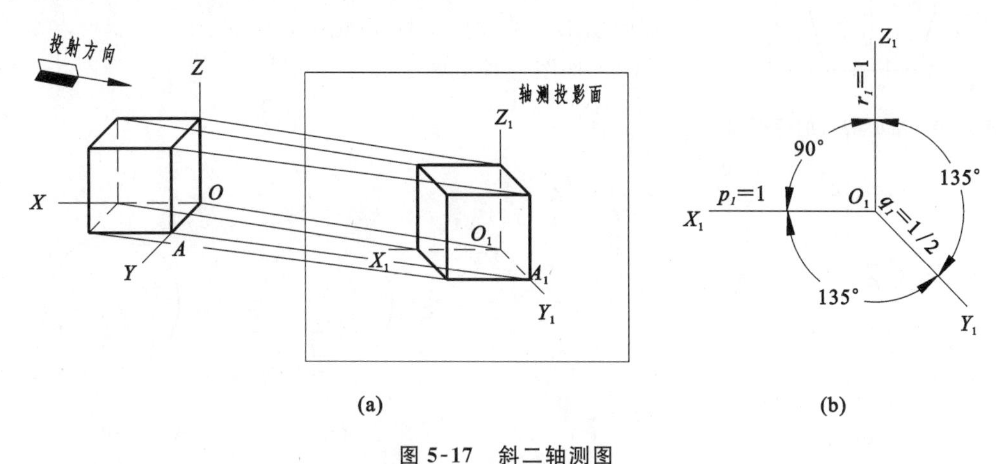

图 5-17　斜二轴测图

(a)斜二轴测图的形成　(b)轴间角和轴向伸缩系数

5.3.1　轴间角和轴向伸缩系数

如图 5-17(b)所示，由于 XOZ 坐标面与轴测投影面平行，所以轴间角 $\angle X_1O_1Z_1=90°$，轴向伸缩系数 $p_1=r_1=1$，该坐标面及其平行面上的任何图形在轴测投影面上的投影都反映实形。Y_1 轴的方向视投射线的倾斜方向而定，其轴向伸缩系数取决于投射线与投影面的夹角大小。为作图方便，常取 Y_1 轴的轴向伸缩系数 $q_1=0.5$，并取轴间角 $\angle X_1O_1Y_1=\angle Y_1O_1Z_1=135°$。

斜二轴测图的作图方法与正等轴测图的画法基本相同，也可采用坐标法或切割、叠加法等作图方法。由于斜二轴测图在平行于 XOZ 坐标面上的图形反映实形，因此，画斜二轴测图时，应尽量把形状复杂的平面或圆等，摆放在与 XOZ 坐标面平行的位置，以求作图简便、快捷。

5.3.2　平行于坐标面的圆的斜二轴测图

图 5-18 所示为平行于三个坐标面上的圆的斜二轴测图。平行于坐标面 XOZ 的圆的斜二轴测图仍是大小相同的圆；平行于坐标面 XOY 和 YOZ 的圆的斜二轴测图是椭圆。这些椭圆的画法复杂，如有需要可以通过坐标法等方法作图。为此，当物体的三个坐标面上都有圆时，可选用正等轴测图。而当物体只有一个坐标面上有圆时，采用斜二轴测图较便捷。

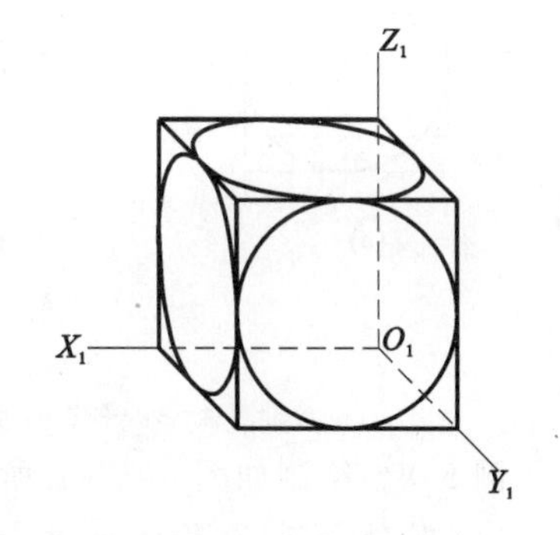

图 5-18　平行于坐标面的圆的斜二轴测图

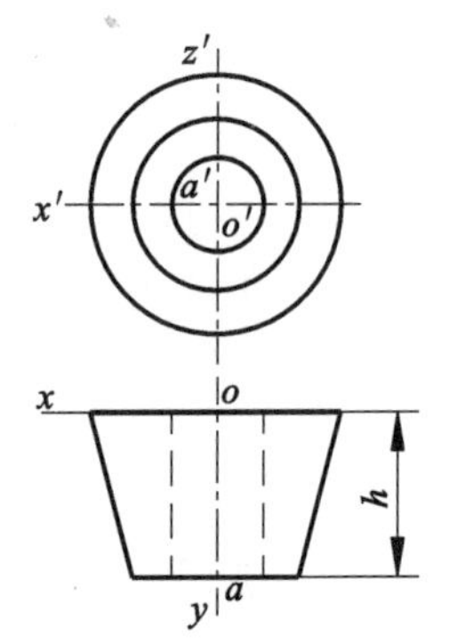

图 5-19　空心圆台的两视图

5.3.3　画法举例

例 5-6　作出图 5-19 所示的空心圆台的斜二轴测图。

(1) 形体分析,在物体上建立直角坐标系。

如图 5-19 所示的空心圆台,单方向圆较多,故将其轴线垂直于 *xoz* 坐标面,使前、后两底圆平行于 *xoz* 坐标面,其轴测投影反映实形。建立的坐标系如图 5-19 所示。

(2) 作图过程见图 5-20。

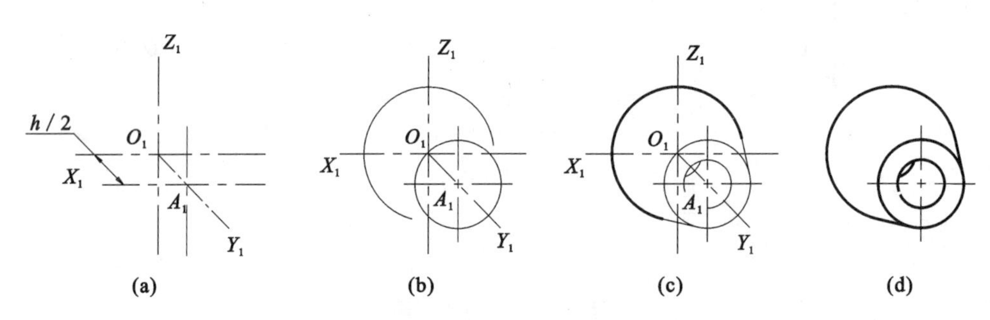

图 5-20　作空心圆台的斜二轴测图

(a)作轴测轴,并在 Y_1 轴上量取 $h/2$ 定出前端面圆的圆心 A_1　(b)画出前、后两个端面的外轮廓圆的斜二轴测图

(c)作两端面外轮廓圆的公切线以及可见的前、后孔口　(d)擦去作图线,加深,完成作图

例 5-7　用坐标法画图 5-21(a)所示水平圆的斜二轴测图。

(1) 在水平圆上建立直角坐标系。

如图 5-21(a)所示,在圆上建立坐标系。水平圆的斜二轴测图为椭圆,为此作适当数量与 *OX*(或 *OY*)轴平行的直线,交圆周于若干点,作出圆上各点的轴测投影,再用曲线板光滑连接各点即得水平圆的斜二轴测图——椭圆。

(2) 作图过程见图 5-21。

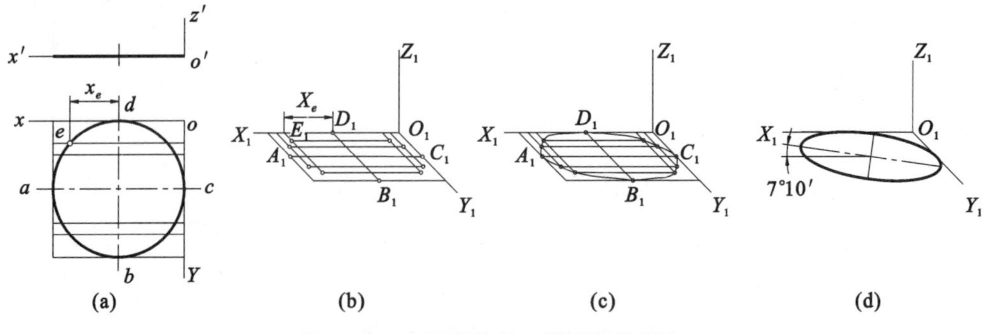

图 5-21　水平圆的斜二轴测图的画法

(a)确定坐标系,作 *OX* 轴的平行线交圆周于若干点

(b)作轴测轴,找出各点的轴测投影　(c)光滑连接各点　(d)擦去作图线,加深,完成作图

例 5-8　绘制如图 5-22(a)所示组合体的斜二轴测图。

(1) 形体分析,在物体上建立直角坐标系。

从图 5-22(a)可知,该组合体是由一长方体竖板和一半圆柱组合而成,作图时,先画竖板和半圆柱的轴测图,再逐个画出各切割部分的投影。该组合体左右对称,取其后底边的中点为原点，建立的坐标系如图 5-22(a)所示。

(2) 作图过程见图 5-22。

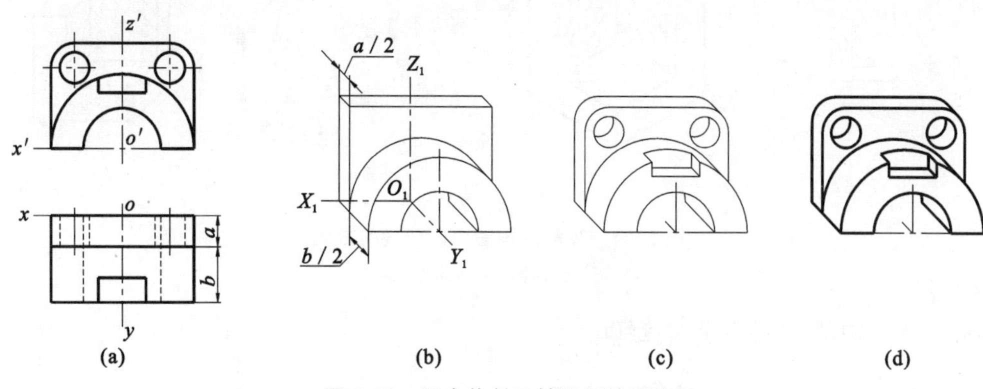

图 5-22 组合体斜二轴测图的画法

(a)建立直角坐标系 (b)画轴测轴，画空心半圆柱及竖板的外形

(c)画前面的切口及竖板上的圆角、小孔 (d)整理、加深，完成作图

5.4 轴测剖视图的画法

在轴测图上为了表达清楚零件的内部结构形状，同样可假想用剖切平面将物体的一部分剖去，这种剖切后的轴测图称为轴测剖视图。

5.4.1 剖切平面的选择

为了能同时表达清楚物体的内外部形状，通常采用两个互相垂直的轴测坐标面进行剖切，即剖切掉零件的 1/4，如图 5-23(a)所示。画轴测剖视图时，应尽量避免用一个剖切面，这样会使零件的外形表达不完整，如图 5-23(b)所示；也尽量避免选择不正确的剖切位置，如图 5-23(c)所示。

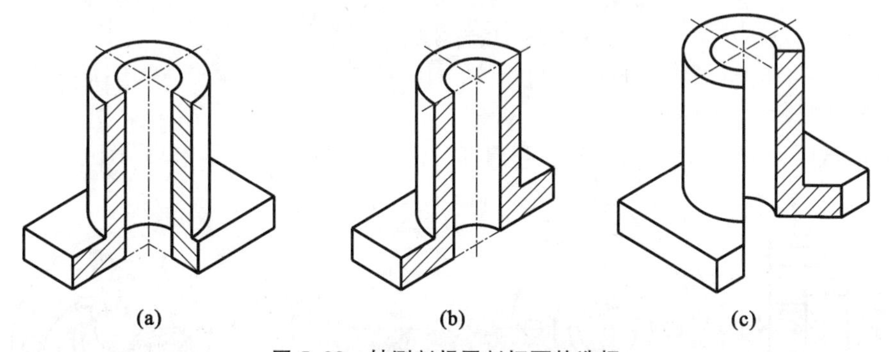

图 5-23 轴测剖视图剖切面的选择

(a)好 (b)不好 (c)不好

5.4.2 剖面线的画法

用剖切平面剖切物体所得到的断面要填充剖面符号，以区别于未剖到的区域。剖面符号为等距且平行的细实线，称为剖面线。剖面线的方向和间距随轴测轴的方向和轴向伸缩系数不同而有所不同。平行于各坐标面的截断面上的剖面线画法如图 5-24 所示。

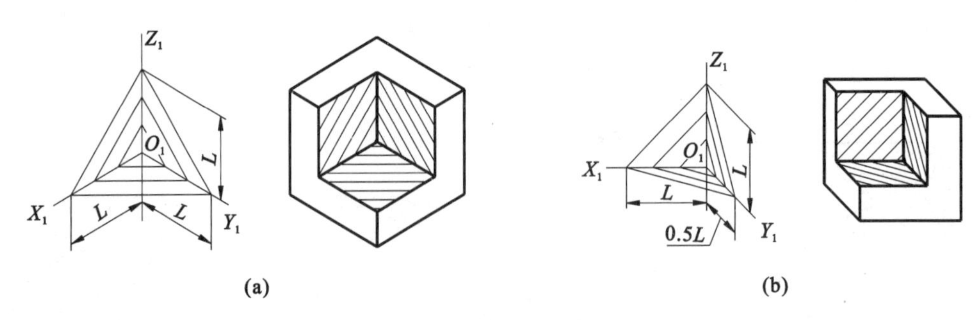

(a) (b)

图 5-24 轴测剖视图中剖面线的方向

(a)正等轴测图 (b)斜二轴测图

5.4.3 轴测剖视图画法举例

画轴测剖视图的方法有以下两种。

(1) 先画外形,后作剖视。

先画出物体完整的轴测图,然后沿轴测轴用剖切面剖开,画出断面和内部看得见的结构形状,最后将被剖切掉的 1/4 部分轮廓线擦掉,再补画剖面线,如图 5-25 所示。

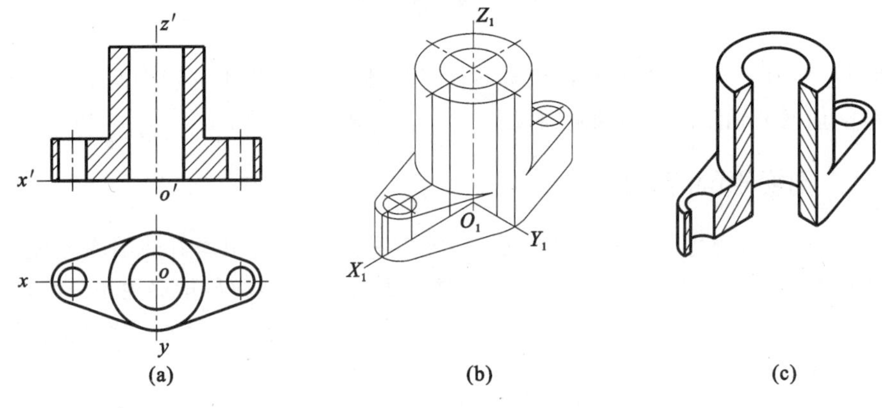

(a) (b) (c)

图 5-25 轴测剖视图画法(一)

(a)确定直角坐标系 (b)作轴测轴,画外形轮廓,确定剖切平面位置 (c)画断面和内部可见的部分,整理、加深,完成作图

(2) 先画截断面,后画外形。

先画出截断面的形状,然后画外形和内部看得见的结构,如图 5-26 所示。

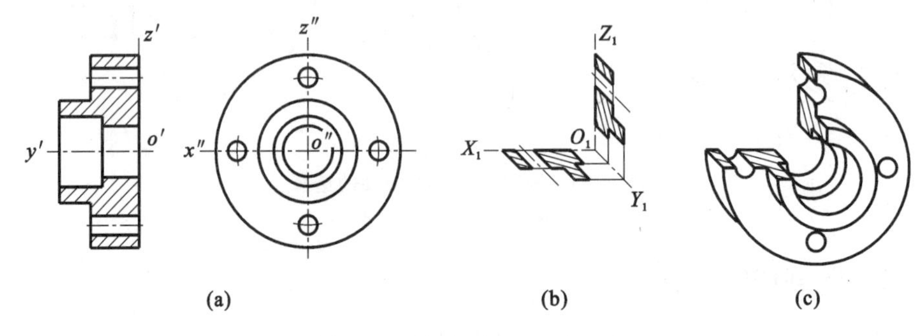

(a) (b) (c)

图 5-26 轴测剖视图画法(二)

(a)确定直角坐标系 (b)作轴测轴,画截断面轮廓 (c)画内、外形轮廓并整理加深

第 6 章　机件常用的表达方法

在实际生产中，机件的形状及结构千变万化，多种多样。当机件的形状及结构比较复杂时，如果只用前面介绍的三视图来表达，则往往很难完整、清晰、准确地将其形状结构表达出来。为了能完整、清晰地表达各种不同形状结构的机件，国家标准《技术制图》和《机械制图》中规定了图样画法，如视图、剖视图、断面图、局部放大图、简化画法等。本章着重介绍一些常用的表达方法。并讨论在绘制机件图样时，如何根据机件的形状和结构特点，选用适当的表达方法，在完整、清晰地表达机件的前提下，力求制图简便。

6.1　视　　图

视图主要用于表达机件的外部结构和形状，一般只画出机件的可见部分，必要时才用虚线画出其不可见部分。视图通常有基本视图、向视图、局部视图和斜视图。

6.1.1　基本视图

1. 基本视图的生成与展开

有关制图的国家标准中规定，以正六面体的六个面作为基本投影面，将机件置于正六面体内向六个基本投影面投射所生成的六个视图称为基本视图，如图 6-1(a)所示。六个基本投影面展开方式如图 6-1(b)所示。

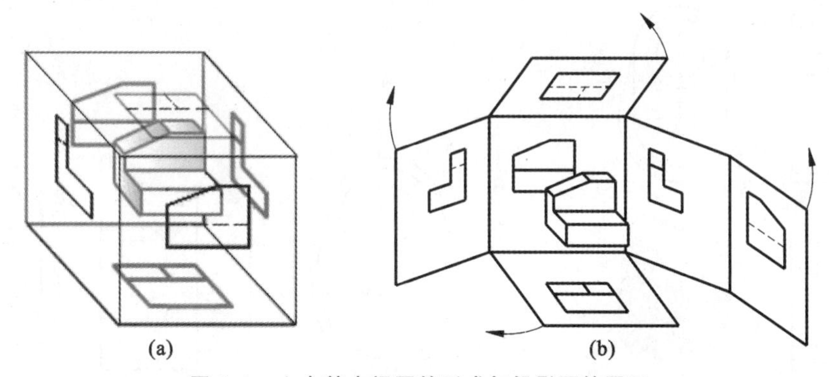

图 6-1　六个基本视图的形成与投影面的展开

2. 六个基本视图的名称和配置

如图 6-2 所示，六个基本视图分别是由前向后、由上向下、由左向右投射所得的主视图、俯视图和左视图，以及由右向左、由下向上、由后向前投射所得的右视图、仰视图和后视图。

在同一张图纸内按图 6-2 所示的位置配置视图时，即按投影关系配置，可不标注视图的名称。

3. 六个基本视图之间的投影关系

基本视图具有“长对正、高平齐、宽相等”的投影规律，即符合主、俯、仰、后视图等长；主、左、右、后视图等高；左、右、俯、仰视图等宽的“三等”关系。除后视图外，其他视图靠近主视图一侧的表示物体的后面,远离主视图一侧的表示物体的前面。另外,主视图与后视图、左视图与右视图、俯视图与仰视图还具有轮廓对称的特点。如图 6-2 所示。

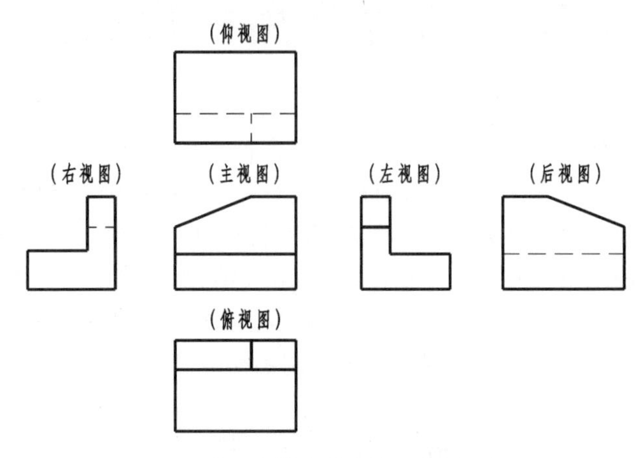

图 6-2　六个基本视图的名称和配置

实际绘制机件的图样时,无需将六个基本视图全部画出,应根据机件形状的复杂程度和结构特点,在完整、清晰地表示物体形状的前提下,使视图数量为最少,力求制图简便,根据以上原则选用其中必要的几个基本视图。

图 6-3 所示为支架的三视图,可看出如采用主、左两个视图,已经能将零件的各部分形状完全表达,这里的俯视图是多余的,可以不画。但由于零件的左、右部分都一起投影在左视图上,虚实线重叠,很不清晰。如果再采用一个右视图,能把零件右边的形便状表达清楚,同时在左视图上,可省略表示零件右边孔腔形状的虚线,如图 6-4 所示。显然采用了主、左、右三个视图表达该零件比图 6-3 来得清晰。

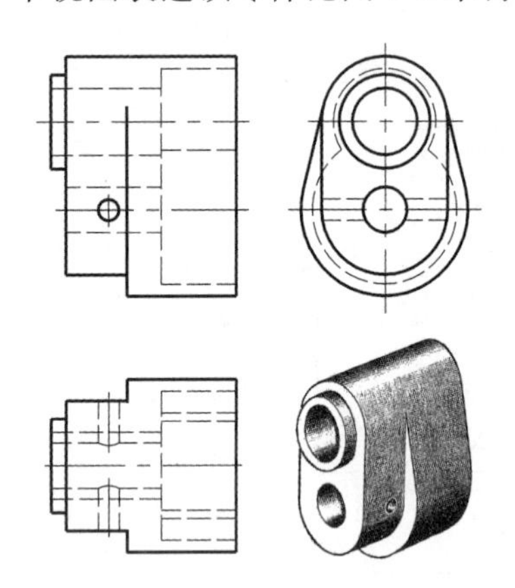

图 6-3　支架三视图和立体图

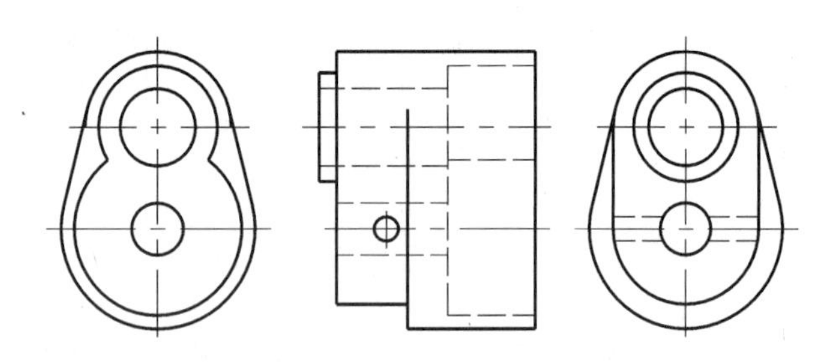

图 6-4　用主、左、右三个视图表达支架

6.1.2　向视图

向视图是可自由配置的视图。

为了合理利用图纸幅面,如果不能按图 6-2 所示配置视图时,可自由配置,如图 6-5 所示。

向视图需进行标注,标注内容由以下两部分组成。

(1) 向视图的名称。在向视图的上方标注图名“×”(“×”为大写的拉丁字母)。

(2) 向视图的投射方向。在相应的视图附近用箭头指明投射方向,并标注相同的字母

"×"。如图6-5中的"A""B""C"向视图的标注。

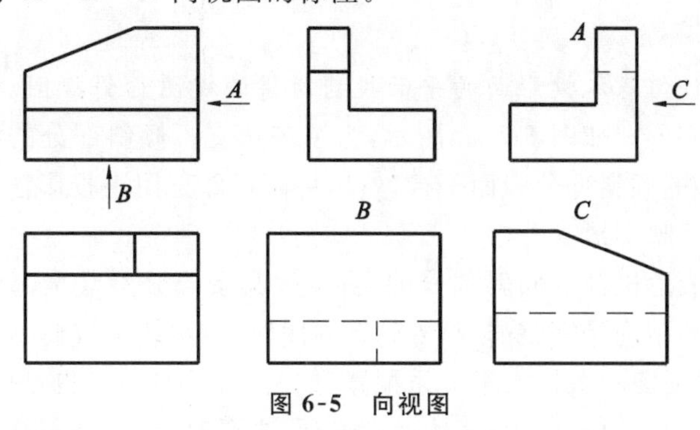

图6-5　向视图

6.1.3　局部视图

当机件的主要形状已在基本视图上表达清楚，只有某些局部形状尚未表达清楚时，可将机件的这一部分向基本投影面投射，所得到的视图称为局部视图。如图6-6所示，画出支座的主、俯两个基本视图后，仍有左、右两侧的凸缘形状没有表达清楚，但没有必要画出左视图和右视图，图中将左、右凸缘向基本投影面投射，得到"A"和"B"两个方向局部视图。这样既可以做到表达完整，又使得视图简明，避免重复表达，看图、画图都很方便。

图6-6　局部视图

(a) 按基本视图形式配置　(b) 立体图　(c) 按向视图形式配置

由于局部视图所表达的只是机件某一部分的形状，故需要画出断裂边界，其断裂边界用波浪线绘制，如图6-6中的"B"向局部视图。但应注意以下几点。

(1) 波浪线不应与轮廓线重合或画在轮廓线的延长线上。

(2) 波浪线不应超出物体轮廓线，也不应穿空而过。

(3) 当表达的局部结构是完整的，且外形轮廓封闭时，波浪线可省略不画，如图6-6所示的"A"向局部视图。

局部视图的配置：局部视图可按基本视图的配置形式配置，如图6-6(a)所示；也可按向视图的配置形式配置，如图6-6(c)所示。

局部视图的标注：局部视图的标注同向视图，即需在视图上方标注图名"×"("×"为大写的拉丁字母)，在相应的视图附近用箭头指明投射方向，并标注相同的字母"×"。当局部视图按基本视图的形式配置，中间又没有其他图形隔开时，可省略标注(图6-6(a)中"A"、"B"局部视图可不标注)。

6.1.4 斜视图

机件向不平行于任何基本投影面的平面投射所得的视图称斜视图。斜视图主要用于表达机件上倾斜部分的实形。如图 6-7(a)所示,为了表达支板倾斜部分的实形,可选用一个新的投影面,使它与机件的倾斜部分表面平行,然后将倾斜部分用正投影法向新投影面投射,这样便可在新投影面上反映实形。

斜视图主要用来表达机件上倾斜部分的实形,故其余部分不必全部画出,断裂边界用波浪线表示。当所表示的结构是完整的,且外轮廓封闭时,波浪线可省略不画。

斜视图的配置:斜视图一般按投影关系配置,如图 6-7(b)所示;也可按向视图的形式配置在其他适当的位置,如图 6-7(c)所示;为了制图简便,必要时,允许将斜视图旋转放正配置,如图 6-7(d)所示。

斜视图的标注:斜视图的标注同向视图,即需在视图上方标注图名"×"("×"为大写的拉丁字母),在相应的视图附近用箭头指明投射方向,并标注相同的字母"×"。旋转配置的斜视图图名应加上旋转符号,如"⌒×"或"×⌒",其字母靠近箭头端,如图 6-7(d)所示"A ⌒"视图。也允许将旋转角度标注在字母之后,如"$A45°$⌒"。

注意:不论斜视图如何配置,其标注不能省略,且指明投射方向的箭头要垂直于被表达的倾斜部分,字母一律按水平位置书写。

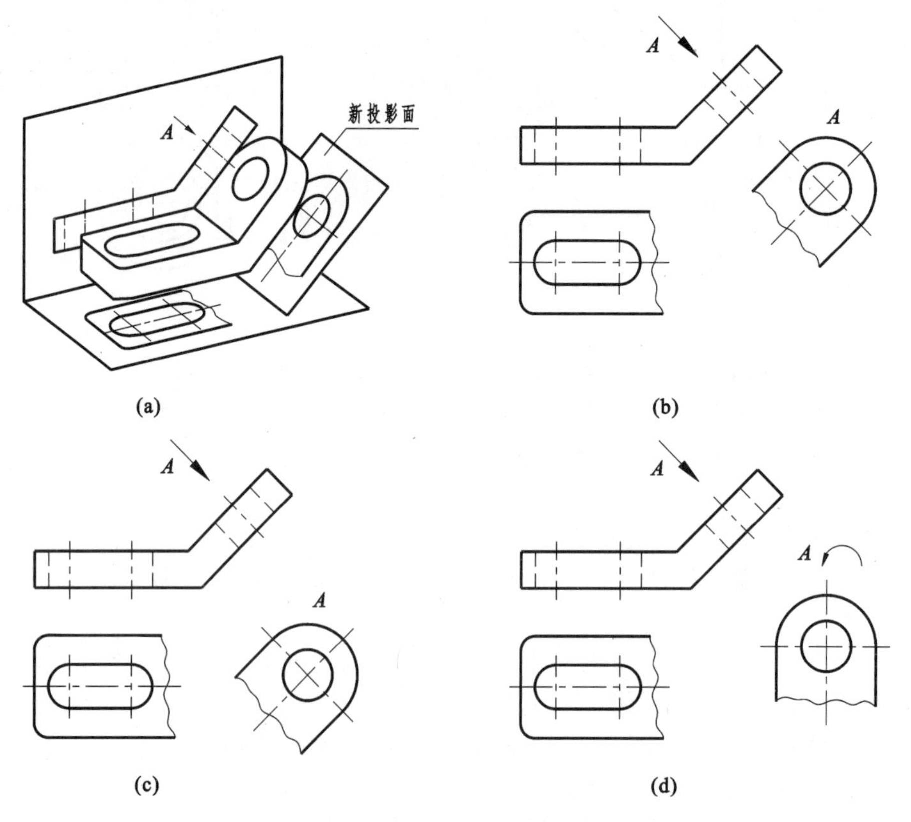

图 6-7 斜视图的形成及画法

(a)斜视图的形成 (b)按投影关系配置 (c)按向视图的形式配置 (d)将斜视图旋转配置

6.2 剖　视　图

剖视图主要用来表达机件的内部结构形状。剖视图分为全剖视图、半剖视图和局部剖视图三种。获得三种剖视图的剖切面和剖切方法有：单一剖切面（平面或柱面）剖切、几个相交的剖切平面剖切、几个平行的剖切平面剖切。

6.2.1 剖视图的概念

如图 6-8(a)所示，用视图表达机件的内部结构时虚线较多，表达不清晰且影响尺寸标注，为此采用剖视图。假想用一剖切面剖开机件，将处于观察者与剖切面之间的部分移去，将剩余部分向投影面投射所得的图形称为剖视图，简称剖视，如图 6-8(b)、(c)所示。

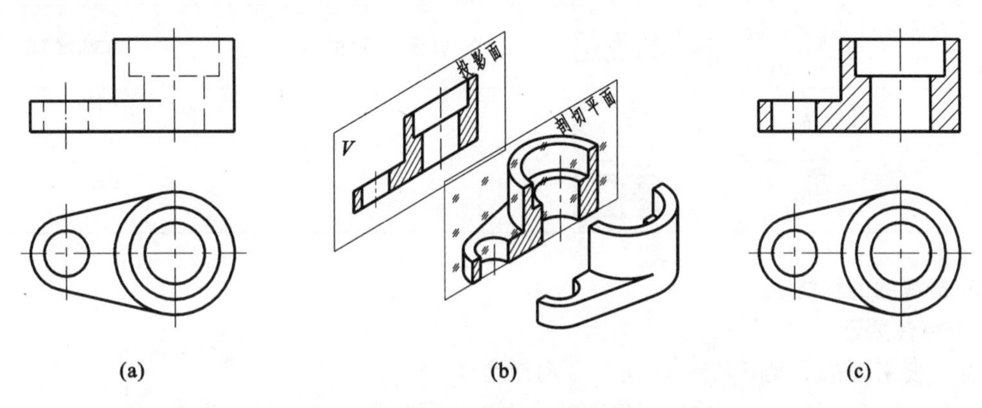

图 6-8　剖视图的概念

(a)视图　(b)剖视图的形成　(c)将主视图画成剖视图

6.2.2 剖视图的画法

下面以图 6-8 所示的机件为例，说明剖视图的画法。

1. 确定剖切面的位置

为了能反映出机件内部孔和槽等结构的真实形状，剖切面通常应与投影面平行或垂直，并应通过孔和槽等内部结构的对称面或轴线。图 6-8 中选取平行于正面的对称面作为剖切面。

2. 画剖视图的步骤

1）画剖视图轮廓线

剖切面与机件接触面区域称为断面。画剖视图时，应把断面及剖切面后方的可见轮廓线用粗实线画出。不可见部分的轮廓线——虚线，在不影响对机件形状完整表达的前提下，允许省略。在图 6-8(c)的剖视图中就省略了后部的一条虚线。

2）画剖面符号

应在断面图形内画出表示零件材料类别的剖面符号，如图 6-8(c)所示。表 6-1 是国家标准规定的部分常用材料的剖面符号。其中金属材料的剖面符号又称为剖面线，一般画成与水平线成 45°的等距平行细实线。在同一图样上，同一机件在各个剖视图中剖面线的方向和间距应一致。

表 6-1　剖面符号

剖面类别	符号	剖面类别	符号
金属材料(已有规定剖面符号者除外)		胶合板(不分层数)	
线圈绕组元件		基础周围的泥土	
转子、电枢、变压器和电抗器等的叠铜片		混凝土	
非金属材料(已有规定剖面符号者除外)		钢筋混凝土	
型砂、填砂、粉末冶金、砂轮、陶瓷刀片、硬质合金刀片等		砖	
玻璃及供观察用的其他透明材料		格网(筛网、过滤网等)	
木材　纵剖面		液体	
木材　横剖面			

3. 剖视图的标注

1) 标注要素

标注要素包括剖视图名称、剖切符号和剖切线。

(1) 剖视图名称　一般应在剖视图的上方用大写拉丁字母标出剖视图的名称"×—×",如图 6-9(a)主视图上方的"A—A"。

(2) 剖切符号　在相应的视图上用剖切符号表示剖切位置和投射方向,并标注相同的字母。剖切符号是表示剖切面起、迄和转折位置(用粗短画表示)及投射方向(用箭头表示)的符号。在起、迄和转折位置画出长 5～10 mm 的粗实线,并尽量避免与图形轮廓线相交;在起、迄位置粗实线的外侧画出与其垂直的箭头,表示剖切后的投射方向;同时在起、迄和转折位置粗实线的外侧标注相同的字母。如图 6-9(a)中的俯视图和图 6-9(b)、(c)所示。

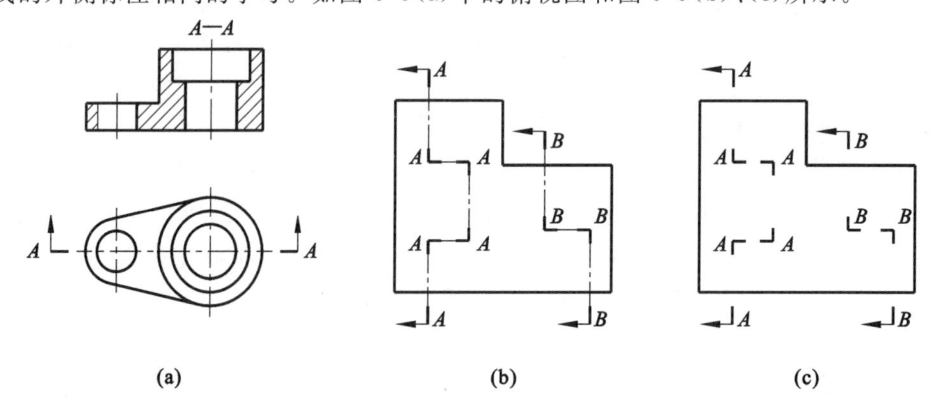

图 6-9　剖视图的标注

(a) 完整标注　(b) 剖切线应用　(c) 剖切线省略

(3) 剖切线　剖切线是表示剖切面位置的线,用细点画线表示。如图 6-9(b)所示为剖切符号、剖切线和字母的组合标注。剖切线也可省略不画，如图 6-9(c)所示。

2）简化标注

在下列情况下，标注可以简化或省略。

(1) 当剖视图按投影关系配置，且中间又没有其他视图隔开，可省略箭头，如图6-10(a)中的 $A—A$ 剖视图。

(2) 用单一剖切平面且通过机件的对称平面或基本对称平面剖切，剖视图按投影关系配置，中间又没有其他图形隔开时，可省略标注，如图 6-10(b)所示。

注意：当图形中主要轮廓线与水平线成 45°或接近 45°时，该图形的剖面线可画成与水平线成 30°或 60°的平行线，其倾斜方向仍与其他视图的剖面线一致，其他视图倾斜方向仍为 45°，如图 6-10(a)所示。

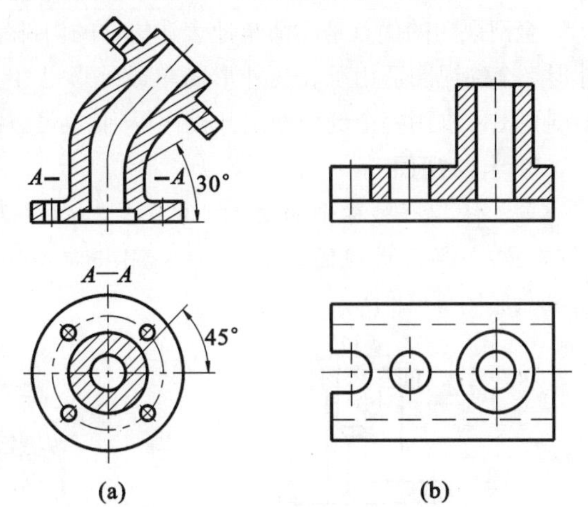

图 6-10　剖视图的标注和剖面线方向

(a)简化标注(一)　(b)简化标注(二)

4. 画剖视图应注意的问题

(1) 由于剖切是假想的，并非真的将机件切去一部分，因此，当机件的一个视图画成剖视图时，其他视图仍按完整机件画出。如图 6-10、图 6-11 中的各主视图画成剖视图后，俯视图仍应完整画出。

(2) 在剖视图中，一般应省略虚线，只有当不足以表达清楚机件形状，为了节省一个视图，才在剖视图上画出少量虚线。图 6-11(b)中表示底板高度的虚线不应省略。

(3) 在剖视图中，剖切面后面的可见轮廓线不得遗漏。图 6-11(b)中显示了初学时容易遗漏的可见轮廓线。

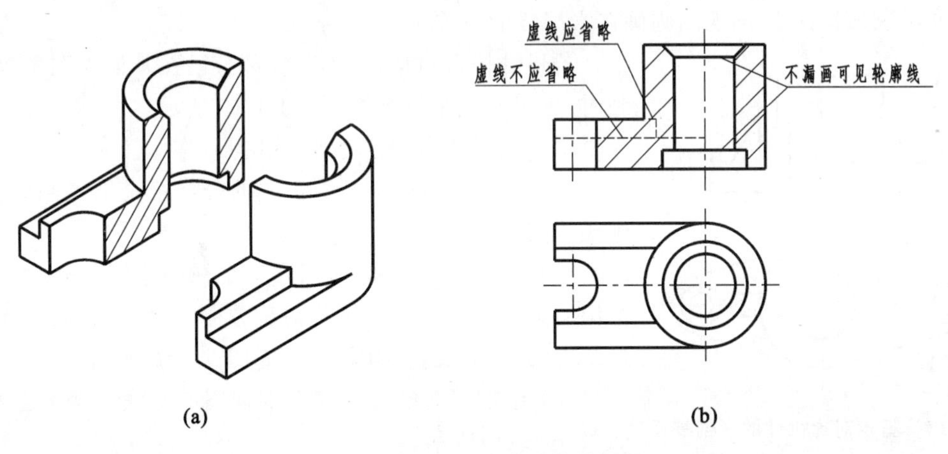

图 6-11　剖视图中应注意的问题

6.2.3　剖视图的种类

剖视图分为全剖视图、半剖视图和局部剖视图三种。

1. 全剖视图

用剖切面完全剖开机件所得的剖视图称为全剖视图。图 6-8、图 6-10 和图 6-11 中的剖视图都是全剖视图。

全剖视图的优点是能清楚地表达机件的内部结构,其缺点是机件的外形全剖掉了,因此不反映外形。全剖视图适用于表达外形简单或外形已在其他视图中表达清楚,内部结构较复杂的机件。全剖视图可以用一个剖切面剖开机件得到,也可以用几个剖切面剖开机件得到(见6.2.4节)。

2. 半剖视图

当机件具有对称平面时,向垂直于对称平面的投影面上投射时,以对称中心线(细点画线)为界,一半画成视图以表达外形,另一半画成剖视图以表达内部结构,这种图形称为半剖视图。如图6-12所示。

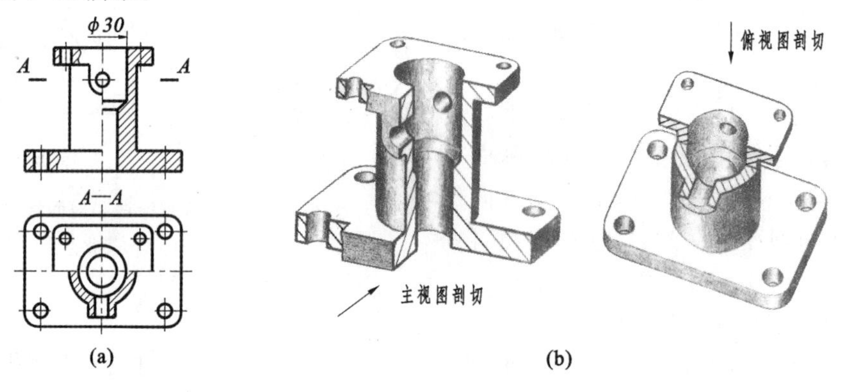

图6-12 半剖视图

半剖视图适用于内外结构都需要表达的对称机件。图6-12所示的支座,其主视图如果采用全剖视,则前部的凸台形状就表达不清;俯视图如果采用 A—A 全剖视,则上部面板形状就表达不清,由于支座左右、前后都对称,所以,主视图和俯视图分别采用半剖视图,这样既表达出内部结构,又反映了需要表达的外部形状。

如图6-12(a)所示,当对称中心线铅垂时,习惯上将半个剖视图画在对称中心线的右侧;当对称中心线水平时,剖视图则画在水平线的下方。

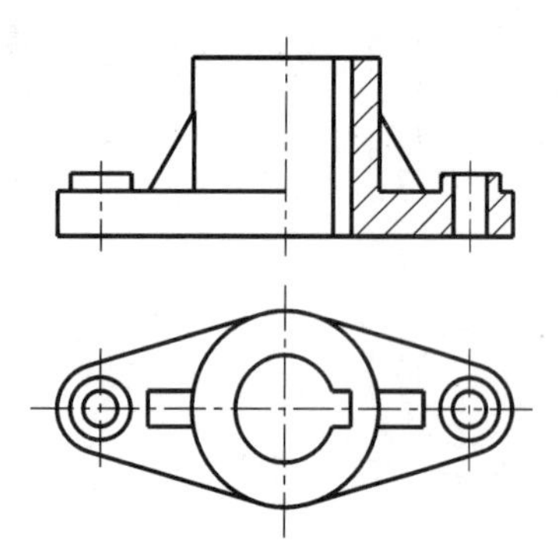

图6-13 基本对称机件的半剖视图

若机件接近对称,且不对称部分已在其他视图中表达清楚时,也可画成半剖视图,如图6-13所示。

画半剖视图时应注意如下几点。

(1) 半个视图和半个剖视图的分界线是细点画线,不能画成粗实线。

(2) 由于机件对称,所以在半个视图中应省略表示内部结构的虚线。标注内部结构对称方向的尺寸时,尺寸线应略过细点画线,并在一端画箭头,如图6-12(a)中的尺寸 $\phi30$。

(3) 半剖视图的标注和全剖视图的标注方法完全相同,如图6-12(a)所示。

3. 局部剖视图

用剖切面局部地剖开机件,以波浪线(或双折线)为分界线,一部分画成视图以表达外形,其余部分画成剖视图以表达内部结构,这样所得到的剖视图称为局部剖视图。如图6-14所示的主视图采用两处局部剖,俯视图采用一处局部剖,将机件的内外结构都表达清楚了。

局部剖视图一般适用于内外结构复杂且不对称的机件,也适用于机件虽然对称,但对称机件的轮廓线与对称线重合时,不宜画成半剖视图的机件,如图6-15所示。

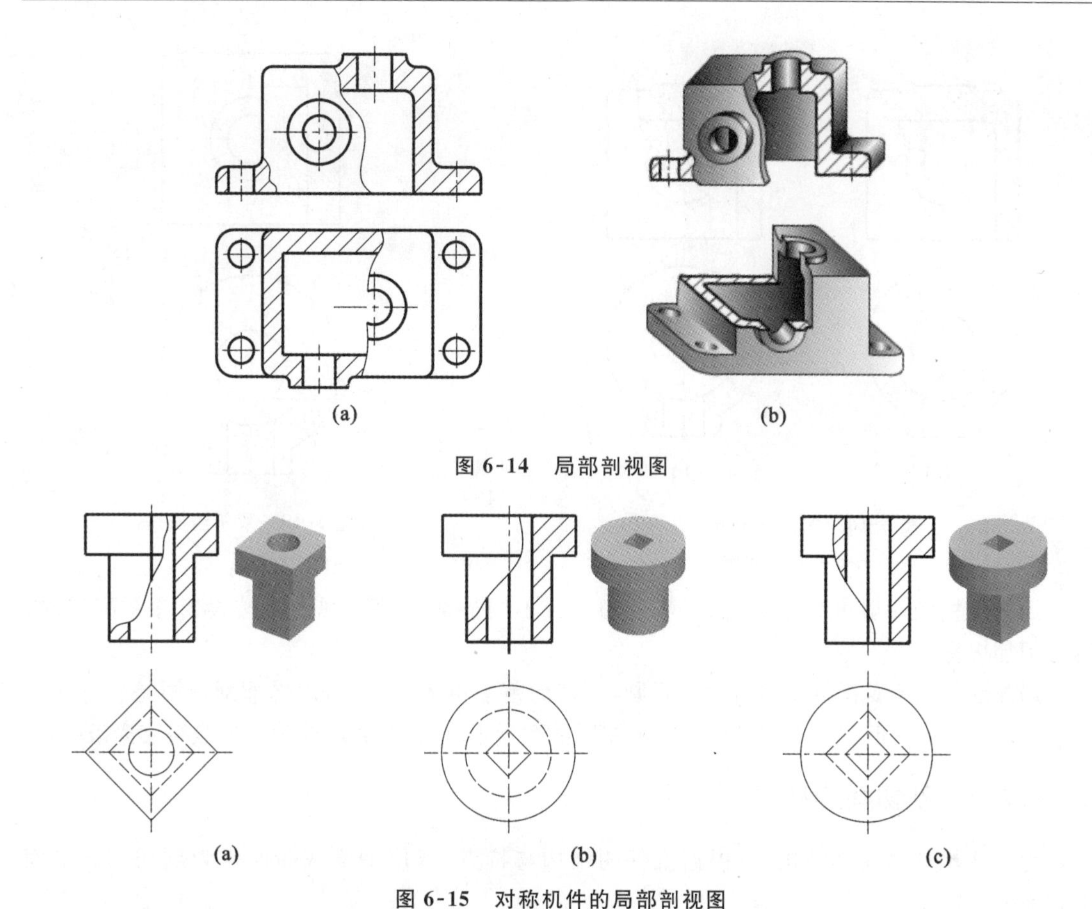

图 6-14　局部剖视图

图 6-15　对称机件的局部剖视图

局部剖视图中的波浪线是假想断裂处的投影。其画法应注意以下几点。

(1) 局部剖视图与视图之间用波浪线或双折线分界，但同一图样上一般采用一种线型，通常采用波浪线。

(2) 波浪线或双折线不能与图样上其他图线重合，如图 6-16 所示。只有当被剖切结构为回转体时，才允许将该结构的轴线作为局部剖视图与视图的分界线，如图 6-17 所示。

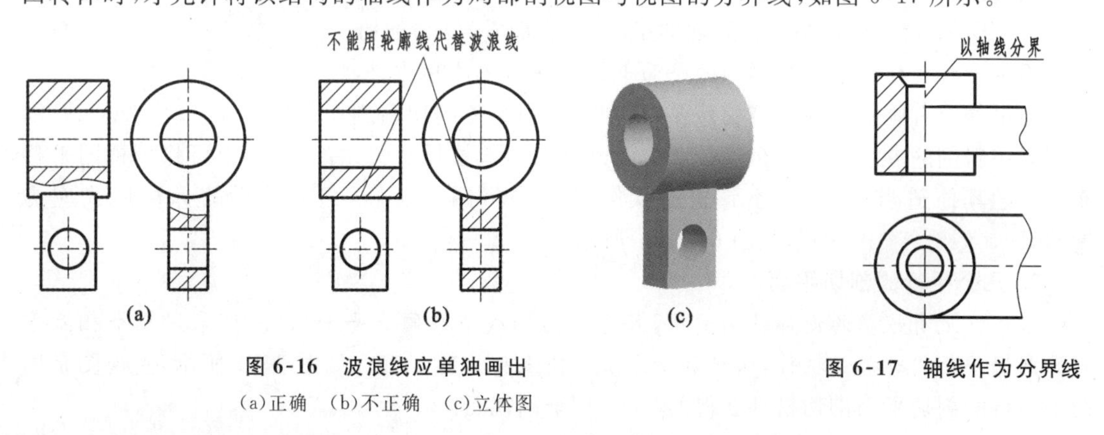

图 6-16　波浪线应单独画出

(a)正确　(b)不正确　(c)立体图

图 6-17　轴线作为分界线

(3) 波浪线应画在机件实体部分，在通孔或通槽中应断开，不能穿空而过，如图 6-18 所示。当用双折线时，没有此限制，如图 6-19 所示。

(4) 波浪线不能超出视图轮廓之外(见图 6-18)。双折线应超出轮廓线少许(见图 6-19)。

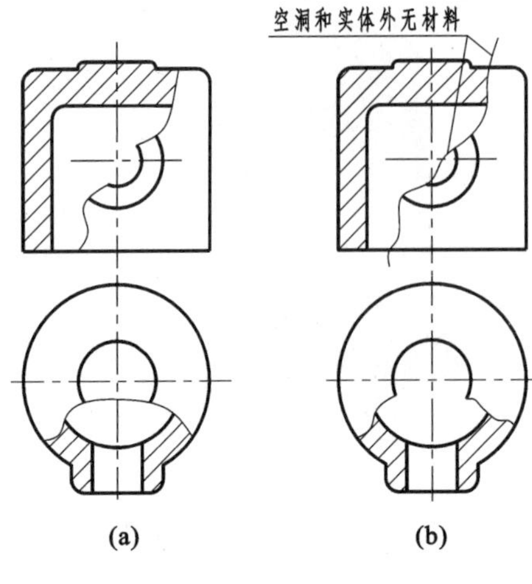

图 6-18 波浪线画法
(a)正确 (b)不正确

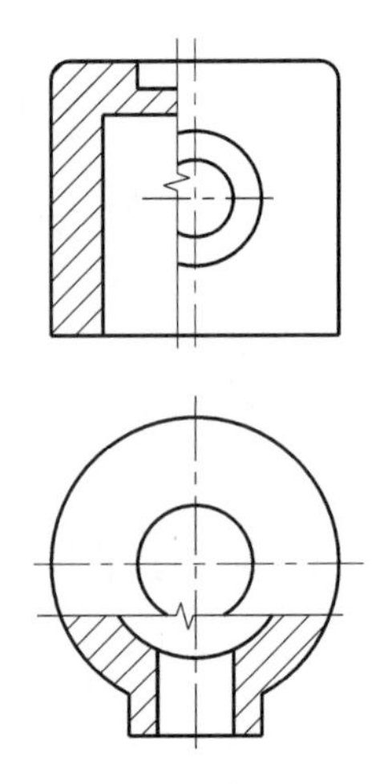

图 6-19 双折线画法

局部剖视图一般可省略标注,但当剖切位置不明显或局部剖视图未按投影关系配置时,则必须加以标注。

局部剖视图不受机件是否对称的限制,剖切的范围可大可小,所以局部剖视图是一种比较灵活的表达方法。但在一个视图中局部剖视图的数量不宜过多,否则会使图形显得支离破碎。

6.2.4 剖切面的种类

为表达机件的内部结构,可根据机件的结构与特点,选用平面或曲面作为剖切面。平面剖切面分为以下三种。

1. 单一剖切面

用一个剖切面剖开机件。剖切面可与基本投影面平行,也可与基本投影面不平行。

1) 用平行于某一基本投影面的平面剖切

前面所述的全剖视图、半剖视图、局部剖视图都是分别用一个平行于某一基本投影面的平面剖切剖开机件所得到的,这是最常用的剖切方法。

2) 用不平行于任何基本投影面的平面(投影面垂直面)剖切

用不平行于任何基本投影面的平面剖切机件的方法称为斜剖。

当机件上有倾斜的内部结构需要表达时,常用此类剖切面剖切。如图 6-20 中“$A—A$”剖视即为用斜剖的方法获得的全剖视图。斜剖视图一般按投影关系配置图,也可将剖视图平移至图纸的其他适当位置;在不致引起误解时允许将图形旋转,但旋转后的标注形式应为“⌒×—×”或“×—×⌒”,如图 6-20(b)所示。

2. 几个平行的剖切平面

当机件上有较多的内部结构形状,且它们的轴线不在同一平面内时,可采用几个相互平行的剖切平面同时剖开机件,这种剖切方法习惯上称为阶梯剖。如图 6-21 所示,主视图是用两个平行的剖切平面剖切机件获得的“$A—A$”全剖视图。

采用几个平行的剖切平面剖切时应注意:

(1) 各个剖切面剖到的断面图应成一个完整的图形,即剖切平面转折处不应画线,如图 6-22(a)所示。

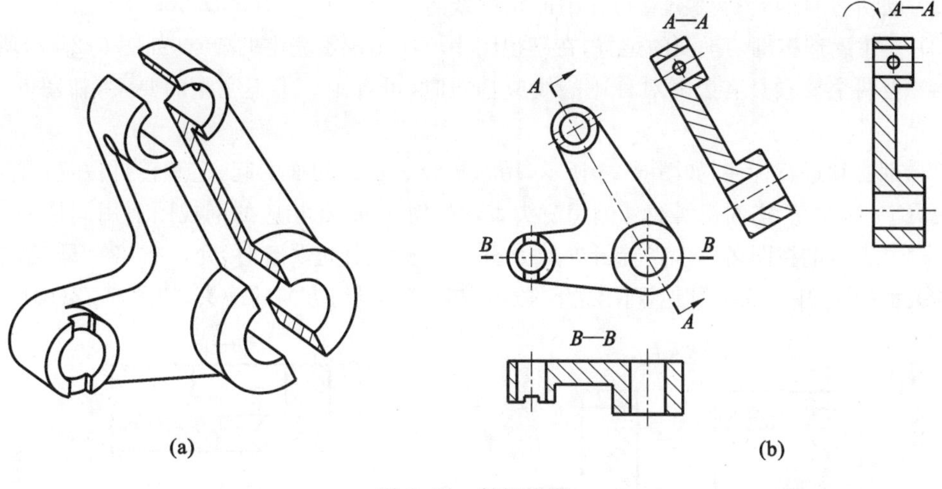

(a)　(b)

图 6-20　斜剖视图

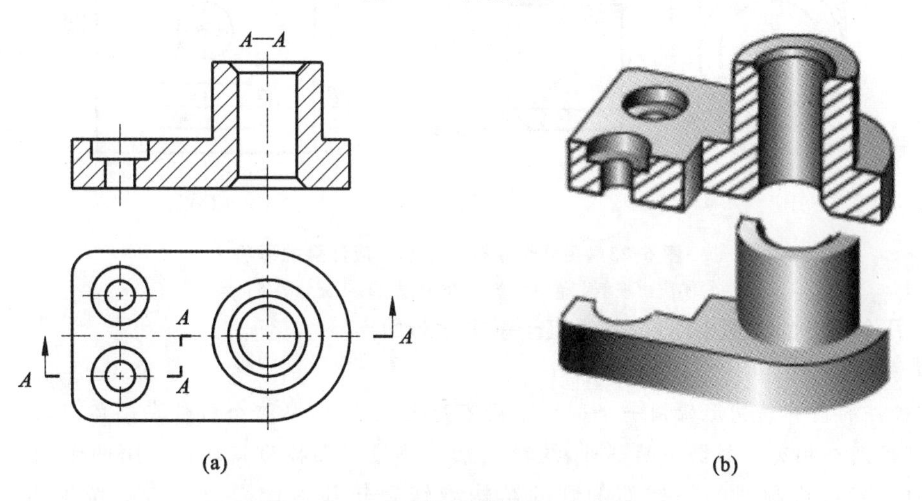

(a)　(b)

图 6-21　两个平行的剖切平面(阶梯剖)

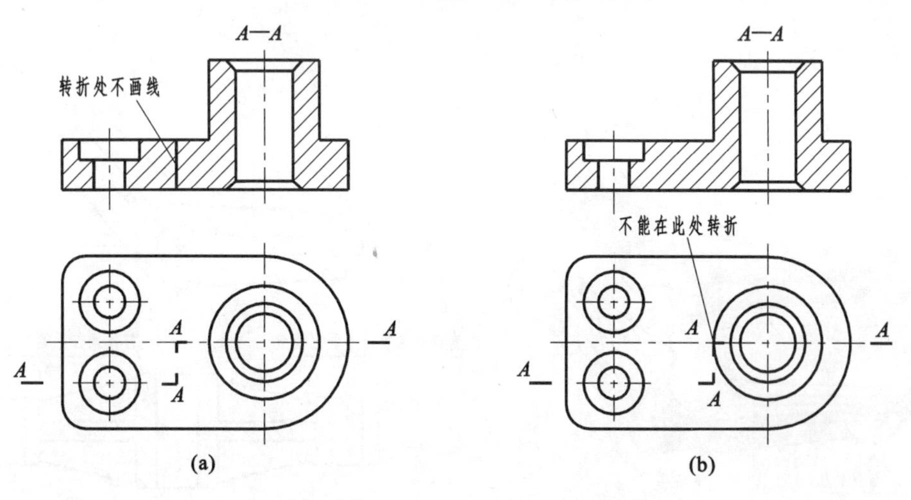

(a)　(b)

图 6-22　用几个平行的剖切平面常见的错误

(2) 剖切符号的转折处不应与图中的轮廓线重合,如图 6-22(b)所示;

(3) 要正确选择剖切平面的位置,在剖视图中不应出现不完整的要素,如图 6-23(a)所示;

(4) 当两个要素具有公共对称中心线或轴线时,可各画一半不完整的要素,如图 6-23(b)所示。

阶梯剖必须进行标注,如图 6-21 所示,用粗短线表示剖切面的起、迄和转折位置,并标上相同的大写字母,在起、迄的粗实线外侧用箭头表示投射方向,在相应的剖视图上用同样的字母注出"×—×"表示剖视图名称。当转折处地方有限又不致引起误解时,允许省略字母;当剖视图按投影关系配置、中间又无其他视图隔开时,可省略表示投射方向的箭头,如图 6-23(b)所示。

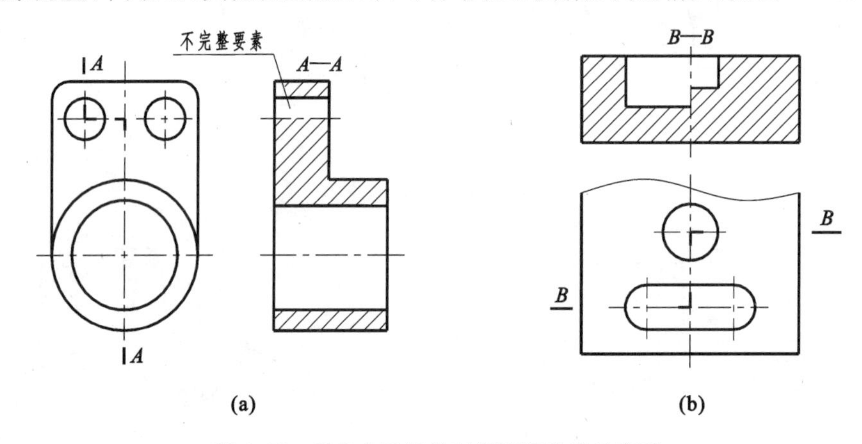

图 6-23　用几个平行的剖切面应注意的事项

(a)不应出现不完整的要素　(b)允许出现不完整要素的情况

3. 几个相交的剖切平面(交线垂直于基本投影面)

1) 两个相交的剖切平面

当机件的内部结构形状用一个剖切平面不能表达完全,且这个机件在整体上又具有回转轴时,可用两个相交的剖切平面剖开,这种剖切方法习惯上称为旋转剖。用两个相交的剖切面剖开机件后,将倾斜的剖切面剖到的结构旋转到与基本投影面平行的位置再投射,如图 6-24所示。

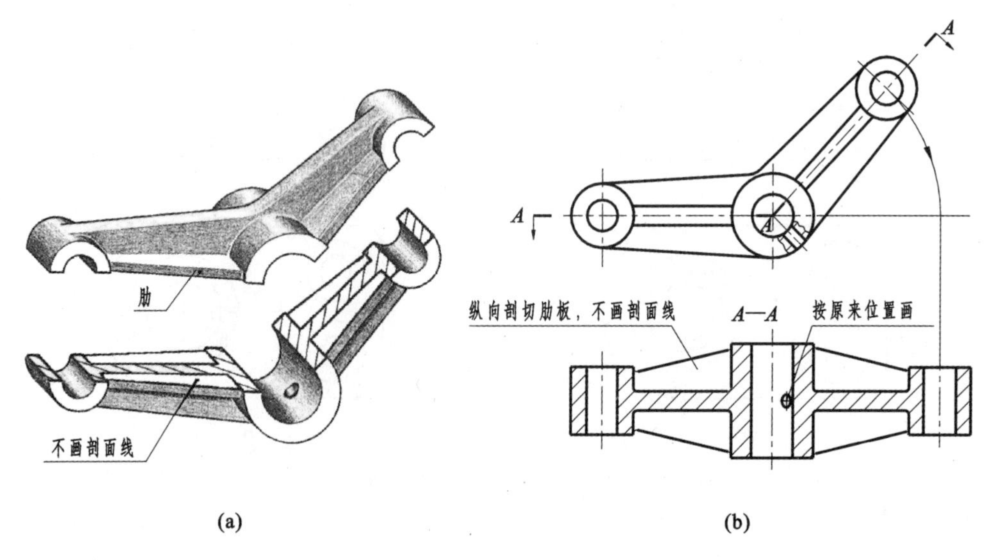

图 6-24　用两个相交的剖切平面(旋转剖)

采用两个相交的剖切平面剖切时应注意：

(1) 当机件有回转轴时，两个剖切面的交线应与机件的回转轴线相重合(见图6-24)；

(2) 倾斜的剖切平面旋转时，处在剖切平面后边的其他结构，仍按原来位置投射，如图6-24所示机件下部的小圆孔，其在“A—A”中仍按原来位置投射画出；

(3) 旋转剖必须进行标注，标注方法与阶梯剖相同。

2) 两个以上相交的剖切平面

有时采用两个相交的剖切平面剖开机件还不能将机件的内部结构完全表达清楚，需要用两个以上相交的剖切平面剖切，其画法和标注如图6-25、图6-26所示。采用这种剖切平面剖切时，有时可采用展开画法，但在剖视图上方应标注“×—×展开”(见图6-26)。

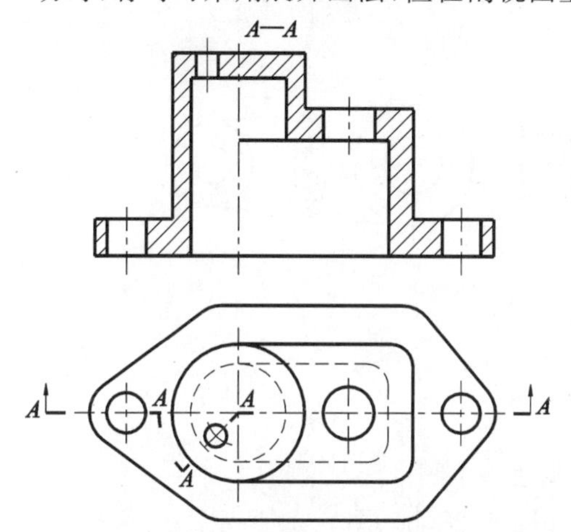

图6-25　采用几个相交的剖切平面

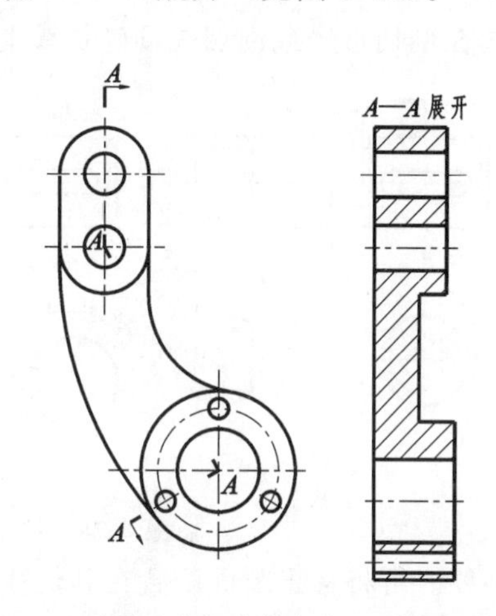

图6-26　采用几个相交的剖切平面展开的画法

6.3　断　面　图

6.3.1　断面图的概念

假想用剖切面将机件的某处切断，仅画出剖切面与机件接触部分的图形，这个图形称为断面图，简称断面，如图6-27所示。

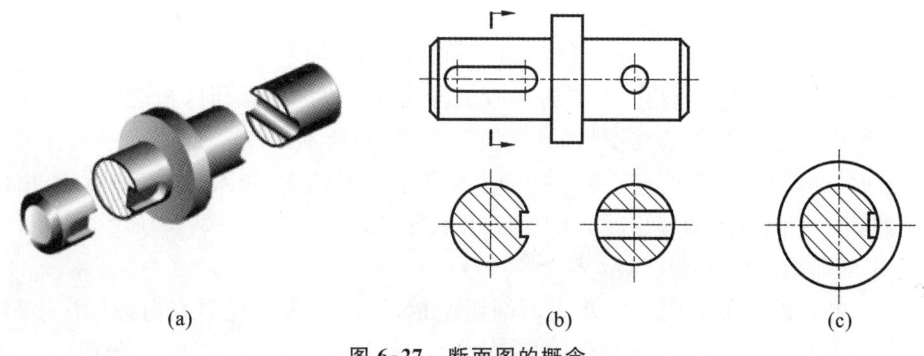

图6-27　断面图的概念

(a)立体图　(b)视图和断面图　(c)剖视图

断面图与剖视图的区别在于断面图仅画出断面的形状，如图6-27(b)所示，而剖视图则是将断面连同它后面的可见部分一起画出,如图 6-27(c)所示。断面图常用于表达机件上的肋板、轮辐、键槽、小孔、型材等的断面形状。

6.3.2 断面图的种类

断面图分移出断面图和重合断面图两种。

1. 移出断面

画在视图之外的断面图称为移出断面图,简称移出断面。

1) 移出断面图的画法

(1) 移出断面图的轮廓线用粗实线绘制,在断面区域内一般要画剖面符号。移出断面图应尽量配置在剖切符号或剖切线的延长线上。如图 6-28(a)所示。

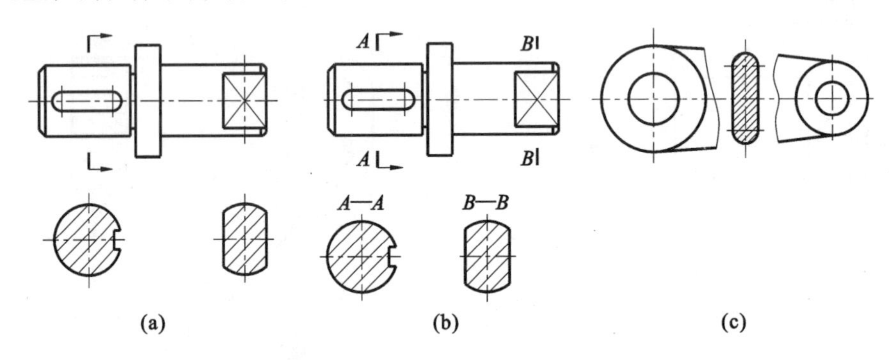

图 6-28 移出断面图的画法(一)

(2) 必要时可将移出断面配置在其他适当位置,如图 6-28(b)、图 6-29 所示。

(3) 断面图形对称时,也可画在视图的中断处,如图 6-28(c)所示。

(4) 当剖切平面通过回转面形成的孔或凹坑的轴线时,这些结构按剖视绘制(见图 6-29)。

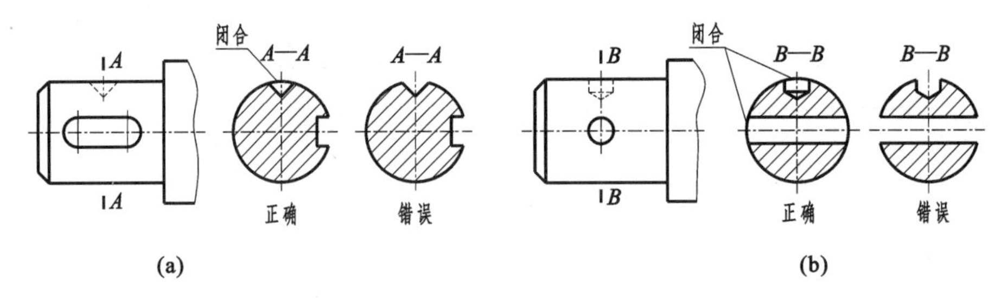

图 6-29 移出断面图的画法(二)

(5) 当剖切平面通过非圆孔,会导致出现完全分离的两个断面时,则这些结构应按剖视绘制,在不致引起误解时,允许将图形旋转,如图 6-30(a)所示。

(6) 断面图的剖切面要垂直于该结构的主要轮廓线或轴线,如图 6-30(b)所示;由两个或多个相交的剖切平面得到的移出断面,中间应用波浪线断开,如图 6-30(c)所示。

2) 移出断面图的标注

(1) 移出断面图一般应用粗实线表示剖切位置,用箭头表示投射方向并标注字母,在断面图的上方应用同样的字母标出其名称"×—×",如图 6-28(b)中的"A—A"断面。

(2) 在下列情况下可以省略相关标注。

① 配置在剖切符号或剖切线的延长线上的移出断面图,可省略字母,如果图形对称还可

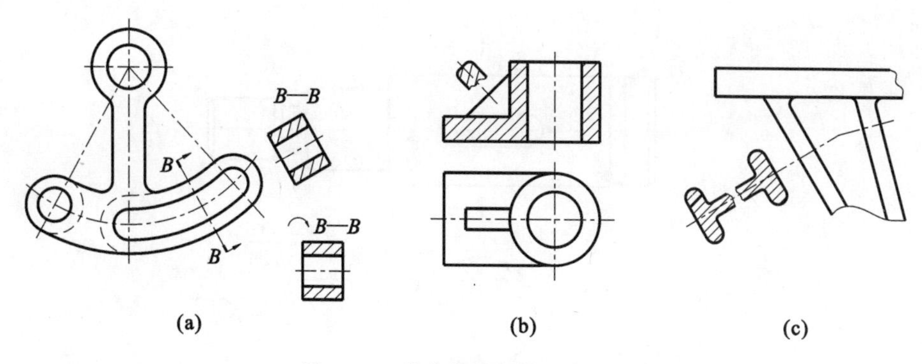

图 6-30　移出断面图的画法(三)

省略箭头，如图 6-28(a)和图 6-30(b)、(c)所示。

② 不配置在剖切符号延长线上的对称移出断面，以及按投影关系配置中间没有其他图形隔开的移出断面，均可省略箭头，如图 6-28(b)的 B—B、图 6-29 所示。

③ 画在视图中断处的对称断面可省略标注，如图 6-28(c)所示。

2. 重合断面

在不影响图形清晰的条件下，断面也可按投影关系画在视图内，画在视图内的断面图称为重合断面图(简称重合断面)，如图 6-31 所示。

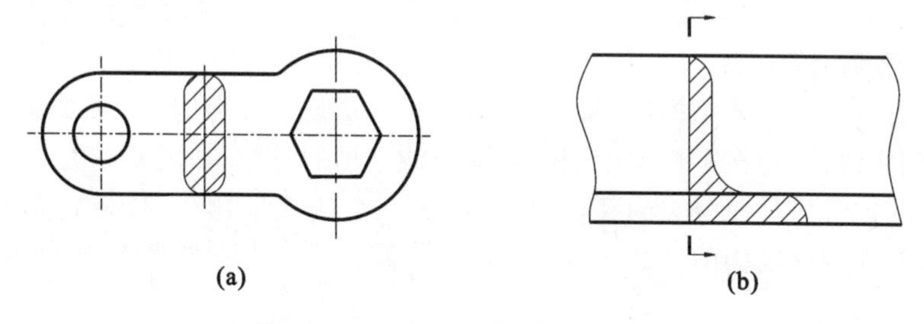

图 6-31　重合断面图的画法及标注

1）重合断面的画法

重合断面的轮廓线用细实线绘制，当视图的轮廓线与重合断面轮廓线重叠时，视图中的轮廓线仍然应连续画出不可间断，如图 6-31(b)所示。

2）重合断面的标注

对称的重合断面不必标注剖切符号和断面图的名称，如图 6-31(a)所示。不对称重合断面应标注剖切符号，即在剖切处标注粗实线和箭头，但不必标注字母，如图 6-31(b)所示。

6.4　其他规定画法和简化画法

6.4.1　局部放大图

当机件的某些局部结构较小，在原定比例的图形中不易表达清楚或不便于标注尺寸时，可将该局部结构用大于原图形所采用的比例单独画出，这种图形称为局部放大图，如图 6-32 所示。局部放大图可画成视图、剖视图、断面图，它与被放大部位的表达方式无关。

局部放大图应尽量配置在被放大部位的附近，用细实线圈出被放大的部位；当同一机件上有几个被放大的部位时，必须用罗马数字依次标明被放大的部位，并在局部放大图的上方

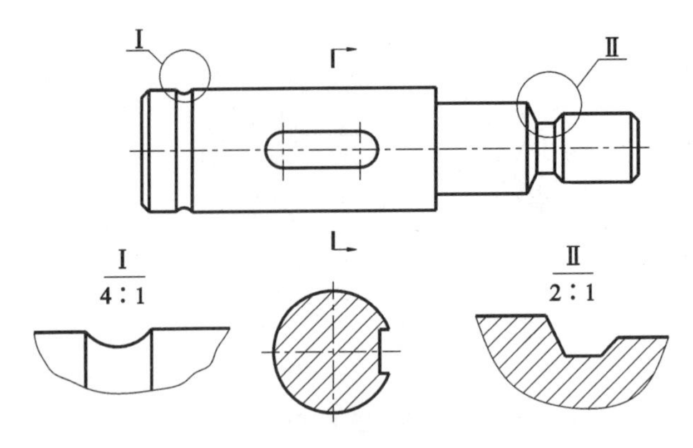

图 6-32　局部放大图

标注出相应的罗马数字和采用的比例;当机件上被放大的部分仅有一处时,在局部放大图的上方只需注明所采用的比例。同一机件上不同部位的局部放大图,当图形相同或对称时,只需要画出一个。

6.4.2　简化画法和其他规定画法

为了简化作图和提高绘图效率,对机件的某些结构在图形表达方法上进行简化,使图形既清晰又简单易画,常用的简化画法如下。

1. 相同结构要素的画法

当机件具有若干相同的结构(如齿、槽等),并按一定规律分布时,只需要画出几个完整的结构,其余用细实线连接,在零件图中则必须注明该结构的总数,如图 6-33(a)所示。

若干直径相同且成规律分布的孔,可以仅画出一个或少量几个,其余只需用细点画线表示其中心位置并注明该结构的总数,如图 6-33(b)所示。

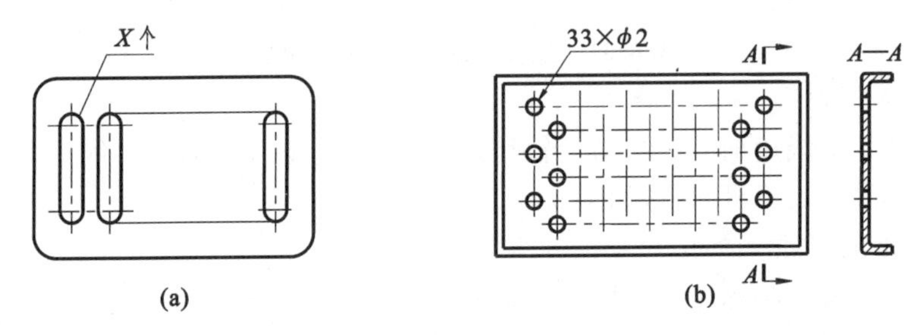

图 6-33　成规律分布的若干相同结构的简化画法

2. 肋、轮辐及薄壁的画法

对于机件的肋、轮辐及薄壁等,如按纵向剖切,这些结构都不画剖面符号,而用粗实线将它与其邻接的部分分开。当这些结构不按纵向剖切时,仍应画出剖面符号,如图 6-34 所示。

3. 均匀分布的肋板和孔的画法

当零件回转体上均匀分布的肋、轮辐、孔等结构不处于剖切平面上时,可将这些结构旋转到剖切平面上画出,见图 6-35(a)。圆柱形法兰盘上均匀分布的孔可按图 6-35(b)所示绘制。

4. 其他简化画法

(1) 对称图形的画法。当某一图形对称时,可画略大于一半,如图 6-36(a)所示的俯视图,在不致引起误解时,对于对称机件的视图也可只画出一半或四分之一,此时必须在对称中

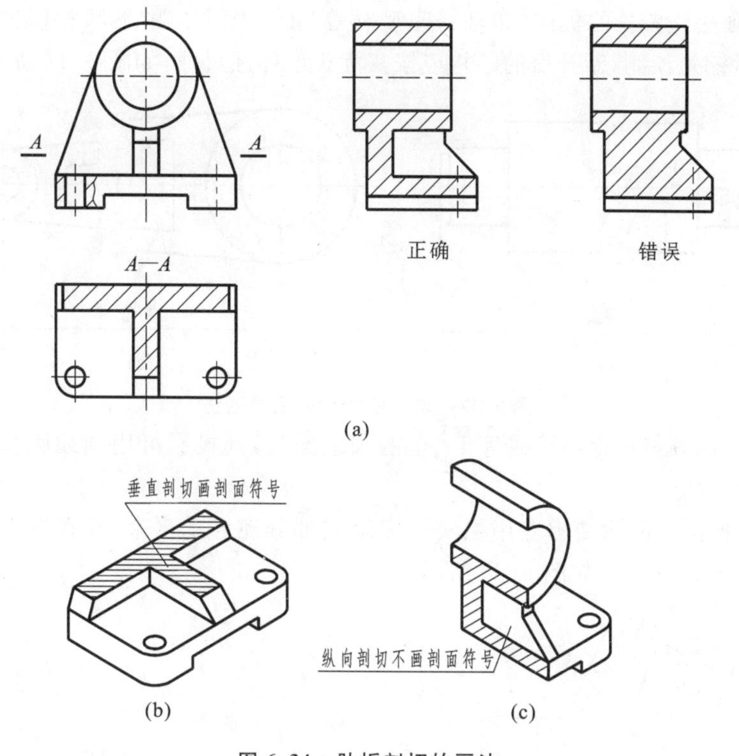

图 6-34　肋板剖切的画法

(a)视图　(b)剖切位置(一)　(c)剖切位置(二)

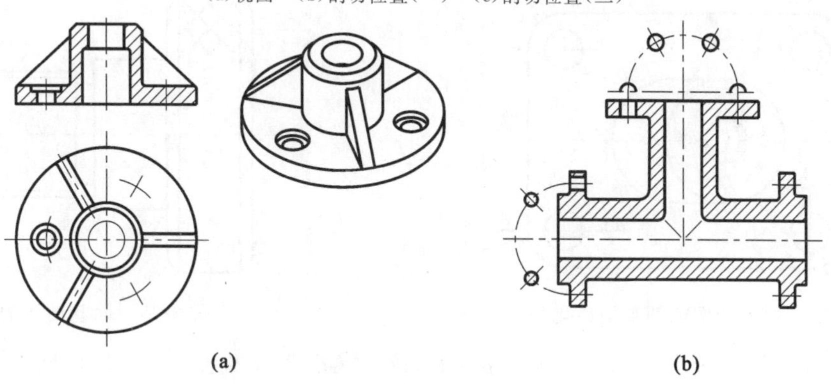

图 6-35　回转体上均匀分布的肋、孔的画法

心线的两端画出两条与其垂直的平行细实线，见图 6-36(b)。零件上对称结构的局部视图，可按图 6-36(c)所示的方法简化绘制。

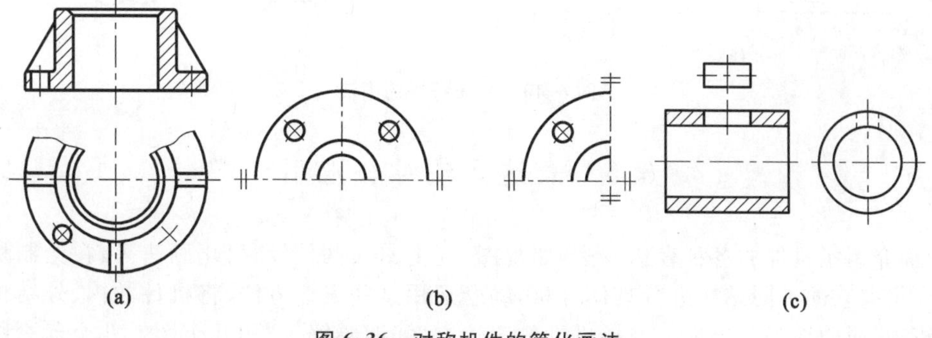

图 6-36　对称机件的简化画法

(2) 断开画法。较长的机件(如轴、杆、型材等)沿长度方向的形状相同或按一定规律变化时,可断开后缩短绘制,断开后的结构应按实际长度标注尺寸,如图 6-37 所示。

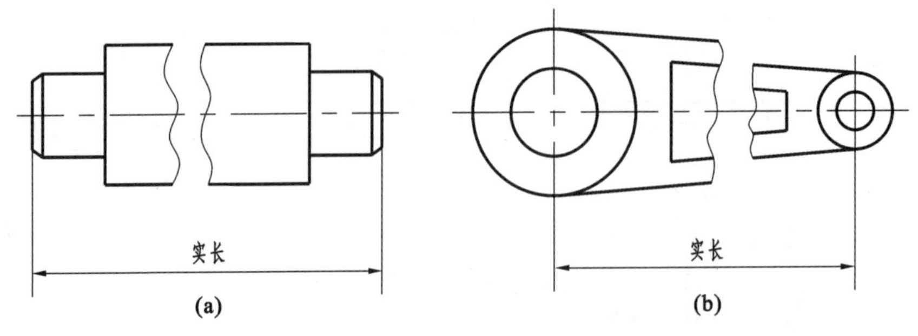

图 6-37 较长机件断开后的画法

(3) 与投影面倾斜角度小于或等于 30°的圆或圆弧,其投影可用圆或圆弧代替椭圆或椭圆弧,如图 6-38 所示。

(4) 滚花、槽沟等网状结构应用粗实线完全或部分地表示出来,并在图上或技术要求中注明这些结构的具体要求,如图 6-39 所示。

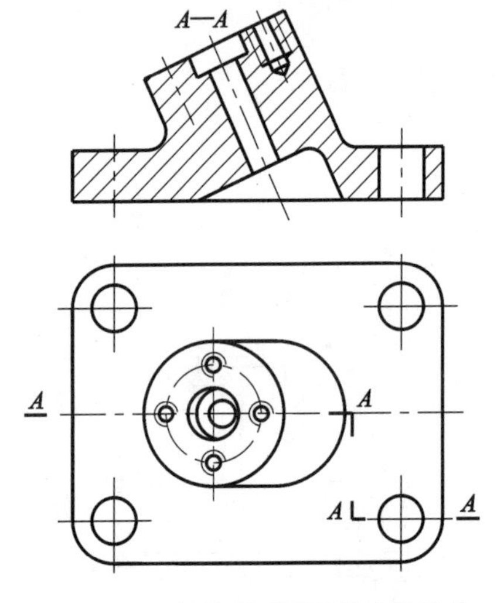

图 6-38 倾斜的圆或圆弧的简化画法

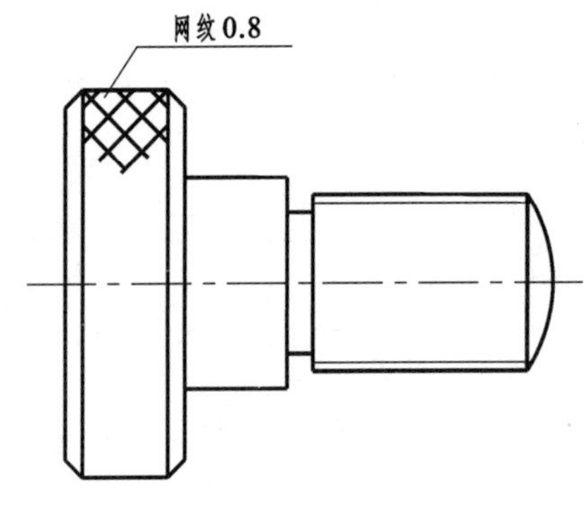

图 6-39 网状结构的画法

(5) 当图形不能充分表达平面时,可用平面符号(相交的两细实线)表示,见图 6-40。

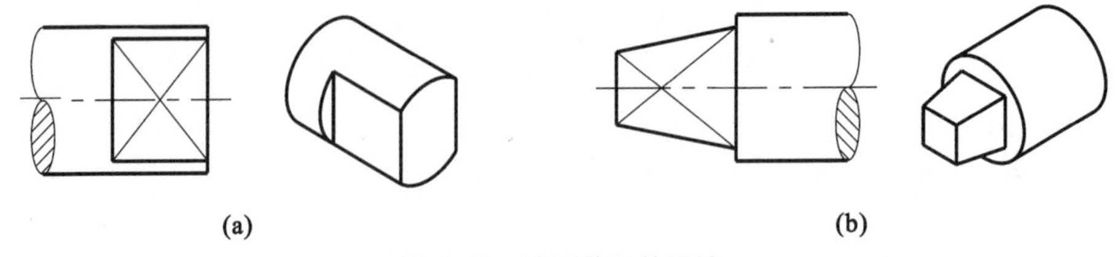

(a) (b)

图 6-40 平面符号的画法

6.5 表达方法综合应用

前面介绍了机件的各种表达方法:如视图、剖视图、断面图和简化画法等,在绘制机件图样时,应根据它的不同结构进行具体分析,综合运用这些表达方法,将机件的内、外结构形状完整、清晰、简明地表示出来。选择机件的表达方案,即要解决“用几个图? 几个什么图?”来表达机件。若方案选择得较好，不仅可以简化绘图工作而且便于看图；若方案选择得不好，不仅不利于顺利地读图而且会使表达方案破碎，甚至会出现不必要的重复表达，在确定表达方案时，还应考虑尺寸标注对机件形状表达所起的作用。

1. 视图数量应适当

在完整、清晰地表达机件，且在看图方便的前提下，视图的数量要减少。但也不是越少越好，如果由于视图数量的减少而增加了看图的难度，则应适当补充视图。

2. 合理地综合运用各种表达方法

视图的数量与选用的表达方案有关，因此在确定表达方案时，既要注意使每个视图、剖视图和断面图等具有明确的表达重点，又要注意它们之间的相互联系及分工，以达到表达完整、清晰的目的。在选择表达方案时，应首先考虑主体结构和整体的表达，然后针对次要结构及细小部位进行修改和补充。

3. 比较表达方案，择优选用

同一机件往往可以采用多种表达方案。不同的视图数量、表达方法和尺寸标注方法可以构成多种不同的表达方案。同一机件的几个表达方案相比较，可能各有优、缺点，但要认真分析，择优选用。总的原则是根据机件的特点，灵活选用表达方法，用较少的图形将机件的内、外结构表达清楚。

4. 综合运用举例

例 6-1　试选用适当的方法表达图 6-41 所示的箱体。

1）形体分析

箱体类零件一般用来支承和包容其他零件。从图 6-41 可知，箱体前后对称，由四个部分组成：主体为一包容蜗轮蜗杆的空腔，空腔的前、后为支撑蜗轮轴的圆筒，其内壁有凸缘；左边为一凸台，其上有孔；底部为底板；上部有凸台。

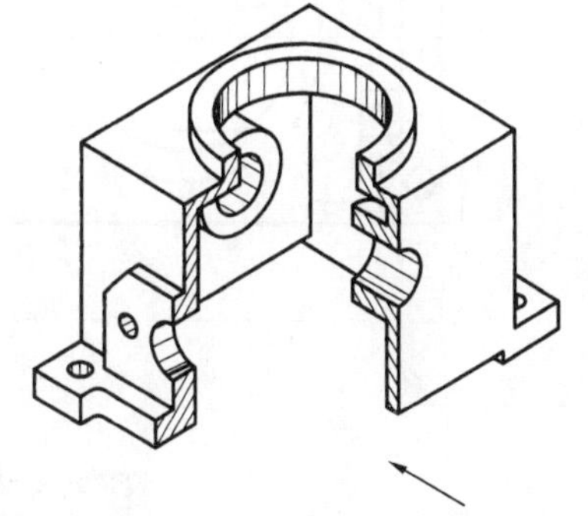

图 6-41　箱体立体图

2）表达方案选择

① 选择主视图：机件按箱体的工作位置放置，主视图的投射方向为图 6-41 中箭头所指方向。为了表达清楚空腔前、后内壁凸缘的结构，以及空腔与左边凸台上的孔的相互位置关系，主视图采用全剖，如图 6-42 中的主视图所示。

② 确定其他视图：由于箱体前后对称，采用半剖的左视图，这样既保留了左侧外形，又表达了前、后方向的蜗杆孔的结构及其与空腔的相互位置关系。另外，在未剖切到的半个左视图中，采用局部剖，表达底板的通孔，如图 6-42 中的左视图所示。注意半剖视图中一些对称结构的尺寸注法，如图中尺寸 16、24、32。

俯视图采用局部剖，既表达清楚左边凸台上的 3 个孔与空腔的相互位置关系，又保留了箱体的外形以及底板上 4 个孔的位置，如图 6-42 中的俯视图所示。

例 6-2　试选用适当的方法表达图 6-43 所示的四通管。

1）形体分析

四通管是一个法兰管件，用于管子与管子的相互连接。从图 6-43 可知，它主要由三部分组成，中间是上下贯通的圆管，且上下带有不同形状起连接作用的法兰盘；左上和右下偏前处分别是带有不同形状法兰盘的水平圆管，它们均与中间竖管相通，形成一个有四个通口的管件。

2）表达方案选择

为了清楚地表达四通管的连通情况，主视图需要进行剖切，由于两侧圆管的轴线和中间

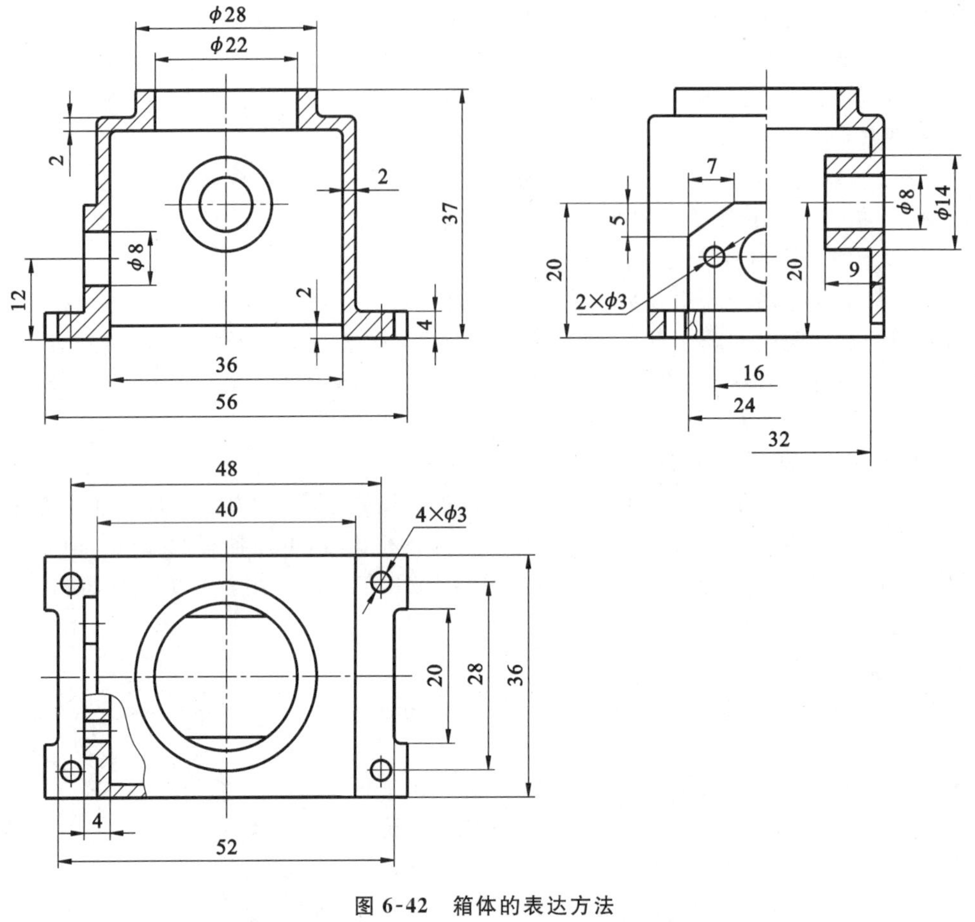

图 6-42　箱体的表达方法

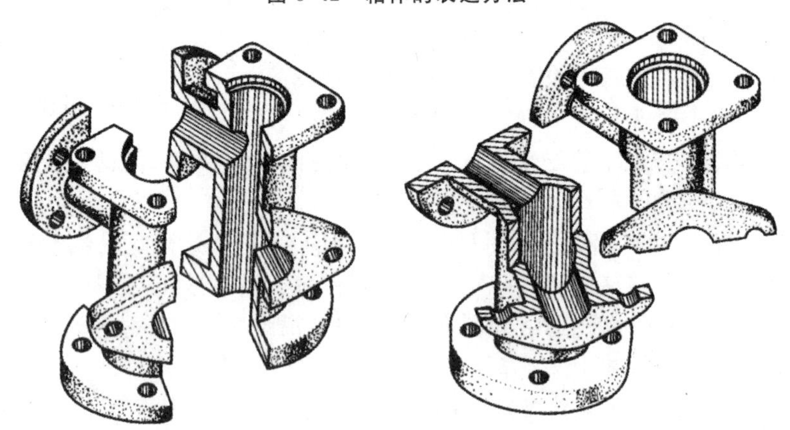

图 6-43　四通管立体图

圆管的轴线不在同一平面内，所以不能采用单一剖面剖切，宜采用旋转剖，故主视图采用了 *A*—*A* 旋转剖，主要表达内孔的连通情况，同时各管的直径大小也表达清楚了。

为了表达右下偏前的水平圆管的位置必须画出俯视图，但俯视图画成视图的话，中间竖管两端的法兰盘在俯视图上就重叠在一起，看起来不清楚，因此通过两水平圆管的轴线作 *B*—*B* 阶梯剖，主要用来表达右边对正面倾斜的水平管的位置和下底板的形状。

有了主视图和俯视图，四通管的大致结构已经清楚，但还有三个管口的法兰盘形状没有表达清楚，为此，可在下列两个方案中选择。

方案一：用 D 向局部视图表达竖管上方法兰盘的形状；C—C 剖视图表达左上方的水平管的法兰盘形状；E—E 斜剖视图表达右前水平管的法兰盘形状。如图 6-44 所示。

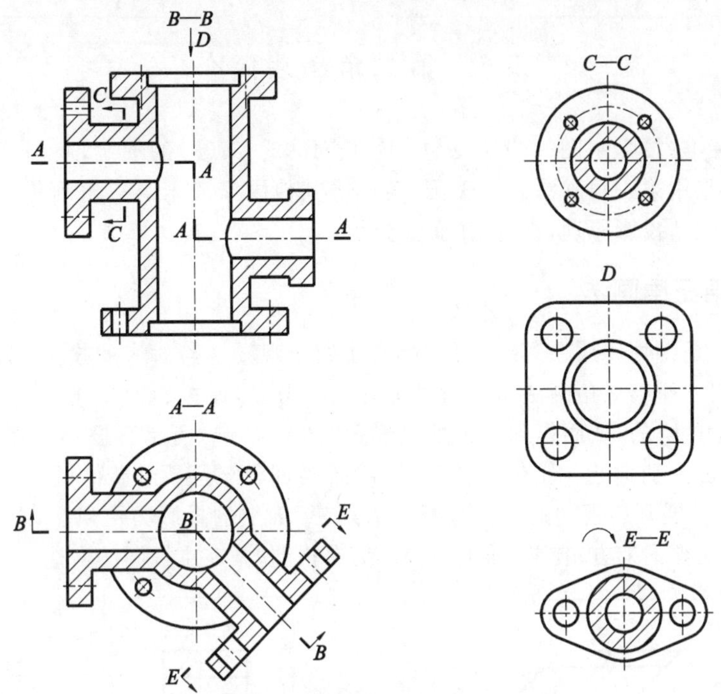

图 6-44　四通管的表达方案一

方案二：保留 D 向局部视图；用 C 向局部视图表达左上方的水平管的法兰盘形状（在图示位置标注可省略）；E 向斜视图表达右前水平管的法兰盘形状。如图 6-45 所示。

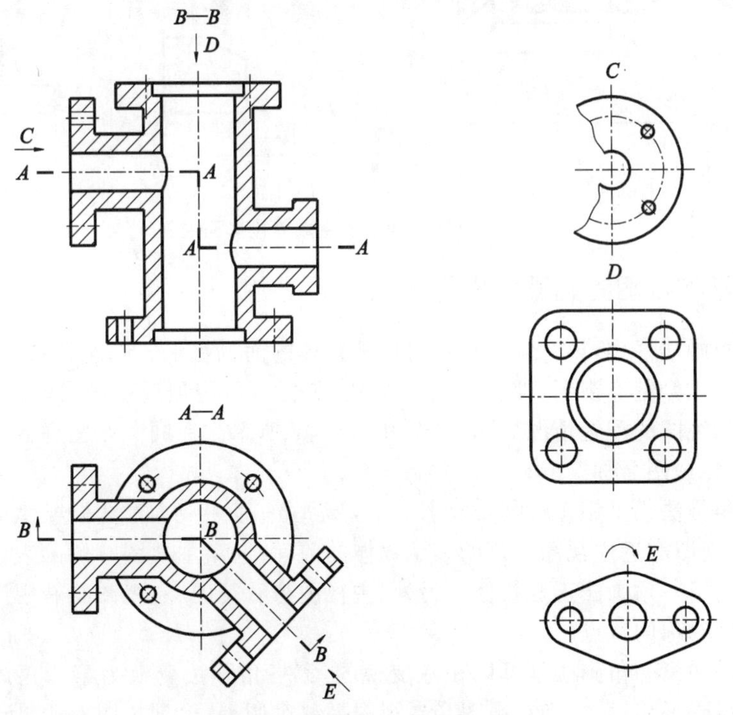

图 6-45　四通管的表达方案二

比较上述两个方案,显然方案二更佳。它表达更简洁明了,作图也更方便,整个表达方案采用了两个基本视图,两个局部视图和一个斜视图,就清晰地表达了这个四通管。

6.6　第三角画法简介

根据国家标准《技术制图　投影法》(GB/T 14692—2008)的规定,我国工程图样按正投影绘制,并优先采用第一角画法。而美国、英国等其他国家采用第三角画法。为了便于国际交流,本节对第三角投影原理及画法作简要介绍。

6.6.1　第三角画法

第一角画法是将物体放在第一分角,使物体处于观察者与对应的投影面之间,从而得到相应的正投影图。而第三角画法是将机件放在第三分角,使投影面处于观察者与物体之间,并假想投影面是透明的,从而得到物体的投影,如图 6-46(a)所示。投影面展开时 V 面仍然不动,将 H、W 面分别向上、向右旋转至与 V 面共面,于是得到形体的第三角投影图,如图 6-46(b)所示。展开后视图的名称和配置是:在 V 面上的投影为主视图;在 H 面上的投影为俯视图,画在主视图上方;在 W 面上的投影为右视图,画在主视图的右边。

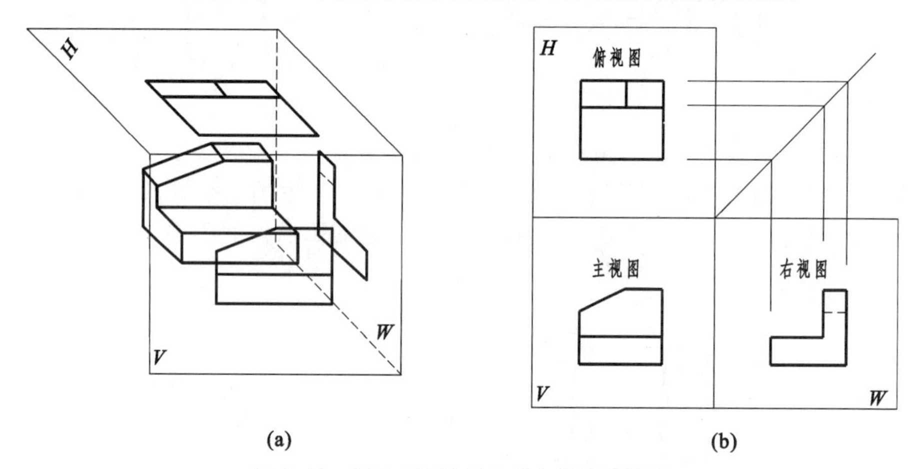

图 6-46　第三角画法的生成与投影面展开

6.6.2　基本视图的配置和投影关系

如同第一角画法一样,第三角画法也可以从物体的前、后、上、下、左、右六个方向,向基本投影面投射得到六个基本视图,即在前面三个视图之外,再增加后视图、仰视图和左视图,其投影面的展开和视图的配置情况如图 6-47 和图 6-48 所示。在同一张图样内按图 6-48 配置视图时,一律不注视图名称。

由于第三角画法仍采用正投影,故“长对正、高平齐、宽相等”的投影规律仍然适用,且除后视图外,其他视图靠近主视图一侧的表示物体的前面,远离主视图一侧的表示物体的后面,这与我们习惯的第一角画法正好相反。另外,主视图与后视图、左视图与右视图、俯视图与仰视图也具有轮廓对称的特点。

第三角画法和第一角画法是可以相互变换的,第三角画法变换为第一角画法的方法是:将俯视图和仰视图平移对调,将右视图和左视图平移对调,就得到如图 6-49 所示的第一角画法。同理,第一角画法也可通过俯、仰视图平移对调,左、右视图的平移对调变换为第三角画法。第三角画法的主、后视图与第一角画法的主、后视图是一致的。

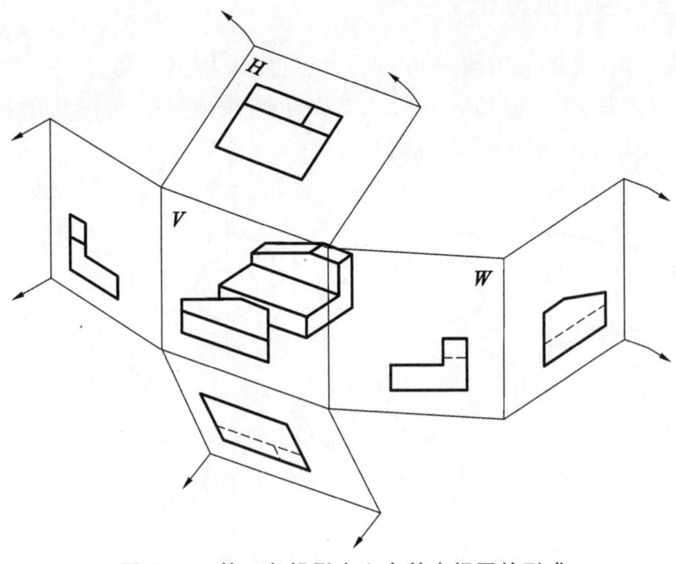

图 6-47　第三角投影中六个基本视图的形成

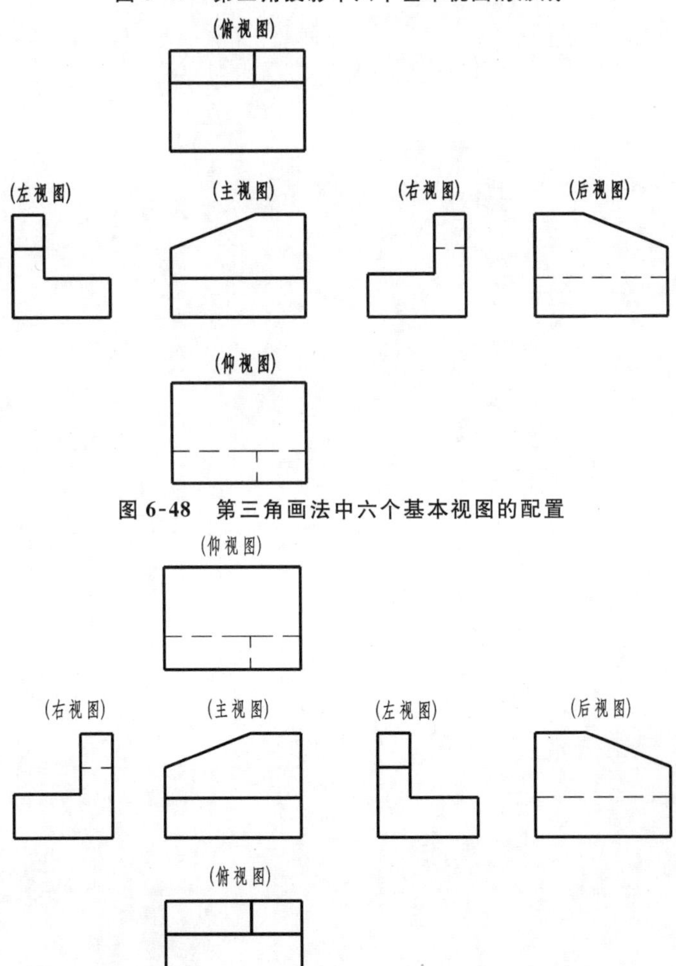

图 6-48　第三角画法中六个基本视图的配置

图 6-49　第一角画法中六个基本视图的配置

6.6.3　第三角画法的标识

相关国家标准规定,可以采用第一角画法,也可以采用第三角画法。为了区别这两种画法,规定在标题栏中的投影符号框格内标注第一角画法或第三角画法的投影识别符号,如图 6-50所示;如采用第一角画法时,可省略标注。

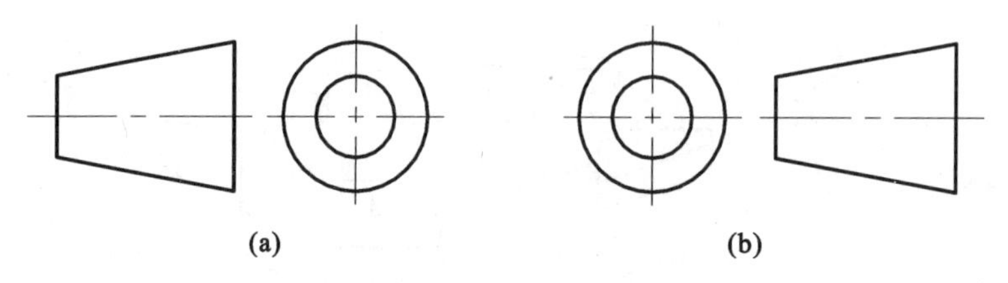

图 6-50　投影识别符号

(a)第一角画法　(b)第三角画法

第7章　标准件与常用件

机器或部件由多种零件装配而成。在这些零件中，有些零件应用十分广泛，如螺栓、螺母、垫圈、键、销、滚动轴承等。为了适应专业化大批量生产，提高产品质量，降低生产成本，国家标准对这类零件的结构尺寸和加工要求等作出了一系列的规定，这类零件已经标准化、系列化，称为标准件。另有一些零件，如齿轮、弹簧等，国家标准只对其部分尺寸和参数做出规定，但这类零件结构典型，应用也十分广泛，通常称为常用件。在机器或部件中，除了标准件和常用件以外的其他零件都称为一般零件。在机械设计中，由于标准件由专业厂家生产，一般都是根据标记直接采购，除了专业厂家外，通常不必画零件图；常用件和一般零件必须画零件图。如图7-1所示的齿轮油泵，其中的螺钉、螺栓、螺母、垫圈、键、销等属标准件；传动齿轮属常用件；其他都是一般零件。

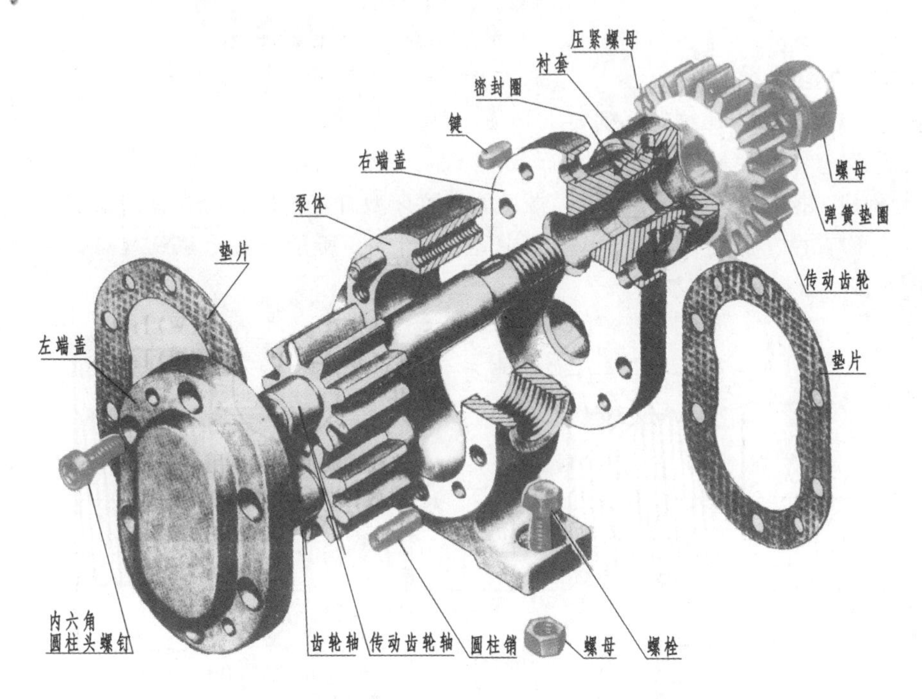

图7-1　齿轮油泵中的标准件、常用件和一般零件

7.1　螺纹及螺纹紧固件

7.1.1　螺纹的形成、要素和结构

1. 螺纹的形成

螺纹是指在圆柱、圆锥等回转面上沿着螺旋线所形成的、具有相同轴向断面的连续凸起和沟槽。螺纹在螺纹紧固件和丝杠上起连接或传动作用。在圆柱、圆锥等外表面上所形成的

螺纹称外螺纹;在圆柱、圆锥等孔腔内表面上所形成的螺纹称内螺纹。螺纹的制造都是根据螺旋线的形成原理而得到的,图 7-2(a)、(b)所示为车削螺纹的情况,工件绕轴线做等速回转运动,刀具沿轴线做等速直线运动且切入工件一定深度即能切削出螺纹。还可用丝锥等工具加工螺纹,如图 7-2(c)所示。

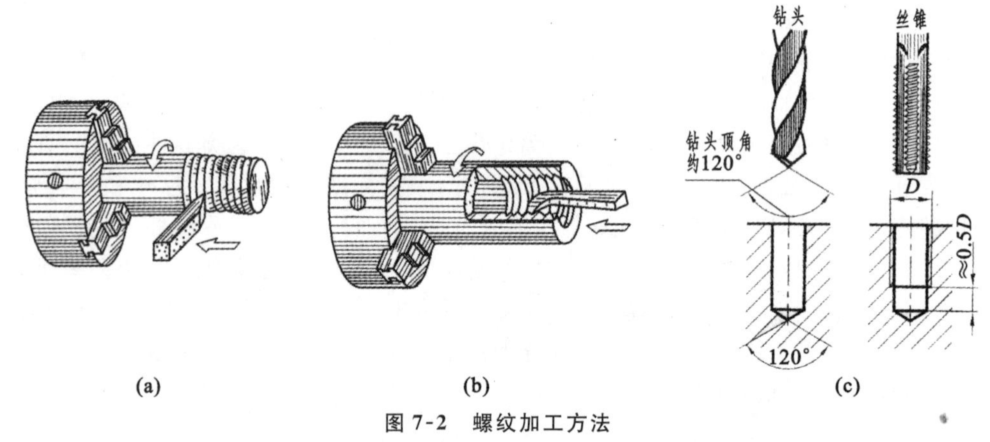

图 7-2　螺纹加工方法

(a)车削外螺纹　(b)车削内螺纹　(c)丝锥攻内螺纹

2. 螺纹的要素

内、外螺纹连接时,螺纹的下列要素必须一致。

(1) 牙型　在通过螺纹轴线的断面上,螺纹的轮廓形状称为螺纹牙型。它由牙顶、牙底和牙两侧构成,并形成一定的牙型角。常见的螺纹牙型有三角形、梯形、锯齿形等。

(2) 公称直径　螺纹有大径、小径和中径,如图 7-3 所示。表示螺纹规格时采用公称直径,公称直径是指螺纹的大径。

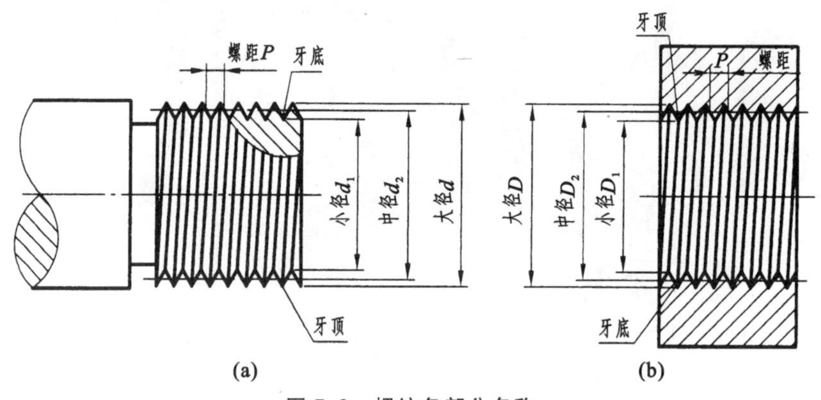

图 7-3　螺纹各部分名称

(a)外螺纹　(b)内螺纹

大径是指与外螺纹牙顶或内螺纹牙底相重合的假想圆柱面的直径,用 d(外螺纹)或 D(内螺纹)表示。

小径是指与外螺纹牙底或内螺纹牙顶相重合的假想圆柱面的直径,用 d_1(外螺纹)或 D_1(内螺纹)表示。

中径是指母线通过牙型上沟槽和凸起宽度相等地方的假想圆柱的直径,用 d_2(外螺纹)或 D_2(内螺纹)表示。

(3) 线数 n　如图 7-4 所示,螺纹有单线和多线之分:沿一条螺旋线形成的螺纹为单线螺纹；沿轴向等距分布的两条或两条以上的螺旋线形成的螺纹为多线螺纹。

(4) 螺距 P 和导程 P_h　螺纹相邻两牙在中径线上对应两点间的轴向距离称为螺距。同一条螺旋线上的相邻两牙在中径线上对应两点间的轴向距离称为导程。螺纹的导程与螺距的关系为：导程＝线数×螺距，即 $P_h = nP$，如图 7-4 所示。

(5) 旋向　螺纹分为右旋和左旋两种。如图 7-5 所示，内外螺纹旋合时，顺时针旋转旋入的螺纹称为右旋螺纹，逆时针旋转旋入的螺纹称为左旋螺纹。也可用左右手判断。工程上常用右旋螺纹。

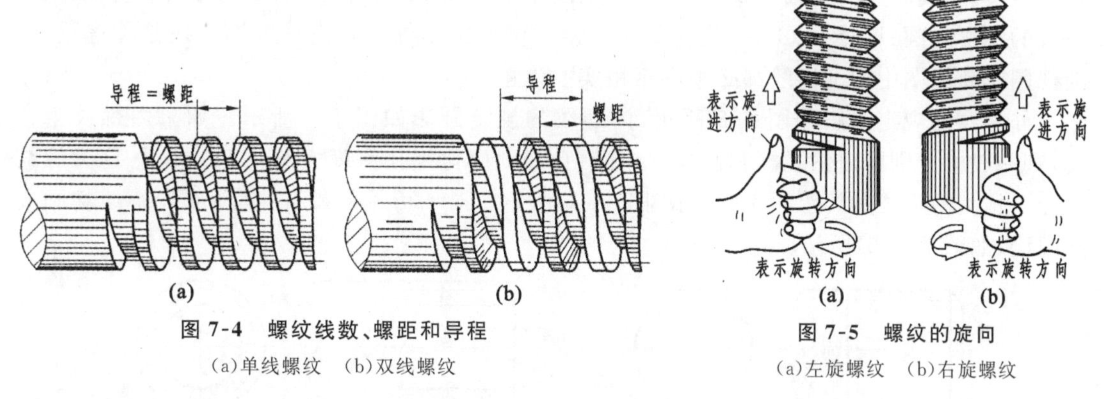

图 7-4　螺纹线数、螺距和导程

(a)单线螺纹　(b)双线螺纹

图 7-5　螺纹的旋向

(a)左旋螺纹　(b)右旋螺纹

牙型、公称直径和螺距符合标准的螺纹称为标准螺纹。仅牙型符合标准，直径或螺距不符合标准的螺纹称为特殊螺纹。牙型不符合标准的螺纹称为非标准螺纹。

7.1.2　螺纹的种类

螺纹按其用途分为连接螺纹和传动螺纹两类，前者起连接作用，后者用于传递动力和运动，见表 7-1。

表 7-1　螺纹类型及用途

螺纹的种类			特征代号	牙型	用途
连接螺纹	普通螺纹	粗牙普通螺纹	M	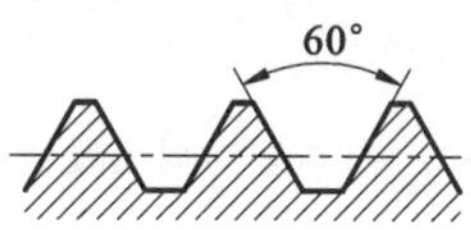 60°	是最常用的连接螺纹。粗牙普通螺纹一般用于机件的连接。细牙普通螺纹的螺距较粗牙小，且深度较浅，一般用于薄壁零件或细小的精密零件上
		细牙普通螺纹			
	管螺纹	非螺纹密封的管螺纹	G	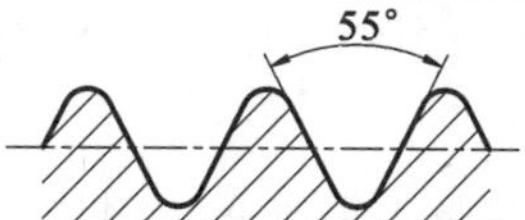 55°	用于水管、油管、气管等薄壁管子的连接，是一种螺纹深度较浅的特殊细牙螺纹，分为非密封与密封两种
		螺纹密封的管螺纹	R，Rc，Rp		
传动螺纹	梯形螺纹		Tr	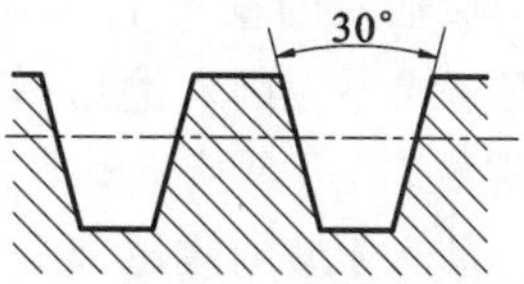 30°	作传动用，用于各种机床的丝杠，可传递双向动力
	锯齿形螺纹		B	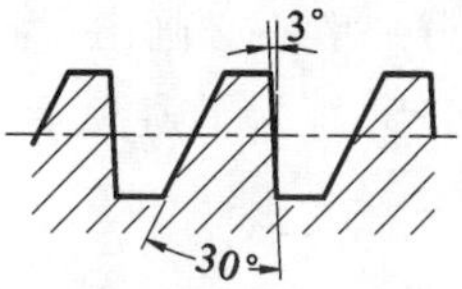 3° 30°	只能传递单方向的动力，例如螺旋压力机的传动丝杠就多采用这种螺纹

7.1.3　螺纹的规定画法

国家标准《机械制图　螺纹及螺纹紧固件表示法》(GB/T 4459.1—1995)中规定了在机械图样中螺纹和螺纹紧固件的画法。

1. 内、外螺纹的规定画法

牙顶圆的投影用粗实线表示(即外螺纹的大径线,内螺纹的小径线),牙底圆的投影用细实线表示(即外螺纹的小径线,内螺纹的大径线),小径通常画成大径的 0.85 倍,即“手摸得着的画粗实线,摸不着的画细实线”。螺纹终止线用粗实线表示。在投影为圆的视图上,表示牙底圆的细实线圆只画约 3/4 圈(位置不作规定),倒角圆不画。不论是内螺纹还是外螺纹,其剖视图或断面图中的剖面线都必须画至粗实线为止。

外螺纹的规定画法如图 7-6 所示,内螺纹的规定画法如图 7-7 所示。如果内螺纹为盲孔,则一般应分别画出钻孔深和螺孔深,且钻孔深度应比螺孔深度大约 0.5D,其中 D 为螺纹大径。钻头的刃锥角约等于 120°,如图 7-7(a)所示。对不可见的螺孔,其所有轮廓线均画成细虚线,如图 7-7(b)所示。

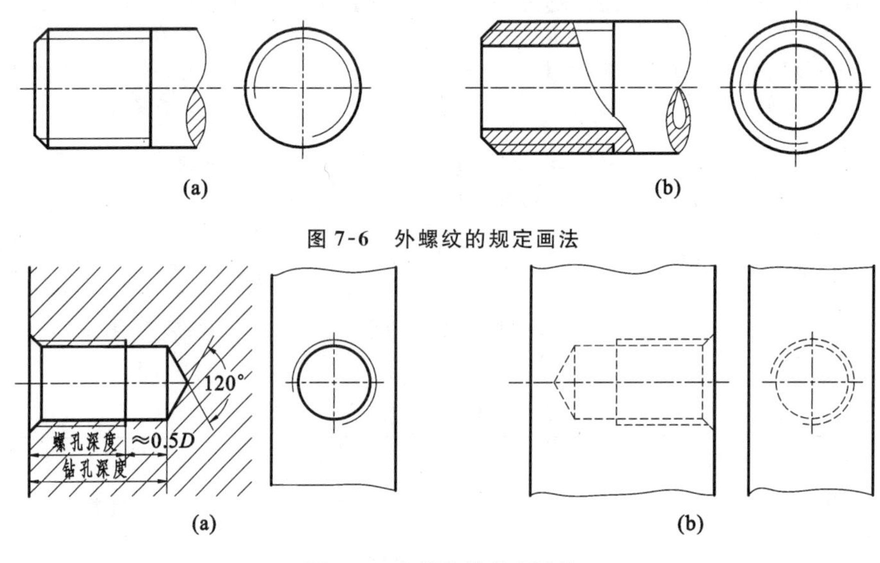

图 7-6　外螺纹的规定画法

图 7-7　内螺纹的规定画法

2. 螺纹的其他结构

图 7-8 画出了螺纹的末端、收尾和退刀槽。关于普通螺纹的倒角和退刀槽可查阅附录中的附表 27。

(1) 螺纹的末端。为了便于装配和防止螺纹起始圈损坏,常将螺纹的起始处加工成一定的形式,如倒角、倒圆等。画图时,在反映轴线的视图上,外螺纹表示小径的细实线应画入倒角或倒圆部分,而内螺纹表示大径的细实线不应画入倒角,如图 7-8(a)所示。

(2) 螺纹的收尾和退刀槽。车削螺纹时,刀具接近螺纹末尾处要逐渐离开工件,因此,螺纹收尾部分的牙型是不完整的,这段不完整牙型的收尾部分称为螺尾。螺纹的长度是指不包含螺尾在内的完整螺纹的长度,螺尾部分一般不必画出,当需要表示螺尾时,螺尾部分的牙底用与轴线成 30°的细实线绘制,见图 7-8(b)。为了避免产生螺尾,可以预先在螺纹末尾处加工出退刀槽,然后再车削螺纹,见图 7-8(c)。

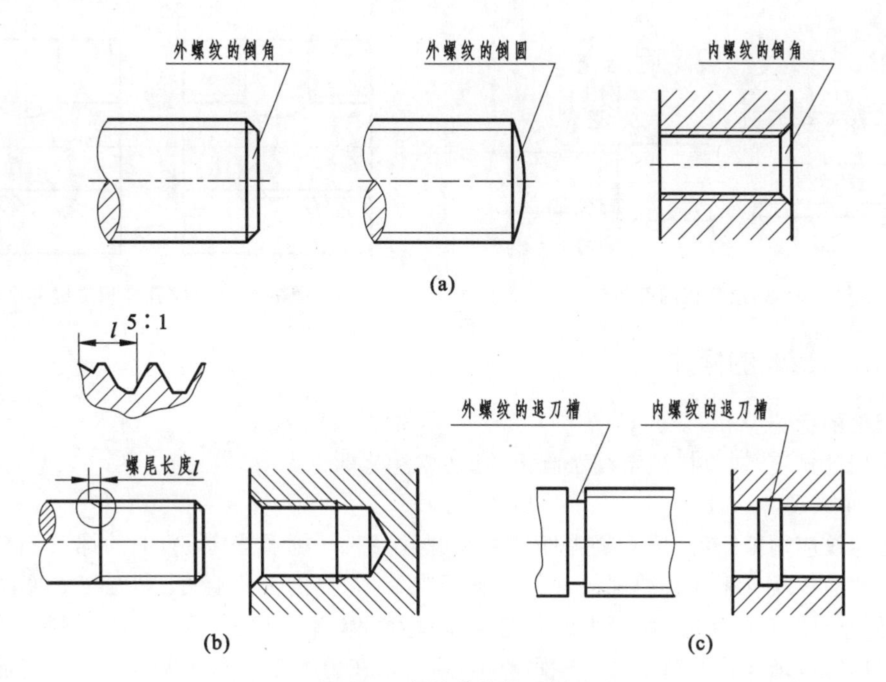

图7-8　螺纹的结构示例

(a)螺纹的倒角和倒圆　(b)螺纹收尾　(c)螺纹的退刀槽

3. 螺纹旋合的规定画法

内、外螺纹旋合时，螺纹的五项结构要素：牙型、直径、线数、螺距及旋向必须相同。

如图7-9所示，在剖视图中表示内、外螺纹旋合时，其旋合部分应按外螺纹绘制，其余部分仍按各自的画法表示。表示大、小径的粗实线和细实线应分别对齐。

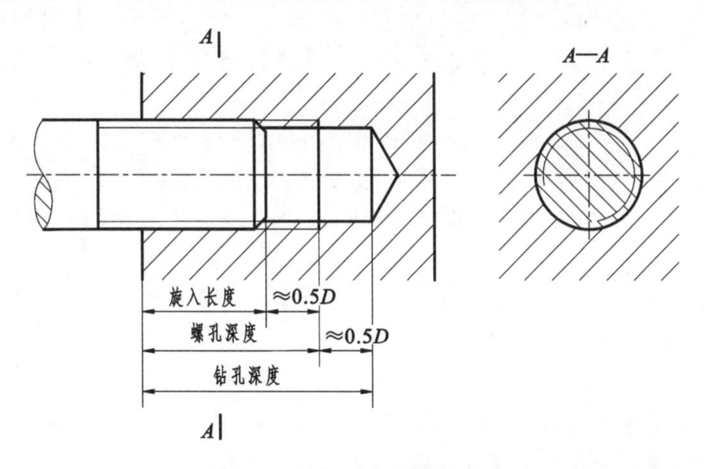

图7-9　螺纹旋合的规定画法

4. 螺纹牙型的表示法

当需要表示螺纹牙型时，可用图7-10(a)所示的局部剖视图或图7-10(b)所示的局部放大图表达。

5. 螺纹孔相贯的规定画法

螺纹孔相交时，国家标准规定只画螺孔小径的相贯线，如图7-11所示。

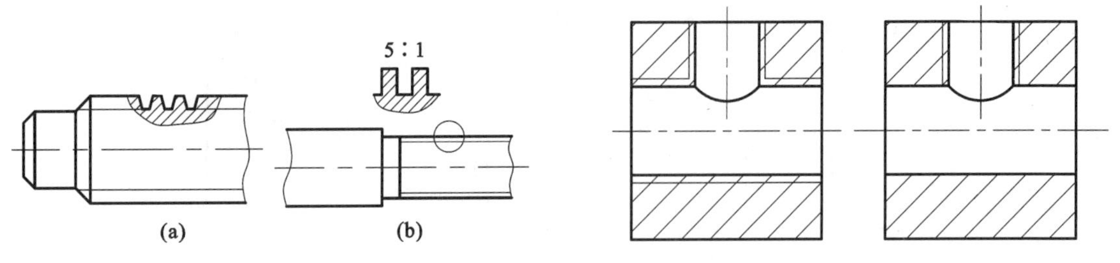

图 7-10　螺纹牙型的表示法　　图 7-11　螺纹孔中相贯线的画法

7.1.4　螺纹的标注

1. 螺纹的标记

国家标准规定,螺纹按规定画法画出后,还要注写标记。

1) 普通螺纹

普通螺纹应用最广泛,螺纹紧固件(螺栓、螺柱、螺钉、螺母等零件)上的螺纹一般均为普通螺纹。普通螺纹分粗牙普通螺纹和细牙普通螺纹,它们的公称直径、螺距可查阅附录附表1。在相同直径的条件下,螺距最大的普通螺纹称为粗牙普通螺纹,而其余的普通螺纹均称为细牙普通螺纹。细牙普通螺纹由于螺距较小,通常用在精密零件和薄壁零件上。普通螺纹的公称直径(大径)、中径、小径直径和螺距可查附录附表2。

普通螺纹的标记由五部分组成:

螺纹特征代号	尺寸代号	—	公差带代号	—	旋合长度代号	—	旋向代号

① 螺纹特征代号　表示牙型,不同牙型的螺纹有不同的螺纹特征代号。普通螺纹的特征代号为"M"。

② 尺寸代号　表示螺纹的大小,包括公称直径 、导程和螺距。单线螺纹的尺寸代号为"公称直径×螺距"(粗牙螺纹不标注螺距,而细牙螺纹必须标注螺距);多线螺纹尺寸代号为"公称直径×P_h 导程 P 螺距"。

③ 公差带代号　表示螺纹的径向尺寸公差,包括中径公差带代号和顶径公差带代号。公差带代号由数字和字母(内螺纹用大写字母,外螺纹用小写字母)组成,数字为精度等级代号,字母为基本偏差代号。当中径公差带代号和顶径公差带代号相同时,只需标注一个公差带代号。

④ 旋合长度代号　表示内、外螺纹旋合时的长度。旋合长度代号分为短旋合长度组、中等旋合长度组和长旋合长度组三种,分别用 S、N 和 L 表示,中等旋合长度组的螺纹不标注旋合长度代号 N。

⑤ 旋向代号　表示螺纹的旋向。左旋标注 LH,右旋螺纹不标注旋向代号。

2) 管螺纹

管螺纹是位于管壁上用于管子连接的螺纹,有 55°非密封管螺纹和 55°密封管螺纹。非密封管螺纹连接由圆柱外螺纹和圆柱内螺纹旋合获得;密封管螺纹连接则由圆锥外螺纹和圆锥内螺纹或圆柱内螺纹旋合获得。管螺纹的尺寸代号及基本尺寸可查阅附录附表3。

55°非密封管螺纹的标记由四部分组成:

螺纹特征代号	尺寸代号	公差等级代号	旋向代号

55°非密封管螺纹的特征代号为"G"。管螺纹的尺寸代号不是螺纹大径,而是带有外螺纹的管子的孔径(英制)。非密封管螺纹的外螺纹的公差等级有 A 级和 B 级(标记 A 或 B),内

螺纹则不标记公差等级。右旋螺纹不注旋向，左旋螺纹必须注写“LH”。

55°密封管螺纹的特征代号分别是：与圆锥外螺纹旋合的圆柱内螺纹 Rp；与圆锥外螺纹旋合的圆锥内螺纹 Rc；与圆柱内螺纹旋合的圆锥外螺纹 R_1；与圆锥内螺纹旋合的圆锥外螺纹 R_2。螺纹密封的管螺纹的标记参照非螺纹密封管螺纹标记，只是无公差等级代号内容。

3）梯形螺纹和锯齿形螺纹

梯形螺纹和锯齿形螺纹用于传递运动和动力。梯形螺纹用来传递双向动力，工作时牙的两侧均受力，如机床的丝杠。锯齿形螺纹用来传递单向动力，工作时牙的单侧面受力，如千斤顶中的螺杆。

梯形螺纹与锯齿形螺纹的标记：

[螺纹特征代号][尺寸代号]—[旋向代号]—[公差带代号]—[旋合长度代号]

梯形螺纹的特征代号为“T”，锯齿形螺纹的特征代号为“B”。单线螺纹的尺寸代号为“公称直径×螺距”；多线螺纹的尺寸代号为“公称直径×导程（P 螺距）”。右旋螺纹不注旋向，左旋螺纹必须注写“LH”。公差带代号只标注中径公差带代号。旋合长度代号分为中等旋合长度组和长旋合长度组两种，分别用 N 和 L 表示，当中等旋合长度时，N 省略不注。梯形螺纹的直径和螺距系列、基本尺寸可查阅附录附表 4。

2. 螺纹的标注

常用标准螺纹的标注见表 7-2，其中普通螺纹、梯形螺纹和锯齿形螺纹的标注，应从螺纹大径引出尺寸界线，把标记注写在相应的尺寸线上。管螺纹采用引线标注形式，引线须从螺纹大径处引出。

表 7-2　常用标准螺纹的标注

螺纹种类	标注示例	说明	螺纹种类	标注示例	说明
普通螺纹	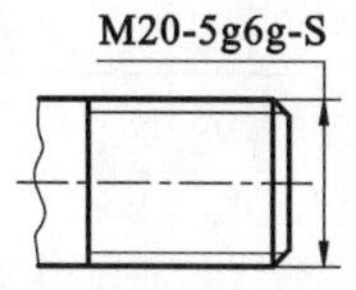 M20-5g6g-S	公称直径为 20 mm 的单线粗牙普通外螺纹，右旋，中径和顶径公差带代号分别为 5g、6g，短旋合长度	非螺纹密封的管螺纹	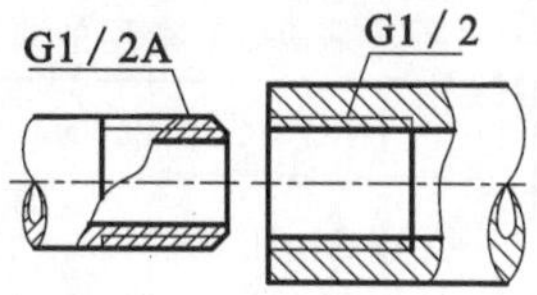 G1/2A　G1/2	尺寸代号为 1/2 的非螺纹密封的圆柱外螺纹和圆柱内螺纹
	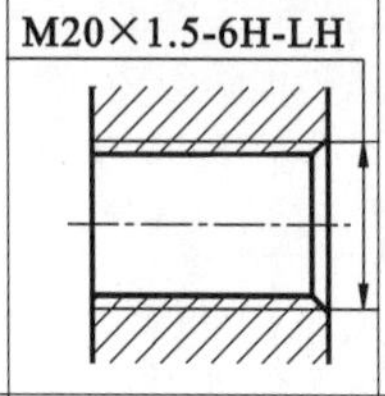 M20×1.5-6H-LH	公称直径为 20 mm、螺距为 1.5 mm 的单线细牙普通内螺纹，中径和顶径公差带代号均为 6H，中等旋合长度，左旋	螺纹密封的管螺纹	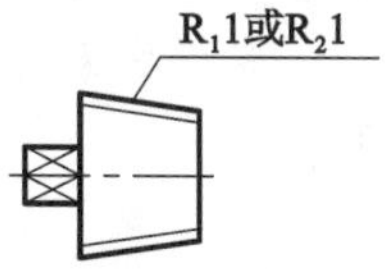 $R_1$1或$R_2$1	R_1：与圆柱内螺纹 Rp 旋合的圆锥外螺纹；R_2：与圆锥内螺纹 Rc 旋合的圆锥外螺纹，尺寸代号为 1，右旋
梯形螺纹	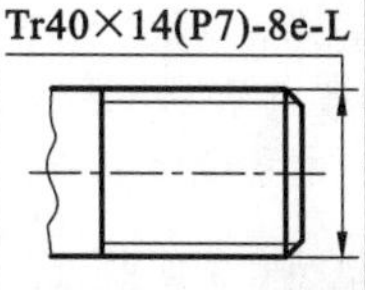 Tr40×14(P7)-8e-L	公称直径为 40 mm、导程为 14 mm、螺距为 7 mm 的双线右旋梯形外螺纹，中径公差带代号为 8e，长旋合长度		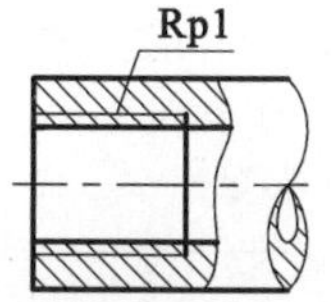 Rp1	Rp：与圆锥外螺纹 R_1 旋合的圆柱内螺纹，尺寸代号为 1，右旋
锯齿形螺纹	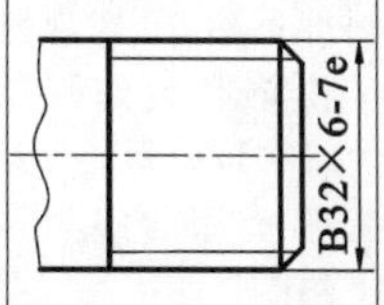 B32×6-7e	公称直径为 32 mm、螺距为 6 mm 的单线右旋锯齿形外螺纹，中径公差带代号为 7e，中等旋合长度		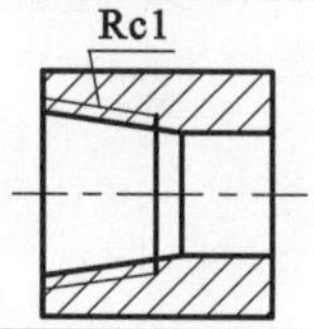 Rc1	Rc：与圆锥外螺纹 R_2 旋合的圆锥内螺纹，尺寸代号为 1，右旋

7.1.5　常用螺纹紧固件及其规定画法与标记

常用螺纹紧固件包括:螺栓、螺钉、螺柱、螺母和垫圈等,见图 7-12。螺纹紧固件的结构、尺寸都已标准化,并由专业工厂大量生产。根据螺纹紧固件的规定标记,就能在相应的标准中查出有关的尺寸。因此,对符合标准的螺纹紧固件,不需再详细画出它们的零件图。

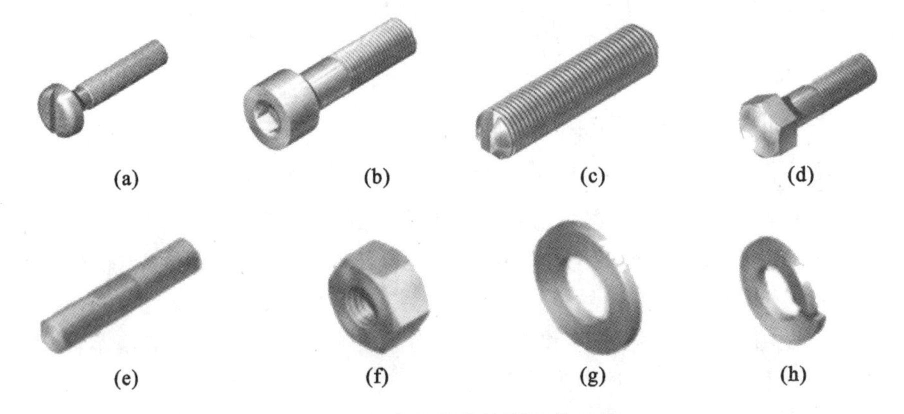

图 7-12　常用的螺纹紧固件示例

(a)开槽盘头螺钉　(b)内六角圆柱头螺钉　(c)开槽锥端紧定螺钉　(d)六角头螺栓
(e)双头螺柱　(f)Ⅰ型六角螺母　(g)平垫圈　(h)弹簧垫圈

1. 螺纹紧固件的规定标记

国家标准《紧固件标记方法》(GB/T 1237—2000)规定了螺纹紧固件的标记方法,其中有完整标记和简化标记两种标记方法,一般采用不同程度的简化标记。常用螺纹紧固件的规定标记如表 7-3 所示。

表 7-3　常用的螺纹紧固件及其标记示例

名称及视图	标记示例及说明	名称及视图	标记示例及说明
开槽盘头螺钉	螺钉 GB/T 67 M10×35 螺纹规格 d=M10、公称长度 l=35 mm、性能等级为 4.8 级,不经表面处理的 A 级开槽盘头螺钉	双头螺柱	螺柱 GB/T 899 M12×50 两端均为粗牙普通螺纹,d = 12 mm、l = 50 mm、性能等级为 4.8 级,不经表面处理,B 型,b_m=1.5d 的双头螺柱
内六角圆柱头螺钉	螺钉 GB/T 70.1 M16×40 螺纹规格 d=M16、公称长度 l=40 mm、性能等级为 8.8 级,表面氧化的内六角圆柱头螺钉	Ⅰ型六角螺母	螺母 GB/T 6170 M16 螺纹规格 D=M16、性能等级为 8 级,不经表面处理、产品等级为 A 级的Ⅰ型六角螺母
开槽锥端紧定螺钉	螺钉 GB/T 71 M12×40 螺纹规格 d=M12、公称长度 l=40 mm、性能等级为 14H 级,表面氧化的开槽锥端紧定螺钉	平垫圈　A 级	垫圈 GB/T 97.1　16 标准系列、公称规格 16 mm、由钢制造的硬度等级为 200HV 级,不经表面处理、产品等级为 A 级的平垫圈

续表

名称及视图	标记示例及说明	名称及视图	标记示例及说明
六角头螺栓	螺栓 GB/T 5782 M12×50 螺纹规格 d=M12、公称长度 l=50 mm、性能等级为 8.8 级，表面氧化、产品等级为 A 级的六角头螺栓	标准型弹簧垫圈	垫圈 GB/T 93 20 规格 20 mm、材料为 65Mn、表面氧化的标准型弹簧垫圈

从表 7-3 所示的常用螺纹紧固件标记中可以看出以下特点。

(1) 接近完整的标记应是：名称　标准编号　规格—性能等级或硬度。

(2) 标记中名称、标准编号中的年号，允许全部或部分省略。省略年号的标准应以现行标准为准。如表中的开槽锥端紧定螺钉的标记名称、年号全部省略；双头螺柱的标记省略了年号。

(3) 当性能等级或硬度是标准规定的常用等级时，可以省略。

2. 螺纹紧固件的画法

1) 按标准规定的数据画图

根据其规定标记查阅有关标准，按标准规定的数据画出零件工作图，一般只有标准件生产厂家才有必要这样画图。

2) 按比例画图

为了提高画图速度，螺纹紧固件各部分尺寸都可按螺纹大径 $d(D)$ 的一定比例画图，称为比例画法。图 7-13 所示为螺栓、螺母和垫圈的比例画法。

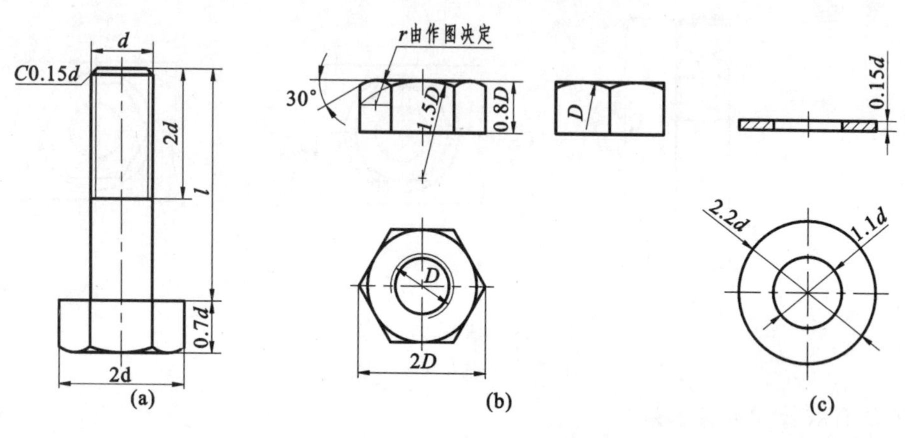

图 7-13　单个紧固件的比例画法

(a)螺栓　(b)螺母　(c)垫圈

3. 螺纹紧固件连接的画法

1) 基本规定

螺纹紧固件连接有螺栓连接、螺柱连接和螺钉连接三种。画螺纹紧固件连接图时，应遵守下列基本规定。

(1) 两零件的接触面只画一条线。凡不接触的表面，无论间隔多小都要画成两条线。

(2) 在剖视图中，相邻两零件的剖面线方向应相反，无法相反时，剖面线的间隔应不等。

同一零件在各个视图上的剖面线方向、间隔应相同。

(3) 当剖切平面通过螺纹紧固件或实心杆件的轴线时，这些零件都按不剖处理，画出外形。但如果垂直其轴线剖切，则按剖视要求画出。

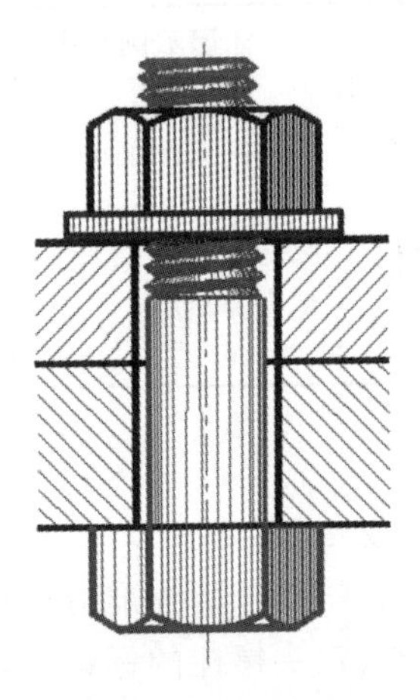

图 7-14 螺栓连接示意图

2) 螺栓连接

螺栓连接一般适用于两个不太厚并允许钻成通孔的零件间的连接。它用螺栓、螺母和垫圈将零件连接在一起。图 7-14所示为螺栓连接示意图。图 7-15(a)所示为连接前的情况，两被连接件钻有通孔(孔径≈1.1d)，连接时，先将螺栓伸进这两个孔中，螺栓的头部抵住被连接件的下端面，然后，在螺栓上部套上垫圈，以增加支承面积和防止损伤零件的表面，最后，用螺母拧紧。图 7-15(b)所示为螺栓连接的装配画法；也可以采用图 7-15(c)所示的简化画法，其中，螺栓端部、螺栓头部和螺母的倒角都省略不画，在装配图中常用这种画法。

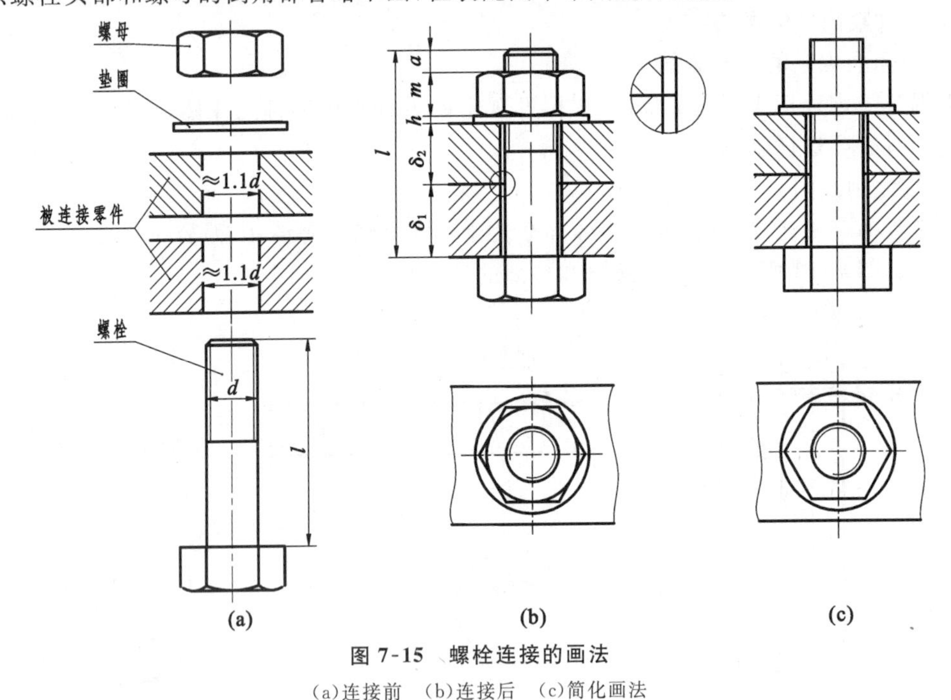

图 7-15 螺栓连接的画法

(a)连接前 (b)连接后 (c)简化画法

螺栓的有效长度可表示为

$$l=\delta_1+\delta_2+h+m+a$$

式中：δ_1、δ_2 为两被连接件的厚度；h 为垫圈厚度，查表取值或 $h=0.15d$；m 为螺母厚度，查表取值或 $m=0.8d$；a 为螺栓伸出长度，$a=0.3d$。

按上式算出后，查标准长度系列选取最接近的标准长度。

3) 双头螺柱连接

当两个被连接的零件中，有一个较厚或不适宜用螺栓连接时，常采用双头螺柱连接。它用双头螺柱、螺母和垫圈将两个零件连接在一起。图 7-16(a)所示为双头螺柱连接的示意图。先在较薄的零件上钻通孔(孔径≈1.1d)，并在较厚的零件上制出螺孔。双头螺柱的两端都制有螺纹，一端旋入较厚零件的螺孔中，称为旋入端；另一端穿过较薄的零件上的通孔，套上垫圈，再用螺母拧紧，称为紧固端。图7-16(b)所示为双头螺柱与被连接零件上的螺孔与通孔的比例画法，图7-16(c)所示为双头螺柱连接的装配画法，图中弹簧垫圈的 $D_1=1.5d$，$m'=0.1d$。

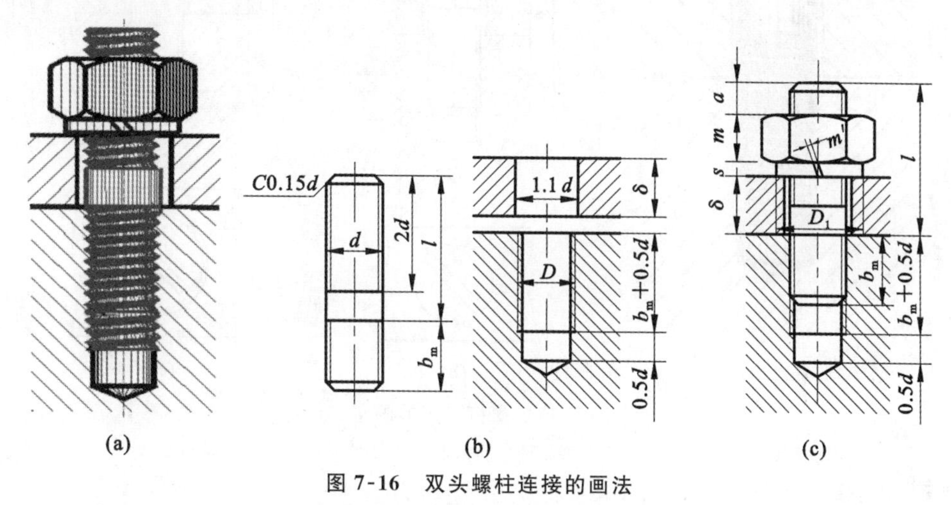

图7-16 双头螺柱连接的画法

(a)示意图 (b)连接前(比例画法) (c)连接后

螺柱的有效长度可表示为

$$l=\delta+s+m+a$$

式中：δ 为光孔件的厚度；s 为垫圈厚度，查表取值或 $s=0.25d$；m 为螺母厚度，查表取值或 $m=0.8d$；a 为螺柱伸出长度，$a=0.3d$。

按上式算出后，查标准长度系列选取最接近的标准长度。

画双头螺柱连接时应注意以下几点。

(1) 螺柱的旋入端应全部旋入螺孔内，所以螺柱旋入端螺纹终止线应与螺孔件的孔口平齐。

(2) 螺柱的旋入端长度 b_m 值的大小与螺孔件的材料有关，如表7-4所示。

表7-4 螺柱的旋入端长度与螺孔件材料的关系

螺孔件的材料	旋入端长度 b_m	国家标准
钢、青铜、硬铝	$b_m=d$	GB/T 897—1988
铸铁	$b_m=1.25d$ 或 $b_m=1.5d$	GB/T 898—1988 或 GB/T 899—1988
铝及较软材料	$b_m=2d$	GB/T 900—1988

4) 螺钉连接

螺钉按用途分为连接螺钉和紧定螺钉两类。前者用来连接零件；后者主要是用来固定零件。

(1) 连接螺钉 连接螺钉用于连接不经常拆卸，并且受力不大的零件。在较厚的零件上加工出螺孔，而在另一个零件上加工成光孔(孔径≈1.1d)，将螺钉穿过光孔并旋进螺孔，靠螺钉头部压紧使两个被连接件连接在一起。图7-17(a)所示为螺钉连接的示意图。图7-17(b)、(c)所示为两种螺钉连接的比例画法。其中，图7-17(c)所示的螺孔采用了简化画法，即省略了钻孔深度大于螺孔深度的一段。

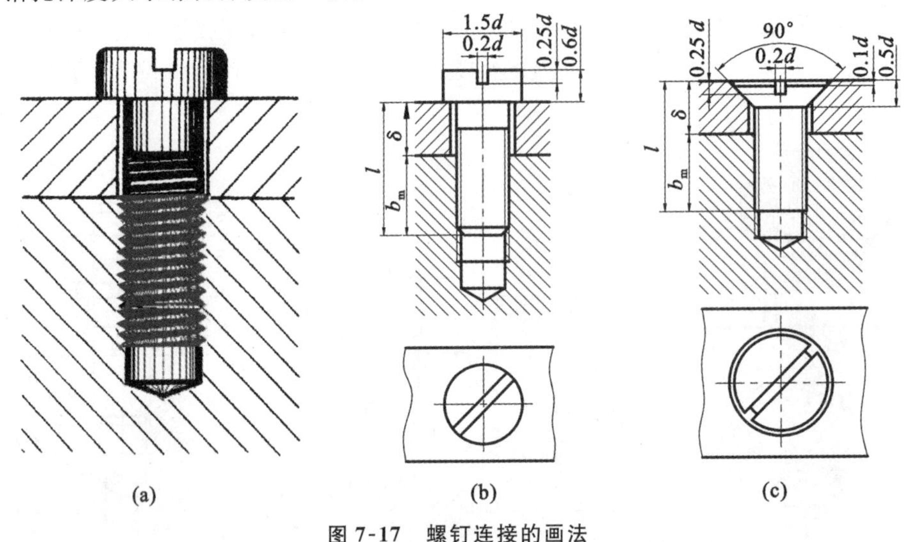

图 7-17　螺钉连接的画法

(a)螺钉连接示意图　(b)开槽圆柱头和盘头螺钉连接　(c)开槽沉头螺钉连接

画螺钉连接应注意以下几点。

① 螺钉的螺纹终止线应画在螺孔顶面投影线以上，即应画在光孔件范围内。

② 螺钉头部的一字槽口在反映螺钉轴线的视图上，应画成垂直于投影面；在投影为圆的视图上，则应画成与中心线倾斜 45°。当槽宽小于 2 mm 时，可涂黑表示。

③ 螺钉的有效长度表示为

$$l \geqslant \delta + b_m$$

式中：δ 为上面光孔零件的厚度；b_m 为螺钉的旋入长度，它与被旋入零件的材料有关(同螺柱)。按上式计算后，查标准长度系列选取最接近的标准长度。

(2) 紧定螺钉　紧定螺钉用来固定两个零件的相对位置，使它们不产生相对运动。例如图 7-18 中的轴和轮毂的连接，用一个开槽锥端紧定螺钉旋入轮毂的螺孔，使螺钉端部的 90°锥顶角与轴上的 90°锥坑压紧，从而固定了轴和轮毂的相对位置。

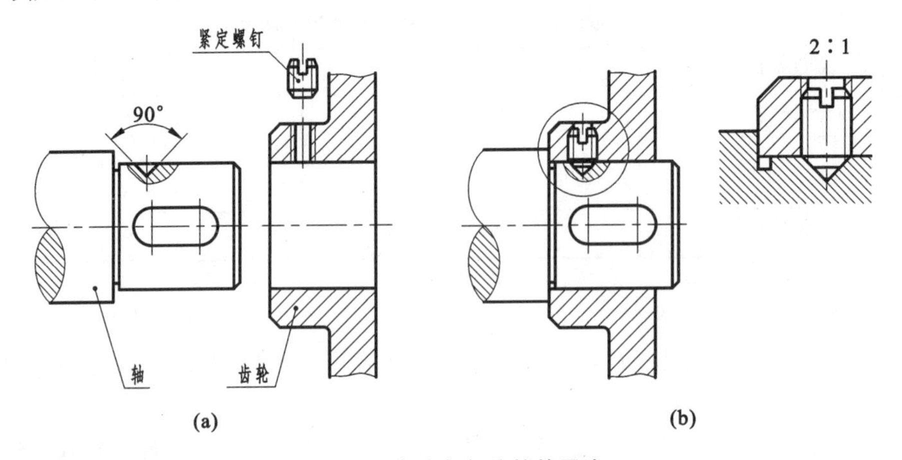

图 7-18　紧定螺钉连接的画法

(a)连接前　(b)连接后

7.2 齿　轮

7.2.1 齿轮的作用与种类

齿轮是广泛用于机器或部件中的传动零件。齿轮的参数中只有模数、齿形角已经标准化,因此,它属于常用件。齿轮不仅可以用来传递动力,并且还能改变转速和回转方向。

图7-19所示为三种常见的齿轮传动副:圆柱齿轮副通常用于平行两轴之间的传动;锥齿轮副用于相交两轴之间的传动;蜗杆副则用于交叉两轴之间的传动。

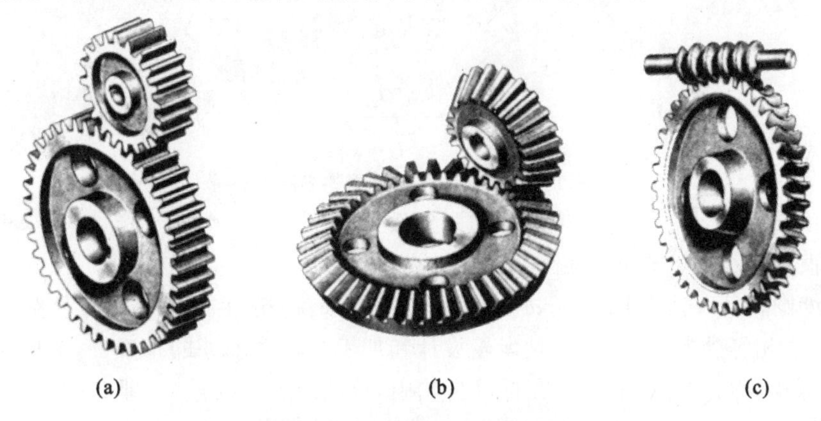

(a)　(b)　(c)

图7-19　常见的齿轮传动副

(a)圆柱齿轮副　(b)锥齿轮副　(c)蜗杆副

7.2.2 圆柱齿轮

常见的圆柱齿轮的轮齿有直齿、斜齿和人字齿三种,如图7-20所示。齿轮在机器中必须成对使用,两齿轮是通过轮齿啮合来进行工作的,所以轮齿是它的主要结构。凡轮齿符合国家标准规定的齿轮均为标准齿轮;在标准的基础上,轮齿作某些改变的为变位齿轮。这里主要介绍标准直齿圆柱齿轮的基本参数和规定画法。

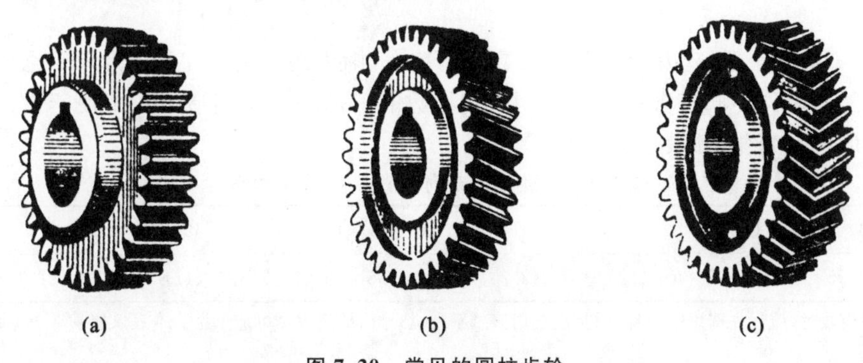

(a)　(b)　(c)

图7-20　常见的圆柱齿轮

(a)直齿圆柱齿轮　(b)斜齿圆柱齿轮　(c)人字齿圆柱齿轮

1. 直齿圆柱齿轮各部分的名称、代号和尺寸计算

1）名称和代号

直齿圆柱齿轮几何要素的名称如图7-21所示。

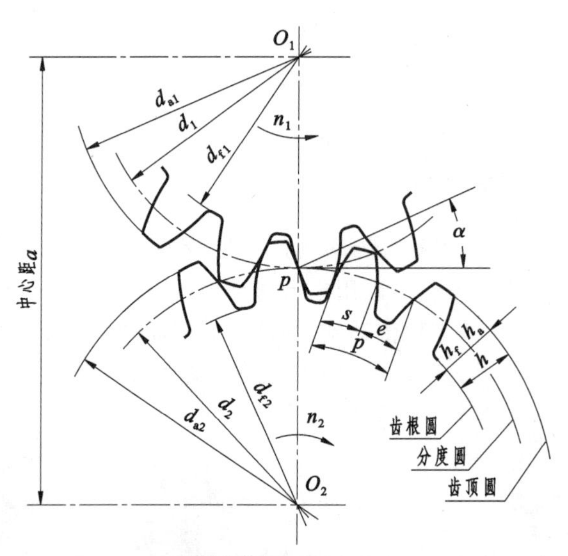

图 7-21　圆柱齿轮几何要素的名称及代号

(1) 齿顶圆直径 d_a　通过轮齿顶部的圆柱面直径。

(2) 齿根圆直径 d_f　通过轮齿根部的圆柱面直径。

(3) 分度圆直径 d 和节圆直径 d'　对标准齿轮来说,分度圆是指在齿顶圆与齿根圆之间,齿厚与槽宽相等处的一个圆,它是齿轮设计和加工时计算尺寸的基准圆;节圆是通过啮合齿轮的接触点 P(称为节点)的圆。在标准齿轮中,分度圆与节圆重合,即 $d=d'$。

(4) 齿距 p、齿厚 s 和槽宽 e　齿距是分度圆上相邻两齿廓对应点之间的弧长;齿厚是分度圆上每个齿廓的弧长;槽宽 e 是分度圆上一个齿槽的弧长。在标准齿轮中,$s=e$,$p=s+e$,一对啮合齿轮的齿距应相等。

(5) 齿高 h、齿顶高 h_a 和齿根高 h_f　齿高是齿顶圆和齿根圆之间的径向距离;齿顶高是齿顶圆和分度圆之间的径向距离;齿根高是齿根圆和分度圆之间的径向距离。

(6) 模数 m　以 z 表示齿轮的齿数,则分度圆周长 $\pi d=zp$,$d=\frac{p}{\pi}z$。令 $\frac{p}{\pi}=m$,则 $d=mz$,m 就是齿轮的模数。因为两啮合齿轮的齿距 p 必须相等,所以它们的模数 m 也必须相等。

模数 m 是设计、制造齿轮的重要参数。模数大,则齿距 p 也大,随之齿厚 s 也大,因而齿轮的承载能力大。不同模数的齿轮要用不同模数的刀具来加工制造。为了便于设计和加工,模数的数值已系列化,如表 7-5 所示。

表 7-5　齿轮模数系列(GB/T 1357—2008)　(mm)

第一系列	1　1.25　1.5　2　2.5　3　4　5　6　8　10　12　16　20　25　32　40　50
第二系列	1.75　2.25　2.75　(3.25)　3.5　(3.75)　4.5　5.5　(6.5)　7　9　(11)　14　18　22　28　36　45

注:选用模数时,应优先选用第一系列;其次选用第二系列;括号内的模数尽可能不用。本表未摘录小于 1 的模数。

(7) 齿形角 α　在节点 P 处,两齿廓曲线的公法线(即齿廓的受力方向)与节圆的内公切线(即节点 P 处的瞬时运动方向)所夹的锐角称为齿形角。我国采用的齿形角一般为 20°。

只有模数和齿形角都相同的齿轮才能相互啮合。

(8) 传动比 i　传动比 i 为主动轮的转速 n_1 与从动轮的转速 n_2 之比,即 $i=\frac{n_1}{n_2}$。由 $n_1 z_1$

$= n_2 z_2$ 可得

$$i = \frac{n_1}{n_2} = \frac{z_2}{z_1}$$

(9) 中心距 a　两圆柱齿轮轴线之间的最短距离称为中心距，即

$$a = \frac{d_1' + d_2'}{2} = \frac{m(z_1 + z_2)}{2}$$

2) 几何要素的尺寸计算

在设计齿轮时要先确定模数和齿数，其他各部分尺寸都可由模数和齿数计算出来，公式见表 7-6。

表 7-6　直齿圆柱齿轮的尺寸计算

名称及代号	计算公式	名称及代号	计算公式
模数	$m=p/\pi$	齿根圆直径 d_f	$d_f=m(z-2.5)$
齿顶高 h_a	$h_a=m$	齿距 p	$p=\pi m$
齿根高 h_f	$h_f=1.25m$	齿厚 s	$s=p/2=\pi m/2$
齿高 h	$h=h_a+h_f=2.25m$	齿间 e	$e=p/2=\pi m/2$
分度圆直径 d	$d=mz$	中心距 a	$a=(d_1+d_2)/2=m(z_1+z_2)/2$
齿顶圆直径 d_a	$d_a=m(z+2)$	传动比 i	$i=n_1/n_2=z_2/z_1$

2. 圆柱齿轮的规定画法

1) 单个圆柱齿轮的画法

根据国家标准《机械制图　齿轮表示法》(GB/T 4459.2—2003)中规定的齿轮画法，如图 7-22(a)所示，齿顶圆和齿顶线用粗实线绘制，分度圆和分度线用细点画线绘制，齿根圆和齿根线用细实线绘制(也可省略不画)。在剖视图中，当剖切平面通过齿轮轴线时，轮齿一律按不剖处理，齿根线用粗实线绘制。当需要表示斜齿与人字齿的齿线的形状时，可用三条与齿线方向一致的细实线表示，如图 7-22(b)、(c)、(d)所示。

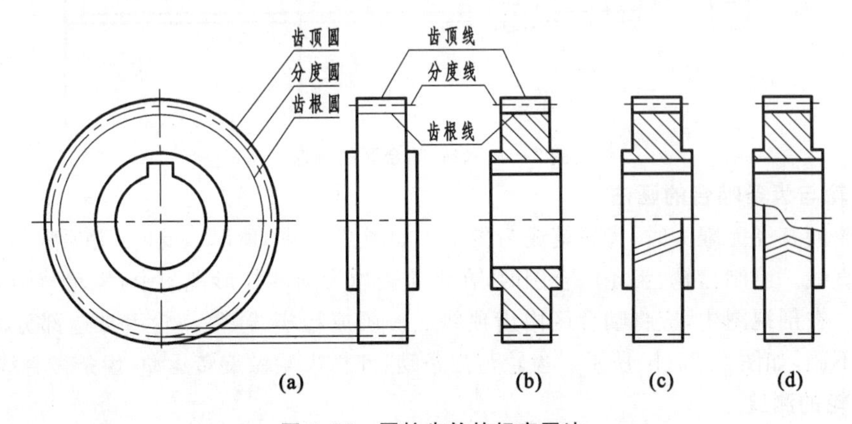

图 7-22　圆柱齿轮的规定画法

(a)直齿(外形视图)　(b)直齿　(c)斜齿　(d)人字齿

2) 两圆柱齿轮啮合的画法

两标准齿轮啮合时，它们的分度圆处于相切位置，啮合部分的规定画法如图 7-23 所示。

(1) 在投影为圆的视图中，啮合区内齿顶圆均用粗实线绘制，或省略不画。

(2) 在剖视图中,当剖切平面通过两啮合齿轮轴线时,轮齿一律按不剖绘制。在啮合区内,将一个齿轮的齿顶线用粗实线绘制,另一个齿轮的齿顶线用细虚线绘制(表示被遮挡),也可省略不画。

(3) 在非圆的外形视图中,啮合区的齿顶线不需画出,节线用粗实线绘制。

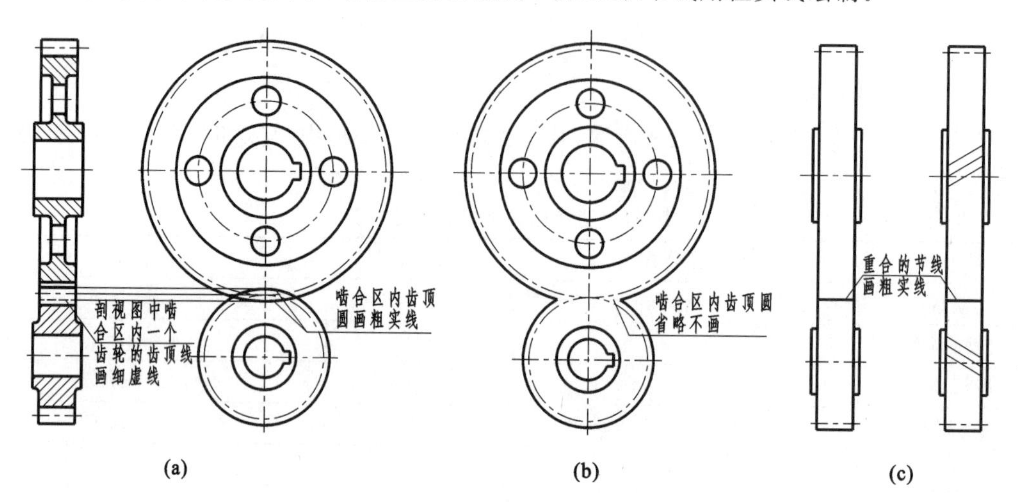

图 7-23 圆柱齿轮啮合的规定画法

(a)规定画法 (b)省略画法 (c)外形视图

如图 7-24 所示,在齿轮啮合的剖视图中,由于齿根高与齿顶高相差 0.25m(m 为模数),因此,一个齿轮的齿顶线和另一个齿轮的齿根线之间应有 0.25m 的间隙。

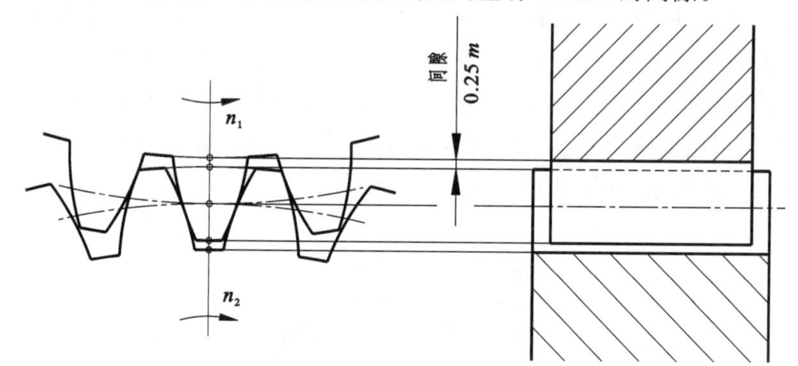

图 7-24 齿轮啮合区的画法

3. 齿轮与齿条啮合的画法

当齿轮的直径无限大时,齿轮就成为齿条。如图 7-25(a)所示。此时,齿顶圆、分度圆、齿根圆均为直线。绘制齿轮、齿条啮合图时,在齿轮表达为圆的外形视图中,齿轮节圆和齿条节线应相切。在剖视图中,应将啮合区内齿顶线之一画成粗实线,另一轮齿被遮部分画成细虚线或省略不画,如图 7-25(b)所示。齿轮与齿条啮合时,齿轮做旋转运动,齿条做直线运动。

4. 齿轮的测绘

对齿轮实物进行测量和计算,从而确定齿轮的有关参数和尺寸,并整理绘制出齿轮零件图的过程,称为齿轮测绘。一般按下列方法和步骤进行。

(1) 数出齿轮的齿数 z。

(2) 测量出齿顶圆直径 d_a。对偶数齿轮可直接量出,对奇数齿轮应先量出孔径 d_z 和孔壁到齿顶间的距离 $H_{顶}$(见图 7-26),再计算出齿顶圆直径 d_a,即

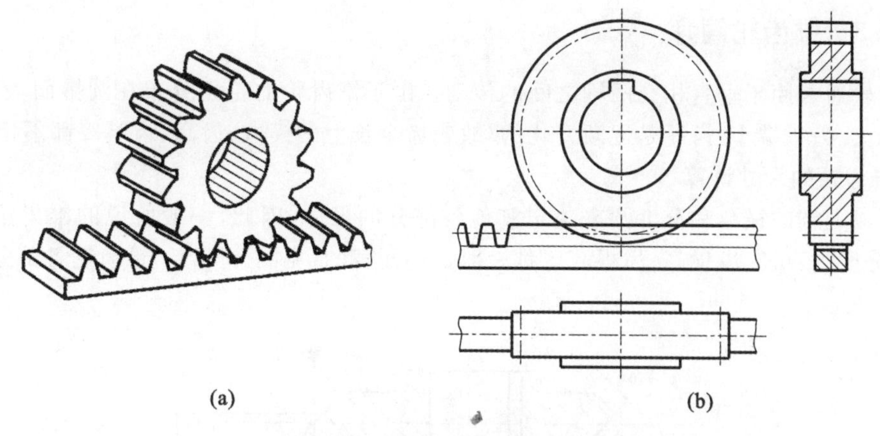

图 7-25　齿轮与齿条啮合的画法

(a)直观图　(b)规定画法

$$d_a = 2H_{顶} + d_z$$

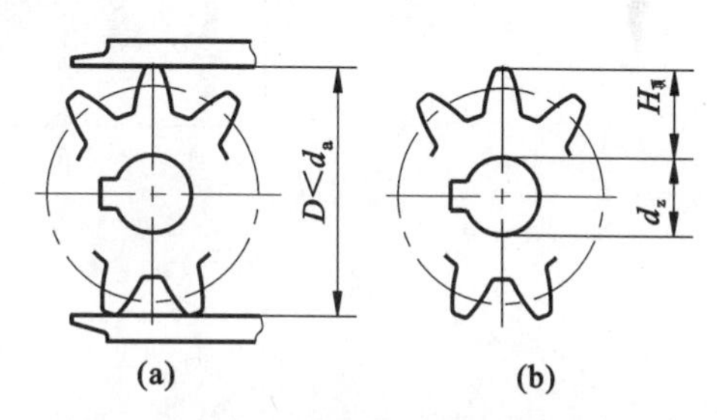

图 7-26　测量齿顶圆直径

(3) 确定齿轮模数。先由 $m=\dfrac{d_a}{z+2}$ 初步确定，再查表选取与算出的 m 最接近的标准模数即可。

(4) 根据齿数和模数计算齿轮各部分尺寸，并测量齿轮其他部分的尺寸。

(5) 整理绘制出齿轮零件图。

图 7-27 所示为一张齿轮零件图，为了方便齿轮的制造和检查，在图样的右上角应列一个参数表，以说明其模数、齿数等项目参数。

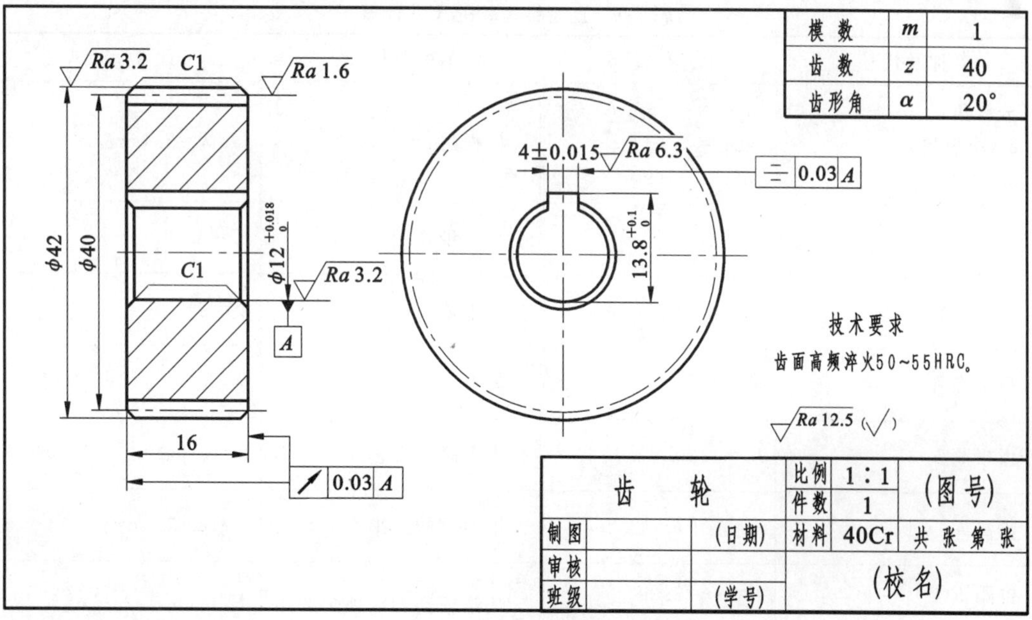

模数	m	1
齿数	z	40
齿形角	α	20°

Ra 3.2　C1　Ra 1.6　φ42　φ40　C1　φ12 $^{+0.018}_{0}$　Ra 3.2　A　16　0.03 A

4±0.015　Ra 6.3　0.03 A　13.8 $^{+0.1}_{0}$

技术要求

齿面高频淬火50～55HRC。

Ra 12.5 (√)

齿　轮		比例	1∶1	(图号)
		件数	1	
制图	(日期)	材料	40Cr	共 张 第 张
审核		(校名)		
班级	(学号)			

图 7-27　齿轮零件图

7.2.3 锥齿轮简介

锥齿轮通常用于垂直相交两轴之间的传动。由于锥齿轮的轮齿分布在圆锥面上,所以轮齿的一端大、另一端小,齿厚是逐渐变化的,故轮齿全长上的模数、齿高、齿厚等都不相同。

1. 锥齿轮的尺寸计算

规定以大端的模数和分度圆来决定其他各部分的尺寸,因此,一般所说的锥齿轮的齿顶圆直径、分度圆直径、齿顶高、齿根高等都是对大端而言的(见图 7-28)。锥齿轮各部分尺寸计算见表 7-7。

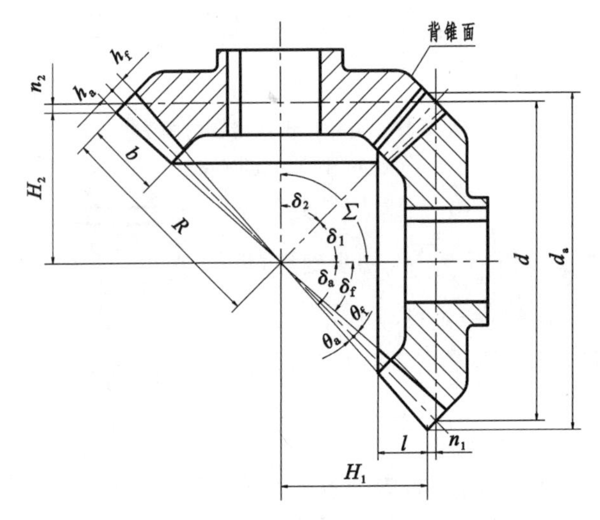

图 7-28 锥齿轮各部分的名称及代号

表 7-7 直齿锥齿轮的尺寸计算

名称及代号	计 算 公 式	名称及代号	计 算 公 式
分锥角: δ_1(小齿轮); δ_2(大齿轮)	$\tan\delta_1=z_1/z_2$; $\tan\delta_2=z_2/z_1$; $(\delta_1+\delta_2)=90°$	齿根角 θ_f	$\tan\theta_f=2.4\sin\delta/z$
分度圆直径 d	$d=mz$	顶锥角 δ_a	$\delta_a=\delta+\theta_a$
齿顶圆直径 d_a	$d_a=m(z+2\cos\delta)$	根锥角 δ_f	$\delta_f=\delta-\theta_f$
齿顶高 h_a	$h_a=m$	齿宽 b	$b\leqslant R/3$
齿根高 h_f	$h_f=1.2m$	齿顶高的投影 n	$n=m\sin\delta$
齿高 h	$h=h_a+h_f=2.2m$	齿面宽的投影 l	$l=b\cos\delta_a/\cos\theta_a$
锥距 R	$R=mz/2\sin\delta$	从锥顶到大端顶圆的距离 H	$H_1=(mz_2/2)-n_1$ $H_2=(mz_1/2)-n_2$
齿顶角 θ_a	$\tan\theta_a=2\sin\delta/z$		

2. 锥齿轮的画法

1）单个锥齿轮画法

主视图常采用全剖视，在投影为圆的视图上规定用粗实线画出大端和小端的齿顶圆；用点画线画出大端的分度圆。齿根圆及小端分度圆均不必画出，如图 7-29 所示。单个锥齿轮的作图过程见图 7-30。

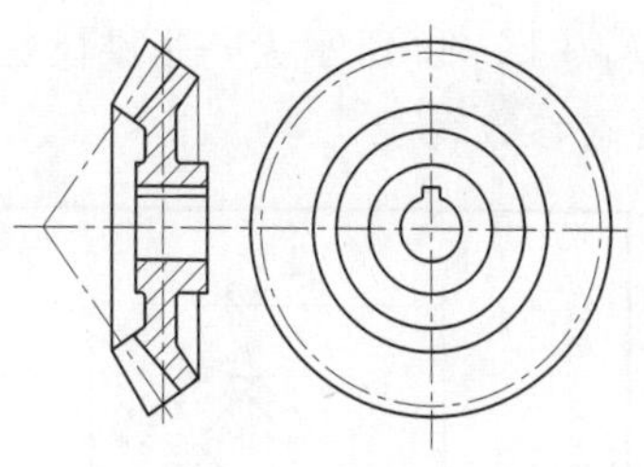

图 7-29　单个锥齿轮画法

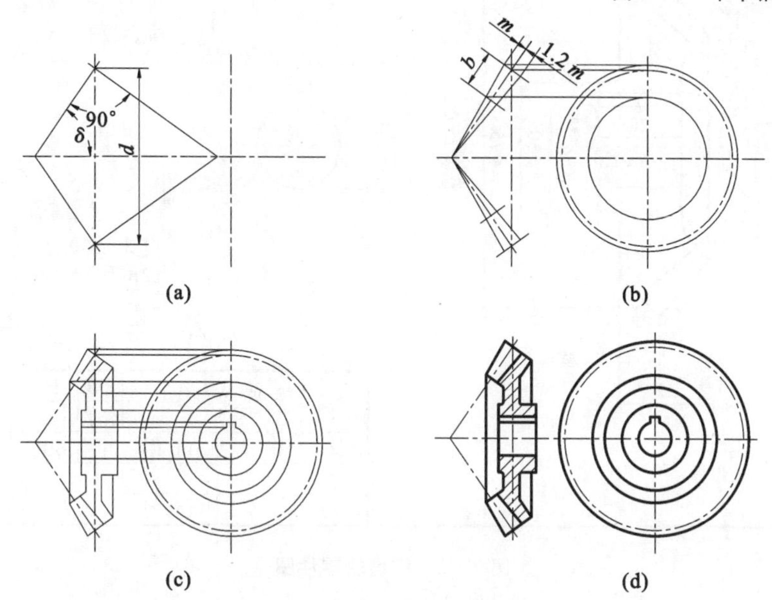

图 7-30　锥齿轮的作图步骤

(a)定出分度圆直径和分锥角　(b)画出齿顶线(圆)和齿根线，并定出齿宽 b

(c)作出其他投影轮廓　(d)擦去作图线，加深，画剖面线

2）锥齿轮的啮合画法

锥齿轮的啮合画法如图 7-31 所示。主视图画成剖视图，由于两齿轮的节圆锥面相切，因此其节线重合，画成细点画线；在啮合区内，应将其中一个齿轮的齿顶线画成粗实线，而将另一个齿轮的齿顶线画成细虚线或省略不画。左视图画成外形视图。对于标准齿轮，节圆锥面和分度圆锥面是一致的，节圆和分度圆是一致的。

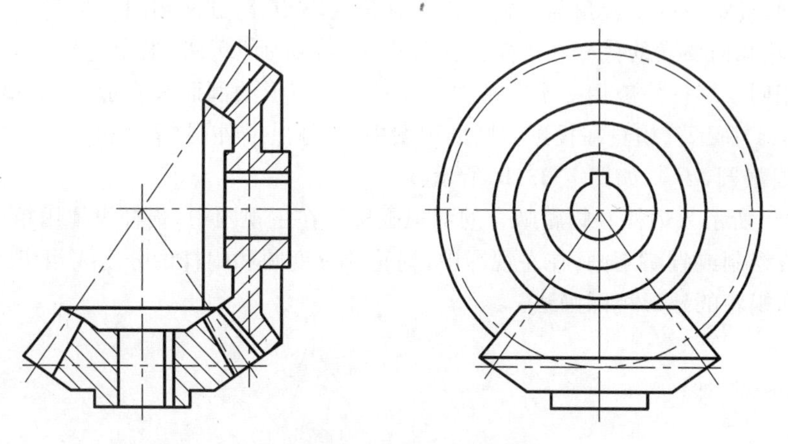

图 7-31　锥齿轮的啮合画法

图 7-32 所示为一张锥齿轮零件图,为了方便齿轮的制造和检查,在图样的右上角同样需要附参数表。

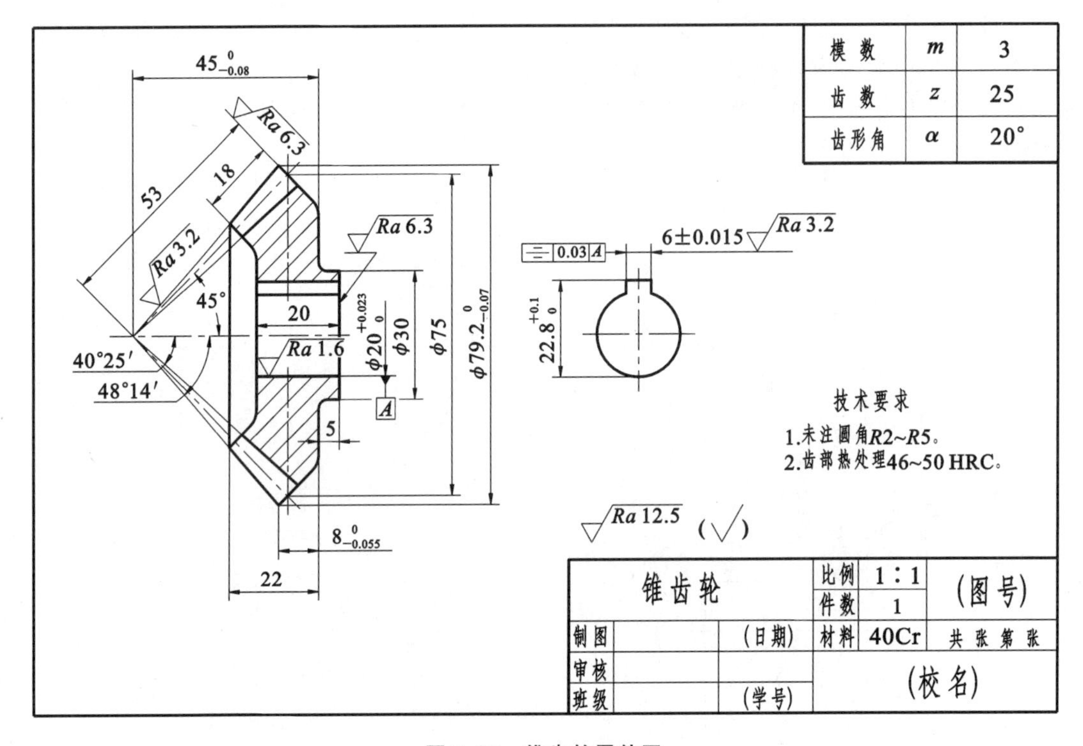

图 7-32　锥齿轮零件图

7.2.4　蜗杆与蜗轮简介

蜗杆与蜗轮用于垂直交叉两轴之间的传动,通常蜗杆是主动件,蜗轮是从动件。这种传动的特点是:传动比大、结构紧凑、传动平稳,但传动效率较低。蜗杆的齿数(即头数)z_1 相当于螺杆上螺纹的线数。蜗杆常用的有单头和双头。传动时,蜗杆旋转一圈,蜗轮只转一个齿或两个齿,因此可得到大的传动比($i=\frac{z_2}{z_1}$,z_2 为蜗轮齿数)。蜗杆和蜗轮的轮齿是螺旋形的,为了改善蜗轮与蜗杆的接触情况,常将蜗轮的齿顶面和齿根面制成圆环面。啮合的蜗杆、蜗轮的模数相同,且蜗轮的螺旋角与蜗杆的螺旋升角大小相等、方向相同。

蜗杆、蜗轮几何要素的代号和规定画法如图 7-33 所示,蜗杆、蜗轮轮齿部分的画法与圆柱齿轮基本相同。蜗杆一般用一个主视图和表示轴向齿形的剖面来表示,p_x 是蜗杆的轴向齿距,如图 7-33(a)所示。蜗轮在投影为圆的视图中,只画出最外圆(d_{e2})和分度圆(d_2),不画齿顶圆(d_{a2})和齿根圆(d_{f2}),如图 7-33(b)所示。

图 7-34(a)所示为蜗杆和蜗轮啮合的剖视画法。在主视图中,蜗杆齿顶用粗实线绘制,蜗轮齿顶用虚线绘制或省略不画;在左视图中,蜗轮的分度圆和蜗杆的分度线相切。图 7-34(b)所示为蜗杆和蜗轮的外形视图画法。

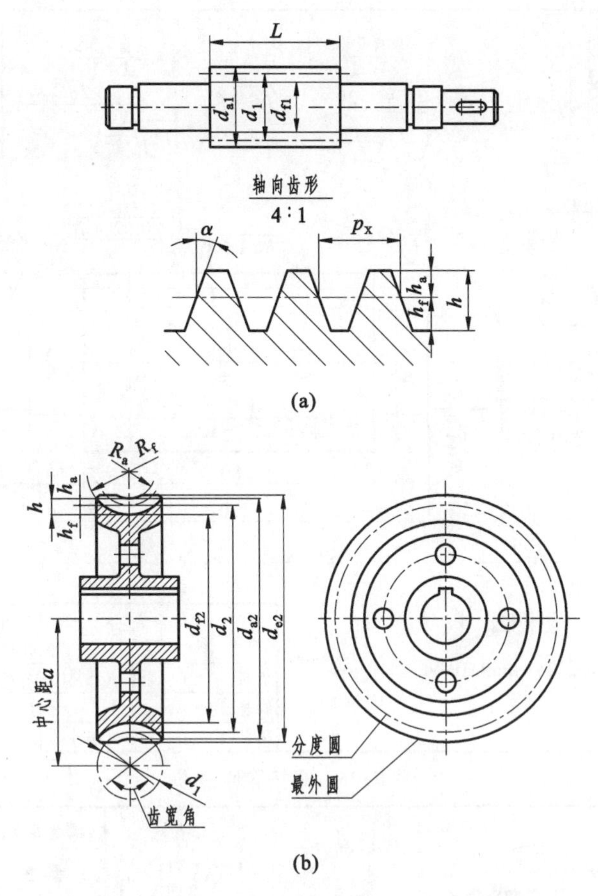

图 7-33　蜗杆、蜗轮几何要素的代号和规定画法

(a)蜗杆　(b)蜗轮

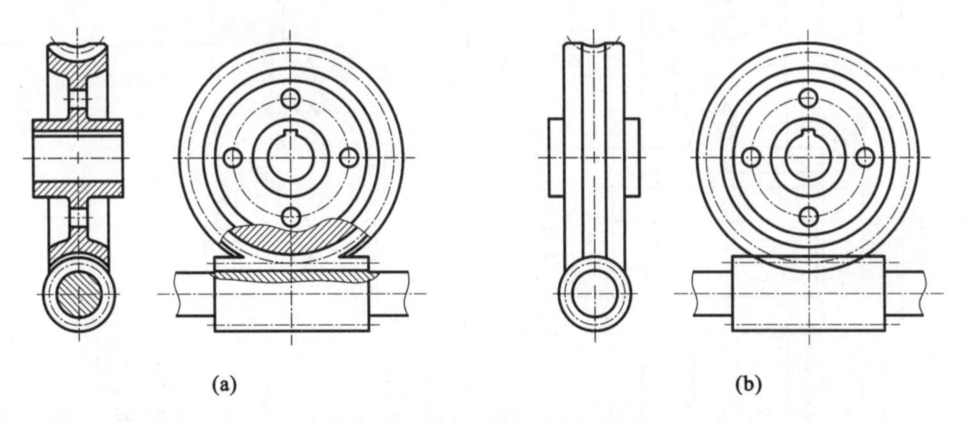

图 7-34　蜗杆、蜗轮啮合的画法

(a)剖视画法　(b)外形视图画法

图 7-35 为蜗杆的零件图，一般可用一个视图表示出蜗杆的形状，有时还用局部放大图表示出轮齿的形状并标注有关参数。图 7-36 为蜗轮的零件图。为了方便制造和检查，蜗杆和蜗轮零件图的右上角都需要附参数表。

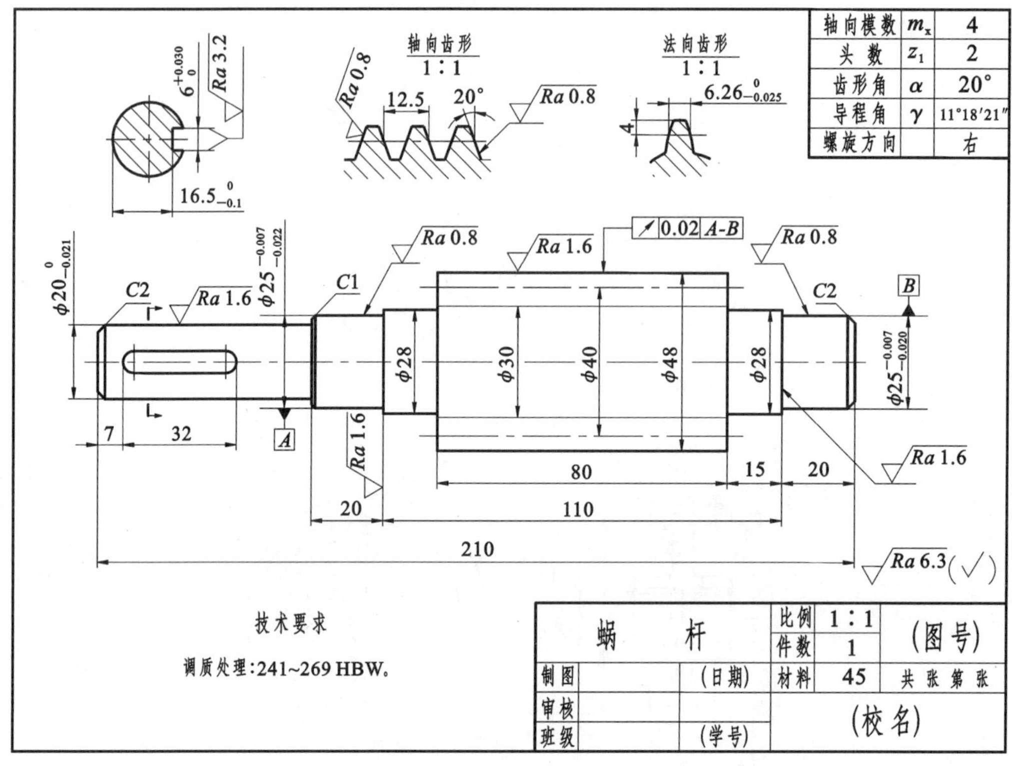

图 7-35　蜗杆零件图

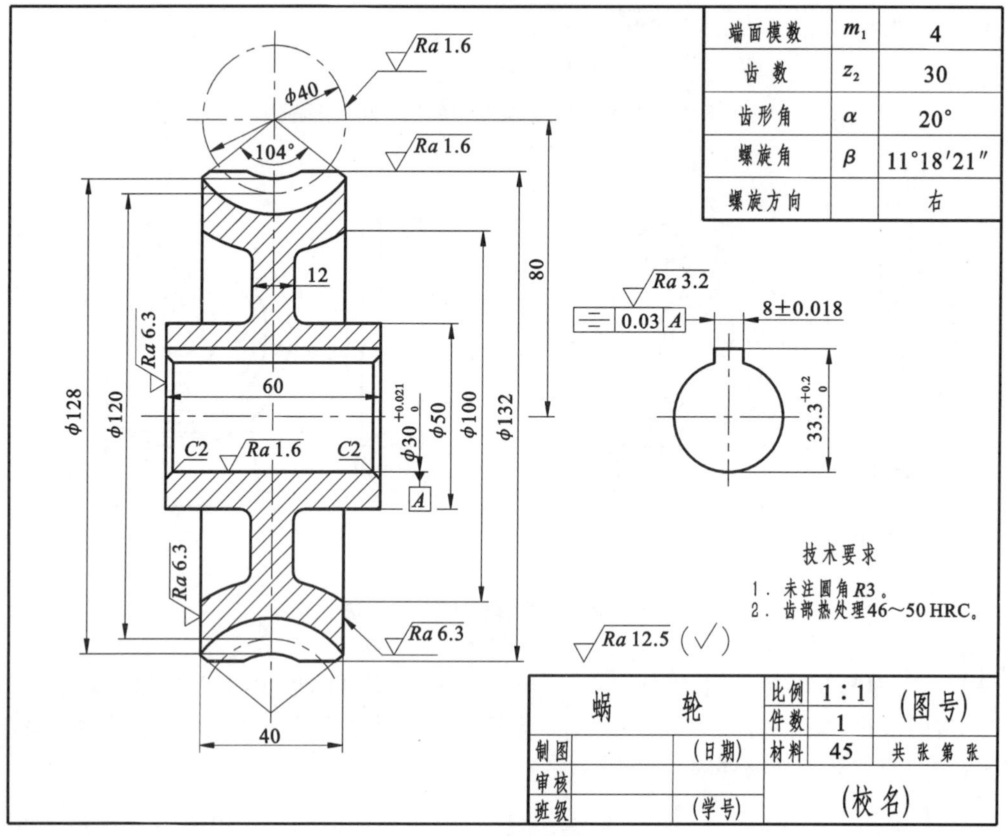

图 7-36　蜗轮零件图

7.3　键　和　销

7.3.1　键连接

键是标准件，用于连接轴和轴上的传动件（齿轮、带轮等），使轴和传动件一起转动，以传递扭矩。在轴和轴孔的连接处（孔所在的部位称为轮毂）制有键槽，可将键嵌入，如图 7-37 所示。

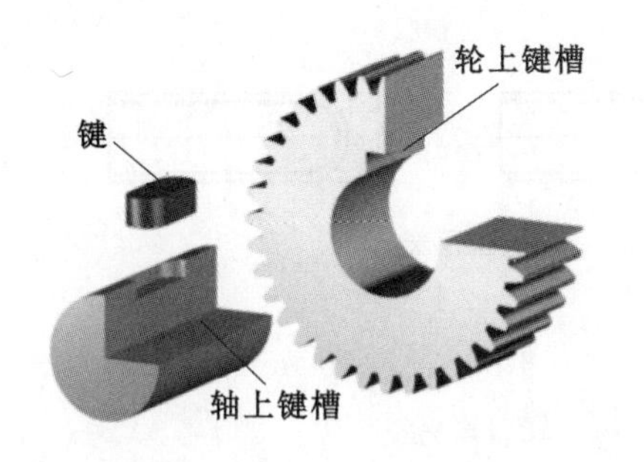

图 7-37　键连接

1. 常用键的种类及标记

常用的键有普通型平键、普通型半圆键和钩头型楔键，它们的形式和规定标记见表 7-8。

表 7-8　常用键及其规定标记

名　　称	图　　例	标 记 示 例
普通型平键		普通 A 型平键 标记： GB/T 1096—2003　键 $b \times h \times l$ （B、C 型平键在“b”前加 B 或 C）
普通型半圆键		普通型半圆键 标记： GB/T 1099.1—2003　键 $b \times h \times d$
钩头型楔键		钩头型楔键 标记： GB/T 1565—2003　键 $b \times h \times l$

2. 键连接的画法

键的大小由被连接的轴、孔所传递的扭矩大小决定。附表 15、附表 16 给出了普通型平键及键槽的尺寸。下面简单介绍各种键连接的画法。

1) 普通型平键

普通型平键有 A 型(圆头)、B 型(方头)、C 型(单圆头)三种(见图 7-38)。

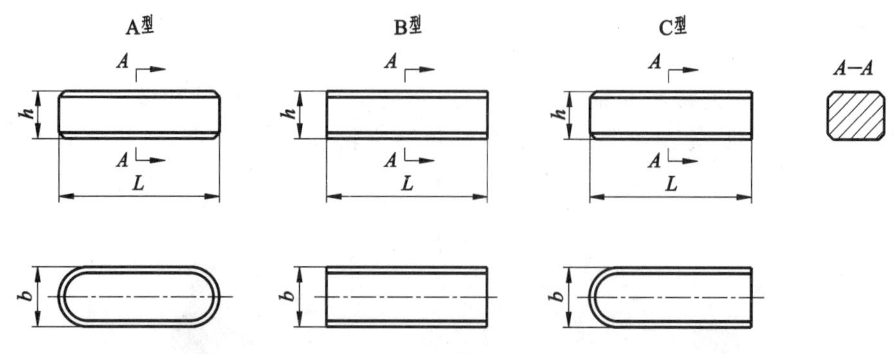

图 7-38　普通型平键

普通型平键标记举例：

① A 型(圆头)普通型平键，$b=12$ mm、$h=8$ mm、$L=50$ mm，其标记为

GB/T 1096　键 12×8×50

② C 型(单圆头)普通型平键，$b=18$ mm、$h=11$ mm、$L=100$ mm，其标记为

GB/T 1096　键 C 18×11×100

标记中 A 型键的“A”字省略不注，而 B 型和 C 型键要在尺寸前标注“B”和“C”。

图 7-39 所示为普通型平键连接的画法。用于轴、孔连接时，键的两侧面是工作面，其与轴上的键槽、轮毂上的键槽两侧均接触，应画一条线；键的底面与轴上键槽的底面也接触，也应画一条线；而键的顶面与轮毂键槽之间有空隙，应画两条线。图中 b 为键(键槽)的宽度，h 为键的高度，L 为键(键槽)的长度。t_1 为轴的键槽深度，t_2 为轮毂的键槽深度。

在键连接的装配图中，当剖切平面通过轴的轴线及键的纵向对称面时，轴和键均按不剖画出，为了表示轴和键的连接关系，采用局部剖视图表达。

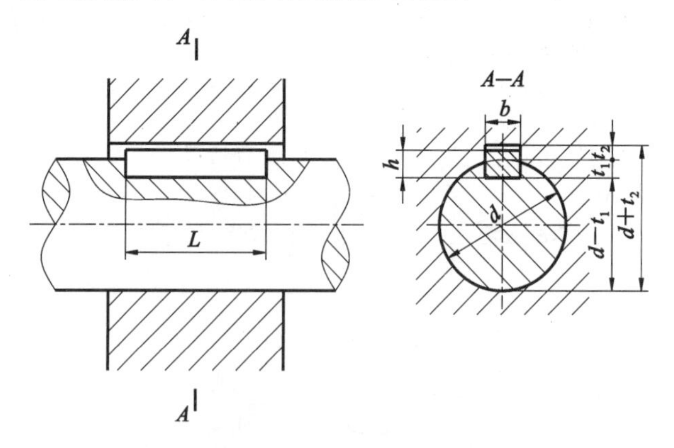

图 7-39　普通型平键连接

图 7-40 是与普通型平键连接的轴上键槽和轮毂上键槽的画法和尺寸标注方法。注意：轴的键槽深度标注 $d-t_1$，轮毂的键槽深度标注 $d+t_2$。

2) 普通型半圆键

普通型半圆键常用在载荷不大的传动轴上，连接情况、画图要求与普通型平键类似，键的两侧面和键的底面与轴和轮毂的键槽表面接触，顶面应有间隙，如图 7-41 所示。

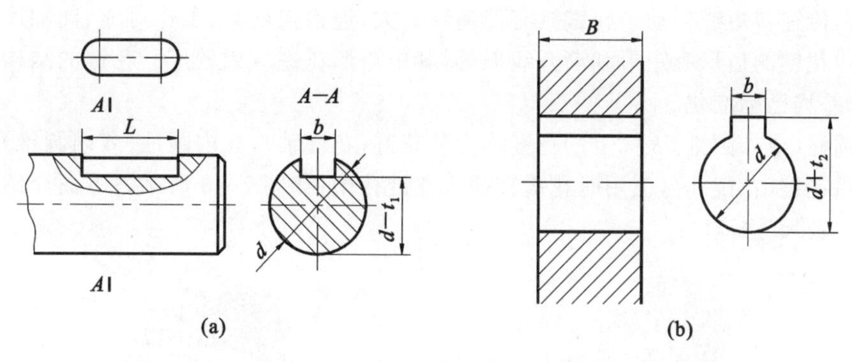

图 7-40　键槽画法和尺寸标注

(a)轴上的键槽　(b)轮毂上的键槽

普通型半圆键标记举例：

普通型半圆键，b=6 mm、h=10 mm、D=25 mm，其标记为

GB/T 1099.1　键 6×10×25

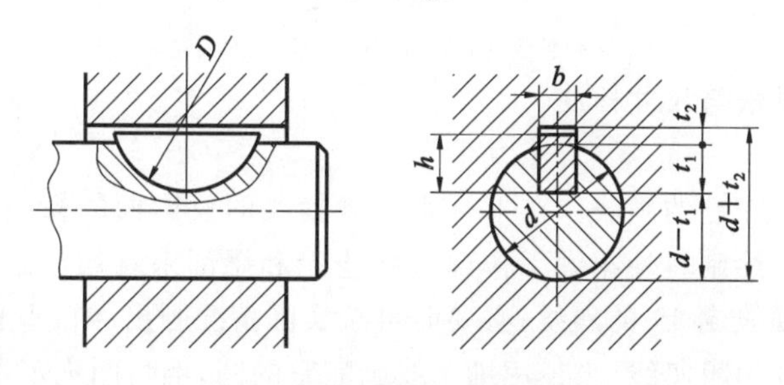

图 7-41　普通型半圆键连接

3）钩头型楔键连接

如图 7-42 所示，钩头型楔键顶面的斜度为 1∶100，轮毂键槽的底面也有 1∶100 的斜度，键的顶面和底面为工作面，连接时沿轴向将键敲入键槽，直到打紧为止。因此钩头型楔键的上、下底面与轴和轮毂的键槽底面接触，各画一条线；钩头型楔键的两侧面是非工作表面，与键槽的两侧不接触，有空隙，画两条线。

钩头型楔键标记举例：

钩头型楔键，b=18 mm、h=11 mm、L=100 mm，其标记为

GB/T 1565　键 18×11×100

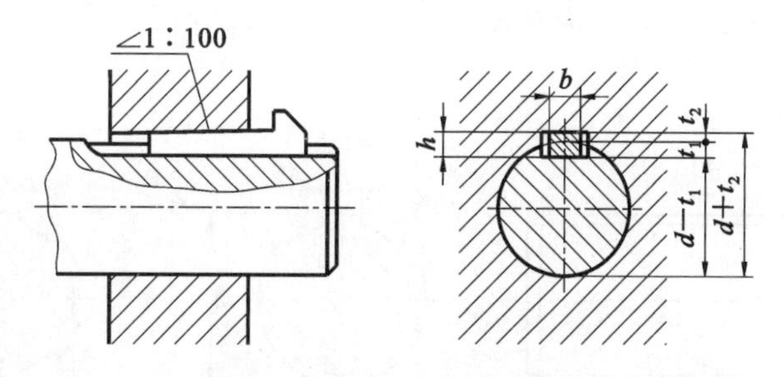

图 7-42　钩头型楔键连接

7.3.2　花键连接

花键是在轴或孔的表面上等距分布的相同键齿而形成的，一般用于需沿轴线滑动（或固

定)的连接,传递转矩或运动。花键具有传递转矩大、连接强度高、工作可靠、同轴度和导向性好等优点。花键的齿形有矩形和渐开线形等,其中矩形花键应用较广。花键的结构形式和尺寸大小、公差均已标准化。

在外圆柱(或外圆锥)表面上的花键称为外花键(花键轴),在内圆柱(或内圆锥)表面上的花键称为内花键(花键孔),使用时花键轴插入花键孔中,如图 7-43 所示。下面介绍矩形花键的规定画法及尺寸标注。

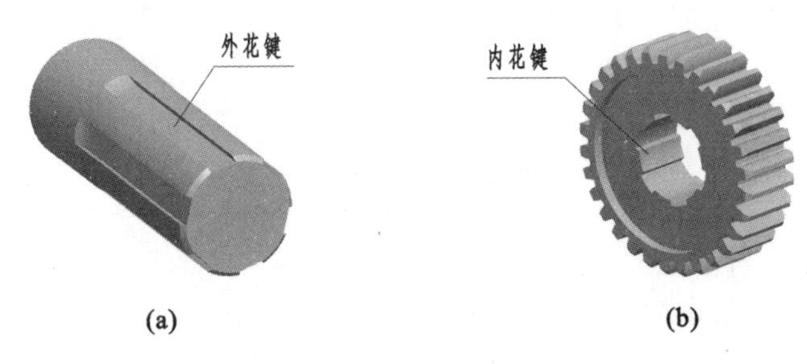

图 7-43　花键

(a)花键轴上的外花键　(b)齿轮上的内花键

1. 外、内花键的画法与尺寸标注

1) 外花键的画法

图 7-44 所示是外花键的画法。在平行于花键轴线的投影面的视图中,外花键的大径用粗实线、小径用细实线绘制。外花键工作部分终止端和尾部末端均用细实线绘制,并与轴线垂直;尾部则画成与轴线成 30°的斜线,必要时可按实际情况画出。在垂直于花键轴线的投影面的视图中,花键大径用粗实线、小径用细实线画完整的圆,倒角圆规定不画。

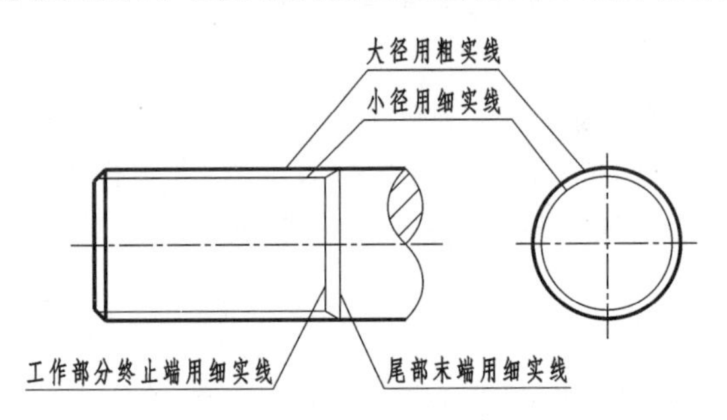

图 7-44　外花键的画法

当外花键需用断面图表示时,应在断面图上画出一部分齿形并注明齿数,或画出全部齿形,见图 7-45。

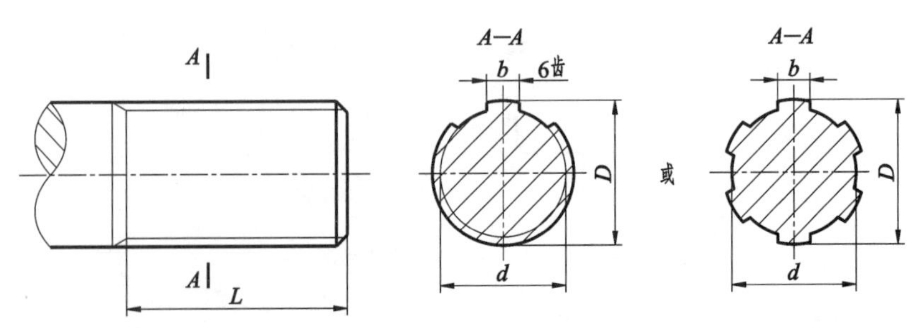

图 7-45　外花键的断面图画法及尺寸的一般标注法

当外花键在平行于花键轴线的投影面的视图中需用局部剖视图表示时,键齿按不剖绘制，剖开的小径用粗实线，其画法见图 7-46。

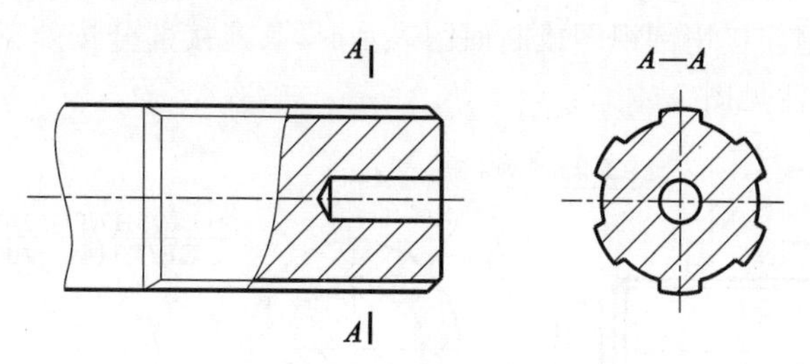

图 7-46　外花键的局部剖视图画法

2）内花键的画法

图 7-47 所示是内花键的画法。在平行于花键轴线的投影面的剖视图中，内花键的大径及小径均用粗实线绘制；在垂直于花键轴线的局部视图中画出一部分齿形并注明齿数，或画出全部齿形，倒角圆规定不画。

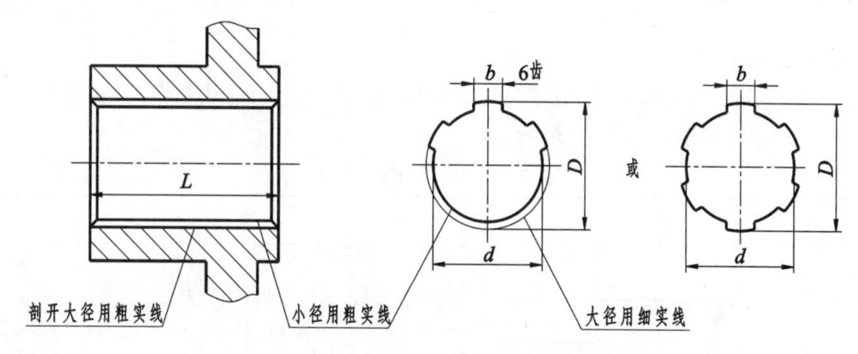

图 7-47　内花键的画法及尺寸的一般标注法

3）外、内花键的尺寸注法

花键在零件图中的尺寸标注有两种方法：一种是一般标注法，即注出花键的大径 D、小径 d、键宽 b 和工作长度 L 等各部分的尺寸及齿数 z，如图 7-45 和图 7-47 所示；另一种是标记标注法，即在图中注出表明花键类型的图形符号、花键的标记和工作长度 L 等，如图 7-48 所示。

图 7-48 中矩形花键的标记按"图形符号　键数 $N\times$ 小径 $d\times$ 大径 $D\times$ 键宽"的格式注写，注写时将它们的公称尺寸和公差带代号、标准编号写在指引线的基准线上。指引线应从花键的大径引出。

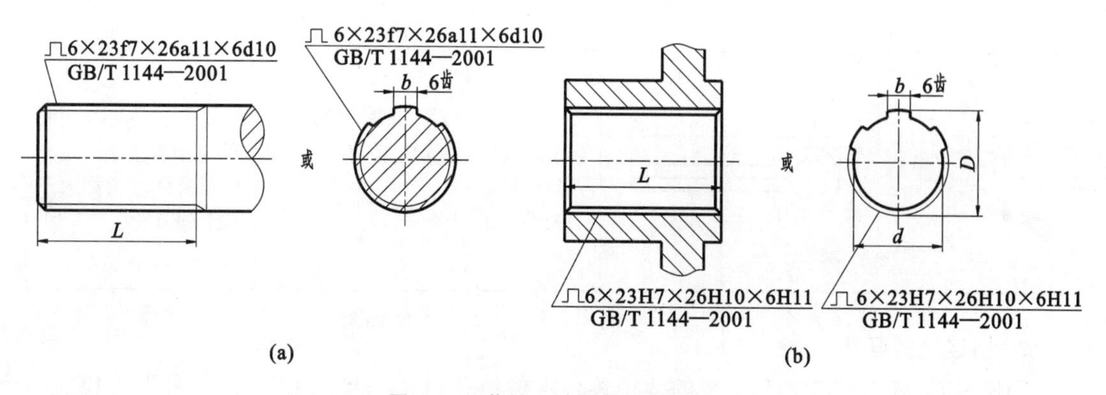

图 7-48　花键尺寸的标记标注法

(a)外花键　(b)内花键

2. 花键连接的画法及尺寸标注

在装配图中，花键连接用剖视图或断面图表示时，其连接部分按外花键绘制，花键在装配图中的连接及尺寸标注见图 7-49。

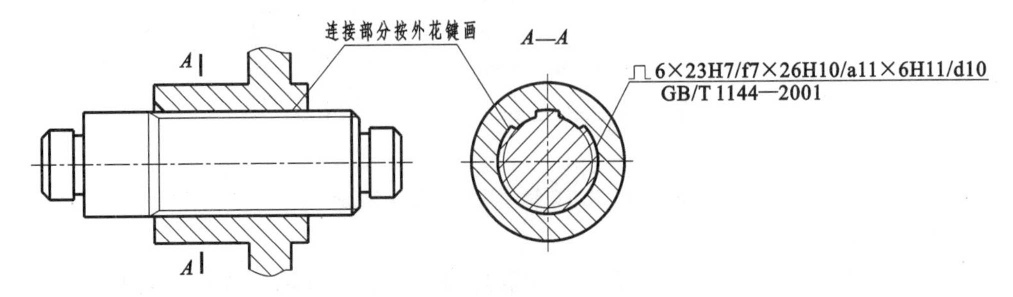

图 7-49　花键连接的画法及尺寸注法

7.3.3　销连接

1. 销的种类和标记

销也是一种标准件，主要用于两零件之间的连接和定位。常用的销有圆柱销、圆锥销和开口销。表 7-9 列出了销及其标记示例。

表 7-9　销及其标记示例

名　称	图　例	标记示例	
圆柱销		公称直径 $d=8$ mm、公差为 m6、长度 $l=30$ mm，材料为 35 钢，热处理硬度为 28～38 HRC、表面氧化处理的 A 型圆柱销： 销 GB/T 119.1　6 m6×30	圆柱销按配合性质不同，分为 A、B、C、D 四种形式
圆锥销		公称直径 $d=10$ mm、长度 $l=60$ mm，材料为 35 钢，热处理硬度为 28～38 HRC、表面氧化处理的 A 型圆锥销： 销 GB/T 117　10×60	圆锥销按表面加工要求不同，分为 A、B 两种形式。公称直径指小端直径
开口销		公称直径 $d=5$ mm、长度 $l=40$ mm，材料为低碳钢，不经表面处理的开口销： 销 GB/T 91　5×40	公称直径指与之相配的销孔直径，故开口销公称直径都大于其实际直径

2. 销连接的画法

用圆柱销、圆锥销连接和定位的两个零件上的销孔是在一起加工的，在零件图上应注写“装配时作”或“与××零件配作”，如图 7-50(a)所示。

圆柱销、圆锥销的连接画法如图 7-50(b)、(c)所示。图 7-50(d)所示为带销孔螺杆和槽形螺母用开口销锁紧防松的连接图。

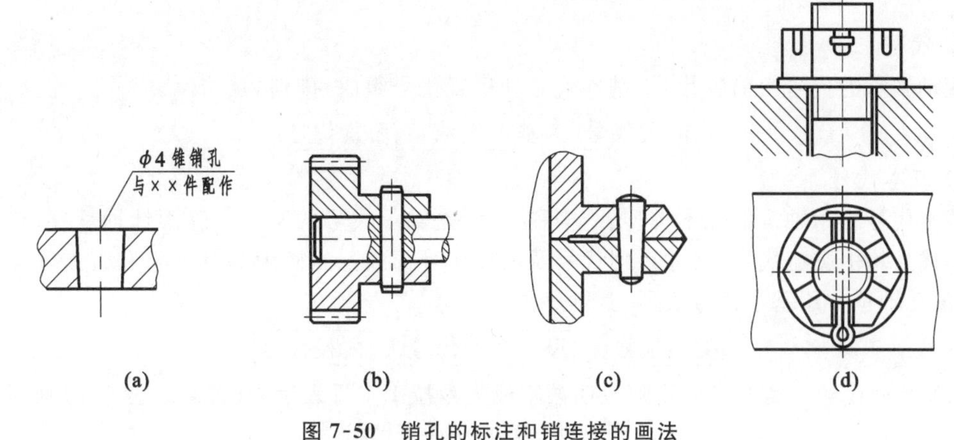

图7-50　销孔的标注和销连接的画法

(a)销孔的标注　(b)圆柱销连接　(c)圆锥销连接　(d)开口销连接

7.4　滚动轴承

滚动轴承是一种用来支承旋转轴的组件。它具有摩擦小、结构紧凑的优点，已被广泛应用在机器或部件中，滚动轴承是标准组件。本书只介绍三种常用的滚动轴承，其类型与尺寸可查阅附录中的附表19至附表21。

7.4.1　滚动轴承的结构和种类

滚动轴承种类很多，但其结构大体相同，一般由外圈、内圈、滚动体和保持架等零件组成，通常外圈装在机座的孔内，固定不动；内圈套在转动的轴上，随轴转动。

按滚动轴承受力情况不同，将其分为以下三类。

(1) 向心轴承　主要承受径向力，图7-51(a)所示为向心轴承中的深沟球轴承。

(2) 推力轴承　只承受轴向力，图7-51(b)所示为推力轴承中的推力球轴承。

(3) 向心推力轴承　能同时承受径向和轴向力，图7-51(c)所示为向心推力轴承中的圆锥滚子轴承。

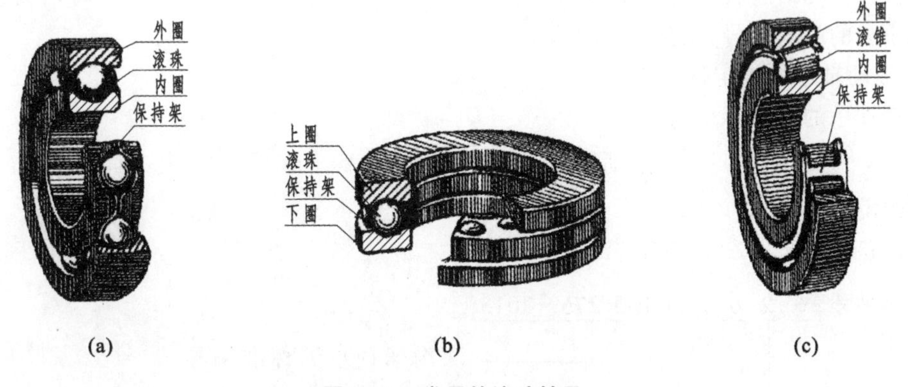

图7-51　常用的滚动轴承

(a)深沟球轴承　(b)推力球轴承　(c)圆锥滚子轴承

7.4.2 滚动轴承的代号和画法

1. 代号

滚动轴承的代号由前置代号、基本代号和后置代号组成,排列为

前置代号 基本代号 后置代号

1) 基本代号

基本代号表示轴承的基本类型、结构和尺寸,是轴承代号的基础。除滚针轴承外,其他轴承基本代号均由类型代号、尺寸系列代号及内径代号构成。当游隙为基本组和公差等级为G级时,滚动轴承常用基本代号表示,其顺序如下。

类型代号 尺寸系列代号 内径代号

(1) 类型代号 类型代号用阿拉伯数字或大写拉丁字母表示,其含义如表7-10所示。

表 7-10 滚动轴承类型代号

代号	轴承类型	代号	轴承类型
0	双列角接触轴承	6	深沟球轴承
1	调心球轴承	7	角接触球轴承
2	调心滚子轴承和推力调心滚子轴承	8	推力圆柱滚子轴承
3	圆锥滚子轴承	N	圆柱滚子轴承(双列或多列用NN表示)
4	双列深沟球轴承	U	外球面球轴承
5	推力球轴承	QJ	四点接触球轴承

(2) 尺寸系列代号 它由滚动轴承的宽(高)度系列代号和外径代号组合而成,均用数字表示。

(3) 内径代号 它是轴承的公称直径,用数字表示。当内径10 mm≤d≤495 mm时,代号数字00、01、02、03分别表示内径10 mm、12 mm、15 mm、17 mm;代号数字≥04,代号数字×5则为内径的尺寸。

2) 前置代号和后置代号

前置代号和后置代号是轴承在结构形状、尺寸、公差、技术要求等有改变时,在其基本代号左右添加的补充代号,用数字和字母表示。

3) 滚动轴承的规定标记

滚动轴承的规定标记为

滚动轴承 基本代号 标准编号

举例说明如下。

(1) 滚动轴承 6208 GB/T 276—2013。

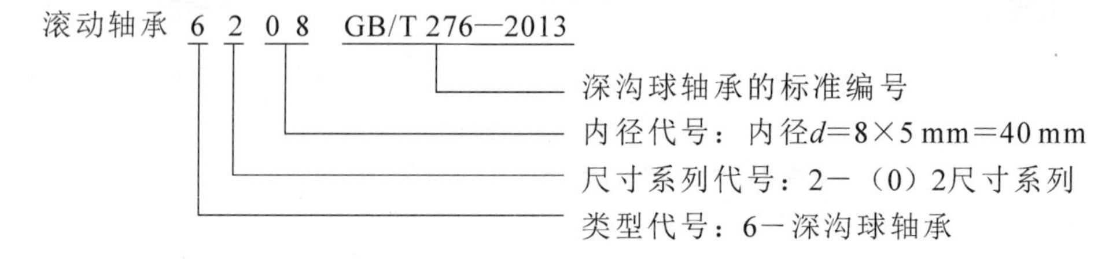

(2) 滚动轴承　51207　GB/T 301—2015。

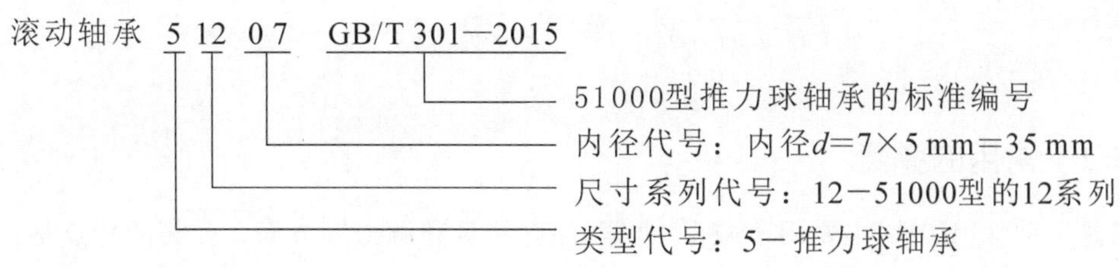

2. 画法

国家标准《机械制图　滚动轴承表示法》(GB/T 4459.7—2017)对滚动轴承在装配图中的表示作了统一规定，有简化画法和规定画法，简化画法又分为特征画法和通用画法，如表 7-11所示。

表 7-11　常用滚动轴承的画法

轴承类型及标准编号	结构型式	规定画法	简化画法	
			特征画法	通用画法
深沟球轴承 6000 型 GB/T 276—2013				
圆锥滚子轴承 30000 型 GB/T 297—2015				
推力球轴承 51000 型 GB/T 301—2015				

在装配图中：如需较详细地表示滚动轴承的主要结构，可采用规定画法，也可将轴承的一侧按规定画法，而另一侧按通用画法画出；如需简单地表示滚动轴承的主要结构，可采用特征画法；如不需要确切地表示滚动轴承的外形轮廓、载荷特征和结构特征，可采用通用画法。

7.5 弹　簧

7.5.1 常用的弹簧

弹簧是一种常用零件,主要用于减振、夹紧、储存能量和测力等方面。弹簧的特点是:去掉外力后,弹簧能立即恢复原状。常用弹簧有圆柱螺旋弹簧和平面涡卷弹簧等,如图 7-52 所示。圆柱螺旋弹簧又分为压缩弹簧、拉伸弹簧和扭转弹簧。本节只着重介绍圆柱螺旋压缩弹簧的画法。其他种类的弹簧的画法请查阅国家标准《机械制图　弹簧表示法》(GB/T 4459.4—2003)中的有关规定。

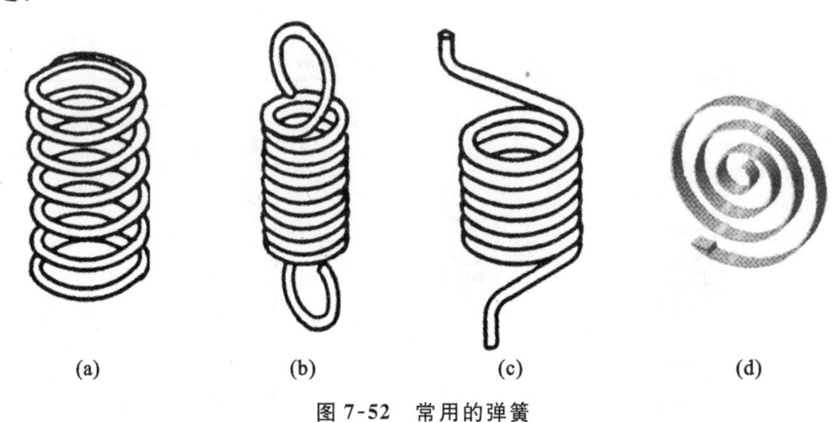

图 7-52　常用的弹簧

(a)压缩弹簧　(b)拉伸弹簧　(c)扭转弹簧　(d)平面涡卷弹簧

7.5.2 圆柱螺旋压缩弹簧的参数

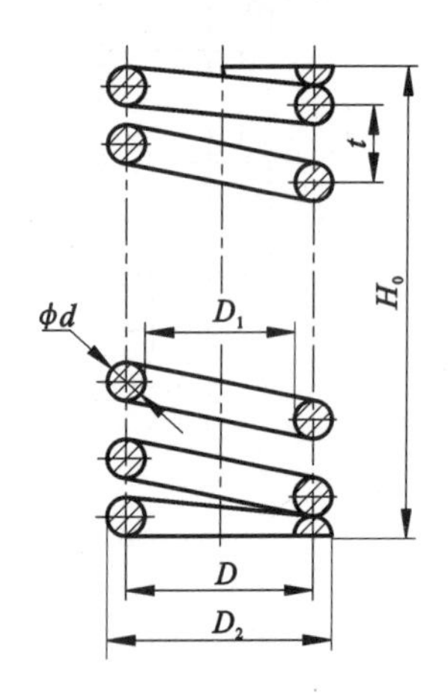

图 7-53　弹簧的参数

圆柱螺旋压缩弹簧各部分的名称及尺寸关系如图 7-53 所示。

(1) 簧丝直径 d　弹簧钢丝的直径。

(2) 弹簧外径 D_2　弹簧的最大直径。

(3) 弹簧内径 D_1　弹簧的最小直径,$D_1=D_2-2d$。

(4) 弹簧中径 D　弹簧的平均直径,$D=D_2-d$。

(5) 有效圈数 n　弹簧保持等节距的圈数。

(6) 支承圈数 n_2　两端并紧磨平,起支承作用的圈数。一般为 1.5、2、2.5 圈,常用 2.5 圈(两端各 1.25 圈)。

(7) 总圈数 n_1　有效圈数 n 与支承圈数 n_2 之和,即 $n_1=n+n_2$。

(8) 节距 t　除支承圈外,相邻两圈的轴向距离。

(9) 自由高度 H_0　弹簧在不受外力时的高度,$H_0=nt+(n_2-0.5)d$。

(10) 展开长度 L　制造弹簧时坯料的长度,$L\approx n_1\sqrt{(\pi D)^2+t^2}$。

7.5.3 圆柱螺旋压缩弹簧的规定画法

1. 圆柱螺旋弹簧的规定画法

圆柱螺旋弹簧的规定画法如下(见图 7-54)。

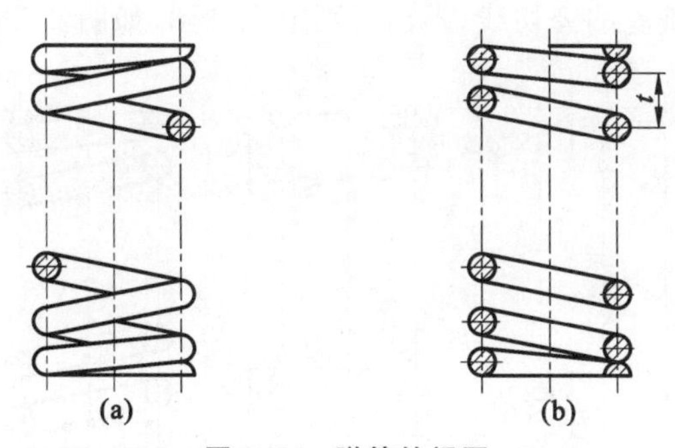

图 7-54　弹簧的视图

(a)外形视图　(b)剖视图

(1) 在非圆的视图上，其各圈的外轮廓线画成直线。

(2) 有效圈数在 4 圈以上的螺旋弹簧，可以只画出其两端的 1～2 圈(除支承圈外)，中间只需用通过簧丝断面中心的细点画线连起来，且可适当缩短图形的长度。

(3) 有支承圈时，均按 2.5 圈绘制。必要时也可按支承圈的实际结构绘制。

(4) 螺旋弹簧均可画成右旋，对必须保证的旋向要求应在"技术要求"中注明。左旋弹簧不论画成左旋或右旋，标记时都要加注"左"字。

2. 装配图中弹簧的画法

(1) 在装配图中，被弹簧挡住的结构一般不画，可见部分应从弹簧的外轮廓线或从弹簧钢丝断面的中心线画起，如图 7-55(a)所示。

(2) 在装配图中，当簧丝直径≤2 mm 时，簧丝断面可涂黑表示，见图 7-55(b)；也可采用示意画法，如图 7-55(c)所示。

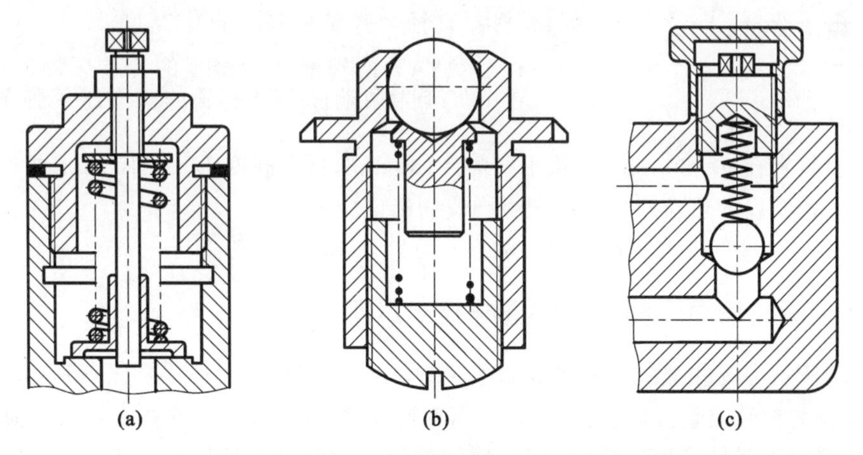

图 7-55　圆柱螺旋压缩弹簧在装配图中的画法

(a)不画挡住部分的零件轮廓　(b)簧丝断面涂黑　(c)簧丝示意画法

7.5.4　圆柱螺旋压缩弹簧的画图步骤

圆柱螺旋压缩弹簧的画图步骤如图 7-56 所示。

(1) 根据弹簧的自由高度 H_0 与弹簧中径 D 作矩形，如图 7-56(a)所示。

(2) 画出两端的支承圈，d 为簧丝直径，如图 7-56(b)所示。

(3) 画出有效圈，t 为节距，如图 7-56(c)所示。

(4) 按右旋旋向，作簧丝的公切线，画出视图或剖视图，如图 7-56(d)、(e)所示。

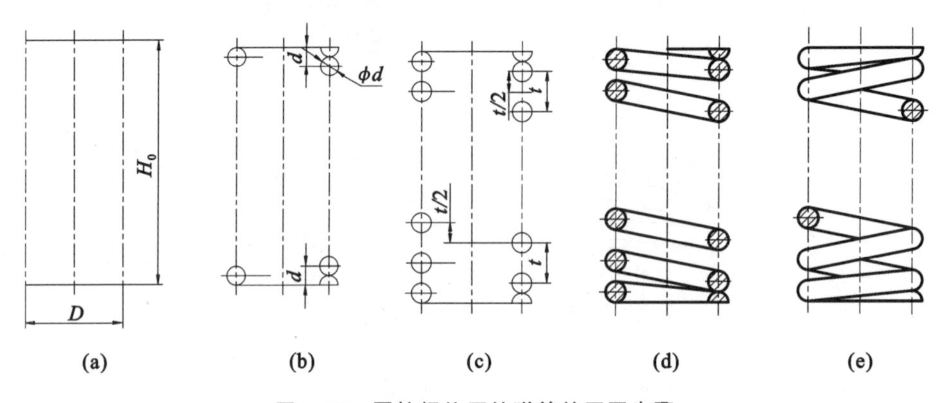

图 7-56　圆柱螺旋压缩弹簧的画图步骤

7.5.5　圆柱螺旋压缩弹簧的标记

国家标准《普通圆柱螺旋压缩弹簧尺寸及参数(两端圈并紧磨平或制扁)》(GB/T 2089—2009)规定了圆柱螺旋压缩弹簧的标记，由类型代号、规格、精度代号、旋向代号和标准编号组成，规定如下。

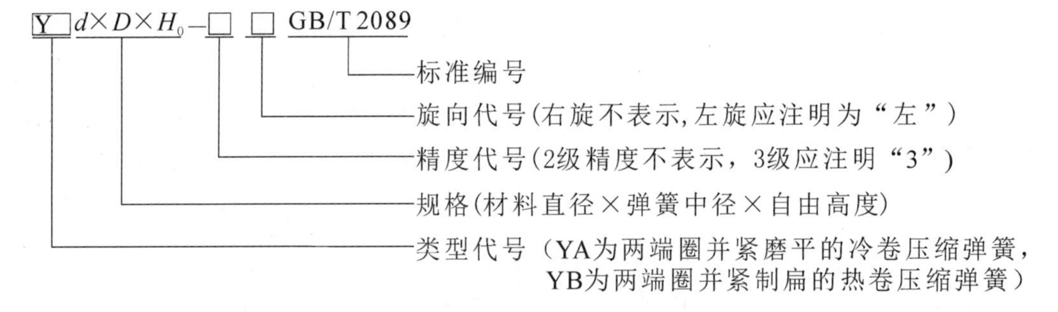

例如：材料直径 $d=30$ mm，弹簧中径 $D=160$ mm，自由高度 $H_0=310$ mm，精度等级为 3 级，右旋的并紧制扁的热卷圆柱螺旋压缩弹簧的标记应为

YB 30×160×310-3　GB/T 2089

7.5.6　圆柱螺旋压缩弹簧的图样格式示例

图 7-57 所示为圆柱螺旋压缩弹簧的零件图，在绘制零件图时应注意以下画法规则。

(1) 弹簧的参数应直接标注在图形上，当直接标注有困难时，可在技术要求中加以说明。

(2) 当需要表明弹簧的负荷与高度之间的变化关系时，必须用图解表示，螺旋弹簧的力学性能曲线均画成直线。图中：P_1 为弹簧的预加负荷；P_2 为弹簧的最大负荷；P_3 为弹簧的允许极限负荷。

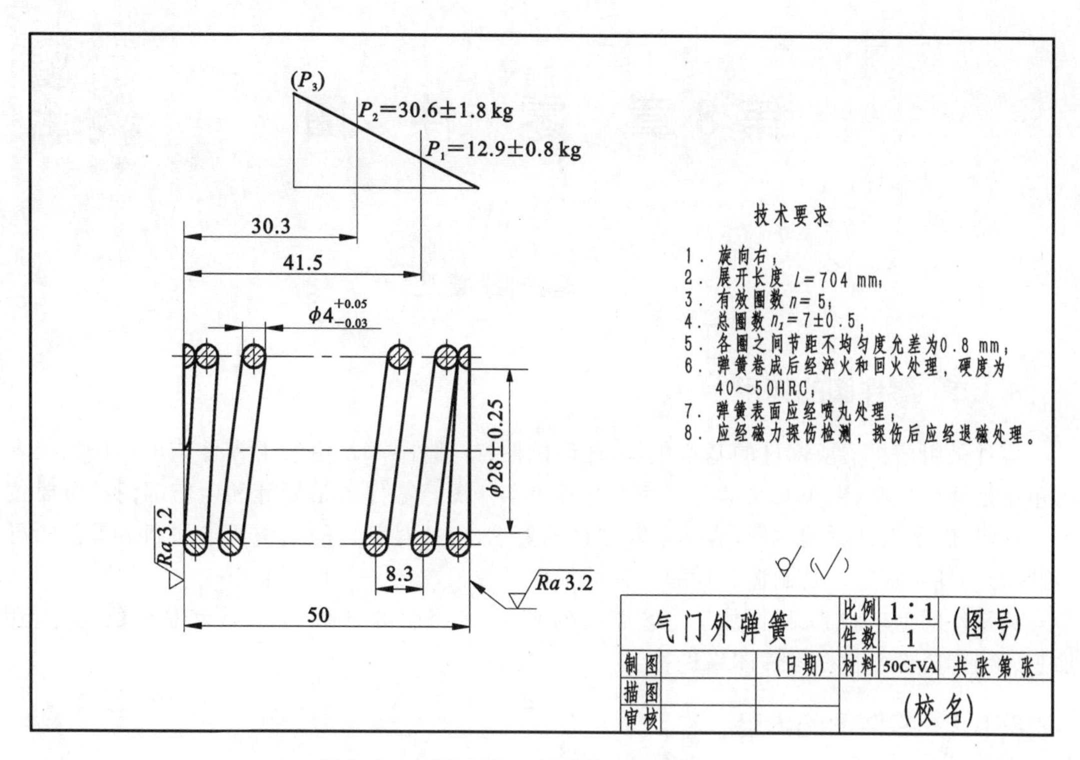

图 7-57　圆柱螺旋压缩弹簧的图样格式示例

第8章　零　件　图

本章课件

8.1　零件图概述

8.1.1　零件图的作用

零件是组成机器或部件的基本单位，任何机器(或部件)都是由若干零件装配而成的。表达单个零件的结构、大小及技术要求的图样称为零件图。零件图是设计和生产部门的重要技术文件，反映了设计者的意图，表达了对零件的要求(包括对零件的结构要求和制造工艺的可行性、合理性要求等)，是制造和检验零件的依据。

从零件的毛坯制造、机械加工工艺路线的制定、工序图的绘制、工夹具和量具的设计，到加工、检验等，都要根据零件图来进行。

8.1.2　零件图的内容

从图8-1所示的零件图中可以看出，一张完整的零件图应包含以下内容。

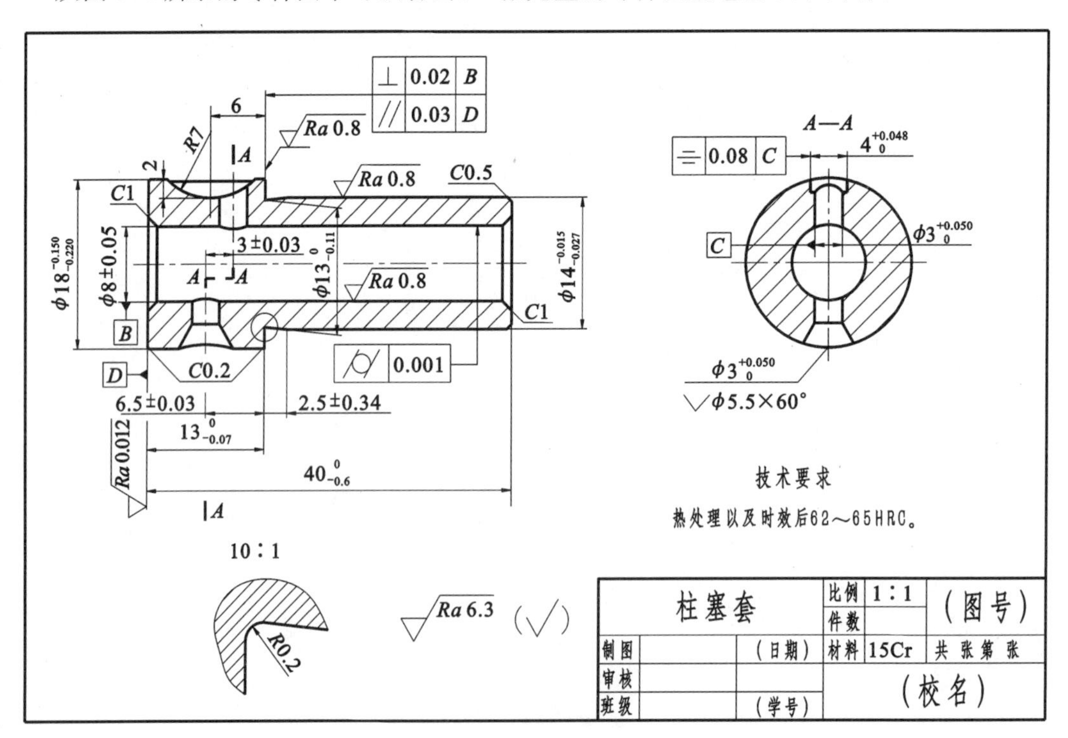

图8-1　零件图的内容

1. 一组视图

表达零件内外结构形状的一组视图。

2. 完整的尺寸

正确、完整、清晰、合理地标注零件制造、检验所需的全部尺寸。

3. 技术要求

用规定的符号、代号、标记和简要的文字表达出零件在制造和检验过程中应达到的各项技术指标和要求。如表面结构、几何公差、材料的热处理、极限与配合等方面要求。

4. 标题栏

说明零件的名称、材料、数量、比例、图号及图样的责任人等内容。

8.2　零件的视图选择

为了将零件的结构形状完整、清晰地表达出来，就要选用适当的视图、剖视图、断面图、简化画法等表达方法，选择表达方法的宗旨为在方便看图的前提下，力求使画图简单。要达到这个要求，关键在于在分析零件结构特点的基础上，选择好主视图，然后再选配其他视图。

8.2.1　主视图的选择

主视图是零件图中最重要的视图，主视图的选择是否合理，直接影响其他视图的选择以及看图、画图是否方便，因此在选择主视图时应注意以下三个原则。

1. 形状特征原则

主视图应较好地反映零件的形状特征，要选择能最好地反映零件各部分的形状及其相对位置的方向作为主视图的投射方向。如图 8-2 所示的齿轮油泵轴，箭头 A 所示投射方向能反映该轴各段的形状、大小及其相对位置，最多地反映该轴的形状特征，应选为主视方向。而沿箭头 B 所示的投影方向所得到的投影只是一些同心圆，基本上反映不出该轴的形状特征，不能取作主视图的投射方向。

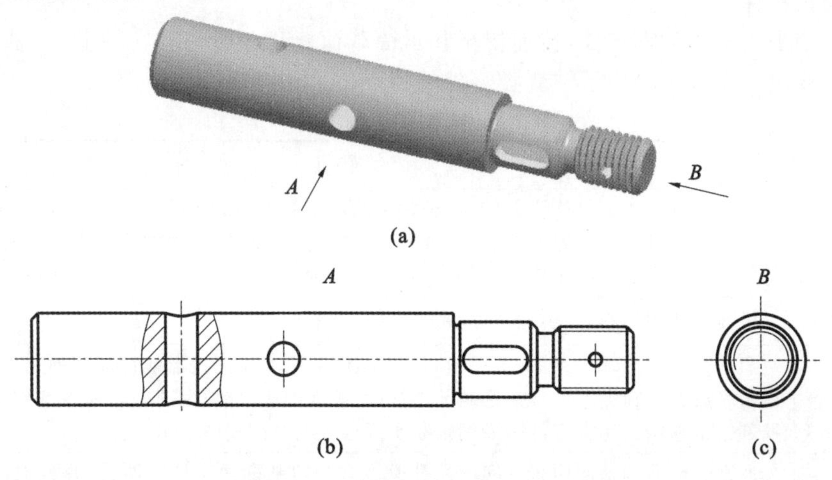

图 8-2　齿轮油泵轴的主视图选择

(a)主视图投射方向　(b)A 向投影　(c)B 向投影

2. 加工位置原则

主视图应尽可能反映零件的加工位置。加工位置是指零件在机床上加工时的装夹位置，例如轴套类、轮盘类零件一般在车床上加工比较多，所以一般按车削加工位置安放此类零件，使其轴线垂直于侧面来绘制主视图，如图 8-2 中的 A 向。这一原则的优点是便于工人看图加工。

3. 工作位置原则

主视图应尽可能反映零件的工作位置。工作位置是指零件在机器中工作时的位置,也是零件在装配图中的位置。这一原则的好处是读图时容易想象它的工作情况,便于对照装配图来拆画零件图。对于叉架类、箱体类等零件一般都是按工作位置来选择主视图。

8.2.2 其他视图的选择

在选择其他视图时,应注意以下三点:

1. 各视图之间必须互补而不重复,并优先选择基本视图中的俯、左视图

主视图选定后,应进一步对零件各组成部分的内外结构形状及相对位置进行分析,看看还有哪些结构在主视图上尚未表达清楚,对这些结构应考虑采用其他的视图来表达,并且应做到每个视图都有各自表达的重点,各个视图之间互相补充而不重复。在选择基本视图时,应优先选用俯视图和左视图。

2. 在满足要求的前提下,视图的个数宜少不宜多

在完整、清晰地表达零件的内外结构形状的前提下,尽量减少视图的数量,便于画图和读图。

3. 尽量避免用虚线表达零件的结构

对于零件的内部结构或其他不可见的结构,应采用剖视图、断面图或其他辅助视图来表达,尽量避免用虚线表达这些结构。但如果用少量的虚线表达能减少视图的个数,且不在虚线上标尺寸,则可使用少量虚线。

8.2.3 典型零件的表达方法

零件的形状各异,综合考虑,按其功能、结构特点、视图特点可将零件归纳为四大类:轴套类、轮盘类、叉架类和箱体类。本节将对四类零件的用途、结构特点、视图表达等方面进行分析,而尺寸标注、技术要求等内容待后续课程介绍后请读者自行分析。

1. 轴套类零件

轴主要用来支承传动零部件,传递扭矩和承受载荷。套一般是装在轴上,起轴向定位、传动或连接等作用。表8-1列出了轴套类零件的特点。

表 8-1　轴套类零件的特点

项目	特点
结构	轴类零件的主要结构为回转体,通常由几段不同直径的同轴回转体组成,轴向尺寸远大于其径向尺寸。局部结构有倒角、倒圆、键槽、退刀槽(或越程槽)、中心孔以及轴肩、螺纹等结构。套类零件的主要结构仍为回转体,与轴类零件的不同之处在于其是空心的
主要加工方法	毛坯一般用棒料,主要加工方法是车、镗、磨等切削加工
视图表达	通常只用一个基本视图(主视图)表达主体结构,主视图按形状特征和加工位置确定,轴线水平放置。轴类零件常采用局部剖视图、断面图、局部放大图等辅助表达零件的内部或局部结构形状。套类零件多采用轴线水平放置的全剖视图表示
尺寸标注	通常有径向和轴向两个方向的尺寸基准。径向基准为零件的回转轴线,轴向基准为重要端面。主要尺寸直接注出,其余尺寸按加工顺序标注
技术要求	与其他零件有配合的表面加工质量要求较高,表面粗糙度参数值较小。有配合要求的轴段和主要端面一般有几何公差要求

现以图8-3齿轮油泵轴零件图为例,进行轴类零件视图表达分析。

(1) 选择主视图　按形状特征和加工位置,将轴按轴线水平的位置放置,键槽、孔等结构朝前，主视图的投射方向垂直于轴线。这样能清楚地反映阶梯轴各段的形状及相对位置，也能反映轴上各局部结构的轴向位置。主视图上采用一处局部剖表达轴上通孔结构。

(2) 其他视图　采用两个移出断面图表达轴上的通孔、键槽结构，两个局部放大图表达砂轮越程槽、退刀槽结构。

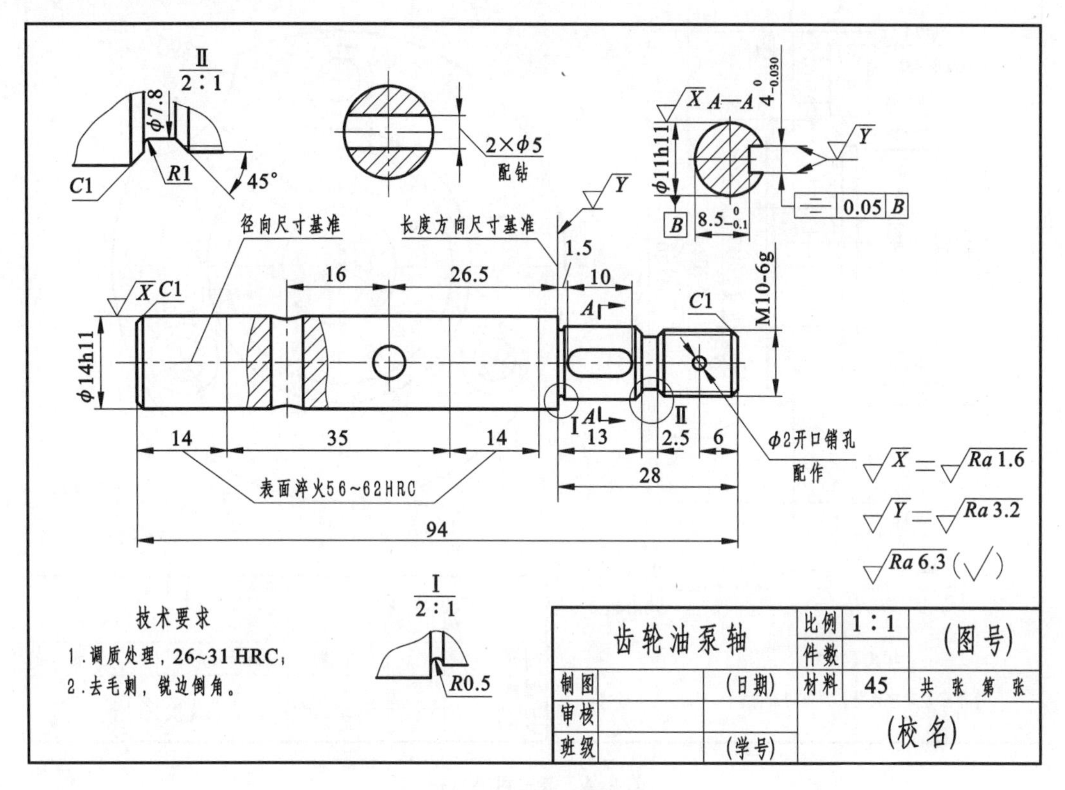

图 8-3　齿轮油泵轴零件图

2. 轮盘类零件

轮盘类零件包括各种齿轮、手轮、带轮、端盖、盘座等。轮一般用来传递动力和扭矩，盘主要起支承、轴向定位以及密封等作用。表 8-2 列出了轮盘类零件的特点。

表 8-2　轮盘类零件的特点

项目	特点
结构	基本形状是扁平的盘状，主体部分多为回转体。零件上常有轮辐、辐板、键槽、均布孔和油槽等结构
主要加工方法	毛坯多是铸件，主要用车床、刨床或铣床加工
视图表达	主视图按形状特征和加工位置确定，轴线水平放置；对有些不以车床加工为主的零件可按形状特征和工作位置确定。一般采用两个基本视图表达，主视图画成全剖视图表达轴向结构，左视图或右视图表达零件外形和均布孔的分布情况。有时还用一些辅助视图表达零件上的细小结构，如断面图、局部放大图等
尺寸标注	以回转轴线作为径向的尺寸基准，重要端面或主要结合面作为长度方向尺寸基准
技术要求	重要的孔和端面尺寸精度较高，一般都有尺寸公差、几何公差以及表面结构要求

现以图 8-4 所示的法兰盘零件图为例，进行轮盘类零件视图表达分析。

(1) 选择主视图　按加工位置将法兰盘按轴线水平的位置放置，主视图的投射方向垂直于轴线。主视图画成全剖视图,以表达内部结构。

(2) 其他视图　左视图表达法兰盘外形轮廓及孔、凹槽等的相对位置。

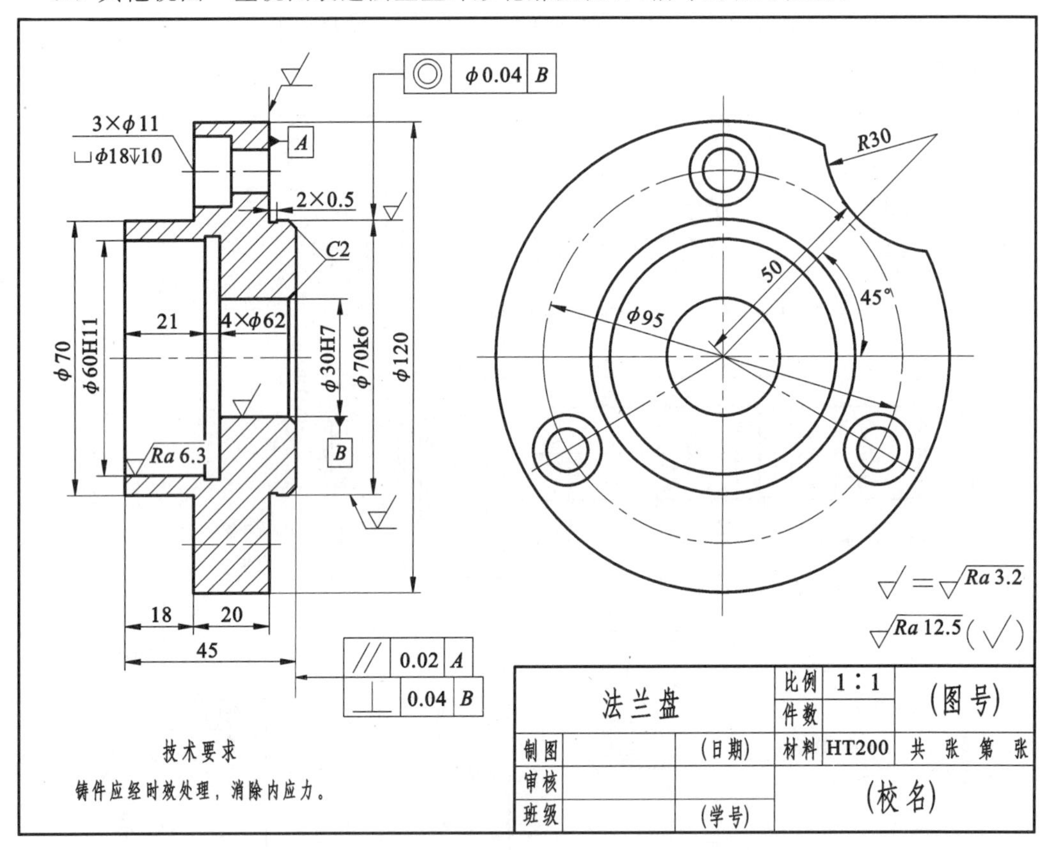

图 8-4　法兰盘零件图

3. 叉架类零件

叉架类零件包括各种用途的拨叉和支架。拨叉主要用在机床等各种机器的操纵机构上,用以操纵机器、调节速度。支架主要起支承和连接的作用。表 8-3 列出了叉架类零件的特点。

表 8-3　叉架类零件的特点

项目	特点
结构	叉架类零件形状较复杂且不规则,通常由工作部分、支承部分和连接部分组成。零件上常有肋板和孔、槽等结构
主要加工方法	毛坯多是铸件或锻件,经车、镗、铣、刨、钻等多种工序加工而成,加工位置多变
视图表达	一般采用两个或两个以上基本视图表达,主视图按形状特征和工作位置(或自然位置)确定。局部结构常采用局部视图、局部剖视图、局部放大图表达。对于一些不平行于基本投影面的倾斜结构常采用斜视图、斜剖视图和断面图来表达
尺寸标注	长、宽、高三个方向的主要尺寸基准通常选择安装基面、对称平面、重要孔的轴线。各部分的形状和相对位置尺寸要直接标注
技术要求	支承部分、有相对运动的配合面及安装面均有较严格的尺寸公差、几何公差和表面结构要求

现以图 8-5 所示的托架零件图为例,进行叉架类零件视图表达分析。

(1) 选择主视图　托架由下部支承板(安装板)、上部带凸台的工作套筒、中部连接板和肋板等四部分组成。主视图按形状特征和工作位置来选择,较好地反映了各部分的形体结构和相对位置，并通过两个局部剖视图反映了两处孔的形状结构。

（2）其他视图　左视图着重反映托架各部分的前后对称关系，局部剖视图反映了工作套筒的内部结构。另外，用 A 向局部视图表达凸台的形状及与套筒的连接关系；用移出断面图表达连接板和肋板的形状和连接关系。

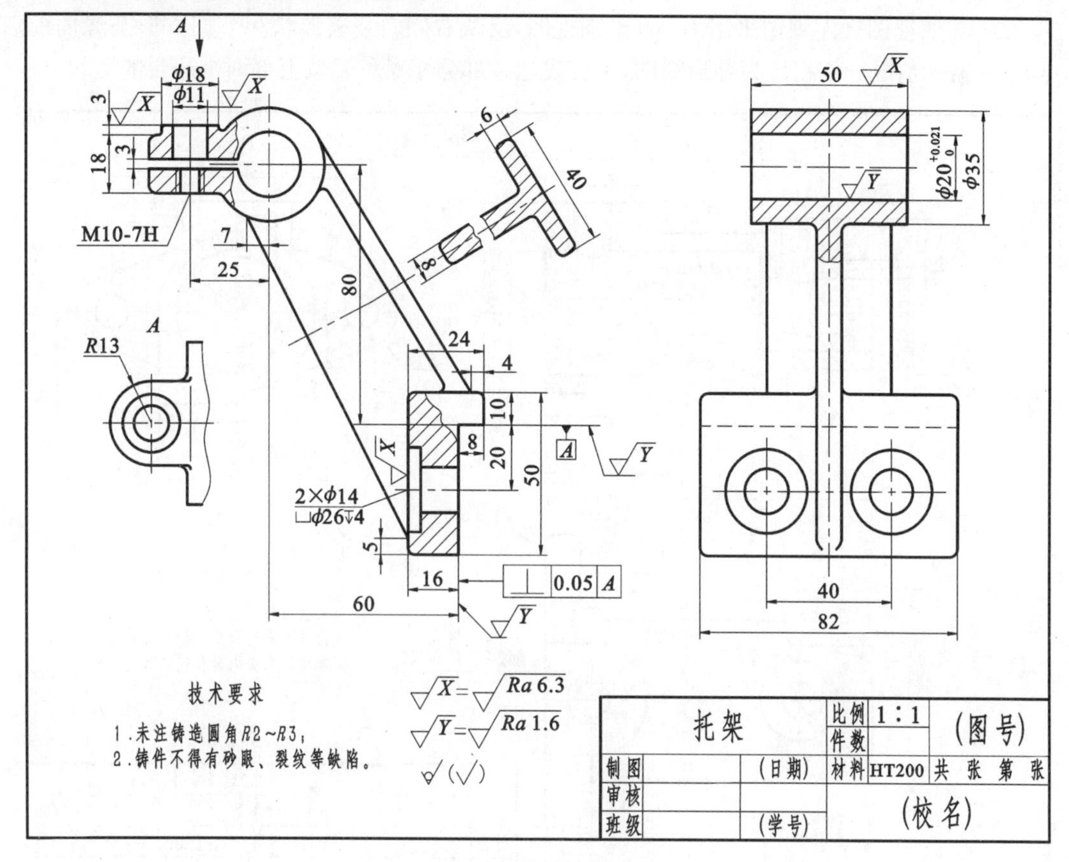

图 8-5　托架零件图

4. 箱体类零件

箱体类零件包括各种箱体、壳体、泵体及减速机的机体等，这类零件主要用来支承、包容和保护其他零件，也起定位和密封作用。表 8-4 列出了箱体类零件的特点。

表 8-4　箱体类零件的特点

项目	特点
结构	箱体类零件形状较复杂，一般是先经过铸造制成毛坯，然后经多种切削加工，再经热处理等工序制造而成的。零件上常有内腔、轴承孔、凸台、肋板、安装板、光孔、螺纹孔等结构
主要加工方法	毛坯一般为铸件，主要在铣床、刨床、钻床上加工，工序较多，加工位置多变
视图表达	一般需要两个以上基本视图表达，主视图按形状特征和工作位置来选择。采用通过主要支承孔轴线的剖视图表达其内部形状结构，局部结构常采用局部视图、局部剖视图和断面图来表达
尺寸标注	长、宽、高三个方向的主要尺寸基准通常选用重要孔的轴线、对称平面、结合面或较大的加工平面。定位尺寸较多，各种孔轴线之间的距离、轴承孔轴线与安装面的距离等尺寸应直接注出
技术要求	箱体类零件的轴孔、结合面及重要表面均有较严格的尺寸公差、几何公差和表面结构要求。常有保证铸造质量的要求，如进行时效处理，不允许有砂眼、裂纹等

现以图 8-6 所示的壳体零件图为例,进行箱体类零件视图表达分析。

(1) 选择主视图　壳体前后对称,由右侧安装板、中部阶梯形套筒、下部方形凸缘及上部左、右两处凸台等五部分组成。主视图按形状特征和工作位置来选择,采用全剖视图,较好地反映了壳体内部结构和各部分的相对位置。

(2) 其他视图　左视图采用 $B—B$ 半剖视图,反映右侧安装板形状和下部方形凸缘内前后方向 $\phi36$ 通孔情况。俯视图为外形视图,主要表达各部分相对位置及上部两个凸台的形状。

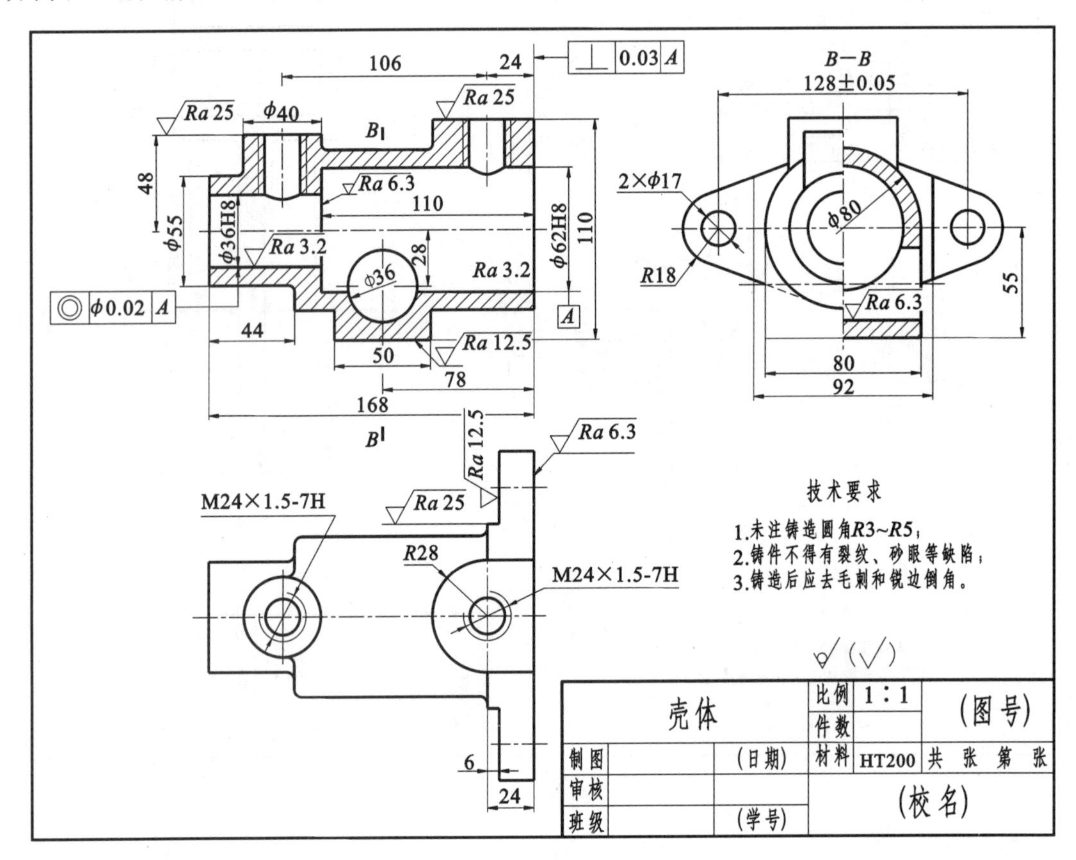

图 8-6　壳体零件图

8.3　零件图中尺寸的合理标注

8.3.1　零件图中尺寸标注的基本要求

零件图中的尺寸是加工和检验零件的重要依据。零件图中尺寸标注必须做到:正确、齐全、清晰、合理。关于尺寸标注的正确、齐全、清晰的要求,在以前的章节中已做了介绍,本节简单介绍尺寸标注的合理性。

所谓零件图中尺寸标注的合理性,是指所注尺寸必须满足设计要求和工艺要求。也就是所注尺寸既要满足功能要求,又要满足零件的制造、加工、测量和检验的要求。

为了达到合理的要求,在标注尺寸时应该做到:

(1) 了解零件的使用要求。

(2) 必须对零件进行结构分析和工艺分析。

(3) 正确地选择零件的尺寸基准。

要做到这些，必须掌握有关的专业知识和具有一定的生产经验。

8.3.2　尺寸基准

尺寸基准是指零件在机器中或在加工测量时，用以确定其位置的一些面、线或点。尺寸基准也是标注尺寸的起点。通常选择较大的加工面、重要的安装面、与其他零件的结合面、主要结构的对称面、重要端面、轴肩以及轴和孔的轴线、对称中心线等。零件的长、宽、高三个方向上都至少有一个尺寸基准，当同一方向上有几个基准时，其中之一为主要基准，其余为辅助基准。主要基准与辅助基准之间应有直接或间接的尺寸联系。要合理标注尺寸，一定要正确选择尺寸基准，这对保证产品质量和降低成本有重要作用。由于用途不同，尺寸基准可分为设计基准和工艺基准。

1. 设计基准

设计基准是根据零件在机器中的作用和结构特点，为保证零件的设计要求而选定的一些基准。通常选择机器或部件中确定零件位置的接触面、对称面、回转面的轴线等作为设计基准。如图8-7(a)所示的轴承架，在机器中是用接触面Ⅰ、Ⅲ和对称面Ⅱ来定位的（见图8-7(b)），以保证下部 $\phi 20^{+0.033}_{0}$ 孔的轴线与对面另一个轴承架（或其他零件）上孔的轴线在同一直线上，并使相对的两个孔的端面间的距离达到必要的精确度。因此，上述三个平面是轴承架的设计基准。

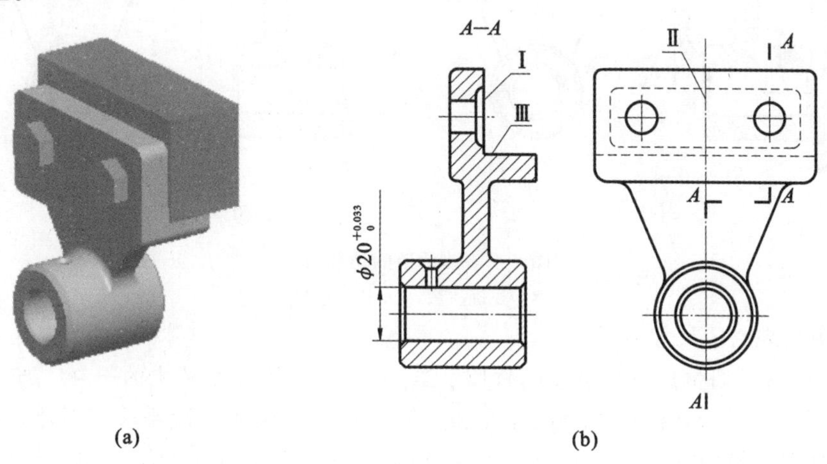

图8-7　轴承架

(a)轴承架安装方法　(b)轴承架的设计基准

2. 工艺基准

工艺基准是指确定零件在机床上加工时的装夹位置，以及测量零件尺寸时所利用的点、线、面。例如，图8-8所示的套筒在车床上加工时，用其左端的大圆柱面径向定位（加工定位基准）；在测量有关轴向尺寸 a、b、c 时，则以右端面为起点（测量基准），因此，这两个面是工艺基准。

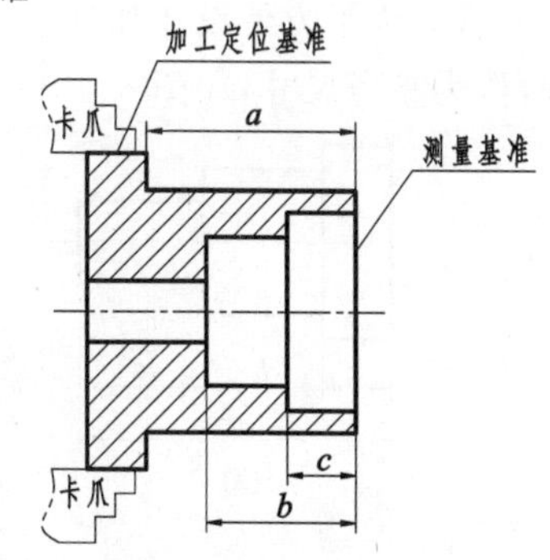

图8-8　套筒的工艺基准

从设计基准出发标注尺寸能保证设计要求，从工艺基准出发标注尺寸则便于加工和测量。因此，最好使工艺基准和设计基准重合。当设计基准和工艺基准不重合时，所注尺寸应在保证设计要求的前提下,满足工艺要求,即选择设计基准为主要基准,工艺基准为辅助基准。

8.3.3　合理标注零件尺寸时应注意的一些问题

1. 考虑设计要求,满足零件的使用性能

设计要求是对零件加工完成后要达到预期的使用性能的要求。尺寸标注得是否合理直接影响零件的使用性能。

1) 零件上的功能尺寸必须直接标注

零件图中的尺寸,按其重要性一般可分为功能尺寸和非功能尺寸。功能尺寸是指影响零件工作性能的尺寸,如配合尺寸、重要的安装定位尺寸等,这类尺寸精度要求较高;非功能尺寸是指零件上的一般结构尺寸,通常为非配合尺寸,这类尺寸主要需满足零件的强度和刚度要求,对精度要求不高,一般不注出公差要求。图 8-9(a)所示为从设计基准出发标注轴承架的功能尺寸,而图 8-9(b)所示的尺寸标注是错误的。从这里可以看出,如果不考虑零件的设计和工艺要求,往往不能达到尺寸标注合理的要求。

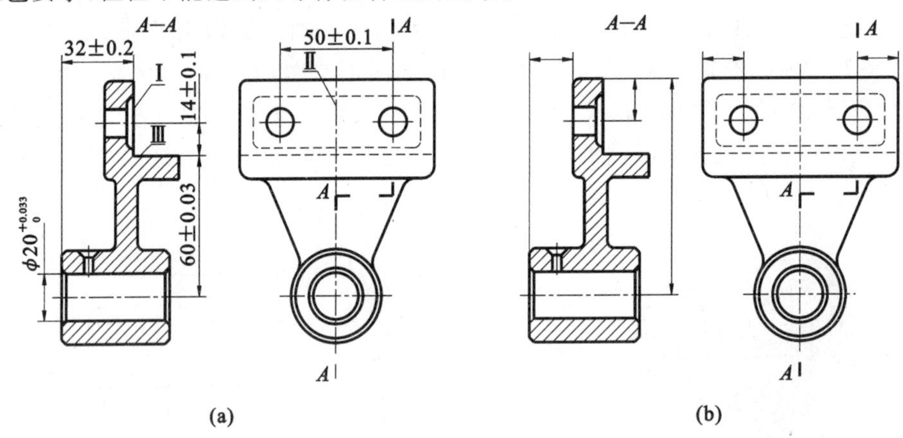

图 8-9　轴承架的功能尺寸

(a)正确注法　(b)错误注法

2) 避免出现封闭尺寸链

尺寸链是指头尾相接的尺寸形成的尺寸组,每个尺寸是尺寸链中的一环。如图 8-10(a)构成一封闭的尺寸链,这样标注的尺寸在加工时往往难以保证设计要求。因此,实际标注尺寸时,一般在尺寸链中选一个最不重要的尺寸不注,通常称之为开口环,如图 8-10(b)所示。开口环的尺寸误差是其他各环尺寸误差之和,对设计要求没有影响。

有时为了方便设计和加工,也将尺寸注成封闭尺寸链,把开口环的尺寸用半圆括号括起来,作为参考尺寸,如图 8-10(c)所示。

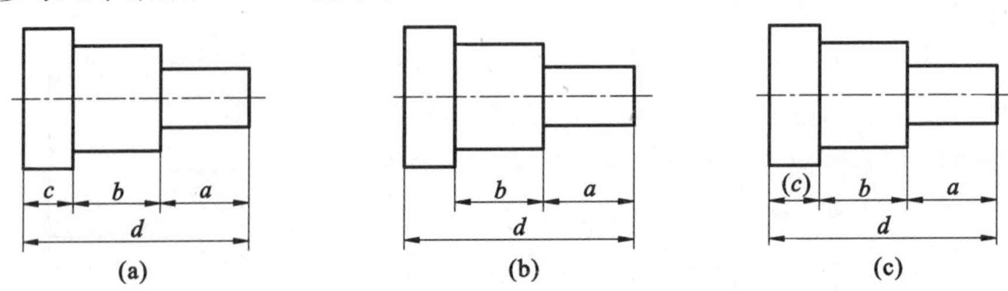

图 8-10　避免出现封闭尺寸链

(a)封闭尺寸链　(b)开口环　(c)参考尺寸

2. 考虑工艺要求,便于加工和测量

工艺要求是指便于零件加工和测量的要求。为此,标注尺寸时应注意以下几点。

1) 尺寸标注应符合加工顺序

按加工顺序标注尺寸,符合加工过程,便于加工和测量。如图8-11所示的轴,仅尺寸51是长度方向的功能尺寸,应直接注出,其余都按加工顺序标注。如为备料,注出了轴的总长128;为加工左端$\phi 35$的轴段,注出了尺寸23;掉头加工$\phi 40$的轴段,应直接注出尺寸74;在加工右端$\phi 35$轴段时,应保证功能尺寸51。这样,既保证了设计要求,又符合加工顺序。

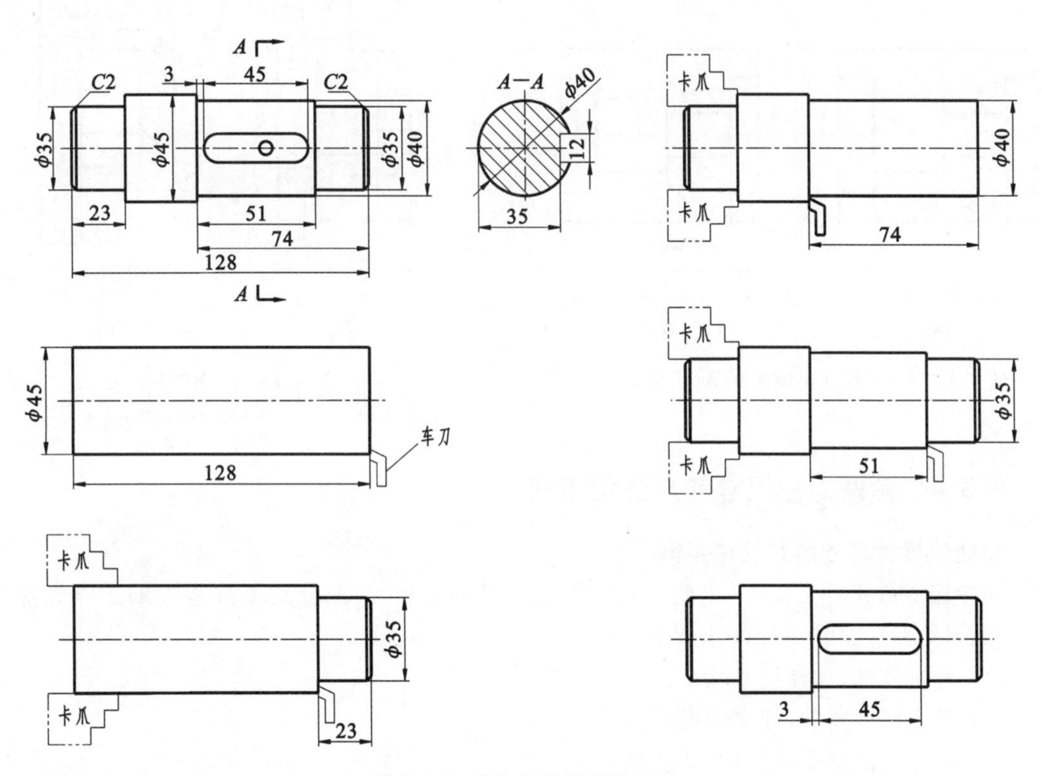

图8-11 按加工顺序标注尺寸

2) 标注尺寸要考虑测量、检验方便的要求

如图8-12(a)所示的图例,是由设计基准注出中心至某面的尺寸,但不易测量。如果这些尺寸对设计要求影响不大,应考虑测量的方便性,按图8-12(b)所示标注。又如图8-13所示的阶梯孔,应按图8-13(a)从端面标注孔的深度尺寸,以便于测量。若按图8-13(b)标注则不便于测量。

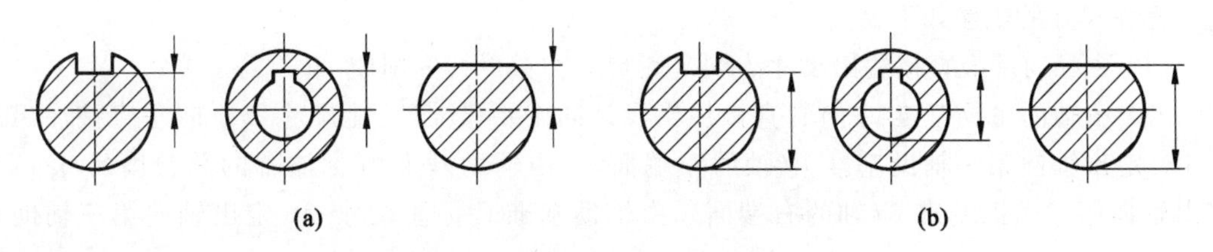

图8-12 标注尺寸要便于测量(示例一)

(a)错误 (b)正确

3) 毛面(不加工表面)的尺寸标注

标注零件上毛面的尺寸时,加工面与毛面之间在同一个方向上只能有一个尺寸联系,其余则为毛面与毛面之间或加工面与加工面之间的尺寸联系。图8-14(a)表示零件的左、右两个端面为加工面,其余都是毛面,尺寸 A 为加工面与毛面的联系尺寸。图8-14(b)的注法是错误的,这是由于毛坯制造误差大,加工面不可能同时保证对两个及两个以上毛面的尺寸要求。

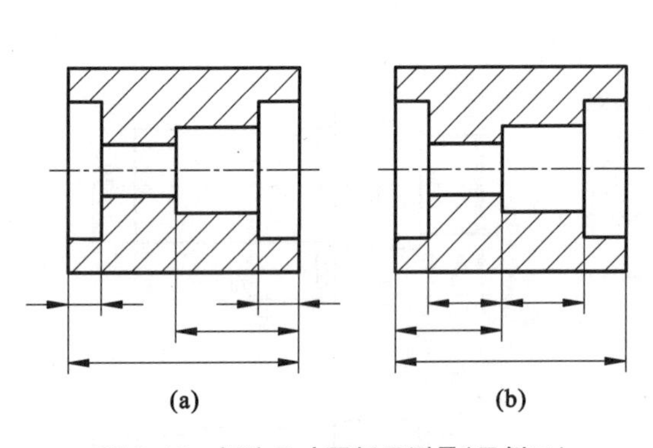

图8-13　标注尺寸要便于测量(示例二)
(a)正确　(b)错误

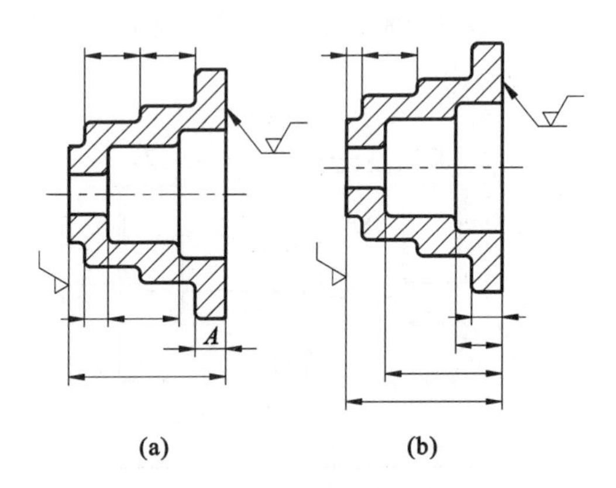

图8-14　毛面的尺寸注法
(a)正确　(b)错误

8.3.4　合理标注尺寸的方法和步骤

1. 标注零件尺寸的方法和步骤

在标注零件尺寸之前,一定要先对零件进行结构分析,并充分地了解零件的工作性能和加工、测量方法。具体的标注步骤如下:

(1) 分析零件,选择尺寸基准。

(2) 考虑设计要求,标出功能尺寸。

(3) 考虑工艺要求,标出非功能尺寸。

(4) 用形体分析法补全尺寸和检查尺寸。

2. 零件的尺寸标注举例

例8-1　如图8-15所示,标注传动齿轮轴的尺寸。

分析　按轴的加工特点和工作情况,通常选择轴线为宽度和高度方向的主要尺寸基准,即径向尺寸基准;某个重要端面为长度方向的主要尺寸基准,即轴向主要尺寸基准。这里齿轮的左端面是长度方向的主要基准(设计基准)。

标注尺寸的顺序如下:

(1) 由径向基准直接注出尺寸 ϕ34h8、ϕ16k7、ϕ14h6、ϕ30、M12×1.5。

(2) 由轴向主要基准 A 向右直接注出设计的主要尺寸(功能尺寸)25;向左直接注出尺寸12,定出轴向第一辅助基准 B(轴的左端面)。由辅助基准 B 标注轴的总长度尺寸112,定出轴向第二辅助基准 C(轴的右端面),由辅助基准 C 标注尺寸30,定出轴向第三辅助基准 D。

(3) 由辅助基准 D 注出键槽的长度方向的定位尺寸1及键槽长度10。

(4) 标注键槽的断面尺寸以及砂轮越程槽、退刀槽和倒角等尺寸。

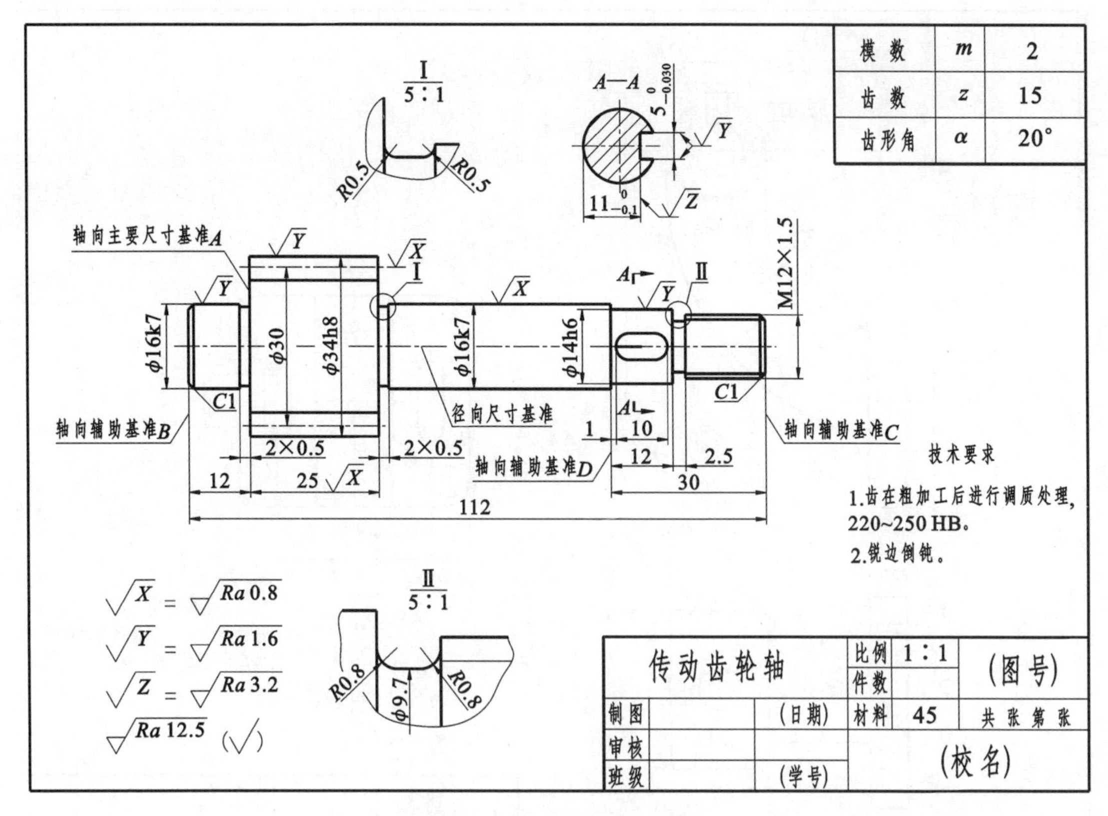

图 8-15　传动齿轮轴零件图

例 8-2　如图 8-16 所示，标注踏脚座的尺寸。

踏脚座由左侧安装板、上部带凸台的轴承、中部连接板和肋板四部分组成。对于非回转体类零件，标注尺寸时通常选用较大的加工面、重要的安装面、与其他零件的结合面或主要结构的对称面作为主要尺寸基准。图 8-16 所示的踏脚座，选取安装板左端面作为长度方向的主要尺寸基准；选取安装板的上下对称面作为高度方向的主要尺寸基准；选取踏脚座前后对称面作为宽度方向的主要尺寸基准。标注尺寸的顺序如下：

(1) 由长度方向主要尺寸基准安装板左端面注出尺寸 74，由高度方向主要尺寸基准安装板上下对称面注出尺寸 95，从而确定上部轴承的轴线位置。

(2) 以轴承的轴线作为径向辅助基准，标注轴承的径向尺寸 ϕ20H7、ϕ38；由轴承的轴线出发，按高度方向分别注出尺寸 22、11，确定轴承凸台顶面高度和肋板尺寸 R100 的圆心位置。

(3) 由宽度方向主要尺寸基准踏脚座的前后对称面，在俯视图中注出尺寸 30、40、60，以及在 A 向局部视图中注出尺寸 60、90。

其他的尺寸请读者自行继续分析和标注。

提示：作为练习，请读者对本章 8.2 节中图 8-3～图 8-6 四个零件的尺寸进行分析，找出零件各方向的主要尺寸基准，确定标注尺寸的顺序。

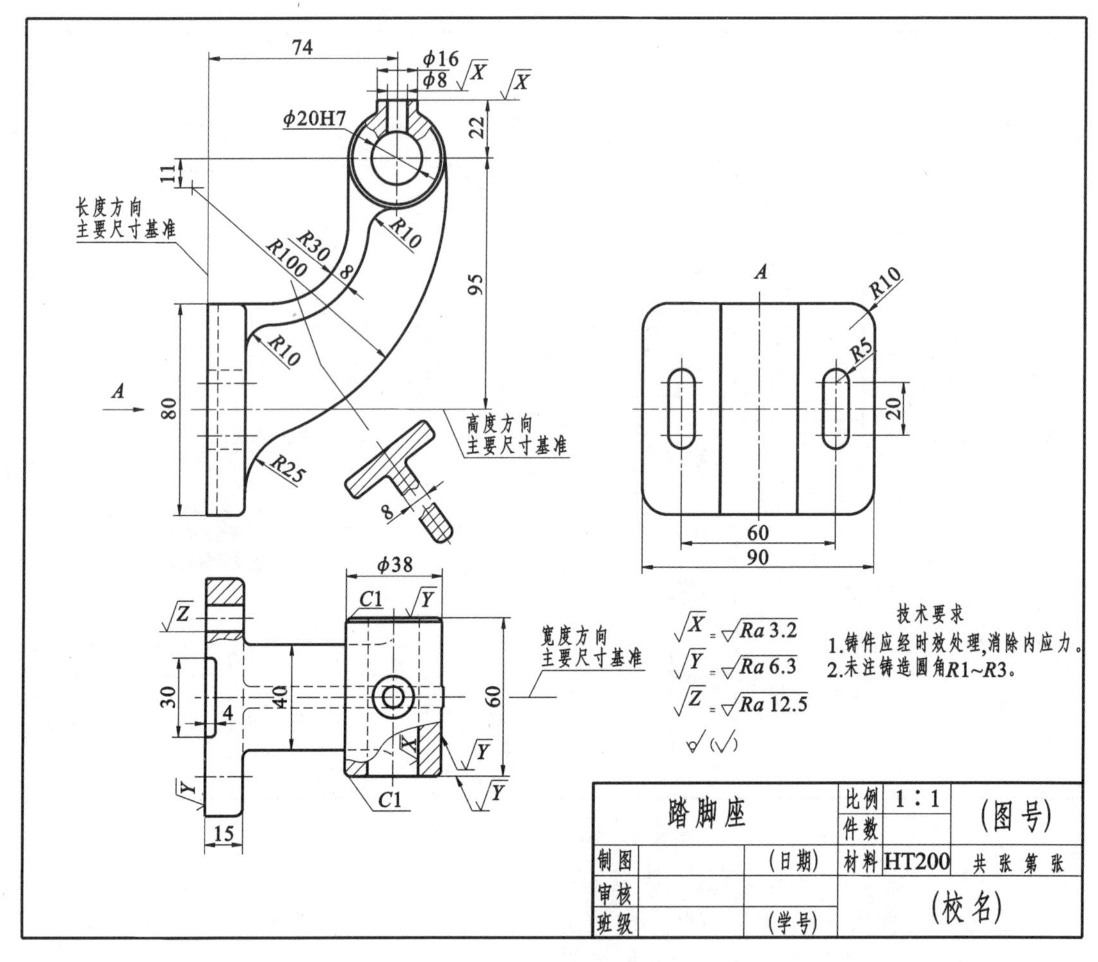

图 8-16　踏脚座零件图

8.3.5　常见孔结构及尺寸标注

各种常见孔结构的尺寸标注方法如表 8-5 所示。

表 8-5　常见孔结构的尺寸标注

结构类型	标注方法			
	普通注法	旁注法		说明
光孔	4×φ5 10	4×φ5↧10	4×φ5↧10	“↧”为深度符号。四个相同的孔，直径为 φ5，孔深为 10
螺纹孔	3×M6 EQS	3×M6 EQS	3×M6 EQS	“EQS”为均布孔的英文缩写。三个相同的螺纹通孔均匀分布，公称直径为 M6
	3×M6 10 13	3×M6↧10 孔↧13	3×M6↧10 孔↧13	三个相同的螺纹盲孔，公称直径为 M6，钻孔深 13，螺孔深 10

续表

结构类型	标注方法			
	普通注法	旁注法		说明
沉孔或锪平	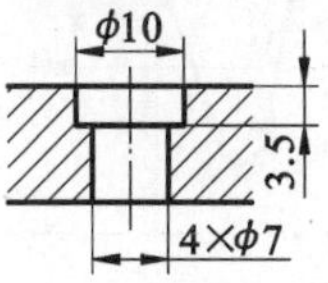 ϕ10 3.5 4×ϕ7	4×ϕ7 ⌴ϕ10↧3.5	4×ϕ7 ⌴ϕ10↧3.5	“⌴”为沉孔符号。四个相同的孔，直径为ϕ7，柱形沉孔直径为ϕ10，沉孔深为3.5
	⌴ϕ16 4×ϕ7	4×ϕ7 ⌴ϕ16	4×ϕ7 ⌴ϕ16	“⌴”为锪平符号。四个相同的孔，直径为ϕ7，锪平直径为ϕ16，不标注锪平深度
埋头孔	90° ϕ13 6×ϕ7	6×ϕ7 ⌵ϕ13×90°	6×ϕ7 ⌵ϕ13×90°	“⌵”为埋头孔符号。六个相同的孔，直径为ϕ7，沉孔锥顶角为90°，大口直径为ϕ13

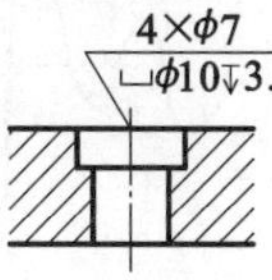

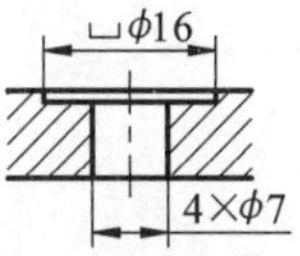

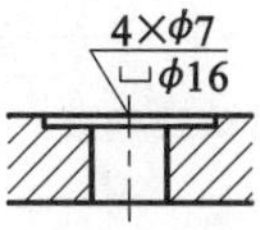

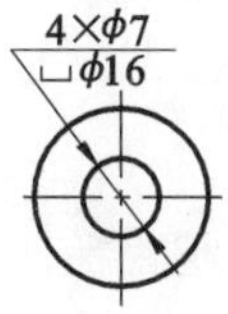

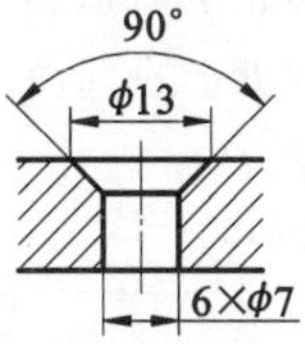

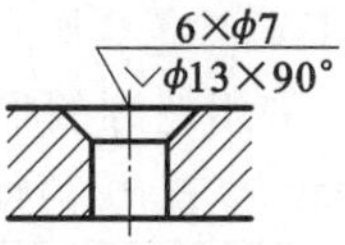

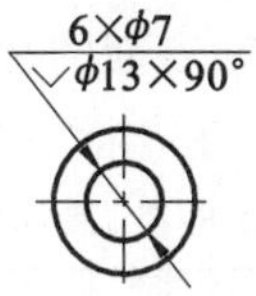

8.4　零件图中的技术要求

零件图除了视图和尺寸外，还必须标注加工制造零件应达到的技术要求，这些技术要求包括：表面结构、极限与配合、几何公差、材料的热处理和表面处理等。

8.4.1　表面结构的表示法

国家标准《产品几何技术规范(GPS)　技术产品文件中表面结构的表示法》(GB/T 131—2006)适用于所有产品对表面结构有要求的标注。所谓表面结构是指零件表面的几何形貌，即零件的表面粗糙度、表面波纹度、表面纹理、表面缺陷和表面几何形状的总称。本节只介绍应用较为广泛的表面粗糙度参数及相关表面结构符号、代号在图样上的表示与识读方法。

1. 表面粗糙度参数

表面粗糙度参数是评定零件表面结构要求的一项重要参数，简称表面粗糙度。降低零件的表面粗糙度可以提高其表面耐蚀性、耐磨性和耐疲劳能力等，但其加工成本也相应提高。因此，在满足零件表面功能的前提下，应合理选用表面粗糙度参数，并标注在加工表面上。

国家标准《产品几何技术规范(GPS)　表面结构　轮廓法　术语、定义及表面结构参数》(GB/T 3505—2009)中规定了评定表面结构的轮廓参数，其中R轮廓参数(粗糙度参数)中较常用的是两个参数Ra和Rz，如图8-17所示。

(1) 轮廓算术平均偏差Ra　在零件表面的一段取样长度内，沿测量方向(Z方向)轮廓上的点与基准线之间距离绝对值的算术平均值，用Ra表示，其公式表示为

$$Ra=\frac{1}{l}\int_0^l |Z(x)\mathrm{d}x| \approx \frac{1}{n}\sum_{i=1}^{n}|Z_i| \quad (\text{其中 } l \text{ 为取样长度})$$

Ra参数能充分反映表面微观几何形状高度方面的特性，是国家标准推荐的首选评定参

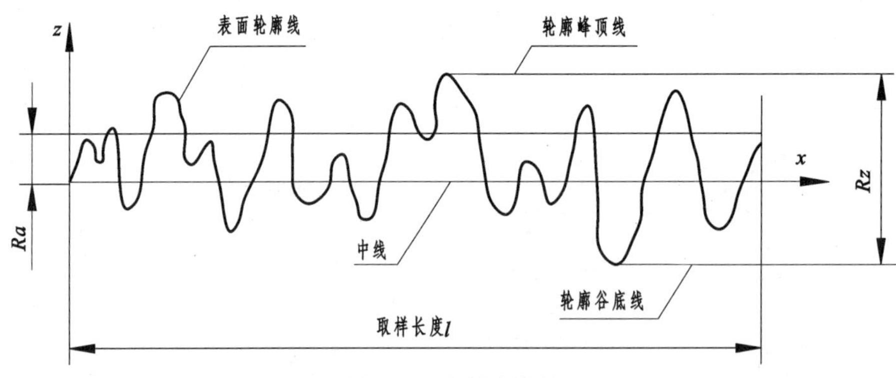

图 8-17　粗糙度参数

数。Ra 数值越大,表示表面越粗糙。

(2) 轮廓的最大高度 Rz　指在一段取样长度内,轮廓峰顶线和轮廓谷底线之间的距离。

在设计零件时,为给定某表面的粗糙度,可按表 8-6 所示 Ra 和 Rz 的选值。通常只采用轮廓算术平均偏差 Ra,只有在有特定要求时才采用轮廓的最大高度 Rz。

表 8-6　表面粗糙度参数 Ra 及 Rz 的数值系列　　(μm)

Ra	0.012	0.2	3.2	50	Rz	0.025	0.4	6.3	100	1600
	0.025	0.4	6.3	100		0.05	0.8	12.5	200	—
	0.05	0.8	12.5	—		0.1	1.6	25	400	—
	0.1	1.6	25	—		0.2	3.2	50	800	—

注:① 在表面粗糙度常用的参数范围内(Ra 为 0.025～6.3 μm,Rz 为 0.1～25 μm),推荐优先选用 Ra;

② 根据表面功能和生产的经济合理性,当选用的数值系列不能满足要求时,可选用补充系列值。补充系列值表中未列出。

表 8-7 给出了数值不同的零件表面粗糙度 Ra 对应的表面特征以及加工方法和应用示例。

表 8-7　Ra 数值系列及不同 Ra 值零件的表面特征、加工方法和应用示例

Ra 数值系列	表面特征	主要加工方法	应用示例
50、100	明显可见刀痕	粗车、粗铣、粗刨、钻、粗纹锉刀和粗砂轮加工	粗糙度值最大的加工面,一般很少应用
25	可见刀痕		
12.5	微见刀痕	粗车、刨、立铣、平铣、钻	不接触表面、不重要的接触面,如螺钉孔、倒角、机座底面等
6.3	可见加工痕迹	精车、精铣、精刨、铰、镗、粗磨等	没有相对运动的零件接触面,如箱、盖、套筒要求紧贴的表面、键和键槽工作表面;相对运动速度不高的接触面,如支架孔、衬套、带轮轴孔的工作表面等
3.2	微见加工痕迹		
1.6	看不见加工痕迹		
0.8	可辨加工痕迹方向	精车、精铰、精拉、精镗、精磨等	要求很好密合的接触面,如与滚动轴承配合的表面、锥销孔等;相对运动速度较高的接触面,如滑动轴承的配合表面,齿轮轮齿的工作表面等
0.4	微辨加工痕迹方向		
0.2	不可辨加工痕迹方向		

续表

Ra 数值系列	表面特征	主要加工方法	应用示例
0.1	暗光泽面	研磨、抛光、超级精细研磨等	精密量具的表面、极重要零件的摩擦面，如汽缸的内表面、精密机床的主轴颈、坐标镗床的主轴颈等
0.05	亮光泽面		
0.025	镜状光泽面		
0.012	雾状镜面		

2. 表面结构图形符号、表面结构符号及画法

1）表面结构的图形符号

国家标准《产品几何技术规范(GPS) 技术产品文件中表面结构的表示法》(GB/T 131—2006)规定表面结构的图形符号，分为基本图形符号、扩展图形符号、完整图形符号等，图样及文件上所标注的表面结构符号是完整图形符号。各种图形符号及其含义见表8-8。

表8-8 表面结构的图形符号及其含义

序号	分类	图形符号	含义
1	基本图形符号		表示表面未指定工艺方法。当通过一个注释解释时可单独使用，没有补充说明时不能单独使用
2	扩展图形符号		表示表面用去除材料的方法获得，如车、铣、刨、磨、钻、抛光、腐蚀、电火花、气割等。仅当其含义是“被加工表面”时可以单独使用
			表示表面是用不去除材料的方法获得的，如铸、锻、冲压、热轧、冷轧、粉末冶金等或保持上道工序形成的表面
3	完整图形符号		在以上各种符号的长边上加一横线，用来标注有关参数和补充信息
			在上述三个符号上均可加上一个小圆，表示视图上封闭轮廓的各表面有相同的表面结构要求

2）表面结构完整图形符号及画法

为了明确表面结构要求，除了标注表面结构参数和数值外，必要时应标注补充要求，包括加工工艺、表面纹理及方向、加工余量等。为了保证表面的功能特征，应对表面结构参数规定不同要求。

(1) 表面结构补充要求的注写位置。

在完整图形符号中，对表面结构的单一要求和补充要求应注写在图8-18所示的指定位置。

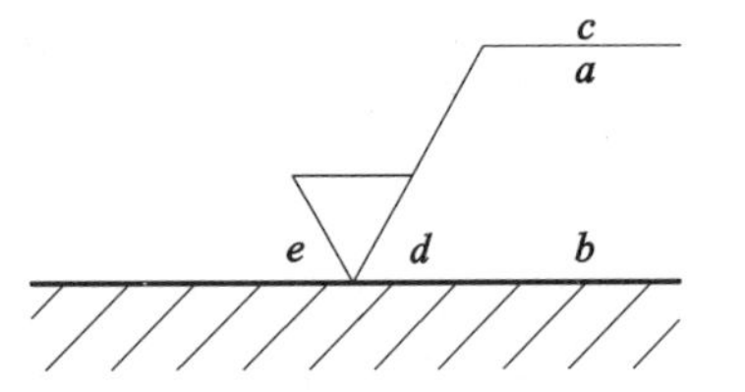

a——标注表面结构的单一要求。

a 和 *b*——标注两个或多个表面结构要求。

c——注写加工方法。

d——注写表面纹理和方向。

e——注写加工余量(单位为 mm)。

图 8-18　补充要求的注写位置($a \sim e$)

注意:“*a*”“*b*”“*d*”“*e*”区域中的所有字母高应该等于 *h*(见表 8-9),符号的水平线长度取决于其上下所标注内容的长度。

(2) 表面结构完整图形符号的画法。

表面结构的完整图形符号上注有粗糙度的参数和数值(或其他参数代号)及有关规定,则称为表面结构符号,其画法如图 8-19 所示。图形符号的尺寸随所绘图中的轮廓线宽而有所变化,如表 8-9 所示。常用表面结构图形符号的含义见表 8-10。

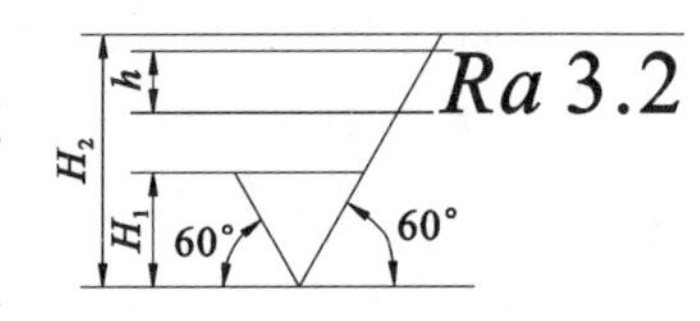

图 8-19　表面结构图形符号的画法

表 8-9　表面结构图形符号相关尺寸数值　　(mm)

数字及字母高度 h	2.5	3.5	5	7	10	14	20
符号线的宽度以及数字与字母线宽度	0.25	0.35	0.5	0.7	1	1.4	2
高度 H_1	3.5	5	7	10	14	20	28
高度 H_2(最小值)	7.5	10.5	15	21	30	42	60

注:H_2 取决于标注内容。

表 8-10　常用表面结构符号的含义

符号	含义	符号	含义
Ra 3.2	用去除材料的方法获得表面,*R* 轮廓,算术平均偏差为 3.2 μm	Ra 0.8	用不去除材料的方法获得表面,*R* 轮廓,算术平均偏差为 0.8 μm
Rz 6.3	用去除材料的方法获得表面,*R* 轮廓,最大高度为 6.3 μm	Rzmax 0.4	用去除材料的方法获得表面,*R* 轮廓,最大高度的最大值为 0.4 μm
Rz 0.4	用不去除材料的方法获得表面,*R* 轮廓,最大高度为 0.4 μm	U Rz 1.6 L Ra 0.8	用去除材料的方法获得表面,*R* 轮廓,上限轮廓最大高度为 1.6 μm,下限算术平均偏差为 0.8 μm

3. 表面结构要求在图样中的注法

《产品几何技术规范(GPS)　技术产品文件中表面结构的表示法》(GB/T 131—2006)对表面结构要求在图样中标注方法做了规定,如表 8-11 所示。

表 8-11　表面结构符号、代号的标注

国标规定	图示
表面结构要求的注写和读取方向应该与尺寸的注写和读取方向一致,符号应从材料外指向并接触表面	Ra 0.8 Rz 3.2 Rz 12.5 Ra 1.6

续表

国标规定	图示
在不致引起误解时，表面结构要求可以标注在给定的尺寸线上	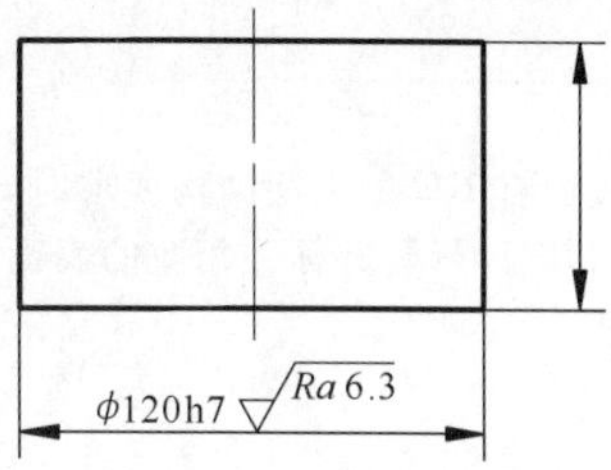 φ120h7 Ra 6.3
表面结构要求可标注在轮廓线、特征线或它们的延长线上	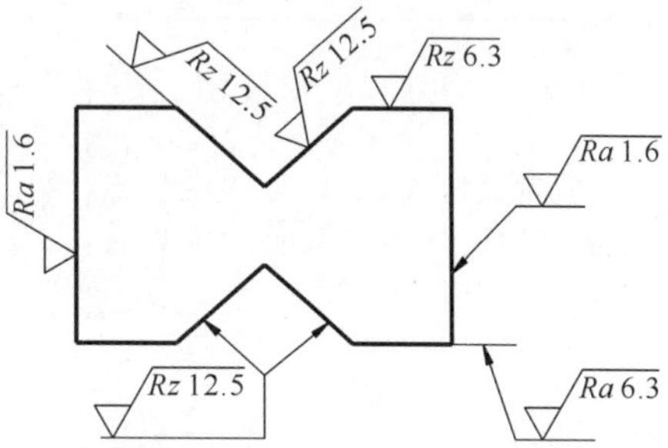 Rz 12.5　Rz 12.5　Rz 6.3　Ra 1.6　Ra 1.6　Rz 12.5　Ra 6.3
必要时，表面结构符号可以用带黑点或箭头的指引线引出标注	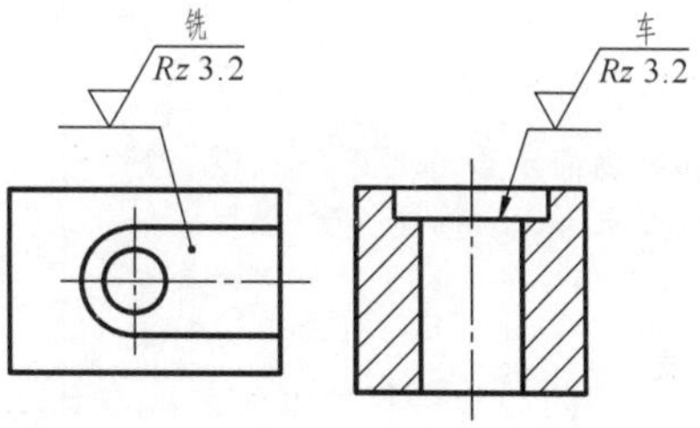 铣 Rz 3.2　车 Rz 3.2
表面结构要求可以标注在几何公差框格的上方	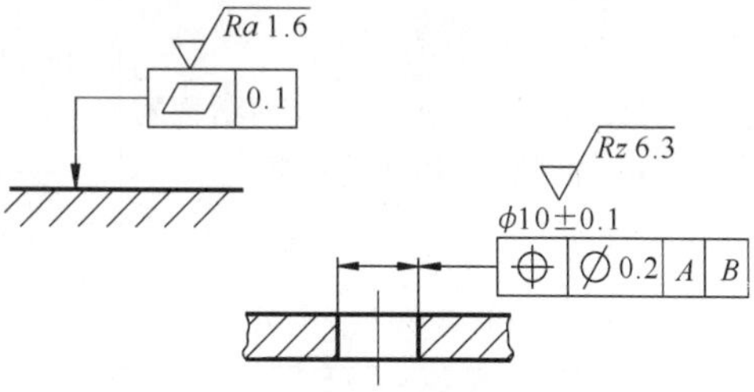 Ra 1.6　0.1　Rz 6.3　φ10±0.1　0.2 A B
圆柱或棱柱表面的表面结构要求只标注一次。如果每个棱柱表面有不同的表面结构要求，则应分别单独标注	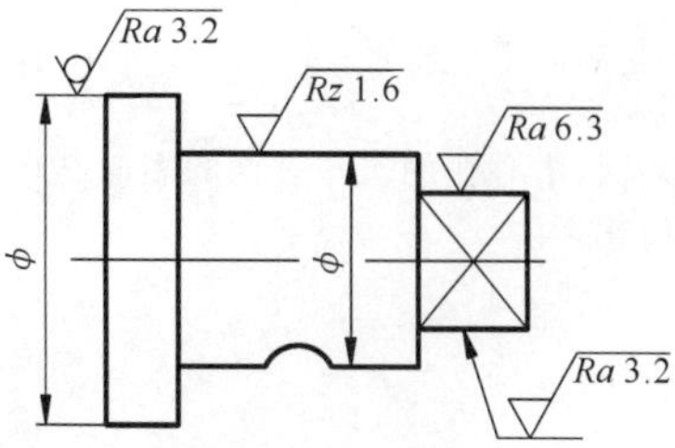 Ra 3.2　Rz 1.6　Ra 6.3　φ　φ　Ra 3.2

续表

国标规定	图示
零件上同一表面有不同的表面结构要求时，应用细实线画出其分界线，并标注相应的表面结构符号和尺寸	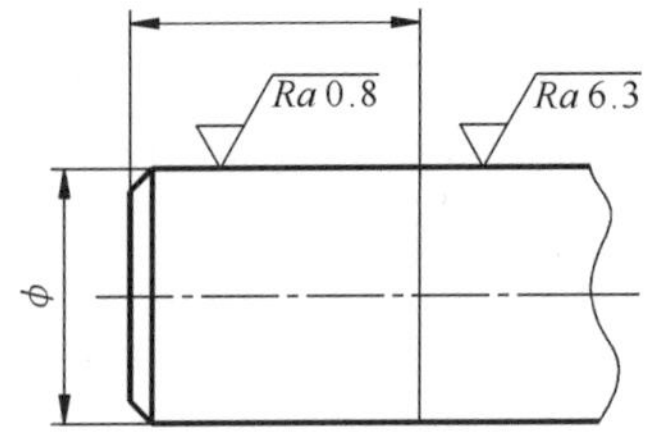 Ra 0.8; Ra 6.3; φ
需要将零件局部热处理或镀涂时，应用粗点画线画出其范围并标注相应的尺寸，也可以将其要求注写在表面结构符号内	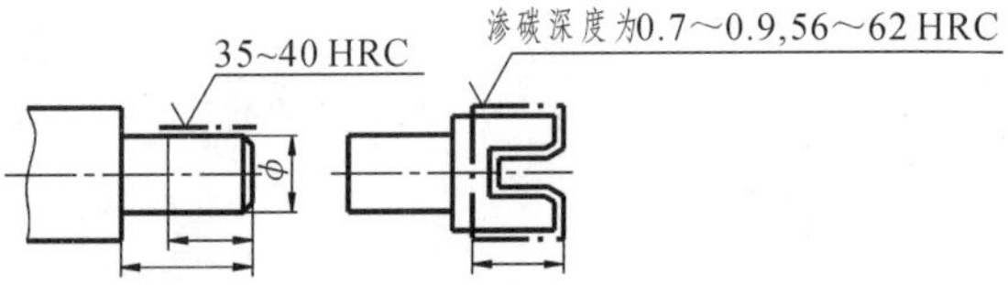 35~40 HRC; φ; 渗碳深度为0.7～0.9,56～62 HRC
零件上连续表面及重复要素(孔、槽、齿等)的表面结构要求可以只标注一次	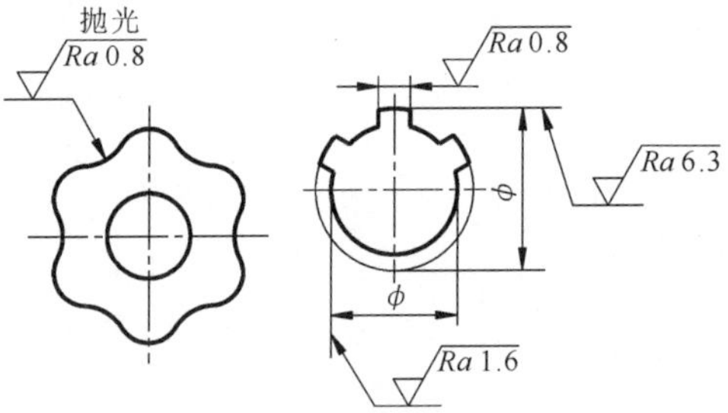 抛光; Ra 0.8; Ra 0.8; Ra 6.3; φ; φ; Ra 1.6
齿轮及渐开线花键工作表面的表面结构要求，在没有画出齿形时，可标注在分度线上	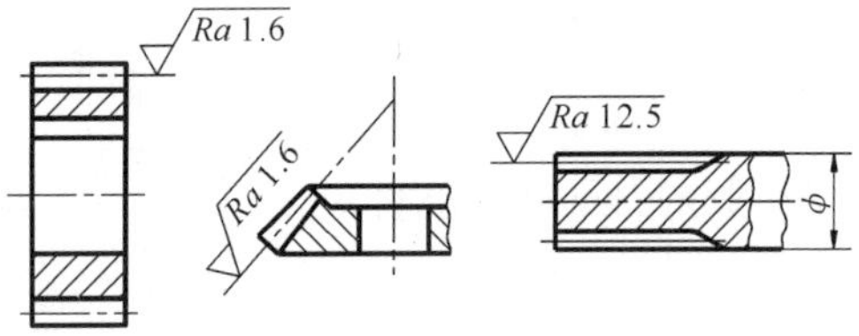 Ra 1.6; Ra 1.6; Ra 12.5; φ
键槽工作表面、中心孔的工作表面的表面结构要求可以简化标注	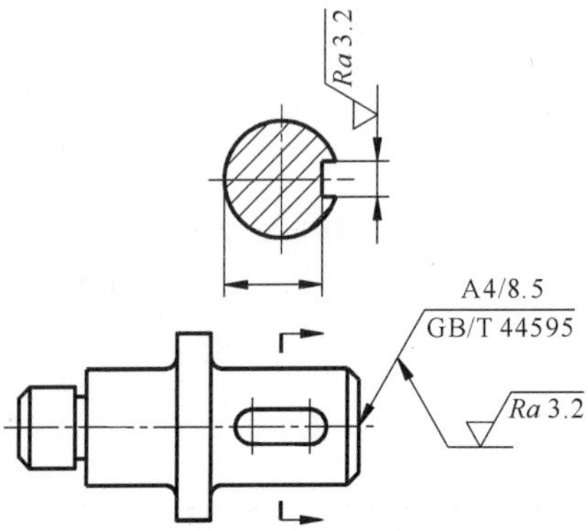 Ra 3.2; A4/8.5; GB/T 44595; Ra 3.2

续表

国标规定	图示
不连续的同一表面(如带有凹槽的底板)可用细实线连接,其表面结构要求只标注一次	
如果零件的全部表面有相同的表面结构要求,可将表面结构符号统一标注在图样的标题栏附近,见图(a)。 如果零件的多数表面有相同的表面结构要求,可将表面结构符号统一标注在图样的标题栏附近,此时,表面结构符号后面应有: (1) 在圆括号内给出无任何其他标注的基本符号,见图(b)。 (2) 在圆括号内给出不同的表面结构要求,见图(c)。 不同的表面结构要求应直接标注在图形中	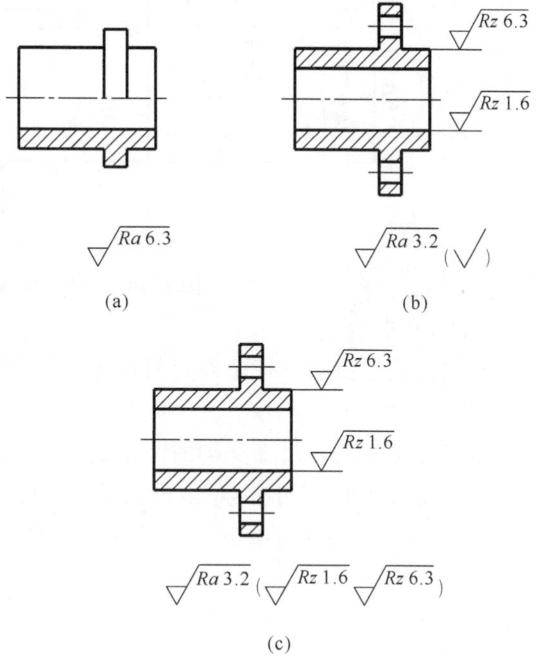
当多个表面具有相同的表面结构要求或图纸空间有限时,可以采用简化标注。 (1)用带字母的完整图形符号进行标注,并以等式的形式,在图形或标题栏附近,说明相应的表面结构要求,见图(a)。 (2)也可直接用表面结构图形符号中的基本图形符号和扩展图形符号进行标注,并以等式的形式,在图形或标题栏附近,说明相应的表面结构要求,见图(b)	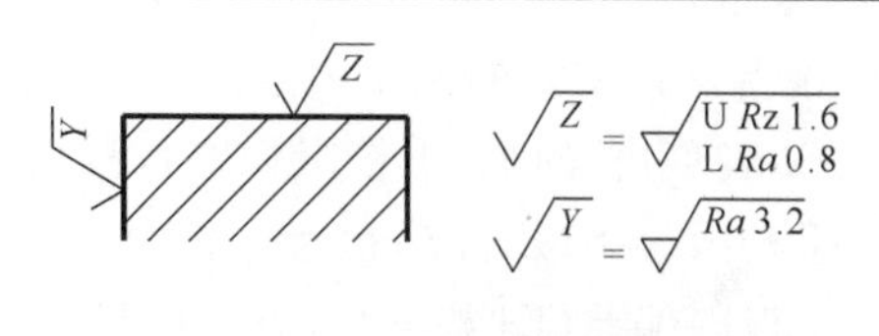 (a) √ = √Ra 3.2 (未指定工艺方法的多个表面结构要求的简化注法) √ = √Ra 3.2 (要求去除材料的多个表面结构要求的简化注法) √ = √Ra 3.2 (不允许去除材料的多个表面结构要求的简化注法) (b)

8.4.2　极限与配合

在制造机器的过程中,不可能也没有必要将零件的尺寸做得绝对准确。为了保证相互接触的零件具有确定的力学性能和必要的精度,相关部门制定了国家标准《产品几何技术规范(GPS)　极限与配合》(GB/T 1800.1—2009)。该标准保证了零件的互换性和制造精度,既满足了生产部门的广泛协作要求,又能进行高效率的专业化生产。

1. 极限与配合的基本概念

极限与配合的基本概念如图 8-20 所示。

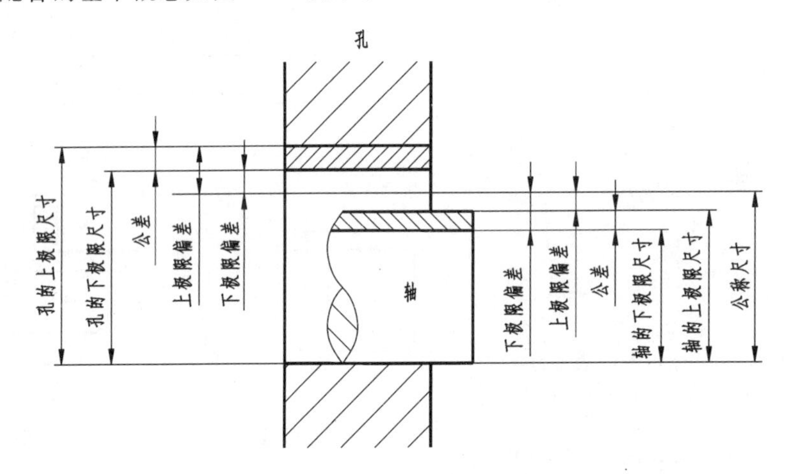

图 8-20　极限与配合的基本概念

1) 公称尺寸

公称尺寸是指由图样规范确定的理想形状要素的尺寸。

2) 极限尺寸

极限尺寸是指允许尺寸变动的两个极限值,分为上极限尺寸和下极限尺寸。

(1) 上极限尺寸:尺寸要素允许的最大尺寸。

(2) 下极限尺寸:尺寸要素允许的最小尺寸。

3) 偏差

偏差是指某一尺寸减去其公称尺寸所得的代数差。偏差可以为正、负或零值。

4) 极限偏差

极限偏差是指偏差的两个极限值,分为上、下极限偏差。孔的上、下极限偏差代号用大写字母 ES、EI 表示;轴的上、下极限偏差代号用小写字母 es、ei 表示。

(1) 上极限偏差(ES 或 es)=上极限尺寸-公称尺寸

(2) 下极限偏差(EI 或 ei)=下极限尺寸-公称尺寸

5) 尺寸公差(简称公差)

尺寸公差是指允许尺寸的变动量,是上极限尺寸减下极限尺寸之差,或上极限偏差减下极限偏差之差。

6) 公差带、公差带图和零线

公差带是指表示公差大小和其相对零线位置的一个区域。为简化起见,一般只画出由代表上极限偏差和下极限偏差的两条直线所限定的一个矩形框简图,称为公差带图,如图 8-21 所示。在公差带图中,零线是表示公称尺寸的一条直线,以其为基准来确定偏差和公差。通常零线沿水平方向绘制，正偏差位于零线之上，负偏差位于零线之下。

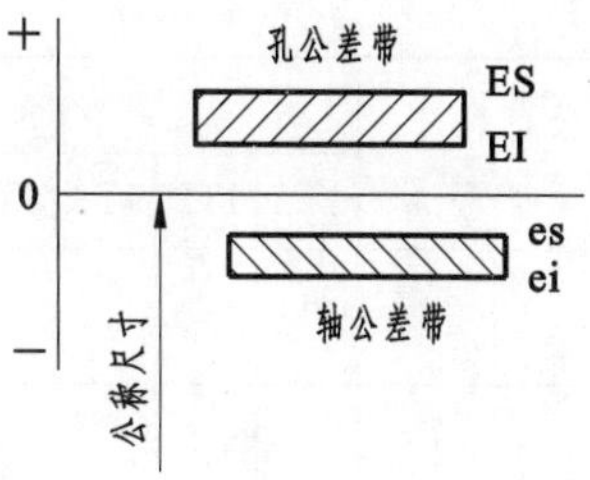

图 8-21 孔和轴的公差带图

2. 配合

公称尺寸相同的孔和轴相互结合时的公差带之间的关系称为配合。配合反映了孔和轴之间连接的松紧程度。如图 8-22 所示，配合类型有以下三种。

1）间隙配合

孔和轴配合后有间隙（包括最小间隙为零），即轴在孔中可自由转动。孔的公差带在轴的公差带之上，如图 8-22(a)所示。

2）过盈配合

具有过盈的配合（包括最小过盈为零），即孔和轴在装配后不能做相对运动。此时轴的公差带在孔的公差带之上，如图 8-22(b)所示。

3）过渡配合

孔和轴装配时可能出现间隙或过盈的配合。此时孔和轴的公差带互相重叠，如图 8-22(c)所示。

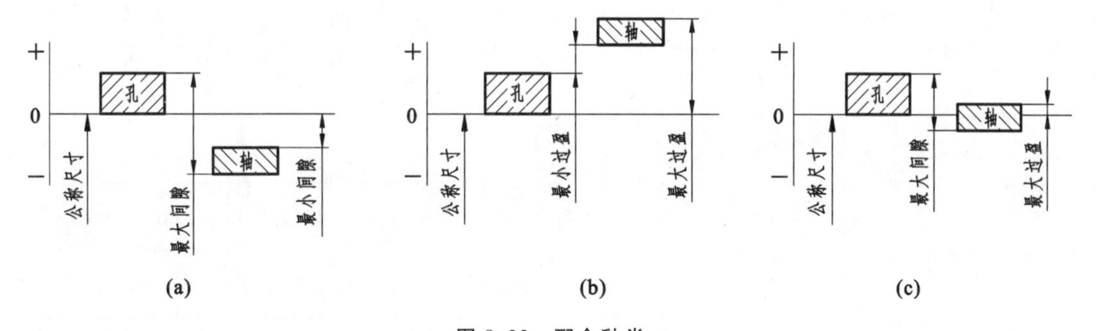

图 8-22 配合种类

(a)间隙配合 (b)过盈配合 (c)过渡配合

3. 标准公差与基本偏差

为了满足不同的配合要求，相关国家标准规定：孔、轴公差带由标准公差和基本偏差两个要素组成。标准公差确定公差带大小，基本偏差确定公差带位置。

1）标准公差

标准公差(IT)是极限与配合制中所规定的任一公差。标准公差的数值由公称尺寸和公差等级来确定。标准公差等级组分为 20 个等级，分别用 IT01、IT0、IT1～IT18 表示。IT 表示标准公差，数字表示公差等级。同一公称尺寸，IT01 公差数值最小，精度最高；IT18 公差数值最大，精度最低。在 20 个标准公差等级中，IT01～IT12 用于配合尺寸，IT13～IT18 用于非配合尺寸。表 8-12 列出了从国家标准中节选出的部分标准公差数值。

表 8-12 标准公差数值(GB/T 1800.1—2009)

公称尺寸/mm		标准公差等级																	
		IT1	IT2	IT3	IT4	IT5	IT6	IT7	IT8	IT9	IT10	IT11	IT12	IT13	IT14	IT15	IT16	IT17	IT18
大于	至	μm											mm						
—	3	0.8	1.2	2	3	4	6	10	14	25	40	60	0.1	0.14	0.25	0.4	0.6	1	1.4

续表

公称尺寸 /mm		标准公差等级																	
		IT1	IT2	IT3	IT4	IT5	IT6	IT7	IT8	IT9	IT10	IT11	IT12	IT13	IT14	IT15	IT16	IT17	IT18
3	6	1	1.5	2.5	4	5	8	12	18	30	48	75	0.12	0.18	0.3	0.48	0.75	1.2	1.8
6	10	1	1.5	2.5	4	6	9	15	22	36	58	90	0.15	0.22	0.36	0.58	0.9	1.5	2.2
10	18	1.2	2	3	5	8	11	18	27	43	70	110	0.18	0.27	0.43	0.7	1.1	1.8	2.7
18	30	1.5	2.5	4	6	9	13	21	33	52	84	130	0.21	0.33	0.52	0.84	1.3	2.1	3.3
30	50	1.5	2.5	4	7	11	16	25	39	62	100	160	0.25	0.39	0.62	1	1.5	2.5	3.9
50	80	2	3	5	8	13	19	30	46	74	120	190	0.3	0.46	0.74	1.2	1.9	3	4.6
80	120	2.5	4	6	10	15	22	35	54	87	140	220	0.35	0.54	0.87	1.4	2.2	3.5	5.4
120	180	3.5	5	8	12	18	25	40	63	100	160	250	0.4	0.63	1	1.6	2.5	4	6.3
180	250	4.5	7	10	14	20	29	46	72	115	185	290	0.46	0.72	1.15	1.85	2.9	4.6	7.2
250	315	6	8	12	16	23	32	52	81	130	210	320	0.52	0.81	1.3	2.1	3.2	5.2	8.1
315	400	7	9	13	18	25	36	57	89	140	230	360	0.57	0.89	1.4	2.3	3.6	5.7	8.9
400	500	8	10	15	20	27	40	63	97	155	250	400	0.63	0.97	1.55	2.5	4	6.3	9.7

注:公称尺寸≤1 mm时,无IT14～IT18;公称尺寸在500～3150 mm范围内的标准公差数值本表未列入,需用时可查阅该标准。

2）基本偏差

基本偏差是极限与配合制中确定公差带相对零线位置的上极限偏差或下极限偏差,一般是指孔和轴的公差带中靠近零线的那个偏差。当公差带在零线的上方时,基本偏差为下极限偏差;当公差带在零线的下方时,基本偏差为上极限偏差,如图8-23所示。

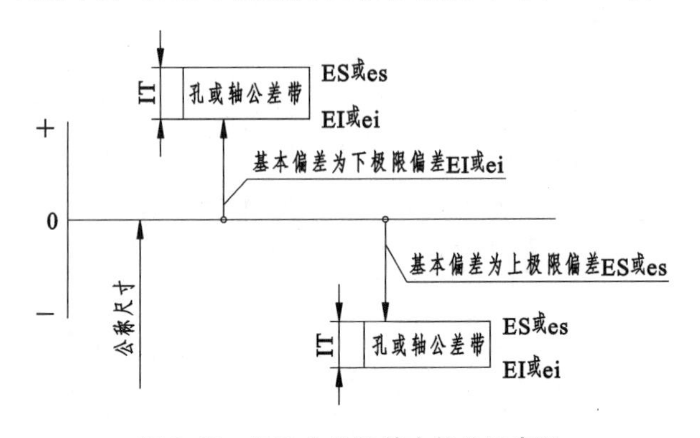

图8-23　标准公差和基本偏差示意图

相关国家标准对孔和轴各规定了28个基本偏差类型,它们的代号用拉丁字母表示,大写

为孔，小写为轴，分别为

a,b,c,cd,d,…,x,y,z,za,zb,zc(轴)

A,B,C,CD,D,…,X,Y,Z,ZA,ZB,ZC(孔)

如图8-24所示，基本偏差系列示意图只表示公差带的位置，不表示公差带的大小，因此表示公差带的矩形是开口的，开口的一端由标准公差限定。公称尺寸一定的孔和轴，如果它们的基本偏差和标准公差等级确定了，那么轴和孔的公差带位置和大小就确定了。轴和孔的极限偏差数值见附录附表29和附表30。

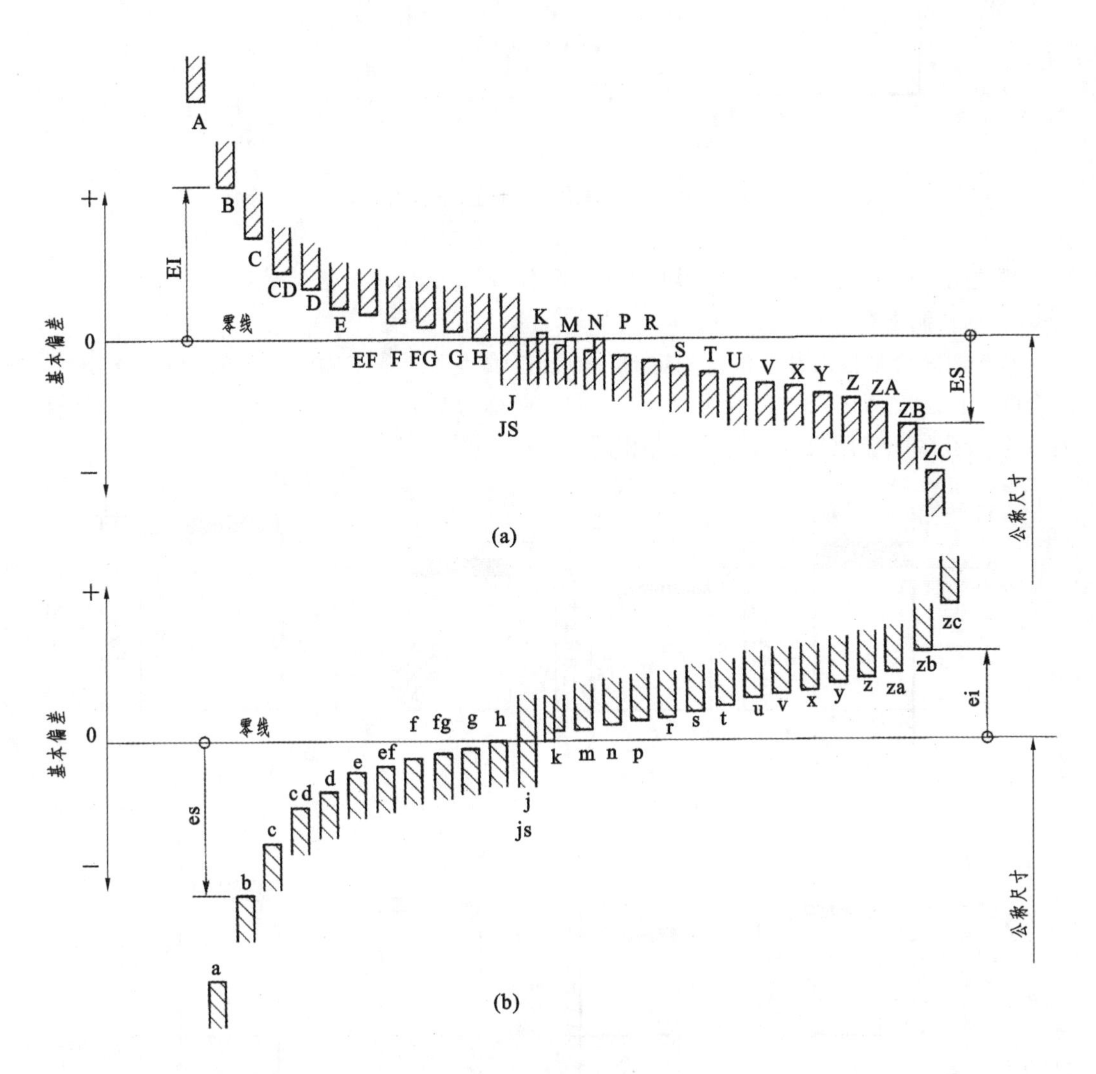

图8-24 基本偏差系列示意图

(a)孔 (b)轴

3) 公差带代号

孔和轴的公差带代号由基本偏差代号和公差等级代号两部分组成。如H8、K7、H9等为孔的公差带代号，s7、h6、f7等为轴的公差带代号。

根据孔和轴的公称尺寸和公差带代号，查表就可得出它们的上、下极限偏差数值。如图8-25(a)所示，在轴的尺寸$\phi30n6$中：$\phi30$为公称尺寸，n6为轴的公差带代号，其中n为基本偏差代号,6 为公差等级代号。由附录附表 29 中查得 ϕ30n6 轴的上、下极限偏差值分别为 +28 μm、+15 μm,即+0.028 mm、+0.015 mm。由此可以确定该尺寸的公差带位置和大小,并画出公差带图,如图 8-25(b)所示。

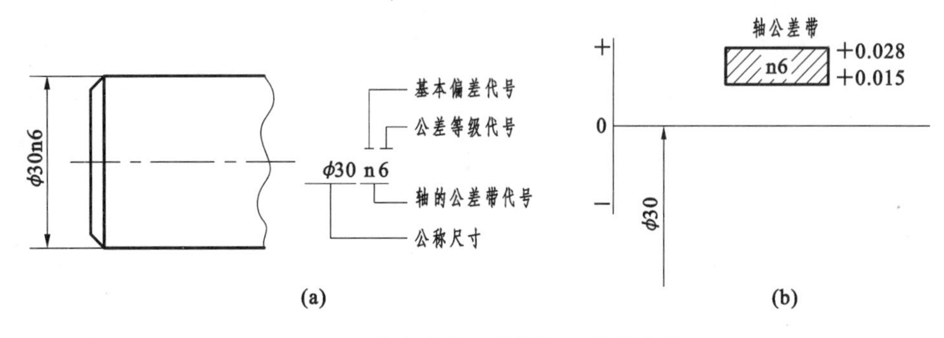

图 8-25 查表确定尺寸的上、下极限偏差

4. 配合的基准制

相关国家标准规定了两种常用的基准制配合:基孔制配合和基轴制配合。

1) 基孔制配合

基孔制配合是指由基本偏差一定的孔的公差带与不同基本偏差的轴的公差带形成各种配合的一种制度,如图 8-26(a)所示。基孔制的孔称为基准孔,其基本偏差代号为 H,下极限偏差为 0,孔的下极限尺寸与公称尺寸相同。

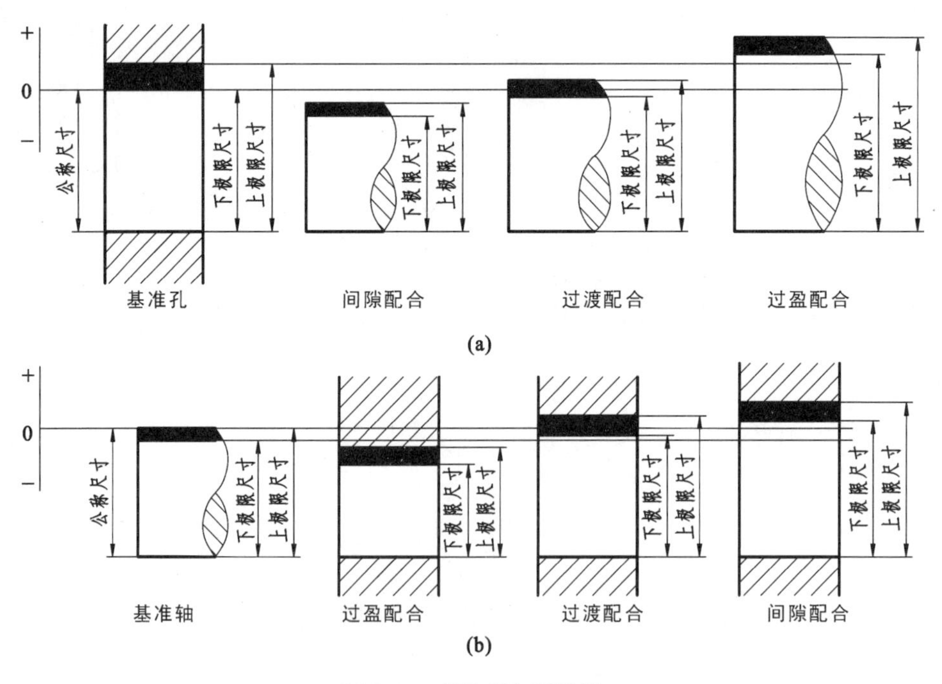

图 8-26 基孔制与基轴制

(a)基孔制 (b)基轴制

2）基轴制配合

基轴制配合是指由基本偏差一定的轴的公差带与不同基本偏差的孔的公差带形成各种配合的一种制度，如图 8-26(b)所示。基轴制的轴称为基准轴，其基本偏差代号为 h，上极限偏差为 0，轴的上极限尺寸与公称尺寸相同。

3）配合代号

配合代号由组成配合的孔、轴公差带代号表示，写成分数的形式，分子为孔的公差带代号，分母为轴的公差带代号，即“$\frac{\text{孔公差带代号}}{\text{轴公差带代号}}$”或“孔公差带代号/轴公差带代号”。若为基孔制配合，配合代号为$\frac{\text{基准孔公差带代号}}{\text{轴公差带代号}}$，如$\frac{H6}{k5}$、$\frac{H8}{e7}$，或 H6/k5、H8/e7 等；若为基轴制配合，配合代号为$\frac{\text{孔公差带代号}}{\text{基准轴公差带代号}}$，如$\frac{K6}{h5}$、$\frac{E8}{h7}$，或 K6/h5、E8/h7 等。

4）优先和常用配合

标准公差有 20 个等级，基本偏差有 28 种，可组成大量配合。但是，过多的配合既不能发挥标准的作用，也不利于生产。因此，相关国家标准将孔、轴公差带分为“优先选用”“其次选用”和“最后选用”三个层次，通常将优先选用和其次选用合称为常用。基孔制常用配合共 59 种，其中优先配合有 13 种，见表 8-13；基轴制常用配合共 47 种，其中优先配合有 13 种，见表 8-14。

表 8-13　基孔制优先、常用配合

基准孔	轴																				
	a	b	c	d	e	f	g	h	js	k	m	n	p	r	s	t	u	v	x	y	z
	间隙配合								过渡配合			过盈配合									
H6						$\frac{H6}{f5}$	$\frac{H6}{g5}$	$\frac{H6}{h5}$	$\frac{H6}{js5}$	$\frac{H6}{k5}$	$\frac{H6}{m5}$	$\frac{H6}{n5}$	$\frac{H6}{p5}$	$\frac{H6}{r5}$	$\frac{H6}{s5}$	$\frac{H6}{t5}$					
H7						$\frac{H7}{f6}$	$\frac{H7}{g6}$	$\frac{H7}{h6}$	$\frac{H7}{js6}$	$\frac{H7}{k6}$	$\frac{H7}{m6}$	$\frac{H7}{n6}$	$\frac{H7}{p6}$	$\frac{H7}{r6}$	$\frac{H7}{s6}$	$\frac{H7}{t6}$	$\frac{H7}{u6}$	$\frac{H7}{v6}$	$\frac{H7}{x6}$	$\frac{H7}{y6}$	$\frac{H7}{z6}$
H8					$\frac{H8}{e7}$	$\frac{H8}{f7}$	$\frac{H8}{g7}$	$\frac{H8}{h7}$	$\frac{H8}{js7}$	$\frac{H8}{k7}$	$\frac{H8}{m7}$	$\frac{H8}{n7}$	$\frac{H8}{p7}$	$\frac{H8}{r7}$	$\frac{H8}{s7}$	$\frac{H8}{t7}$	$\frac{H8}{u7}$				
				$\frac{H8}{d8}$	$\frac{H8}{e8}$	$\frac{H8}{f8}$		$\frac{H8}{h8}$													
H9			$\frac{H9}{c9}$	$\frac{H9}{d9}$	$\frac{H9}{e9}$	$\frac{H9}{f9}$		$\frac{H9}{h9}$													
H10			$\frac{H10}{c10}$	$\frac{H10}{d10}$				$\frac{H10}{h10}$													
H11	$\frac{H11}{a11}$	$\frac{H11}{b11}$	$\frac{H11}{c11}$	$\frac{H11}{d11}$				$\frac{H11}{h11}$													
H12		$\frac{H12}{b12}$						$\frac{H12}{h12}$													

1. 常用配合59种，其中 ◤ 为优先配合，共13种；
2. H6/n5、H7/p6在公称尺寸小于或等于3 mm和H8/r7在小于或等于100 mm时为过渡配合

表 8-14　基轴制优先、常用配合

基准轴	孔																				
	A	B	C	D	E	F	G	H	JS	K	M	N	P	R	S	T	U	V	X	Y	Z
	间隙配合								过渡配合			过盈配合									
h5						F6/h5	G6/h5	H6/h5	JS6/h5	K6/h5	M6/h5	N6/h5	P6/h5	R6/h5	S6/h5	T6/h5					
h6						F7/h6	◤G7/h6	◤H7/h6	JS7/h6	◤K7/h6	M7/h6	◤N7/h6	◤P7/h6	R7/h6	◤S7/h6	T7/h6	◤U7/h6				
h7					E8/h7	◤F8/h7		◤H8/h7	JS8/h7	K8/h7	M8/h7	N8/h7									
h8				D8/h8	E8/h8	F8/h8		H8/h8													
h9				◤D9/h9	E9/h9	F9/h9		◤H9/h9													
h10				D10/h10				H10/h10													
h11	A11/h11	B11/h11	◤C11/h11	D11/h11				◤H11/h11													
h12		B12/h12						H12/h12	常用配合共47种，其中◤为优先配合，共13种												

5. 极限与配合在图样中的标注

1）在零件图上的标注形式

在零件图上线性尺寸的公差有以下三种标注方法。

(1) 在孔或轴的公称尺寸后面注出孔或轴的公差带代号，如图 8-27(a)中的 $\phi30H7$。这种形式用于大批量生产的零件图上。

(2) 在孔或轴的公称尺寸后面注出上、下极限偏差数值，上极限偏差注写在公称尺寸的右上方，下极限偏差注写在公称尺寸的同一底线上，偏差值的字体比公称尺寸数字的字体小一号，如图 8-27(b)中的 $\phi30^{-0.020}_{-0.041}$。这种形式用于单件或小批量生产的零件图上。

(3) 在孔或轴的公称尺寸后面同时标注公差带代号和上、下极限偏差数值，但上、下极限偏差数值用圆括号括起来，如图 8-27(c)中的 $\phi30f7(^{-0.020}_{-0.041})$。这种形式用于生产批量不定的零件图上。

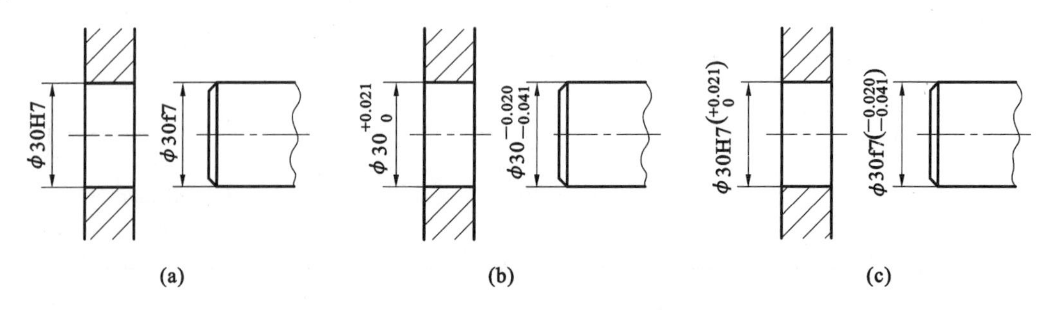

图 8-27　零件图中尺寸公差的标注方法

2）在装配图上的标注形式

在装配图中，表示孔、轴配合的部位要标注配合代号，即在相互配合的孔和轴的公称尺寸后面用一个分式来表达配合代号，分子为孔的公差带代号，分母为轴的公差带代号。如图8-28中的 $\phi30\ \frac{H7}{f6}$ 或 $\phi30H7/f6$。通常分子中含H的为基孔制配合，分母中含h的为基轴制配合。

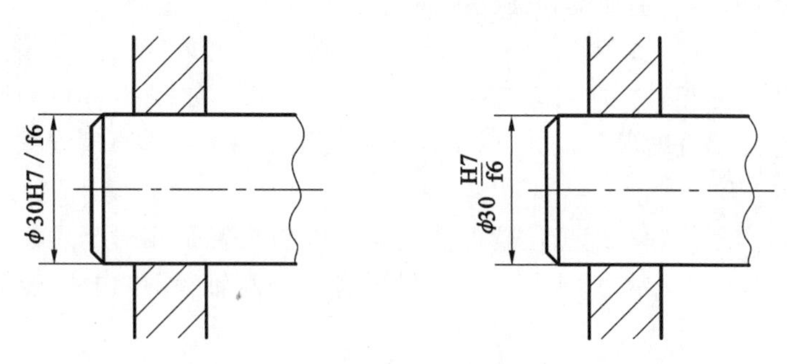

图8-28 装配图中配合尺寸的标注方法

例8-3 试说明图8-29(a)中尺寸 $\phi50H8/f7$ 所表示的意义，并查表确定孔和轴的上、下极限偏差值，画出公差带图。

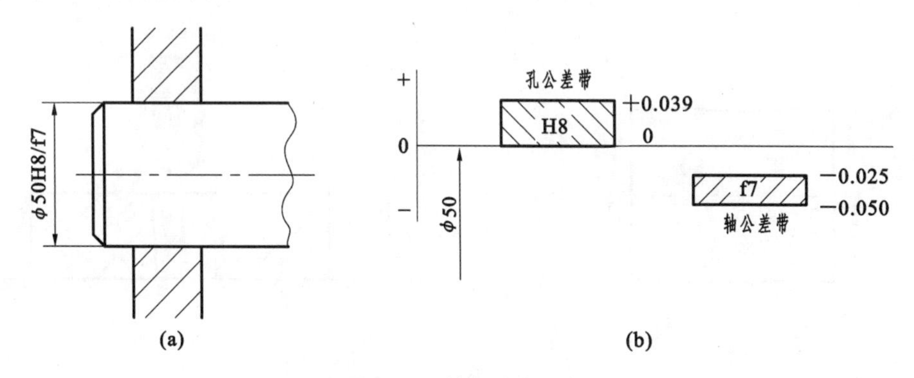

图8-29 轴与孔的配合

(1) $\phi50H8/f7$ 的含义为：公称尺寸为 $\phi50$ 的孔和轴配合，对照表8-13可知，H8/f7是基孔制的优先选用的间隙配合，其中H8是基准孔的公差带代号，f7是配合轴的公差带代号。

(2) 查表确定轴和孔的上、下极限偏差值。$\phi50f7$ 轴与 $\phi50H8$ 孔的上、下极限偏差值可直接从附录附表29和附表30中查出。

轴：查出 $\phi50f7$ 的上、下极限偏差值为－25 μm、－50 μm，应换算为－0.025 mm、＋0.050 mm。

孔：查出 $\phi50H8$ 的上、下极限偏差值为＋39 μm、0，应换算为＋0.039 mm、0。

(3) 根据查表所得，画出孔和轴的公差图，如图8-29(b)所示。由图可知，孔的公差带在轴的公差带之上，这也说明孔轴之间是间隙配合。

8.4.3 几何公差

1. 几何公差的基本概念

对于机器中某些精度要求较高的零件，不仅需要保证其尺寸公差，而且还要保证其几何公差。国家标准《产品几何技术规范(GPS) 几何公差 形状、方向、位置和跳动公差标注》(GB/T 1182—2008)规定了零件几何公差标注的基本要求和方法。

1) 几何误差

零件上各要素的实际形状、方向和位置对其理想形状、方向和位置的偏离量，称为几何误差。几何误差包括形状误差、方向误差、位置误差和跳动误差。

(1) 形状误差。

形状误差是指实际形状对理想形状的变动量。如图 8-30(a)所示，由于机床的振动，使主轴回转精度受到影响，易产生圆度和圆柱度误差。

(2) 方向误差。

方向误差是指实际相对方向对理想相对方向的变动量。如图 8-30(b)所示，由于钻床钻头轴线与工作台存在垂直度误差，加工后工件孔轴线与端面产生垂直度误差。

(3) 位置误差。

位置误差是指实际位置对理想位置的变动量。理想位置是相对于理想形状的基准的位置而言的。如图 8-30(c)所示，调头加工阶梯轴零件另一端轴径时，由于定位基准变化，零件会产生同轴度误差。

(4) 跳动误差。

跳动误差是指零件的表面对于理想轴线在径向间或轴向间的距离变化。如图 8-30(d)所示，大圆柱表面上的点对于理想轴线的径向距离在变化，因而产生了径向圆跳动误差。

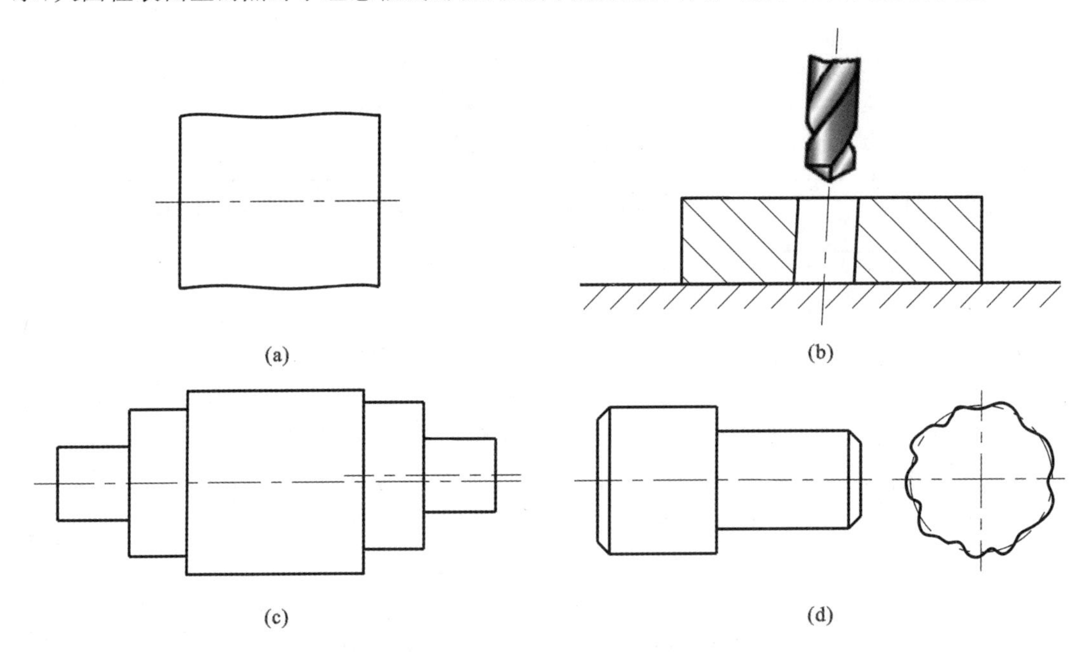

图 8-30　形状、方向、位置及跳动误差

(a) 圆柱度误差　(b) 垂直度误差　(c) 同轴度误差　(d) 圆跳动误差

2) 几何公差

为了保证机器的质量，要限制零件上几何误差的最大变动量，称为几何公差，允许变动量的值称为公差值。

2. 几何公差的几何特征、符号

国家标准 GB/T 1182—2008 中的几何公差分为形状公差、方向公差、位置公差和跳动公差几种类型，每种类型的公差对应的几何特征及符号如表 8-15 所示。

表 8-15　几何特征及符号

<table>
<tr><th>公差类型</th><th>几何特征</th><th>符号</th><th>有无基准</th><th>公差类型</th><th>几何特征</th><th>符号</th><th>有无基准</th></tr>
<tr><td rowspan="6">形状公差</td><td>直线度</td><td>—</td><td rowspan="6">无</td><td rowspan="9">位置公差</td><td>位置度</td><td>⌖</td><td>有或无</td></tr>
<tr><td>平面度</td><td>▱</td><td rowspan="3">同心度（用于中心线）</td><td rowspan="5">◎</td><td rowspan="10">有</td></tr>
<tr><td>圆度</td><td>○</td></tr>
<tr><td>圆柱度</td><td>⌭</td></tr>
<tr><td>线轮廓度</td><td>⌒</td><td rowspan="2">同轴度（用于轴线）</td></tr>
<tr><td>面轮廓度</td><td>⌓</td></tr>
<tr><td rowspan="5">方向公差</td><td>平行度</td><td>//</td><td rowspan="5">有</td><td>对称度</td><td>⌯</td></tr>
<tr><td>垂直度</td><td>⊥</td><td>线轮廓度</td><td>⌒</td></tr>
<tr><td>倾斜度</td><td>∠</td><td>面轮廓度</td><td>⌓</td></tr>
<tr><td>线轮廓度</td><td>⌒</td><td rowspan="2">跳动公差</td><td>圆跳动</td><td>↗</td></tr>
<tr><td>面轮廓度</td><td>⌓</td><td>全跳动</td><td>⌰</td></tr>
</table>

3. 几何公差的标注

几何公差的标注应包括公差框格、被测要素和基准要素三个部分。

1）公差框格

公差框格由两格或多格组成。用细实线绘制，框格高度推荐为图中尺寸数字高度的2倍，各格自左至右顺序标注以下内容（见图8-31）。

（1）几何特征符号。

（2）公差值或公差值及有关符号，公差值是以线性尺寸单位表示的量值。如果公差带是圆形或圆柱形，则在公差值前应加注“ϕ”；如果公差带是圆球形，则公差值前应加注“$S\phi$”。

（3）基准字母或基准字母及有关符号，基准字母用大写的拉丁字母表示，只有一个字母表示单个基准，有几个字母表示基准体系或公共基准。

公差框格在图上只能水平或竖直放置。

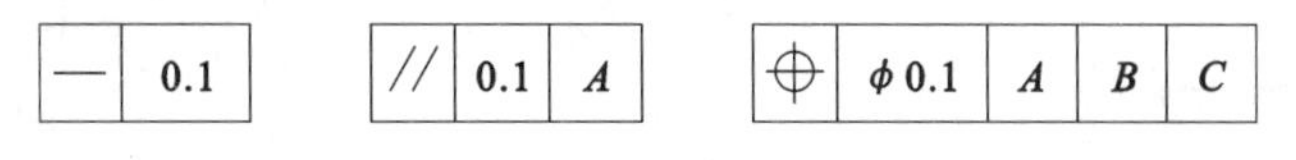

图 8-31　公差框格

2）被测要素的标注

被测要素是指零件上给出几何公差的点、线、面。

在图样上，按下列方式之一用带箭头的指引线连接被测要素和公差框格。指引线可引自框格两端的任意一端。

（1）当公差涉及轮廓线或轮廓面时，箭头指向该要素的轮廓线或其延长线，并且必须与尺寸线明显错开，如图8-32(a)所示。箭头也可指向带圆点的引出线的水平线，引出线引自被测表面，如图8-32(b)所示。

（2）当公差涉及的要素是中心线、中心面或中心点时，带箭头的指引线应与相应的尺寸线的延长线重合，如图8-33所示。

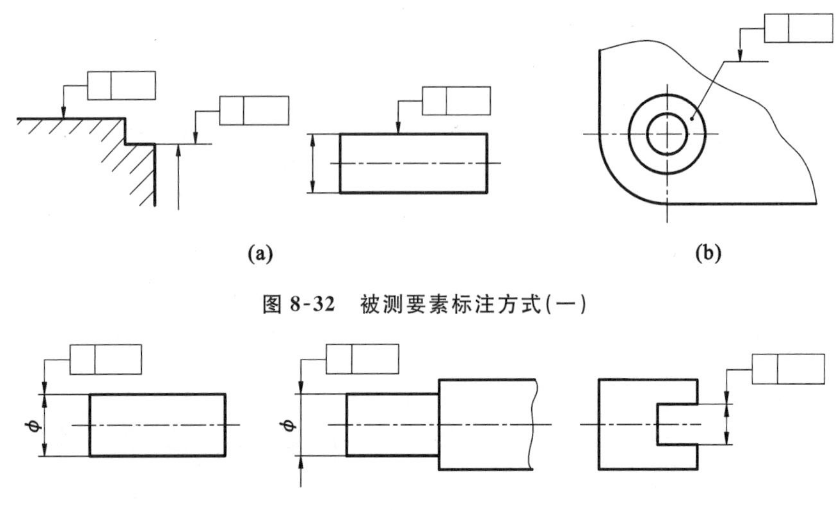

图 8-32　被测要素标注方式（一）

图 8-33　被测要素标注方式（二）

3）基准要素的标注

基准要素是指零件上用来确定被测要素的方向或位置的点、线、面，在图样上用基准符号标注。

（1）基准符号用细实线绘制，如图 8-34 所示，基准线框为正方形，其边长等于公差框格的高度，基准字母注写在线框内，线框与涂黑的或空白的三角形相连。

（2）基准三角形应按如下规定放置。

当基准要素是轮廓线或轮廓面时，基准三角形放置在要素的轮廓线或其延长线上，基准线框与三角形的连线应与尺寸线明显错开，如图 8-35(a)所示；基准三角形也可放置在该轮廓面引出线的水平线上，如图 8-35(b)所示。

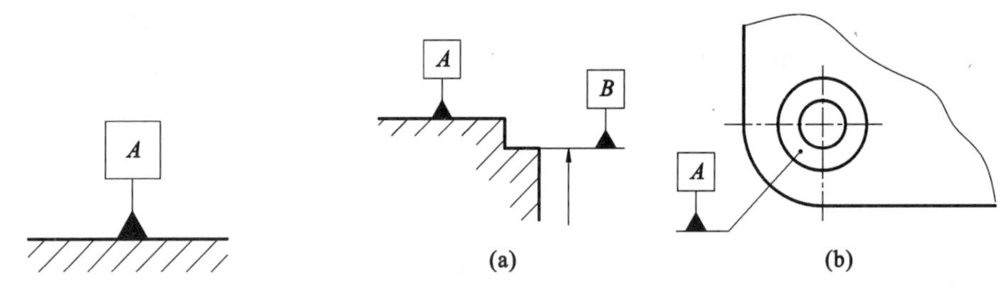

图 8-34　基准符号　　　　图 8-35　基准要素的常用标注方法（一）

当基准是尺寸要素确定的轴线、中心平面或中心点时，基准三角形应放置在该尺寸的延长线上，且基准线框与三角形的连线必须与尺寸线的延长线重合，如图 8-36(a)所示。如果没有足够的位置标注基准要素尺寸的两个尺寸箭头，则其中一个箭头可用基准三角形代替，如图 8-36(b)、(c)所示。

（3）以单个要素作基准时，在公差框格内用一个大写字母表示，如图 8-37(a)所示。以两个要素建立公共基准体系时，用中间加连字符的两个大写字母表示，如图 8-37(b)所示。以两个或三个基准建立基准体系（即采用多基准）时，表示基准的大写字母按基准的优先顺序自左至右填写在各个框格内，如图 8-37(c)所示。

4. 几何公差的标注示例

图 8-38 所示为盘套零件图中所标注的几何公差。五处几何公差的含义如下。

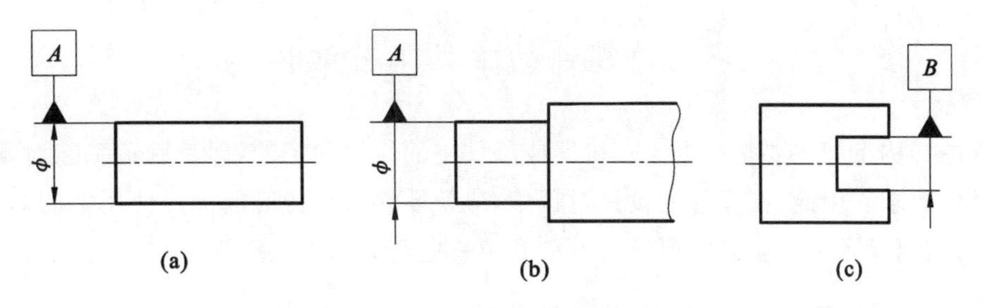

图 8-36　基准要素的常用标注方法(二)

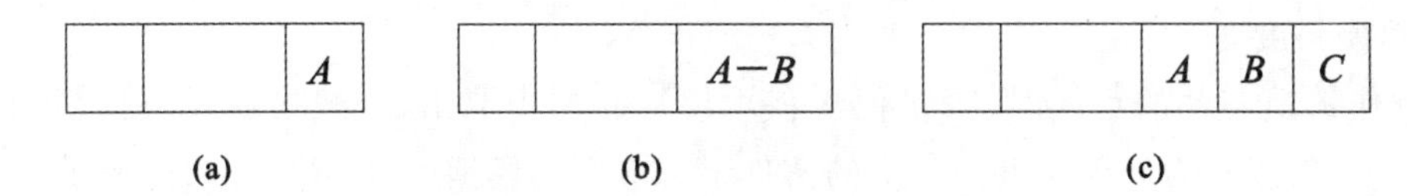

图 8-37　基准要素的常用标注方法(三)

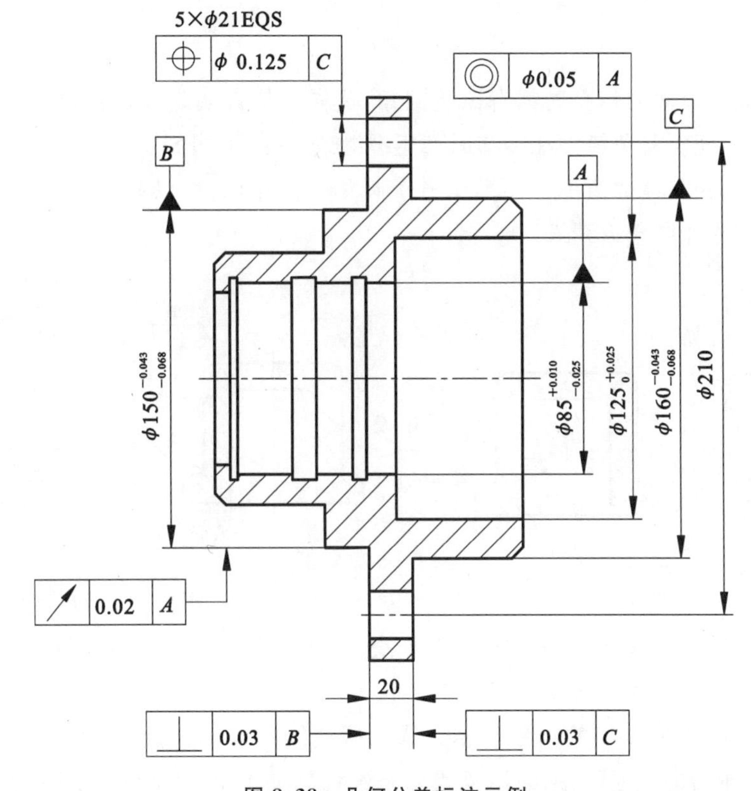

图 8-38　几何公差标注示例

(1) 五个 $\phi21$ 孔的轴线由与 $\phi160^{-0.043}_{-0.068}$ 圆柱面轴线 C 同轴的直径尺寸 $\phi210$ 确定，并均匀分布的五个孔的位置度公差为 $\phi0.125$。

(2) $\phi125^{+0.025}_{0}$ 圆柱孔的轴线对 $\phi85^{+0.010}_{-0.025}$ 圆柱孔轴线 A 的同轴度公差为 $\phi0.05$。

(3) $\phi150^{-0.043}_{-0.068}$ 圆柱表面对 $\phi85^{+0.010}_{-0.025}$ 圆柱孔轴线 A 的径向圆跳动公差为 0.02。

(4) 厚度为 20 的安装板左端面对 $\phi150^{-0.043}_{-0.068}$ 圆柱面轴线 B 的垂直度公差为 0.03。

(5) 安装板右端面对 $\phi160^{-0.043}_{-0.068}$ 圆柱面轴线 C 的垂直度公差为 0.03。

8.5　零件的常见工艺结构

零件的结构形状主要是根据它在机器或部件中的作用确定的，但是制造工艺对零件的结构也有某些要求。因此，在零件的设计过程中，应使零件的结构既能满足使用上的要求，又要能方便制造，以满足加工工艺的要求。本节介绍一些常见的工艺结构。

8.5.1　铸造零件的工艺结构

1. 起模斜度

在制作铸造零件的毛坯时，为了便于将木模从砂型中取出，一般沿脱模方向做出1∶20的斜度，这个斜度称为起模斜度。相应的铸件上也应有起模斜度，如图8-39(a)所示。但这种斜度在图样上可不予标注，也可以不画出，如图8-39(b)所示；必要时，可以在技术要求中用文字说明。

2. 铸造圆角

在铸件毛坯各表面的相交处都有铸造圆角，这样既能方便起模，又能防止浇注铁水时将砂型转角处冲坏，还可避免铸件在冷却时产生裂缝或缩孔(见图8-40)。铸造圆角在零件图中需要画出，圆角半径具体数值不在图形中各个圆角处标注，而是以文字集中注写在零件图的技术要求中，如“未注圆角$R3$”等。

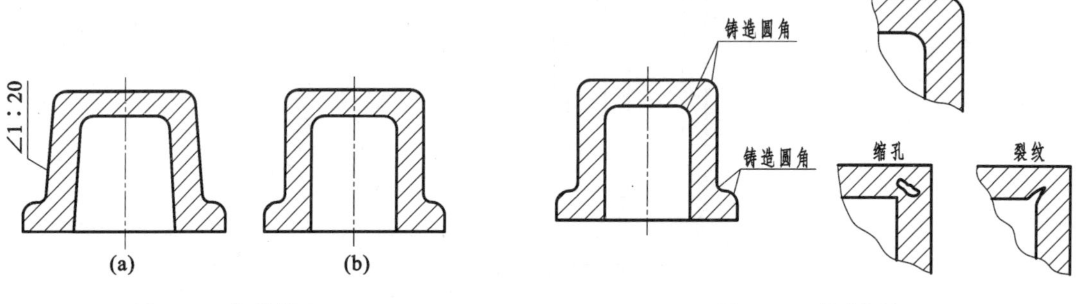

图8-39　起模斜度　　　　图8-40　铸造圆角

铸造圆角的存在，使得铸件上的形体表面交线(如相贯线、截交线)变得不十分明显，这种交线称为过渡线。过渡线用细实线绘制。

如图8-41所示，过渡线的画法与相贯线和截交线一样，只是在过渡线的端部应留有空隙。图8-41(a)所示的三通管是铸件，外表面未经切削加工，外表面的交线应画过渡线；而内孔都经过切削加工后形成，所以孔壁的交线应画成相贯线。图8-41(b)和(c)分别是实心的铸件，前者是轴线垂直相交的两个直径相等的圆柱体，后者是同轴的圆柱与球相交，由于相交处都以圆角过渡，所以图中也都画成过渡线。

3. 铸件壁厚

铸件各处壁厚应尽量均匀，以避免各部分因冷却速度不同而产生缩孔或裂纹缝。若因结构需要出现壁厚相差过大的情况，则应使壁厚由大到小逐渐变化。如图8-42所示。

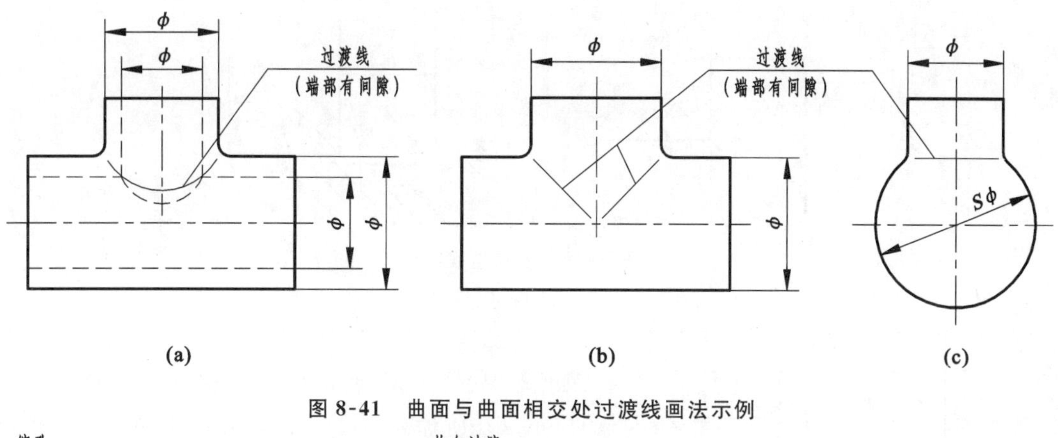

图 8-41　曲面与曲面相交处过渡线画法示例

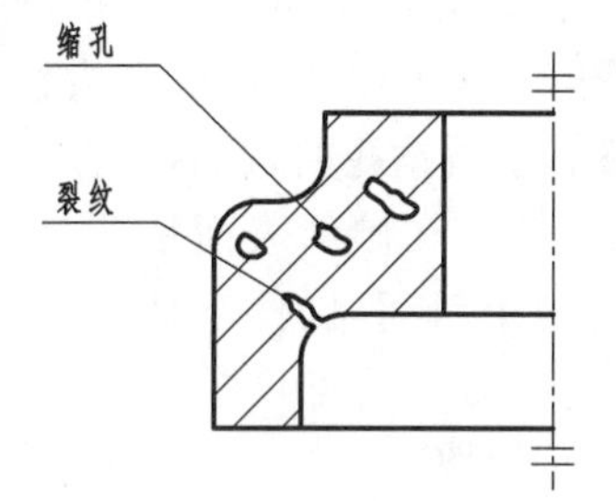

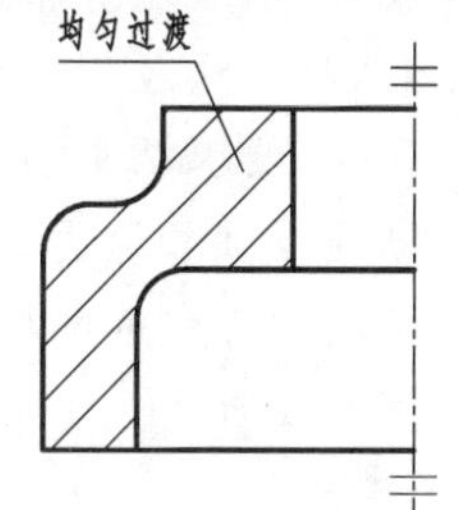

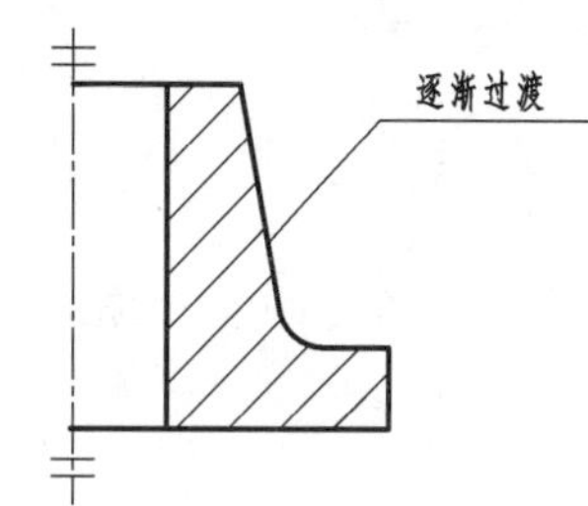

图 8-42　铸件壁厚设计示例

8.5.2　机械加工工艺结构

1. 倒角和倒圆

如图 8-43 所示，为了去除零件的毛刺、锐边和便于装配，在轴或孔的端部，一般都加工出倒角；为了避免因应力集中而产生裂纹，在轴肩处通常加工成圆角的过渡形式，称为倒圆。倒角和倒圆的尺寸系列可查阅附录附表 25 和附表 26。

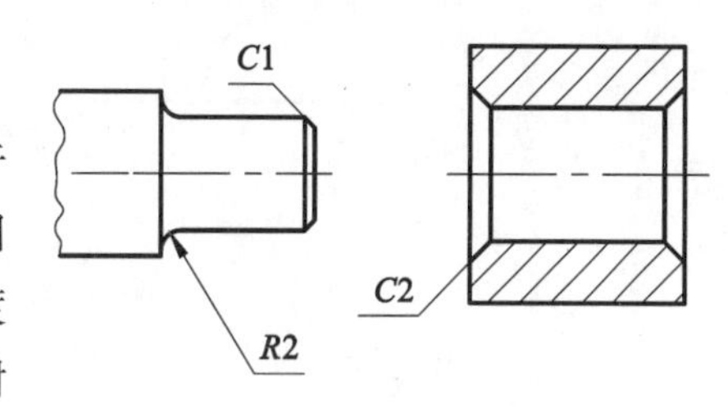

图 8-43　倒角和倒圆

2. 螺纹退刀槽和砂轮越程槽

在切削加工中，特别是在车螺纹和磨削时，为了便于退出刀具或使砂轮可以稍稍越过加工面，通常在零件待加工表面的末端先车出螺纹退刀槽或砂轮越程槽，如图 8-44、图 8-45 所示。螺纹退刀槽和砂轮越程槽的结构尺寸系列可分别查阅附录附表 27 和附表 24。

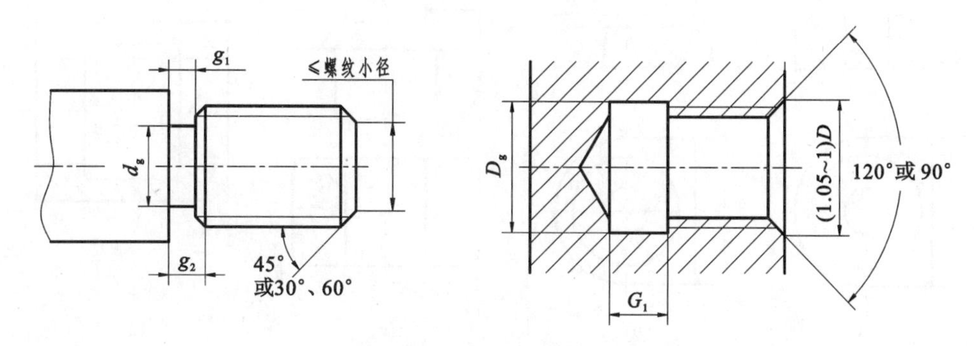

图 8-44　螺纹退刀槽

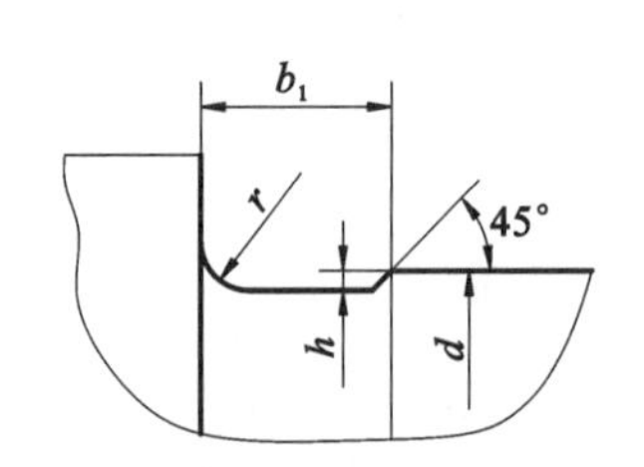

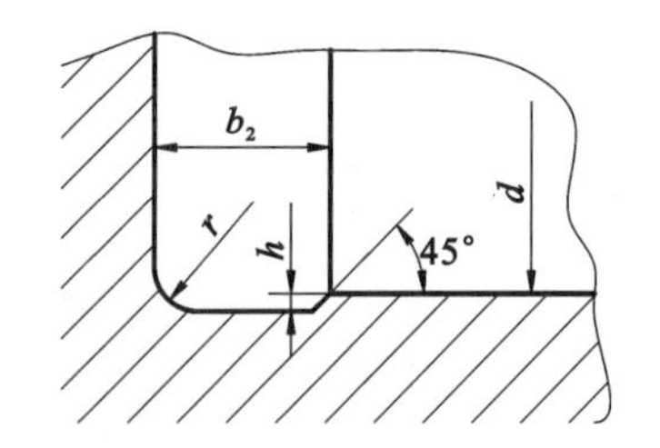

图 8-45　砂轮越程槽

3. 钻孔结构

用钻头钻出的盲孔，在底部有一个 120°的锥角，钻孔深度是指圆柱部分的深度，不包括锥坑，如图 8-46(a)所示。在阶梯孔的过渡处，也存在锥角为 120°的圆台，其画法及尺寸注法如图 8-46(b)所示。用钻头钻孔时，要求钻头轴线尽量垂直于被钻孔的端面，以保证钻孔准确和避免钻头折断。因此在倾斜表面钻孔时，宜增设凸台或凹坑，或加工一个斜面，以便于钻孔，如图 8-47 所示。

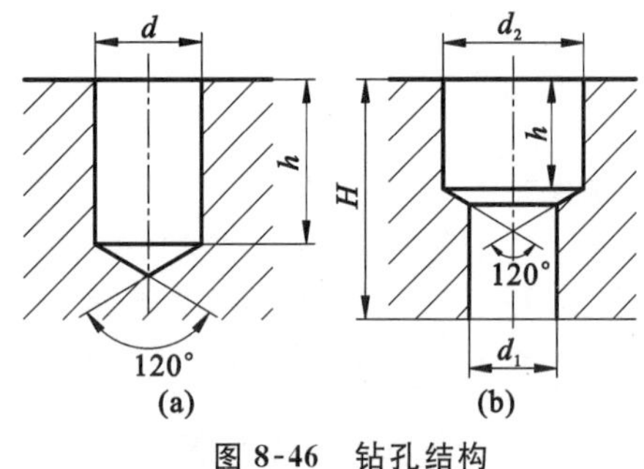

图 8-46　钻孔结构

(a)盲孔　(b)阶梯孔

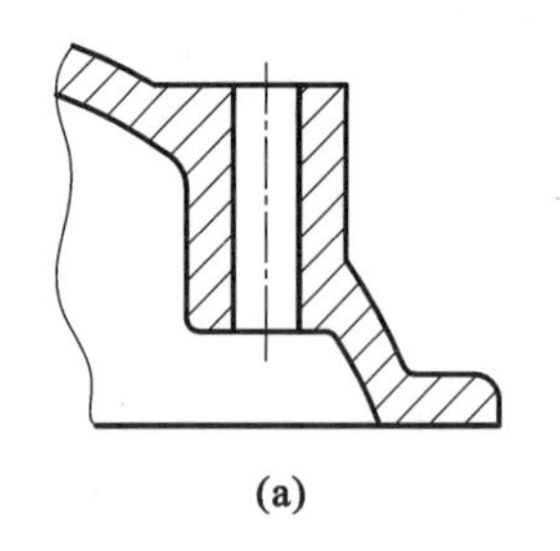

(a)

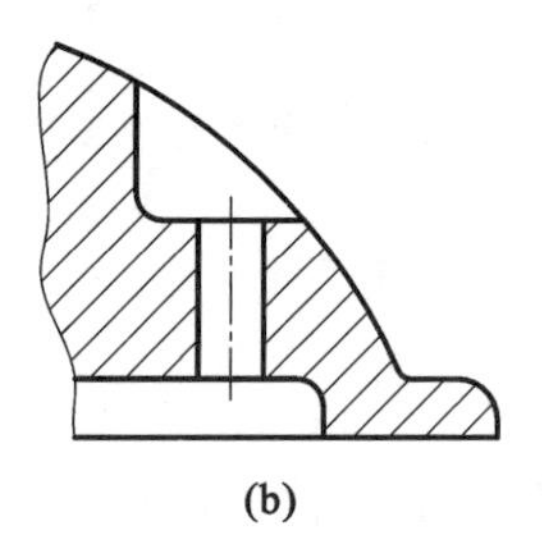

(b)

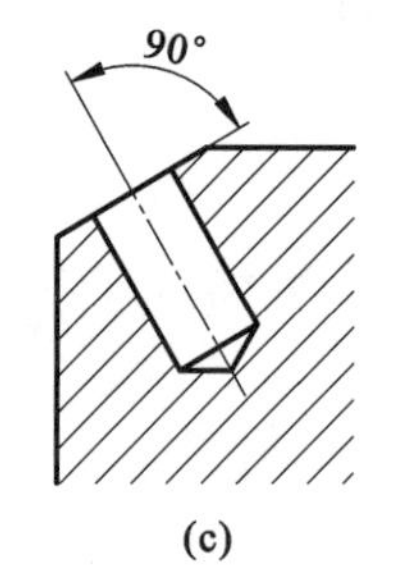

(c)

图 8-47　钻孔的端面

(a)凸台　(b)凹坑　(c)斜面

4. 凸台和凹坑

零件上与其他零件接触的表面一般都要经过机械加工，为了减小加工面积，并保证零件之间有良好的接触，通常在铸件上设计出凸台或凹坑。图 8-48(a)、(b)所示的是螺纹紧固件连接的支承面，做成凸台或凹坑的形式；图 8-48(c)、(d)所示的是为了减小加工面积而做成凹槽和凹腔的结构。

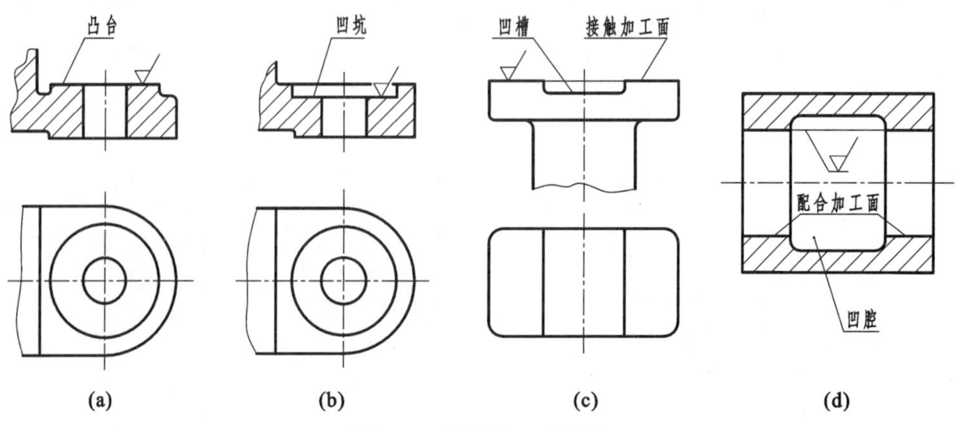

图 8-48　接触面工艺结构

8.6　读零件图

8.6.1　读零件图的方法和步骤

零件图是生产中指导制造和检验该零件的主要图样，它不仅应将零件的材料，内、外结构形状和大小表达清楚，而且还要对零件的加工、检验、测量提供必要的技术要求。工程技术人员必须具备识读零件图的能力。读零件图时，应联系零件在机器或部件中的位置、作用，以及与其他零件的关系，这样才能理解和读懂零件图。读零件图的一般方法和步骤如下。

1. 概括了解

从标题栏了解零件的名称、材料、比例、质量等内容。从名称可判断该零件属于哪一类零件，从材料可大致了解其加工方法，从绘图比例可估计零件的实际大小。必要时，最好对照机器、部件实物或装配图来了解该零件与其他零件的装配关系等，从而对零件有初步了解。

2. 分析视图，想象零件的结构形状

看懂零件的结构形状是读零件图的重点，组合体的读图方法仍适用于读零件图。在分析视图过程中，应该分析一共用了哪些视图，每个视图采用了哪些表达方法，表达的重点是什么；然后根据投影关系，运用形体分析法和线面分析法读懂零件各部分结构，想象出零件的形状。读图的一般顺序是先看主要部分，再看次要部分；先看整体，再看细节；先看易懂的部分，再看难懂的部分。

3. 分析尺寸和技术要求

分析尺寸，主要分析零件的长、宽、高三个方向的主要尺寸基准及重要的尺寸。一般情况下，零件的重要结构、重要表面的尺寸都有尺寸公差和几何公差要求。

分析技术要求时，应该根据图中所标注的表面粗糙度代号、尺寸公差及几何公差等，进一步明确零件的重要结构、主要加工表面的加工要求、精度要求等。

4. 综合归纳

通过对零件图各项内容的全面分析，可以大体归纳出零件的结构形状、尺寸大小和制造要求等，对零件有一定的了解。如能配合阅读相关装配图和零件图，更能对零件的每一结构的功能作出准确、详细的分析判断。

8.6.2　读零件图举例

下面以识读图 8-49 所示的泵体零件图为例，进一步说明识读零件图的方法和步骤。

1. 看标题栏，了解零件

从图 8-49 中的标题栏可知，零件名称为泵体，属于箱体类零件。它必有容纳其他零件的空腔结构。材料是铸铁，零件毛坯是铸造而成的，结构较复杂，加工工序较多。画图的比例为 1∶1。

2. 分析视图，看懂零件的结构形状

1）分析视图，明确投影关系及采用的表达方法

（1）图样一共使用四个视图，零件形状、结构相对复杂。

（2）主视图为全剖视图，其剖切位置在零件的前后对称面上，主要表达泵体内部空腔的形状。

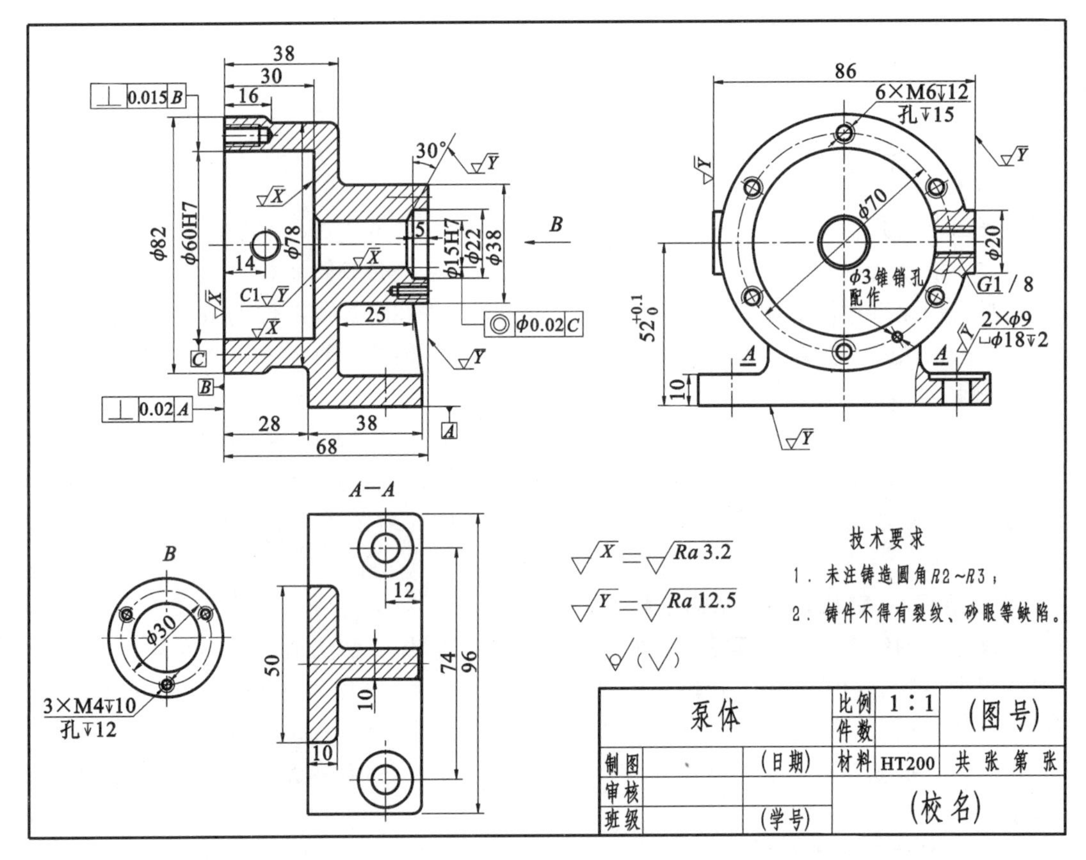

图 8-49　泵体零件图

(3) 左视图采用局部剖视图，用来表达外形结构、螺孔及安装孔的结构和位置。

(4) 俯视图为 A—A 全剖视图，主要反映安装底板的结构及肋板的断面形状。

(5) 局部向视图 B 用来反映泵体右端面的部分形状结构。

2) 根据视图想象形状

(1) 从主、左视图可看出泵体的主体部分的外形为圆柱体，空腔为圆柱孔，用来容纳泵的内部零件。左侧有一个 ϕ82 圆柱凸缘，其上均布 6 个 M6 螺孔；中间为 ϕ78 圆柱；右侧有一圆柱形凸台，从局部向视图 B 可知，该凸台端面均布 3 个 M4 的螺孔；泵体的内腔为阶梯孔，用来容纳其他零件。如图 8-50(a)所示。

(2) 根据左视图可知泵体前后两侧各有 ϕ20 圆柱形凸台和 G1/8 螺孔，泵体前后对称，如图 8-50(b)所示。

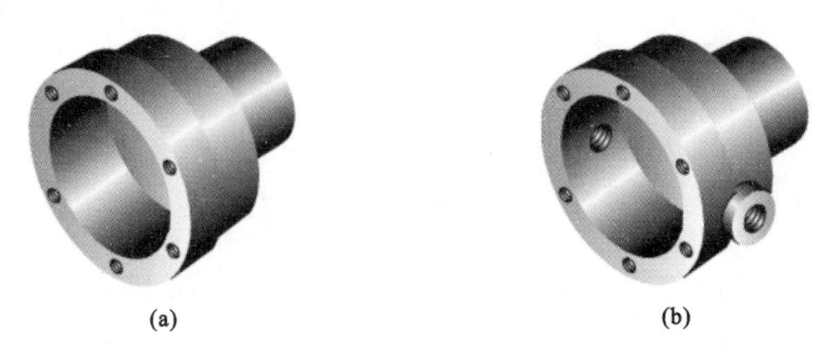

图 8-50　读泵体零件图(一)

(3) 根据左视图和俯视的 $A—A$ 剖视图可知，泵体的安装底板的外形为一侧带有圆角的长方体，其上有两个安装孔，底板位于泵体的正下方，与主体之间有一 T 形连接板相连。

通过以上分析，可以想象出泵体的整体形状，如图 8-51 所示。

图 8-51 读泵体零件图(二)

3. 分析尺寸

(1) 如图 8-49 所示，泵体的左端面为长度方向的主要尺寸基准；前后对称平面为宽度方向的主要尺寸基准；底面为高度方向的主要尺寸基准。从这三个主要基准出发，结合零件的功用，进一步分析主要尺寸和各部分的定形尺寸、定位尺寸，以至完全确定泵体的各部分大小。

(2) 零件中非配合的线性尺寸一般采用自由公差，如 68、96 等。对密封面、配合面等重要的表面则有较高的公差要求，如 ϕ15H7、ϕ60H7 等，它们均为重要的加工表面。

4. 了解技术要求

如图 8-49 所示，泵体左端面对泵体底面垂直度公差为 0.02。ϕ60H7 圆柱孔公差带代号为 H7，表面粗糙度的 Ra 值为 3.2，该孔轴线对泵体左端面垂直度公差为 0.015。ϕ15H7 圆柱孔公差带代号为 H7，表面粗糙度的 Ra 值为 3.2，该孔轴线对 ϕ60H7 孔轴线的同轴度公差为 ϕ0.02。由此可知，ϕ60H7 及 ϕ15H7 两个圆柱孔是泵体的重要结构。泵体材料为铸铁，为满足铸造要求，未注铸造圆角为 $R2$～$R3$。

最后的综合归纳请读者自行完成。

8.7 零 件 测 绘

在生产过程中，当维修机器需要更换某一零件或对现有机器进行仿制时，常常需要对零件进行测绘。零件测绘就是根据已有的零件实物，绘制出零件草图，测量并标注尺寸，然后根据零件草图整理绘制出零件工作图。

8.7.1 零件测绘的方法步骤

现以压盖零件(见图 8-52)为例，说明零件测绘的方法和步骤。

图 8-52 压盖立体图

1. 分析零件，确定视图表达方案

分析零件包括了解被测绘零件的名称、用途、材料及制造方法以及与其他零件的相互关系，进行结构形体分析，从而确定零件合理的表达方案。

图 8-52 所示的压盖常用于油泵或各类阀体中，起压紧填料以达到密封、防漏的作用。它属于盘盖类零件，由带两圆孔的法兰和圆柱凸缘组成。根据零件的加工位置，选取垂直于轴线的方向作为主视图的投射方向，采用两个视图，主视图全剖表达内部结构，左视图表达外形轮廓。

2. 绘制零件草图

测绘常在现场或生产车间进行,受时间和工作场所的限制,通常零件草图是通过目测,徒手用大致的比例画在方格纸或白纸上的。画零件草图不能潦草从事。草图和工作图一样,必须具备正规零件图所包含的全部内容,做到视图表达正确,尺寸完整,线型分明,技术要求完全,图面整洁,有图框和标题栏等。

画零件草图的具体步骤如下。

(1) 布图。画出图框和标题栏位置,画出各视图的中心线、定位线,如图 8-53(a)所示,注意视图间要留出标注尺寸的空间。

(2) 画图。根据确定的表达方案,详细画出零件的内、外结构形状,如图 8-53(b)所示。

(3) 选定尺寸基准,画出全部尺寸界线、尺寸线及箭头。仔细校核图形,将全部轮廓线描深,画出剖面线,如图 8-53(c)所示。

(4) 集中测量尺寸,逐个标在图上。对于标准结构,如螺纹、键槽、倒角、退刀槽等,测量后应查表取标准值。然后根据零件的设计要求和作用,在图样上用符号或文字注写出各项技术要求,最后填写标题栏,如图 8-53(d)所示。

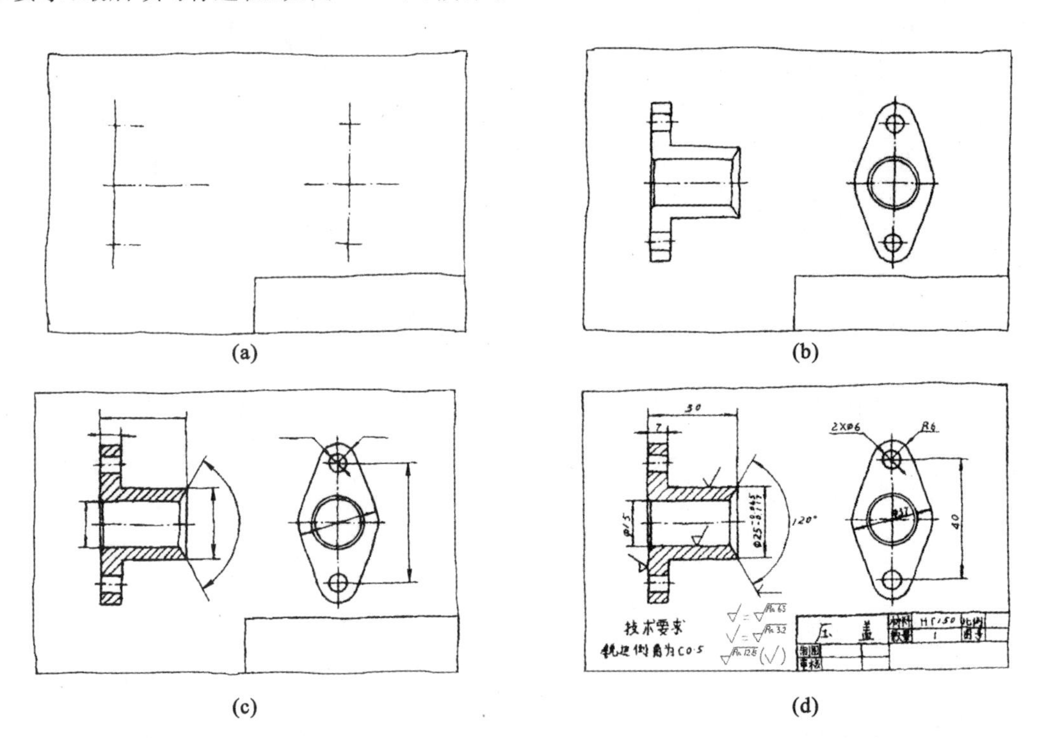

图 8-53　画零件草图的步骤

3. 由零件草图绘制零件工作图

在画零件工作图之前,应对零件草图进行复检,检查零件的表达是否完整,尺寸有无遗漏、重复,相关尺寸是否恰当、合理等,从而对草图进行修改、调整和补充,然后选择适当的比例和图幅,按草图所注尺寸完成零件图的绘制。图 8-54 所示的是完成后的压盖零件图。

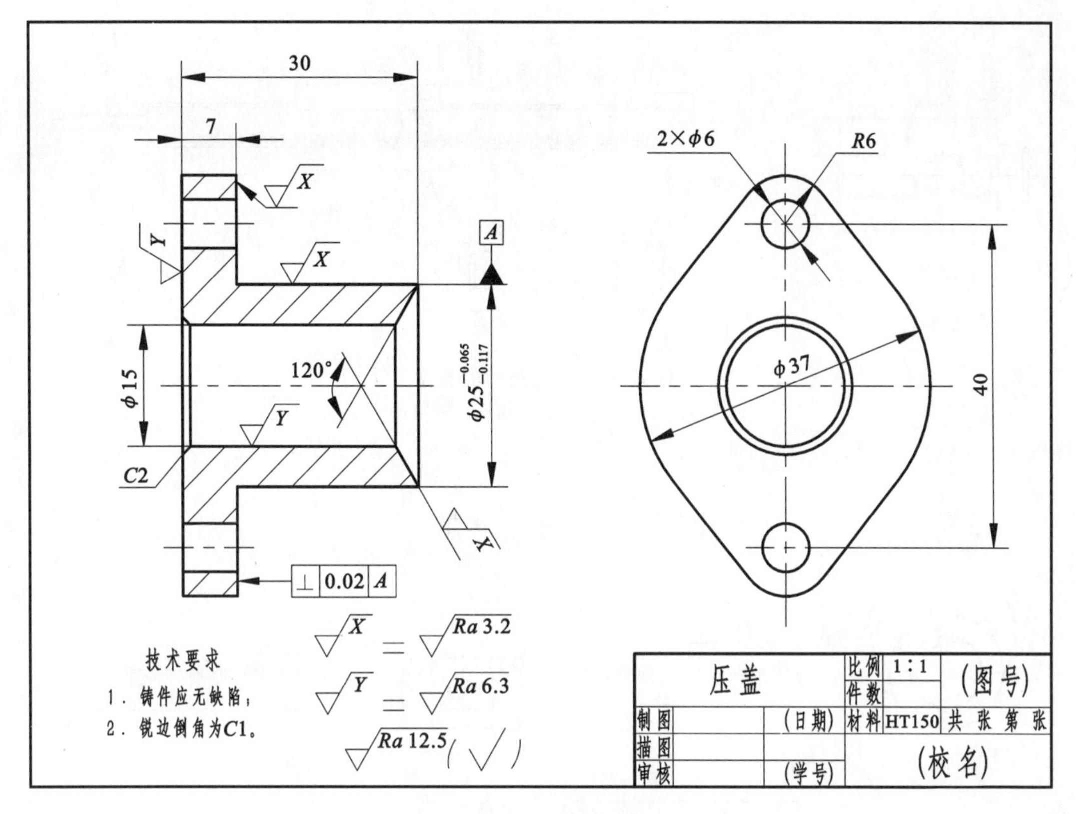

图 8-54　压盖零件图

8.7.2　常用的测绘工具及测量方法

1. 测绘工具

测绘时常用的工具如图 8-55 所示。一般测量用直尺、内卡钳、外卡钳，较精密测量用游标卡尺等。

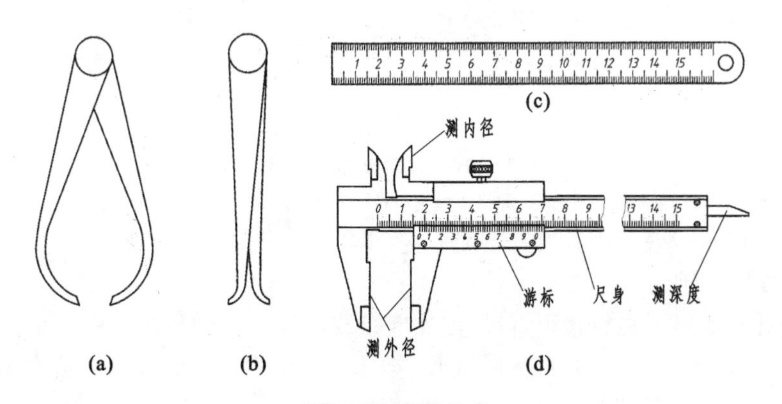

图 8-55　测量工具

(a)外卡钳　(b)内卡钳　(c)直尺　(d)游标卡尺

2. 常用的测量方法

（1）测量直线尺寸　一般可用直尺或游标卡尺直接测量，如图 8-56 所示。

（2）测量回转体的内外径　精度要求低时可用外卡钳测量外径，内卡钳测量内径。测量时要将内、外卡钳上下、前后移动，以测得的最大值为其外径或内径；遇到较精确的表面可用

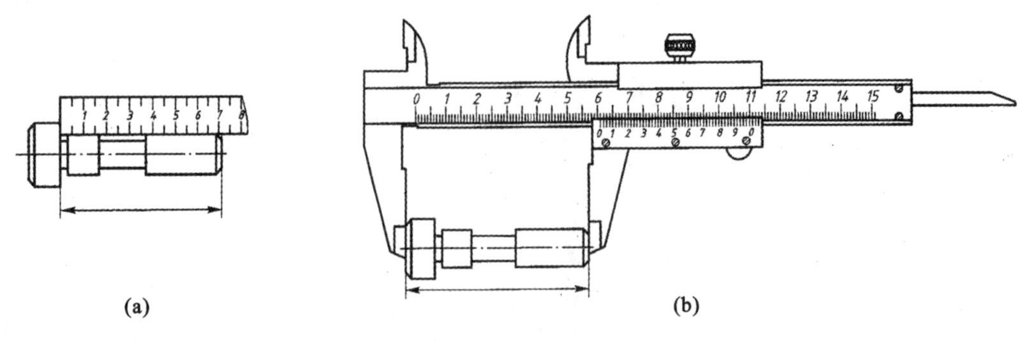

图 8-56　直线尺寸的测量

(a)用直尺测量　(b)用游标卡尺测量

游标卡尺测量。如图 8-57 所示。

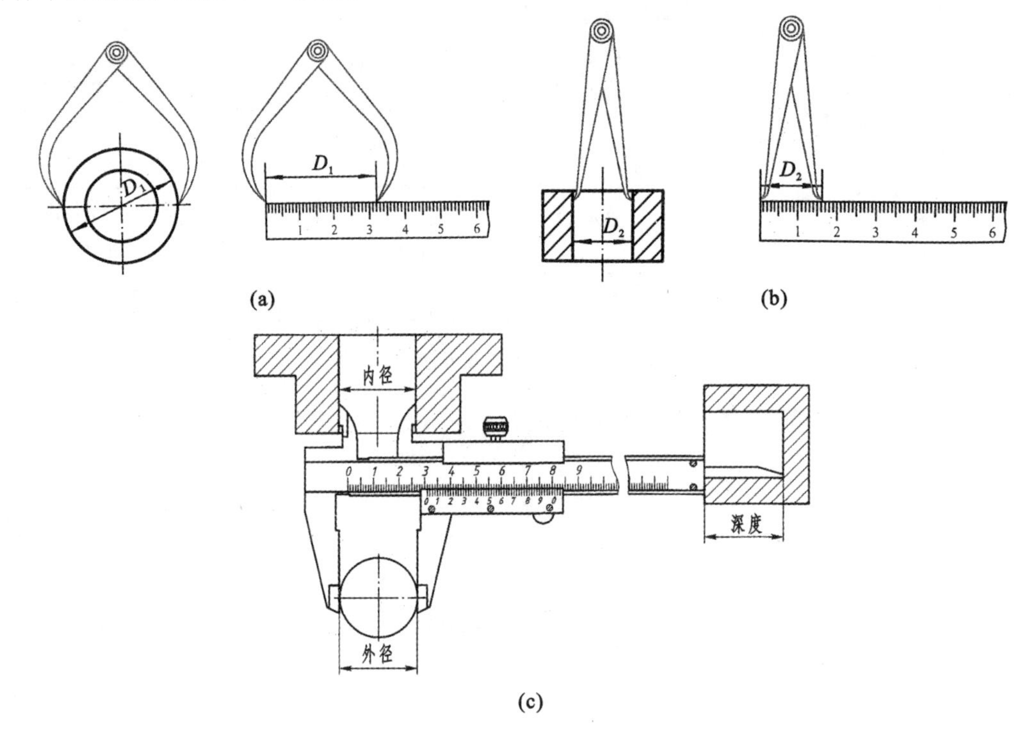

图 8-57　直径尺寸的测量

(a)外卡钳测外径　(b)内卡钳测内径　(c)游标卡尺测内外径及深度

(3) 测量壁厚　一般可用直尺直接测量,若不能直接测出,可用外卡钳与直尺配合,间接测出壁厚,如图 8-58 所示。

(4) 测量孔中心距　可直接用直尺、内外卡钳或游标卡尺测量两孔中心距。当孔径不等时,可按图 8-59(a)所示的方法测量并计算,即 $L=A+(D_1+D_2)/2$;当孔径相等时,可按图 8-59(b)所示的方法测量并计算,即 $L=B-d$。

(5) 测量轴孔中心高　中心高可用直尺结合外卡钳测量并计算,即 $H=A+D/2$,如图 8-60所示。

(6) 测量圆角　图 8-61 所示为用半径规测量的方法。每套半径规有很多片,一半测量外圆角,一半测量内圆角,每片上均有圆角半径。测量圆角时要在半径规中找出与被测量部分完全吻合的一片,片上的读数即为圆角半径。铸造圆角一般目测估计其大小即可。若手头有

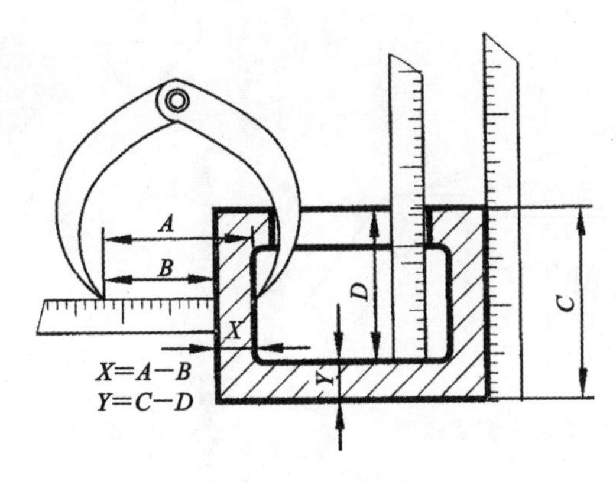

图 8-58 测量壁厚

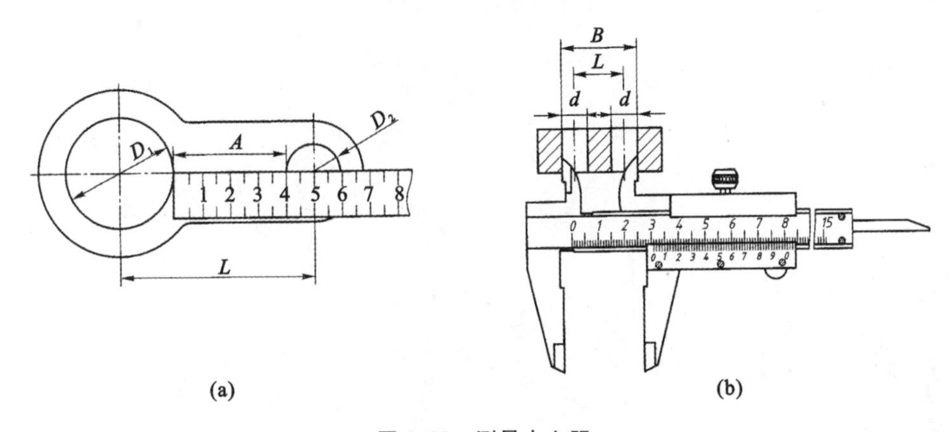

图 8-59 测量中心距

(a)孔径不相等 (b)孔径相等

工艺资料，则应选取相应的数值而不必测量。

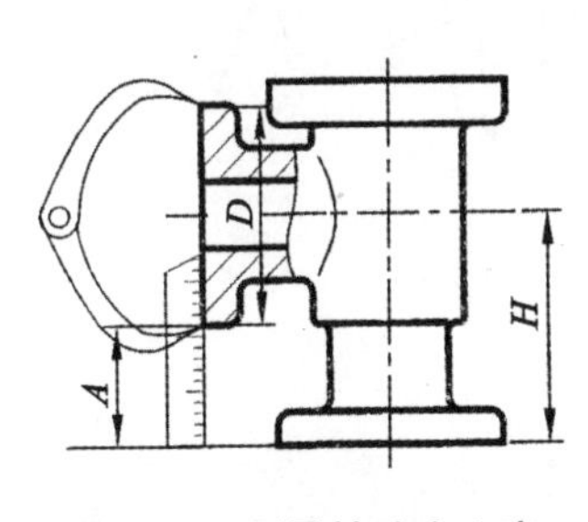

图 8-60 测量轴孔中心高

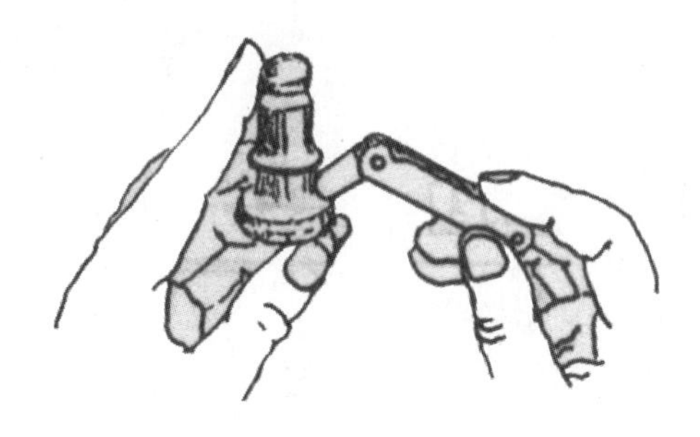

图 8-61 测量圆角

(7) 测量螺纹 测量螺纹时要测出螺纹直径和螺距的大小。对于外螺纹，要测大径和螺距；对于内螺纹，要测小径和螺距，然后查手册取标准值。螺距可用螺纹规测量或采用拓印法经过测量、计算求出，螺纹直径用卡尺测量。

螺纹规测量螺距：螺纹规由一组钢片组成，每一钢片的螺距大小均不相同，测量时只要某一钢片上的牙型与被测量的螺纹牙型完全吻合，则钢片上的读数即为被测螺纹的螺距大小，如图 8-62 所示。

拓印法测量：在没有螺纹规的情况下，则可以在纸上压出螺纹的印痕，然后算出螺距的大小，即 $P=T/n$，T 为 n 个螺距的长度，n 为螺距数量，如图 8-63 所示。根据算出的螺距，再查手册取标准值。

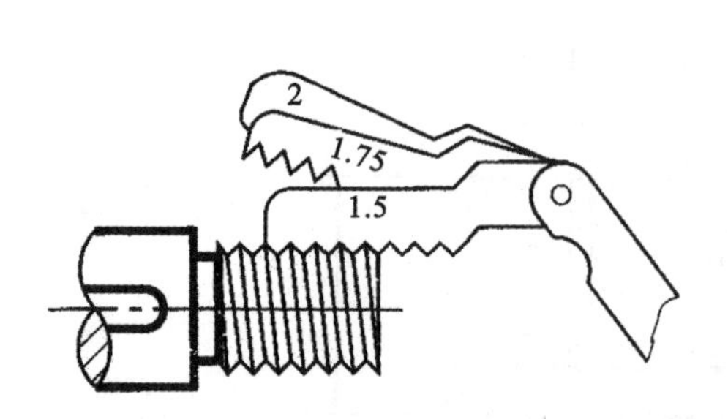

图 8-62　用螺纹规测量螺距

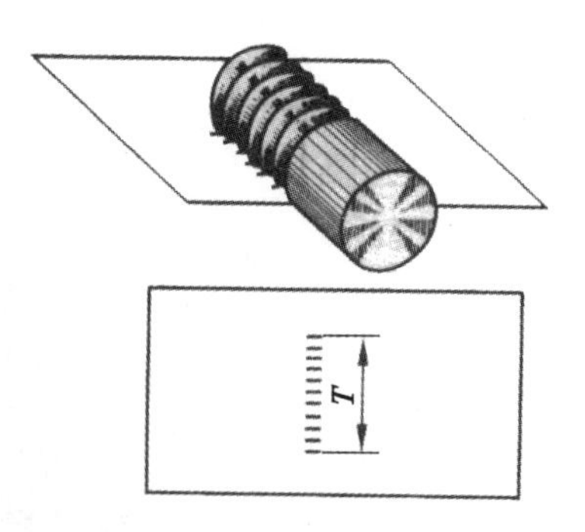

图 8-63　用直尺测量螺距

第9章 装 配 图

表示机器或部件的工作原理、连接方式、装配关系的图样称为装配图。其中表示整台机器的组成部分、各组成部分的相对位置及连接、装配关系的图样称为总装配图;表示部件的组成零件及各零件的相对位置和连接、装配关系的图样称为部件装配图。如图 9-1 所示的铣刀头就是机床上的一个部件。

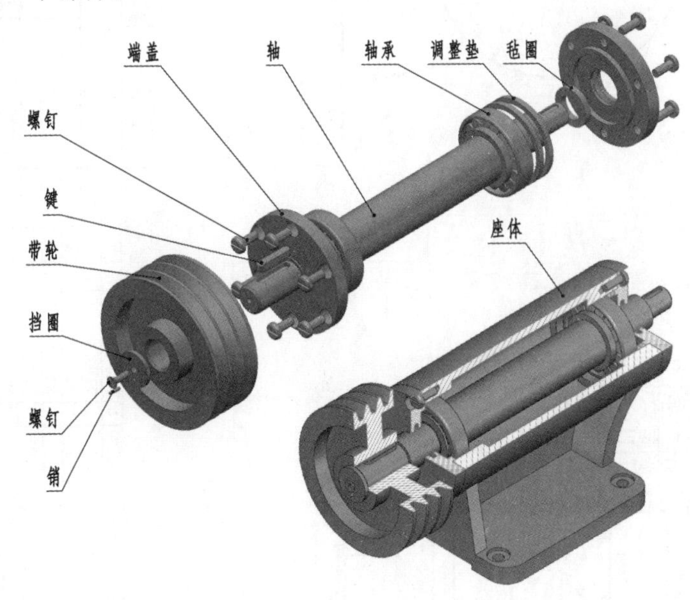

图 9-1　铣刀头

在产品设计过程中,一般先按设计要求绘制装配图,然后根据装配图完成零件设计并绘制零件图。在产品生产过程中,根据装配图将零件装配成机器或部件,使用者则要根据装配图了解机器或部件的性能、作用和使用方法。因此,装配图是设计、制造和使用机器及进行技术交流的重要技术文件。

9.1　装配图的内容和视图表达方法

9.1.1　装配图的内容

针对图 9-2 所示的铣刀头装配图,可把装配图的内容概括如下。

1. 一组视图

该组视图表达机器或部件的工作原理、零件间的装配关系及零件的主要结构形状。图 9-2中的主视图表达零件间的装配关系和工作原理;主、左视图表达零件的主要结构形状等。

2. 必要的尺寸

必要的尺寸包括用来表示机器或部件的性能、规格以及装配、安装、检验、运输等方面所需要的尺寸。

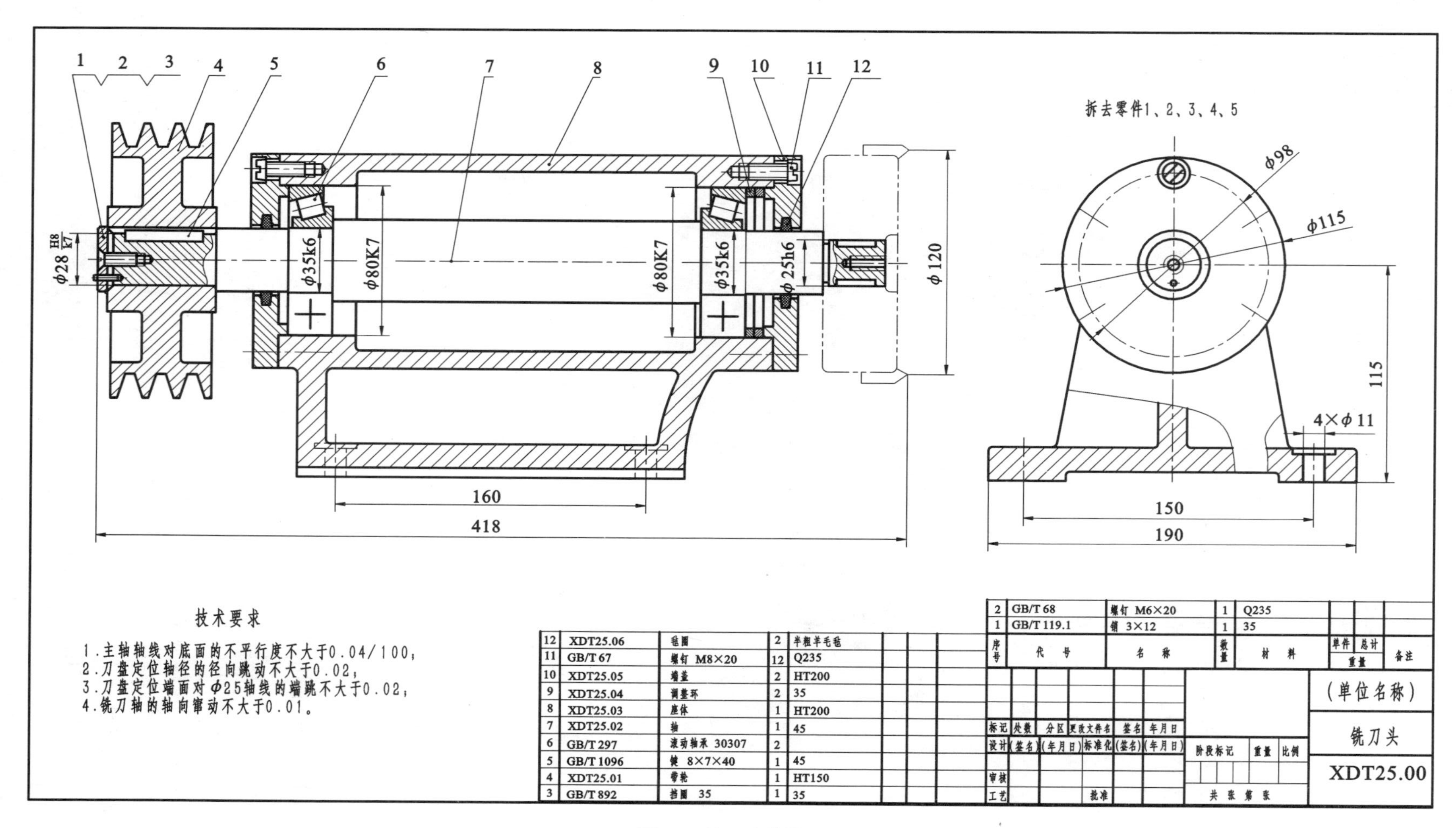
1
2
3
4
5
6
7
8
9
10
11
12
折去零件1、2、3、4、5
φ28 H8/k7
φ35k6
φ80K7
φ80K7
φ35k6
φ25h6
φ120
φ98
φ115
115
4×φ11
160
418
150
190
技术要求
1.主轴轴线对底面的不平行度不大于0.04/100;
2.刀盘定位轴径的径向跳动不大于0.02;
3.刀盘定位端面对φ25轴线的端跳不大于0.02;
4.铣刀轴的轴向窜动不大于0.01。
12 XDT25.06 毛圈 2 半粗羊毛毡
11 GB/T 67 螺钉 M8×20 12 Q235
10 XDT25.05 端盖 2 HT200
9 XDT25.04 调整环 2 35
8 XDT25.03 座体 1 HT200
7 XDT25.02 轴 1 45
6 GB/T 297 滚动轴承 30307 2
5 GB/T 1096 键 8×7×40 1 45
4 XDT25.01 带轮 1 HT150
3 GB/T 892 挡圈 35 1 35
2 GB/T 68 螺钉 M6×20 1 Q235
1 GB/T 119.1 销 3×12 1 35
序号 代号 名称 数量 材料 单件 总计 重量 备注
标记 处数 分区 更改文件名 签名 年月日
设计 (签名) (年月日) 标准化 (签名) (年月日)
审核
工艺 批准
阶段标记 重量 比例
共 张 第 张
(单位名称)
铣刀头
XDT25.00

图 9-2　铣刀头装配图

3. 技术要求

技术要求是指用文字或符号在装配图上说明机器或部件在装配、检验、使用、维护等方面应达到的技术要求。

4. 序号、明细栏和标题栏

为便于生产管理，对机器或部件中的零件按种类编写序号，并在明细栏中依次填写各零件的编号(序号)及相应名称、数量、材料等。在标题栏中填写机器或部件的名称、比例等内容。

9.1.2　装配图视图表达方法

前面介绍过表达零件的各种方法，在表达部件的装配图中也同样适用。但由于部件是由若干零件所组成的，装配图主要表达的是部件的工作原理和零件之间装配、连接关系，所以装配图除了用与零件图相同的常用表达方法外，还有一些规定的画法和特殊的画法。

1. 装配图的规定画法

1）接触面或配合面的画法

两零件的接触面和配合面处应画一条轮廓线；对于两非接触表面，即使间隙很小也必须画出两条线。图 9-3 中的端盖上的螺钉孔与螺钉不接触，必须画出两条线。

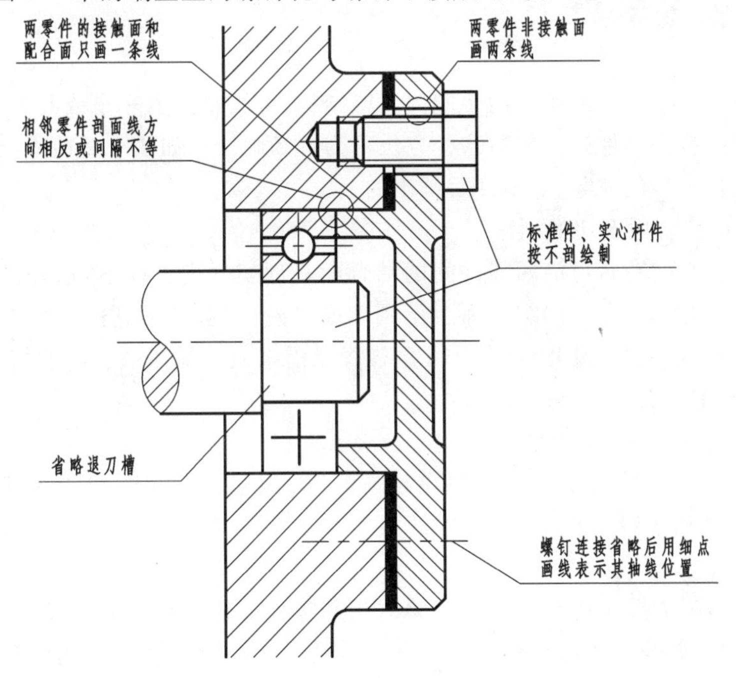

图 9-3　装配图的规定画法

2）剖面线的画法

两个相邻的金属零件，其剖面线倾斜方向应相反，若有三个以上零件相邻，还应使剖面线间隔不等，以区别不同的零件。如图 9-3 中的端盖与箱体的剖面线方向相反。

同一零件在同一张装配图中的各个视图上，其剖面线必须方向一致，间隔相等。在装配图中，厚度小于 2 mm 的零件，允许用涂黑代替剖面符号，如图 9-3 中的垫片。

3）紧固件和实心零件的画法

对于紧固件和实心零件(如螺钉、螺栓、螺母、垫圈、键、销、球及轴等)，若剖切平面通过它们的基本轴线剖切，则这些零件均按不剖绘制，仍画其外形，需要时可进行局部剖。如图 9-3

中的螺钉、轴和轴承中的滚珠按不剖绘制。若垂直于轴线剖切则应绘制剖面线，如图 9-4中的 $A—A$ 剖视图中剖到的轴、螺栓和销。

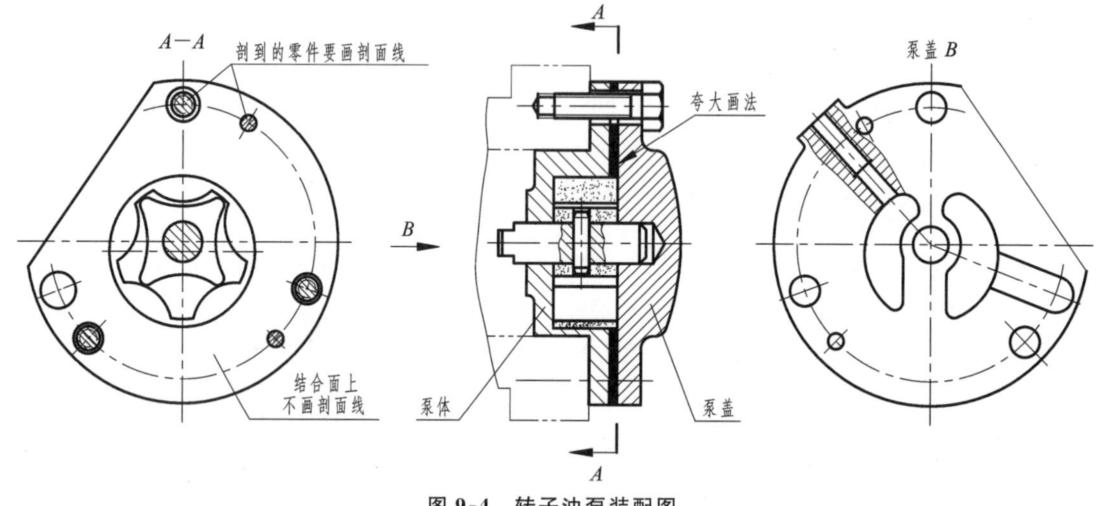

图 9-4 转子油泵装配图

2. 装配图的特殊画法

1）拆卸画法

在装配图中，为了表达被遮挡的装配关系或结构，可假想拆去一个或几个零件后绘制，并在视图上方标注“拆去零件××等”，这种方法称为拆卸画法。如图 9-2 所示的铣刀头装配图中，左视图就是拆去带轮、挡圈等零件后画出的。

2）沿零件间结合面剖切的画法

为表达某些内部结构，可沿两零件间的结合面处剖切后进行投射，这种画法称为沿结合面剖切的画法。画图时，零件的结合面上不画剖面符号，但被剖切到的零件必须画上剖面符号。如图 9-4 转子油泵装配图中的 $A—A$ 剖视图是沿泵盖与泵体结合面剖切的，它与拆卸画法的区别在于是剖切而不是拆卸。

3）单独表达某个零件的画法

为了表达某个零件的重要结构，可以单独画出该零件的某一视图，但应标明视图名称和投射方向。如图 9-4 所示转子油泵装配图中的泵盖 B 向视图，表达了泵盖内侧的结构形状。

4）假想画法

在装配图中，当需要表达与本部件有关的相邻零件或运动零件的运动极限位置时，可采用双点画线画出相邻零件或运动零件极限位置的轮廓，这种表示方法称为假想画法，如图 9-4 所示的主视图中双点画线表示转子泵的相邻零件。图 9-5 中的挂轮架装配图的主视图中双点画线表示运动零件手柄的两个极限位置。

5）展开画法

为了表达一些传动结构各零件的装配关系和传动路线，可假想按传动顺序沿轴线将零件剖开，然后依次沿轴线展开在同一平面上画出，并标注“×—×展开”，这种画法称为展开画法。如图 9-5 所示挂轮架的 $A—A$ 剖视图就是采用展开画法画出的。

6）夸大画法

在画装配图时，有时会遇到薄片零件、细小零件，以及微小间隙和锥度很小的锥销、锥孔等，为了把这些细小结构表达清楚，可不按比例而用适当夸大的尺寸画出。如图 9-4 中转子

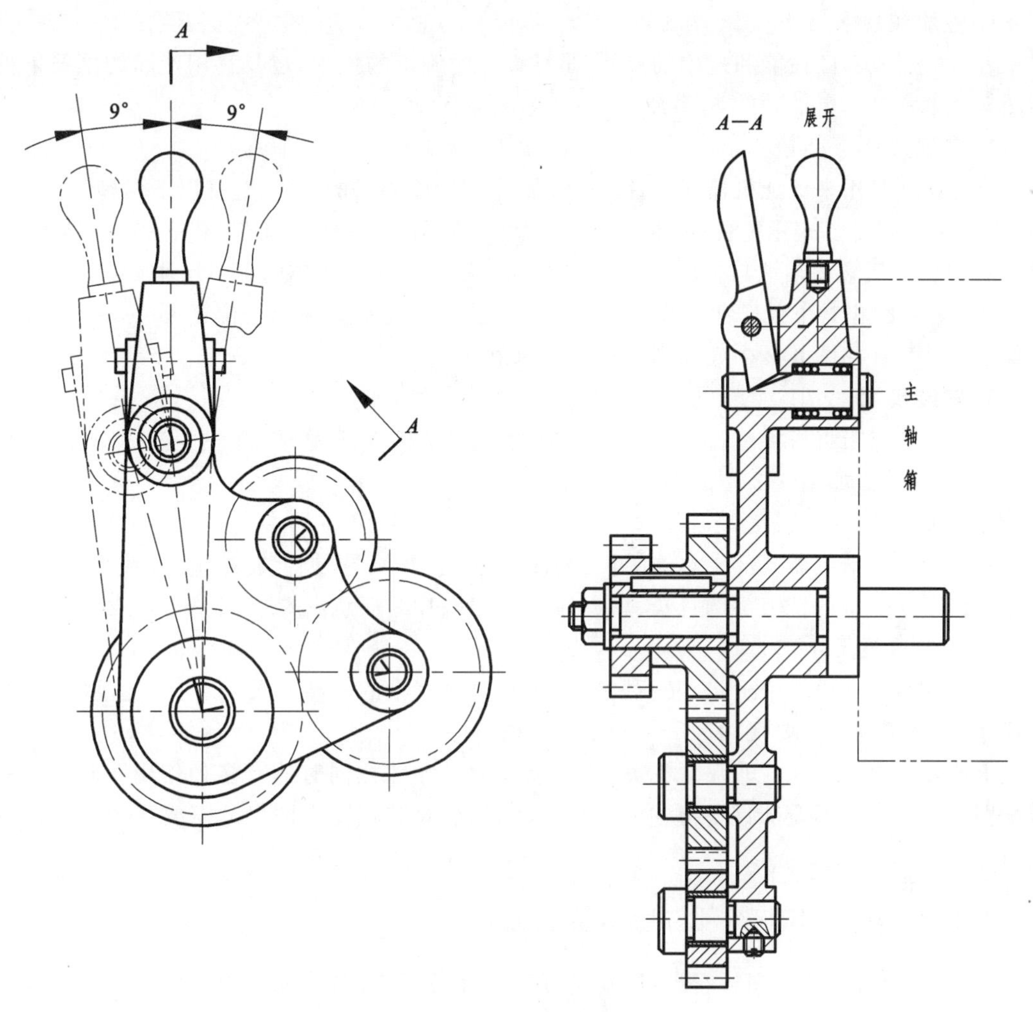

图 9-5 挂轮架装配图

油泵中的垫片就是采用夸大画法画出的。

7）简化画法

(1) 在装配图中，零件的工艺结构，如倒角、小圆角、退刀槽等允许省略不画（见图 9-3）。

(2) 对于规格相同的零件组，可详细地画出一处，其余用细点画线表示其装配位置，如图 9-3中的螺钉连接。

(3) 在剖视图中表示滚动轴承时，允许一半用规定画法，另一半用通用画法画出，如图 9-3中的轴承画法。

9.2 装配图的尺寸标注及零部件序号、明细栏

9.2.1 装配图的尺寸标注

装配图的主要功能是表达机器（或部件）的装配关系，它不是制造零件的依据。所以它不需标注各组成部分的所有尺寸，而只需注出用来说明机器（或部件）的性能、工作原理、装配关系和安装等要求的尺寸。为便于分析，这些尺寸可分为以下几类。

1. 性能和规格尺寸

表示机器或部件性能和规格的尺寸，是在设计时确定的尺寸，也是选用产品的主要依据。如图 9-2 中安装刀盘处轴的直径 ϕ25h6 和刀盘直径 ϕ120。

2. 装配尺寸

装配尺寸是用来保证机器或部件的工作精度和性能要求的尺寸，包括以下两种。

(1) 配合尺寸。表示零件间配合性质的尺寸。如图 9-2 中的配合尺寸有带轮与轴的配合尺寸 ϕ28H8/k7、滚动轴承与轴的配合尺寸 ϕ35k6、滚动轴承与座体的配合尺寸 ϕ80K7。

(2) 重要的相对位置尺寸。表示零件间或部件间比较重要的相对位置尺寸，是装配时必须保证的尺寸。如图 9-2 中底面到刀盘中心的距离 115。

3. 安装尺寸

安装尺寸是指将机器或部件安装到其他部件或基础上所需要的尺寸，包括安装孔的定形、定位尺寸等。如图 9-2 中的 160、150、4×ϕ11。

4. 外形尺寸

外形尺寸是指机器或部件总体的长、宽、高方面的尺寸，它是包装、运输、安装和厂房设计的依据。图 9-2 中的铣刀头的总长、总宽分别为 418、190，而总高等于 115＋115/2。

5. 其他重要尺寸

还有一些是在设计中确定、又不属于上述几类尺寸中的一些重要尺寸，如运动零件的极限尺寸、主体零件的重要尺寸等。

上述几类尺寸之间并非孤立无关，实际上有的尺寸往往同时兼有多种作用。此外，一张装配图中有时也并不全部具备上述五类尺寸。因此，对装配图中的尺寸需要具体分析，然后进行标注。

9.2.2 装配图中零、部件序号及明细栏

为了便于读图，便于图样管理，以及做好生产准备工作，对装配图中的所有零、部件都必须遵循《机械制图　装配图中零、部件序号及其编排方法》(GB/T 4458.2—2003)编写序号，并在标题栏上方填写与图中序号一致的明细栏。

1. 零、部件序号的编写方法

1) 编写序号的有关规定

装配图中所有的零件、部件都必须编写序号，但同一零件、部件只编写一个序号，须在明细栏中填写相同零件、部件的总数量。对形状相同、尺寸不完全相同的零件也必须分别编号。图中零、部件的序号应与明细栏中该零、部件的序号一致。

对于标准部件，如油杯、轴承等，只需一个序号。

对于标准件，可以按上述规定编写序号，如图 9-2 所示；也可以不编写序号，直接将标准件的数量和标记注写在引线上，在明细栏中不必填写。

2) 指引线的画法

指引线(细实线)应从所指零件的可见轮廓内画一小圆点并引出，如图 9-6(a)所示。若所指的部分(很薄的零件或涂黑的断面)内不便画圆点时，可用箭头指向其轮廓线，如图 9-6(b)所示。

指引线彼此不能相交，不能与剖面线平行，不能水平或垂直绘制，并应尽量少地与轮廓线相交，必要时允许弯折一次，如图 9-6(c)所示。当标注螺纹紧固件或其他装配关系清楚的组件时，可采用公共指引线，如图 9-6(d)所示。

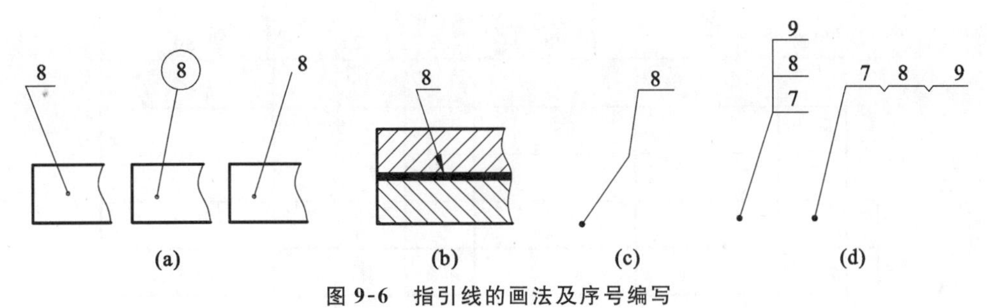

图 9-6 指引线的画法及序号编写

(a)一般编写形式 (b)特殊编写形式 (c)指引线只允许弯折一次 (d)公共指引线

3）序号的注写

序号可注写在指引线末端的水平线(细实线)上或圆(细实线)内,也可写在指引线端部附近,但必须放在视图、尺寸的范围之外。序号的字高比该装配图中所注尺寸数字高度大一号或两号,如图 9-6(a)所示。

4）序号的排列

序号应整齐地排列在水平或垂直方向上,并按顺时针或逆时针顺序编号。同一张装配图中编号形式应一致,如图 9-2 所示。在整个图上序号无法连续时,可只在水平或垂直方向上按顺序排列。

2. 明细栏

明细栏是机器或部件中全部零、部件的详细目录,应按《技术制图 明细栏》(GB/T 10609.2—2009)的规定绘制,如图 9-7 所示。明细栏画在标题栏上方,零件"序号"一栏按从小到大的顺序由下而上填写,假如地方不够,也可紧靠在标题栏的左方自下而上延续绘制。"代号"一栏中填写该零件的图样代号或标准件的标准编号。"名称"栏中填写该零件的名称,对于标准件还要填写其规格。

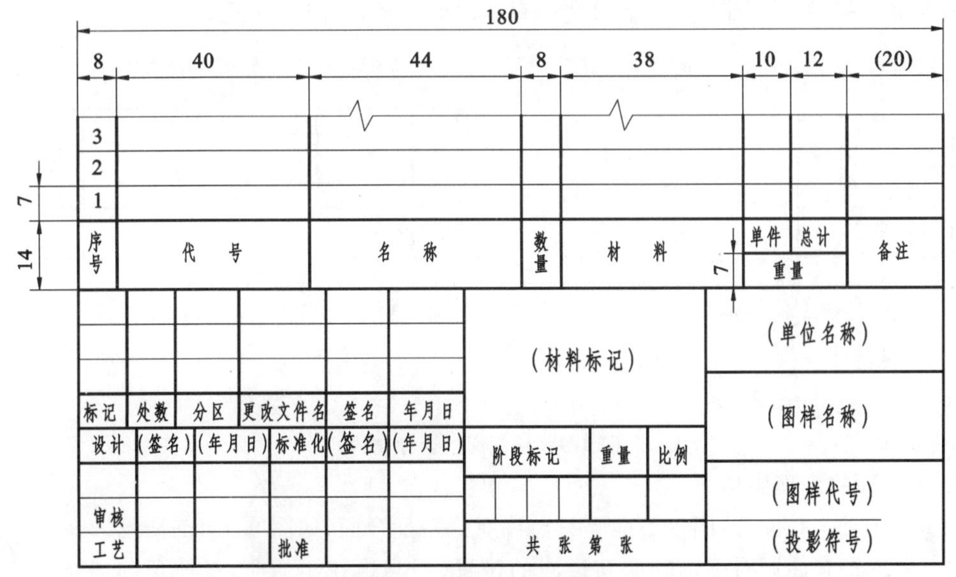

图 9-7 标题栏和明细栏

注意:明细栏的表头和竖线都是粗实线,横线均为细实线(包括最上一条横线)。

制图作业中的标题栏和明细栏可采用如图 9-8 所示的简化格式。

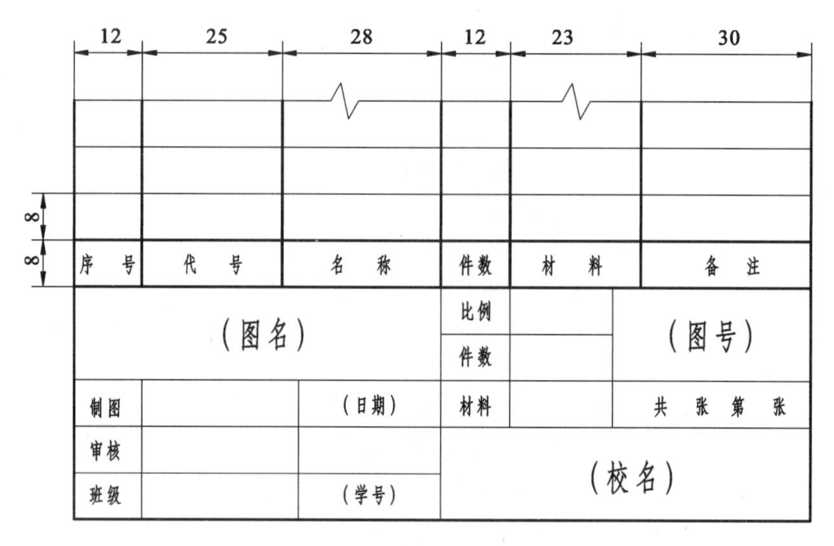

图 9-8　简化的标题栏和明细栏

9.3　装配工艺结构的合理性

为了保证零件装配成机器或部件后能达到性能要求,并考虑零件的加工、装配和拆卸的方便,应仔细地考虑机器或部件装配结构的合理性。下面介绍几种常见的装配工艺结构。

9.3.1　接触面与配合面的合理结构

1. 接触面的合理结构

两零件的接触面在同一方向上只允许有一对面接触,如图 9-9 所示。

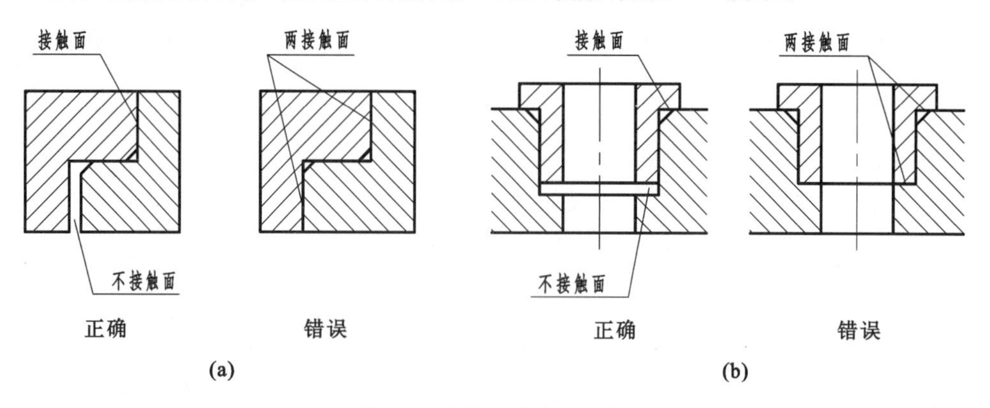

图 9-9　接触面的合理结构

2. 配合面的合理结构

(1) 对于轴与孔配合,同一方向上只允许有一对配合面,如图 9-10(a)所示。

(2) 锥面配合能同时确定轴向和径向的位置,但当锥孔不通时,锥体顶部与锥孔底部之间必须留有间隙(即 $L_2>L_1$),否则得不到稳定配合,如图 9-10(b)所示。

(3) 在轴与孔的配合中,为保证轴肩与孔端面接触良好,孔端部应加工出倒角或倒圆,或在轴肩根部加工出槽(如退刀槽、凹槽或燕尾槽等),以保证端面良好接触。配合轴段的长度尺寸应小于孔的长度尺寸(即 $L_1<L_2$),以保证轴端连接的紧固性。如图 9-11 所示。

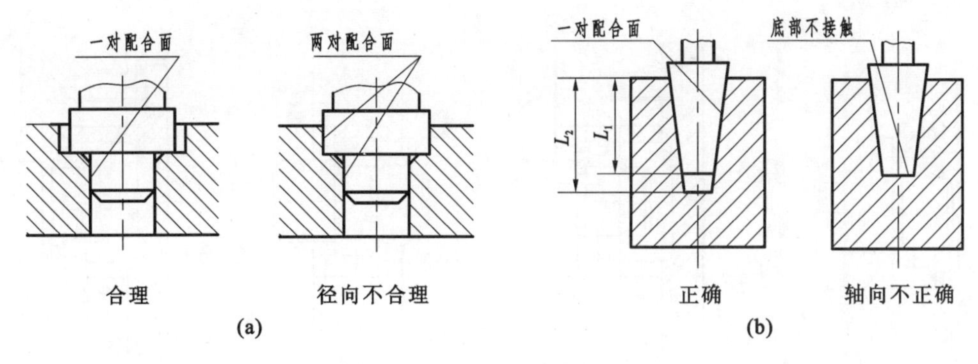

图 9-10 配合结构的合理性(一)

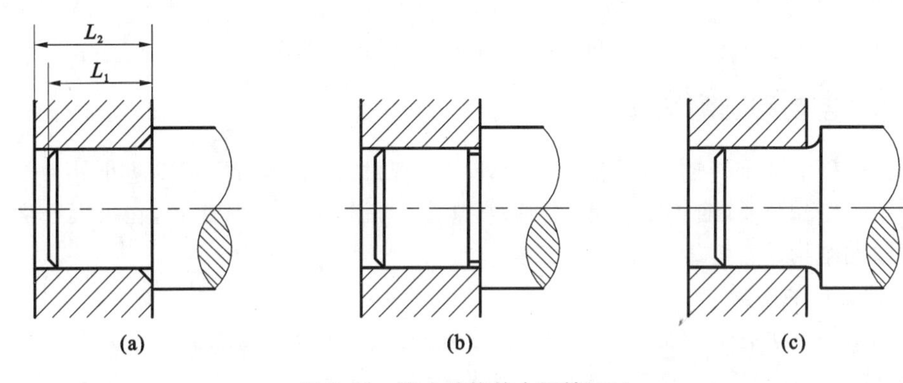

图 9-11 配合结构的合理性(二)

(a)正确 (b)正确 (c)错误

3. 螺纹连接的合理结构

(1) 为了保证螺纹能够旋紧,应在螺纹尾部留出退刀槽或在螺孔端部加工出凹坑或倒角,如图 9-12 所示。

(2) 为了保证零件间接触良好并减小加工面,在被连接零件上连接部位应做出沉孔或凸台,如图 9-13所示。

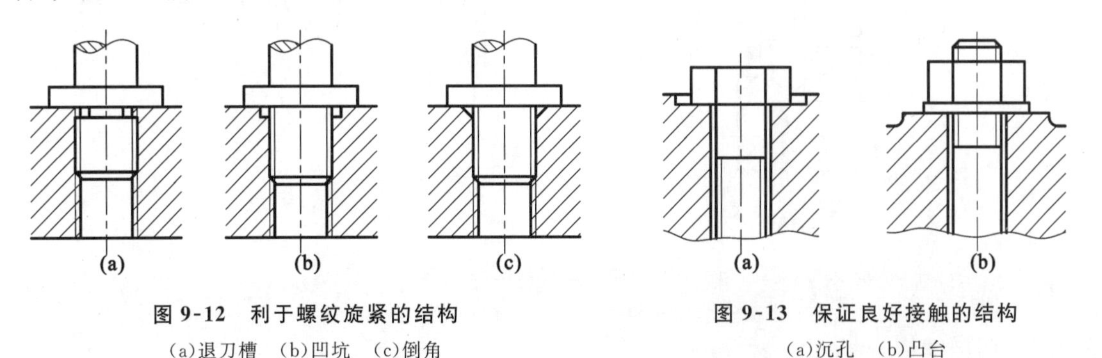

图 9-12 利于螺纹旋紧的结构

(a)退刀槽 (b)凹坑 (c)倒角

图 9-13 保证良好接触的结构

(a)沉孔 (b)凸台

4. 滚动轴承轴向固定的合理结构

为了防止滚动轴承产生轴向窜动,必须采用一定的结构来固定其内、外圈。常采用轴肩、台肩、弹性挡圈、端盖凸缘、圆螺母和止退垫圈、轴端挡圈等来进行轴向固定,固定结构的高度应小于轴承内外圈的厚度,以便于拆卸。如图 9-14 所示。

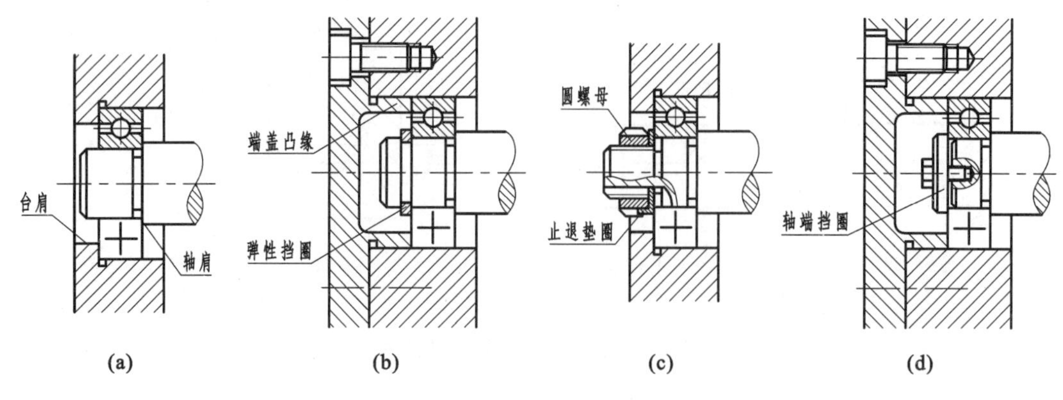

图 9-14　滚动轴承内、外圈的轴向固定

9.3.2　密封和防漏结构

机器或部件上的旋转轴、滑动杆的伸出处应有密封或防漏装置,用以防止外界的灰尘进入内部或阻止工作介质(液体或气体)沿轴、杆泄漏。机器能否正常运转,在很大程度上取决于密封或防漏结构是否可靠。

1. 滚动轴承的密封

常见的密封方法有毡圈密封、沟槽密封、皮碗密封、挡片密封等,图 9-15(a)所示为用毡圈进行密封。

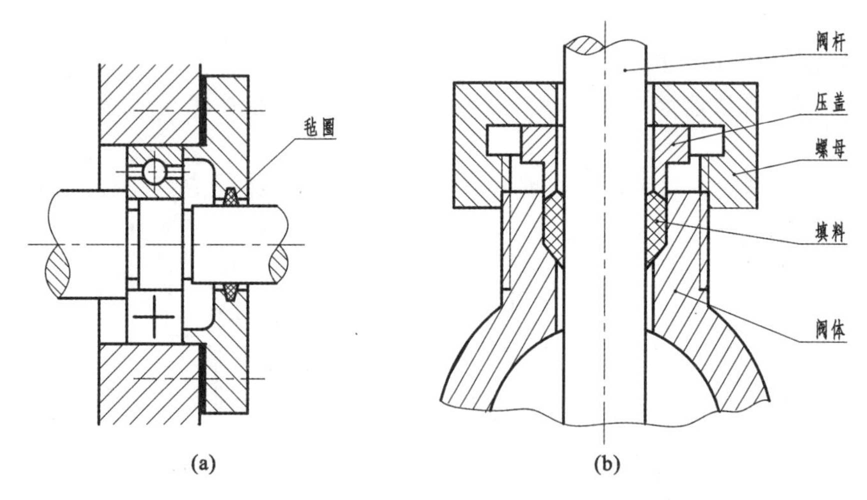

图 9-15　密封和防漏结构

(a)毡圈密封　(b)防漏结构

2. 防漏结构

在机器的旋转轴或滑动杆(如阀杆、活塞杆等)伸出箱体(或阀体)的地方,做成一填料箱(涵),填入具有特殊性质的软质填料,用压盖或螺母将填料压紧,使填料紧贴在轴(杆)上,这样既不阻碍轴(杆)运动,又可起到密封防漏作用。画图时,压盖画在表示填料加满,并开始压紧填料的位置,如图 9-15(b)所示。

9.3.3 防松结构

机器运转时，由于受到振动或冲击，螺纹紧固件可能发生松动，这不仅妨碍机器正常工作，有时甚至会造成严重事故，因此需采用防松装置。常用的防松装置有双螺母、弹簧垫圈、止退垫圈、开口销等，如图 9-16 所示。

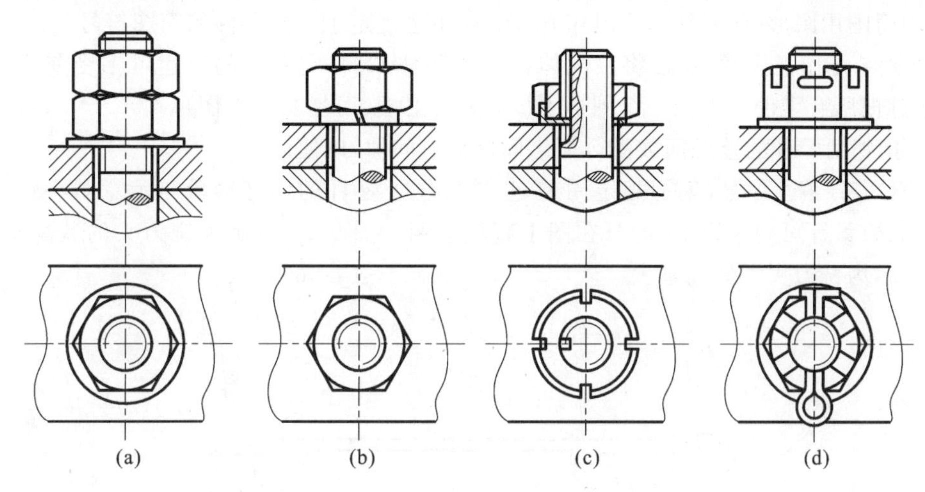

图 9-16 常用的防松结构

(a)用两个螺母防松 (b)用弹簧垫圈防松 (c)用止退垫圈防松 (d)用开口销防松

9.4 部件测绘和装配图的画法

9.4.1 部件测绘

根据现有机器或部件，画出零件草图并进行测量，然后绘制装配图和零件图的过程称为测绘。它是技术交流、产品仿制和设备维修、改造等工作中一项常见的技术工作，也是工程技术人员必备的一项基础技能。下面以铣刀头为例，说明部件测绘的方法和步骤。

1. 分析和了解测绘对象

首先，应该了解测绘工作的任务和目的，确定测绘工作的内容和要求。如果是为了设计新产品提供参考图样，测绘时可进行修改；如果是为了补充图样或制作备件，测绘时必须正确无误，不得修改。其次，通过阅读有关文件、资料，了解部件(机器)的性能、功用、工作原理、传动系统、大体的技术性能和使用、运转情况；了解部件的制造、试验、修理以及构造、拆卸等情况。

2. 拆卸部件和画装配示意图

1）拆卸部件

(1) 拆卸前应先测量一些必要的尺寸数据，如某些零件的相对位置、运动件的极限位置、装配间隙以及拆卸前的试验数据等，作为以后校核图样和装配部件的参考。

(2) 要周密制定拆卸顺序。根据部件的组成情况及装配工作特点，把部件分为几个组成部分，依次拆卸，并用打钢印、系标签或写件号等方法对每一个零件编上件号，然后将零件分区分组放置在规定的地方，避免零件损坏、丢失、生锈，以便测绘后重新装配时还能保证部件的性能和要求。

（3）拆卸零件时，对不可拆和采用过盈配合的零件尽量不拆卸。

2）绘制装配示意图

装配示意图就是用简单的线条和机构运动符号来表示各零件的大致轮廓和相互关系，以便记录各零件间的装配关系，作为绘制装配图和重新装配的依据。装配示意图的特点如下。

（1）装配示意图一般用简单的图线和符号画出零件的大致轮廓，国家标准《机械制图 机构运动简图用图形符号》（GB/T 4460—2013）中也规定了一些零件的简图符号。

（2）画装配示意图时，通常将装配体视为透明体，对各类零件的表达可不受前后层次的限制，尽量把所有零件集中在一个图形上。如确有必要，可增加其他图形。

（3）相邻两零件的接触面或配合面之间应留有间隙，以便区别。

（4）对零件编写序号（编写规定同前，且装配图上零件的序号尽量与示意图一致），各零件的名称、数量等可列表说明，也可在图上直接注明。图 9-17 所示为铣刀头的装配示意图，表 9-1 所示为铣刀头零件编号表。

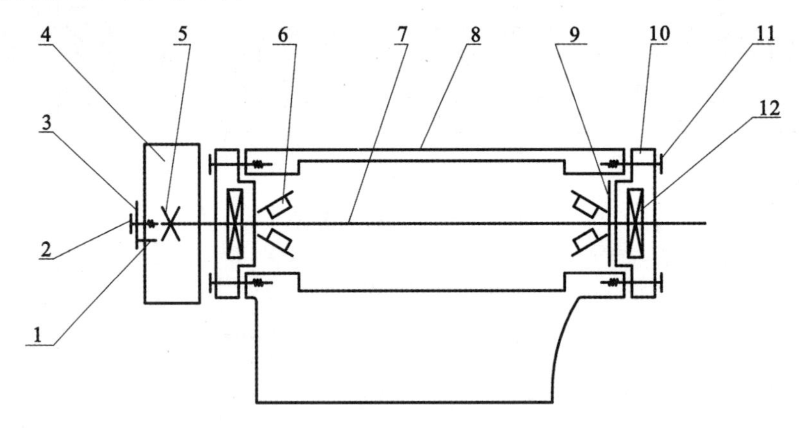

图 9-17　铣刀头装配示意图

表 9-1　铣刀头零件编号表

序号	名称	数量	序号	名称	数量
1	销　GB/T 119.1　3×12	1	7	轴	1
2	螺钉　GB/T 68　M6×20	1	8	座体	1
3	挡圈　GB/T 892　35	1	9	调整环	2
4	带轮	1	10	端盖	2
5	键　8×7×40　GB/T 1096	1	11	螺钉　GB/T 67　M8×20	12
6	滚动轴承　30307　GB/T 297	2	12	毡圈	12

3. 画零件草图

零件草图是画装配图和零件工作图的依据，因此，在拆卸工作结束后，要对部件中的零件进行测绘，画出零件草图。

零件测绘的内容在第 8 章中已详细介绍，此处不再赘述。在画零件草图时应注意以下几点。

（1）部件中除了标准件、标准组件和外购件，对其余的零件都要进行测绘，画出零件草图。

（2）要注意零件之间尺寸的协调。配合零件的公称尺寸要一致，测量后同时标注在有关零件的草图上，并确定公差配合的要求。

(3) 对一些重要尺寸,不能仅靠测量,还需通过计算来校验。如箱体上安装传动齿轮的轴孔中心距,其计算值应与齿轮的中心距一致。

(4) 零件上已标准化的结构尺寸,如倒角、圆角、键槽、退刀槽等结构和螺纹的大径等尺寸,需查阅有关标准来确定。零件上与标准零、部件(如挡圈、滚动轴承等)相配合的轴与孔的尺寸,可通过标准零、部件的型号查表确定,一般不需要测量。

图 9-18 所示为铣刀头座体的零件草图。

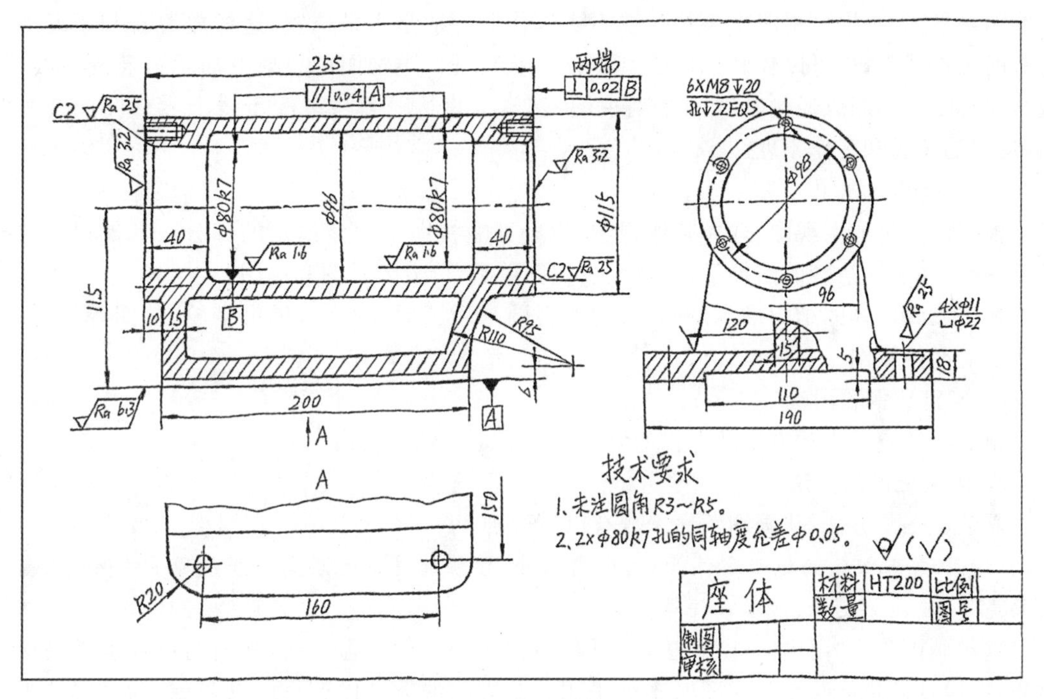

图 9-18　铣刀头座体零件草图

4. 画装配图和零件工作图

根据装配示意图和零件草图画出装配图(过程参见 9.4.2 节)。绘制装配图的过程就是虚拟的部件装配过程,可以检验零件的结构是否合理、尺寸是否正确,若发现问题,则应对零件草图上出现的差错予以纠正。然后根据画好的装配图及修正后的零件草图,整理绘制出一套零件图。画零件图时,其视图选择、尺寸配置等不一定要与零件草图完全一致,可作适当调整和重新布置。

9.4.2　由零件图画装配图的方法和步骤(以铣刀头装配图为例)

机器或部件是由零件装配而成的,根据它们的零件图(或零件草图)和装配示意图就可以拼画出机器或部件的装配图。

1. 了解部件的装配关系和工作原理

对铣刀头实物(见图 9-1)和装配示意图(见图 9-17)进行分析,了解零件间的相对位置和连接关系,了解铣刀头的工作原理。铣刀头是铣床上的一个部件,供装铣刀盘用。它由座体、转轴、带轮、端盖、滚动轴承、键、螺钉、毡圈等组成。其工作原理是将电动机的动力通过 V 形带带动带轮,带轮通过键把动力传递给轴,轴再将动力通过键传递给刀盘,从而进行铣削加工。

2. 确定表达方案

装配图视图选择的原则是:必须清楚地表达部件的工作原理、各零件的相对位置和连接关系。在考虑表达方案时,首先要选好主视图,然后再选择其他视图。

1) 选择主视图

一般将部件或机器按工作位置放正,使装配体的主要装配关系(即主要装配干线)和主要安装面等处于水平或铅垂位置。选择最能反映部件或机器工作原理、零件间主要装配关系及主要零件的形状特征等的视图作为主视图。

机器上都存在一些装配干线,为了清楚表示这些装配关系,一般都通过装配干线(轴线)选取剖切平面,画出剖视图来表达。铣刀头工作时一般呈水平位置,这样放置有利于反映铣刀头的工作状态,也可以较好地反映其整体形状特征。主视图的投射方向垂直装配干线(轴线),并将主视图画成通过轴线的全剖视图,基本上表达铣刀头装配干线上零件间的装配关系、运动的传递和工作原理。

2) 选择其他视图

根据已选定的主视图,选择其他视图,以补充主视图未表达清楚的部分。其他视图选择的原则是:在表达清楚的前提下,尽量减少视图数量,以方便看图和画图。

为了反映座体的结构形状,铣刀头的左视图采用了拆卸画法,拆去带轮、挡圈等零件,并采用了局部剖视图。

3) 确定比例和图幅

根据已选定的表达方案及部件的复杂程度确定比例和图幅。

3. 画装配图的方法

画装配图的方法,从画图顺序来分有以下两种。

(1) 从各装配线的核心零件开始,由内向外,按装配关系逐层向外扩展画出各个零件,最后画壳体、箱体等支承、包容零件等。

这种画图称为"由内向外"画法,其过程与大多数设计过程一致,画图的过程也就是设计过程,在设计新机器绘制装配图时多被采用。此方法的另一优点是可以避免不必要的"先画后擦",有利于提高绘图效率和清洁图面。

(2) 先将起支承、包容作用的较大与结构较复杂的箱体、壳体或支架等零件画出,再按装配干线和装配关系逐个画出其他零件。

这种画法称为"由外向内"画法。这种方法多用于根据已有零件图"拼画"装配图。此方法的画图过程常与较形象、具体的部件装配过程一致,利于空间想象。具体采用哪一种画法,应视作图方便而定。

4. 画装配图的步骤

铣刀头主要零件的零件图见图 9-19,其装配图绘图步骤如下。

1) 布置视图的位置

根据已选定的表达方案及部件的复杂程度确定比例和图幅,画好图框;画出各视图的基线如中心线、轴线和大的端面线;注意留出标注尺寸、零件序号及绘制标题栏及明细栏等的位置,如图 9-20(a)所示。

2) 画出各个视图

一般应先从主视图或其他能够清楚地反映装配关系的视图入手,先画出主要支承零件或起主要定位作用的基准零件的主要轮廓。画图时尽量做到几个视图按投影关系相互配合一起画,画完一件后,必须找到与此相邻件及它们的接触面,用此面作为画下一件的定位面,再按装配关系一件接一件地依次画出其他零件的各个视图。

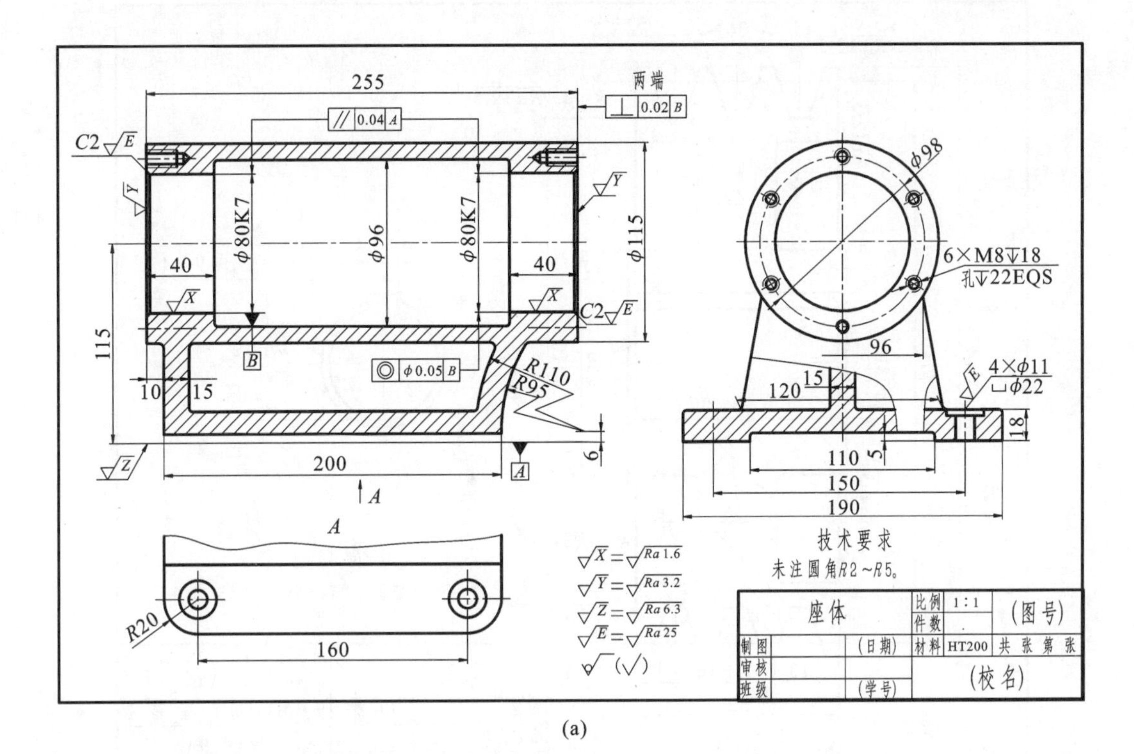

(a)

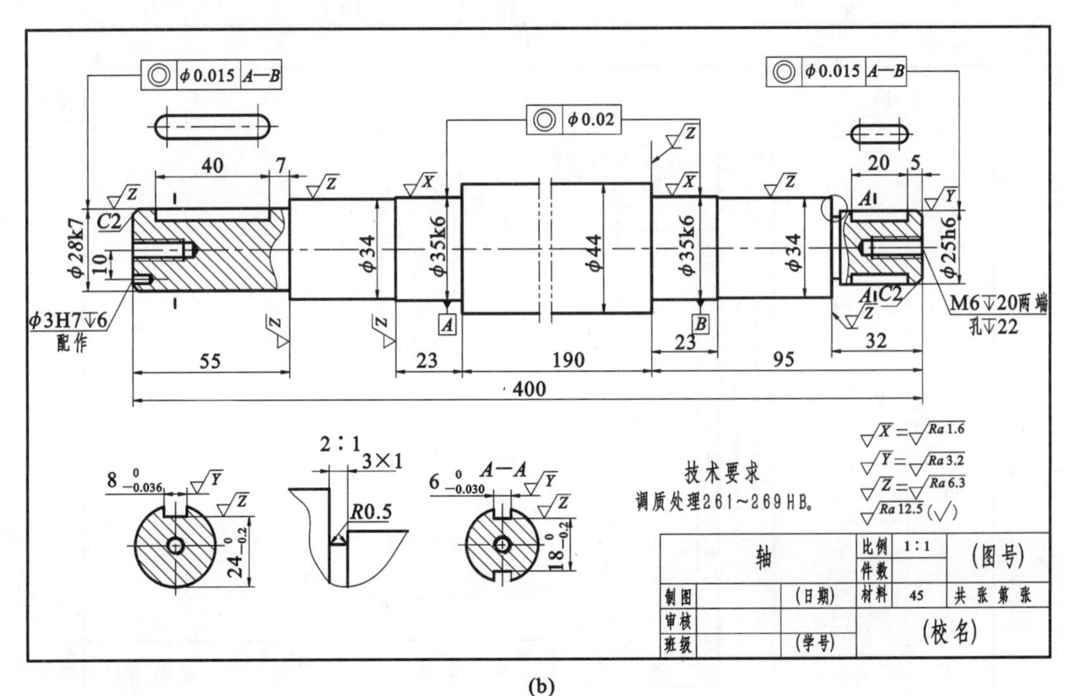

(b)

图 9-19 铣刀头主要零件图

(a)座体零件图 (b)轴零件图 (c)带轮零件图 (d)端盖零件图

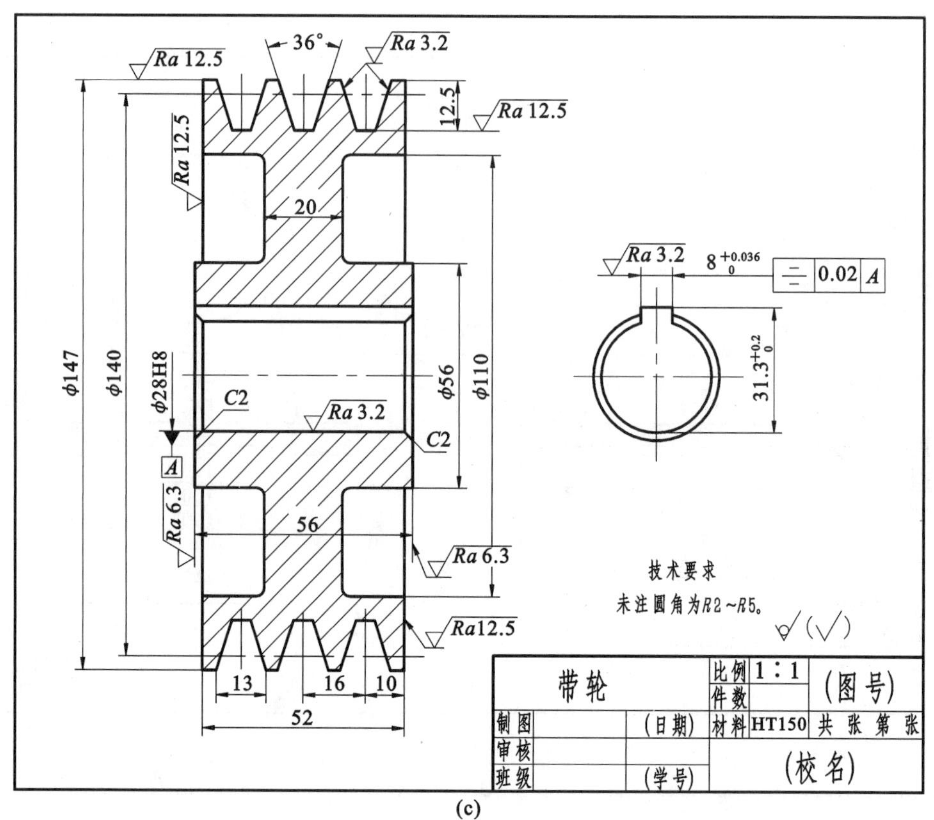

36°
Ra 3.2
Ra 12.5
12.5
Ra 12.5
Ra 12.5
20
Ra 3.2
8 +0.036 0
0.02 A
ϕ147
ϕ140
ϕ28H8
C2
Ra 3.2
ϕ56
ϕ110
31.3 +0.2 0
C2
A
Ra 6.3
56
Ra 6.3
技术要求
未注圆角为R2～R5。
Ra12.5
13
16
10
52
带轮
比例 1∶1
件数
(图号)
制图
(日期)
材料 HT150
共 张 第 张
审核
班级
(学号)
(校名)

(c)

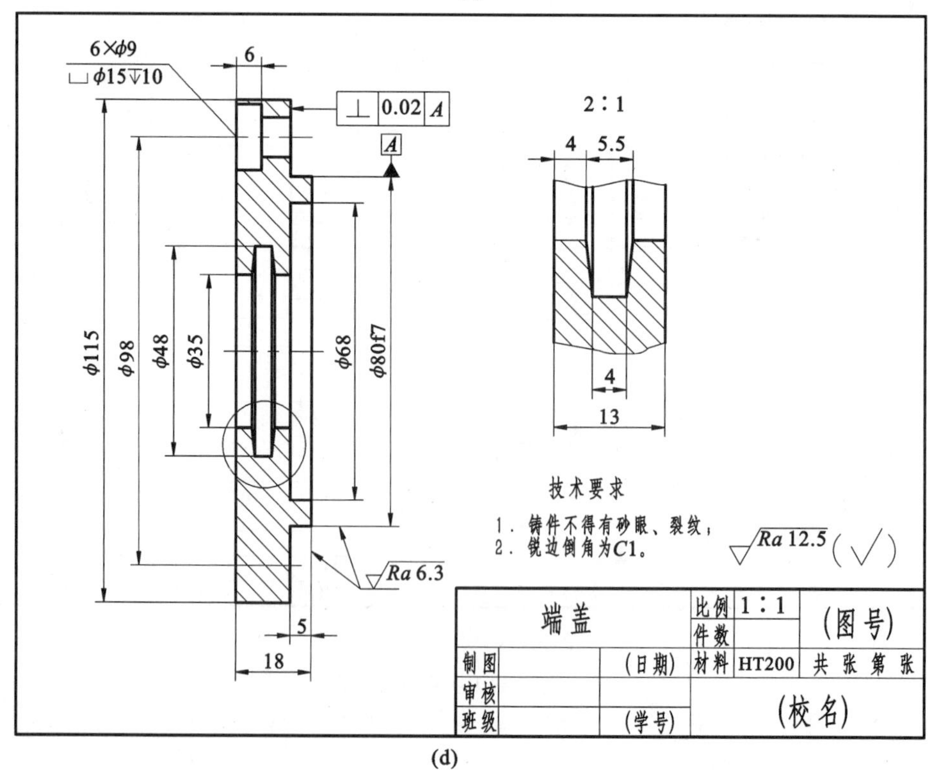

6×ϕ9
ϕ15↧10
6
0.02 A
A
2∶1
4
5.5
ϕ115
ϕ98
ϕ48
ϕ35
ϕ68
ϕ80f7
4
13
技术要求
1．铸件不得有砂眼、裂纹；
2．锐边倒角为C1。
Ra 12.5
Ra 6.3
5
18
端盖
比例 1∶1
件数
(图号)
制图
(日期)
材料 HT200
共 张 第 张
审核
班级
(学号)
(校名)

(d)

续图 9-19

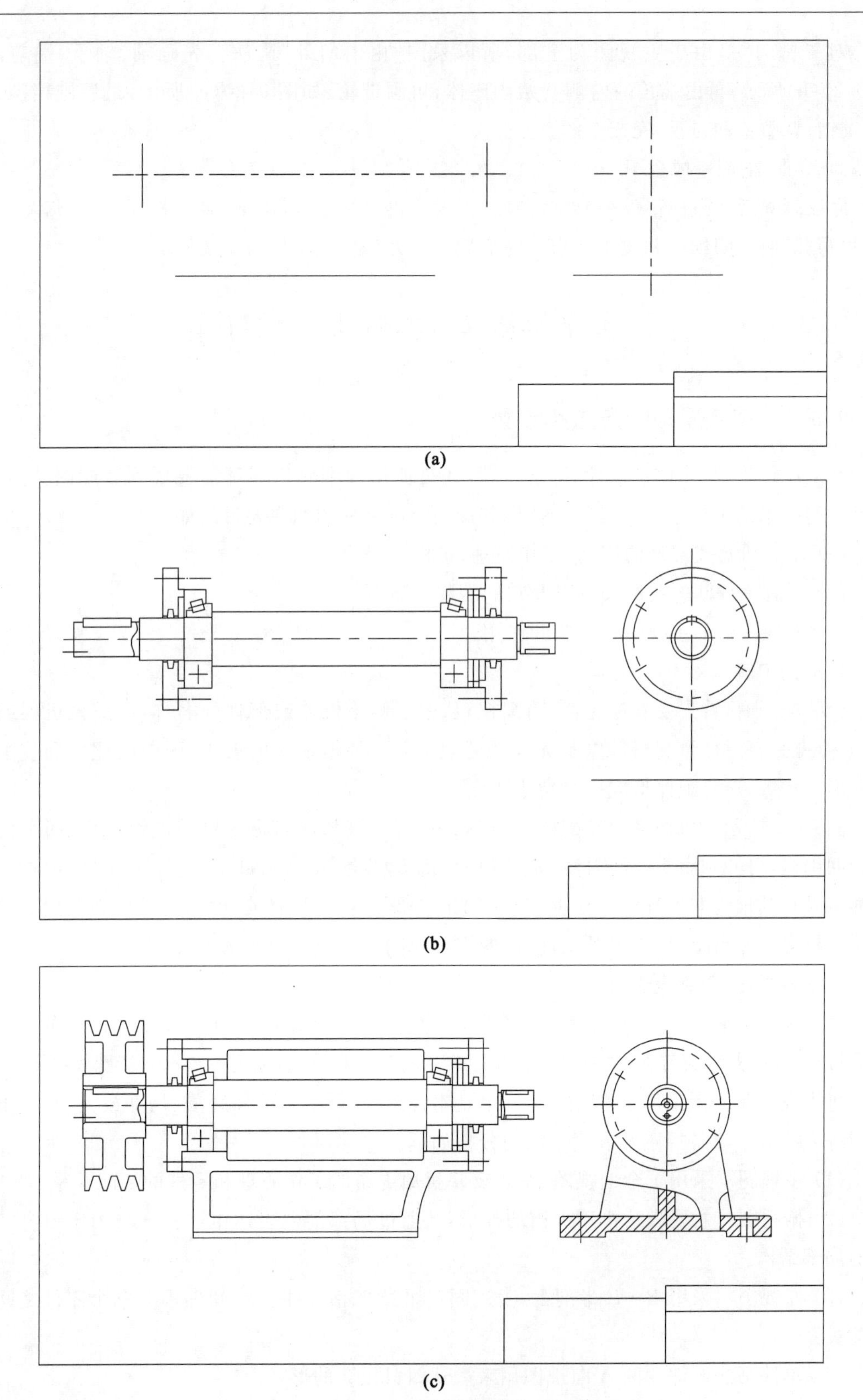

(a)

(b)

(c)

图 9-20 铣刀头装配图的绘图步骤

对于铣刀头,由于主视图为全剖,所以采用"由内向外"画法。先画轴、轴承、端盖,如图 9-20(b)所示;再由端盖的内侧开始画座体,再画带轮,如图 9-20(c)所示;最后画挡圈、螺钉、键销、调整垫和刀盘,完成全图。

3) 检查、描深完成全图

底稿画完后,要进行复核和修改,确认无误后再进行加深,画剖面线,标注尺寸,编零件序号,填写标题栏、明细栏和技术要求。完成后的铣刀头装配图如图 9-2 所示。

9.5　读装配图及由装配图拆画零件图

9.5.1　读装配图的方法和步骤

在生产过程中,无论是设计、制造机器,还是使用和维修机器都需要用到装配图。因此,从事工程技术的工作人员都必须能读懂装配图。读装配图的主要目的如下。

(1) 了解机器或部件的用途、工作原理、结构。

(2) 了解零件间的装配关系以及它们的装拆顺序。

(3) 看懂零件的主要结构形状和作用。

1. 概括了解

读装配图时,首先要看标题栏、明细栏,从中了解该机器或部件的名称,组成该机器或部件的零件的名称、数量、材料,以及标准件的规格等。根据视图的大小、画图的比例和装配体的外形尺寸等,对装配体形成一个初步印象。

图 9-21 所示为机用虎钳装配图。由标题栏可知该部件名称为机用虎钳,对照图上的序号和明细栏,可知它由 11 种零件组成,其中垫圈 8、圆锥销 9、螺钉 11 是标准件(明细栏中有标准编号),其他为非标准件。根据实践知识或查阅说明书及有关资料,大致可知机用虎钳是安装在机床工作台上,用于夹紧工件,以便进行切削加工的一种通用工具。

2. 分析视图,明确表达目的

首先要找到主视图,再根据投影关系识别出其他视图;找出剖视图、断面图所对应的剖切位置,识别出表达方法的名称,从而明确各视图表达的意图和重点,为下一步深入读图做准备。

机用虎钳装配图采用了主、俯、左三个基本视图,并采用了单件画法、局部放大图、移出断面图等表达方法。各视图及表达方法的分析如下。

(1) 主视图　采用了全剖视图,主要反映机用虎钳的工作原理和零件的装配关系。

(2) 俯视图　主要表达机用虎钳的外形,并通过局部剖视表达钳口板 3 与固定钳身 2 连接的局部结构。

(3) 左视图　采用 $B—B$ 半剖视,表达固定钳身 2、活动钳身 6 和螺母 5 三个零件之间的装配关系。

(4) 单件画法　件 3 的 A 向视图用来表达钳口板 3 的形状。

(5) 局部放大图　用以表达螺杆 7 上螺纹(矩形螺纹)的结构和尺寸。

(6) 移出断面图　用以表达螺杆右端的断面形状。

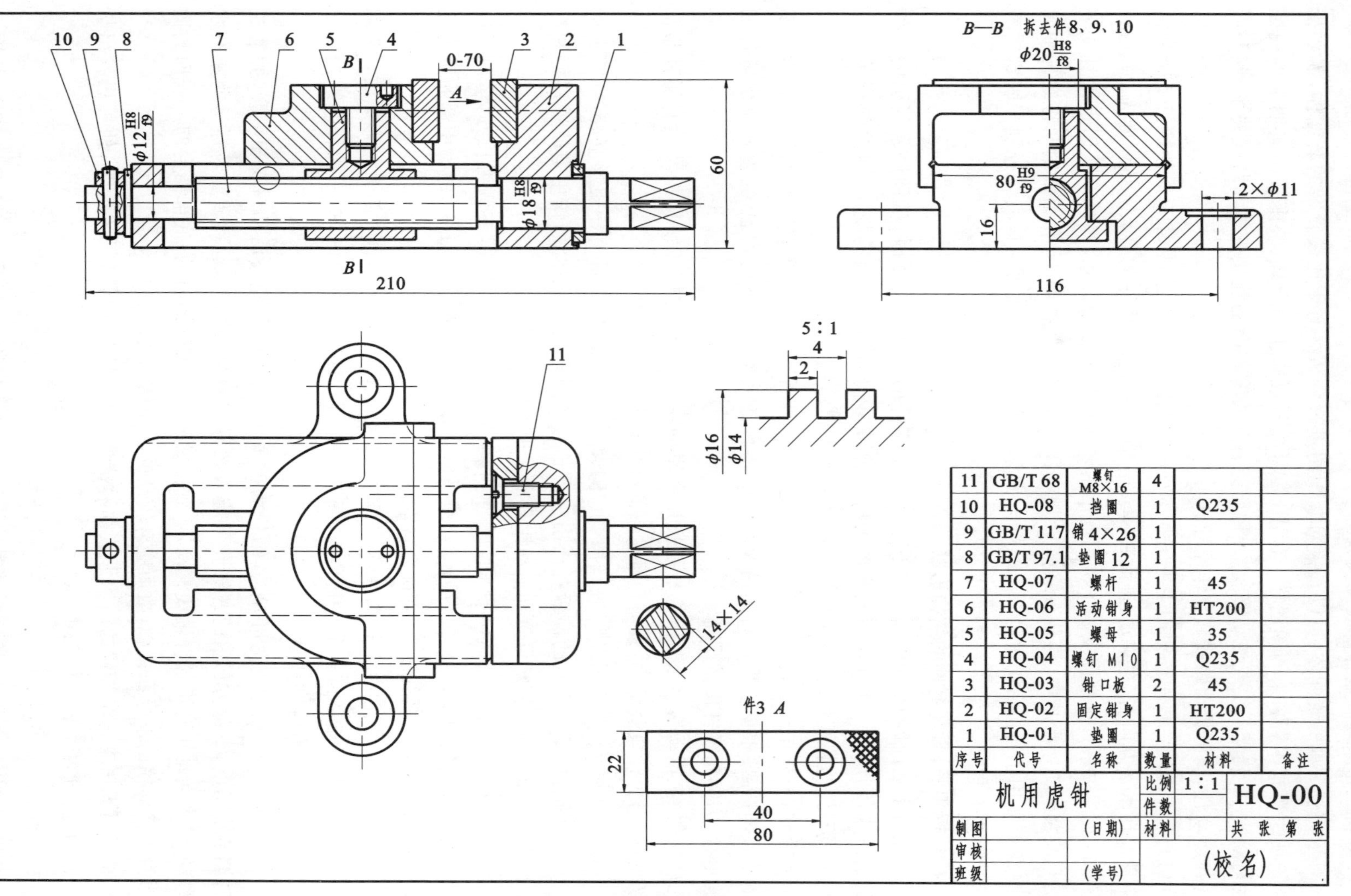

序号	代号	名称	数量	材料	备注
11	GB/T 68	螺钉 M8×16	4		
10	HQ-08	挡圈	1	Q235	
9	GB/T 117	销 4×26	1		
8	GB/T 97.1	垫圈 12	1		
7	HQ-07	螺杆	1	45	
6	HQ-06	活动钳身	1	HT200	
5	HQ-05	螺母	1	35	
4	HQ-04	螺钉 M10	1	Q235	
3	HQ-03	钳口板	2	45	
2	HQ-02	固定钳身	1	HT200	
1	HQ-01	垫圈	1	Q235	

图 9-21　机用虎钳装配图

3. 分析工作原理和零件的装配关系

对于比较简单的装配体,可以直接对装配图进行分析。对于比较复杂的装配体,需要借助于说明书等技术资料来阅读图样。读图时,可先从反映工作原理、装配关系较明显的视图入手,抓住主要装配干线或传动路线,分析研究各相关零件间的连接方式和装配关系,判明固定件与运动件,搞清传动路线和工作原理。

(1) 工作原理　机用虎钳的主视图基本反映出其工作原理:旋转螺杆 7,使螺母 5 带动活动钳身 6 在水平方向右、左移动,进而夹紧或松开工件。机用虎钳的最大夹持厚度为 70 mm。

(2) 装配关系　主视图反映了机用虎钳主要零件间的装配关系:螺母 5 从固定钳身 2 下方的空腔装入工字形槽内,再装入螺杆 7,用垫圈 1、垫圈 8 及挡圈 10 和圆锥销 9 将螺杆轴向固定;螺钉 4 用于连接活动钳身 6 与螺母 5,最后用螺钉 11 将两块钳口板 3 分别与固定钳身 2、活动钳身 6 连接。

4. 分析视图,看懂零件的结构形状

在弄清上述内容的基础上,还要看懂每一个零件的形状。读图时,借助序号指引的零件上的剖面线,利用同一零件在不同视图上的剖面线方向与间隔一致的规定,对照投影关系以及与相邻零件的装配情况,逐步想象出各零件的主要结构形状。

分析时,一般先从主要零件着手,然后是次要零件。有些零件的具体形状可能表达得不够清楚,这时需要根据该零件的作用及与相邻零件的装配关系进行推想,完整构思出零件的结构形状,为拆画零件图做准备。

固定钳身、活动钳身、螺杆、螺母是机用虎钳的主要零件,它们在结构和尺寸上都有非常密切的联系,要读懂装配图,必须看懂它们的结构形状。

(1) 固定钳身　根据主、俯、左视图,可知其结构左低右高,下部有一矩形空腔,空腔上部有一工字形槽(因矩形空腔的前后各凸出一个长方块而形成)。空腔的作用是放置螺杆和螺母,工字形槽的作用是使螺母带动活动钳身沿水平方向左右移动。

(2) 活动钳身　由三个基本视图可知其主体左侧为阶梯半圆柱,右侧为长方体,前后向下探出的部分包住固定钳身,二者的结合面采用基孔制、间隙配合(80H9/f9)。中部的阶梯孔与螺母的结合面采用基孔制、间隙配合(ϕ20H8/f8)。

(3) 螺杆　由主视图、俯视图、断面图和局部放大图可知,螺杆的中部为矩形螺纹,两端轴颈与固定钳身两端的圆孔采用基孔制、间隙配合(ϕ12H8/f9、ϕ18H8/f9)。螺杆左端加工出锥销孔,右端加工出矩形平面。

(4) 螺母　由主、左视图可知,其结构为上圆下方,上部圆柱与活动钳身相配合,并通过螺钉调节松紧度;下部方形内的螺纹孔可旋入螺杆,将螺杆的旋转运动转变为螺母的左右水平移动,带动活动钳身沿螺杆轴线移动,达到夹紧或松开工件的目的;底部凸台的上表面与固定钳身工字形槽的下导面接触,故而应有较高的表面结构要求。

把机用虎钳中每个零件的结构形状都看清楚之后,将各个零件联系起来,便可想象出机用虎钳的完整形状,如图 9-22 所示。

5. 归纳总结

在以上分析的基础上,还要对技术要求、尺寸等进行研究,并综合分析总体结构,从而对装配体有一个全面了解。

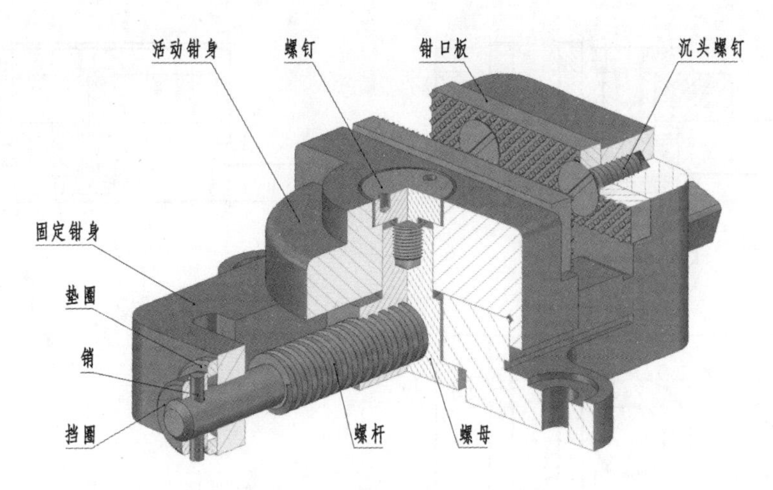

图 9-22　机用虎钳轴测剖视图

9.5.2　由装配图拆画零件图

由装配图拆画零件图简称拆图。即在完全读懂装配图基础上，按照零件图的内容和要求，设计性地拆画出零件图。拆图时，先要正确地分离零件。一般应先拆主要零件，然后再逐一画出有关零件，以保证各零件的结构形状合理，并使尺寸配合性质和技术要求等协调一致。

下面以固定钳身 2 为例，介绍拆画零件图的方法。

1. 分离零件

由装配图分离零件，主要有下列几种方法：

(1) 根据零件序号和明细栏，找到要分离零件的序号、名称，再根据序号指引线所指的部位，找到该零件在装配图中的位置。例如：固定钳身是 2 号零件，从序号的指引线起始端圆点，可找到固定钳身的位置和大致轮廓范围。

(2) 根据同一零件在剖视图中剖面线方向一致、间隔相等的规定，把所要分离的零件从有关的视图中区分出来。如果要分离的零件较复杂，而其他零件相对较简单，也可以采用“排除法”，即先在装配图上将其他零件一一去掉，留下的就是要分离的零件。

① 先在机用虎钳装配图(见图 9-21)上去掉螺杆装配线上的垫圈 8、销 9、挡圈 10、螺杆 7、垫圈 1 等(将被遮挡的图线补齐)，如图 9-23 所示。

② 参照图 9-23，再去掉螺钉 11、钳口板 3、螺钉 4、螺母 5(将被遮挡的图线补齐)，如图 9-24所示。

③ 参照图 9-24，最后去掉活动钳身 6，余下的即为固定钳身。根据零件各视图之间的投影关系，进行投影分析，进一步确定固定钳身的结构形状，如图 9-25 所示。

2. 确定零件的视图表达方案

装配图的表达方案是从整个机器或部件的角度考虑的，重点是表达工作原理和装配关系，而零件图的表达方案则是从零件的设计和工艺要求出发，根据零件的结构形状来确定的。因此，在确定零件的视图表达方案时，不能简单照搬装配图，而应根据零件的结构形状，按照零件图的视图选择原则重新选定。

固定钳身的主视图应按工作位置原则选择，即与装配图一致。根据其结构形状，增加俯视图和左视图。为表达内部结构，主视图采用全剖视，左视图采用半剖视，俯视图采用局部剖视，如图 9-26 所示。

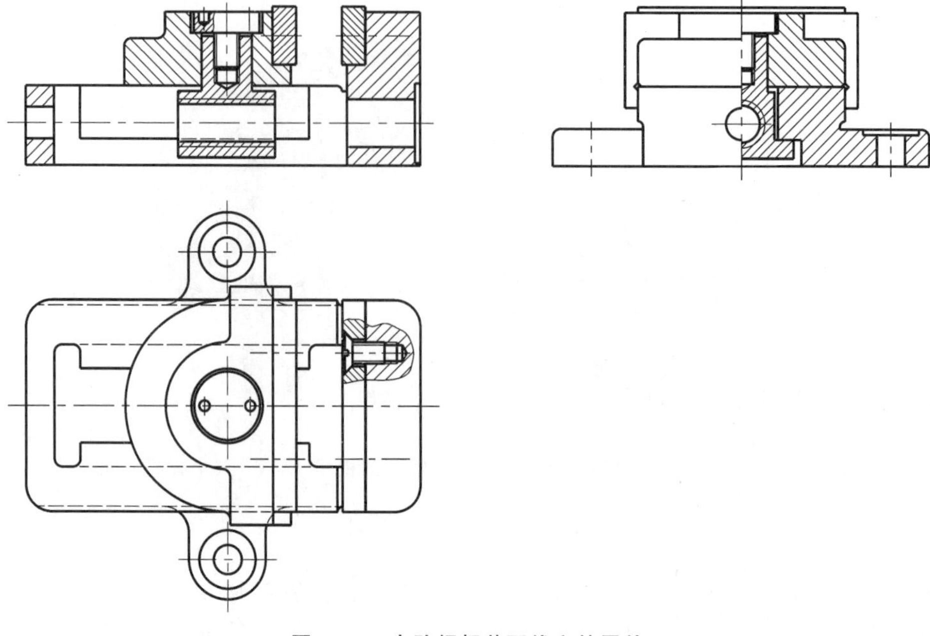

图 9-23　去除螺杆装配线上的零件

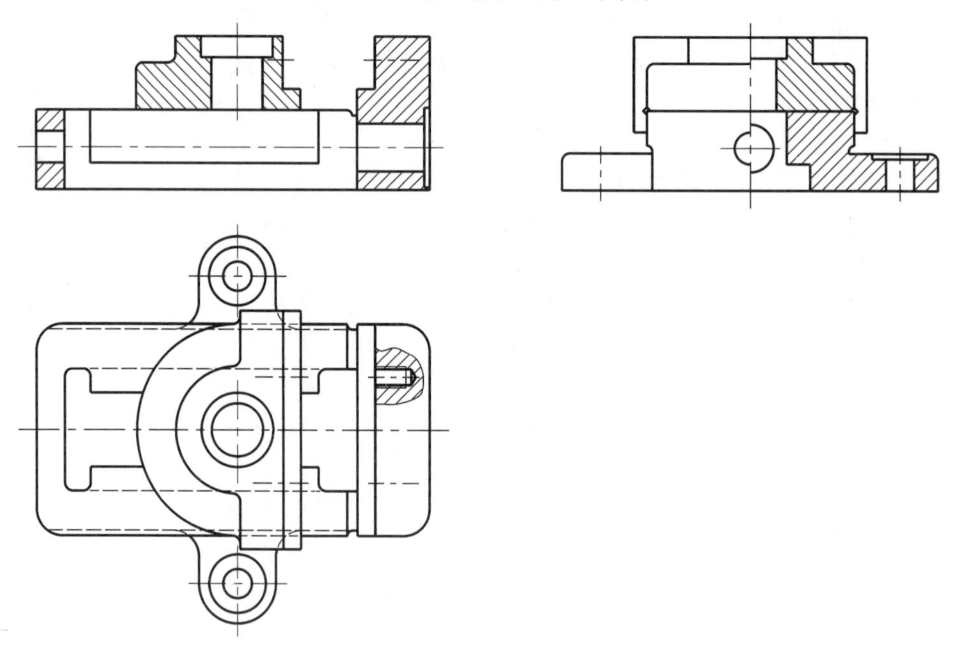

图 9-24　去除螺钉 11、钳口板 3、螺钉 4 和螺母 5

3. 确定零件图上的尺寸

在零件图上正确、完整、清晰、合理地标注尺寸，是拆画零件图的一项重要内容。应根据零件在装配体中的作用，从零件设计、加工工艺等方面来选择尺寸基准。先确定长、宽、高三个方向的主要基准，再根据加工和测量的需要，适当选择一些辅助基准。装配图上的尺寸很少，在零件图上必须将缺少的尺寸补齐。确定零件图尺寸的方法有以下几种：

(1) 直接移注　对于装配图上已标注的尺寸和明细栏中注出的零件规格尺寸，可直接移注。例如：图 9-26 中，固定钳身底部安装孔的尺寸 2×ϕ11、安装孔定位尺寸 116、左右孔的直

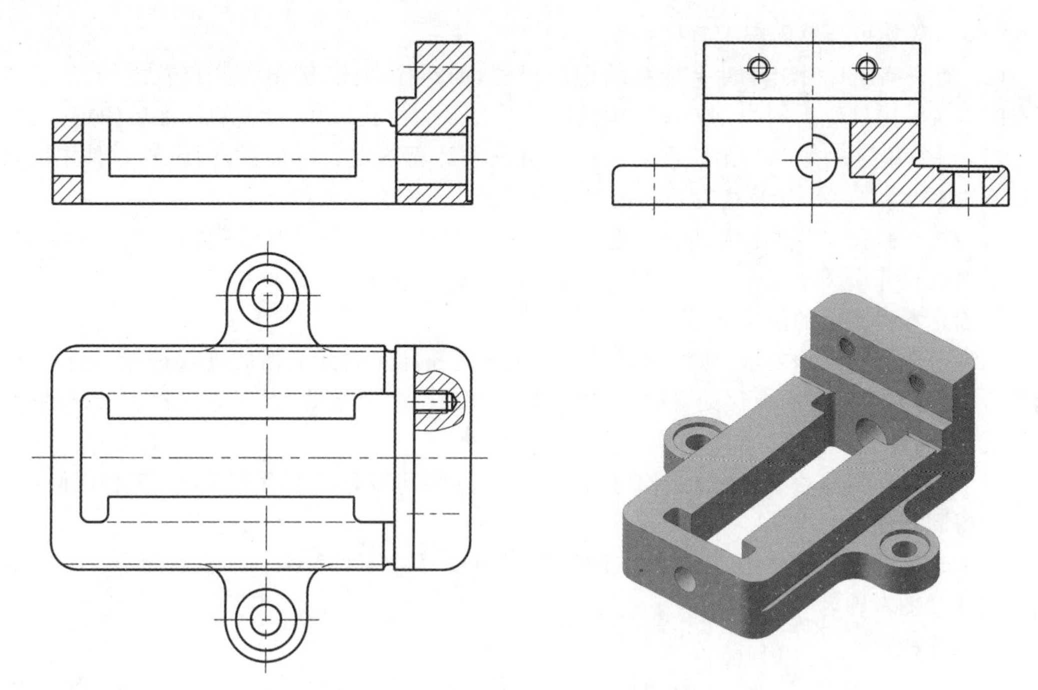

图 9-25　去除活动钳身 6 后的固定钳身

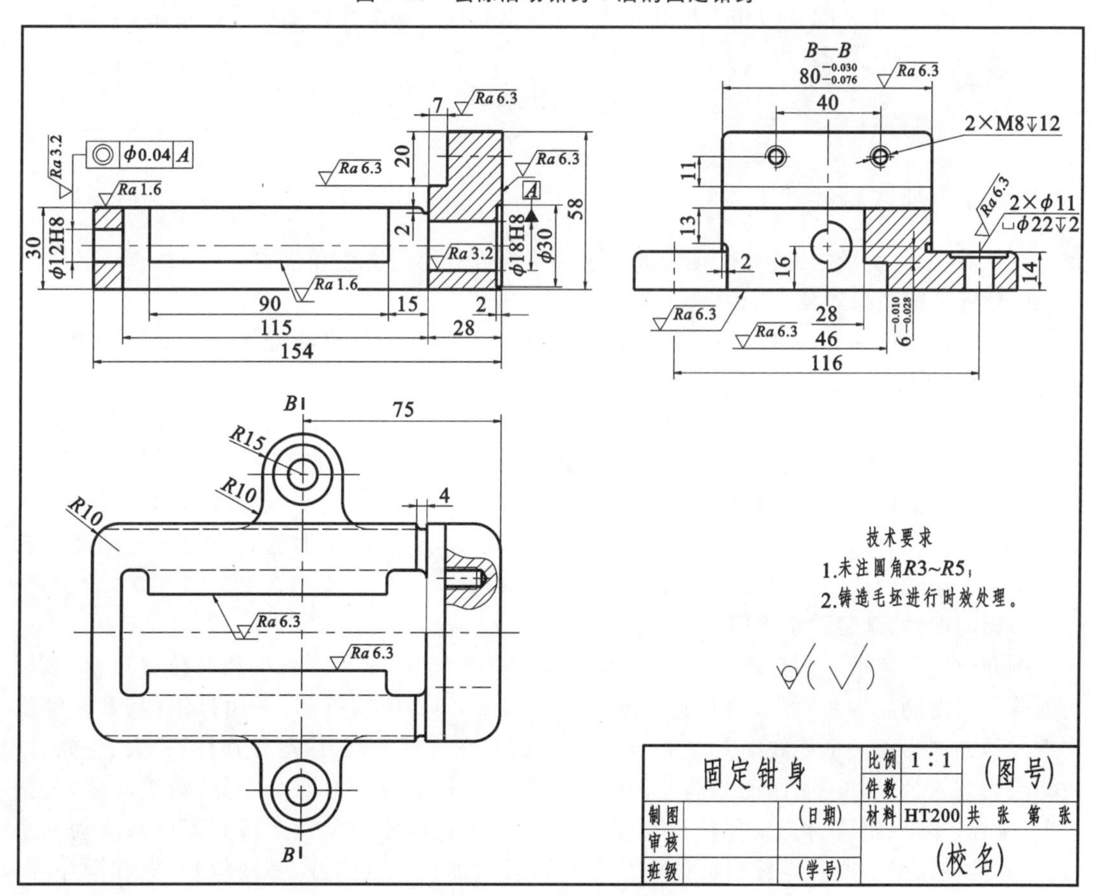

图 9-26　固定钳身零件图

径 $\phi12$、$\phi18$ 等均可从装配图上直接移注。

(2) 查表确定　对于零件上标准结构的尺寸,如螺栓通孔、倒角、退刀槽、键槽、沉孔等,可查阅有关标准确定。例如:图 9-26 中的沉孔尺寸及螺纹孔尺寸,可查阅标准后确定。

(3) 计算确定　零件上比较重要的尺寸可通过计算确定。例如:拆画齿轮零件图时,需根据齿轮参数 m、z 等,计算齿轮轮齿的各部分尺寸。

(4) 直接量取　零件上大部分不重要或非配合的尺寸,一般可从装配图上按比例直接量取。量得的尺寸应圆整成整数,如固定钳身的总长 154、总高 58 等。

4. 确定零件图上的技术要求

零件上各表面结构要求,应根据表面的作用和两零件间的配合性质进行选择。为了使活动钳身、螺母在水平方向上移动自如,必须对固定钳身工字形槽的上、下导面提出较高的表面结构要求,选择 Ra 轮廓算数平均偏差为 1.6 μm。

对于配合表面,应根据装配图上给出的配合性质、公差等级等,查阅手册来确定其极限偏差。

5. 填写标题栏

根据装配图中的明细栏,在零件图的标题栏中填写零件的名称、材料、数量等,并填写绘图比例和绘图者姓名等。

6. 检查校对

这是拆画零件图的最后一步。首先看零件是否表达清楚,投影关系是否正确;然后校对尺寸是否有遗漏,相互配合的相关尺寸是否一致,以及技术要求与标题栏等内容是否完整。

9.6　装配图应用举例

9.6.1　部件测绘

现以图 9-27 所示的减速器为例,进一步说明部件测绘的方法和步骤。

1. 分析了解测绘对象

减速器是通过一对(或数对)齿数不同的齿轮的啮合传动,将高速旋转运动变为低速旋转运动的减速机构。

图 9-27 所示为单级圆柱齿轮减速器。通过一对齿数不同的齿轮啮合旋转,动力由齿轮轴(件 28,主动轴)的伸出端输入,小齿轮(主动齿轮)旋转带动大齿轮(件 35,从动齿轮)旋转,并通过普通平键(件 34),将动力传递到从动轴(件 24)输出。由于主动齿轮轴的齿数($z_1=15$)比从动齿轮的齿数($z_2=55$)少,$z_2/z_1=55/15=3.67$,所以齿轮轴的高速旋转运动经齿轮传动降为从动轴的低速旋转运动,从而达到减速的目的。

2. 拆卸部件、画装配示意图

拆卸前应先测量一些必要的尺寸,如减速器的外形尺寸,某些零件的相对位置尺寸、装配间隙等。周密制定拆卸顺序,把减速器分为几个组成部分,依次拆卸,并用打钢印、系标签或写件号等方法为每一个零件编上件号,分区分组放置在规定的地方,避免损坏、丢失、生锈,以便测绘后重新装配时还能保证部件的性能和要求。减速器可分为四个部分:箱盖部分(包括箱盖、螺栓、螺母、销、视孔盖、通气塞等);主动轴系(包括齿轮轴及轴上所有零件);从动轴系(包括从动轴及轴上所有零件);箱体部分(包括箱体、油标及其附件、螺塞等)。拆卸顺序为:箱盖部分—主动轴系—从动轴系—箱体部分。

对于一些部件或机器,只有拆卸后才能显示零件间真实的装配关系,所以画装配示意图

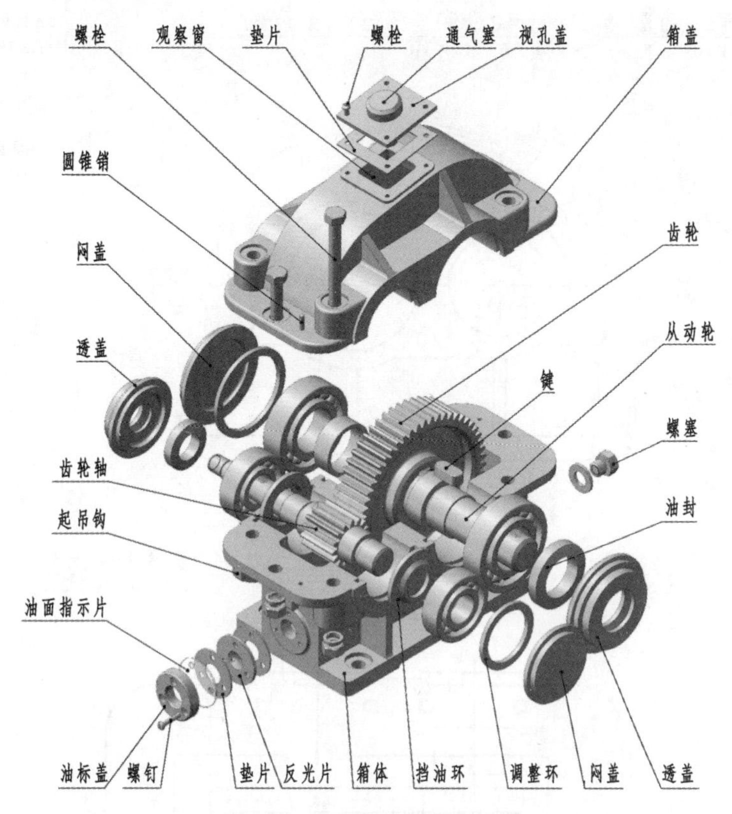

图 9-27　单级圆柱齿轮减速器

往往与拆卸过程同步进行，一边拆卸，一边画装配示意图，各零件的名称、数量等可列表说明，也可在图上直接注明。注意装配示意图上零件编号要与零件的件号一致。

图 9-28 所示为单级圆柱齿轮减速器的装配示意图。

3. 画零件草图

画零件草图是部件测绘的重要步骤和基础工作。部件中的零件可分为两类：

(1) 标准件　如螺栓、垫圈、螺母、键、销及滚动轴承等，只需测出规格尺寸，然后查阅标准手册，按规定标记登记在明细栏内，不必画草图。

(2) 非标准件　对于非标准件，应画出其全部的零件草图。

零件草图是用目测的方法徒手画出的图，而不是潦草的图，草图的内容与零件图相同，区别仅在于零件草图是徒手完成的，零件图是用绘图仪器画出的。零件草图是绘制零件图和装配图的依据。画零件草图的方法、步骤参见 8.7 节“零件测绘”。图 9-29 为减速器箱盖零件草图。

4. 画装配图

根据装配示意图和零件草图绘制装配图，再由装配图拆画零件图的过程不是简单的拼凑和重复，而是从部件的整体功用、工作原理出发，对零件草图和装配示意图进行一次校对。若发现它们有不协调甚至错误之处，应立即改正。

绘制装配图的方法和步骤与画零件图基本相同，关键在于要从整体出发，选择好表达方案。把部件所有零件都显示出来是装配图最基本的要求。在此基础上，再将部件的工作原理、装配关系、连接方式和基本结构等表达清楚。绘制装配图的步骤如下。

1) 选择视图

(1) 选择主视图　主视图的选择应符合部件的工作位置或习惯放置位置，并尽可能反映

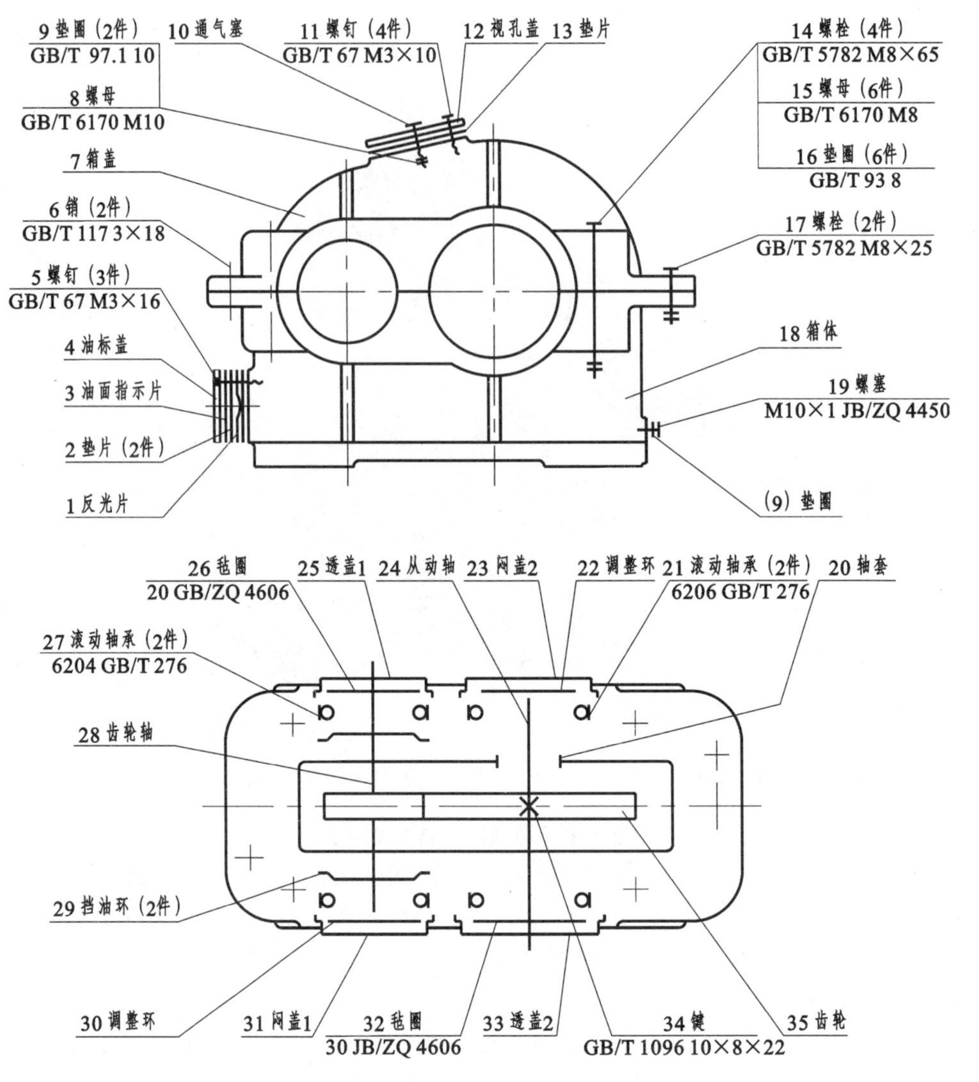

图 9-28　减速器装配示意图

该部件的结构特点及零件之间的装配连接关系;能明显地表示出部件的工作原理;主视图通常取剖视以表达部件主要装配干线(如工作系统、传动线路)。

减速器装配图选用主、俯、左三个基本视图表达其内外结构形状。按工作位置确定的主视图表达了减速器的整机外形,并采用六处局部剖视,分别表示箱盖和箱体的螺栓连接、销连接结构,箱体上的油标、放油孔的结构,箱盖上视孔盖和通气塞的结构。

(2) 选择其他视图　其他视图的选择应能补充表达主视图尚未表达或表达不够充分的部分。一般情况下,每一种零件至少应在视图中出现一次。

图 9-34 中俯视图是沿箱盖与箱体结合面剖切的剖视图,集中表达减速器的工作原理以及各零件间的装配关系。左视图补充表达减速器整体的外形轮廓,并采用三处局部剖视,分别表示齿轮轴与从动轴上的键槽结构及箱体底板上的安装螺栓孔结构。

2) 绘制装配图

(1) 确定比例、合理布局　根据部件大小和复杂程度,确定比例和图幅,画出图框和标题栏、明细栏,同时要考虑零件序号、尺寸标注和技术要求等内容的布置,画出轴线、对称中心线等,如图 9-30 所示。

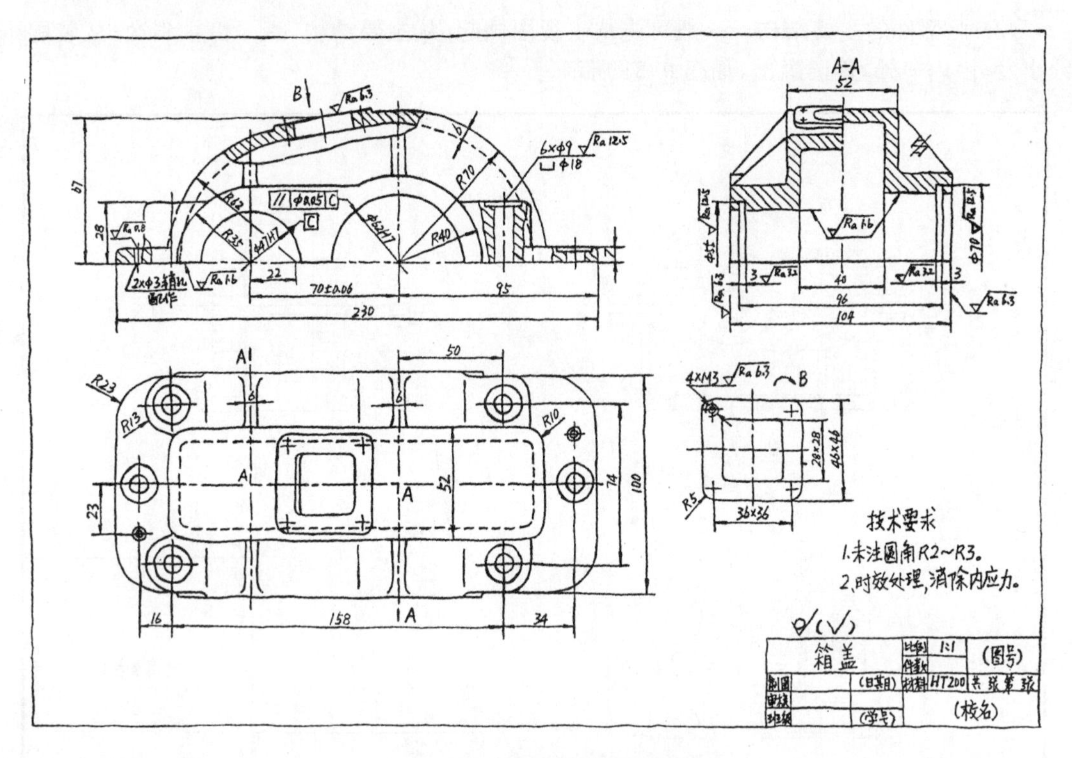

图 9-29　减速器箱盖零件草图

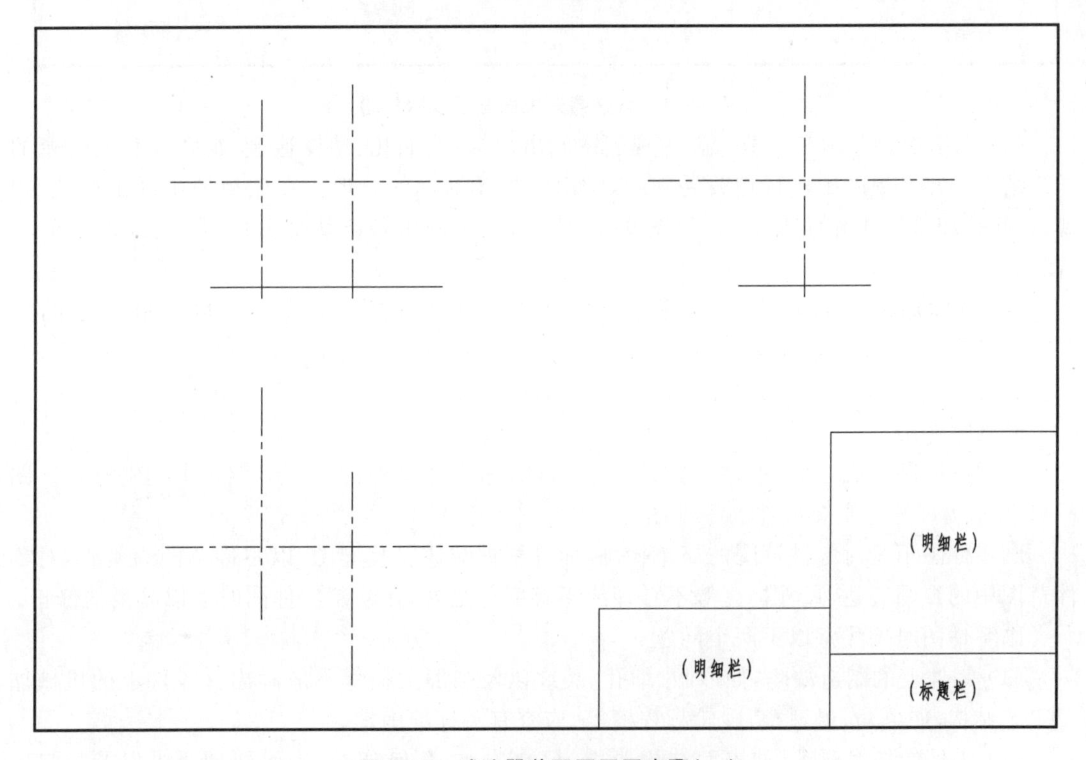

图 9-30　减速器装配图画图步骤(一)

(2) 画部件的主要结构　一般可先从主视图画起，从主要结构入手，由主到次；从装配干线出发，由内向外，逐层画出，如图 9-31 所示。

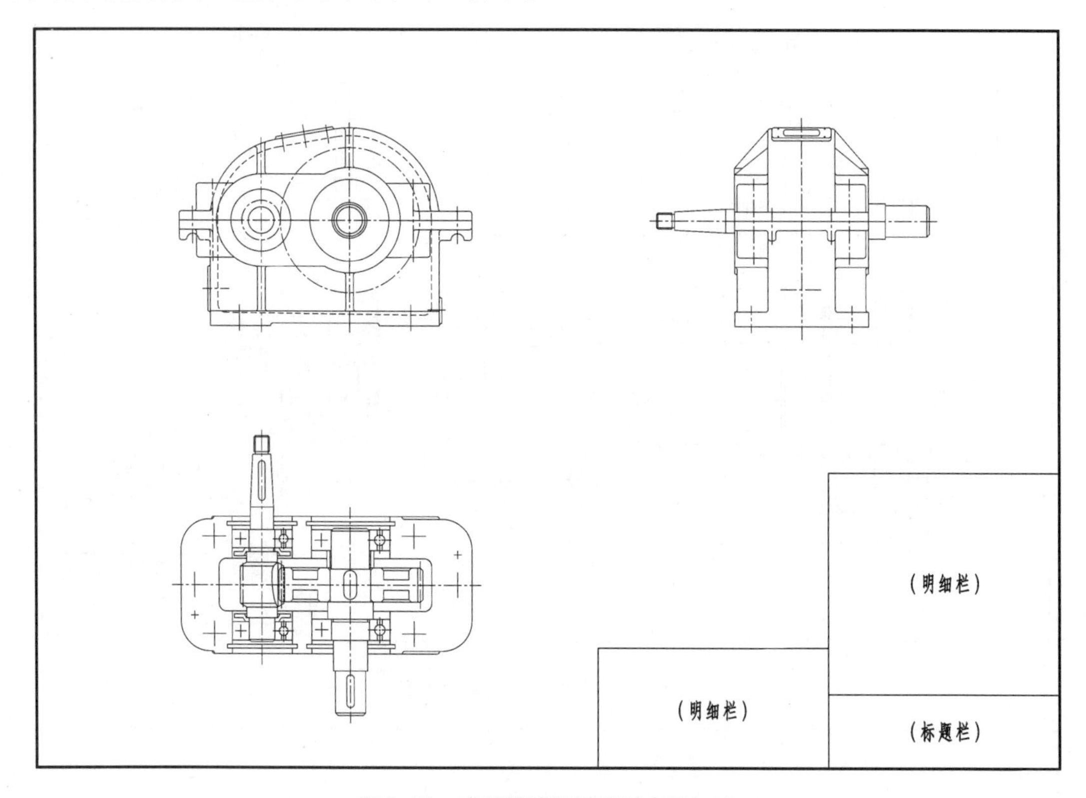

图 9-31　减速器装配图画图步骤(二)

(3) 画出次要结构和细节　在主视图中画出油标、放油孔、螺栓连接、视孔盖和通气塞的详细结构。在左视图中进行相关局部剖，画出螺栓及油标的外形。在俯视图中画出透盖、闷盖、螺栓孔和锥销孔等详细结构，如图 9-32 所示；逐一画出各剖切部分的剖面线，如图 9-33 所示。

(4) 描深加粗、标注尺寸、编排序号、填写标题栏和明细栏　装配图底稿绘制完成后，应仔细检查校对，无误后描深加粗全图。最后，标注必要的尺寸，编排零件序号，填写标题栏、明细栏和技术要求，完成减速器装配图的绘制，如图 9-34 所示。

5. 画零件图

装配图绘制完成之后，根据装配图绘制出(除标准件以外的)全部零件图。图 9-35～图 9-41 所示为减速器主要零件的零件图。

画零件图不是对零件草图的简单抄画，而是根据减速器装配图，以零件草图为基础，对零件草图中的视图表达、尺寸标注等不合理或不够完善之处，在绘制零件图时予以必要的修正。

画零件图时要注意以下两个问题：

(1) 零件上的制造缺陷，如砂眼、缩孔、裂纹以及破旧磨损等不应画出。零件上的机械加工工艺结构，如倒角、退刀槽、砂轮越程槽等，应查有关标准确定。

(2) 零件的技术要求，如表面结构要求、尺寸公差、几何公差、表面处理要求以及材料牌号等，可根据零件的作用、工作要求等，参照同类产品的图样和资料类比确定。

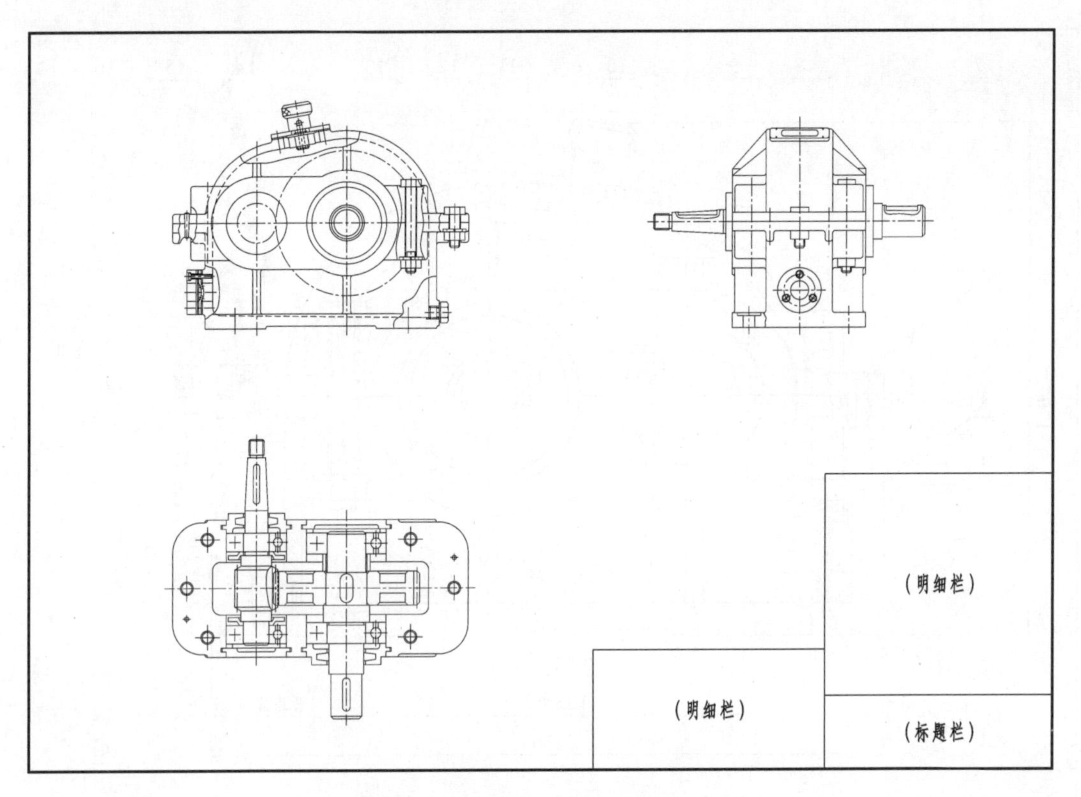

图 9-32 减速器装配图画图步骤(三)

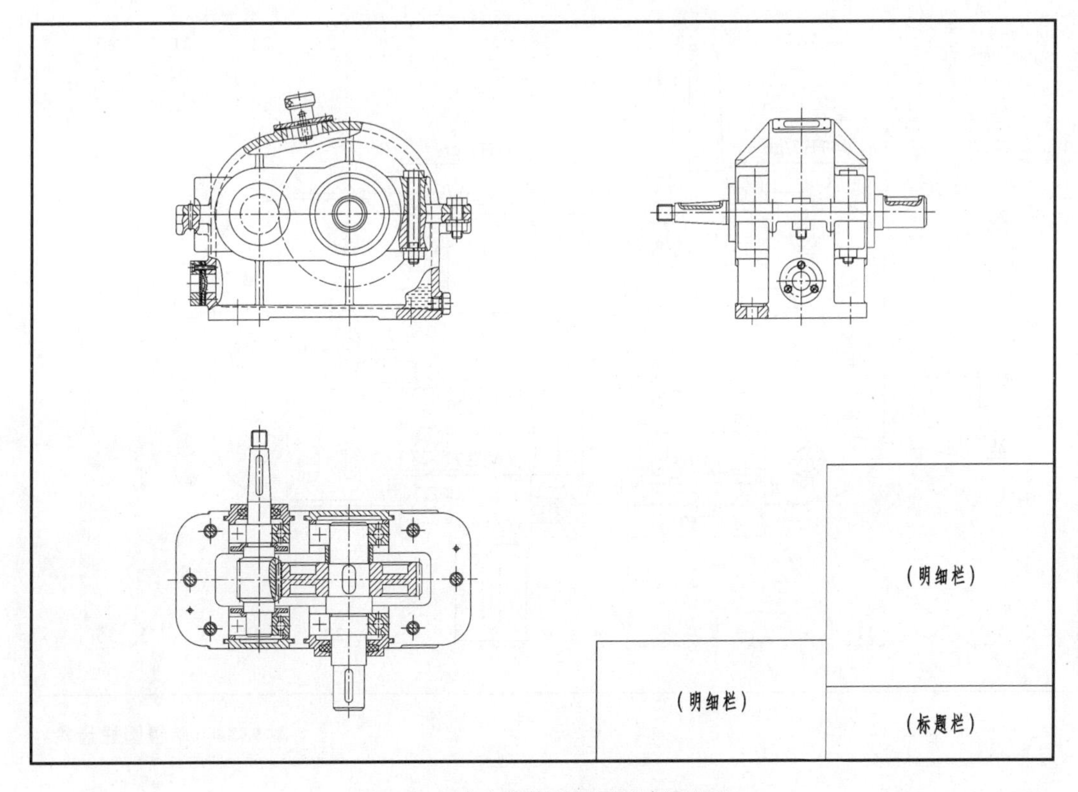

图 9-33 减速器装配图画图步骤(四)

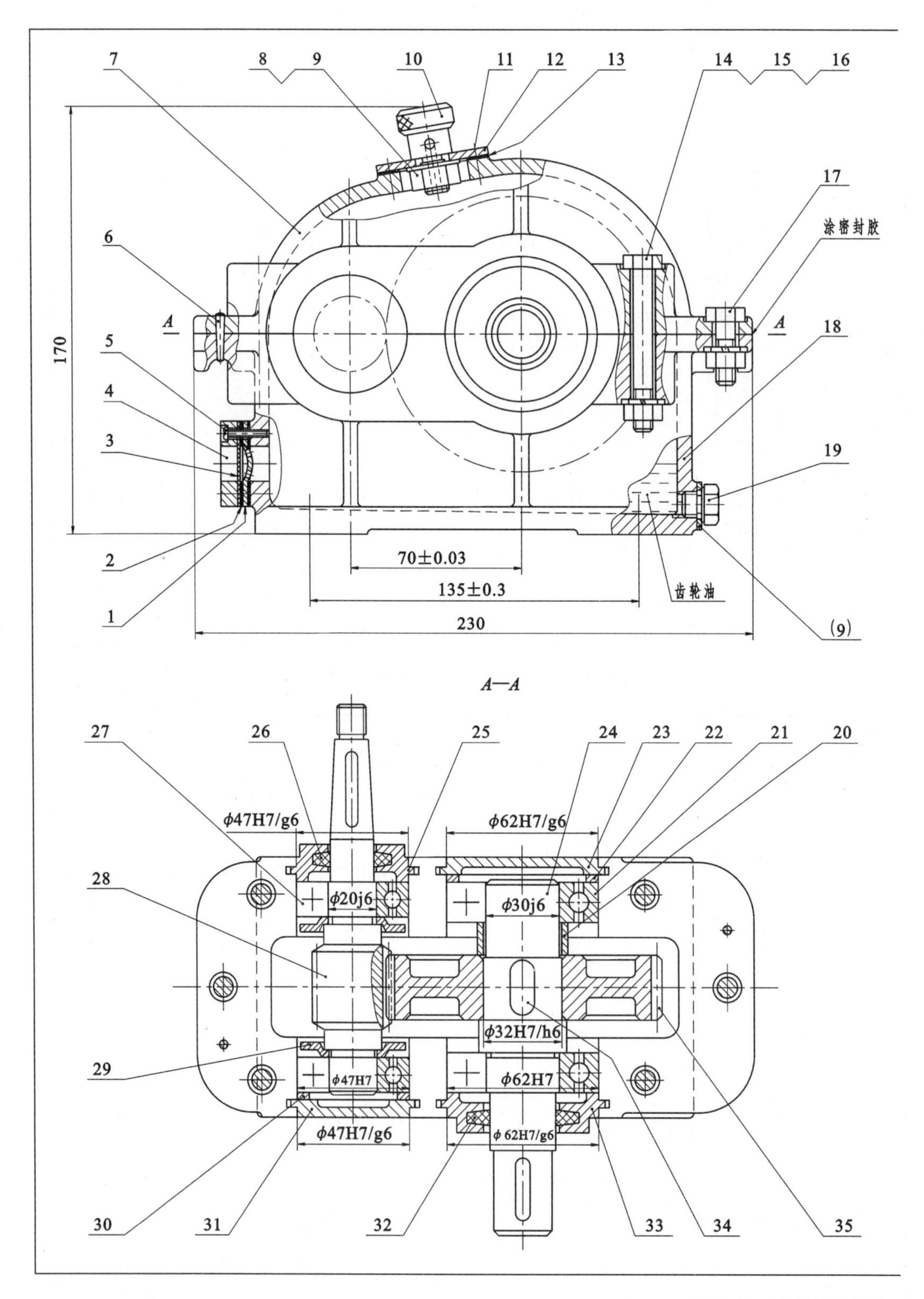
7
8
9
10
11
12
13
14
15
16
17
涂密封胶
6
A
A
18
170
5
4
3
19
2
70±0.03
135±0.3
齿轮油
1
230
(9)
A—A
27
26
25
24
23
22
21
20
ϕ47H7/g6
ϕ62H7/g6
28
ϕ20j6
ϕ30j6
ϕ32H7/h6
29
ϕ47H7
ϕ62H7
ϕ47H7/g6
ϕ 62H7/g6
30
31
32
33
34
35

图 9-34　单级圆柱齿轮

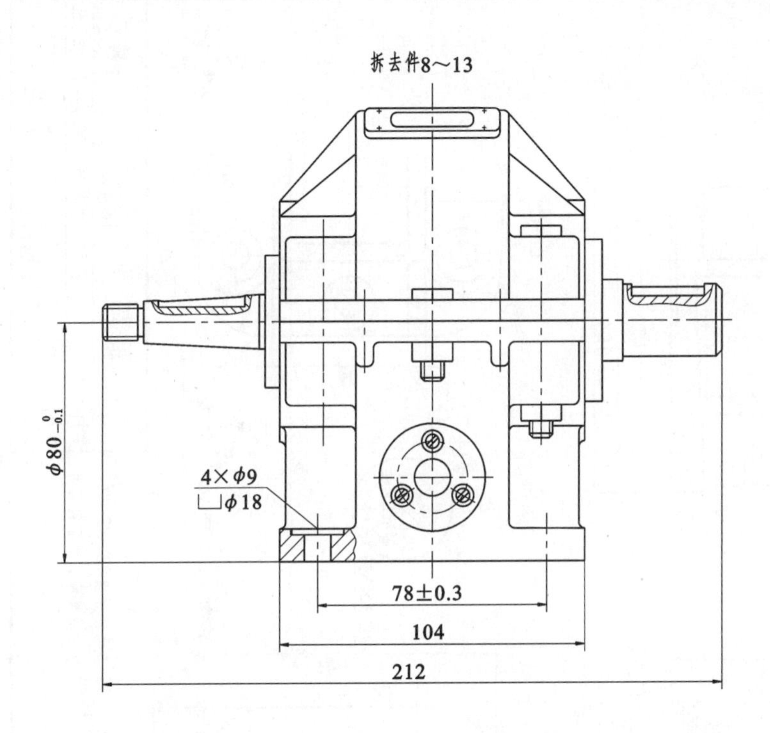

技术要求

1.各部件装配时需要用煤油洗净并涂上一层黄油。
2.装配好后箱内注入齿轮油，大齿轮的二倍齿高浸入油中。
3.齿面接触斑点沿齿高不小于45%,沿齿长不小于60%。
4.减速器空载试验时,应运行平稳，响声均匀，连接处与密封处不能有漏油现象。
5.减速器涂灰色漆，伸出轴涂黄油。

序号	代号	名称	数量	材料	单件重量	总计重量	备注
22	JSQ 70.11	调整环	1	Q235A			
21	GB/T 276	滚动轴承 6206	2				
20	JSQ 70.10	轴套	1	Q235A			
19	JB/ZQ 4450	螺塞 M10×1	1	Q235A			
18	JSQ 70.09	箱体	1	HT200			
17	GB/T 5782	螺栓 M8×25	2				
16	GB/T 93	垫圈 8	6				
15	GB/T 6170	螺母 M8	6				
14	GB/T 5782	螺栓 M8×65	4				
13	JSQ 70.08	垫片	1	压纸板			
12	JSQ 70.07	视孔盖	1	HT200			
11	GB/T 67	螺钉 M3×10	4				
10	JSQ 70.06	通气塞	1	Q235A			
9	GB/T 97.1	垫圈 10	2				
8	GB/T 6170	螺母 M10	1				
7	JSQ 70.05	箱盖	1	HT200			
6	GB/T 117	销 3×18	2				
5	GB/T 67	螺钉 M3×16	3				
4	JSQ 70.04	油标盖	1	HT200			
3	JSQ 70.03	油面指示片	1	赛璐珞			
2	JSQ 70.02	垫片	2	毛毡			
1	JSQ 70.01	反光片	1	铝			

序号	代号	名称	数量	材料	单件重量	总计重量	备注
		齿轮油		L-CLD15			注入箱体中
		密封胶					涂于结合面
35	JSQ 70.20	齿轮	1	40			$m=2,z_2=55$
34	GB/T 1096	键 10×8×22	1				
33	JSQ 70.19	透盖 2	1	HT150			
32	JB/ZQ 4606	毡圈 30	1				
31	JSQ 70.18	闷盖 1	1	HT150			
30	JSQ 70.17	调整环	1	Q235A			
29	JSQ 70.16	挡油环	2	Q235A			
28	JSQ 70.15	齿轮轴	1	45			$m=2,z_1=15$
27	GB/T 276	滚动轴承 6204	2				
26	JB/ZQ 4606	毡圈 20	1				
25	JSQ 70.14	透盖 1	1	HT150			
24	JSQ 70.13	从动轴	1	45			
23	JSQ 70.12	闷盖 2	1	HT150			

标记	处数	分区	更改文件名	签名	年月日	(材料标记)			(单位名称)
设计	(签名)	(年月日)	标准化	(签名)	(年月日)	阶段标记	重量	比例	减速器
审核									JSQ 70.00
工艺			批准			共　张　第　张			

减速器装配图

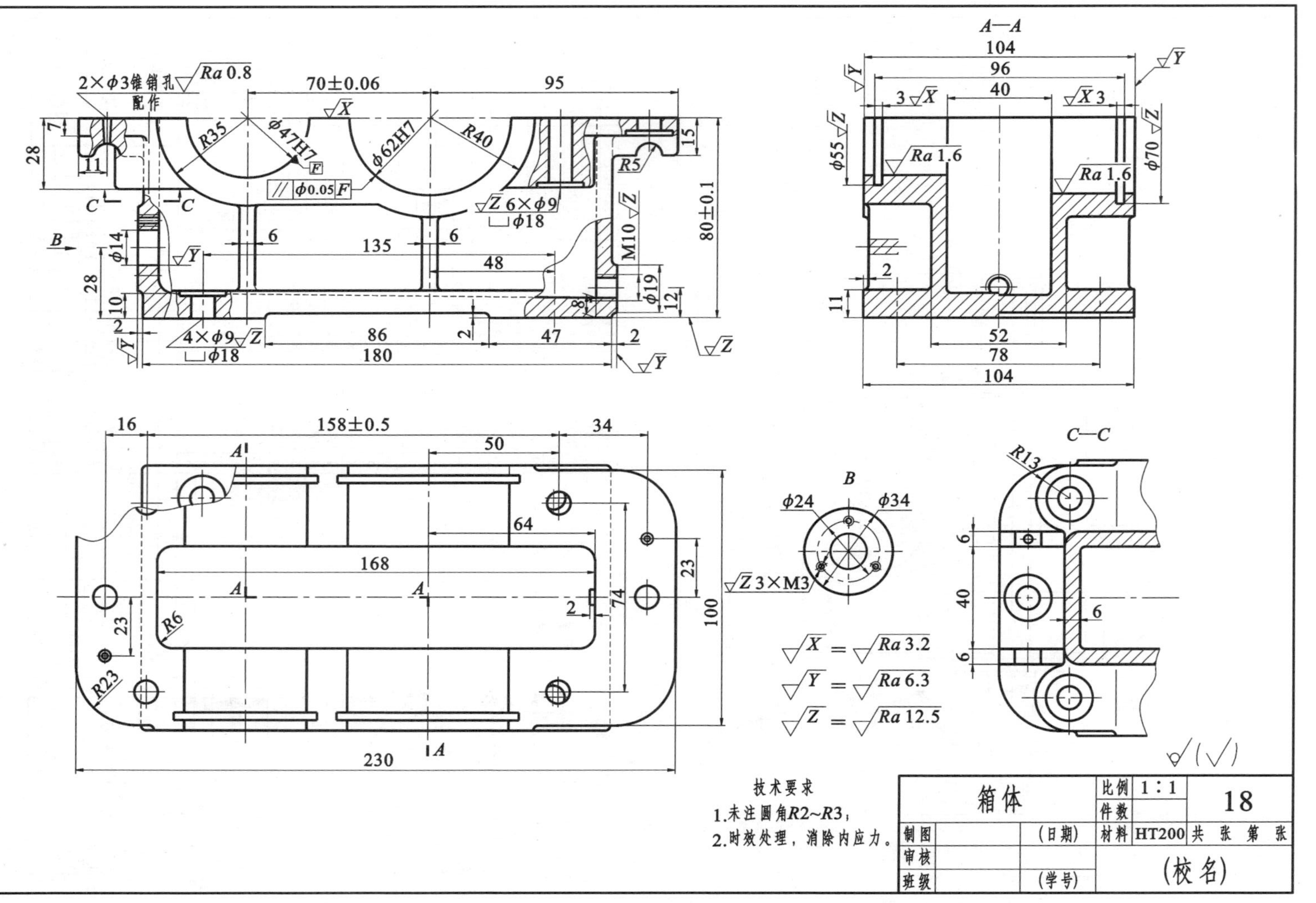
A—A
C—C
B
2×ϕ3锥销孔配作
Ra 0.8
70±0.06
95
ϕ47H7
ϕ62H7
R35
R40
R5
6×ϕ9 ⌴ϕ18
4×ϕ9 ⌴ϕ18
M10
80±0.1
135
180
158±0.5
230
168
ϕ24
ϕ34
3×M3
X = Ra 3.2
Y = Ra 6.3
Z = Ra 12.5
Ra 1.6
ϕ55
ϕ70
104
96
40
52
78
R13
R23
R6
技术要求
1.未注圆角R2~R3；
2.时效处理，消除内应力。
箱体
比例 1:1
件数
18
制图 (日期)
材料 HT200
共 张 第 张
审核
班级 (学号)
(校名)

图 9-35　箱体零件图

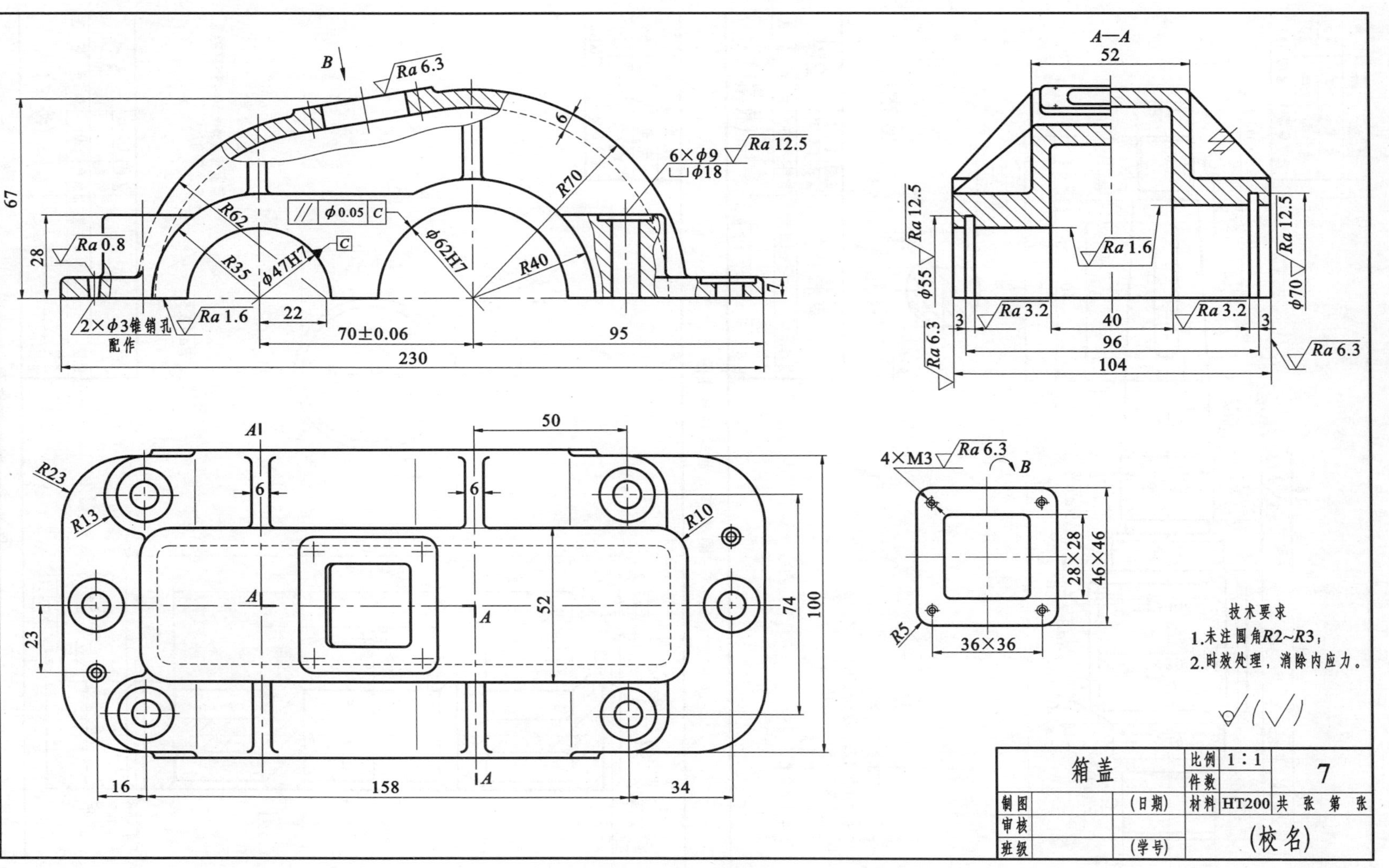
B
Ra 6.3
6
6×φ9
⌴φ18
Ra 12.5
R70
67
R62
φ0.05 C
C
Ra 0.8
28
R35
φ47H7
φ62H7
R40
7
2×φ3锥销孔
配作
Ra 1.6
22
70±0.06
95
230
A—A
52
Ra 1.6
φ55
φ70
Ra 3.2
3
40
96
104
Ra 6.3
50
R23
R13
R10
A
23
74
100
16
158
34
4×M3
R5
28×28
46×46
36×36
技术要求
1.未注圆角R2~R3；
2.时效处理，消除内应力。
箱盖
比例 1:1
件数
7
制图
(日期)
材料 HT200
共 张 第 张
审核
班级
(学号)
(校名)

图 9-36　箱盖零件图

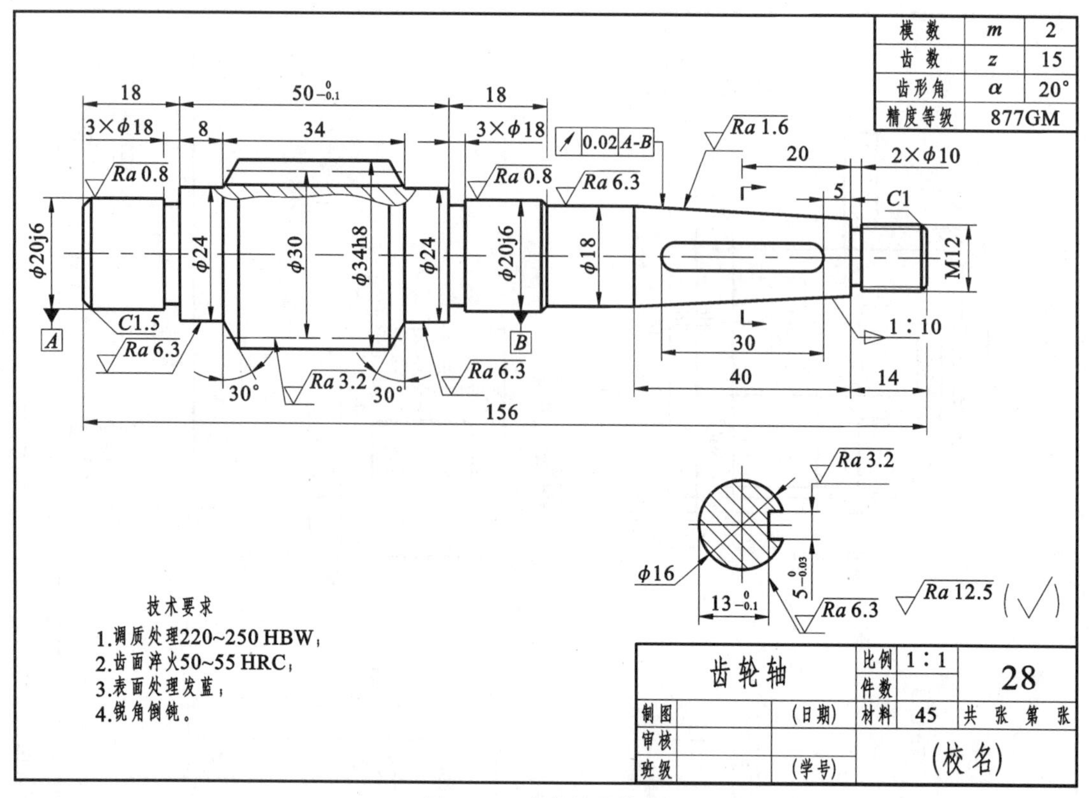

图 9-37　齿轮轴零件图

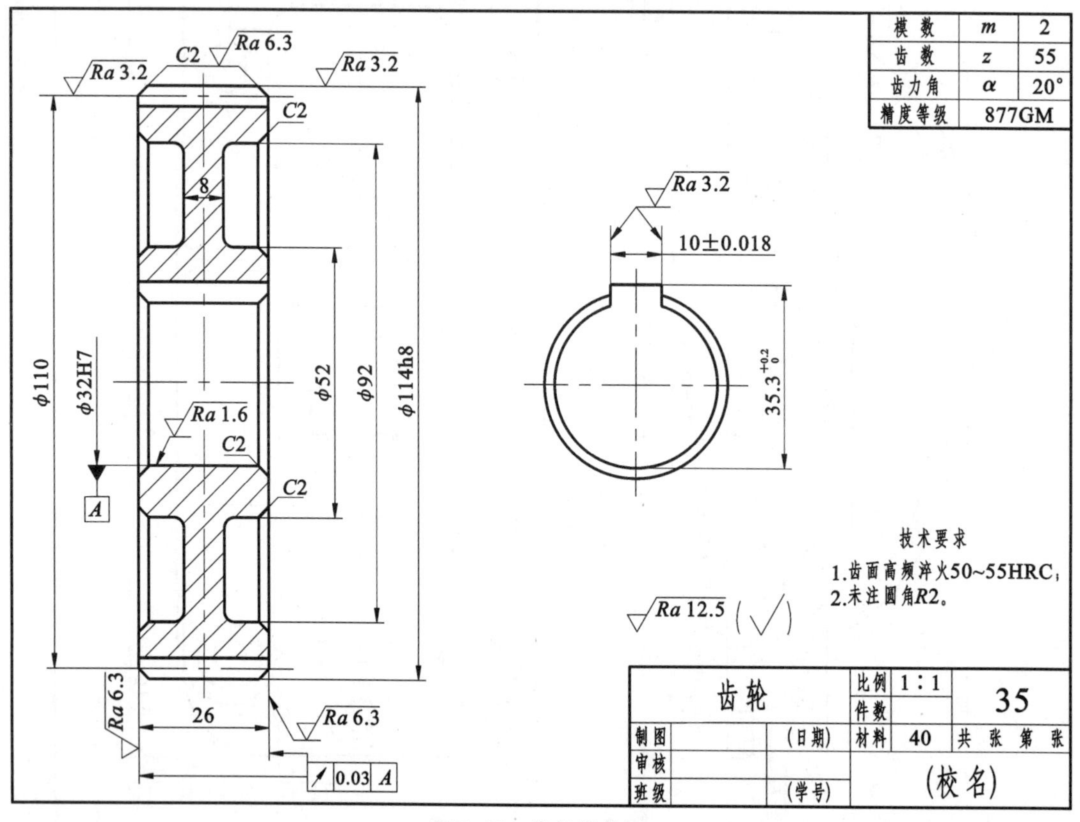

图 9-38　齿轮零件图

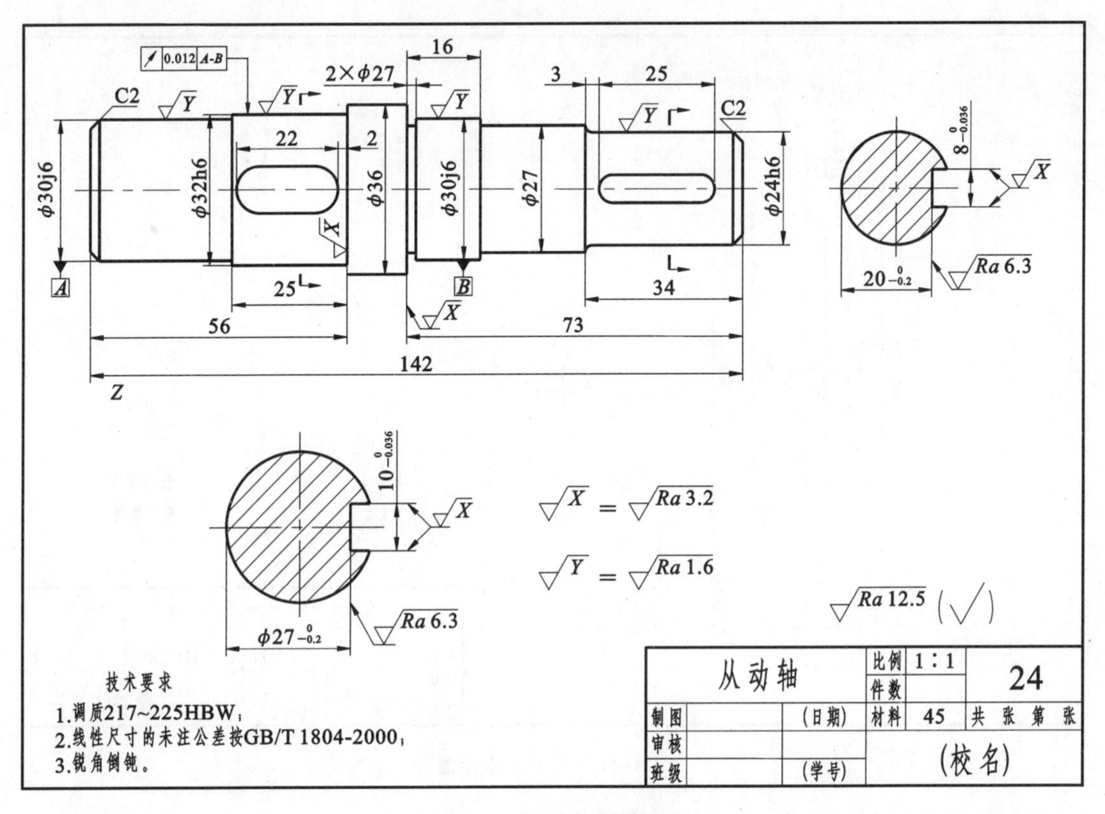

图 9-39 从动轴零件图

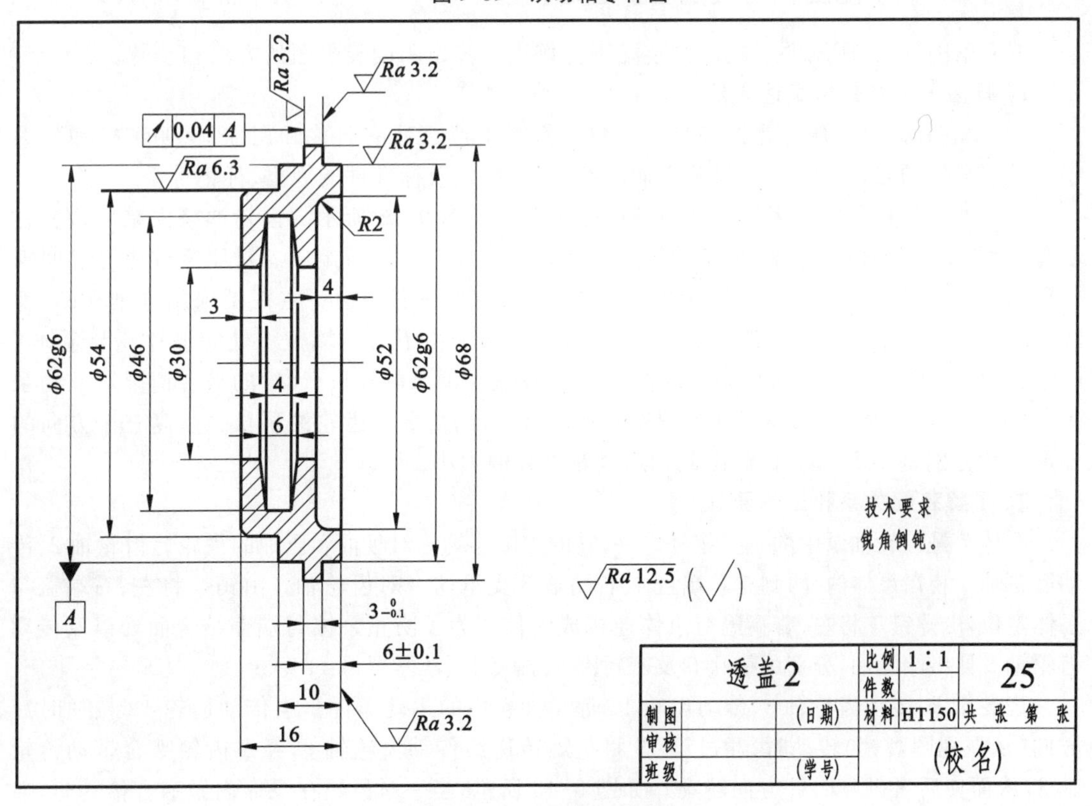

图 9-40 透盖 2 零件图

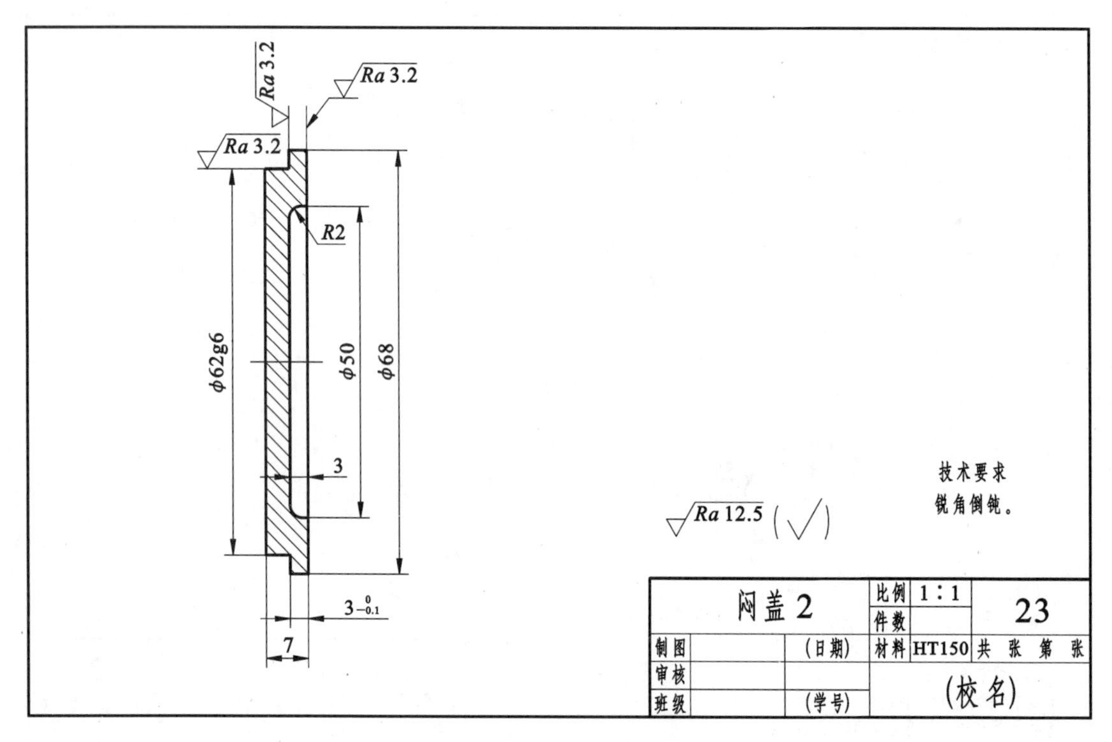

图 9-41　闷盖 2 零件图

9.6.2　读装配图及由装配图拆画零件图

下面以图 9-42 所示的齿轮油泵装配图为例进一步说明读装配图的方法和步骤。

1. 概括了解并分析表达方法

读装配图时,可先从标题栏和有关资料了解机器或部件的名称和用途,从明细栏和所编序号了解零件的名称、数量、材料和它们所在的位置,以及标准件的规格、标记等。

齿轮油泵是机器中用来输送润滑油的一个部件。图 9-42 所示的齿轮油泵由泵体,左、右端盖,运动零件(如传动齿轮、齿轮轴等),密封零件及标准件等所组成。对照零件序号及明细栏可以看出:齿轮油泵由 15 种零件装配而成,采用两个视图表达。主视图采用全剖视图,反映了组成齿轮油泵的各个零件间的装配关系;左视图采用了沿左端盖 4 处的垫片 6 与泵体 7 的结合面剖切产生的半剖视图 $B—B$,它清楚地反映了油泵的外形、齿轮的啮合情况以及油泵吸、压油的工作原理;再以局部剖视图反映吸、压油口的情况。齿轮油泵长、宽、高三个方向的外形尺寸分别是 165、130、136,由此知道齿轮油泵的大小。

2. 了解装配关系和工作原理

泵体 7 是齿轮油泵中的主要零件之一,它的内腔容纳一对吸油和压油的齿轮。齿轮轴 2、传动齿轮轴 3 装在泵体内,两侧有左端盖 4、右端盖 8 支承这一对齿轮轴。由销 5 将左、右端盖与泵体定位,由螺钉 1 将左、右端盖与泵体连接成整体。为了防止泵体与端盖结合面处以及传动齿轮轴 3 伸出端漏油,分别用垫片 6 及密封圈 9、轴套 10、压紧螺母 11 密封。

齿轮轴 2、传动齿轮轴 3、传动齿轮 12 等是油泵中的运动零件。当传动齿轮 12 按逆时针方向(从左视图观察)转动时,通过键 13 将扭矩传递给传动齿轮轴 3,经过齿轮啮合带动齿轮轴 2,从而使后者做顺时针方向转动。如图 9-43 所示,当一对齿轮在泵体内做啮合传动时,啮合区内前面空间的压力降低而产生局部真空,油池内的油在大气压力作用下进入油泵低压区

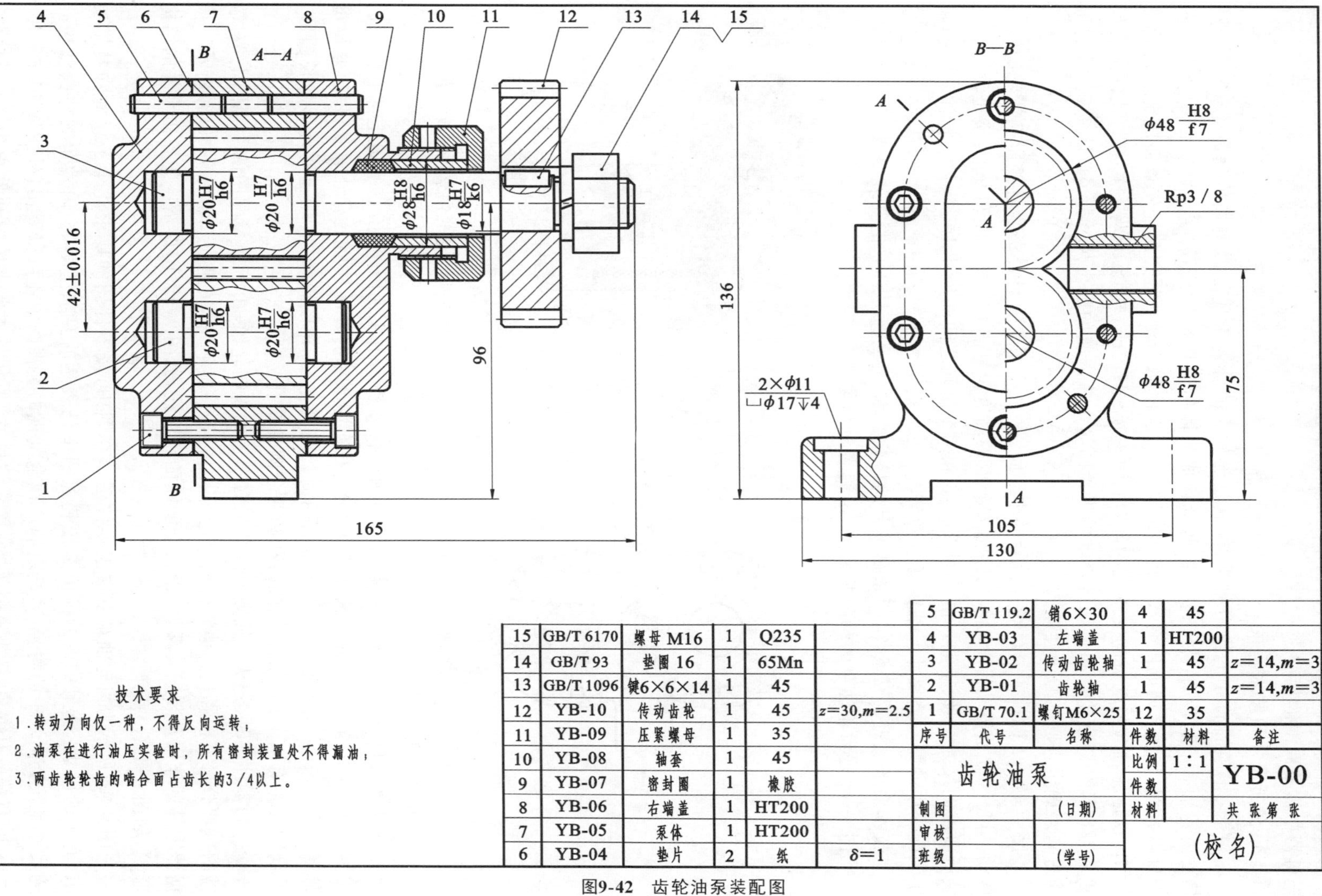

图9-42 齿轮油泵装配图

内的吸油口,随着齿轮的转动,齿槽中的油不断沿箭头方向被带至后面的压油口把油压出,送至机器中需要润滑的部分。

3. 分析尺寸和技术要求

根据零件在部件中的作用和要求,应注出相应的公差带代号。例如传动齿轮 12 要带动传动齿轮轴 3 一起转动,除了靠键把两者连成一体传递扭矩外,还需定出相应的配合。在图中可以看到,它们之间的配合尺寸是 ϕ18H7/k6,这种配合属于基孔制优先过渡配合。齿轮轴 2 和传动齿轮轴 3 与端盖的支承孔的配合尺寸是 ϕ20H7/h6;轴套 10 与右端盖的孔的配合尺寸是 ϕ28H7/h6;齿轮轴和传动齿轮轴的齿顶圆与泵体内腔的配合尺寸是 ϕ48H8/f7。读者可通过查表确定它们的配合性质。

尺寸 42±0.016 是一对啮合齿轮的中心距,这个尺寸准确与否将会直接影响齿轮的啮合传动。尺寸 96 是传动齿轮轴线离泵体安装面的高度尺寸。42±0.016 和 96 分别是设计和安装所要求的尺寸。吸、压油口的尺寸 Rp3/8 和两个沉孔之间的尺寸 105 为何要标注?它们属于装配图中的哪一类尺寸?请读者思考。

技术要求规定了三条,前两条是油泵的检验要求,后一条是油泵的安装要求。

图 9-44 是齿轮油泵的轴测装配图,供读者对照参考。

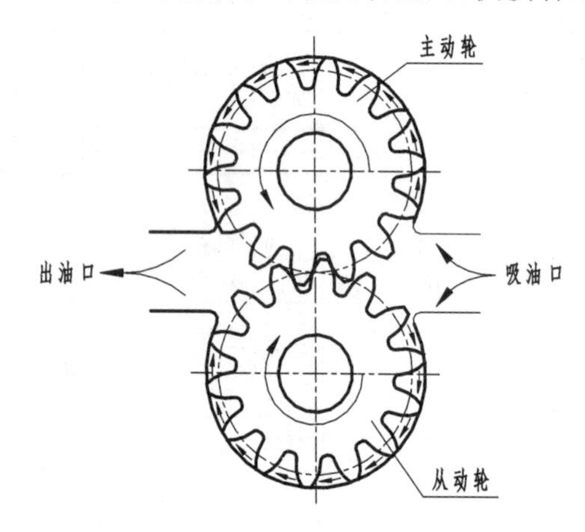

图 9-43 齿轮油泵工作原理图

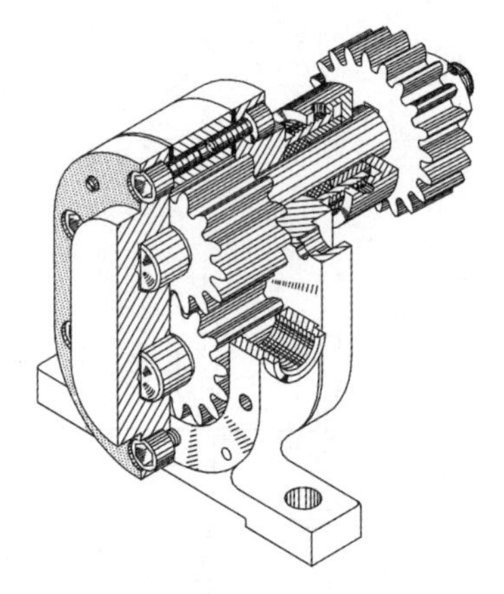

图 9-44 齿轮油泵轴测装配图

4. 拆画右端盖零件图

现以拆画右端盖(序号 8)的零件图为例进行分析。由主视图可见:右端盖上部有传动齿轮轴 3 穿过,下部有齿轮轴 2 轴颈的支承孔,在右部凸缘的外圆柱面上有外螺纹,用压紧螺母 11 通过轴套 10 将密封圈 9 压紧在轴的四周。结合主、左视图可知:右端盖的外形为长圆形,沿周围分布有六个具有沉孔的螺钉孔和两个圆柱销孔。

拆画零件图时,先从主视图上区分出右端盖的视图轮廓,由于在装配图的主视图上,右端盖的一部分可见投影被其他零件所遮挡,因而它是一副不完整的图形,如图 9-45(a)所示。根据此零件的作用及装配关系,可以补全所缺的轮廓线,如图 9-45(b)所示。想象出零件的结构形状,如图 9-45(c)所示。

图 9-46 所示为齿轮油泵右端盖零件图。在图中,按零件图的要求注全了尺寸和技术要求,有关的尺寸公差和螺纹的标记是按装配图中已表达的要求注写的,内六角圆柱头螺栓孔的尺寸是按查附录中的附表 28 确定的。在全剖视的主视图中还可以看出:外螺纹 M36×1.5−6g 的右端应有倒角,这里省略未画,且未注尺寸,但从技术要求中可知倒角为 $C1$。这张零件图能完整、清晰地表达右端盖。

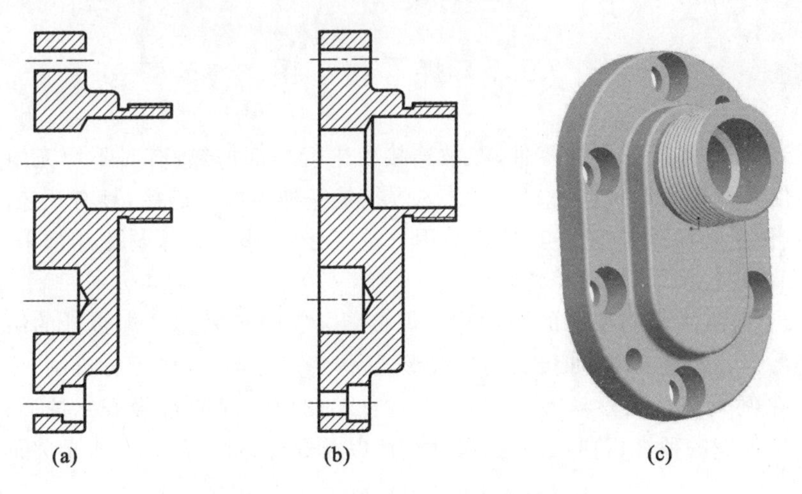

图 9-45　分离零件并构思零件的形状

(a)分离零件　(b)补全图线　(c)想象零件形状

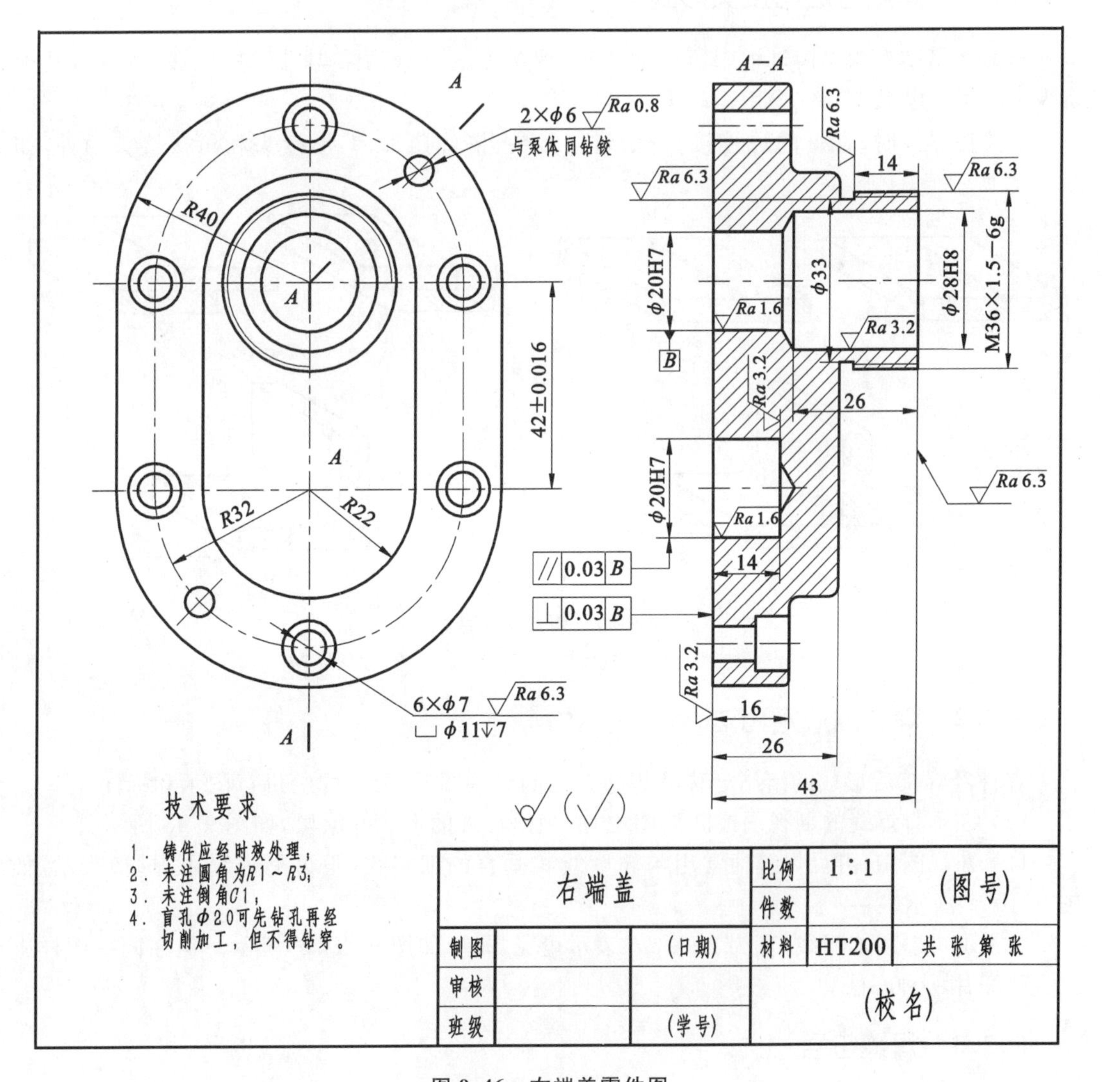

图 9-46　右端盖零件图

9.7 焊 接 图

焊接是指将需要连接的金属零件,在被连接处进行局部加热,有时不填充熔化金属或用加压等方法,使其熔合而连接在一起的工艺。焊接是一种不可拆连接,具有工艺简单、连接可靠、节省材料、便于现场操作等优点,所以应用日益广泛,大多数的板材制品都采用焊接方法,并逐步形成了以焊代铆、以焊代铸的趋势。

表达焊接件焊接关系与要求的图样称为焊接图。它除了表达被焊接件的结构形状和尺寸大小外,还要表达焊接要求(如接头与焊缝形式、焊缝尺寸等)。国家标准《技术制图 焊缝符号的尺寸、比例及简化表示法》(GB/T 12212—2012)和《焊缝符号表示法》(GB/T 324—2008)中规定了焊缝的种类、符号、画法、尺寸标注以及焊缝标注方法等,本节将简要介绍这些内容。

9.7.1 焊接方法和接头形式

根据金属接头在焊接过程中所处的状态,焊接方法可分为熔焊、压焊、钎焊三大类,其中熔焊中的手工电弧焊和气焊用得较多。

零件在焊接时,常见的焊接接头有:对接接头、搭接接头、T 形接头和角接接头四种,如图 9-47所示。

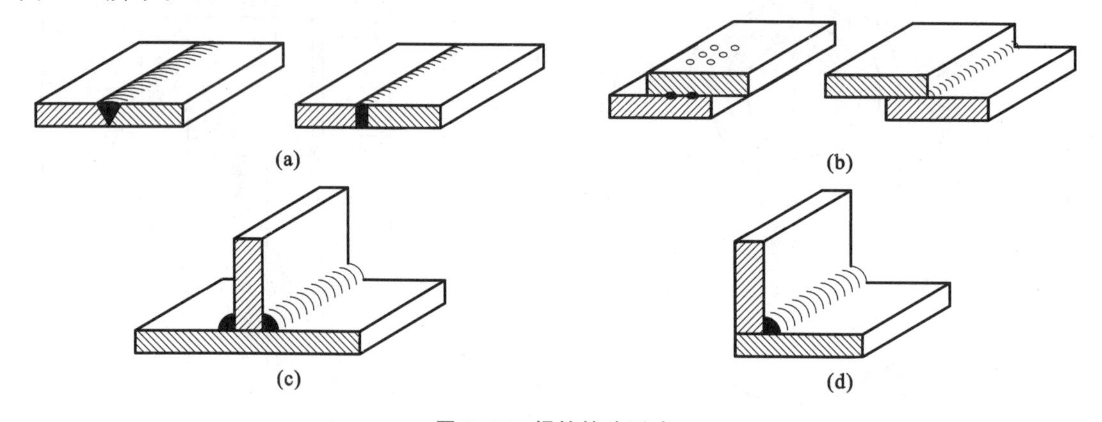

图 9-47 焊接接头形式

(a)对接接头 (b)搭接接头 (c)T 形接头 (d)角接接头

9.7.2 焊缝的规定画法

焊件经焊接后形成的熔结处称为焊缝。绘制焊接图时,要对焊缝进行图示和标注。

(1) 在垂直焊缝的剖视图或断面图中,应画出焊缝的形式并涂黑,如图 9-48 所示。

(2) 在视图中,可见焊缝通常用与轮廓线相垂直的细实线(不可见焊缝用虚线)表示,如图 9-48(a)所示。

(3) 也可以用加粗线(宽为 $2d \sim 3d$)表示可见焊缝,如图 9-48(b)所示。但在同一图样中只允许采用一种画法。

9.7.3 焊缝符号

在图样上,焊缝的形式及尺寸可用焊缝符号来表示。焊缝符号一般由基本符号和指引线

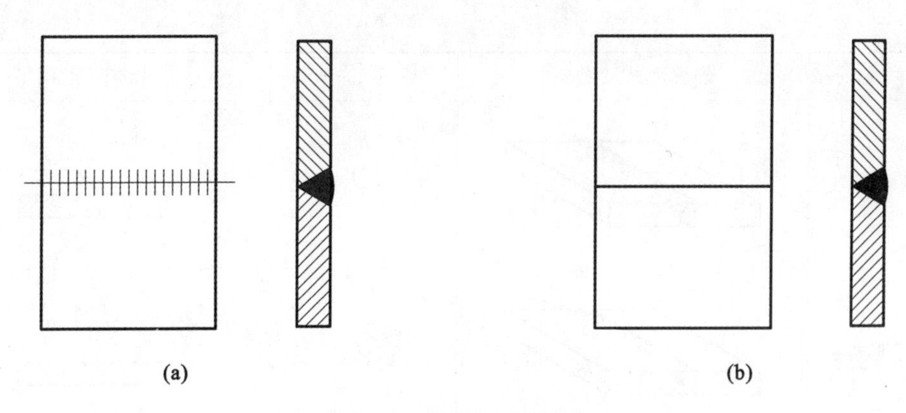

图 9-48　焊缝的规定画法

组成，必要时还可以加上补充符号、焊缝尺寸符号及数据等。

1. 基本符号

基本符号用来说明焊缝横截面坡口的形状，它采用近似于焊缝横剖面形状的符号来表示，国家标准中规定了 20 种基本符号。常见焊缝的基本符号及标注示例如表 9-2 所示。

表 9-2　常见焊缝的基本符号及标注

名　　称	焊缝形式示意图	基 本 符 号	标 注 示 例
I 形焊缝			
V 形焊缝			
单边 V 形焊缝			
带钝边 V 形焊缝			
带钝边单边 V 形焊缝			

续表

名　　称	焊缝形式示意图	基 本 符 号	标 注 示 例
带钝边 U 形焊缝	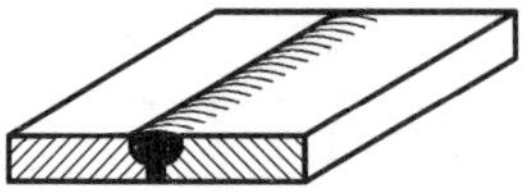	Y	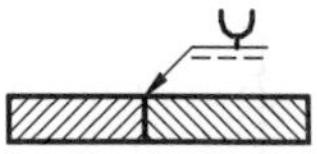
带钝边 J 形焊缝	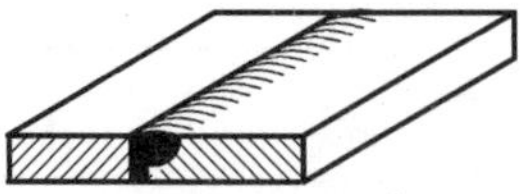	ᒥ	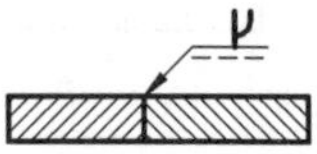
角焊缝	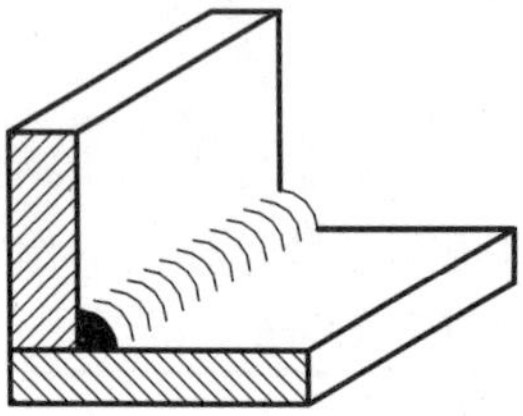	◺	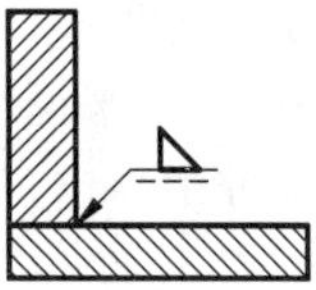
点焊缝	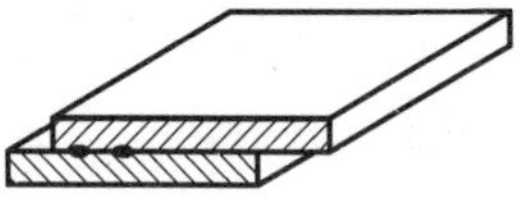	○	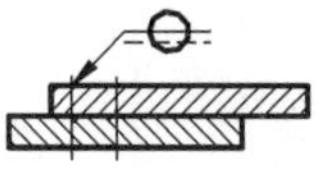
槽焊缝	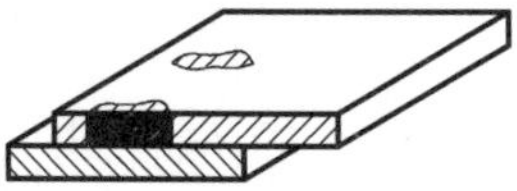	⊓	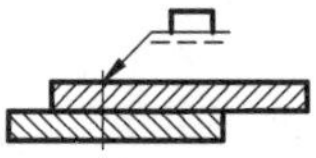

2. 补充符号

补充符号用来补充说明有关焊缝或接头的某些特征,例如表面形状、衬垫、焊缝分布、施焊地点等。如果需要,可随基本符号标注在相应的位置。补充符号及标注示例如表 9-3 所示。

表 9-3　补充符号及标注

名　　称	符　　号	形式及标注示例	说　　明
平面符号	—	 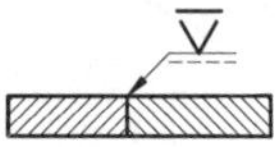	表示 V 形对接焊缝表面平齐
凹面符号	⌣	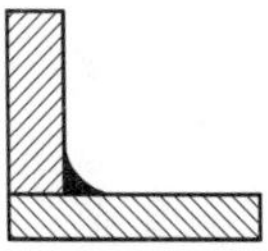 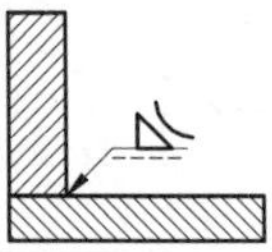	表示角焊缝表面凹陷

续表

名　称	符　号	形式及标注示例	说　明
凸面符号	⌒	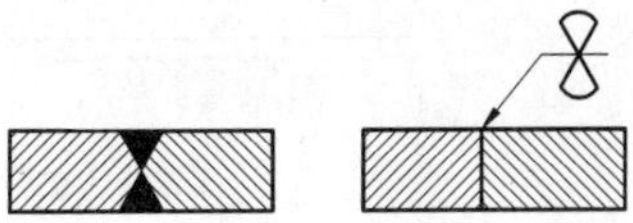	表示X形对接焊缝表面凸起
圆滑过渡符号		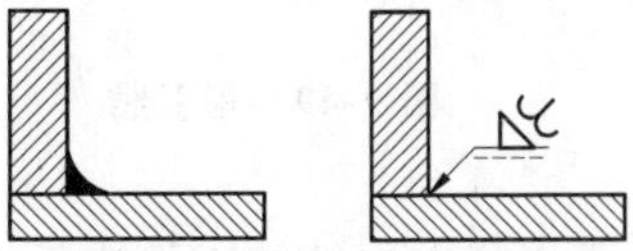	角焊缝的表面过渡圆滑
永久衬垫符号	M	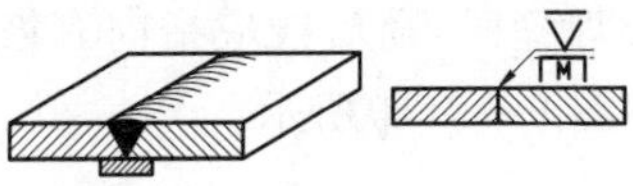	V形焊缝的背面底部有衬垫，衬垫永久保留
临时衬垫符号	MR	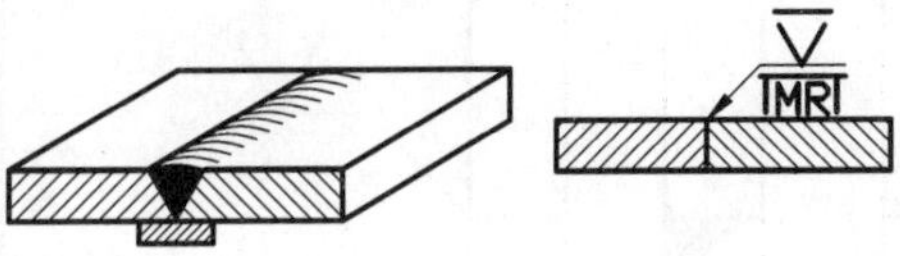	V形焊缝的背面底部有衬垫，衬垫焊接完成后拆除
三面焊缝符号	⊏	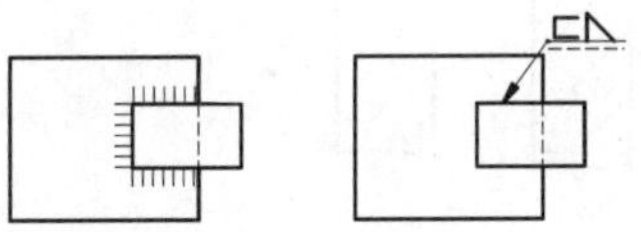	表示工件三面施焊，开口方向与实际方向一致
周围焊缝符号	○	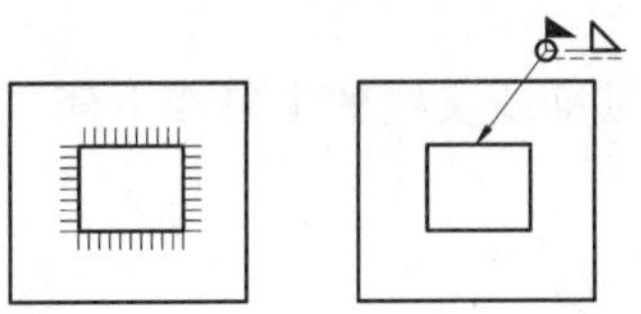	表示现场沿工件周围施焊
现场焊缝符号	▶		
尾部符号	＜	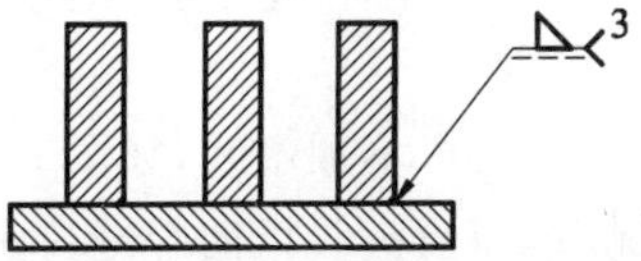	表示有三条相同的焊缝

3. 焊缝符号在图样上的标注方法

1）基本要求

完整的焊缝表示方法除了上述基本符号和补充符号以外，还包括指引线、尺寸符号及数据。

指引线采用细实线绘制，它由箭头线和两条基准线（其中一条为细实线，另一条为虚线）组成，需要时可在横线末端加90°分叉的尾部符号作为其他说明用（如焊缝数量或焊接方法等），如图9-49所示。

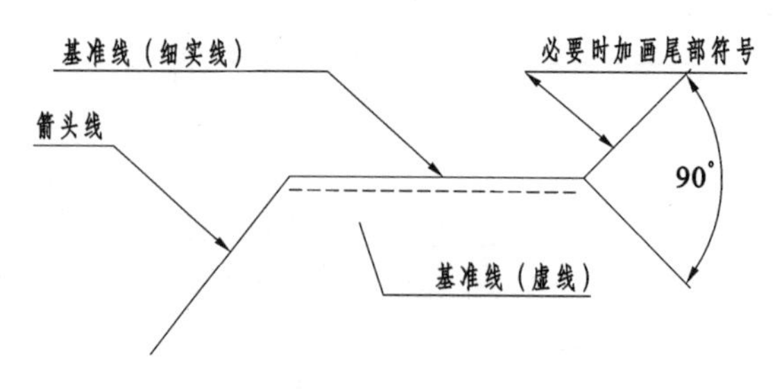

图 9-49　指引线

2）箭头线的指向

当箭头线直接指向焊缝时，可以指向焊缝的正面或反面，但当标注单边 V 形焊缝、带钝边的单边 V 形焊缝、带钝边的 J 形焊缝时，箭头线应指向有坡口一侧的工件，如图 9-50(a)所示。必要时允许箭头线弯折一次，如图 9-50(b)所示。

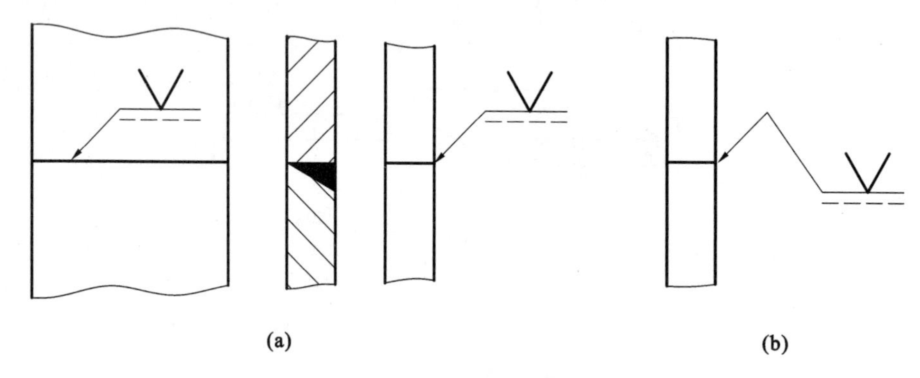

图 9-50　箭头线的位置

3）基准线的位置

基准线中的虚线可以画在基准线实线的上侧或下侧，且基准线一般应平行于图样标题栏的长边。

4）基本符号相对于基准线的位置

为了在图样上确切表示焊缝的位置，特对基本符号相对基准线的位置规定如下。

(1) 当箭头线直接指向焊缝时，基本符号应标注在实线侧，如图 9-51(a)所示。

(2) 当箭头线指向焊缝另一侧时，基本符号应标注在基准线的虚线侧，如图 9-51(b)所示。

(3) 标注对称焊缝及双面焊缝时，可不加虚线，如图 9-51(c)所示。

(4) 在不致引起误解的情况下，当箭头线指向焊缝，而另一侧又无焊缝要求时，允许省略基准线的虚线，如图 9-51(d)所示。

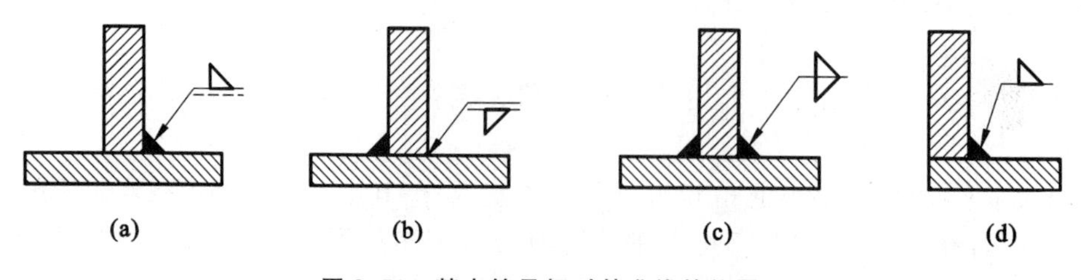

图 9-51　基本符号相对基准线的位置

4. 焊缝尺寸符号及其位置

焊缝尺寸在需要时才标注。可随基本符号标注在规定的位置上。常用的焊缝尺寸符号如表 9-4 所示。

表 9-4　常用的焊缝尺寸符号

名称	符号	示　意　图	名称	符号	示　意　图
工件厚度	δ		焊缝长度	l	
坡口深度	H		焊缝段数	n	
钝边高度	P		焊缝间距	e	
根部间隙	b		焊角尺寸	K	
坡口角度	α		相同焊缝数量符号	N	
熔核直径	d				

焊缝尺寸符号及数据的标注原则如下(见图 9-52)。

(1) 焊缝横截面上的尺寸标在基本符号的左侧,如图中 P、H、K 等。

(2) 焊缝长度方向的尺寸标在基本符号的右侧,如图中 n、l、e 等。

(3) 坡口角度、根部间隙等尺寸标在基本符号的上侧或下侧,如图中 α、b 等。

(4) 相同焊缝数量符号标在尾部,如图中 N。

(5) 当需要标注的尺寸数据较多且不易分辨时,可在数据前增加相应的尺寸符号。

当箭头线方向变化时,上述原则不变。

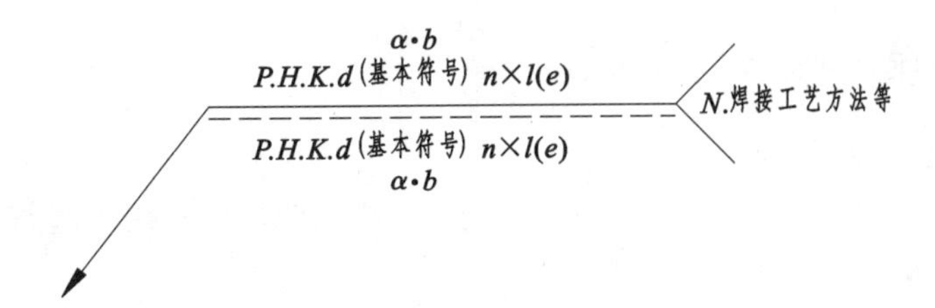

图 9-52　焊缝尺寸的标注位置

9.7.4　焊缝标注示例

常见焊缝的标注示例如表 9-5 所示。

表 9-5　常见焊缝的标注示例

焊缝形式	标注示例	说　明
		111 表示手工电弧焊,V 形坡口,坡口角度为 α,根部间隙为 b,有 n 段焊缝,焊缝长度为 l

续表

焊缝形式	标注示例	说　明
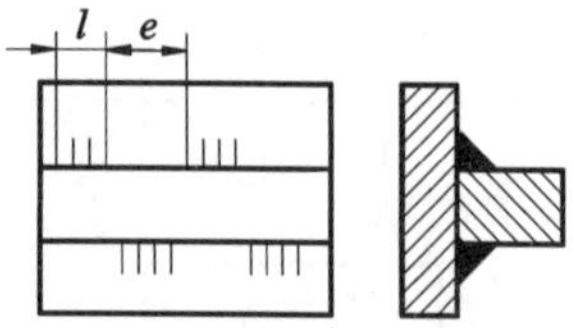	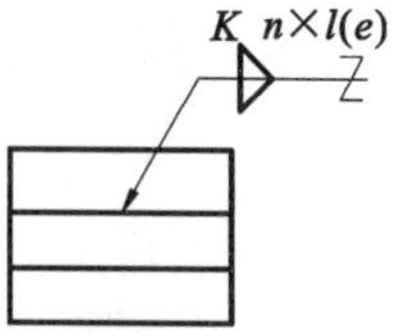	对称交错断续角焊缝,焊缝长度 l,焊缝间距为 e,焊角高度为 K
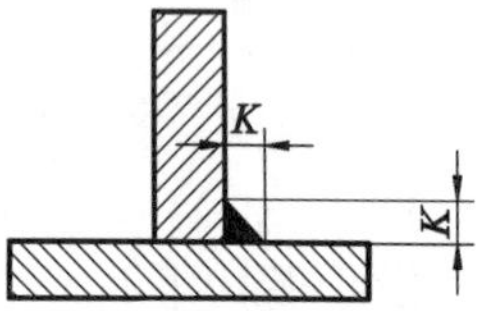	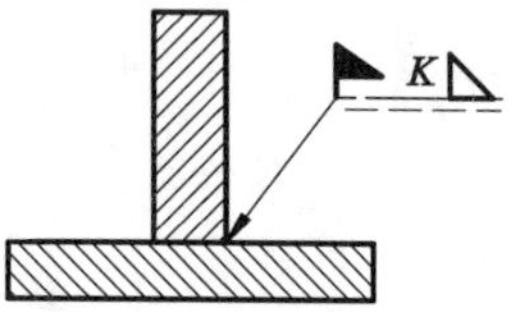	在现场角焊缝,角焊缝高度为 K
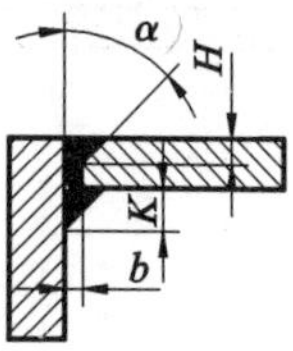	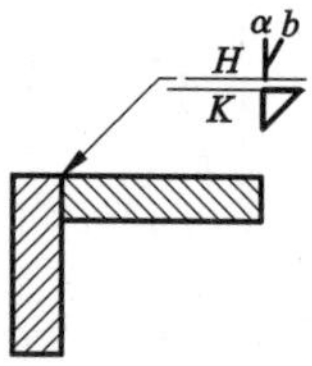	双面焊缝,上面为带钝边的单边V形焊缝,根部间隙为 b,坡口角度 α;下面为角焊缝,焊角高度为 K
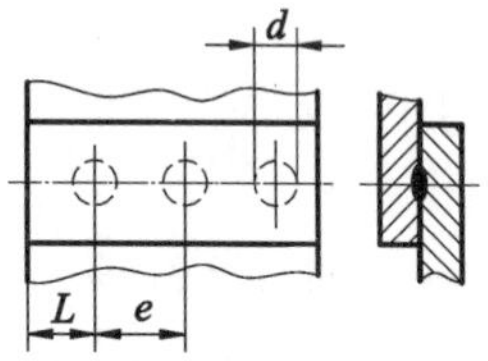	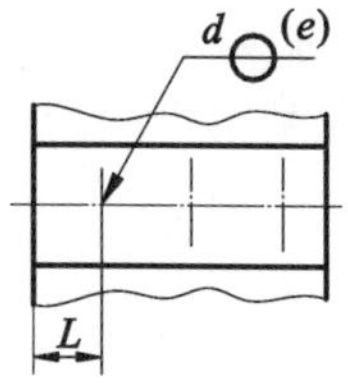	点焊,熔核直径为 d,焊缝间距为 e,焊缝起始焊点中心位置的定位尺寸为 L

9.7.5　焊接图举例

1. 图样中焊缝的表达方法

(1) 在能清楚地表达焊缝技术要求的前提下,一般在图样中只用焊缝符号直接标注在视图的轮廓线上,如图 9-53 所示。

(2) 如果需要,也可在图样中采用图示法画出焊缝,并应同时标注焊缝符号,如图 9-54 所示。

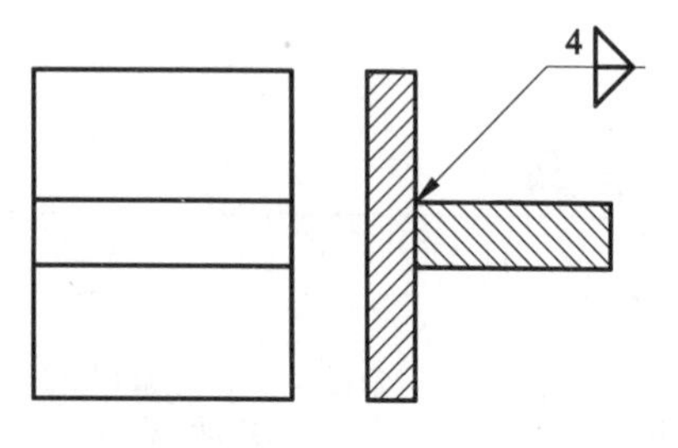

图 9-53　焊缝的标注方法之一

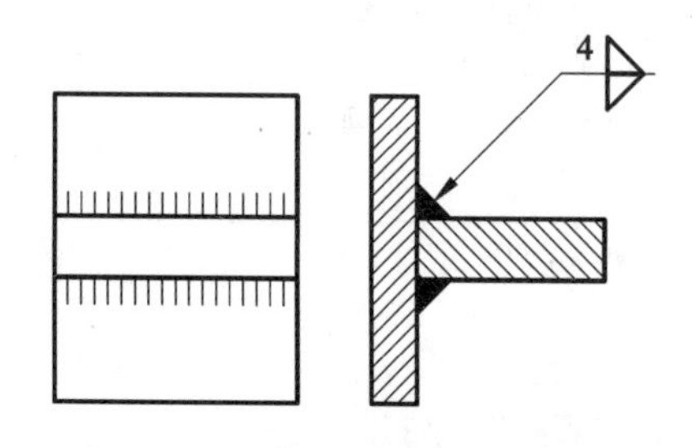

图 9-54　焊缝的标注方法之二

2. 金属焊接件图

金属焊接件图是焊接施工所用的一种图样。它除了应把构件的形状、尺寸和一般要求表达清楚外,还必须把焊接有关的内容表达清楚。根据焊接件结构复杂程度的不同,大致有两种画法。

1) 整体式

图 9-55 所示的画法的特点是:图上不仅表达了各零件的装配、焊接要求,而且还表达了每个零件的形状和尺寸大小以及其他加工要求,不再画零件图了。这种画法的优点是表达集中、出图快,适用于结构简单的焊接件以及修配和小批量生产。

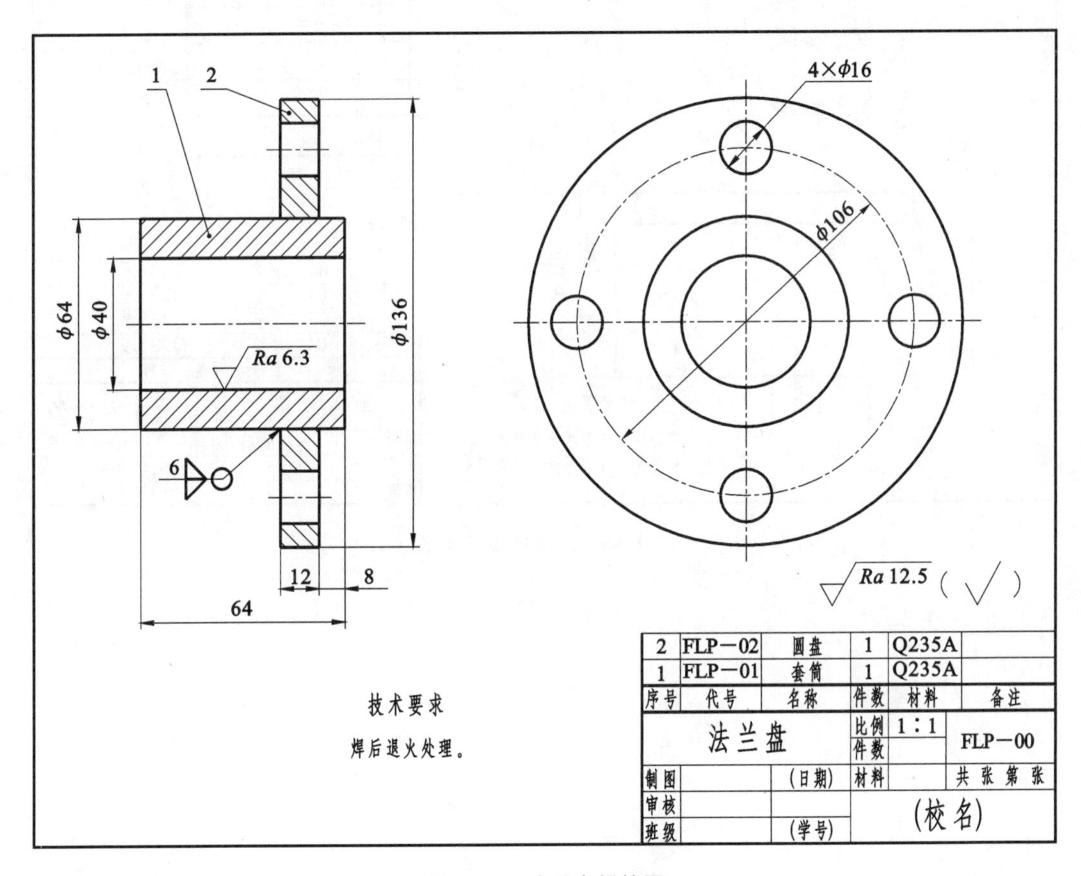

图 9-55 法兰盘焊接图

2) 分件式

图 9-56 所示的画法的特点是:焊接图着重表达装配连接关系、焊接要求等。而每个零件形状、尺寸等信息需另画零件图表达。这种画法的优点是图形清晰,重点突出,看图方便,适用于结构比较复杂的焊接件和大批量生产。

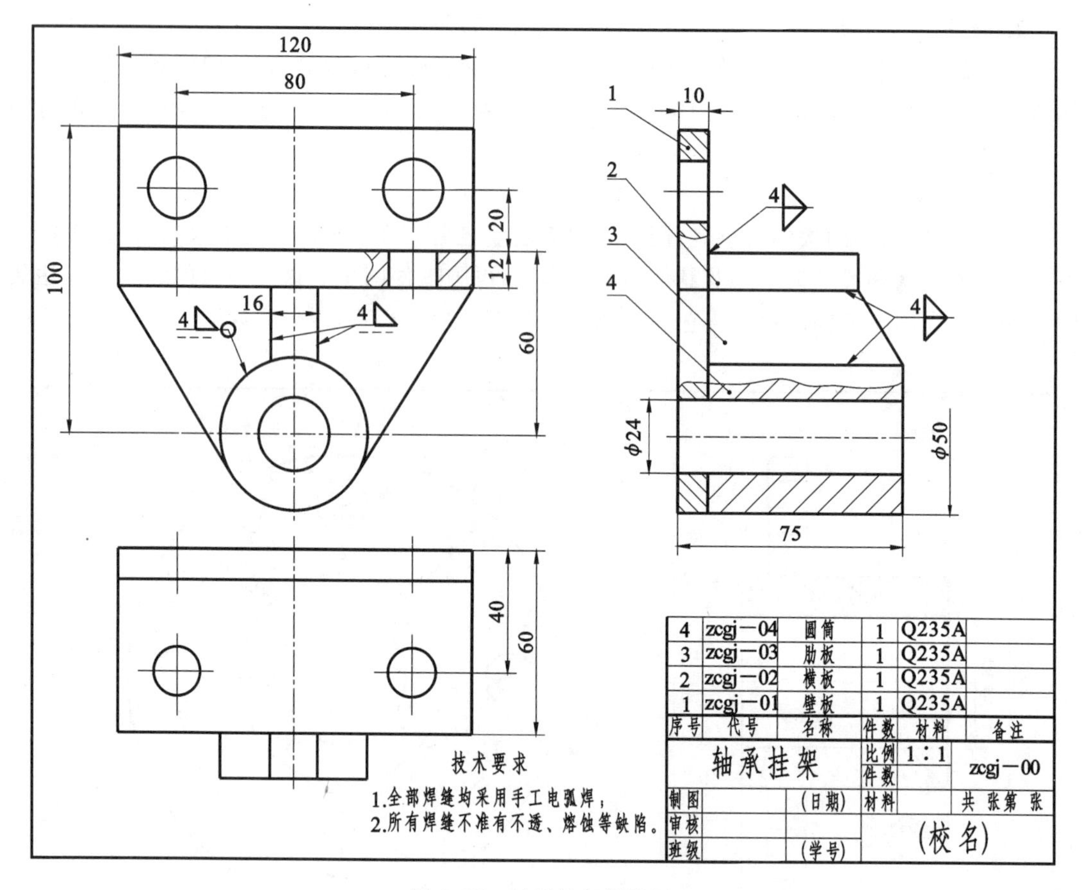

图 9-56　轴承挂架焊接图

附　录

一、螺纹

(一) 普通螺纹(GB/T 193—2003 、 GB/T 196—2003)

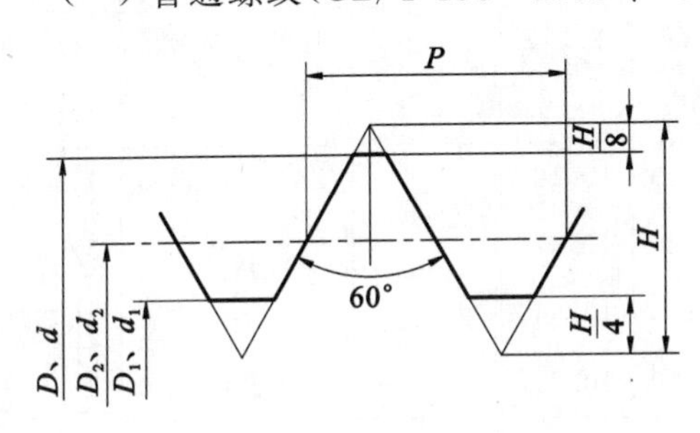

图中：$H=0.866025404P$

$$D_2=D-2\times\frac{3}{8}H=D-6495P$$

$$d_2=d-2\times\frac{3}{8}H=d-6495P$$

$$D_1=D-2\times\frac{5}{8}H=D-1.0825P$$

$$d_1=d-2\times\frac{5}{8}H=d-1.0825P$$

标记示例

公称直径 24 mm，螺距 1.5 mm，右旋的细牙普通螺纹：

M24×1.5

普通螺纹的公称直径与螺距标准组合系列见附表 1。

附表 1　　(mm)

公称直径 D,d		螺距 P		公称直径 D,d		螺距 P		公称直径 D,d		螺距 P	
第一系列	第二系列	粗牙	细牙	第一系列	第二系列	粗牙	细牙	第一系列	第二系列	粗牙	细牙
3		0.5	0.35	12		1.75	1.5,1.25,1		33	3.5	(3),2,1.5
	3.5	0.6			14	2	1.5,1.25*,1	36		4	3.2,1.5
4		0.7	0.5	16			1.5,1		39		
	4.5	0.75			18	2.5	2,1.5,1	42		4.5	4,3,2,1.5
5		0.8		20					45		
6		1	0.75		22			48		5	
	7			24		3			52		
8		1.25	1,0.75	30	27			56		5.5	
10		1.5	1.25,1,0.75			3.5	(3),2,1.5,1		60		

注：① 优先选用第一系列，其次选择第二系列，最后选择第三系列。尽可能地避免使用括号内的螺距；

② 公称直径 D,d 为 1～2.5 和 64～300 的部分未列入；第三系列全部未列入；

③ * M24×1.25 仅用于发动机的火花塞；

④ 中径 D_2,d_2 未列入。

普通螺纹的基本尺寸见附表 2。

附表 2　　(mm)

公称直径(大径) D,d	螺距 P	中径 D_2,d_2	小径 D_1,d_1
3	0.5	2.675	2.459
	0.35	2.773	2.621
3.5	0.6	3.110	2.850
	0.35	3.273	3.121
4	0.7	3.545	3.242
	0.5	3.675	3.459
4.5	0.75	4.013	3.688
	0.5	4.175	3.859
5	0.8	4.480	4.134
	0.5	4.675	4.459
6	1	5.530	4.917
	0.75	5.513	5.188
7	1	6.350	5.917
	0.75	6.513	6.188
8	1.25	7.188	6.647
	1	7.350	6.917
	0.75	7.513	7.188

公称直径(大径) D,d	螺距 P	中径 D_2,d_2	小径 D_1,d_1
10	1.5	9.026	8.376
	1.25	9.188	8.647
	1	9.350	8.917
	0.75	9.513	9.188
12	1.75	10.863	10.106
	1.5	11.026	10.376
	1.25	11.188	10.647
	1	11.350	10.917
14	2	12.701	11.835
	1.5	13.026	12.376
	1.25	13.188	12.647
	1	13.350	12.917
16	2	14.701	13.835
	1.5	15.026	14.376
	1	15.350	14.917

公称直径(大径) D,d	螺距 P	中径 D_2,d_2	小径 D_1,d_1
18	2.5	16.376	15.294
	2	16.701	15.835
	1.5	17.026	16.376
	1	17.350	16.917
20	2.5	18.376	17.294
	2	18.701	17.835
	1.5	19.026	18.376
	1	19.350	18.917
22	2.5	20.376	19.294
	2	20.701	19.835
	1.5	21.026	20.070
	1	21.350	20.917
24	3	22.051	20.752
	2	22.701	21.835
	1.5	23.026	22.376
	1	23.350	22.917

注:公称直径 D,d 为 1～2.5 和 27～300 的部分未列入,第三系列全部未列入。

(二) 管螺纹

55°密封管螺纹 { 第 1 部分　圆柱内螺纹与圆锥外螺纹(GB/T 7306.1—2000)
　　　　　　　　 第 2 部分　圆锥内螺纹与圆锥外螺纹(GB/T 7306.2—2000)

55°非密封管螺纹(GB/T 7307—2001)

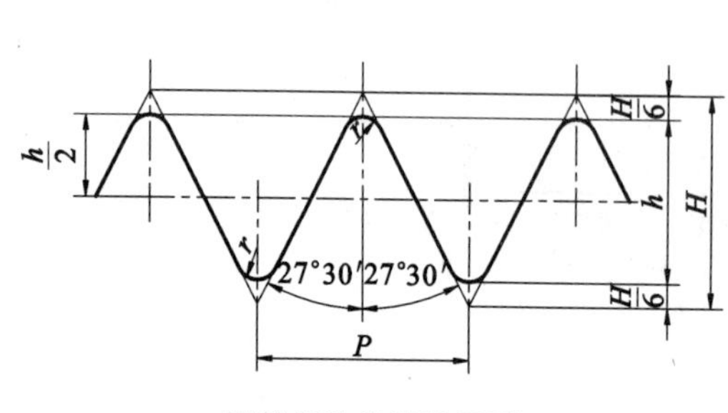

圆柱螺纹的设计牙型

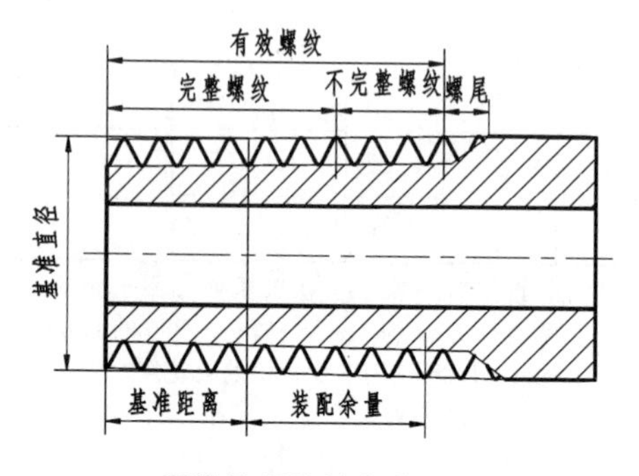

圆锥外螺纹的有关尺寸

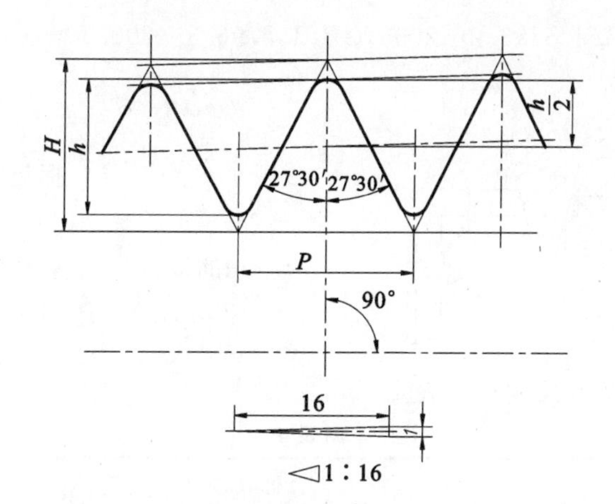

圆锥螺纹的设计牙型

标记示例

GB/T 7306.1

尺寸代号 3/4，右旋，圆柱内螺纹：R_p3/4

尺寸代号 3，右旋，圆锥外螺纹：$R_1$3

尺寸代号 3/4，左旋，圆柱内螺纹：R_p3/4 LH

GB/T 7306.2

尺寸代号 3/4，右旋，圆锥内螺纹：R_c3/4

尺寸代号 3，右旋，圆锥外螺纹：$R_2$3

尺寸代号 3/4，左旋，圆锥内螺纹：R_c3/4 LH

GB/T 7307

尺寸代号 2，右旋，圆柱内螺纹：G2

尺寸代号 3，右旋，A 级圆柱外螺纹：G3A

尺寸代号 2，左旋，圆柱内螺纹：G2 LH

尺寸代号 4，左旋，B 级圆柱外螺纹：G4B-LH

管螺纹的尺寸代号及基本尺寸见附表 3。

附表 3　　　　(mm)

尺寸代号	每 25.4 mm 内所含的牙数 n	螺距 P	牙高 h	基准直径或基准平面内的基本直径			基准距离（基本）	外螺纹的有效螺纹不小于
				大径 $d=D$	中径 $d_2=D_2$	小径 $d_1=D_1$		
1/16	28	0.907	0.581	7.723	7.142	6.561	4	6.5
1/8	28	0.907	0.581	9.728	9.147	8.566	4	6.5
1/4	19	1.337	0.856	13.157	12.301	11.445	6	9.7
3/8	19	1.337	0.856	16.662	15.806	14.950	6.4	10.1
1/2	14	1.814	1.162	20.955	19.793	18.631	8.2	13.2
3/4	14	1.814	1.162	26.441	25.279	24.117	9.5	14.5
1	11	2.309	1.479	33.249	31.770	30.291	10.4	16.8
1¼	11	2.309	1.479	41.910	40.431	38.952	12.7	19.1
1½	11	2.309	1.479	47.803	46.324	44.845	12.7	19.1
2	11	2.309	1.479	59.614	58.135	56.656	15.9	23.4
2½	11	2.309	1.479	75.184	73.705	72.226	17.5	26.7
3	11	2.309	1.479	87.884	86.405	84.926	20.6	29.8
4	11	2.309	1.479	113.030	111.551	110.072	25.4	35.8
5	11	2.309	1.479	138.430	136.951	135.472	28.6	40.1
6	11	2.309	1.479	163.830	162.351	160.872	28.6	40.1

注：第五列中所列的是圆柱螺纹的基本直径和圆锥螺纹在基本平面内的基本直径；第六、七列只使用于圆锥螺纹。

（三）梯形螺纹(GB/T 5796.2—2005,GB/T 5796.3—2005)

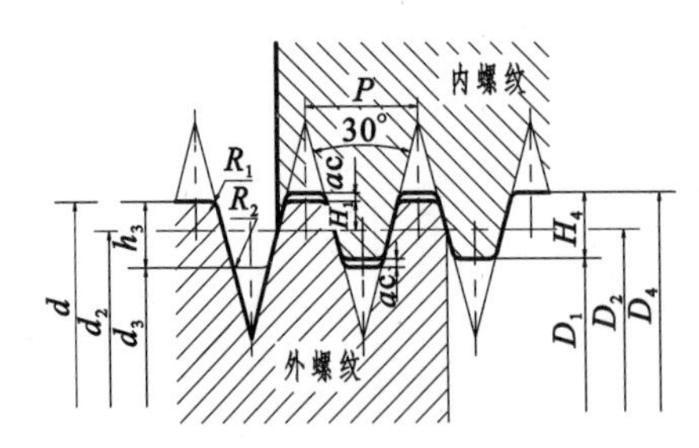

标记示例

公称直径 40 mm,导程 14 mm,螺距 7 mm的双线左旋梯形螺纹：

Tr40×14(P7)LH

直径与螺距系列、基本尺寸见附表 4。

附表 4　　(mm)

公称直径 d		螺距 P	中径 $d_2=D_2$	大径 D_4	小径	
第一系列	第二系列				d_3	D_1
8		**1.5**	7.250	8.300	6.200	6.500
	9	1.5	8.250	9.300	7.200	7.500
		2	8.000	9.500	6.500	7.000
10		1.5	9.250	10.300	8.200	8.500
		2	9.000	10.500	7.500	8.000
	11	**2**	10.000	11.500	8.500	9.000
		3	9.500	11.500	7.500	8.000
12		2	11.000	12.500	9.500	10.000
		3	10.500	12.500	8.500	9.000
	14	2	13.000	14.500	11.500	12.000
		3	12.500	14.500	10.500	11.000
16		2	15.000	16.500	13.500	14.000
		4	14.000	16.500	11.500	12.000
	18	2	17.000	18.500	15.500	16.000
		4	16.000	18.500	13.500	14.000
20		2	19.000	20.500	17.500	18.000
		4	18.000	20.500	15.500	16.000
	22	3	20.500	22.500	18.500	19.000
		5	19.500	22.500	16.500	17.000
		8	18.000	23.000	13.000	14.000
24		3	22.500	24.500	20.500	21.000
		5	21.500	24.500	18.500	19.000
		8	20.000	25.000	15.000	16.000
	26	3	24.500	26.500	22.500	23.000
		5	23.500	26.500	20.500	21.000
		8	22.000	27.000	17.000	18.000
28		3	26.500	28.500	24.500	25.000
		5	25.500	28.500	22.500	23.000
		8	24.000	29.000	19.000	20.000
	30	3	28.500	30.500	26.500	29.000
		6	27.000	31.000	23.000	24.000
		10	25.000	31.000	19.000	20.500
32		3	30.500	32.500	28.500	29.000
		6	29.000	33.000	25.000	26.000
		10	27.000	33.000	21.000	22.000
	34	3	32.500	34.500	30.500	31.000
		6	31.000	35.000	27.000	28.000
		10	29.000	35.000	23.000	24.000
36		3	34.500	36.500	32.500	33.000
		6	33.000	37.000	29.000	30.000
		10	31.000	37.000	25.000	26.000
	38	3	36.500	38.500	34.500	35.000
		7	34.500	39.000	30.000	31.000
		10	33.000	39.000	27.000	28.000
40		3	38.500	40.500	36.500	37.000
		7	36.500	41.000	32.000	33.000
		10	35.000	41.000	29.000	30.000

注:① 优先选用第一系列,其次选用第二系列;新产品设计中,不宜选用第三系列;

② 公称直径 $d=42\sim300$ 未列入;第三系列全部未列入。

③ 优先选用粗黑框内的螺距。

二、常用的标准件

（一）螺钉

开槽圆柱头螺钉（GB/T 65—2000）

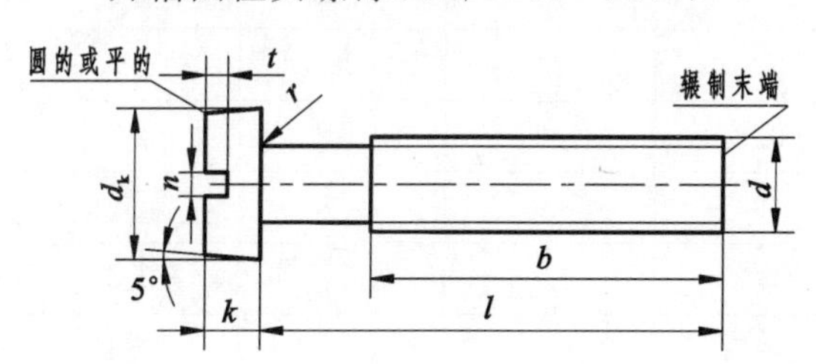

标记示例

螺纹规格 d=M5、公称长度 l=20 mm、性能顶级为 4.8 级，不经表面处理的 A 级开槽圆柱头螺钉：

螺钉 GB/T 65 M5×20

附表 5 （mm）

螺纹规格 d	M4	M5	M6	M8	M10
P（螺距）	0.7	0.8	1	1.25	1.5
b	38	38	38	38	38
d_k	7	8.5	10	13	16
k	2.6	3.3	3.9	5	6
n	1.2	1.2	1.6	2	2.5
r	0.2	0.2	0.25	0.4	0.4
t	1.1	1.3	1.6	2	2.4
公称长度 l	5～40	6～50	8～60	10～80	12～80
l 系列	5,6,8,10,12,(14),16,20,25,30,35,40,45,50,(55),60,(65),70,(75),80				

注：① 公称长度 l≤40 的螺钉，制出全螺纹；
② 括号内的规格尽可能不采用；
③ 螺纹规格 d=M1.6～M10；公称长度 l=2～80 mm；d<M4 的螺钉未列入；
④ 材料为钢的螺钉性能等级有 4.8、5.8 级，其中 4.8 级为常用。

开槽盘头螺钉（GB/T 67—2008）

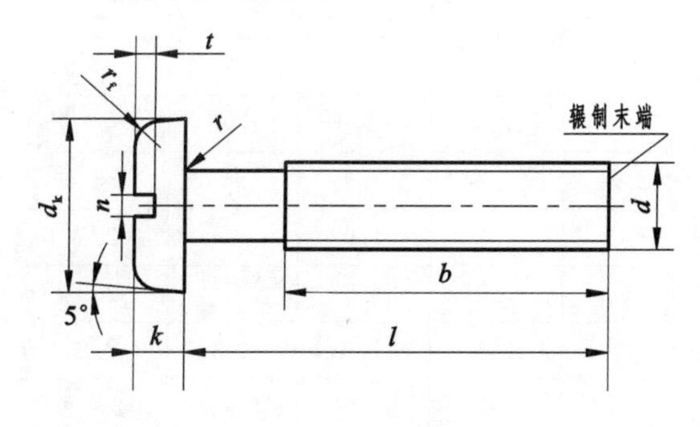

标记示例

螺纹规格 d=M5、公称长度 l=20 mm、性能等级为 4.8 级，不经表面处理的 A 级开槽盘头螺钉：

螺钉 GB/T 67 M5×20

附表 6　　(mm)

螺纹规格 d	M3	M4	M5	M6	M8	M10
P(螺距)	0.5	0.7	0.8	1	1.25	1.5
b	25	38	38	38	38	38
d_k	5.6	8	9.5	12	16	20
k	1.8	2.4	3	3.6	4.8	6
n	0.8	1.2	1.2	1.6	2	2.5
r	0.1	0.2	0.2	0.25	0.4	0.4
l	0.7	1	1.2	1.4	1.9	2.4
r_f	0.9	1.2	1.5	1.8	2.4	3
公称长度 l	4～30	5～40	6～50	8～60	10～80	12～80
l 系列	4,5,6,8,10,12,(14),16,20,25,30,35,40,45,50,(55),60,(65),70,(75),80					

注:① 括号内的规格尽可能不采用;
② 螺纹规格 d=M1.6～M10,公称长度 2～80 mm,d<M3 的螺钉未列入;
③ M1.6～M3 的螺钉,公称长度 $l\leqslant$30 mm 时,制出全螺纹;
④ M4～M10 的螺钉,公称长度 $l\leqslant$40 mm 时,制出全螺纹;
⑤ 材料为钢的螺钉,性能等级有 4.8、5.8 级,其中 4.8 级为常用。

开槽沉头螺钉(GB/T 68—2000)

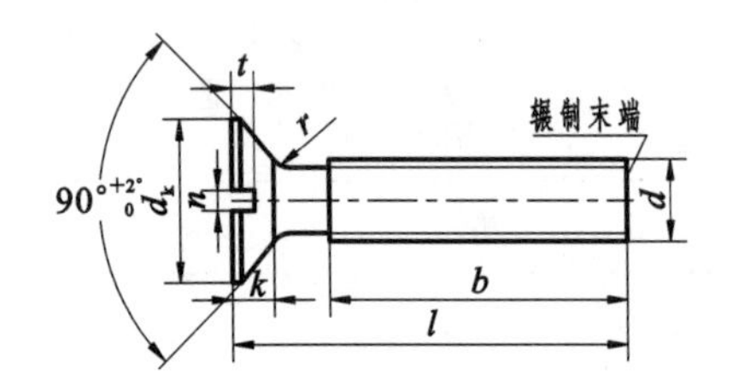

标记示例

螺纹规格 d=M5、公称长度 l=20 mm、性能等级为 4.8 级,不经表面处理的 A 级开槽沉头螺钉:

螺钉　GB/T 68　M5×20

附表 7　　(mm)

螺纹规格 d	M1.6	M2	M2.5	M3	M4	M5	M6	M8	M10
P(螺距)	0.35	0.4	0.45	0.5	0.7	0.8	1	1.25	1.5
b	25	25	25	25	38	38	38	38	38
d_k	3.6	4.4	5.5	6.3	9.4	10.4	12.6	17.3	20
k	1	1.2	1.5	1.65	2.7	2.7	3.3	4.65	5
n	0.4	0.5	0.6	0.8	1.2	1.2	1.6	2	2.5
r	0.4	0.5	0.6	0.8	1	1.3	1.5	2	2.5
t	0.5	0.6	0.75	0.85	1.3	1.4	1.6	2.3	2.6
公称长度 l	2.5～16	3～20	4～25	5～30	6～40	8～50	8～60	10～80	12～80
l 系列	2.5,3,4,5,6,8,10,12,(14),16,20,25,30,35,40,50,(55),60,(65),70,(75),80								

注:① 括号内的规格尽可能不采用;
② M1.6～M3 的螺钉,公称长度 $l\leqslant$30 mm 时,制出全螺纹;
③ M4～M10 的螺钉,公称长度 $l\leqslant$45 mm 时,制出全螺纹;
④ 材料为钢的螺钉性能等级有 4.8、5.8 级,其中 4.8 级为常用。

内六角圆柱头螺钉(GB/T 70.1—2008)

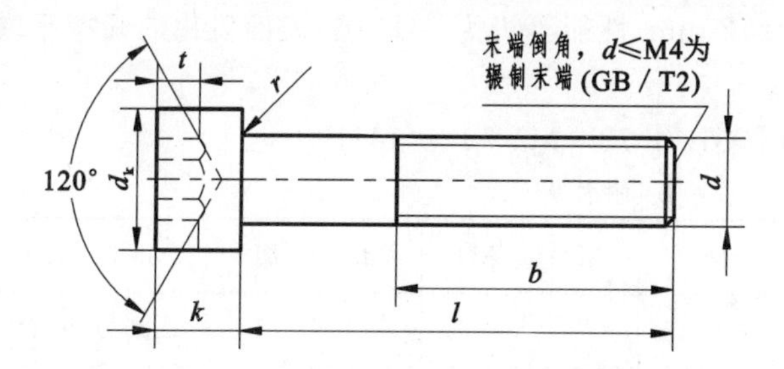

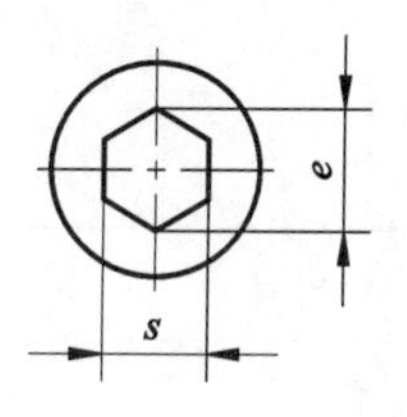

标记示例

螺纹规格 d=M5、公称长度 l=20 mm、性能等级为 8.8 级，表面氧化的内六角圆柱头螺钉：

螺钉　GB/T 70.1　M5×20

附表 8　(mm)

螺纹规格 d	M3	M4	M5	M6	M8	M10	M12	M16	M20
P(螺距)	0.5	0.7	0.8	1	1.25	1.5	1.75	2	2.5
b(参考)	18	20	22	24	28	32	36	44	52
d_k	5.5	7	8.5	10	13	16	18	24	30
k	3	4	5	6	8	10	12	16	20
t	1.3	2	2.5	3	4	5	6	8	10
s	2.5	3	4	5	6	8	10	14	17
e	2.87	3.44	4.58	5.72	6.86	9.15	11.43	16.00	19.44
r	0.1	0.2	0.2	0.25	0.4	0.4	0.6	0.6	0.8
公称长度 l	5～30	6～40	8～50	10～60	12～80	16～100	20～120	25～160	30～200
l≤表中数值时，制出全螺纹	20	25	25	30	35	40	45	55	65
l 系列	2.5,3,4,5,6,8,10,12,16,20,25,30,35,40,45,50,55,60,65,70,80,90,100,11,120,130,140,150,160,180,200,220,240,260,280,300								

注：螺纹规格 d=M1.6～M64；六角槽端允许倒圆或制出沉孔；材料为钢的螺钉的性能等级有 8.8,10.9,12.9 级,8.8 级为常用。

开槽锥端紧定螺钉(GB/T 71—2018)

开槽平端紧定螺钉(GB/T 73—2017)

开槽长圆柱端紧定螺钉(GB/T 75—2018)

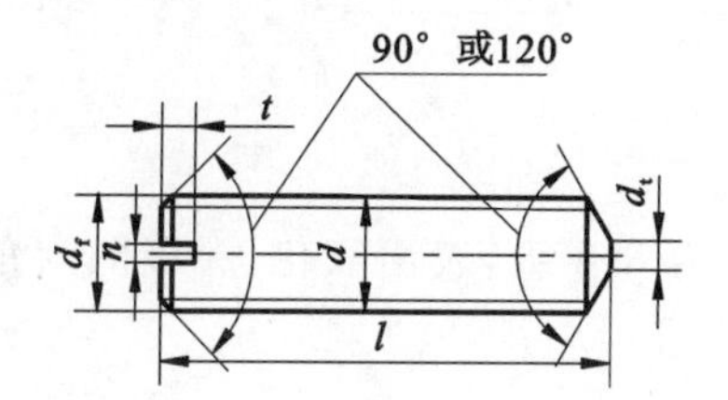

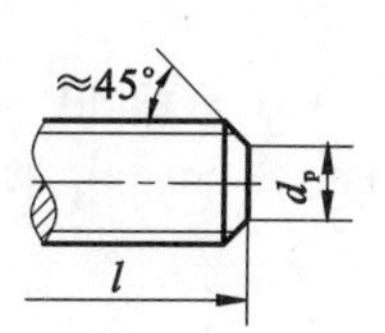

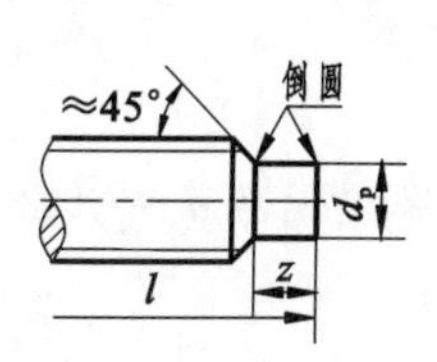

标 记 示 例

螺纹规格 d=M5,公称长度 l=12 mm、性能等级为 14H 级,表面氧化的开槽平端紧定螺钉:

螺钉　GB/T 73　M5×12—14H

附表 9　　(mm)

螺纹规格 d		M1.6	M2	M2.5	M3	M4	M5	M6	M8	M10	M12
P(螺距)		0.35	0.4	0.45	0.5	0.7	0.8	1	1.25	1.5	1.75
n(公称)		0.25	0.25	0.4	0.4	0.6	0.8	1	1.2	1.6	2
t		0.74	0.84	0.95	1.05	1.42	1.63	2	2.5	3	3.6
d_t		0.16	0.2	0.25	0.3	0.4	0.5	1.5	2	2.5	3
d_p		0.8	1	1.5	2	2.5	3.5	4	5.5	7	8.5
z		1.05	1.25	1.5	1.75	2.25	2.75	3.25	4.3	5.3	6.3
公称长度 l	GB/T 71—1985	2～8	3～10	3～12	4～16	6～20	8～25	8～30	10～40	12～50	14～60
	GB/T 73—2017	2～8	3～10	4～12	4～16	5～20	6～25	8～30	8～40	10～50	12～60
	GB/T 75—1985	2.5～8	4～10	5～12	6～16	8～20	10～25	12～30	16～40	20～50	25～60
l 系列		2.5,5,3,4,5,6,8,10,12,(14),16,20,25,30,35,40,45,50,(55),60									

注:① 括号内的规格尽可能不采用;

② d_f 不大于螺纹小径;本表中 n 摘录的是公称值,t、d_t、d_p、z 摘录的是最大值;l 在 GB/T 71 中,当 d=M2.5、l=3 mm 时,螺钉两端倒角均为 120°,其余均为 90°;l 在 GB/T 73 和 GB/T 75 中,分别列出了头部倒角为 90°和 120°的尺寸,本表只摘录了头部倒角为 90°的尺寸;

③ 紧定螺钉性能等级有 14H、22H 级,其中 14H 级为常用。H 表示硬度,数字表示最低的维氏硬度的 1/10;

④ GB/T 71、GB/T 73 规定 d=M1.2～M12;GB/T 75 规定 d=M1.6～M12;如需用前两种紧定螺钉 M12 时,有关资料可查阅这两个标准。

(二) 螺栓

六角头螺栓— C级　(GB/T　5780—2000)　　六角头螺栓— A级和B级　(GB/T　5782—2000)

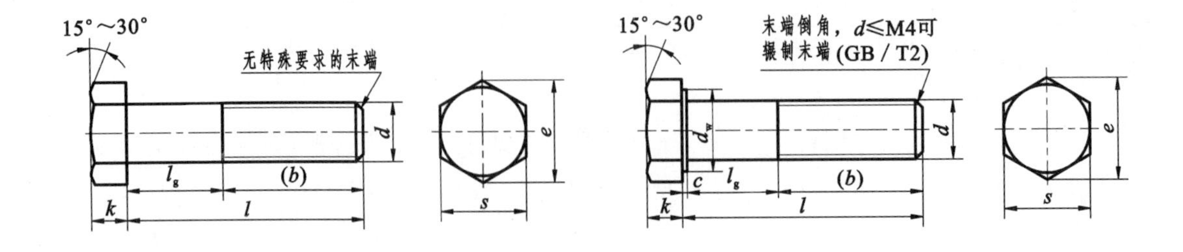

标 记 示 例

螺纹规格 d=M12、公称长度 l=80 mm、性能等级为 8.8 级,表面氧化、A 级的六角头螺栓:

螺栓　GB/T 5782　M12×80

附表 10　　(mm)

螺纹规格 d			M3	M4	M5	M6	M8	M10	M12	M16	M20	M24	M30	M36	M42
b 参考	$l \leqslant 125$		12	14	16	18	22	26	30	38	46	54	66	—	—
	$125 < l \leqslant 200$		18	20	22	24	28	32	36	44	52	60	72	84	96
	$l > 200$		31	33	35	37	41	45	49	57	65	73	85	97	109
c			0.4	0.4	0.5	0.5	0.6	0.6	0.6	0.8	0.8	0.8	0.8	0.8	1
d_w	产品等级	A	4.57	5.88	6.88	8.88	11.63	14.63	16.63	22.49	28.19	33.61	—	—	—
		B、C	4.45	5.74	6.74	8.74	11.47	14.47	16.47	22	27.7	33.25	42.75	51.11	59.95
e	产品等级	A	6.01	7.66	8.79	11.05	14.38	17.77	20.03	26.75	33.53	39.98	—	—	—
		B、C	5.88	7.50	8.63	10.89	14.20	17.59	19.85	26.17	32.95	39.55	50.85	60.79	72.02
k(公称)			2	2.8	3.5	4	5.3	6.4	7.5	10	12.5	15	18.7	22.5	26
r			0.1	0.2	0.2	0.25	0.4	0.4	0.6	0.6	0.8	0.8	1	1	1.2
s(公称)			5.5	7	8	10	13	16	18	24	30	36	46	55	65
l(商品规格范围)			20～30	25～40	25～50	30～60	40～80	45～100	50～120	65～160	80～200	90～240	110～300	140～360	160～600
l 系列			12,16,20,25,30,35,40,45,50,(55),60,(65),70,80,90,100,110,120,130,140,150,160,180,200,220,240,260,280,300,320,340,360,380,400,420,440,460,480,500												

注:① A 级用于 $d \leqslant 24$ mm 和 $l \leqslant 10d$ 或 $\leqslant 150$ mm 的螺栓;B 级用于 $d > 24$ 和 $l > 10d$ 或 > 150 mm 的螺栓;

② 螺纹规格 d 范围:GB/T 5780 为 M5～M64;GB/T 5782 为 M1.6～M64。表中未列入 GB/T 5780 中尽可能不采用的非优先系列的螺纹规格;

③ 表中 d 和 e 的数据,属 GB/T 5780 的螺纹查阅产品等级为 C 的行;属 GB/T 5782 的螺栓则分别按产品等级 A、B 分别查阅相应的 A、B 行;

④ 公称长度 l 的范围:GB/T 5780 为 25～500,GB/T 5782 为 12～500;尽可能不用第一系列中带括号的长度;

⑤ 材料为钢的螺栓性能等级有 5.6、8.8、9.8、10.9 级,其中 8.8 级为常用。

双头螺柱—$b_m = 1d$ (GB/T 897—1988)

双头螺柱—$b_m = 1.25d$ (GB/T 898—1988)

双头螺柱—$b_m = 1.5d$ (GB/T 899—1988)

双头螺柱—$b_m = 2d$ (GB/T 900—1988)

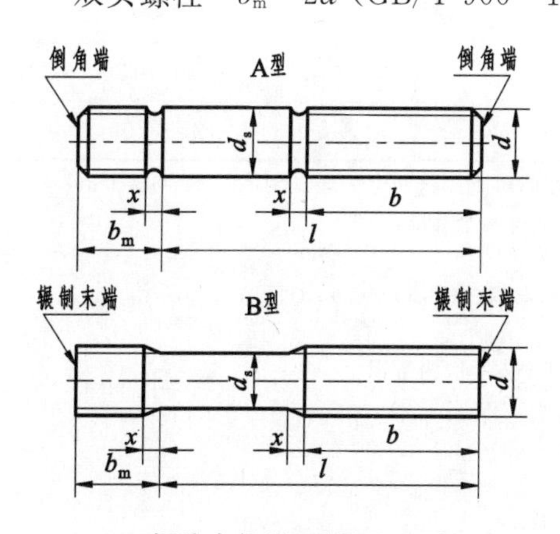

$d_s \approx$ 螺纹中径(仅适用于 B 型)

标记示例

两端均为粗牙普通螺纹,$d = 10$ mm,$l = 50$ mm,性能等级为 4.8 级,不经表面处理,B 型,$b_m = 1d$ 的双头螺柱:

螺柱　GB/T 897　M10×50

旋入端为粗牙普通螺纹,紧固端为螺距 $P = 1$ mm的细牙普通螺纹,$d = 10$ mm,$l = 50$ mm,性能等级为 4.8 级,不经表面处理,A 型,$b_m = 1.25d$ 的双头螺柱:

螺柱　GB/T 898　AM10—M10×1×50

附表 11　　(mm)

螺纹规格 d	b_m 公称		d_s		x max	b	l 公称
	GB/T 897—1988	GB/T 898—1988	max	min			
M5	5	6	5	4.7	1.5P	10	16～(22)
						16	25～50
M6	6	8	6	5.7		10	20、(22)
						14	25、(28)、30
						18	(32)～(75)
M8	8	10	8	7.64		12	20、(22)
						16	25、(28)、30
						22	(32)～90
M10	10	12	10	9.64		14	25、(28)
						16	30、(38)
						26	40～120
						32	130
M12	12	15	12	11.57		16	25～30
						20	(32)～40
						30	45～120
						36	130～180
M16	16	20	16	15.57		20	30～(38)
						30	40～50
						38	60～120
						44	130～200
M20	20	25	20	19.48		25	35～40
						35	45～60
						46	(65)～120
						52	123～200

注:① 本表未列入 GB/T 899—1988　GB/T 900—1988 两种规格。需用时可查阅这两个标准。GB/T 897、GB/T 898 规定的螺纹规格 d=M5～M48,如需用 M20 以上的双头螺柱,也可查阅这两个标准。

② P 表示粗牙螺纹的螺距。

③ l 的长度系列:16,(18),20,(22),25,(28),30(32),35,(38),40,45,50,(55),60,(65),70,(75),80,90,(95),100～260(十进位),280,300。括号内的数值尽可能不采用。

④ 材料为钢的螺柱,性能等级有 4.8、5.8、6.8、8.8、10.9、12.9 级,其中 4.8 级为常用。

(三) 螺母

六角螺母—C 级(GB/T 41—2000)

Ⅰ型六角螺母—A 和 B 级(GB/T 6170—2000)

标记示例

螺纹规格 D=M12、性能等级为 5 级，不经表面处理、C 级的六角螺母：

螺母　GB/T 41　M12

螺纹规格 D=M12、性能等级为 8 级，不经表面处理，A 级的Ⅰ型六角螺母：

螺母　GB/T 6170　M12

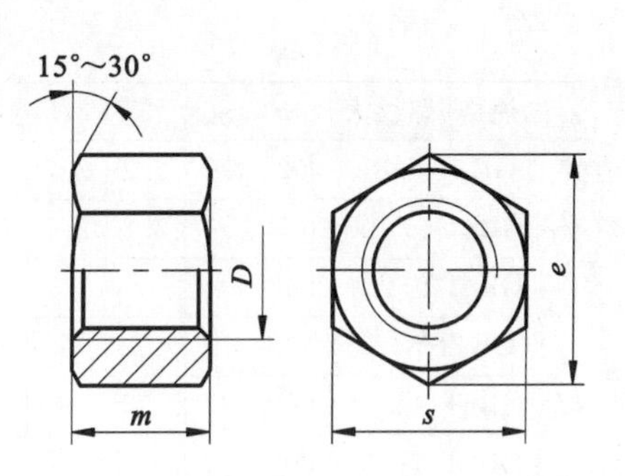

附表 12　(mm)

螺纹规格 D		M3	M4	M5	M6	M8	M10	M12	M16	M20	M24	M30	M36	M42
e	GB/T 41—2000	—	—	8.63	10.89	14.20	17.59	19.85	26.17	32.95	39.55	50.85	60.79	72.02
	GB/T 6170—2000	6.01	7.66	8.79	11.05	14.38	17.77	20.03	26.75	32.95	39.55	50.85	60.79	72.02
s	GB/T 41—2000	—	—	8	10	13	16	18	24	30	36	46	55	65
	GB/T 6170—2000	5.5	7	8	10	13	16	18	24	30	36	46	55	65
m	GB/T 41—2000	—	—	5.6	6.1	7.9	9.5	12.2	15.9	18.7	22.3	26.4	31.5	34.9
	GB/T 6170—2000	2.4	3.2	4.7	5.2	6.8	8.4	10.8	14.8	18	21.5	25.6	31	34

注：A 级用于 $D\leqslant16$；B 级用于 $D>16$。产品等级 A、B 由公差取值决定，A 级公差数值小。材料为钢的螺母：GB/T 6170 的性能等级有 6、8、10 级，8 级为常用；GB/T 41 的性能等级为 4 和 5 级。螺纹端内无内倒角，但也允许内倒角。GB/T 41—2016 规定螺母的螺纹规格为 M5～M64；GB/T 6170—2015 规定螺母的螺纹规格为 M1.6～M64。

（四）垫圈

小垫圈　A 级(GB/T 848—2002)　　平垫圈　倒角型　A 级(GB/T 97.2—2002)

平垫圈　A 级(GB/T 97.1—2002)

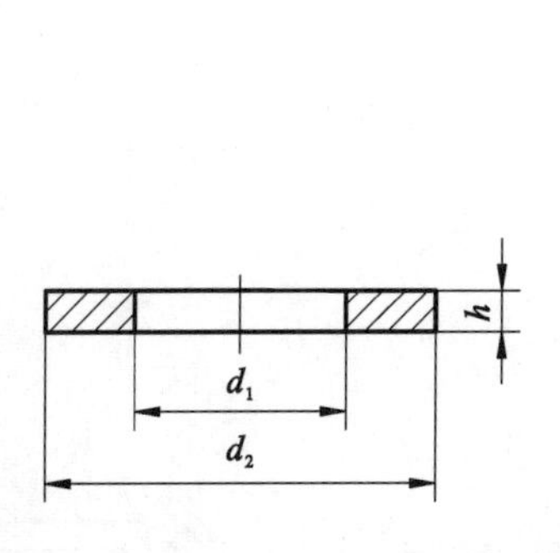

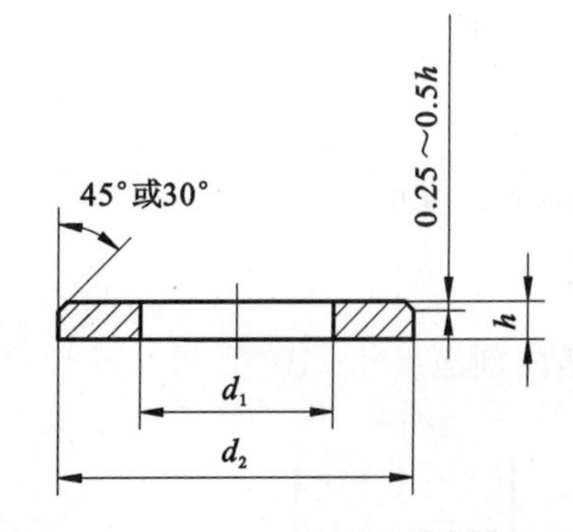

标 记 示 例

标准系列、公称规格 8 mm，由钢制造的硬度等级为 200HV 级，不经表面处理、产品等级为 A 级的平垫圈：

垫圈　GB/T 97.1　8

附表 13　　(mm)

公称规格(螺纹大径)d		1.6	2	2.5	3	4	5	6	8	10	12	16	20	24	30	36
d_1	GB/T 848—2002	1.7	2.2	2.7	3.2	4.3	5.3	6.4	8.4	10.5	13	17	21	25	31	37
	GB/T 97.1—2002	1.7	2.2	2.7	3.2	4.3	5.3	6.4	8.4	10.5	13	17	21	25	31	37
	GB/T 97.2—2002	—	—	—	—	—	5.3	6.4	8.4	10.5	13	17	21	25	31	37
d_2	GB/T 848—2002	3.5	4.5	5	6	8	9	11	15	18	20	28	34	39	50	60
	GB/T 97.1—2002	4	5	6	7	9	10	12	16	20	24	30	37	44	56	66
	GB/T 97.2—2002	—	—	—	—	—	10	12	16	20	24	30	37	44	56	66
h	GB/T 848—2002	0.3	0.3	0.5	0.5	0.5	1	1.6	1.6	1.6	2	2.5	3	4	4	5
	GB/T 97.1—2002	0.3	0.3	0.5	0.5	0.8	1	1.6	1.6	2	2.5	3	3	4	4	5
	GB/T 97.2—2002	—	—	—	—	—	1	1.6	1.6	2	2.5	3	3	4	4	5

注:① 硬度等级及有 200HV、300HV 级,材料有钢和不锈钢两种;GB/T 97.1 和 GB/T 97.2 规定,200HV 适用于≤8.8 级的 A 级和 B 级的或不锈钢的六角头螺栓、六角螺母和螺钉等;300HV 适用于 10 级的 A 级和 B 级的六角头螺栓、螺钉和螺母;GB/T 848 规定,200HV 适用于 8.8 级或不锈钢制造的圆柱头螺钉,内六角头螺钉等;300HV 适用于≤10.9 级的内六角圆柱头螺钉等。

② d 的范围:GB/T 848 为 1.6～36 mm,GB/T 97.1 为 1.6～64 mm,GB/T 97.2 为 5～64 mm。

③ 表中所列的 $d\leqslant 36$ mm 的优选尺寸;$d>36$ mm 的优选尺寸和非优选尺寸,可查阅这三个标准。

标准型弹簧垫圈(GB/T 93—1987)

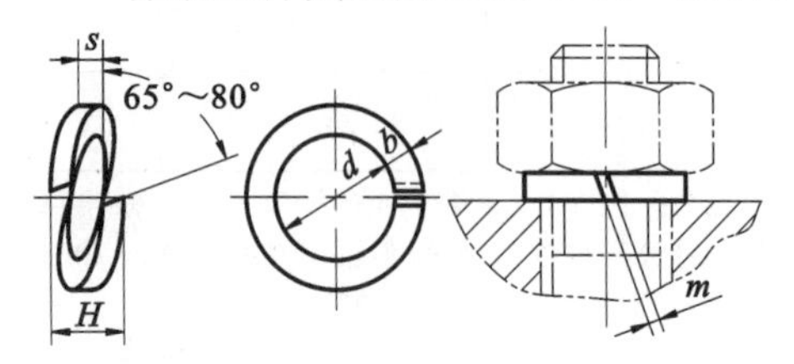

标记示例

规格 16 mm,材料为 65 Mn,表面氧化的标准型弹簧垫圈:

垫圈　GB/T 93　16

附表 14　　(mm)

公称规格(螺纹大径)	3	4	5	6	8	10	12	(14)	16	(18)	20	(22)	24	(27)	30
d	3.1	4.1	5.1	6.1	8.1	10.2	12.2	14.2	16.2	18.2	20.2	22.5	24.5	27.5	30.5
H	1.6	2.2	2.6	3.2	4.2	5.2	6.2	7.2	8.2	9	10	11	12	13.6	15
$s(b)$	0.8	1.1	1.3	1.6	2.1	2.6	3.1	3.6	4.1	4.5	5	5.5	6	6.8	7.5
$m\leqslant$	0.4	0.55	0.65	0.8	1.05	1.3	1.55	1.8	2.05	2.25	2.5	2.75	3	3.4	3.75

注:① 括号内的规格尽可能不采用;

② m 应大于零。

(五) 键

平键和键槽的剖面尺寸(GB/T 1095—2003)

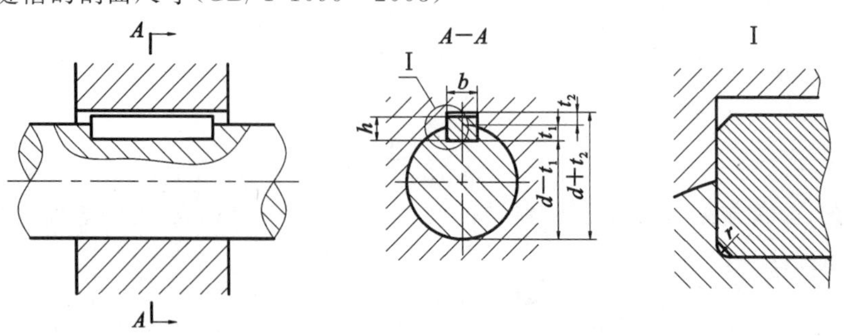

普通平键键槽的剖面尺寸与公差见上图和附表 15。

附表 15　　　　　　　　　　　　　　　　　　　　　　　　　　　（mm）

轴尺寸 d	键尺寸 $b\times h$	键槽											
		宽度						深度				半径 r	
		公称尺寸	极限偏差					轴 t_1		毂 t_2			
			正常连接		紧密连接	松连接		公称尺寸	极限偏差	公称尺寸	极限偏差		
			轴 N9	毂 JS9	轴和毂 P9	轴 H9	毂 D10					min	max
自 6～8	2×2	2	−0.004 −0.029	±0.0125	−0.006 −0.031	+0.025 0	+0.060 +0.020	1.2	+0.1 0	1.0	+0.1 0	0.08	0.16
>8～10	3×3	3						1.8		1.4			
>10～12	4×4	4	0 −0.030	±0.015	−0.012 −0.042	+0.030 0	+0.078 +0.030	2.5		1.8			
>12～17	5×5	5						3.0		2.3			
>17～22	6×6	6						3.5		2.8			
>22～30	8×7	8	0 −0.036	±0.018	−0.015 −0.051	+0.036 0	+0.098 +0.040	4.0	+0.2 0	3.3	+0.2 0	0.16	0.25
>30～38	10×8	10						5.0		3.3			
>38～44	12×8	12	0 −0.043	±0.0215	−0.018 −0.061	+0.043 0	+0.012 +0.050	5.0		3.3			
>44～50	14×9	14						5.5		3.8		0.25	0.40
>50～58	16×10	16						6.0		4.3			
>58～65	18×11	18						7.0		4.4			
>65～77	20×12	20	0 −0.052	±0.026	−0.022 −0.074	+0.052 0	+0.149 +0.065	7.5	+0.3 0	4.9	+0.3 0	0.40	0.60
>75～85	22×14	22						9.0		5.4			
>85～95	25×14	25						9.0		5.4			
>95～110	28×16	28						10.0		6.4			
>110～130	32×18	32	0 −0.062	±0.031	−0.026 −0.088	+0.062 0	+0.180 +0.080	11.0		7.4			
>130～150	36×20	36						12.0		8.4		0.70	1.00
>150～170	40×22	40						13.0		9.4			
>170～200	45×25	45						15.0		10.4			
>200～230	50×28	50						17.0		11.4			
>230～260	56×32	56	0 −0.074	±0.037	−0.032 −0.106	+0.074 0	+0.220 +0.100	20.0		12.4		1.20	1.60
>260～300	63×32	63						20.0		12.4			
>300～340	70×36	70						22.0		14.4			
>340～390	80×40	80						25.0		15.4		2.00	2.50
>390～430	90×45	90	0 −0.087	±0.0435	−0.037 −0.124	+0.087 0	+0.260 +0.120	28.0		17.4			
430～470	100×50	100						31.0		19.4			

注：① 在零件图中，轴槽深用 $d-t_1$ 标注，$d-t_1$ 的极限偏差值应取负号，轮毂槽深用 $d+t_2$ 标注；
② 普通型平键应符合 GB/T 1096 规定；
③ 平键轴槽的长度公差用 H14；
④ 轴槽、轮毂槽的键槽宽度 b 两侧的表面粗糙度参数 Ra 值推荐位 1.6～3.2 μm；轴槽地面、轮毂槽底面的表面粗糙度参数 Ra 值为 6.3 μm；
⑤ 这里未述及的有关键槽的其他技术条件，需用时可查阅该标准。

普通型平键(GB/T 1096—2003)

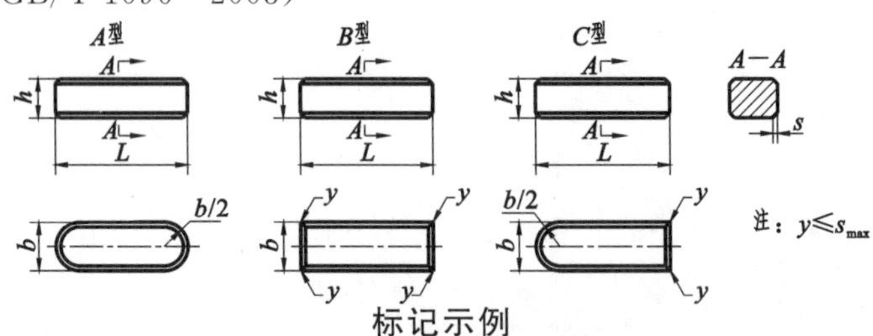

标记示例

b=16 mm、h=10 mm、L=100 mm 的普通 A 型平键:GB/T 1096　键 16×10×100

b=16 mm、h=10 mm、L=100 mm 的普通 B 型平键:GB/T 1096　键 B16×10×100

b=16 mm、h=10 mm、L=100 mm 的普通 C 型平键:GB/T 1096　键 C16×10×100

普通型平键的尺寸与公差见上图和附表 16。

附表 16　(mm)

			2	3	4	5	6	8	10	12	14	16	18	20	22
宽度 b	公称尺寸		2	3	4	5	6	8	10	12	14	16	18	20	22
	极限偏差(h8)		0 −0.014		0 −0.018			0 −0.022		0 −0.027				0 −0.033	
高度 h	公称尺寸		2	3	4	5	6	7	8		8	9	11	12	14
	极限偏差	矩形(h11)	—		—			0 −0.090					0 −0.110		
		方形(h8)	0 −0.014		0 −0.018			—					—		
倒角或倒圆 s			0.16～0.25			0.25～0.40			0.40～0.60				0.60～0.80		
长度 L															
公称尺寸	极限偏差(h14)														
6	0 −0.36				—	—	—	—	—	—	—	—	—	—	—
8						—	—	—	—	—	—	—	—	—	—
10							—	—	—	—	—	—	—	—	—
12	0 −0.43						—	—	—	—	—	—	—	—	—
14								—	—	—	—	—	—	—	—
16								—	—	—	—	—	—	—	—
18									—	—	—	—	—	—	—
20	0 −0.52								—	—	—	—	—	—	—
22			—			标准				—	—	—	—	—	—
25			—							—	—	—	—	—	—
28			—								—	—	—	—	—
32	0 −0.62		—								—	—	—	—	—
36			—									—	—	—	—
40			—	—								—	—	—	—
45			—	—					长度				—	—	—
50			—	—	—									—	—
56	0 −0.74		—	—	—										—
63			—	—	—	—									
70			—	—	—	—									
80			—	—	—	—	—								
90	0 −0.87		—	—	—	—	—					范围			
100			—	—	—	—	—	—							
110			—	—	—	—	—	—							
125	0 −1.00		—	—	—	—	—	—	—						
140			—	—	—	—	—	—	—						
160			—	—	—	—	—	—	—	—					
180			—	—	—	—	—	—	—	—	—				
200	0 −1.15		—	—	—	—	—	—	—	—	—	—			
220			—	—	—	—	—	—	—	—	—	—	—		
250			—	—	—	—	—	—	—	—	—	—	—	—	

注:① 标准中规定了宽度 b=2～100 mm 的普通 A 型、B 型、C 型的平键,本表未列入 b=25～100 mm 的普通型平键,需用时可查阅该标准;

② 普通型平键的技术条件应符合 GB/T 1568 的规定,需用时可查阅该标准。材料常用 45 钢;

③ 键槽的尺寸应符合 GB/T 1095 的规定。

（六）销

圆柱销—不淬硬钢和奥氏体不锈钢(GB/T 119.1—2000)

圆柱销—淬硬钢和马氏体不锈钢(GB/T 119.2—2000)

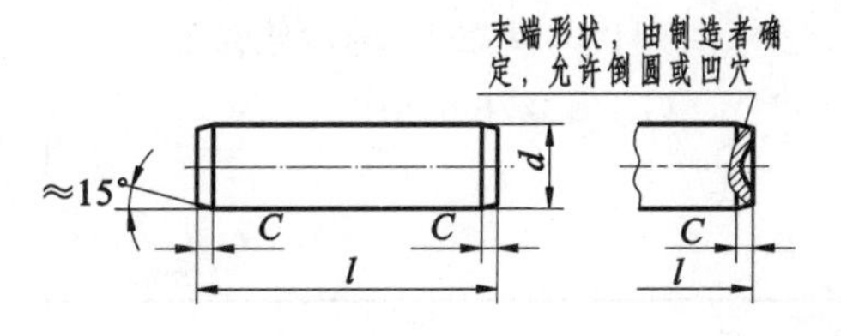

标记示例

公称直径 $d=6$ mm、公差 m6、公称长度 $l=30$ mm 、材料为钢，不经淬火，不经表面处理的圆柱销：

销　GB/T 119.1　6m6×30

公称直径 $d=6$ mm、公差为 m6 公称长度 $l=30$ mm、材料为钢、普通淬火(A 型)、表面氧化处理的圆柱销：

销　GB/T　119.2　6×30

附表 17　　　　　　　　　　　　　　　　(mm)

公称直径 d		3	4	5	6	8	10	12	16	20	25	30	40	50
$C=$		0.50	0.50	0.80	1.2	1.6	2.0	2.5	3.0	3.5	4.0	5.0	6.3	8.0
公称长度 l	GB/T 119.1	8～30	8～40	10～50	12～60	14～80	18～95	22～140	26～180	35～200	50～200	60～200	80～200	95～200
	GB/T 119.2	8～30	10～40	12～50	14～60	18～80	22～100	26～100	40～100	50～100	—	—	—	—
l 系列		8,10,12,14,16,18,20,22,24,26,28,30,32,35,40,45,50,55,60,65,70,75,80,85,90,95,100, 120,140,160,180,200…												

注：① GB/T 119.2—2000 规定圆柱销的公称直径 $d=0.6\sim50$ mm，公称长度 $l=2\sim200$ mm，公差有 m6 和 h8；

② GB/T 119.2—2000 规定圆柱销的公称直径 $d=1\sim20$ mm，公称长度 $l=3\sim100$ mm，公差仅有 m6；

③ 圆柱销常用 35 钢。当圆柱销公差为 h8 时，表面粗糙度参数 $Ra\leqslant1.6$ μm；为 m6 时，$Ra\leqslant0.8$ μm。

圆锥销(GB/T 117—2000)

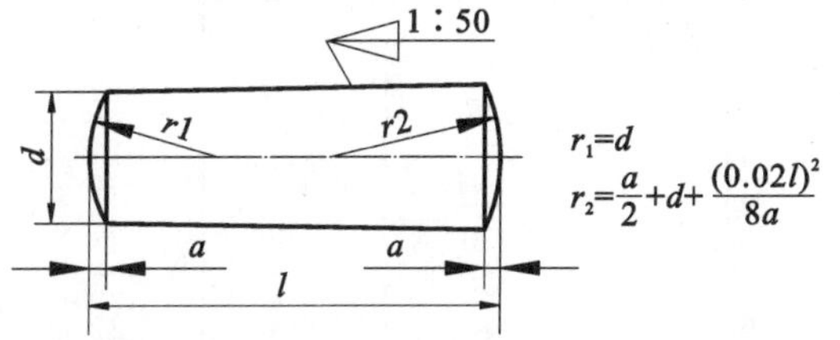

标记示例

公称直径 $d=10$ mm、公称长度 $l=60$ mm、材料为 35 钢、热处理硬度(28～38)HRC、表面氧化处理的 A 圆锥销：

销　GB/T 117　10×60

附表 18　　　　　　　　　　　　　　　　(mm)

公称直径 d	4	5	6	8	10	12	16	20	25	30	40	50
$a\approx$	0.5	0.63	0.8	1	1.2	1.6	2	2.5	3	4	5	6.3
公称长度 l	14～55	18～60	22～90	22～120	26～160	32～180	40～200	45～200	50～200	55～200	60～200	65～200
l 系列	2,3,4,5,6,8,10,12,14,16,18,20,22,24,26,28,30,32,35,40,45,50,55,60,65,70,75,80,85,90,95,100, 120,140,160,180,200…											

注：① 标准规定圆锥销的公称直径 $d=0.6\sim50$ mm；

② 有 A 型和 B 型。A 型为磨削，锥面表面粗糙度参数 $Ra=0.8$ μm；B 型为切削或冷镦，锥面表面粗糙度参数 $Ra=3.2$ μm；A 型和 B 型圆锥端面的表面粗糙度参数都是 $Ra=6.3$ μm。

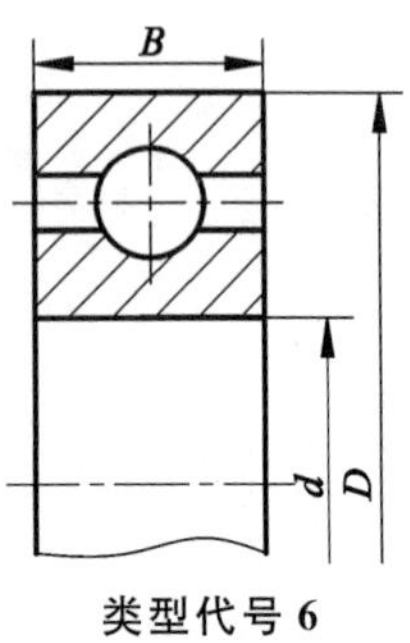

类型代号 6

(七) 滚动轴承

深沟球轴承(GB/T 276—2013)

标记示例

内圈孔径 d=60 mm、尺寸系列代号为(0)2 的深沟球轴承:

滚动轴承　6212　GB/T 276—2013

附表 19　　(mm)

轴承代号	尺寸		
	d	D	B
尺寸系列代号(1)0			
606	6	17	6
607	7	19	6
608	8	22	7
609	9	24	7
6000	10	26	8
6001	12	28	8
6002	15	32	9
6003	17	35	10
6004	20	42	12
60/22	22	44	12
6005	25	47	12
60/28	28	52	12
6006	30	55	13
60/32	32	58	13
6007	35	62	14
6008	40	68	15
6009	45	75	16
6010	50	80	16
6011	55	90	18
6012	60	95	18
尺寸系列代号(0)2			
623	3	10	4
624	4	13	5
625	5	16	5
626	6	19	6
627	7	22	7
628	8	24	8
629	9	26	8
6200	10	30	9
6201	12	32	10
6202	15	35	11
6203	17	40	12
6204	20	47	14
62/22	22	50	14
6205	25	52	15
62/28	28	58	16
6206	30	62	16
62/32	32	65	17
6207	35	72	17
6208	40	80	18
6209	45	85	19
6210	50	90	20
6211	55	100	21
6212	60	110	22
尺寸系列代号(0)3			
633	3	13	5
634	4	16	5
635	5	19	6
6300	10	35	11
6301	12	37	12
6302	15	42	13
6303	17	47	14
6304	20	52	15
63/22	22	56	16
6305	25	62	17
63/28	28	68	18
6306	30	72	19
63/32	32	75	20
6307	35	80	21
6308	40	90	23
6309	45	100	25
6310	50	110	27
6311	55	120	29
6312	60	130	31
尺寸系列代号(0)4			
6403	17	62	17
6404	20	72	19
6405	25	80	21
6406	30	90	23
6407	35	100	25
6408	40	110	27
6409	45	120	29
6410	50	130	31
6411	55	140	33
6412	60	150	35
6413	65	160	37
6414	70	180	42
6415	75	190	45
6416	80	200	48
6417	85	210	52
6418	90	225	54
6419	95	240	55
6420	100	250	58
6422	110	280	65

圆锥滚子轴承(GB/T 297—2015)

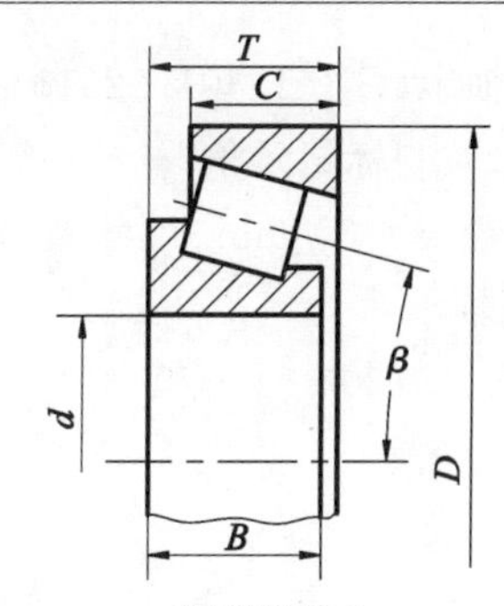

类型代号 3

标记示例

内圈孔径 d=35 mm、尺寸系列代号为03的圆锥滚子轴承：

滚动轴承　30307　GB/T 297—2015

附表 20　　(mm)

轴承型号	尺寸				
	d	D	T	B	C
尺寸系列代号 02					
30202	15	35	11.75	11	10
30203	17	40	13.25	12	11
30204	20	47	15.25	14	12
30205	25	52	16.25	15	13
30206	30	62	17.25	16	14
302/32	32	65	18.25	17	15
30207	35	72	18.25	17	15
30208	40	80	19.75	18	16
30209	45	85	20.75	19	16
30210	50	90	21.75	20	17
30211	55	100	22.75	21	18
30212	60	110	23.75	22	19
30213	65	120	24.75	23	20
30214	70	125	26.75	24	21
30215	75	130	27.75	25	22
30216	80	140	28.75	26	22
30217	85	150	30.5	28	24
30218	90	160	32.5	30	26
30219	95	170	34.5	32	27
30220	100	180	37	34	29
尺寸系列代号 03					
30302	15	42	14.25	13	11
30303	17	47	15.25	14	12
30304	20	52	16.25	15	13
30305	25	62	18.25	17	15
30306	30	72	20.75	19	16
30307	35	80	22.75	21	18
30308	40	90	25.25	23	20
30309	45	100	27.25	25	22
30310	50	110	29.25	27	23
30311	55	120	31.5	29	25
30312	60	130	33.5	31	26
30313	65	140	36	33	28
30314	70	150	38	35	30
30315	75	160	40	37	31
30316	80	170	42.5	39	33
30317	85	180	44.5	41	34
30318	90	190	46.5	43	36
30319	95	200	49.5	45	38
30320	100	215	51.5	47	39
尺寸系列代号 23					
32303	17	47	20.25	19	16
32304	20	52	22.25	21	18
32305	25	62	25.25	24	20
32306	30	72	28.75	27	23
32307	35	80	32.75	31	25
32308	40	90	35.25	33	27
32309	45	100	38.25	36	30
32310	50	110	42.25	40	33
32311	55	120	45.5	43	35
32312	60	130	48.5	46	37
32313	65	140	51	48	39
32314	70	150	54	51	42
32315	75	160	58	55	45
32316	80	170	61.5	58	48
尺寸系列代号 30					
33005	25	47	17	17	14
33006	30	55	20	20	16
33007	35	62	21	21	17
33008	40	68	22	22	18
33009	45	75	24	24	19
33010	50	80	24	24	19
33011	55	90	27	27	21
33012	60	95	27	27	21
33013	65	100	27	27	21
33014	70	110	31	31	25.5
33015	75	115	31	31	25.5
33016	80	125	36	36	29.5
尺寸系列代号 31					
33108	40	75	26	26	20.5
33109	45	80	26	26	20.5
33110	50	85	26	26	20
33111	55	95	30	30	23
33112	60	100	30	30	23
33113	65	110	34	34	26.5
33114	70	120	37	37	29
33115	75	125	37	37	29
33116	80	130	37	37	29

推力球轴承(GB/T 301—2015)

标记示例

内圈孔径 d=30 mm、尺寸系列代号为13的推力球轴承:

滚动轴承 51306 GB/T 301—2015

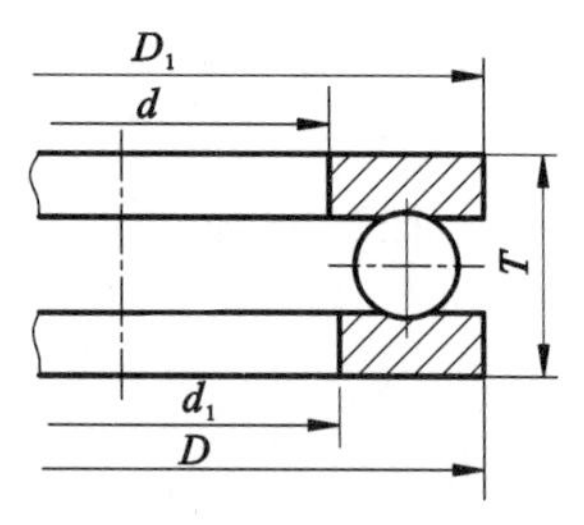

类型代号 5

附表 21 (mm)

轴承代号	尺寸					轴承代号	尺寸				
	d	D	T	d_1	D_1		d	D	T	d_1	D_1
尺寸系列代号 11						尺寸系列代号 13					
51104	20	35	10	21	35	51304	20	47	18	22	47
51105	25	42	11	26	42	51305	25	52	18	27	52
51106	30	47	11	32	47	51306	30	60	21	32	60
51107	35	52	12	37	52	51307	35	68	24	37	68
51108	40	60	13	42	60	51308	40	78	26	42	78
51109	45	65	14	47	65	51309	45	85	28	47	85
51110	50	70	14	52	70	51310	50	95	31	52	95
51111	55	78	16	57	78	51311	55	105	35	57	105
51112	60	85	17	62	85	51312	60	110	35	62	110
51113	65	90	18	67	90	51313	65	115	36	67	115
51114	70	95	18	72	95	51314	70	125	40	72	125
51115	75	100	19	77	100	51315	75	135	44	77	135
51116	80	105	19	82	105	51316	80	140	44	82	140
51117	85	110	19	87	110	51317	85	150	49	88	150
51118	90	120	22	92	120	51318	90	155	50	93	155
51120	100	135	25	102	135	51320	100	170	55	103	170
尺寸系列代号 12						尺寸系列代号 14					
51204	20	40	14	22	40	51405	25	60	24	27	60
51205	25	47	15	27	47	51406	30	70	28	32	70
51206	30	52	16	32	52	51407	35	80	32	37	80
51207	35	62	18	37	62	51408	40	90	36	42	90
51208	40	68	19	42	68	51409	45	100	39	47	100
51209	45	73	20	47	73	51410	50	110	43	52	110
51210	50	78	22	52	78	51411	55	120	48	57	120
51211	55	90	25	57	90	51412	60	130	51	62	130
51212	60	95	26	62	95	51413	65	140	56	67	140
51213	65	100	27	67	100	51414	70	150	60	72	150
51214	70	105	27	72	105	51415	75	160	65	77	160
51215	75	110	27	77	110	51416	80	170	68	82	170
51216	80	115	28	82	115	51417	85	180	72	88	177
51217	85	125	31	88	125	51418	90	190	77	93	187
51218	90	135	35	93	135	51420	100	210	85	103	205
51220	100	150	38	103	150	51422	110	230	95	113	225

注:推力球轴承有51000型和52000型,类型代号都是5,尺寸系列代号分别为11、12、13、14和21、22、23、24;52000型推力球轴承的形式、尺寸可查阅GB/T 301—2015。

（八）弹簧

普通圆柱螺旋压缩弹簧尺寸及参数(两端并紧磨平或制扁)(GB/T 2089—2009)。

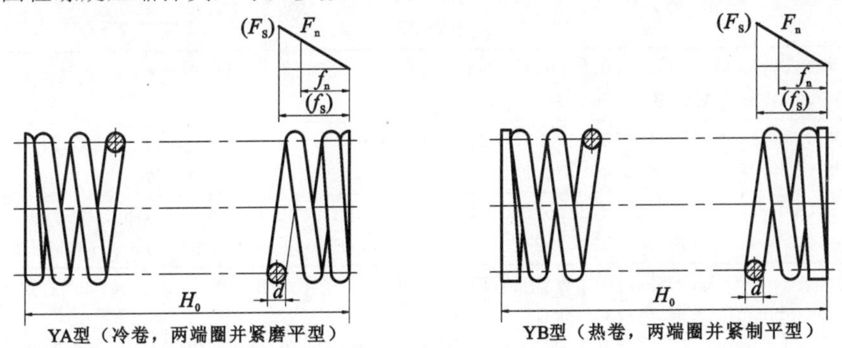

YA型（冷卷，两端圈并紧磨平型）　　　YB型（热卷，两端圈并紧制平型）

YA 型弹簧，材料直径为 1.2 mm，弹簧中径为 8 mm，自由高度 40 mm，精度等级为 2 级，左旋的两端圈并紧磨平的冷卷压缩弹簧：

YA　1.2×8×40　左　GB/T 2089

YA 型弹簧，材料直径为 20 mm，弹簧中径为 140 mm，自由高度 260 mm，精度等级为 3 级，右旋的两端圈并紧制扁的热卷压缩弹簧：

YB　20×140×260－3　GB/T 2089

附表 22 摘录了 GB/T 2089 所列的少量弹簧的部分主要尺寸及参数的数值。

附表 22

材料直径 d/mm	弹簧中径 D/mm	自由高度 H_0/mm	有效圈数 n/圈	最大工作负荷 F_n/N	最大工作变形量 f_n/mm
1.2	8	28	8.5	65	14
		40	12.5		20
	12	40	6.5	43	24
		48	8.5		31
4	28	50	4.5	545	21
		70	6.5		30
	30	55	4.5	509	24
		75	6.5		36
6	38	65	4.5	1 267	24
		90	6.5		35
	45	105	6.5	1 070	49
		140	8.5		63
10	45	140	8.5	4 605	36
		170	10.5		45
	50	190	10.5	4 145	55
		220	12.5		66
20	140	260	4.5	13 278	104
		360	6.5		149
	160	300	4.5	11 618	135
		420	6.5		197
30	160	310	4.5	39 211	90
		420	6.5		131
	200	250	2.5	31 369	78
		520	6.5		204

注：① 支承圈数 $n_2=2$ 圈，F_n 取 $0.8F_s$（F_s 为试验负荷的代号），f_n 取 $0.8f_s$（f_s 为试验负荷下变形量的代号）；

② GB/T 2089 中的这个表格列出了很多个弹簧，对各个弹簧还列出了更多的参数，本表仅摘录了其中的 24 个弹簧和部分参数，不够应用时，可查阅该标准；

③ 弹簧的材料：采用冷卷工艺时，选用材料性能不低于 GB/T 4357—2009 中 C 级碳素弹簧钢丝；采用热卷工艺时，选用材料性能不低于 GB/T 1222 中 60Si2MnA。

三、常用机械加工一般规范和零件结构要素

(一) 标准尺寸(摘自 GB/T 2822—2005)

附表 23　(mm)

$R10$	2.50,3.15,4.00,5.00,6.30,8.00,10.0,12.5,16.0,20.0,25.0,31.5,40.0,50.0 ,63.0,80.0,100,125,160,200,250,315,400,500,630,800,1000
$R20$	2.80,3.55,4.50,5.60,7.10,9.00 ,11.2,14.0 ,18.0,22.4,28.0,35.5,45.0,56.0,71.0,90.0,112,140,180,224,280,355,450,560,710,900
$R40$	13.2,15.0,17.0,19.0,21.2,23.6,26.5,30.0,33.5,37.5,42.5,47.5,53.0,60.0,67.0,75.0,85.0,95.0,106,118,132,150,170,190,212,236,265,300,335,375,425,475,530,600,670,750,850,950

注:① 本表仅摘录 1~1000 mm 范围内优先数系 R 系列中的标准尺寸,选用顺序为 $R10$、$R20$、$R40$;如需选用小于 2.50 mm 或大于 1000 mm 的尺寸时,可查阅标准 GB/T 2822;

② 该标准适用于有互换性或系列化要求的主要尺寸,如直径、长度、高度等,其他结构尺寸也尽可能采用;

③ 如果必须将数值圆整,可在相应的 R' 系列中选用标准尺寸,选用的顺序为 $R'10$、$R'20$、$R'40$,本书未摘录,需要时可查阅标准 GB/T 2822。

(二) 砂轮越程槽(摘自 GB/T 6403.5—2008)

附表 24　(mm)

磨外圆　磨内圆

b_1	0.6	1.0	1.6	2.0	3.0	4.0	5.0	8.0	10
b_2	2.0	3.0		4.0		5.0		8.0	10
h	0.1	0.2		0.3	0.4		0.6	0.8	1.2
r	0.2	0.5		0.8	1.0		1.6	2.0	3.0
d	~10			>10~50		>50~100		>100	

注:① 越程槽内两直线相交处,不允许产生尖角;

② 越程槽深度 h 与圆弧半径 r,要满足 $r \leqslant 3h$;

③ 磨削具有数个直径的工件时,可使用同一规格的越程槽;

④ 直径 d 值大的零件,允许选择小规格的砂轮越程槽;

⑤ 砂轮越程槽的尺寸公差和表面粗糙度根据该零件的结构、性能确定。

(三) 零件倒圆与倒角(摘自 GB/T 6403.4—2008)

倒圆与倒角的形式,倒圆、45°倒角的四种装配形式见附表 25。

附表 25　(mm)

形式

1. R、C 尺寸系列:
0.1,0.2,0.3,0.4,0.5,0.6,0.8,1.0,1.2,1.6,2.0,2.5,3.0,4.0,5.0,6.0,8.0,10,12,16,20,25,32,40,50。

2. α 一般用 45°,也可用 30°或 60°

倒圆、45°倒角的四种装配形式

$C_1>R$　$R_1>R$　$C<0.58R_1$　$C_1>C$

1. 倒角为 45°;

2. R_1、C_1 的偏差为正;R、C 的偏差为负;

3. 左起第三种装配方式,C 的最大值 C_{max} 与 R_1 的关系见下表

R_1	0.1	0.2	0.3	0.4	0.5	0.6	0.8	1.0	1.2	1.6	2.0	2.5	3.0	4.0	5.0	6.0	8.0	10	12	16	20	25
C_{max}	—	0.1	0.1	0.2	0.2	0.3	0.4	0.5	0.6	0.8	1.0	1.2	1.6	2.0	2.5	3.0	4.0	5.0	6.0	8.0	10	12

注:按上述关系装配时,内角与外角取值要适当,外角的倒圆或倒角过大会影响零件工作面;内角的倒圆或倒角过小会产生应力集中。

与零件的直径 ϕ 相应的倒角 C、倒圆 R 的推荐值见附表 26。

附表 26　　　　(mm)

ϕ	～3	>3～6	>6～10	>10～18	>18～30	>30～50	>50～80	>80～120	>120～180
C 或 R	0.2	0.4	0.6	0.8	1.0	1.6	2.0	2.5	3.0
ϕ	>180～250	>250～300	>320～400	>400～500	>500～630	>630～800	>800～1000	>1000～1250	>1250～1600
C 或 R	4.0	5.0	6.0	8.0	10	12	16	20	25

注：倒角一般用 45°，也允许用 30°、60°。

（四）普通螺纹倒角和退刀槽（摘自 GB/T 3—1997）、螺纹紧固件的螺纹倒角（摘自 GB/T 2—2016）

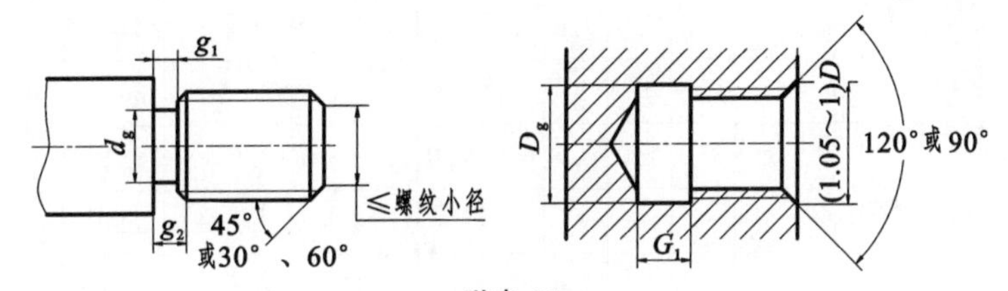

附表 27　　　　(mm)

螺距	外螺纹			内螺纹		螺距	外螺纹			内螺纹	
	g_{2max}	g_{1min}	d_g	G_1	D_g		g_{2max}	g_{1min}	d_g	G_1	D_g
0.5	1.5	0.8	$d-0.8$	2	$D+0.3$	1.75	5.25	3	$d-2.6$	7	$D+0.5$
0.7	2.1	1.1	$d-1.1$	2.8		2	6	3.4	$d-3$	8	
0.8	2.4	1.3	$d-1.3$	3.2		2.5	7.5	4.4	$d-3.6$	10	
1	3	1.6	$d-1.6$	4	$D+0.5$	3	9	5.2	$d-4.4$	12	
1.25	3.75	2	$d-2$	5		3.5	10.5	6.2	$d-5$	14	
1.5	4.5	2.5	$d-2.3$	6		4	12	7	$d-5.7$	16	

注：退刀槽的尺寸见上表；普通螺纹端部倒角见附图。

（五）紧固件通孔（摘自 GB/T 5277—1985）及沉头座尺寸（摘自 GB/T 152.2—2014、GB/T 152.3—1988、GB/T 152.4—1988）

附表 28　　　　(mm)

螺纹规格 d		3	4	5	6	8	10	12	14	16	18	20	22	24	27	30	36
通孔直径 GB/T 5277—1985	精装配	3.2	4.3	5.3	6.4	8.4	10.5	13	15	17	19	21	23	25	28	31	37
	中等装配	3.4	4.5	5.5	6.6	9	11	13.5	15.5	17.5	20	22	24	26	30	33	39
	粗装配	3.6	4.8	5.8	7	10	12	14.5	16.5	18.5	21	24	26	28	32	35	42
六角头螺栓和六角螺母用沉孔（图中标注 d_2、d_3、t、d_1） GB/T 152.4—1988	d_2	9	10	11	13	18	22	26	30	33	36	40	43	48	53	61	71
	d_3	—	—	—	—	—	—	16	18	20	22	24	26	28	33	36	42
	d_1	3.4	4.5	5.5	6.6	9.0	11.0	13.5	15.5	17.5	20.0	22.0	24	26	30	33	39

续表

螺纹规格 d			3	4	5	6	8	10	12	14	16	18	20	22	24	27	30	36
沉头用沉孔	GB/T 152.2—2014	d_2	6.4	9.6	10.6	12.8	17.6	20.3	24.4	28.4	32.4	—	40.4	—	—	—	—	—
		$t\approx$	1.6	2.7	2.7	3.3	4.6	5.0	6.0	7.0	8.0	—	10.0	—	—	—	—	—
		d_1	3.4	4.5	5.5	6.6	9	11	13.5	15.5	17.5	—	22	—	—	—	—	—
		α	$90^{\circ}{}^{-2^{\circ}}_{-4^{\circ}}$															
用于内六角圆柱螺栓的沉孔	GB/T 152.3—1988	d_2	6.0	8.0	10.0	11.0	15.0	18.0	20.0	24.0	26.0	—	33.0	—	40.0	—	48.0	57.0
		t	3.4	4.6	5.7	6.8	9.0	11.0	13.0	15.0	17.5	—	21.5	—	25.5	—	32.0	38.0
		d_3	—	—	—	—	—	—	16	18	20	—	24	—	28	—	36	42
		d_1	3.4	4.5	5.5	6.6	9.0	11.0	13.5	15.5	17.5	—	22.0	—	26	—	33.0	39.0
用于开槽圆柱头螺栓的沉孔		d_2	—	8	10	11	15	18	20	24	26	—	33	—	—	—	—	—
		t	—	3.2	4.0	4.7	6.0	7.0	8.0	9.0	10.5	—	12.5	—	—	—	—	—
		d_3	—	—	—	—	—	—	16	18	20	—	24	—	—	—	—	—
		d_1	—	4.5	5.5	6.6	9.0	11.0	13.5	15.5	17.5	—	22.0	—	—	—	—	—

注:对于螺栓和螺母用沉孔的尺寸 t,只要能制出与通孔轴线垂直的圆平面即可,即刮平圆平面为止,常称锪平。表中的尺寸 d_1、d_2、t 的公差带都是 H13。

四、极限与配合

（一）优先配合中轴的上、下极限偏差数值(从 GB/T 1800.1—2009 和 GB/T 1800.2—2009 摘录后整理列表)

附表 29　　　　(μm)

公称尺寸/mm		公差带												
		c	d	f	g	h				k	n	p	s	u
大于	至	11	9	7	6	6	7	9	11	6	6	6	6	6
—	3	−60 −120	−20 −45	−6 −16	−2 −8	0 −6	0 −10	0 −25	0 −60	+6 0	+10 +4	+12 +6	+20 +14	+24 +18
3	6	−70 −145	−30 −60	−10 −22	−4 −12	0 −8	0 −12	0 −30	0 −75	+9 +1	+16 +8	+20 +12	+27 +19	+31 +23
6	10	−80 −170	−40 −76	−13 −28	−5 −14	0 −9	0 −15	0 −36	0 −90	+10 +1	+19 +10	+24 +15	+32 +23	+37 +28
10	14	−95 −205	−50 −93	−16 −34	−6 −17	0 −11	0 −18	0 −43	0 −110	+12 +1	+23 +12	+29 +18	+39 +28	+44 +33
14	18													
18	24	−110 −240	−65 −117	−20 −41	−7 −20	0 −13	0 −21	0 −52	0 −130	+15 +2	+28 +15	+35 +22	+48 +35	+54 +41
24	30													+61 +48
30	40	−120 −280	−80 −142	−25 −50	−9 −25	0 −16	0 −25	0 −62	0 −160	+18 +2	+33 +17	+42 +26	+59 +43	+76 +60
40	50	−130 −290												+86 +70
50	65	−140 −330	−100 −174	−30 −60	−10 −29	0 −19	0 −30	0 −74	0 −190	+21 +2	+39 +20	+51 +32	+72 +53	+106 +87
65	80	−150 −340											+78 +59	+121 +102

续表

公称尺寸/mm		公差带												
		c	d	f	g	h				k	n	p	s	u
大于	至	11	9	7	6	6	7	9	11	6	6	6	6	6
80	100	−170 −390	−120 −207	−36 −71	−12 −34	0 −22	0 −35	0 −87	0 −220	+25 +3	+45 +23	+59 +37	+93 +71	+146 +124
100	120	−180 −400											+101 +79	+166 +144
120	140	−200 −450	−145 −245	−43 −83	−14 −39	0 −25	0 −40	0 −100	0 −250	+28 +3	+52 +27	+68 +43	+117 +92	+195 +175
140	160	−210 −460											+125 +100	+215 +190
160	180	−230 −480											+133 +108	+235 +210
180	200	−240 −530	−170 −285	−50 −96	−15 −44	0 −29	0 −46	0 −115	0 −290	+33 +4	+60 +31	+79 +50	+151 +122	+265 +236
200	225	−260 −550											+159 +130	+287 +258
225	250	−280 −570											+169 +140	+313 +284
250	280	−300 −620	−190 −320	−56 −108	−17 −49	0 −32	0 −52	0 −130	0 −320	+36 +4	+66 +34	+88 +56	+190 +158	+347 +315
280	315	−330 −650											+202 +170	+382 +350
315	355	−360 −720	−210 −350	−62 −119	−18 −54	0 −36	0 −57	0 −140	0 −360	+40 +4	+73 +37	+98 +62	+226 +190	+426 +390
355	400	−400 −760											+244 +208	+471 +435
400	450	−440 −840	−230 −385	−68 −131	−20 −60	0 −40	0 −63	0 −155	0 −400	+45 +5	+80 +40	+108 +68	+272 +232	+530 +490
450	500	−480 −880											+292 +252	+580 +540

（二）优先配合中孔的上、下极限偏差数值（从 GB/T 1800.1—2009 和 GB/T 1800.2—2009 摘录后整理列表）

附表 30　　　　(μm)

公称尺寸/mm		公差带												
		C	D	F	G	H				K	N	P	S	U
大于	至	11	9	8	7	7	8	9	11	7	7	7	7	7
—	3	+120 +60	+45 +20	+20 +6	+12 +2	+10 0	+14 0	+25 0	+60 0	0 −10	−4 −14	−6 −16	−14 −24	−18 −28
3	6	+145 +70	+60 +30	+28 +10	+16 +4	+12 0	+18 0	+30 0	+75 0	+3 −9	−4 −16	−8 −20	−15 −27	−19 −31
6	10	+170 +80	+76 +40	+35 +13	+20 +5	+15 0	+22 0	+36 0	+90 0	+5 −10	−4 −19	−9 −24	−17 −32	−22 −37

续表

公称尺寸/mm		公差带												
		C	D	F	G	H				K	N	P	S	U
大于	至	11	9	8	7	7	8	9	11	7	7	7	7	7
10	14	+205 +95	+93 +50	+43 +16	+24 +6	+18 0	+27 0	+43 0	+110 0	+6 −12	−5 −23	−11 −29	−21 −39	−26 −44
14	18													
18	24	+240 +110	+117 +65	+53 +20	+28 +7	+21 0	+33 0	+52 0	+130 0	+6 −15	−7 −28	−14 −35	−27 −48	−33 −54
24	30													−40 −61
30	40	+280 +120	+142 +80	+64 +25	+34 +9	+25 0	+39 0	+62 0	+160 0	+7 −18	−8 −33	−17 −42	−34 −59	−51 −76
40	50	+290 +130												−61 −86
50	65	+330 +140	+174 +100	+76 +30	+40 +10	+30 0	+46 0	+74 0	+190 0	+9 −21	−9 −39	−21 −51	−42 −72	−76 −106
65	80	+340 +150											−48 −78	−91 −121
80	100	+390 +170	+207 +120	+90 +36	+47 +12	+35 0	+54 0	+87 0	+220 0	+10 −25	−10 −45	−24 −59	−58 −93	−111 −146
100	120	+400 +180											−66 −101	−131 −166
120	140	+450 +200	+245 +145	+106 +43	+54 +14	+40 0	+63 0	+100 0	+250 0	+12 −28	−12 −52	−28 −68	−77 −117	−155 −195
140	160	+460 +210											−85 −125	−175 −215
160	180	+480 +230											−93 −133	−195 −235
180	200	+530 +240	+285 +170	+122 +50	+61 +15	+46 0	+72 0	+115 0	+290 0	+13 −33	−14 −60	−33 −79	−105 −151	−229 −265
200	225	+550 +260											−113 −159	−241 −287
225	250	+570 +280											−123 −169	−267 −313
250	280	+620 +300	+320 +190	+137 +56	+69 +17	+52 0	+81 0	+130 0	+320 0	+16 −36	−14 −66	−36 −88	−138 −190	−295 −347
280	315	+650 +330											−150 −202	−330 −382
315	155	+720 +360	+350 +210	+151 +62	+75 +18	+57 0	+89 0	+140 0	+360 0	+17 −40	−16 −73	−41 −98	−169 −226	−369 −426
355	400	+760 +400											−187 −244	−414 −471
400	450	+840 +440	+385 +230	+165 +68	+83 +20	+63 0	+97 0	+155 0	+400 0	+18 −45	−17 −80	−45 −108	−209 −272	−467 −530
450	500	+880 +480											−229 −292	−517 −580

五、常用材料以及常用热处理、表面处理名词解释

(一) 金属材料

附表 31

标准	名称	牌号	应用举例		说　明
GB/T 700—2006	碳素结构钢	Q215	A 级	用于制作金属结构件、拉杆、套圈、铆钉、螺栓。短轴、心轴、凸轮(载荷不大的)、垫圈、渗碳零件及焊接件	“Q”为碳素结构钢屈服点“屈”字的汉语拼音首位字母,后面的数字表示屈服点的值。如 Q235 表示碳素结构钢的屈服点为 235 N/mm² 新旧牌号对照: Q215—A2(A2F) Q235—A3 Q275—A5
			B 级		
		Q235	A 级	用于制作金属结构件,心部强度要求不高的渗碳或氰化零件,吊钩、拉杆、汽缸、齿轮、螺栓、螺母、连杆、楔、盖及焊接件	
			B 级		
			C 级		
			D 级		
		Q275	用于制作轴、轴销、刹车杆、螺母、螺栓、垫圈、连杆、齿轮以及其他强度较高的零件		
GB/T 699—2015	优质碳素结构钢	10	用作拉杆、卡头、垫圈、铆钉及用作焊接零件		牌号的两位数字表示钢中平均碳含量的质量分数,45 号钢即表示碳的平均含量 0.45%; 碳的质量分数≤0.25%的碳钢属低碳钢(渗碳钢); 碳的质量分数在(0.25~0.6)%之间的碳钢属中碳钢(调质钢); 碳的质量分数>0.6%的碳钢属高碳钢; 锰的质量分数较高的钢,须标注化学元素符号“Mn”
		15	用于受力不大和韧度较高的零件、渗碳零件及紧固件(如螺栓、螺钉等)、法兰盘和化工贮器		
		35	用于制造曲轴、转轴、轴销、杠杆、连杆、螺栓、螺母、垫圈、飞轮(多在正火、调质下使用)		
		45	用作要求综合机械性能高的各种零件,通常经正火或调质处理后使用。用于制造轴、齿轮、齿条、链轮、螺栓、螺母、销钉、键、拉杆等		
		60	用于制造弹簧、弹簧垫圈、凸轮、轧辊等		
		15Mn	制作心部力学性能要求较高且须渗碳的零件		
		65Mn	用作要求耐磨性高的圆盘、衬板、齿轮、花键轴、弹簧、弹簧垫圈等		
GB/T 3077—2015	合金结构钢	20Mn2	用作渗碳小齿轮、小轴、活塞销、柴油机套筒、气门推杆、缸套等		钢中加入一定量的合金元素,提高了钢的力学性能和耐磨性,也提高了钢的淬透性,保证金属在较大截面上获得高的力学性能
		15Cr	用于要求芯部韧度较高的渗碳零件,如船舶主机用螺栓,活塞销,凸轮,凸轮轴,汽轮机套环,机车小零件等		
		40Cr	用于受变载、中速、中载、强烈磨损而无很大冲击的重要零件,如重要的齿轮、轴、曲轴、连杆、螺栓、螺母等		
		35SiMn	耐磨、耐疲劳性均佳,适用于小型轴类、齿轮及 430 ℃以下的重要紧固件等		
		20CrMnTi	工艺性优,强度、韧度均高,可用于承受高速、中等或重负荷以及冲击、磨损等的重要零件,如渗碳齿轮、凸轮等		

续表

标准	名称	牌号	应用举例	说明
GB/T 11352—2009	一般工程用铸造碳钢	ZG 230—450	轧机机架、铁道车辆摇枕、侧梁、机座、箱体、锤轮、450 ℃以下的管路附件等	“ZG”为“铸钢”汉语拼音的首位字母,后面的数字表示屈服点和抗拉强度。如 ZG230—450 表示屈服点为 230 N/mm^2、抗拉强度为 450 N/mm^2
		ZG 310—570	适用于各种形状的零件,如联轴器、齿轮、汽缸、轴、机架、齿圈等	
GB/T 9439—2010	灰铸铁	HT150	用于小负荷和对耐磨性有一定要求的零件,如端盖、外罩、手轮、一般机床的底座、床身、滑台、工作台和低压管件等	“HT”为“灰铁”的汉语拼音的首位字母,后面的数字表示抗拉强度。如 HT200 表示抗拉强度为 200 N/mm^2 的灰铁
		HT200	用于中等负荷和对耐磨性有一定要求的零件,如机床床身、立柱、飞轮、汽钢、泵体、轴承座、活塞,齿轮箱、阀体等	
		HT250	用于中等负荷和对耐磨性有一定要求的零件,如阀壳、油缸、汽缸、联轴器、机体、齿轮、齿轮箱外壳、飞轮、液压泵和滑阀的壳体等	
GB/T 1176—2013	5—5—5 锡青铜	ZCuSn5 Pb5Zn5	耐磨性和耐蚀性均好,易加工,铸造性和气密性较好,用于较高负荷、中等滑动速度下工作的耐磨、耐蚀零件,如轴瓦、衬套、缸套、活塞、离合器、涡轮等	“Z”为“铸造”汉语拼音的首位字母,各化学元素后面的数字表示该元素的质量分数,如 ZCuAl10Fe3 表示 $w_{Al}=8.1\%\sim11\%$, $w_{Fe}=2\%\sim4\%$, 其余为 Cu 的铸造铝青铜
	10—3 铝青铜	ZCuAl10 Fe3	力学性能好,耐磨性、耐蚀性、抗氧化性好,可以焊接,不易钎焊;可用以制造强度高、耐磨、耐蚀的零件,如涡轮、轴承、衬套、管嘴、耐热管配件等	
	25—6—3—3 铝黄铜	ZCuZn 25 AlFe3 Mn3	有很好的力学性能,铸造性良好、耐蚀性较好,可以焊接;适用于高强耐磨零件,如桥梁支承板、螺母、螺杆、耐磨板、滑块、涡轮等	
GB/T 1176—2013	38—2—2 锰黄铜	ZCuZn 38 Mn2Pb2	有较好的力学性能和耐蚀性,耐磨性较好,切削性良好。可用于一般用途的构件,如套筒、衬套、轴瓦、滑块等	
GB/T 1173—2013	铸造铝合金	ZAlSi12 代号 ZL102	用于制造形状复杂、负荷小、耐蚀的薄壁零件和工作温度≤200 ℃的高气密性零件	$w_{Si}=10\%\sim13\%$ 的铝硅合金
GB/T 3190—2008	硬铝	2A12 (原牌号 LY12)	焊接性良好,适于制作高载荷的零件及构件(不包括冲压件和锻件)	2A12 表示 w_{Cu} 3.8%～4.9%,$w_{Mg}=1.2\%\sim1.8\%$,$w_{Mn}=0.3\%\sim0.9\%$的硬铝
	工业纯铝	1060 (原牌号 L2)	塑性、耐蚀性高,焊接性好,强度低;适于制作贮槽、热交换器、防污染及深冷设备等	牌号中的第一位数 1 为纯铝的组别,其铝含量>99.00%,牌号中最后的两位数表示最低铝百分含量中小数点后的两位数;例如:1060 表示含杂质≤0.4%的工业纯铝

（二）非金属材料

附表 32

标准	名称	牌号	应用举例	说明
GB/T 539—2008	耐油石棉橡胶板	NY250 HNY300	供航空发动机用的煤油、润滑油及冷气系统结合处的密封衬垫材料	
GB/T 5574—2008	耐酸碱橡胶板	2707 2807 2709	具有耐酸碱性能，在温度－30～＋60 ℃的20％浓度的酸碱液体中工作，用于冲制密封性能较好的垫圈	较高硬度 中等硬度
	耐油橡胶板	3707 807 3709 3809	可在一定温度的全损耗系统用油、变压器油、汽油等介质中工作，适用于冲制各种形状的垫圈	较高硬度
	耐热橡胶板	4708 4808 4710	可在－30～＋100 ℃且压力不大的条件下，预热空气、蒸汽介质中工作，用于冲制各种垫圈及隔热垫板	较高硬度 中等硬度

（三）常用的热处理和表面处理名词解释

附表 33

名称	代号	说　明	目　的
退火	5111	将钢件加热到临界温度以上，保温一段时间，然后以一定的速度缓慢冷却	用于消除铸、锻、焊零件的内应力，以利切削加工，细化晶粒，改善组织，增加韧度
正火	5121	将钢件加热到临界温度以上，保温一段时间，然后在空气中冷却	用于处理低碳和中碳结构钢及渗碳零件，细化晶粒，增加强度和韧度，减少内应力，改善切削性能
淬火	5131	将钢件加热到临界温度以上，保温一段时间，然后急速冷却	提高钢件强度和耐磨性。但淬火后会引起内应力，使钢变脆，所以淬火后必须回火
回火	5141	淬火后的钢件重新加热到临界温度以下某一温度，保温一段时间，然后冷却到室温	降低淬火后的内应力和脆性，提高钢的塑性和冲击韧度
调质	5151	淬火后在 450～600 ℃进行高温回火	提高韧度及强度，重要的齿轮、轴及丝杠等零件需要调质
表面淬火	5210	用火焰或高频电流将钢件表面迅速加热到临界温度以上，急速冷却	提高钢件表面的硬度及耐磨性，而芯部又保持一定的韧度，使零件即耐磨又能承受冲击，常用来处理齿轮等
渗碳	5310	将钢件在渗碳剂中加热，停留一段时间，使碳渗入钢的表面后，再淬火和低温回火	提高钢件表面的硬度、耐磨性、抗拉强度等。主要适用于低碳、中碳（w_C＜0.40％）结构钢的中小型零件
渗氮	5330	将零件放入氨气内加热，使氮原子渗入零件表面，获得含氮强化层	提高钢件表面硬度、耐磨性、疲劳强度和抗蚀能力；适用于合金钢、碳钢、铸铁件，如机床主轴、丝杠、重要液压元件中的零件

续表

名称	代号	说　明	目　的
时效处理	时效	机件精加工前，加热到 100～150 ℃，保温 5～20 h，空气冷却；铸件可天然时效处理，露天放一年以上	消除内应力，稳定机件形状和尺寸，常用于处理精密机件，如精密轴承、精密丝杠等
发蓝发黑	发蓝或发黑	将零件置于氧化介质内加热氧化，使表面形成一层氧化铁保护膜	防腐蚀，美化，常用于螺纹连接件
镀镍	镀镍	用电解方法，在钢件表面镀一层镍	防腐蚀，美化
镀铬	镀铬	用电解方法，在钢件表面镀一层铬	提高钢件表面的硬度、耐磨性和耐蚀能力，也用于修复零件上磨损了的表面
硬度	HBW(布氏硬度) HRC(洛氏硬度) HV(维氏硬度)	材料抗硬物压入其表面的能力，依测定方法不同而有布氏、洛氏、维氏硬度等几种	用于检验材料经热处理后的硬度；HBW 用于退火、正火、调质的零件及铸件；HRC 用于经淬火、回火及表面渗碳、渗氮等处理的零件；HV 用于薄层硬化零件

注：代号也可用拉丁字母表示，对常用的热处理和表面处理需进一步了解时，可查阅有关国家标准和行业标准。

参考文献

[1] 何铭新,钱可强,徐祖茂.机械制图[M].6版.北京:高等教育出版社,2010.

[2] 中国纺织大学图学教研室.画法几何及工程制图[M].4版.上海:上海科学技术出版社,1997.

[3] 鲁屏宇,田福润.工程制图[M].武汉:华中科技大学出版社,2008.

[4] 冯开平,英春柳.工程制图[M].3版.北京:高等教育出版社,2013.

[5] 大连理工大学工程图学教研室.机械制图[M].6版.北京:高等教育出版社,2007.

[6] 常明.画法几何及机械制图[M].4版.武汉:华中科技大学出版社,2009.

[7] 刘小年,杨月英.机械制图[M].2版.北京:高等教育出版社,2007.

[8] 刘朝儒,吴志军,高政一,等.机械制图[M].5版.北京:高等教育出版社,2006.

[9] 李爱军,陈国平.工程制图[M].2版.北京:高等教育出版社,2010.

[10] 周瑞屏,赵志海.工程制图基础[M].哈尔滨:哈尔滨工业大学出版社,1997.

二维码资源使用说明

本书数字资源以二维码形式提供。读者可使用智能手机在微信端下扫描书中二维码，扫码成功时手机界面会出现登录提示。确认授权，进入注册页面。填写注册信息后，按照提示输入手机号，点击获取手机验证码。在提示位置输入 4 位验证码成功后，重复输入两遍设置密码，选择相应专业，点击“立即注册”，注册成功。(若手机已经注册，则在“注册”页面底部选择“已有账号？立即注册”，进入“账号绑定”页面，直接输入手机号和密码，系统提示登录成功。)接着刮开教材封底所贴学习码(正版图书拥有的一次性学习码)标签防伪涂层，按照提示输入 13 位学习码，输入正确后系统提示绑定成功，即可查看二维码数字资源。手机第一次登录查看资源成功，以后便可直接在微信端扫码登录，重复查看资源。

若遗忘密码，读者可以在 PC 端浏览器中输入地址 http://jixie.hustp.com/index.php?m=Login，然后在打开的页面中单击“忘记密码”，通过短信验证码重新设置密码。

本书配套习题集参考答案